天然气净化工艺

——脱硫脱碳、脱水、硫磺回收及尾气处理

王开岳　主编

石油工业出版社

内 容 提 要

本书系统、全面地介绍了当今国内外各种天然气净化工艺的原理、装置流程、计算方法、实际运行数据以及可能遇到的操作问题，尤其是国内在这些领域取得的经验和认识。全书共 14 章，两个附录。

本书可供在天然气、炼厂气及其他气体净化领域从事生产、设计及研究的工程技术人员作为案头参考书，也可作为高校有关专业师生的教学参考书。

图书在版编目（CIP）数据

天然气净化工艺：脱硫脱碳、脱水、硫磺回收及尾气处理/
王开岳主编．—北京：石油工业出版社，2005.7
ISBN 7-5021-4830-2

Ⅰ．天…
Ⅱ．王…
Ⅲ．天然气净化
Ⅳ．TE644

中国版本图书馆 CIP 数据核字（2004）第 122935 号

天然气净化工艺——脱硫脱碳、脱水、硫磺回收及尾气处理
王开岳　主编

出版发行：石油工业出版社
　　　　　（北京安定门外安华里 2 区 1 号　100011）
　　　　　网　址：www.petropub.cn
　　　　　发行部：（010）64210392
经　销：全国新华书店
印　刷：石油工业出版社印刷厂

2005 年 7 月第 1 版　2006 年 12 月第 2 次印刷
787×1092 毫米　开本：1/16　印张：27.25
字数：693 千字　印数：2001—4000 册

定价：110.00 元
（如出现印装质量问题，我社发行部负责调换）
版权所有，翻印必究
（广告代理：北京中油创意广告有限公司）

本书编写人员

主　　编：王开岳
编写人员：王开岳　汪忖理　李志良
　　　　　周志岐　王劲松

序

在世界经济不断发展的同时,地球环境的日益恶化已引起了有识之士的广泛忧虑。在一次能源结构中提高天然气所占的比例可有效降低大气污染、改善环境,这已成为世界各国的共识和行动。

丰富的蕴藏量为天然气的开发利用提供了资源基础。据统计,2000 年世界天然气探明可采储量约为 150×10^{12} m³,当年产量为 2.39×10^{12} m³。除上述常规天然气外,还蕴藏有更为可观的非常规天然气。专家估计,至 21 世纪中期,天然气在世界一次能源结构中将超过石油而占据首位,使 21 世纪以"天然气世纪"载入史册。

我国天然气资源也相当丰富,可采资源量 9.3×10^{12} m³,远景可采资源总量达 15×10^{12} m³,此外还有大量非常规天然气。但我国天然气资源的探明程度尚不高,目前可采资源量的探明程度仅及 16.8%。我国天然气产量现也不多,2001 年仅 303.44×10^8 m³,在我国大陆一次能源结构中不过占 2.5%左右。根据我国大力发展和利用天然气的能源战略,天然气在能源结构中的地位将持续上升,2010 年达 7%~8%,2015 年将超过 10%。

我国陆上现已形成川渝、陕甘宁、塔里木及柴达木 4 大气区,海上则有莺琼盆地等。其中,川渝气田是我国天然气工业的第一个基地。

从地层中采出的天然气气质多种多样,多数含有硫化氢、有机硫、二氧化碳及水等成分。天然气净化系将其处理达到商品天然气质量指标而送往用户的重要环节。以脱硫、脱水为例,川渝气田 2002 年生产天然气 87.6×10^8 m³,其中经天然气净化装置处理的达 62.79×10^8 m³,占 71.7%,由此可见天然气净化在整个天然气工业中的重要地位。现正筹划开发的渡口河及罗家寨气田的 H_2S 含量分别高达 17%与 7%。

川渝气田现代化的天然气净化工业始于 1964 年,经过近 40 年的艰苦奋斗,通过自主研究开发与引进国外先进技术相结合,总体上工艺方面现已达到或接近国际先进水平,适应了气田开发的需要。

本书旨在总结天然气净化工艺的国内经验和国外动向,作者大多供职于川渝气田,长期在天然气净化领域工作,有丰厚知识和经验的积累。本书作为国内此领域的一本系统性的专著,有助于记录下经验及教训,留下思考。

我相信,此书的出版将为在天然气工业及相关行业领域内奋斗的工作人员及院校师生提供一本优秀的案头参考书。

中国石油西南油气田分公司总经理

夏鸿辉

2003年8月4日

前　言

我国国民经济正处于高速发展的阶段，能源需求也相应大幅增长。为了适应这一形势，并调整能源结构以减轻污染，我国已决定大力发展天然气工业，西气东输已成为西部大开发的标志性工程。

在整个天然气工业中，为了将合格的商品天然气供应至用户，天然气净化是重要的一环。天然气净化通常指脱硫脱碳、脱水、硫磺回收及尾气处理。脱硫脱碳与脱水是为了使天然气达到商品天然气或管输天然气的质量指标；硫磺回收与尾气处理则是为了综合利用及满足环保要求。目前，天然气净化已形成一个独立的、系统的专业，其地位也越来越重要。

我国现代天然气净化工艺的开发与应用在四川气田始于 20 世纪 60 年代中期。随着气田的不断发展，天然气净化工艺水平也有了长足进步，达到或接近国际先进水平。

在近 40 年的发展进程中，人们在不断学习和跟踪国外先进技术的同时，自身也积累了许多宝贵的经验、认识乃至教训，失误也可转化为财富。

各时期虽有一些涉及天然气净化工艺的著作，但限于篇幅或其他原因，国内经验的总结归纳颇显不足。

有鉴于此，笔者联络了几位有志者合作编写了《天然气净化工艺——脱硫脱碳、脱水、硫磺回收及尾气处理》一书。此书系统介绍了截至 21 世纪初天然气净化工艺的技术原理、特点、工艺问题和装置数据，尤重国内的经验。传统的成熟工艺在已有著作中介绍颇详，本书适当从简。为给如何选择新建及改建装置的工艺提供建议，我们尝试总结国内外积累的经验，形成第十三章。为方便读者，另外还安排了一章介绍天然气净化工艺中的控制分析项目及其测试方法以及净化领域的英文缩写词和国外气体净化工艺名称两个附录。

本书共十四章，汪忖理编写第九章及第十章，李志良编写第十一章及第十二章，周志岐编写第十四章，王劲松编写第八章第四节（分子筛脱硫）及第九章第三节（分子筛脱水），其余各章节及附录系王开岳编写。尹荣辅、唐昭峥等不少专家和同事为作者提供了一些资料。全书由王开岳统稿。

本书可作为天然气净化工艺领域科研、设计、生产及管理工程技术人员的案头参考书，也可供从事炼厂气及其他气体净化的工艺技术人员参考。此外，还可作为有关院校师生的教学参考书。

范恩泽（教授级高级工程师）与王遇冬教授不仅就全书结构提出了重要意见，而且系统地、逐字逐句地审读了此书的初稿，提出了许多修改意见。此外，还有一些业内专家提出了宝贵意见。笔者还得到了老领导，四川石油管理局原副局长兼炼化总工程师徐文渊博士的鼓励和支持。

感谢石油工业出版社出版此书并给予了宝贵的支持和指导，感谢川渝气田、中国石油西南油气田分公司天然气研究院和重庆天然气净化总厂的领导和许多同志的支持和帮助。

笔者在几十年参与天然气净化工艺技术工作过程中，获得了许多领导和同事的指导和帮助，在国内气体净化领域也有许多良师益友，借此机会，谨向他们表示衷心的谢意。

囿于笔者的学识及认知水平，书中不当及疏漏之处尚祈业内专家及读者赐正。

主编

目 录

第一章 概论 (1)
- 第一节 天然气在能源结构中的地位 (1)
- 第二节 含硫天然气组成 (2)
- 第三节 商品天然气质量标准及硫磺回收尾气 SO_2 排放标准 (4)
- 第四节 天然气净化工艺分类 (6)
- 第五节 天然气净化工艺发展动向 (8)
- 参考文献 (14)

第二章 常规胺法 (15)
- 第一节 常用的烷醇胺及其溶液的物化性质 (15)
- 第二节 工艺流程及主要设备 (33)
- 第三节 一乙醇胺法 (37)
- 第四节 二乙醇胺法 (40)
- 第五节 二异丙醇胺法 (41)
- 第六节 二甘醇胺法 (42)
- 第七节 醇胺的变质与复活 (43)
- 第八节 胺法装置中的腐蚀、发泡、过滤及溶剂损失问题 (51)
- 参考文献 (56)

第三章 选择性胺法 (58)
- 第一节 选择性脱硫的应用领域及相关参数 (58)
- 第二节 甲基二乙醇胺选择脱硫工艺 (60)
- 第三节 甲基二乙醇胺工艺应用范围的扩展 (67)
- 第四节 甲基二乙醇胺的化学变质、腐蚀性及其他操作问题 (71)
- 第五节 其他选择性胺法 (75)
- 第六节 选择性胺法的工艺特点 (78)
- 第七节 提高酸气 H_2S 浓度的其他途径 (80)
- 参考文献 (82)

第四章 胺液吸收酸气的热力学与动力学 (84)
- 第一节 概述 (84)
- 第二节 酸气在胺液中平衡溶解度的测定方法 (85)
- 第三节 酸气在胺液中平衡溶解度的计算模型 (86)
- 第四节 酸气在胺液中平衡溶解度数据 (92)
- 第五节 酸气负荷的平衡程度 (105)
- 第六节 酸气在胺液中的吸收热效应 (107)
- 第七节 醇胺-CO_2 反应的动力学 (109)
- 第八节 胺液吸收酸气的模型化 (115)

参考文献 (116)

第五章 物理溶剂法 (118)
- 第一节 物理溶剂法的特点 (118)
- 第二节 常用物理溶剂的性质 (119)
- 第三节 多乙二醇二甲醚法 (121)
- 第四节 碳酸丙烯酯法 (131)
- 第五节 其他物理溶剂法 (135)
- 参考文献 (146)

第六章 化学—物理溶剂法 (147)
- 第一节 醇胺—甘醇法 (147)
- 第二节 一乙醇胺—环丁砜法 (149)
- 第三节 二异丙醇胺—环丁砜法 (156)
- 第四节 甲基二乙醇胺—环丁砜法 (167)
- 第五节 有机硫化合物的脱除 (171)
- 第六节 降低酸气中烃含量的途径 (177)
- 第七节 砜胺溶液的腐蚀性质 (183)
- 第八节 砜胺溶液的变质与复活 (187)
- 第九节 其他化学物理溶剂法 (188)
- 参考文献 (191)

第七章 直接转化法 (193)
- 第一节 概述 (193)
- 第二节 液相氧化还原反应的基本原理 (194)
- 第三节 铁法 (197)
- 第四节 钒法 (205)
- 第五节 其他直接转化法 (212)
- 第六节 直接转化法设备的特点 (214)
- 参考文献 (216)

第八章 天然气脱硫脱碳的其他方法 (218)
- 第一节 氧化铁固体脱硫剂 (218)
- 第二节 浆液法 (222)
- 第三节 热碳酸钾法 (226)
- 第四节 分子筛法 (229)
- 第五节 膜分离法 (235)
- 第六节 低温分离法 (242)
- 第七节 生化脱硫法 (246)
- 第八节 各种液体除硫剂 (247)
- 第九节 天然气的精脱硫 (248)
- 参考文献 (250)

第九章 天然气脱水工艺 (252)
- 第一节 概述 (252)

第二节	甘醇法	(254)
第三节	分子筛法	(269)
第四节	其他脱水方法	(278)
参考文献		(280)

第十章 硫磺回收工艺 ········ (282)
  第一节 硫磺的性质、质量指标及供需情况 ······ (282)
  第二节 克劳斯反应及其热力学与动力学 ······ (286)
  第三节 克劳斯工艺流程 ······ (290)
  第四节 燃烧反应段 ······ (294)
  第五节 催化转化段 ······ (298)
  第六节 过程气再热方式 ······ (303)
  第七节 硫的冷凝及处理 ······ (305)
  第八节 硫磺成型 ······ (307)
  第九节 装置硫收率的计算方法 ······ (312)
  第十节 提高装置硫收率的措施 ······ (316)
  第十一节 尾气灼烧 ······ (320)
  第十二节 克劳斯装置数据 ······ (321)
  第十三节 处理酸气的其他途径 ······ (322)
  参考文献 ······ (326)

第十一章 尾气处理工艺 ······ (329)
  第一节 概述 ······ (329)
  第二节 低温克劳斯类工艺 ······ (331)
  第三节 还原类尾气处理工艺 ······ (338)
  第四节 氧化类尾气处理工艺 ······ (348)
  参考文献 ······ (351)

第十二章 克劳斯延伸工艺 ······ (352)
  第一节 概述 ······ (352)
  第二节 克劳斯组合工艺 ······ (352)
  第三节 克劳斯变体工艺 ······ (363)
  参考文献 ······ (371)

第十三章 天然气净化工艺的选择 ······ (373)
  第一节 各种脱硫脱碳工艺的特点及适应性 ······ (373)
  第二节 天然气脱硫脱碳工艺的选择 ······ (376)
  第三节 硫磺回收与尾气处理工艺的选择 ······ (380)
  第四节 天然气脱水工艺的选择 ······ (385)
  参考文献 ······ (386)

第十四章 天然气净化过程中的分析项目和测试方法 ······ (387)
  第一节 概述 ······ (387)
  第二节 天然气脱硫脱碳过程中的分析方法 ······ (388)
  第三节 硫磺回收及尾气处理过程中的分析方法 ······ (401)

    第四节　天然气脱水过程中的分析方法…………………………………………（408）
    参考文献……………………………………………………………………………（414）
附　　录　一、天然气净化领域常用英文缩写词……………………………………（416）
　　　　　二、国外天然气净化工艺名称………………………………………………（418）

第一章 概 论

一般认为，天然气净化工艺包括天然气脱硫脱碳、脱水、硫磺回收及尾气处理4类工艺。天然气脱硫脱碳及脱水是为了达到商品天然气的质量指标；硫磺回收及尾气处理则是为了综合利用和满足环保要求。

国外也常将天然气净化（Natural Gas Purification）称为天然气处理（Natural Gas Treatment），有时还称为天然气调质（Natural Gas Conditioning）。

第一节 天然气在能源结构中的地位[1,2]

在近期的世界石油大会上有不少专家预言，正如20世纪被称为"石油世纪"一样（1965年起石油超过煤炭成为人类的第一能源），21世纪将是"天然气世纪"。

世界天然气的储量十分丰富，据估计常规天然气的最终可采资源量为 $327.4\times10^{12}\,m^3$，而非常规天然气资源估计有 $(1390\sim4430)\times10^{12}\,m^3$，而2000年产量约 $2.39\times10^{12}\,m^3$，这为天然气成为一种优质清洁能源和重要的化工原料提供了资源保障。

作为一次能源，天然气燃烧排放的 SO_2，NO_x，CO 及飞灰量大大低于煤和石油，如表1-1所示，而且由于其氢碳比高，排放的 CO_2 量也较少，可对减轻地球的温室效应做出贡献。

表1-1 不同能源排放的污染物量①

能 源	SO_2	NO_x	CO	CO_2	灰 分
天然气	1	1	1	1	1
石 油	400	5	16	1.33	14
煤 炭	700	10	29	1.67	148

① 相同热值下以天然气排放的污染物量为1计。

天然气在世界一次能源消费结构中的比例，1900年为1.5%，1920年为1.9%，1940年为4.6%。随着人类环保意识的觉醒和不断增强，目前已达到25%左右，超过煤炭而居第二位（表1-2）。

表1-2 世界一次能源消费结构

年 度		1950	1960	1970	1980	1990	1999
消费总量，10^8 toe①		17.4850	28.8866	48.4548	63.6669	79.2600	85.3360
消费结构 %	天然气	9.7	14.2	18.6	19.8	22.87	24.19
	石 油	31.0	37.8	48.7	48.6	39.79	40.57
	煤 炭	57.6	46.0	30.5	28.3	28.56	24.95
	水电、核电	1.7	2.0	2.2	3.3	8.78	10.29

① toe 为吨油当量。

据估计,到21世纪中期天然气将超过石油而在世界一次能源消费结构中占据首位。然而在我国,天然气在一次能源消费结构中所占比例目前还不到3%,如表1-3所示。

表1-3 我国一次能源消费结构

年 度		1953	1962	1970	1980	1990	1999
消费总量,10^4t(标煤)		5411	16540	29291	60275	98703	124759
消费结构 %	天然气	0.02	0.93	0.92	3.14	2.10	2.29
	石油	3.81	6.61	14.67	21.05	16.60	24.21
	煤炭	94.33	89.23	80.89	71.81	76.20	70.96
	水电、核电	1.84	3.23	3.52	4.00	5.10	2.54

应当强调指出,根据可持续发展战略和环境保护国策的要求,我国正在大力发展天然气工业,预计我国远景天然气可采资源量为$15\times10^{12}m^3$,2001年产量为$303\times10^8m^3$,但产量将快速增加,"西气东输"已成为我国西部大开发的标志性工程。据估计,随着我国天然气工业的加速发展,加上准备陆上引进俄罗斯的天然气和海上引进澳大利亚与印度尼西亚的液化天然气,我国天然气消费量将成倍增长。天然气在我国一次能源消费结构中的比例,预计2005年达5%,2010年达7%~8%,2015年超过10%。

天然气主要用作各种燃料,如表1-4所示,用作化工原料的比例虽然不高,但绝对量可观,不少国家的合成氨和甲醇90%以上是以天然气为原料生产的,详见表1-5。

表1-4 天然气消费结构(%)

区域	发电	工业燃料	工业原料	民用及商用
北美	11.6	47.5	3.4	37.5
欧洲	19.2	31.0	4.3	45.5
独联体	35.8	43.6	4.0	16.6
东南亚	40.0	41.8	10.0	8.2
中东	32.1	52.8	10.1	5.0
中国	3.3	59.6	20.1	17.0

表1-5 产品以天然气为原料所占比例(%)

产品	美国	英国	独联体	法国	印度	中国
合成氨	98.2	100	92.2	—	46.4	17
甲醇	100	90	90	80	—	18

从表1-4及表1-5可见,我国天然气化工利用的比例虽高,但由于用气量并不多,在合成氨及甲醇的原料结构中比例却不高。

第二节 含硫天然气组成[3,4]

不同地层所产天然气有不同组成,有些天然气不含或仅含微量H_2S及有机硫,可称无硫气（国外称为 Sweet Gas）。但也有许多天然气含有一定浓度的 H_2S 以及有机硫、CO_2，可称之为粗天然气，这些天然气必须将这些杂质脱除达到质量指标后方能成为商品。表 1-6 及表 1-7 分别列出了国外与我国一些含硫天然气的组成。

表 1-6　国外某些含硫天然气组成

国外气田		H_2S %	CO_2 %	RSH[①] mg/m³	COS[①] mg/m³	CS_2[①] mg/m³	C_1 %	C_2^+ %
法国	Lacq	15.5	10.0	1070	285	142	69.4	5.1
美国	Texas	15.0	6.0		86		57.69	13.81
	Person	1.6	6.9	27	10		81.57	9.43
	—	0.002	30.0	—	—	—	70.0	—
加拿大	比培雷	90.6	5.1				3.4	微
	华特顿Ⅳ	32.2	7.6				51.2	5.7
	内维斯	6.5	4.1				63.5	17.4
	克罗斯菲	0.6	6.0				81.4	10.8
俄罗斯	奥伦堡	2.58	1.4	831	51		82.2	14.25
	阿斯特拉罕	24.6	14.2		10		49.6	12.0
德国	NEAG	9.0	9.5	100	130	—	81.5	0.5
	Düste	6.31	8.88	22	94	—	80.64	0.2
伊朗	马斯杰德	25.0	11.0	428	1710	—	62.8	1.2
	—	0.16	2.10	—	—	—	81.40	16.34

① 均为以硫计的含量，即 mg（硫）/m³。

表 1-7　我国若干含硫天然气组成

气田		H_2S %	CO_2 %	RSH[①] mg/m³	RSR'[①] mg/m³	COS[①] mg/m³	其他 有机硫[①] mg/m³	C_1 %	C_2^+ %
四川气田	威远	0.879	4.437	—	—	—	—	86.80	0.11
	卧龙河[②]	4.48	0.54	580～800	40～60	<10		92.42	1.35
	中坝	6.32	4.13					84.84	2.903
	庙高寿	0.69	—	—	—	—	—	96.42	0.91
	相国寺	0.16	0.16					97.62	0.99
	垫江[②]	0.209	2.277					96.095	0.613
	渠县[②]	0.531	1.913					96.357	0.315
	磨溪[②]	1.64	0.50					>93	<3
	长寿[②]	0.285	2.251					95.983	0.657
	罗家寨6#井	7.05	5.87	2.2		90.3	5.7	85.92	0.07
	卧63#井	31.95	1.65					64.91	0.566
	渡口河3井	17.06	8.27					73.71	0.11
江汉	建南[②]	3.289	6.990					88.851	—

续表

气田		H_2S %	CO_2 %	RSH[①] mg/m³	RSR'[①] mg/m³	COS[①] mg/m³	其他有机硫[①] mg/m³	C_1 %	C_2^+ %
长庆	一净化厂	0.033	3.025	-	-	-	-	95.469	0.719
	二净化厂	0.065	5.321					93.810	0.649

① 均为以硫计的含量，即 mg（硫）/m³；
② 净化厂进料气组成。

关于天然气中的有机硫化合物，通常气质标准中以总硫含量要求，也有些有硫醇硫的要求，故一般并不作族组成、更毋需作组分分析。表1-8给出德国某天然气的有机硫组分分析结果（气相色谱——微库仑法）。

表1-8　德国某天然气有机硫组分含量（mg/m³）

甲硫醇	乙硫醇	异丙硫醇	正丙硫醇	另丁硫醇	异丁硫醇	正丁硫醇	3-甲基丁硫醇-2	异戊硫醇	戊硫醇-2	戊硫醇-3	2-甲基丁硫醇-1	正戊硫醇	二甲硫醚	甲乙硫醚	二乙硫醚	甲丙硫醚	乙异丙硫醚	乙丙硫醚	四氢噻吩
4.58	3.28	1.69	2.98	2.09	0.49	2.38	0.79	0.99	1.59		1.19	1.29	1.09	0.59	0.89	0.69	0.39	0.59	1.59

还应当指出的是，从井口采出的粗天然气中的水蒸气通常均为在该工况条件下饱和的。

第三节　商品天然气质量标准及硫磺回收尾气 SO_2 排放标准

一、商品天然气质量标准

商品天然气的质量标准系根据天然气的主导用途，综合经济利益、安全卫生和环境保护三个方面制定的。国际标准化组织于1998年发布了一份关于天然气质量指标的指导性准则——ISO 13686—1998，它列出了管输天然气质量应当考虑的指标、计量单位和相应的试验方法，但并未作定量规定。表1-9给出了国外的一些商品天然气质量要求，表1-10则是我国于1999年公布的新的天然气质量标准。

表1-9　国外商品天然气质量指标

国家	H_2S mg/m³	总硫 mg/m³	CO_2 %	水露点 ℃/MPa	高热值 MJ/m³
英国	5	50	2.0	夏 4.4/6.9　冬-9.4/6.9	38.84~42.85
荷兰	5	120	1.5~2.0	-8/7.0	35.17
法国	7	150	-	-5/操作压力	37.67~46.04
德国	5	120	-	地温/操作压力	30.2~47.2
意大利	2	100	1.5	-10/6.0	-
比利时	5	150	2.0	-8/6.9	40.19~44.38
奥地利	6	100	1.5	-7/4.0	-

续表

国　家	H_2S mg/m³	总硫 mg/m³	CO_2 %	水露点 ℃/MPa	高热值 MJ/m³
加拿大	6	23	2.0	64 mg/m³	36.5
	23	115		−10/操作压力	36
美国	5.7	22.9	3.0	110mg/m³	43.6～44.3
俄罗斯	7.0	16.0①	−	温带 0，寒冷地区夏−5/冬−10	36.1
波兰	20	40	−	夏 5/3.37　冬−10/3.37	19.7～35.2
保加利亚	20	100	7.0②	−5/4.0	34.1～46.3
南斯拉夫	20	100	7.0②	夏 7/4.0　冬−11/4.0	35.17

① 硫醇；
② 系 $CO_2 + N_2$。

表 1−10　我国天然气国家标准（GB 17820—1999）①

项　目	一类	二类	三类	项　目	一类	二类	三类
高热值，MJ/m³	>31.4			硫化氢，mg/m³	≤6	≤20	≤460
总硫（以硫计），mg/m³	≤100	≤200	≤460	二氧化碳②，%	≤3.0	≤3.0	
水露点③，℃	在天然气交接点的压力和温度条件下，比最低环境温度低 5℃						

① 本标准中气体体积的标准参比条件是 101.325 kPa，20℃；
② 体积分数；
③ 本标准实施之前建立的天然气输送管道，在天然气交接点的压力和温度条件下，天然气中应无游离水。无游离水是指天然气经机械分离设备分不出游离水。

将表 1−10 与表 1−9 比较可见，我国一类气质标准已达到国际先进水平，二类气达到国际一般水平，三类气则系应对我国国情的过渡性标准。

天然气净化的目的就是将粗天然气脱硫脱碳及脱水达到表 1−10 的有关指标。

我国还制定了"汽车用压缩天然气"国家标准 GB 18047—2000，要求：H_2S 不大于 15mg/m³，总硫（以硫计）不大于 200mg/m³，CO_2 不大于 3%，氧含量不大于 0.5%，水露点不大于 −13 ℃（最高操作压力下），高位发热量大于 31.4 MJ/m³，并应有特殊气味以保证安全。

二、硫磺回收尾气 SO_2 排放标准

胺法及砜胺法溶液等再生所得酸气通常以克劳斯工艺回收硫磺，其尾气中仍含有一定量硫化物，并经灼烧转化为 SO_2，所排放的 SO_2 浓度及 SO_2 量应满足当地的排放指标要求。

表 1−11 给出了一些经济发达国家关于硫磺回收装置应达到的硫收率水平的要求。

表 1−11　国外对硫磺回收装置硫收率的要求（%）

国　家	装　置　规　模，t/d							
	<0.3	0.3～2	2～5	5～10	10～20	20～50	50～2000	2000～10000
美国得克萨斯州								
已建装置	灼烧	−	96.0		97.5～98.5	98.5～99.8	99.8	
新建装置	灼烧	96.0	96.0～98.5		98.5～99.8	99.8	99.8	
加拿大		70	90		96.3		98.5～99.0	99.8

续表

国　　家	装　置　规　模，t/d						
	<0.3	0.3～2	2～5	5～10	10～20	20～50	50～2000	2000～10000
意大利	95					96		97.5
德国	97					98		99.5
日本	99.9						
法国	97.5						
荷兰	99.8						
英国	98						

从表1-11可见，一些国家，尤其是美国根据装置规模而有不同的硫收率要求，装置愈大要求愈严。各国从国情出发而有不同要求，加拿大地广人稀故要求较为宽松，日本作为人口密集的岛国其标准最为严格。

我国于1996年公布的关于硫生产装置的SO_2排放标准GB 16297—1996则不仅分地区有严格的SO_2总量控制，尤其关键的是有非常严格的SO_2浓度限制，详见表1-12。

表1-12　我国硫生产装置SO_2排放标准（GB 16297—1996）

最高允许排放浓度[①] mg/m³	排气筒高度，m	最高允许排放速率[①]，kg/h		
		一级	二级	三级
1200（960）	15	1.6	3.0 (2.6)	4.1 (3.5)
	20	2.6	5.1 (4.3)	7.7 (6.6)
	30	8.8	17 (15)	26 (22)
	40	15	30 (25)	45 (38)
	50	23	45 (39)	69 (58)
	60	33	64 (55)	98 (83)
	70	47	91 (77)	140 (120)
	80	63	120 (110)	190 (160)
	90	82	160 (130)	240 (200)
	100	100	200 (170)	310 (270)

① 括弧内为对1997年1月1日起新建装置的要求。

表1-12标准的严格程度仅次于日本，而显著超过美国、法国、意大利及德国等发达国家。按表1-12规定，不论装置规模大小，已建装置硫收率需达99.6%才能满足SO_2不高于1200mg/m³的要求，新建装置则需达到99.7%。

考虑到天然气作为一种清洁能源对保护环境的积极作用，国家环境保护总局同意天然气净化厂排放废气中的SO_2作为特殊污染源可通过制定相应的行业污染物标准进行控制，在该标准未颁布前，可暂按表1-12中的最高允许排放量控制，而毋须控制排放浓度。

第四节　天然气净化工艺分类

天然气脱硫脱碳有多种多样的工艺，但主导工艺是胺法以及砜胺法；脱水通常使用三甘醇法，需深度脱水时则用分子筛法；硫磺回收主要采用克劳斯工艺，因酸气H_2S浓度的不同而有多种工艺；尾气处理主要有低温克劳斯法及还原吸收法，它还与克劳斯工艺组合而形成了一些克劳斯组合工艺。

目前，天然气净化厂采用的主导工艺是：

$$\left.\begin{array}{l}\text{胺法}\\\text{砜胺法}\end{array}\right\}\text{脱硫脱碳}—\text{三甘醇脱水}—\left\{\begin{array}{l}\text{克劳斯硫磺回收}—\left\{\begin{array}{l}\text{低温克劳斯}\\\text{还原吸收}\end{array}\right\}\text{尾气处理}\\\text{克劳斯组合工艺}\end{array}\right.$$

一、天然气脱硫脱碳

天然气脱硫脱碳是天然气净化工艺的"龙头"，其类别也特别多，但主导工艺是胺法及砜胺法。

1. 化学溶剂法

以碱性溶液吸收 H_2S 及 CO_2 等，并于再生时又将其放出的方法，包括使用有机胺的 MEA 法、DEA 法、DIPA 法、DGA 法、MDEA 法及位阻胺法等，使用无机碱的活化热碳酸钾法也有一些应用。

2. 物理溶剂法

利用 H_2S 及 CO_2 等与烃类在物理溶剂中溶解度的巨大差别而实现天然气脱硫脱碳的方法，包括多乙二醇二甲醚法、碳酸丙烯酯法、冷甲醇法等。

3. 化学—物理溶剂法

将化学溶剂烷醇胺与一种物理溶剂组合的方法，典型代表为砜胺法（DIPA－环丁砜、MDEA－环丁砜等），此外还有 Amisol, Selefining, Optisol 及 Flexsorb 混合 SE 等。

4. 直接转化法

以液相氧载体将 H_2S 氧化为元素硫而用空气使之再生的方法，又称氧化还原法或湿式氧化法，主要有钒法（ADA－$NaVO_3$，栲胶－$NaVO_3$ 等）、铁法（Lo－Cat, Sulferox, EDTA 络合铁，FD 及铁碱法等），还有 PDS 等方法。

5. 其他类型的方法

除上述 4 大类脱硫方法外，还可以使用分子筛、膜分离、低温分离及生物化学等方法脱除 H_2S 及有机硫。此外，非再生性的固体及液体除硫剂以及浆液脱硫剂则适于处理低 H_2S 含量的小量天然气。

二、天然气脱水

与天然气脱硫脱碳相比，脱水方法的类别要简单得多。

1. 甘醇法

使用三甘醇或二甘醇吸收脱除天然气中的水分，这是天然气脱水最常用的方法。

2. 分子筛法

要求深度脱水时可采用分子筛吸附法，早期脱水还使用过活性氧化铝及硅胶等吸附剂。

3. 其他脱水方法

除上述两类方法外，还可采用压缩、冷却、$CaCl_2$ 吸收及膜分离等方法脱除天然气中的水分。

三、硫磺回收

天然气净化领域内硫磺回收通常系指克劳斯工艺，它包括以下一些类别。

1. 直流克劳斯工艺

当酸气 H_2S 浓度高于 50% 左右时，可将全部酸气与计量的空气送入炉内燃烧并继以催化转化，称为直流工艺，也称为部分燃烧法。

2. 分流克劳斯工艺

当酸气 H_2S 浓度低于50%、高于15%时可将部分酸气入炉燃烧后与其余酸气一起催化转化，是为分流工艺。在 H_2S 浓度低于15%时，则可预热酸气及空气，甚至将所得硫磺部分送入炉内燃烧。

3. 直接氧化法

直接氧化法用于 H_2S 浓度低于5%的酸气，以空气在催化剂床层内将 H_2S 氧化为元素硫，这实际是原型克劳斯工艺，但已有很大进步。

4. 克劳斯变体工艺

系指仍以克劳斯反应为基础，但与常规克劳斯工艺有显著不同的工艺，如富氧克劳斯工艺、Clinsulf 等温催化工艺等。

5. 克劳斯组合工艺

系指将常规克劳斯工艺与尾气处理组合成一体的工艺，如冷床吸附法，MCRC，Superclaus 等工艺。

四、尾气处理

硫磺回收的尾气处理有三类工艺。

1. 低温克劳斯工艺

在较常规克劳斯为低的温度下反应以提高硫收率的工艺，如 Sulfreen，Clauspol 1500 等。此类工艺所能达到的、包括克劳斯工艺在内的总硫收率约可达到99%。

2. 还原类工艺

将尾气中各种形态的硫均加氢转化为 H_2S，然后再予处理的工艺，如 SCOT，BSR/MDEA，BSR/Wet Oxidation 等，此类工艺所达到的总硫收率超过99.8%，可满足目前最严格的尾气 SO_2 浓度排放指标的要求。

3. 氧化类工艺

将尾气中各种形态的硫均氧化为 SO_2，然后再予脱除回收。国内开发了焦亚硫酸钠法，国外有 Wellmann-Lord 等方法，此类工艺在天然气净化领域应用不多。

应当指出的是，将尾气处理与克劳斯工艺一体化已成为重要的发展趋势。

第五节 天然气净化工艺发展动向

应当指出，在20世纪80年代前，天然气净化工艺发展的主要推动力是改善经济性以及实践提出的新课题。此后，环保要求也成为技术发展的重要推动力。

一、国外天然气净化工艺应用情况

关于国外天然气净化工艺的应用情况，既可以从美国的实际应用情况反映出来，也可从根据美国《烃加工》（Hydrocarbon Processing）杂志所编的双年度的《气体加工手册》（Gas Processing Handbook）中各个工艺装置数的变化情况了解该工艺受欢迎的程度。

1. 美国天然气净化装置工艺构成[5]

表1-13给出了统计的截至1994年的美国天然气脱硫脱碳装置的工艺构成情况，表1-14则是化学溶剂法、化学物理溶剂法及物理溶剂法、直接转化法的具体应用情况。

表 1-13 美国天然气脱硫脱碳装置工艺构成

工艺方法	装置数 套	占总装置数的 %	合计处理量 $10^6 m^3/d$	平均单套处理量 $10^4 m^3/d$	占总处理量的比例 %
化学溶剂法	394	63.9	970.11	246.22	72.4
化学物理溶剂法、物理溶剂法	66	10.7	161.55	244.77	12.0
直接转化法	41	6.6	46.04	112.29	3.4
分子筛法	13	2.1	105.08	808.31	7.8
抽提蒸馏	6	1.0	14.88	248.00	1.1
膜分离	3	0.5	4.96	165.33	0.4
不详	94	15.2	39.23	41.73	2.9
合计	617	100.0	1341.85	217.48	100.0

表 1-14 美国天然气脱硫脱碳装置应用工艺

化学溶剂法 共394套装置							
工艺	MEA	DEA	MDEA	DGA	Benfield	其他	合计
装置数	116	189	30	36	7	1	394

化学物理溶剂及物理溶剂法,共66套			直接转化法,共41套			
工艺	Sulfinol	Selexol	其他	海绵铁	Lo-Cat	Sulferox	其他
装置数	57	5	4	15	13	7	6

从表 1-13 及表 1-14,可得到如下一些认识:

(1) 各类天然气脱硫脱碳工艺中,胺法和砜胺法装置数合计为 428 套,占装置总数的 70%,所处理的气量大约占总处理量的 80%,单套平均处理量约在 $245 \times 10^4 m^3/d$。

(2) 由于天然气脱硫脱碳装置是几十年间逐渐建成的,MEA 法及 DEA 法仍相当多,MDEA 法仅 30 套,但 1994 年后陆续有装置从 MEA 法或 DEA 法转为 MDEA 法的报道。

(3) 分子筛法虽然只有 13 套,但处理气量占总量的 7.8%,平均单套处理能力高达 $803.8 \times 10^4 m^3/d$。

(4) 海绵铁法似不应归入直接转化法系列;直接转化法的单套平均处理量为 $112 \times 10^4 m^3/d$ 左右。

表 1-15 则是美国天然气净化厂内硫磺回收与尾气处理的工艺构成情况。

表 1-15 美国天然气净化厂内硫磺回收与尾气处理工艺构成

硫磺回收,共84套				尾气处理,共28套			
工艺	克劳斯	Selextox	其他或不详	工艺	SCOT	CBA	MCRC	其他
装置数	58	5	21	装置数	12	8	4	4

关于表 1-15,有如下认识:

(1) 硫回收装置 84 套，但胺法与砜胺法装置 428 套，两者不匹配，不知是否一套硫回收装置处理几套脱硫装置的酸气；

(2) "其他或不详"的硫回收装置多半也是克劳斯装置；

(3) 尾气处理工艺中，还原吸收法及低温克劳斯法居于主导地位，且尾气处理装置仅 28 套，而硫回收装置有 84 套，说明有不少硫回收装置未配套建设尾气处理装置。

2. 历年《气体加工手册》各工艺装置数

从根据美国《烃加工》杂志所编的《气体加工手册》内各种工艺的装置数及历年变化情况也可以了解它们的实际应用情况。表 1-16 为脱硫脱碳工艺情况，表 1-17 为脱水工艺情况，表 1-18 及表 1-19 分别为硫回收及尾气处理工艺情况[6~10]。

表 1-16　各种脱硫脱碳工艺历年装置数①

年度		1973	1982	1990	1998	2002
胺法	Activated MDEA	-	30 (8NG)	115 (>90)	-	-
	Adip	>130	-	>200	-	>400
	Amine Guard	-	-	>375	>500	>500
	Flexsorb SE	-	-	18 (12)	19 (16)	29 (26)
	Flexsorb SE+	-	-	8 (7)	12 (12)	16 (14)
	Flexsorb PS	-	-	3 (2)	4 (3)	5 (4)
	Flour Econamine	19	-	>30	>30	-
	Selectamine DD	-	7 (0)	-	-	-
	SNPA-DEA	-	-	>65 (1986年)	-	-
	SNEA-MDEA	-	-	12 (1986年)	-	-
热钾碱法	Benfield	>250 (18NG)	>500 (30NG)	>600 (55NG)	>675 (65NG)	>675 (65NG)
	Catacarb	66	>100	>100	-	-
	Flexsorb HP	-	-	1 (1)	3 (3)	-
物理溶剂法	Flour Solvent	10 (7NG)	-	-	-	-
	Purisol	4 (4)	5 (3NG)	-	7	7
	Rectisol	30 (23)	48 (36)	>70	>100	>100
	Selexol	>4	>30	>40	>50	>55
化学物理溶剂法	Amisol	-	3 (1)	-	-	-
	Flexsorb 混合 SE	-	-	-	1 (1)	2 (2)
	Sulfinol	>100 (70NG)	>140	>140	>200	>200
直接转化法	Lo-Cat	-	-	119 (49)	232 (101)	273 (119)
	Stretford	55 (55)	110	-	>150	-
	SulFerox	-	-	10 (0)	-	30 (29)
	Sulfint	-	1	7	-	-
	Sulfolin	-	-	6 (6)	-	-
	Takahax	>60	-	-	-	-
	Unisulf	-	3	-	-	-

续表

年　度		1973	1982	1990	1998	2002
其他脱硫方法	Chemsweet	-	-	150	-	-
	Iron Sponge	-	-	-	-	-
	Puraspec	-	-	-	~100	~100
	Ryan/Holmes	-	-	8（0）	-	-
	SulfaTreat	-	-	~100	-	>2000
	Separex	-	-	-	>40	>50
	Thiopaq	-	-	-	-	33（31）

① 所列数字为已建成、正设计建设及已签约数；括弧内为正在运转的装置数；括弧内××NG 则为此工艺用于天然气的装置数。

表 1-17　脱水工艺装置数[①]

年度	1973	1982	1990	1998	2002
Drizo	-	-	20	>45	>45
DriGas	-	-	-	1	1
高露点降脱水	>100	>100	>100	-	-
IFPEXOL	-	-	-	14（10）	15

① 所列数字为已建成、正设计建设及已签约数；括弧内为正运转的装置数。

表 1-18　各类克劳斯工艺装置数[①]

年　度		1973	1982	1990	1998	2002
常规克劳斯	Claus	-	700	-	-	-
	Amoco SRU	-	>300	-	-	-
组合克劳斯	CBA	-	10	-	-	许多
	HCR	-	-	-	3	>10
	MCRC	-	3	-	-	-
	Superclaus	-	-	7（0）	>70	-
富氧克劳斯	COPE	-	-	6	17（15）	22（17）
	Claus O$_2$-enriched	-	-	-	-	几套
	OxyClaus	-	-	-	30（16）	>30
	Sure	-	-	-	12	16
等温克劳斯	Clinsulf SDP	-	-	-	4	7
直接氧化法	Clinsulf DO	-	-	-	-	2
	Catasulf	-	-	1	-	-
	Selectox	-	2	7（4）	16	21

① 所列数字为已建成、正设计建设及已签约数；括弧内为正运转装置数。

表 1-19 各类尾气处理工艺装置数①

年 度		1973	1982	1990	1998	2002
低温克劳斯	Clauspol (IFP)	12 (7)	34 (32)	—	48	>40
	Sulfreen	2	—	45 (40)	50	>75
还原类	Beavon②	8	52	—	>100	>100
	BSR/MDEA②	—	—	12	30	>30 (>30)
	LTGT	—	—	—	—	6
	MODOP	—	—	2 (2)	—	—
	Resulf	—	—	—	31	44
	SCOT	7	—	120	170	—
氧化类	Cleanair	1	—	—	—	—
	Clintox	—	—	—	4	—
	Wellmann-Lord	13 (2 Claus)	26 (7 Claus)	—	—	—

①所列数字为已建成、正设计建设及已签约数;括弧内为正运转装置数;括弧内××Claus者为此工艺用于与克劳斯装置配套的数目;

②Beavon法将尾气中硫还原为H_2S后,有多种手段处理H_2S,BSR/MDEA是其中之一。

应当指出的是,《气体加工手册》是各公司所提供的广告,因此表中反映并非完整情况,但还是从一个侧面反映了许多工艺的实际应用状况。

二、我国天然气净化工艺发展与应用情况

为适应四川气田开发的要求,我国于20世纪60年代起开始了天然气净化工艺的研究开发工作,从70年代末起又有选择地从国外引进一些先进的天然气净化工艺技术和装置。国内的自主开发研究加上引进,使我国目前的天然气净化工艺已基本赶上国外的先进水平。表1-20列出了天然气净化工艺在我国工业的应用情况。

表 1-20 我国天然气净化工艺工业应用情况

年 代	20世纪60年代	20世纪70年代	20世纪80年代	20世纪90年代	21世纪初
天然气脱硫脱碳	MEA 砜胺Ⅰ型①	砜胺Ⅱ型① 铁碱	MDEA选吸 砜胺Ⅲ型① 氧化铁浆液 CT固体脱硫剂 ADA-$NaVO_3$	MDEA配方 PDS SulfaTreat	
天然气脱水		TEG 硅胶		分子筛	
硫磺回收	直流 分流		合成催化剂 非常规分流	MCRC②	Superclaus② Clinsulf SDP② Lo-Cat Ⅱ
尾气处理	—	液相催化 焦亚硫酸钠	还原—吸收	—	—

①国内开发的砜胺工艺,Ⅰ型为MEA-环丁砜溶液,Ⅱ型为DIPA-环丁砜溶液,Ⅲ型为MDEA-环丁砜溶液;
② 均为克劳斯组合工艺,兼有尾气处理功能。

表1-21至表1-23分别列出了我国天然气净化厂的脱硫脱碳、硫磺回收及尾气处理装置的有关情况,从20世纪80年代以来新建的净化厂均配套建设了三甘醇脱水装置。

表 1-21 我国天然气净化厂脱硫脱碳装置

省 市	工 厂		套数	工艺方法①	处理能力 $10^4 m^3/d$
四川省	川西南气矿	净化一厂	2	MEA	2×70
		净化二厂	2	MDEA(砜胺-Ⅰ,砜胺-Ⅱ)	2×70
		隆昌净化厂	1	MDEA	40
	川西北气矿	净化厂	1	砜胺-Ⅱ	120
	川中油气矿	引进装置	1	MDEA	50
		净化厂	1	MDEA	80
重庆市	重庆净化总厂	东溪装置	1	MEA	15
		垫江分厂	1②	MDEA(砜胺-Ⅰ,砜胺-Ⅱ)	400②
		引进分厂	1	砜胺-Ⅲ(砜胺-Ⅱ)	400
		引进分厂	1	砜胺-Ⅲ	80
		引进分厂	1	砜胺-Ⅲ	200
		渠县分厂	2	MDEA	2×200
		长寿分厂	1	MDEA 配方	400
贵州省	赤水天然气化肥厂	脱硫分厂	2	ADA-NaVO$_3$	2×100
陕西省	长庆油田分公司	第一净化厂	6	MDEA	$5\times200+1\times400$
		第二净化厂	2	MDEA	2×400
		第三净化厂	1	MDEA	300
湖北省	江汉油田	利川脱硫装置	1	MDEA	15

① 括弧内为该装置曾使用过的脱硫工艺;
② 曾为 3×125。

从表1-21可见,目前我国有天然气脱硫脱碳装置28套(其中两套已停运),此中有18套使用MDEA压力选吸工艺,一套使用MDEA配方溶液,还有三套使用砜胺Ⅲ型(MDEA-环丁砜)工艺,因此使用MDEA的装置达21套。MDEA的采用为气田取得了重大的节能及经济效益。

表 1-22 我国天然气净化厂硫磺回收装置

省 市	工 厂		套数	工艺方法	设计能力 t/d	备 注
四川省	川西南气矿	净化一厂	2	分流法	8×2	已停
		净化二厂	2	分流法	8×2	已停
		隆昌净化厂	1	Lo-CatⅡ	1.2	
	川西北气矿	净化厂	1	MCRC①	46.05	引进
			1	MCRC①	52.6	国内设计
	川中油气矿	引进装置	1	直流法	11.1	引进
		净化厂	1	直流法	17.68	
重庆市	重庆净化总厂	东溪装置	1	直流法	2	已停
		垫江分厂	1	Clinsulf SDP①(分流法)	8~16	

续表

省　市	工　　厂		套数	工艺方法	设计能力 t/d	备　注
重庆市	重庆净化总厂	引进分厂	1	直流法	230～260	低负荷
		渠县分厂	1	Superclaus① （分流法）	31.5	
		长寿分厂	1	分流法	8	
湖北省	江汉石油管理局	利川脱硫装置	1	直流法	6.5	

① 工艺兼有尾气处理功能。

表 1-23　我国天然气净化厂尾气处理装置

区　域	工　　厂		套　数	工艺方法	备　注
四川省	川西南气矿	净化一厂	1	液相催化	已　停
		净化二厂	2	液相催化	已　停
	川西北气矿	净化厂	1	还原—吸收	改方法①
重庆市	重庆净化总厂	东溪装置	1	焦亚硫酸钠	改用酸气
		引进装置	1	SCOT	低负荷

① 后改用 MCRC 法。

参 考 文 献

1　陈赓良，王开岳主编．天然气工程系列丛书．天然气的综合利用．北京：石油工业出版社，2004
2　徐文渊，蒋长安主编．天然气利用手册．北京：中国石化出版社，2002
3　周学厚主编．天然气工程手册（上册）．北京：石油工业出版社，1982
4　陈赓良．加拿大天然气净化工业．石油与天然气化工，1981（4）：1～6
5　C. Tannehill et al. US Gas Conditioning and Processing Plant Survey Results. Proc. 74th GPA Annu. Conv.，1995：362～370
6　NG/LNG/SNG Handbook. Hydrocarbon Proc.，1973，52（4）：88～116
7　Gas Processing Handbook. Hydrocarbon Proc.，1982，61（4）：86～114
8　Gas Processing Handbook. Hydrocarbon Proc.，1990，69（4）：70～87
9　Gas Processing Handbook. Hydrocarbon Proc.，1998，77（4）：87～113
10　Gas Processing Handbook. Hydrocarbon Proc.，2002，81（5）：65～121

第二章 常规胺法[1~4]

常规胺法系指较早即在工业上获得应用的、可基本上同时完全脱除 H_2S 及 CO_2 的胺法，以区别于后来开发的、将在本书第三章系统介绍的、在 H_2S 与 CO_2 同时存在的条件下选择性脱除 H_2S 的选择性胺法。

常规胺法目前所使用的烷醇胺包括一乙醇胺（MEA）、二乙醇胺（DEA）及二甘醇胺（DGA）等。选择性胺法目前使用的典型醇胺是甲基二乙醇胺（MDEA），二异丙醇胺（DIPA）在常压下也有显著的选择脱除 H_2S 的能力。此外，某些空间位阻胺（SHA）也有良好的选择脱硫能力。

应当指出，将胺法划分为常规胺法和选择性胺法只是为了叙述它们不同的工艺特色，而就具体的某一醇胺而言，则可跨越这两类胺法。例如，MDEA 是一个典型的选择脱硫溶剂，但它也可以与其他醇胺组合成同时脱硫脱碳的体系，甚至作为脱除 CO_2 的溶剂。DIPA 在常压下可作为选吸溶剂，但在较高压力下它就显示不出明显的选吸能力。

所有胺法乃至第六章介绍的砜胺法所使用的工艺流程及主要设备基本上都是相同的，本章将有一节单独叙述。

第一节 常用的烷醇胺及其溶液的物化性质

如前所述，目前在天然气净化领域使用的烷醇胺有 MEA，DEA，DIPA，MDEA 和 DGA，而 TEA 则是最早获得工业应用的烷醇胺，但后为其他醇胺取代。本节除介绍它们的主要性质外，还将介绍各个醇胺的水溶液的物化性质，包括密度、粘度、比热容、表面张力、pH 值、凝固点、饱和蒸汽压、导热率和扩散系数等以及它们的汽液平衡曲线。

一、常用烷醇胺的主要性质

上述 6 种烷醇胺的分子式及主要性质示于表 2-1。

表 2-1 常用烷醇胺的主要性质

醇 胺	MEA	DEA	TEA	DIPA	MDEA	DGA
分子式	$HOC_2H_4NH_2$	$(HOC_2H_4)_2NH$	$(HOC_2H_4)_3N$	$(CH_3CHOHCH_2)_2NH$	$CH_3N(C_2H_4OH)_2$	$HOC_2H_4OC_2H_4NH_2$
相对分子质量	61.08	105.14	149.19	133.19	119.17	105.14
相对密度	$\gamma_{20}^{20}=1.0179$	$\gamma_{20}^{30}=1.0919$	$\gamma_{4}^{40}=1.116$	$\gamma_{20}^{45}=0.989$	$\gamma_{20}^{20}=1.0418$	$\gamma_{20}^{20}=1.0572$
凝固点，℃	10.2	28.0	21.57	42	-21	-12.5
沸 点，℃	170.4	268.4（分解）	335.39	248.7	247.2	221.1
闪点（开杯），℃	93.3	137.8	185	123.9	129.4	126.7
折射率	$n_D^{20}1.4539$	$n_D^{20}1.4776$	$n_D^{25}1.4835$	$n_D^{45}1.4542$	$n_D^{20}1.469$	$n_D^{20}1.4598$
比热容，kJ/(kg·K)	2.54（20℃）	2.51（15.6℃）	2.93（15.6℃）	2.89（30℃）	2.24（15.6℃）	2.39（15.6℃）
临界温度，℃	350	442.1	514.3	399.2	322.0	402.6
临界压力，MPa	5.98	3.27	2.45	3.77	3.88	3.77

续表

醇胺	MEA	DEA	TEA	DIPA	MDEA	DGA
汽化热，kJ/kg	826 (101.3kPa)	670 (9.73kPa)	535 (101.3kPa)	431	476	510 (101.3kPa)
热导率，W/(m·K)	0.256 (20℃)	0.220 (20℃)	—	—	0.275 (20℃)	0.209 (20℃)
粘度，mPa·s	24.1 (20℃)	—	—	198 (45℃)	$0.68×10^{-6}$ m²/s (38℃)	40 (16℃)

从表 2-1 所示的几种醇胺的分子式可知，MEA 及 DGA 含有—NH_2 基团，是为伯胺；DEA 及 DIPA 含有 >NH 基团，是为仲胺；MDEA 及 TEA 含有 →N 基团，是为叔胺。它们可分别以 RNH_2，R_2NH 及 $R_2R'N$ 或 R_3N 表示。

作为一类有机碱，醇胺所具有的碱性使之可与酸气发生如下反应（三类醇胺与 H_2S 发生的反应是相同的）：

$$2RNH_2 (R_2NH, R_3N) + H_2S = (RNH_3)_2S [(R_2NH_2)_2S, (R_3NH)_2S] \quad (2-1)$$

从（2-1）式可见，此反应的实质系醇胺与 H_2S 离解产生的质子发生反应。

伯胺及仲胺与 CO_2 的反应可沿以下两个途径进行：

$$2RNH_2 (R_2NH) + CO_2 = RNHCOONH_3R (R_2NCOONH_2R) \quad (2-2)$$

$$2RNH_2 (R_2NH) + CO_2 + H_2O = (RNH_3)_2CO_3 [(R_2NH_2)_2CO_3] \quad (2-3)$$

前一反应生成氨基甲酸盐，是主要的反应途径；后一反应生成碳酸盐，是为次要的反应。

叔胺由于≡N 基团上没有活泼的氢，故不能生成氨基甲酸盐，仅能产生碳酸盐：

$$2R_2R'N + CO_2 + H_2O = (R_2R'NH)_2CO_3 \quad (2-4)$$

以上这些反应均是可逆反应，在较低的温度及较高的压力下反应向右进行，而在较高的温度及较低的压力下反应则向左进行。这正是烷醇胺被选择成为主要的脱硫溶剂的化学基础。关于以上反应的热力学以及醇胺与 CO_2 反应的动力学将在第四章讨论。

除 H_2S 及 CO_2 外，醇胺还会与天然气中存在的其他硫化物（如硫醇、羰硫、二硫化碳等）以及其他杂质发生反应，本书将分别在后面的醇胺变质及脱有机硫等章节中讨论。

胺法使用烷醇胺的水溶液作为脱硫溶液，工业上常用的浓度表示方法为质量分数（以 W 表示），此外还可使用摩尔分数（x）、质量摩尔浓度（m）及体积摩尔浓度（M）等表示。以上 4 种浓度相互转换的关系式示于表 2-2。本书以下如不加说明，所述溶液浓度均为质量分数。

表 2-2 胺液浓度转换公式[5]

项目	质量分数	摩尔分数	质量摩尔浓度	体积摩尔浓度
质量分数（W）	1	$W = \dfrac{xM_i}{xM_i + (1-x)M_j}$	$W = \dfrac{M_i m}{1000 + M_i m}$	$W = \dfrac{MM_i}{\rho}$
摩尔分数（x）	$x = \dfrac{WM_j}{WM_j + (1-W)M_i}$	1	$x = \dfrac{M_j m}{1000 + M_j m}$	$x = \dfrac{MM_j}{\rho - M(M_i - M_j)}$

续表

项　　目	质量分数	摩尔分数	质量摩尔浓度	体积摩尔浓度
质量摩尔浓度（m）	$m = \dfrac{1000W}{M_i(1-W)}$	$m = \dfrac{1000x}{M_j(1-x)}$	1	$m = \dfrac{1000M}{\rho - MM_i}$
体积摩尔浓度（M）	$M = \dfrac{W\rho}{M_i}$	$M = \dfrac{x\rho}{xM_i + (1-x)M_j}$	$M = \dfrac{m\rho}{1000 + M_i m}$	1

表2-2中：W为质量分率，kg 醇胺/kg 溶液；x为摩尔分数，mol（醇胺）/mol（溶液）；m为质量摩尔浓度，mol（醇胺）/kg（溶液）；M为体积摩尔浓度，mol（醇胺）/L（溶液）；M_i为醇胺分子质量；M_j为水分子质量（18.015g/mol）；ρ为溶液密度，kg/m³。

应当指出，鉴于溶液密度随温度变化的幅度并不大，可使用下式计算：

$$\rho = 1000 + aW + bW^2 + cW^3 \tag{2-5}$$

式中W为质量分数，a，b及c分别为常数，6种醇胺的a，b及c值可见表2-3。

表2-3　醇胺溶液密度校正常数

醇胺	MEA	DEA	TEA	MDEA	DIPA	DGA
a	31.7	112.4	148.4	101.4	43.6	95.3
b	86.7	55.8	78.8	17.8	122.7	73.9
c	-99.6	-69.6	-103.7	-79.7	-164.2	-114.4

例：将质量分数为35%的MDEA溶液转换为其他浓度。

解：摩尔分数 $x = 0.35 \times 18.015 / [0.35 \times 18.015 + (1 - 0.35) \times 119.17]$
　　　　　　$= 0.0753$ [或7.53%（mol）]

质量摩尔浓度　$m = 1000 \times 0.35 / 119.17(1 - 0.35) = 4.52$ mol（MDEA）/kg（溶液）

体积摩尔浓度　$\rho = 1000 + 101.4 \times 0.35 + 17.8 \times (0.35)^2 - 79.7 \times (0.35)^3$
　　　　　　　$= 1034$ kg/m³

　　　　　　　$M = 0.35 \times 1034 / 119.17 = 3.04$ mol（MDEA）/L（溶液）

二、胺液密度

胺液密度随醇胺浓度的增加而上升但随温度的升高而下降。需要指出的是，在生产装置内的实际胺液密度因含有酸气而与未吸收酸气的胺液密度有显著不同。以下所提及的胺液密度及其他参数凡未特别指明外均系未吸收酸气的胺液。

1. MEA溶液

应当指出，图2-1所示系MEA溶液与15.6℃水的相对密度。如图所示，当MEA溶液吸收CO_2后，其相对密度显著升高。

图2-2进一步提供了15%MEA溶液在不同的酸气负荷下的相对密度，可见吸收H_2S后胺液相对密度的升高幅度低于吸收CO_2。

中国石油西南油气田分公司天然气研究院测定MEA溶液密度与温度关系回归的计算式为：

10%MEA溶液：

$$\rho = 1.0288 - 0.000695T \quad (T > 50℃) \tag{2-6}$$

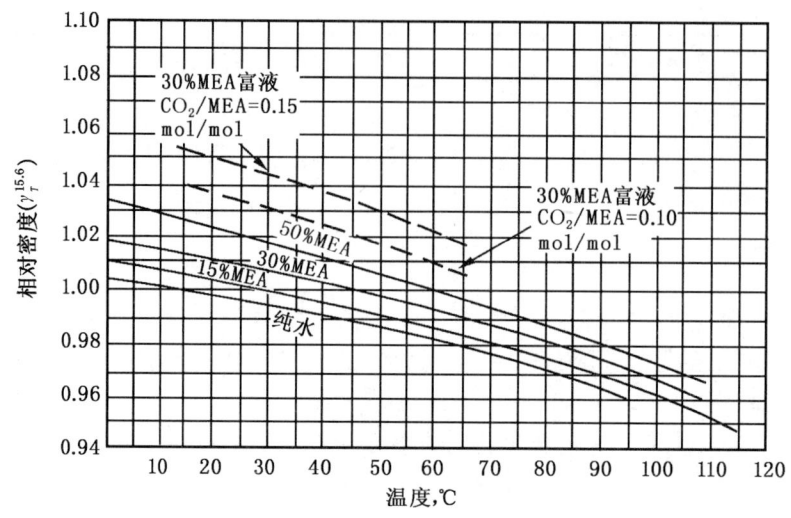

图 2-1 MEA 溶液的相对密度
（引自本章参考文献 [1]，图 6-6）

15％MEA 溶液：

$$\rho = 1.0313 - 0.000707T \quad (T > 50℃) \qquad (2-7)$$

式中 ρ——密度，g/cm^3；
T——温度，℃。

需要指出的是，在实际生产装置中情况比较复杂。例如吸收塔底的富液，它除吸收酸气外还溶解和夹带了烃类而使装置胺液密度的取值复杂化。在工艺计算中，不妨将胺液密度取得略低一些，以保证装置的溶液循环量能够达到设计要求。

2. DEA 溶液

图 2-3 所示为不同浓度的 DEA 溶液以及纯 DEA 溶剂与 15.6℃水的相对密度。

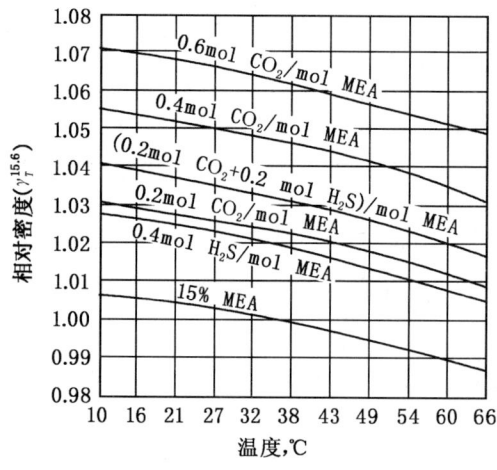

图 2-2 15％MEA 溶液吸收酸气后的相对密度
（引自本章参考文献 [1]，图 6-9）

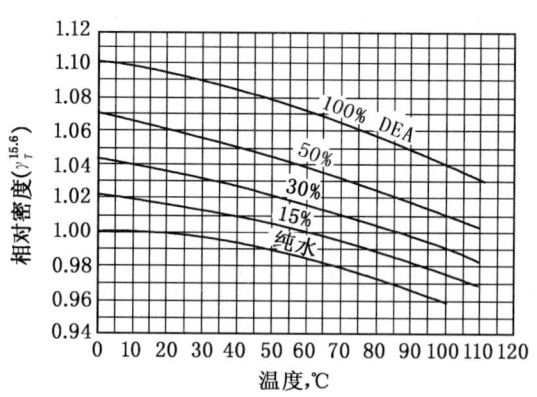

图 2-3 DEA 溶液的相对密度
（引自本章参考文献 [1]，图 6-7）

3. DIPA 溶液

不同浓度的 DIPA 溶液的密度示于图 2-4。

中国石油西南油气田分公司天然气研究院回归的 DIPA 溶液密度与温度的关系式为：

20％DIPA 溶液：

$$\rho = 1.0375 - 0.00073T \quad (T>50℃) \tag{2-8}$$

30％DIPA 溶液：

$$\rho = 1.0469 - 0.000796T \quad (T>50℃) \tag{2-9}$$

4. MDEA 溶液

30％及 45％MDEA 溶液的密度示于图 2-5，中国石油西南油气田分公司天然气研究院依据测定数据回归的计算式为：

30％MDEA 溶液：

$$\rho = 0.9949 + 0.000703T - 0.000002018T^2 \quad (303\sim383K) \tag{2-10}$$

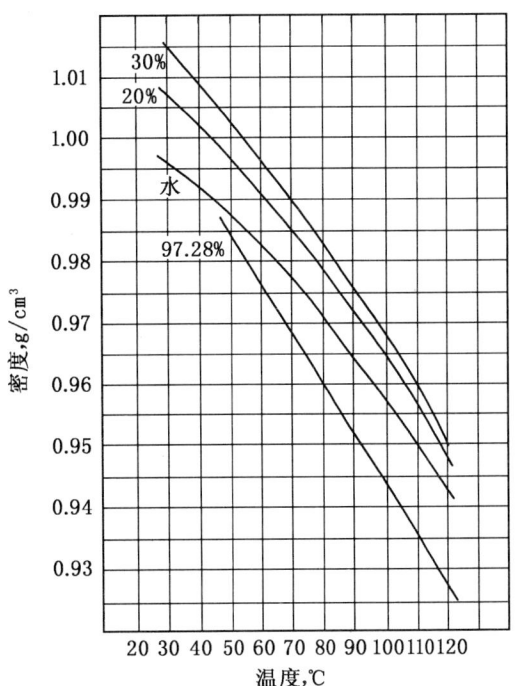

图 2-4 DIPA 溶液的密度

45％MDEA 溶液：

$$\rho = 1.0991 + 0.0002237T - 0.000001425T^2 \quad (303\sim383K) \tag{2-11}$$

式中 T——温度，K。

当 MDEA 溶液吸收 H_2S 后，其密度随 H_2S 负荷的增加而上升，如图 2-6 所示。

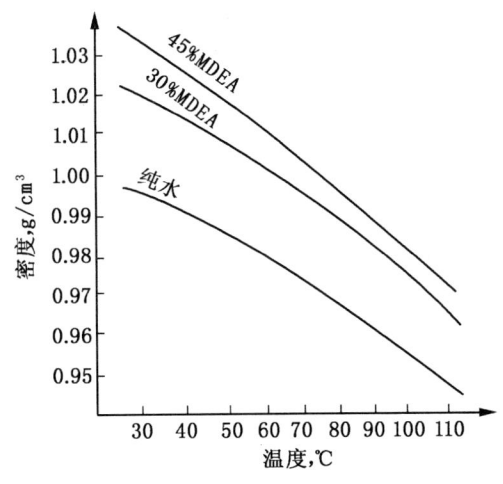

图 2-5 30％及 45％MDEA 溶液密度

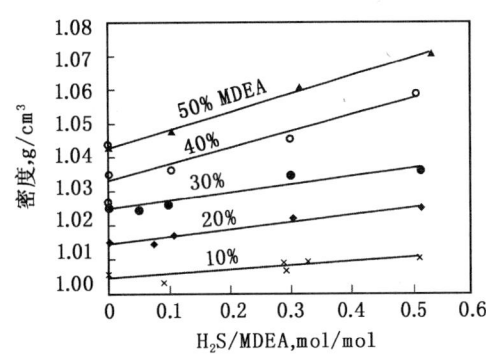

图 2-6 20℃下 MDEA 溶液密度与 H_2S 负荷的关系

[引自 J. Chem. Eng. Data，2000，45（2）]

5. DGA 溶液

工业上使用的二甘醇胺溶液浓度通常较高，达到 65％左右。图 2-7 为不同浓度的

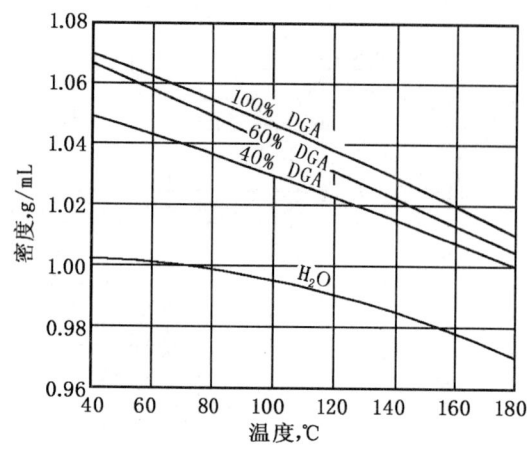

图 2-7 DGA 溶液的密度
[引自 Oil Gas J. 1966, 64 (18)]

DGA 溶液的密度。

三、胺液粘度

溶液的粘度可用动力粘度（以 μ 表示，单位 mPa·s）或运动粘度（以 ν 表示，单位 mm^2/s），二者之间有如下关系：

$$\mu = \nu \cdot \rho \qquad (2-12)$$

式中 ρ——溶液密度。

胺液粘度随温度变化的幅度远高于随胺液密度变化的幅度。吸收酸气后胺液粘度的变化值得注意，总的趋势是 H_2S 的吸收使之下降而 CO_2 则使之上升。

1. MEA 溶液

中国石油西南油气田分公司天然气研究院测定的 10% 及 15% MEA 溶液的运动粘度值示于表 2-4。

表 2-4 MEA 溶液的运动粘度（mm^2/s）

温度,℃	30	40	50	60	70	80	90	100
10%MEA 溶液	1.116	0.8588	0.7105	0.6090	0.5200	0.4543	0.4121	0.3552
15%MEA 溶液	1.265	0.9976	0.8149	0.6945	0.6016	0.5399	0.4619	0.3954

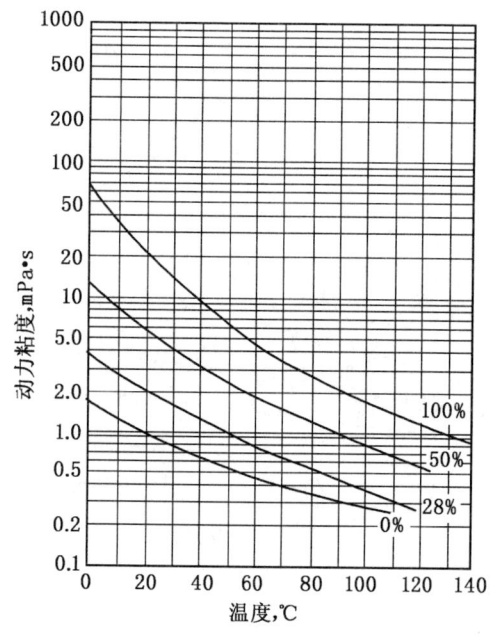

图 2-8 MEA 溶液的动力粘度
(引自本章参考文献 [1]，图 6-13)

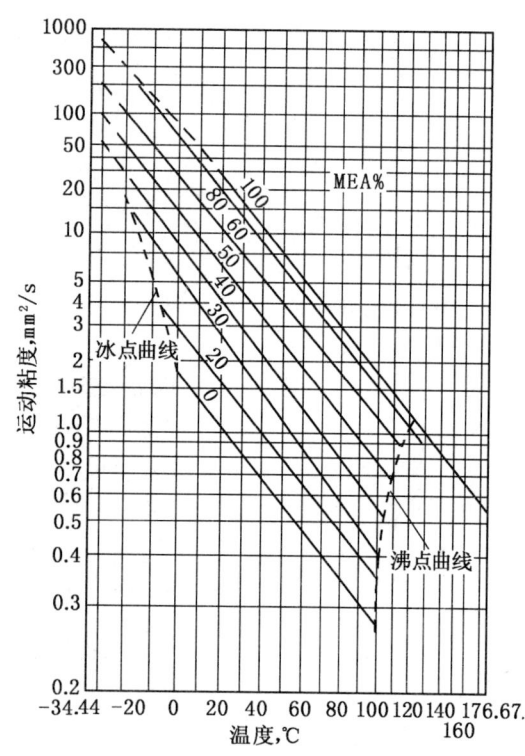

图 2-9 MEA 溶液的运动粘度
(引自本章参考文献 [1]，图 6-15)

图 2-8 及图 2-9 分别给出了不同浓度 MEA 溶液在不同温度下的动力粘度和运动粘度。

图 2-10 则是 15%MEA 溶液吸收了酸气的运动粘度，可见吸收 H_2S 后粘度下降，而吸收 CO_2 则使粘度上升。同时吸收 H_2S 及 CO_2 则有抵消效果。

2. DEA 溶液

不同浓度的 DEA 溶液的动力粘度和运动粘度分别示于图 2-11 及图 2-12。

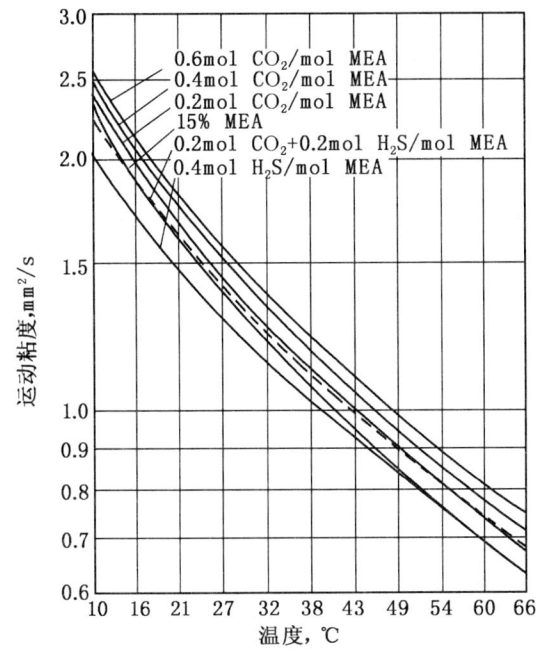

图 2-10　15%MEA 溶液吸收酸气后的运动粘度
（引自本章参考文献 [1]，图 6-18）

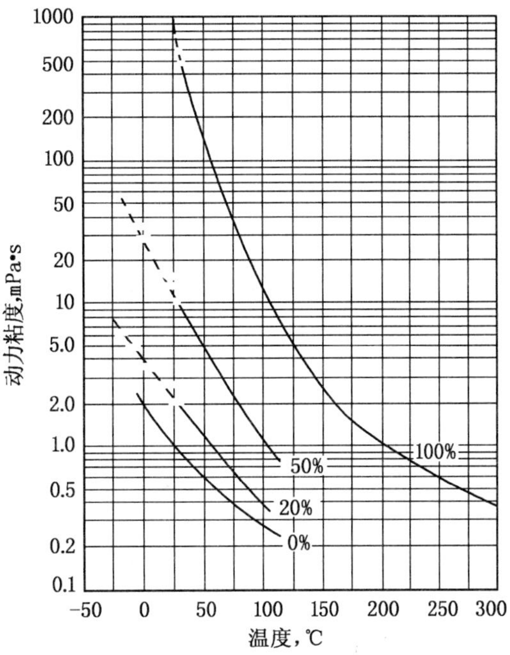

图 2-11　DEA 溶液的动力粘度
（引自本章参考文献 [1]，图 6-14）

3. DIPA 溶液

中国石油西南油气田分公司天然气研究院测定的 20% 及 30%DIPA 溶液的运动粘度值示于表 2-5。

表 2-5　DIPA 溶液运动粘度（mm^2/s）

温　度,℃	30	40	50	60	70	80	90	100
20%DIPA 溶液	1.981	1.500	1.178	0.9401	0.8081	0.6863	0.6104	0.4904
30%DIPA 溶液	3.396	2.422	1.812	1.421	1.163	0.9221	0.8013	0.6645

图 2-13 也是 DIPA 溶液的运动粘度。

4. MDEA 溶液

中国石油西南油气田分公司天然气研究院依据测定数据回归的运动粘度计算式为：

30%MDEA 溶液：

$$\log \nu = -3.1463 + (1074.5/T) \tag{2-13}$$

45%MDEA 溶液：

$$\log \nu = -3.6578 + (1326.0/T) \tag{2-14}$$

式中　ν——运动粘度，mm^2/s；
　　　T——温度，K。

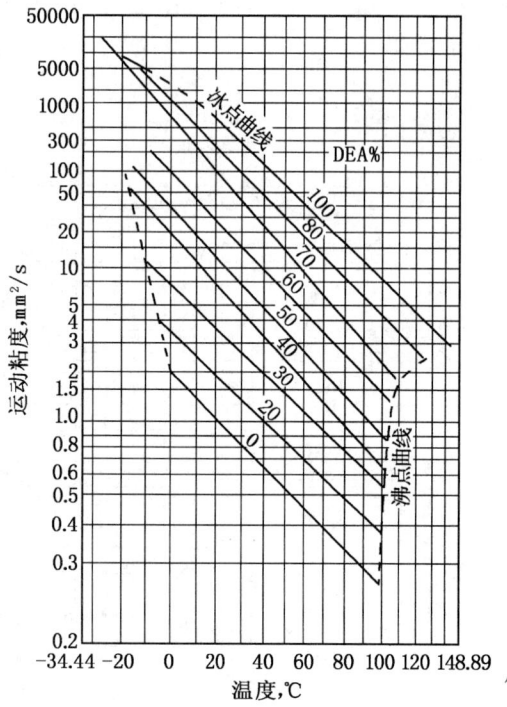

图 2-12 DEA 溶液的运动粘度
（引自本章参考文献 [1]，图 6-16）

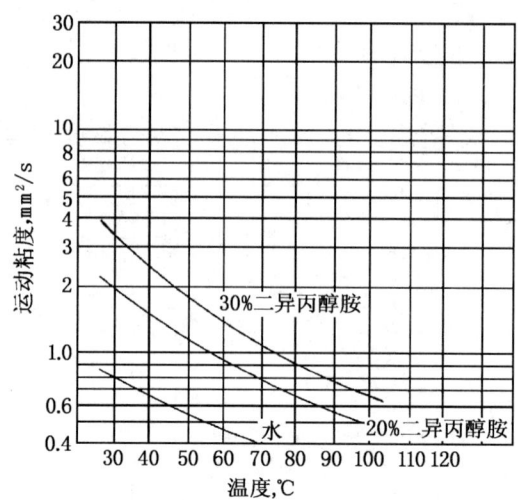

图 2-13 DIPA 溶液的运动粘度
（引自本章参考文献 [1]，图 6-17）

不同温度下各种浓度的 MDEA 溶液的运动粘度示于图 2-14。

当 MDEA 溶液吸收 H_2S 后则溶液的粘度有所下降，图 2-15 给出了在 25℃下不同浓度的 MDEA 在不同 H_2S 负荷下的动力粘度[6]。

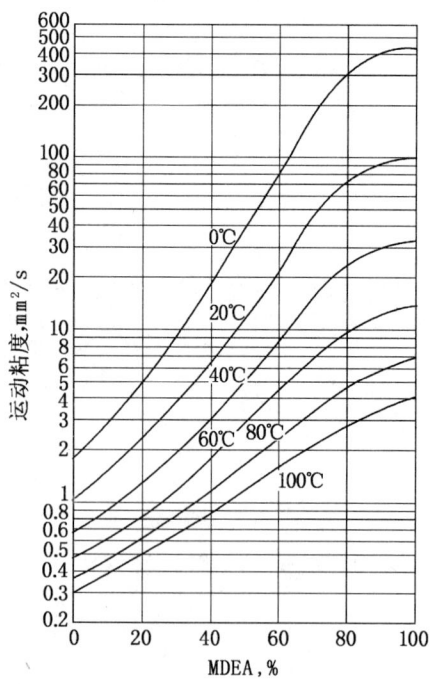

图 2-14 MDEA 溶液的运动粘度
（引自石油与天然气化工，1983 年增刊）

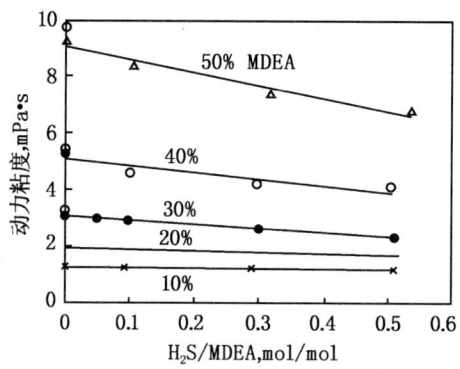

图 2-15 25℃下 MDEA 溶液动力粘度与 H_2S 负荷的关系
[引自 J. Chem. Eng. Data, 2000, 45 (23)]

5. DGA 溶液

DGA 溶液的动力粘度示于图 2-16，图 2-17 所示为吸收了 CO_2 的 DGA 溶液的运动粘度，其 CO_2 负荷为 0.2mol/mol（DGA）。

四、胺液比热容

醇胺溶液的比热容随温度的升高而上升。

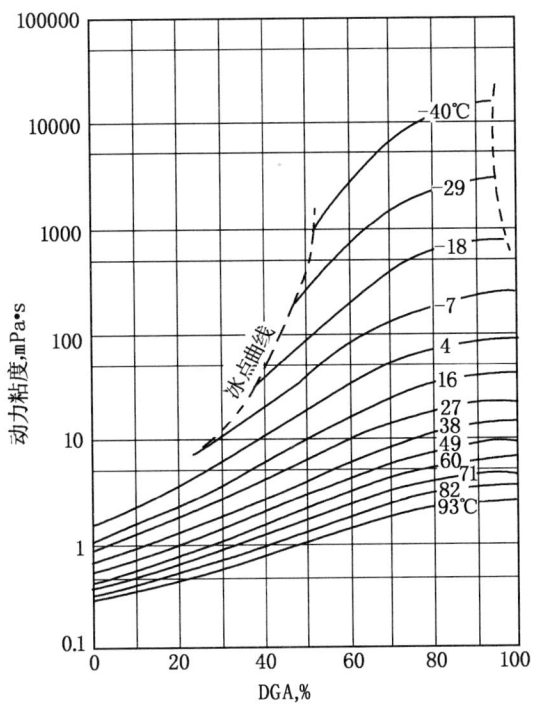

图2-16 DGA溶液的动力粘度
[引自 Oil Gas J.，1966，64（18）]

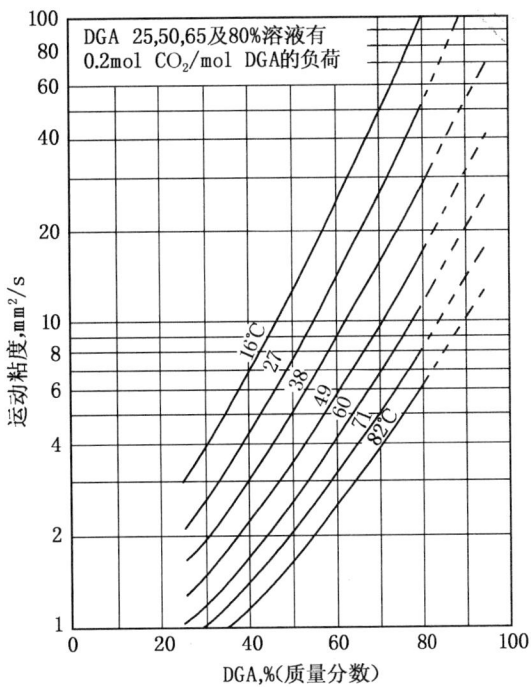

图2-17 含CO_2的DGA溶液的运动粘度
[引自 Oil Gas J.，1966，64（18）]

1. MEA溶液

MEA溶液的比热容示于图2-18。

2. DEA溶液

DEA溶液的比热容示于图2-19。

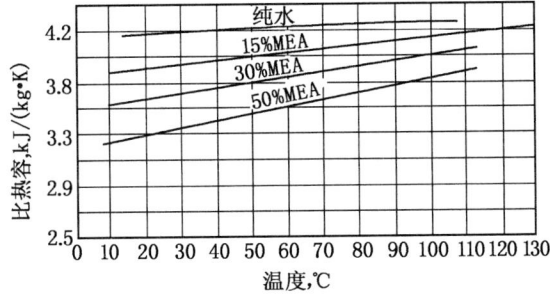

图2-18 MEA溶液的比热容
（引自本章参考文献［1］，图6-19）

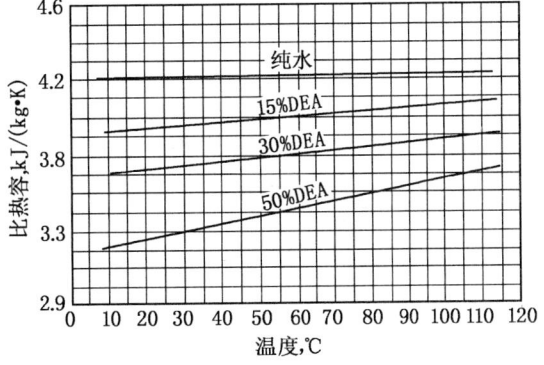

图2-19 DEA溶液的比热容
（引自本章参考文献［1］，图6-20）

3. DIPA溶液

中国石油西南油气田分公司天然气研究院测定的DIPA溶液的比热容值示于表2-6。

表 2-6 DIPA 溶液的比热容 [J/(g·℃)]

温 度,℃	30	40	50	60	70	80	90
20%DIPA	4.0009	4.0319	4.0603	4.0955	4.1265	4.1500	4.1759
30%DIPA	3.9100	3.9607	4.0084	4.0662	4.0867	4.0938	4.1520

依据测定数据回归的计算式为:
20%DIPA 溶液:

$$C_p = 3.9134 + 0.00297T \qquad (2-15)$$

30%DIPA 溶液:

$$C_p = 3.8112 + 0.00381T \qquad (2-16)$$

式中 C_p——比热容,J/(g·℃);
T——温度,℃。

4. MDEA 溶液

中国石油西南油气田分公司天然气研究院测定的 30%及 45%MDEA 溶液的比热容示于图 2-20。

依据测定数据回归的计算式为:
30%MDEA 溶液:

$$C_p = 3.6467 + 0.00391T \qquad (2-17)$$

45%MDEA 溶液:

$$C_p = 3.3536 + 0.00435T \qquad (2-18)$$

文献中依据测定数据回归的 23%和 50%MDEA 溶液的比热容计算式分别为:

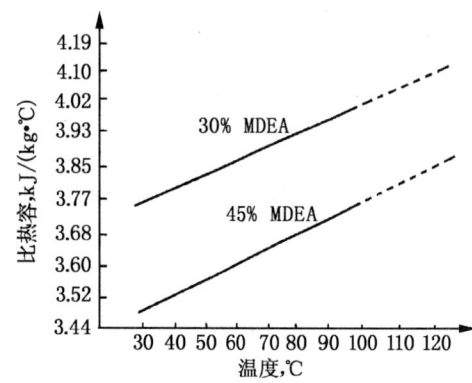

图 2-20 30%及 45%MDEA 溶液的比热容

23%MDEA 溶液:

$$C_p = 3.7085 + 0.00117T \qquad (2-19)$$

50%MDEA 溶液:

$$C_p = 3.2975 + 0.00295T \qquad (2-20)$$

式中 C_p——比热容,J/(g·℃);
T——温度,℃。

5. DGA 溶液

各种浓度的 DGA 溶液的比热容示于图 2-21。

五、胺液表面张力

胺液的表面张力随温度升高而急剧下降,且随溶液浓度的上升而下降。

1. MEA 溶液

中国石油西南油气田分公司天然气研究院测定的 10%及 15%MEA 溶液的表面张力值示于表 2-7。

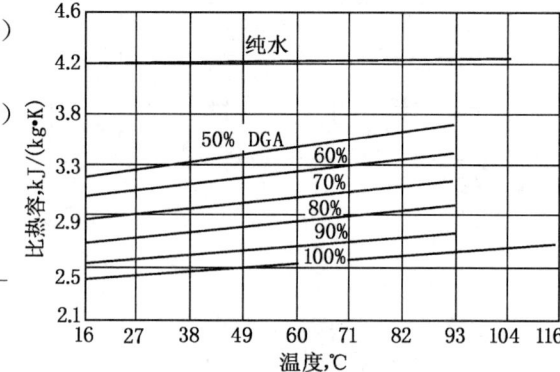

图 2-21 DGA 溶液的比热容
[引自 Oil Gas J.,1966,64(18)]

表2-7 MEA溶液的表面张力 (mN/m)

温度,℃	30	40	50	60	70	80	90	100	110	120
10%MEA	68.91	67.07	65.77	64.01	62.24	60.24	58.45	56.42	54.74	52.84
15%MEA	66.58	65.29	63.67	62.00	60.22	58.47	56.67	55.31	53.64	52.34

依据测定数据回归的计算式为：

10%MEA溶液：

$$\delta = 74.54 - 0.18T \quad (2-21)$$

15%MEA溶液：

$$\delta = 71.66 - 0.163T \quad (2-22)$$

式中 δ——表面张力，mN/m；
T——温度，℃。

2. DEA溶液

25~50℃间不同溶液的DEA溶液的表面张力示于图2-22。

3. DIPA溶液[7]

中国石油西南油气田分公司天然气研究院测定的DIPA溶液的表面张力示于表2-8。

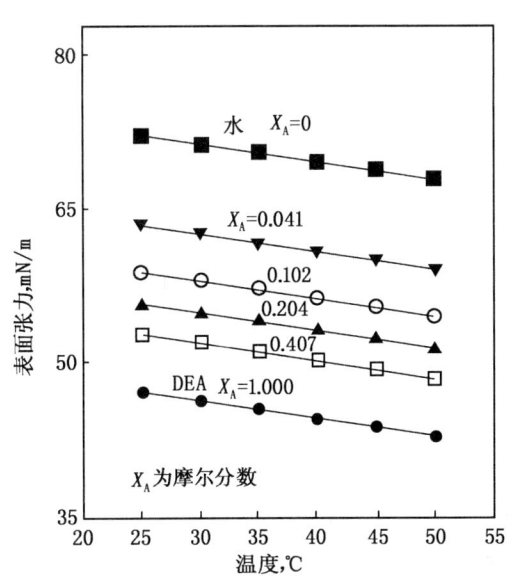

图2-22 DEA溶液的表面张力
[引自 J. Chem. Eng, Data, 1996, 41 (4)]

表2-8 DIPA溶液的表面张力 (mN/m)

温度,℃	30	40	50	60	70	80	90	100	110	120
20%DIPA	50.43	49.72	48.18	46.65	45.90	44.71	43.41	42.31	41.22	40.36
30%DIPA	47.96	46.75	45.48	44.61	42.97	41.77	40.65	39.96	38.69	38.20

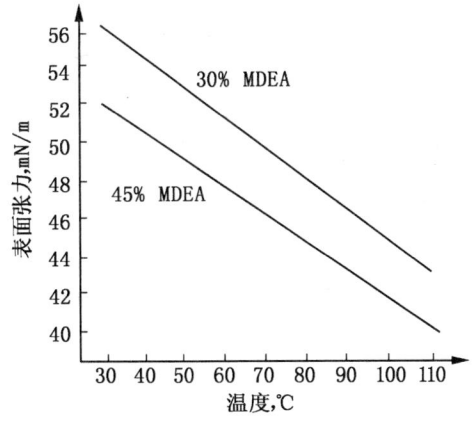

图2-23 MDEA溶液的表面张力

依据测定数据回归的计算式分别为：

20%DIPA溶液：

$$\delta = 53.94 - 0.115T \quad (2-23)$$

30%DIPA溶液：

$$\delta = 51.11 - 0.112T \quad (2-24)$$

式中 δ——表面张力，mN/m；
T——温度，℃。

4. MDEA溶液

中国石油西南油气田分公司天然气研究院测定的30%及45%MDEA溶液的表面张力示于图2-23。

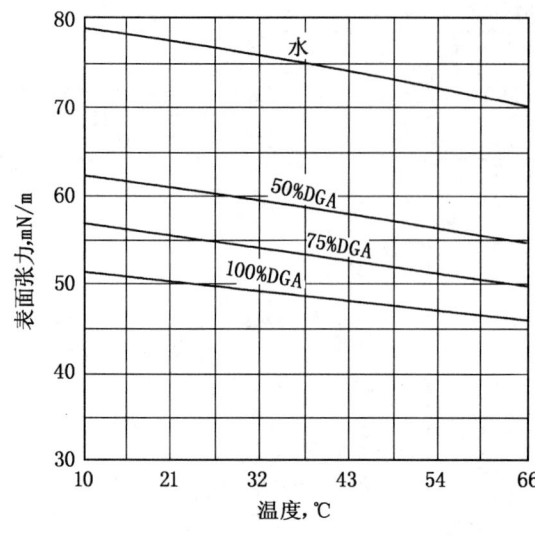

图 2-24 DGA 溶液的表面张力
[引自 Oil Gas J.，1966，64（18）]

依据测定数据回归的计算式分别为：

30％MDEA 溶液：

$$\delta = 59.35 - 0.1449T \quad (2-25)$$

45％MDEA 溶液：

$$\delta = 55.65 - 0.1376T \quad (2-26)$$

文献提供的 50％MDEA 溶液在 25℃的表面张力为 48.0mN/m，100℃则是 36.5mN/m。

5. DGA 溶液

DGA 溶液的表面张力示于图 2-24。

六、胺液 pH 值

1. MEA 溶液

不同浓度的 MEA 溶液在不同温度下的 pH 值示于图 2-25。

胺液吸收酸气后，其 pH 值自然下降，图 2-26 给出了 15％ MEA 溶液吸收了酸气在不同酸气负荷下的 pH 值。

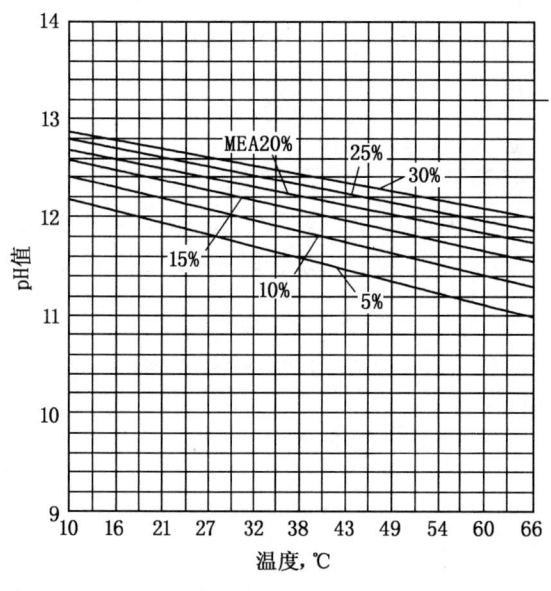

图 2-25 不同浓度 MEA 溶液的 pH 值
（引自本章参考文献 [2]，图 3-7）

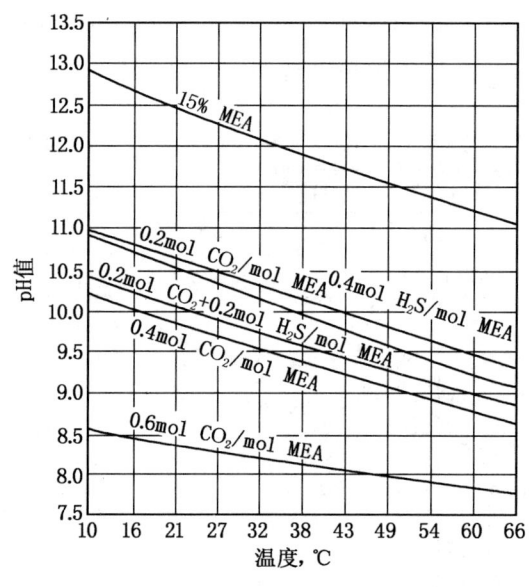

图 2-26 15％MEA 溶液吸收酸气后的 pH 值
（引自本章参考文献 [1]，图 6-24）

2. DEA 溶液

不同浓度的 DEA 溶液的 pH 值示于图 2-27。

3. MDEA 溶液

几个温度下 MDEA 溶液浓度与 pH 值的关系示于图 2-28。

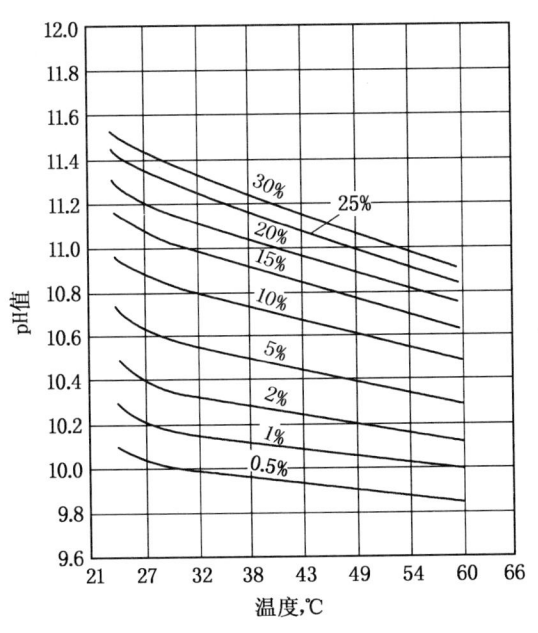

图 2-27 不同浓度 DEA 溶液的 pH 值
(引自本章参考文献 [2],图 3-8)

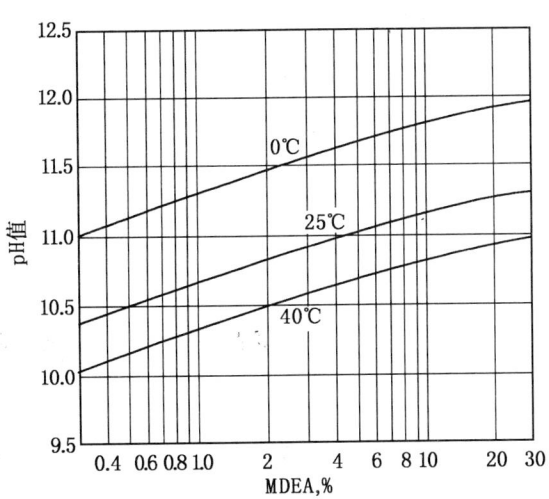

图 2-28 不同温度下 MDEA 浓度
与 pH 值的关系
(引自石油与天然气化工,1983 年增刊)

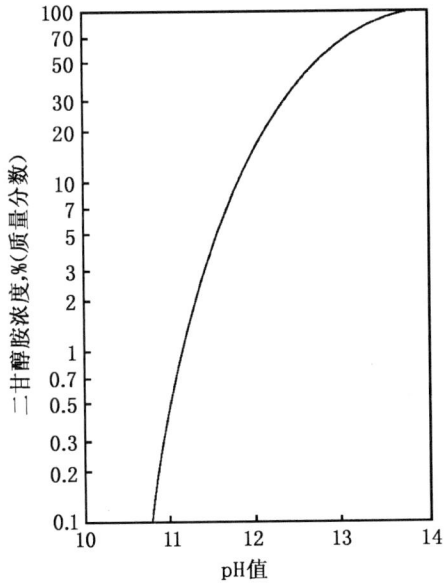

图 2-29 不同浓度 DGA 溶液的 pH 值
(引自本章参考文献 [2],图 3-9)

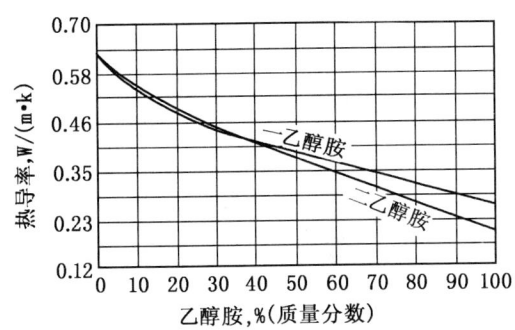

图 2-30 MEA 及 DEA 溶液热导率
(引自本章参考文献 [1],图 6-25)

4. DGA 溶液

DGA 溶液浓度与 pH 值的关系示于图 2-29。

七、胺液热导率

1. MEA 溶液及 DEA 溶液

图 2-30 给出了不同浓度的 MEA 溶液及 DEA 溶液在 35℃下的热导率,可见随溶液浓度上升,热导率下降。

2. DIPA 溶液

从图 2-31 可见,DIPA 溶液的热导率随温度上升而有所升高。

— 27 —

3. MDEA 溶液

在 40℃下不同浓度的 MDEA 溶液的热导率示于图 2-32。

4. DGA 溶液

不同浓度的 DGA 溶液在不同温度下的热导率示于图 2-33。

八、胺液凝固点

几种醇胺溶液的凝固点示于图 2-34，可见每种醇胺溶液大体上在浓度 60%～70% 时凝固点最低。DGA 溶液的使用浓度通常在 65% 左右，所以它适于在寒冷的气候条件下运行而不至产生溶液凝固问题。

不同浓度的 MDEA 溶液的凝固点示于图 2-35。

九、蒸气压

1. 醇胺纯物料的蒸气压

几种醇胺纯物料及环丁砜在不同温度下的蒸气压示于图 2-36。

2. MEA 溶液

中国石油西南油气田分公司天然气研究院

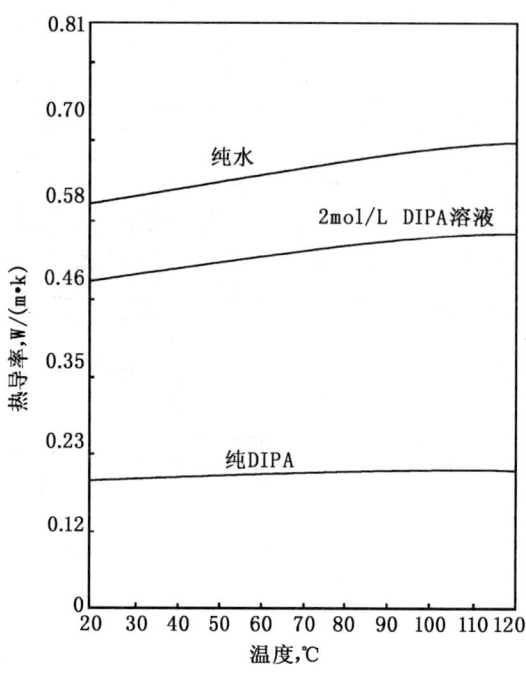

图 2-31 DIPA 溶液热导率
（引自本章参考文献 [1]，图 6-26）

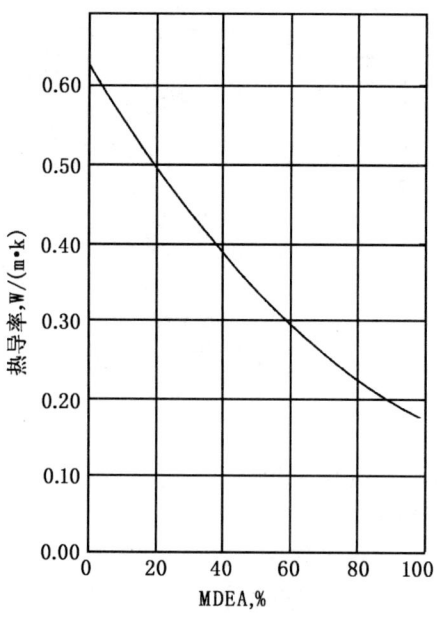

图 2-32 40℃下 MDEA 溶液的热导率
（引自石油与天然气化工，1983 年增刊）

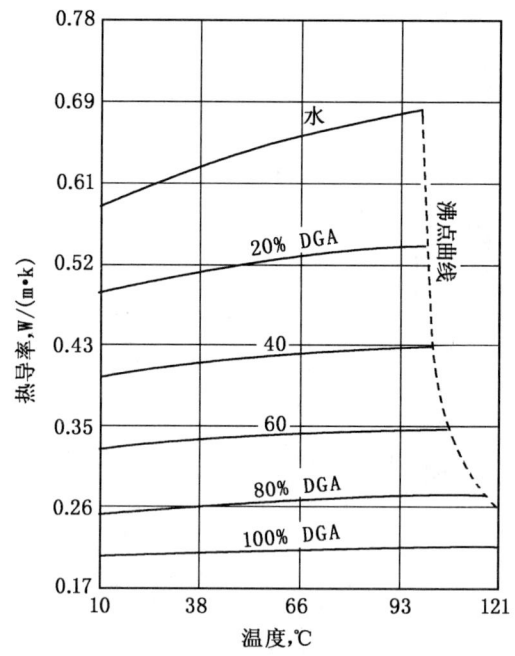

图 2-33 DGA 溶液的热导率
[引自 Oil Gas J., 1966, 64 (18)]

测定的 10% 及 15%MEA 溶液的饱和蒸气压示于表 2-9。

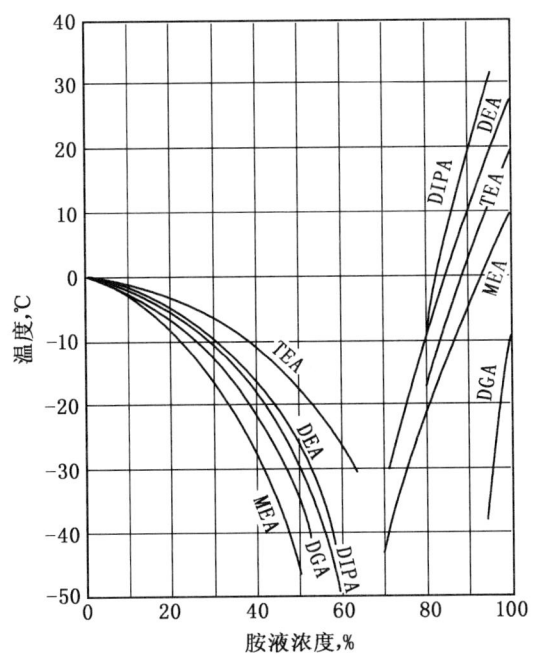

图2-34 各种醇胺溶液的凝固点
(引自本章参考文献[1]，图6-28)

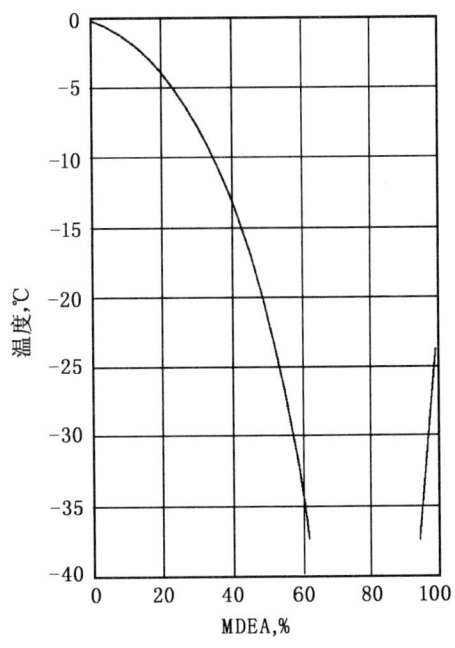

图2-35 MDEA溶液的凝固点
(引自石油与天然气化工，1983年增刊)

表2-9 MEA溶液的饱和蒸气压 (kPa)

温度,℃	30	40	50	60	70	80	90	100
10%MEA	4.61	7.84	12.68	19.74	30.57	45.86	68.26	99.08
15%MEA	4.48	7.76	12.64	19.66	30.12	45.25	67.53	98.46

依据测定数据回归的计算式为：

10%MEA溶液：

$$\lg p = 18.286 - (4551.2/T) \tag{2-27}$$

15%MEA溶液：

$$\lg p = 18.278 - (4552.1/T) \tag{2-28}$$

式中 p——饱和蒸气压，kPa；

T——温度，K。

需要指出的是，气相饱和蒸气压乃MEA及水二者分压之和。

3. DIPA溶液

DIPA溶液的饱和蒸气压示于表2-10。

表2-10 DIPA溶液的饱和蒸气压 (kPa)

温度,℃	30	40	50	60	70	80	90	100
20%DIPA	4.31	7.24	11.89	19.25	29.88	45.44	67.33	97.61
30%DIPA	4.08	7.01	11.64	19.02	29.62	45.25	67.15	97.28

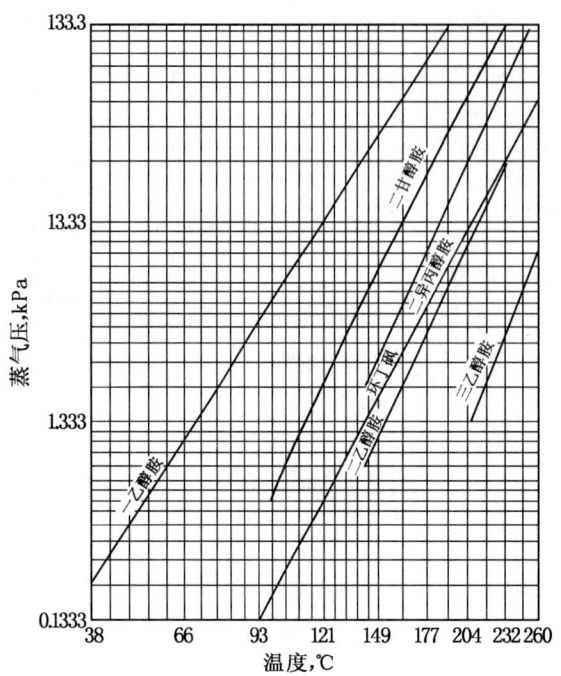

图 2-36 醇胺物料的蒸气压
(引自本章参考文献 [1], 图 6-5)

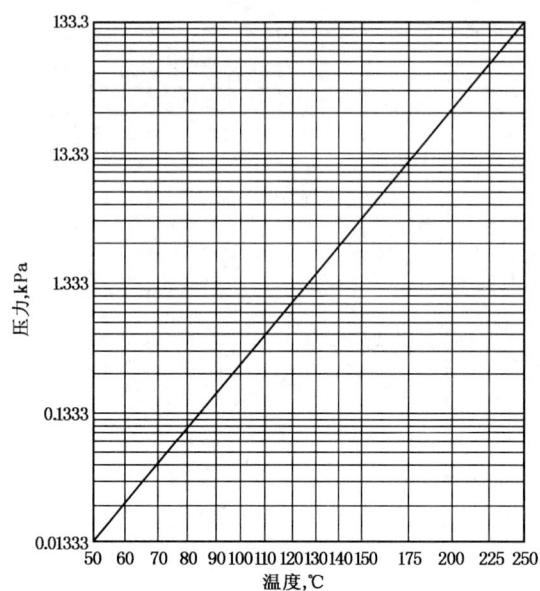

图 2-37 MDEA 的蒸气压
(引自石油与天然气化工, 1983 年增刊)

依据测定数据回归的计算式为：
20%DIPA 溶液：

$$\lg p = 18.595 - (4666.89/T) \tag{2-29}$$

30%DIPA 溶液：

$$\lg p = 18.776 - (4732.8/T) \tag{2-30}$$

4. MDEA 溶液

MDEA 的蒸气压示于图 2-37。

中国石油西南油气田分公司天然气研究院测定的 30% 及 45% MDEA 溶液的饱和蒸气压（系 MDEA 及水二者分压之和）示于图 2-38。

依据测定结果回归的计算式为：

30%MDEA 溶液：

$$\lg p = 10.985 - (2237.57/T) \tag{2-31}$$

45%MDEA 溶液：

$$\lg p = 11.008 - (2252.70/T) \tag{2-32}$$

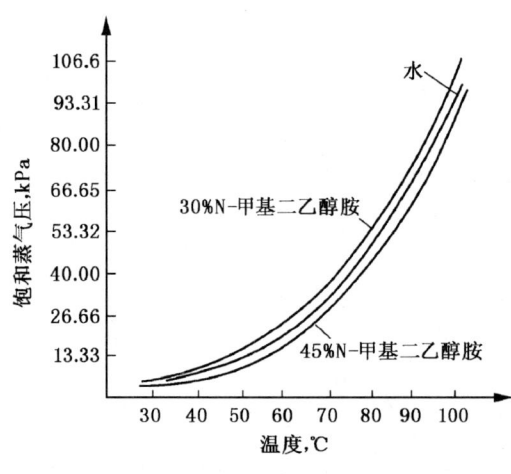

图 2-38 30% 及 45%MDEA 饱和蒸气压

式中　p——饱和蒸气压，kPa；
　　　T——温度，K。

5. DGA 溶液

各种浓度的 DGA 溶液的饱和蒸气压示于图 2-39。

十、胺液的汽液平衡

由于醇胺与水的沸点不同，在一定温度与压力下汽相与液相组成有着对应的关系，即汽液平衡曲线。

1. MEA 溶液

图 2-40 为 MEA 溶液在 101.3kPa 压力下的汽液两相平衡曲线。

2. DEA 溶液

图 2-41 为 DEA 溶液在不同压力下的汽液两相平衡曲线。

3. MDEA 溶液

MDEA 溶液在正常沸点下汽相与液相中 MDEA 浓度的对应关系示于图 2-42。

4. DGA 溶液

图 2-43 为 DGA 溶液在不同压力下的汽液两相平衡曲线。

十一、胺液中胺的扩散系数[8,9]

在推导胺液吸收酸气的传质系数时，需要胺液中胺的扩散系数值。

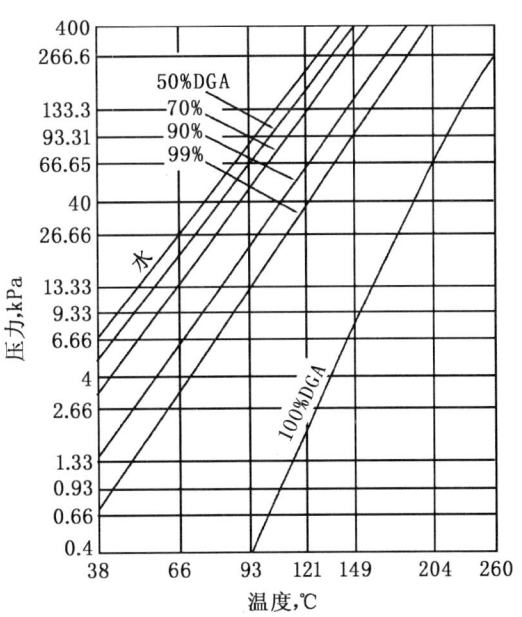

图 2-39 DGA 溶液的饱和蒸气压
[引自 Oil Gas J., 1966, 64 (18)]

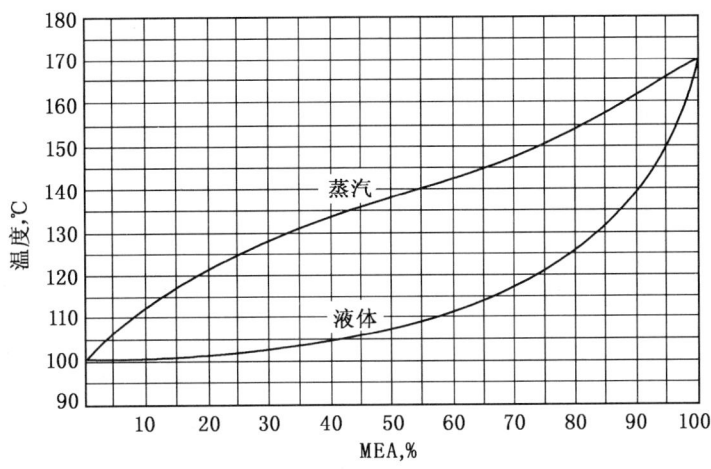

图 2-40 MEA 溶液汽液平衡曲线
(引自本章参考文献 [1]，图 6-32)

有文献报道了几种胺液扩散系数的测定结果，并依据测定结果拟合出了计算式。

1. MEA 溶液

MEA 在 MEA 溶液中的扩散系数可用下式计算：

$$\ln D = -13.275 - 2198.3/T - 7.8142 \times 10^{-5} c \tag{2-33}$$

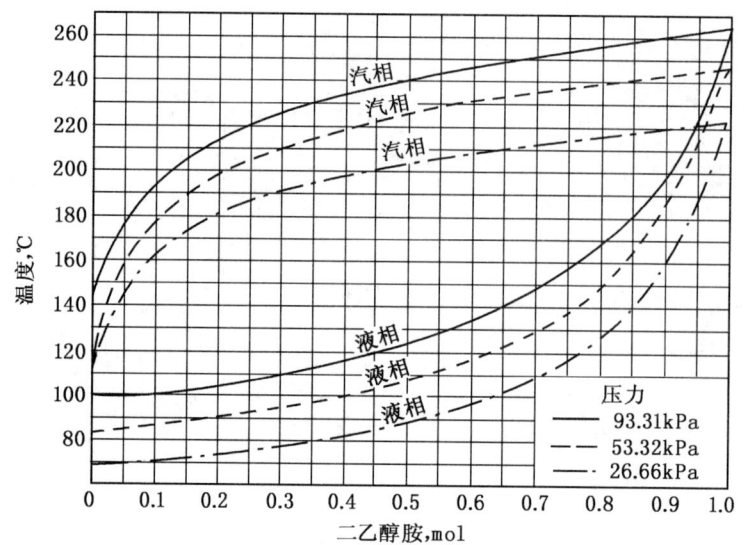

图 2-41 DEA 溶液汽液平衡曲线
（引自本章参考文献 [1]，图 6-33）

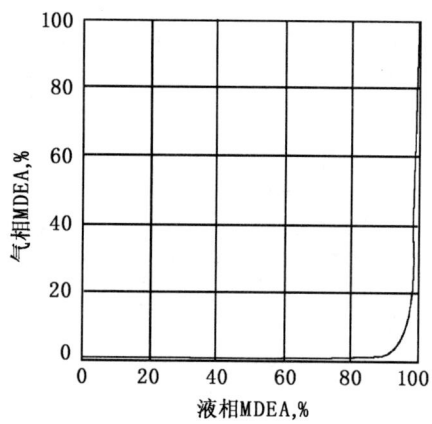

图 2-42 正常沸点下 MDEA 溶液
的汽液相分配
（引自石油与天然气化工，1983 年增刊）

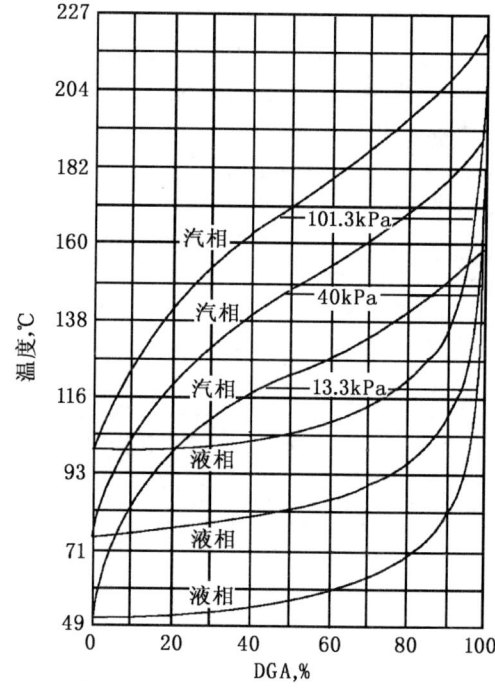

图 2-43 DGA 溶液汽液平衡曲线
[引自 Oil Gas J., 1966, 64 (18)]

此式的适用范围为温度 298~333K，MEA 浓度 43~5016mol/m³。式中 D 为扩散系数，m²/s；T 为温度，K；c 为 MEA 浓度，mol/m³。

2. DEA 溶液

DEA 在 DEA 溶液中的扩散系数可用下式计算：

$$\ln D = -13.268 - 2287.7/T - 19.699 \times 10^{-5} c \tag{2-34}$$

此式的适用范围为温度 298~348K，DEA 浓度 9~4013mol/m³。

3. DIPA 溶液

DIPA 在 DIPA 溶液中扩散系数的计算式如下：

$$\ln D = -13.072 - 2398.8/T - 34.660 \times 10^{-5} c \quad (2-35)$$

此式的适用范围为温度 298～348K，DIPA 浓度 8～3012mol/m³。

4. MDEA 溶液

MDEA 在 MDEA 溶液中的扩散系数的计算式如下：

$$\ln D = -13.088 - 2360.7/T - 24.727 \times 10^{-5} c \quad (2-36)$$

此式的适用范围为温度 298～348K，MDEA 浓度 8～4010mol/m³。

5. DGA 溶液

图 2-44 给出了在 25℃ 及 101.3kPa 下不同浓度的 DGA 以及 DIPA 等胺的水溶液的扩散系数。

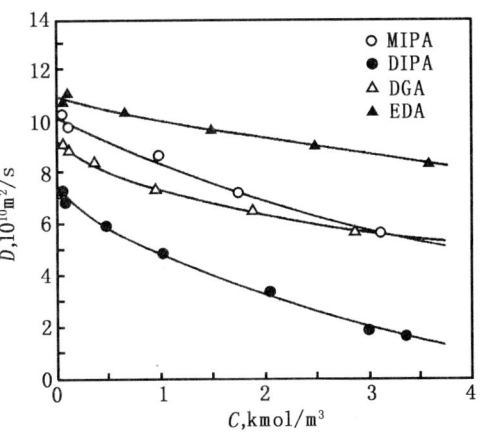

图 2-44 DGA 及 DIPA 等溶液的扩散系数
[引自 J. Chem. Eng. Jpn., 1981, 14 (5)]

第二节 工艺流程及主要设备

天然气胺法脱硫脱碳的工艺流程是基于醇胺与酸气（H_2S 及 CO_2）的反应设置的；在加压及常温条件下胺液吸收天然气中的酸气，在低压及升温条件下使胺液吸收的酸气逸出，再生了的胺液可循环使用。因此，使用不同醇胺溶液的天然气脱硫脱碳装置的基本工艺流程是相同的。

在基本工艺流程的基础上，根据工况特点，可以增加辅助设施（如 MEA 等的复活装置），也可以采用贫液分流、贫液与半贫液分流、富液分流、吸收塔内设置内冷器等流程，以取得更好的技术经济效果。还可以几个吸收塔共用一个再生及换热系统。

胺法装置的主要设备有胺液脱除天然气中酸气的吸收塔，使胺液中酸气析出的再生塔与重沸器，为了降低析出酸气中烃的含量可设置闪蒸罐，调节胺液温度的换热及冷却器，以及气、液的分离与过滤器。当然，为使溶液在系统中循环，应有溶液循环泵。

一、胺法工艺流程

1. 基本工艺流程

如图 2-45 所示，胺法装置的基本工艺流程主要由三部分组成：以吸收塔为中心，辅以原料气及净化气分离过滤的压力设备；以再生塔及重沸器为中心，辅以酸气冷凝器及分离器和回流系统的低压部分；溶液换热冷却及过滤系统和闪蒸罐等介于上面两部分压力之间的部分。

含硫天然气经原料气分离器除去液固杂质后从下部进入吸收塔，其中的酸气与从上部入塔的胺液逆流接触而脱除，达到净化要求的净化气出吸收塔顶，经净化气分离器除去夹带的胺液液滴后出脱硫装置。净化气通常需去脱水装置以达到水露点的质量要求。

吸收了酸气的胺液（通常称为富液）出吸收塔后通常降至一定压力至闪蒸塔，使富液中溶解及夹带的烃类闪蒸出来，此闪蒸气通常用作工厂的燃料气。

经闪蒸后的富液进入贫富液换热器与已完成再生的热胺液（简称贫液）换热以回收其热

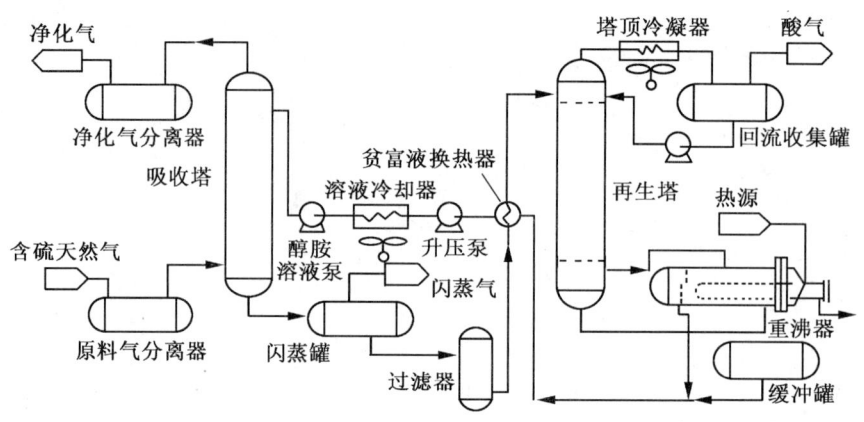

图 2-45 胺法装置的基本工艺流程

量,然后从再生塔上部入塔向下流动,从塔下部上升的热蒸汽既加热胺液又汽提出胺液中的酸气,所以在文献中也常将再生塔称为汽提塔。胺液流至再生塔下部时所吸收的酸气已解析出绝大部分,此时可称为半贫液。半贫液进入重沸器以器内所发生的蒸汽进一步汽提,使所吸收的残余酸气析出而成为贫液。

出重沸器的热贫液经贫富液换热器回收热量,然后再经溶液冷却器[空冷及(或)水冷]冷却至适当温度,以溶液循环泵加压送至吸收塔,从而完成溶液的循环。

从再生塔顶部出来的酸气—蒸汽混合物入冷凝器使其中的水蒸气大部分冷凝下来,此冷凝水进入回流罐,作为回流液以泵送入再生塔。酸气则送至克劳斯制硫装置或其他酸气处理设施。

在胺法装置中,溶液保持清洁是保证装置平稳运行的关键因素,为此需设过滤器以除去溶液中的固体杂质。过滤器可过滤贫液,也可过滤富液,各有优缺点,有些装置甚至既过滤贫液又过滤富液。当溶液中可能含有重烃或有害的有机物时,则可使用活性炭吸附器。

胺法装置的核心任务是获得净化指标合格的净化气,包括 H_2S、CO_2 及总硫等指标。

从图 2-45 可见,这取决于吸收塔顶的气液平衡,即净化气中的 H_2S、CO_2 及有机硫含量首先取决于贫液中这些组分的含量,即贫液质量。当贫液质量不佳时,采取任何其他调整操作措施也不可能使净化指标合格,而合格的贫液质量则有赖于溶液的有效再生。

净化气离开吸收塔顶时已为水汽所饱和。当原料气温度低于贫液温度时,净化气将从装置中带出水分;为了不使胺液被浓缩,需向装置补充一定量的水。通常,这股水可从吸收塔顶注入,在该处设置一两块塔板,这样还可以洗涤净化气而减少醇胺的损失。此外,也可以蒸汽形式从再生塔底送入。

2. 胺液分流流程

在原料天然气酸气分压相当高的情况下,将再生塔出来的半贫液抽出一部或大部送至吸收塔中部入塔,而经过重沸器进一步汽提了的贫液则送至吸收塔顶入塔以保证净化气的质量。这种安排可显著降低重沸器的蒸汽消耗,据称与基本流程相比,如以胺液循环量的 75% 将半贫液送至塔中部,汽耗下降 25%。

图 2-46 为此种贫液与半贫液分流的工艺流程图。

然而,此种流程由于贫液和半贫液各自需要一套换热冷却设备和溶液循坏泵,装置变得复杂一些,其投资也将增加。

另有一种贫液分流流程，系将贫液大部分从吸收塔中部偏下的位置入塔，其余的小部分贫液则从塔顶入塔。此种安排在有较高酸气分压的天然气时，可以减小吸收塔上部的塔径而降低一些投资。

还有专利提供了一种可称之为富液分流的流程，在此种安排中，将经贫富液换热器换热后的富液送至再生塔中部入塔，而旁通的（即未经过贫富液换热器）小股富液由顶部入再生塔。由于这种安排可以回收再生塔顶酸气及蒸汽中的部分热量，据称汽耗可下降6%～10%。

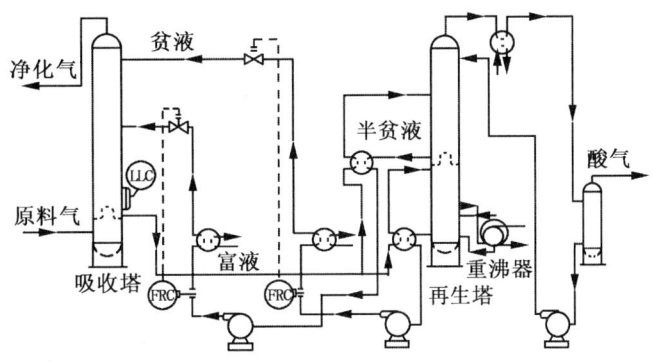

图2-46　贫液与半贫液分流工艺流程图

3. 吸收塔装设内冷器的流程

在酸气分压相当高的情况下，富液相应地也有相当高的酸气负荷，因吸收大量酸气而释出的热量使富液温度大幅度上升，这不利于塔底的气液平衡。此时，如在吸收塔内接近底部的位置抽出部分溶液以内冷器冷却，这就可以降低富液温度从而有助于溶液吸收更多的酸气，相应就降低了溶液循环量而可以减少能耗。

4. 几个吸收塔富液共用一个换热再生系统的流程（简称"多合一"流程）

在某些情况下，天然气净化厂内几个吸收塔的富液可以合并至一套换热及再生系统处理，习惯上常简称为"多合一"流程（如三合一、五合一等）。

采用"多合一"流程可取得如下效益：

（1）节省了投资，减少了溶剂投入量；
（2）装置经常性能耗显著下降；
（3）工厂增减处理量的操作变得非常简单；
（4）减少了装置检修费用及缩短了检修周期。

重庆天然气净化总厂垫江分厂原三套脱硫装置于1986年根据实际条件改为"三合一"流程运行，取得了很好的技术经济效益。此点将在第三章内进一步介绍。

只要使用同一种胺液，即使几个吸收塔处理不同的气体，也可以将富液合并再生。荷兰Emmen天然气净化厂更使用了"五合一"流程，该厂的5个吸收塔分别是：处理原料天然气的主吸收塔、闪蒸气脱硫塔、分子筛脱硫装置再生气脱硫塔、富液富集闪蒸塔和处理尾气的SCOT吸收塔。富液并入一套再生系统再生，整个工厂运行情况良好，需要指出的是上述的富液富集闪蒸塔将第一次闪蒸后的富液加温并进一步降压闪蒸，洗涤后的闪蒸气主要是CO_2可灼烧排放，这在实际上起到了提浓酸气H_2S的效果。

二、胺法的主要设备

从前面介绍的胺法工艺流程可见，此中的核心设备为吸收塔、再生塔及重沸器，它们分别承担吸收酸气和从溶液中赶出酸气的职责。为了达到所要求的工艺条件，有溶液循环泵及溶液冷却器、酸气冷凝器等。为了节能，配置了贫富液换热器。为了保持溶液及系统的清洁程度，设有原料气分离器和溶液过滤器。为了回收溶液吸收和夹带的烃类及降低酸气烃含量，设有富液闪蒸罐。为防止溶液进入输气管线，设有净化气分离器。在MEA等系统中，为了除去变质产物还设有复活釜。

下面简要介绍吸收塔、再生塔、重沸器、闪蒸罐和过滤器。

1. 吸收塔

吸收塔系以胺液脱除天然气中的 H_2S、CO_2 及有机硫化合物而达到所要求的净化指标的设备。由于反应的可逆性质，所以应采用气液逆流接触的传质设备。

逆流的气液传质设备有填料塔及板式塔两类。填料塔属于微分接触逆流操作，其中填料为气液接触的基本构件。板式塔属于逐级接触操作，塔板为气液接触的基本构件。在有降液管的塔板上气相与液相的流向相互垂直，属错流型。无降液管的穿流塔板则属逆流型。

板式塔与填料塔的一般性能对比见表 2-11。

表 2-11 板式塔与填料塔对比

序号	填 料 塔	板 式 塔
1	$\phi 800mm$ 以下造价一般比板式塔便宜，直径大则价昂	$\phi 800mm$ 以下时，安装较为困难
2	用小填料时小塔效率高，塔的高度低，但直径增大，效率下降，所需填料高度急增	效率稳定，大塔塔板效率比小塔有所提高
3	空塔速度（生产能力）低	空塔速度高
4	大塔检修清理费用大、劳动量大	检修清理较填料塔容易
5	压降小，对阻力要求小的场合较适用	压降比填料塔大
6	对液相喷淋量有一定要求	气液比的适应范围较大
7	内部结构简单，便于用非金属材料制作，可用于腐蚀较严重场合	多数不便于用非金属材料制作
8	持液量小	持液量大

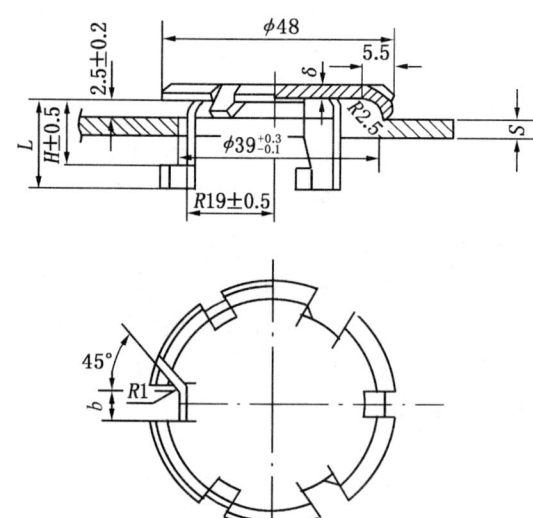

图 2-47 F1 型浮阀

胺法工艺需考虑溶液的发泡问题。板式塔中气流从溶液中鼓泡通过，较易导致发泡。但由于有适当的板间距，泡沫不易连接。填料塔内溶液在填料表面构成连续相，一旦发泡则较难控制。

事实上，大型胺法脱硫装置均使用有降液管的板式塔，板上的液层高度可由溢流堰高控制，早期使用泡罩塔板，后为浮阀塔板取代，小塔亦可使用筛板。

浮阀塔处理能力大（较泡罩塔高 20%～40%），操作弹性大（即在较宽的气速范围内板效率变化较小），板效率高（高 15% 左右），压降低，结构简单而易安装，其制造费用约为泡罩塔的 60%～80%。

浮阀有多种，常用 F1 型（国外称 V-1 型）浮阀，其中轻 F1 浮阀（Q）用 1.5mm 厚的薄板冲压而成，重约 25g，重阀（Z）用 2mm 薄板，重约 33g，参见图 2-47。

值得注意的是，近年来高效规整填料也在胺法装置中获得了应用。

2. 再生塔

再生塔用于使酸气从富液中解吸，富液向塔下部流动。为了增强溶液再生效果和提供热量，通常设有重沸器使胺液产生蒸汽，蒸汽在再生塔内加热溶液并与解吸的酸气一起向上流动，塔顶则有回流流下以降低酸气分压和维持系统溶液组成稳定。

大型胺法装置的再生塔亦多使用浮阀塔。

3. 重沸器

胺法装置的重沸器具有供热、产生蒸汽（以降低酸气分压）和使残余酸气进一步从溶液中解吸等多项功能。

早期常使用釜式重沸器，如图 2-48 所示。

目前胺法装置多采用卧式热虹吸型重沸器，如图 2-49 所示。与釜式重沸器相比，其优点是传热系数较大，溶液停留时间较短，不易结垢，设备较紧凑而费用低。

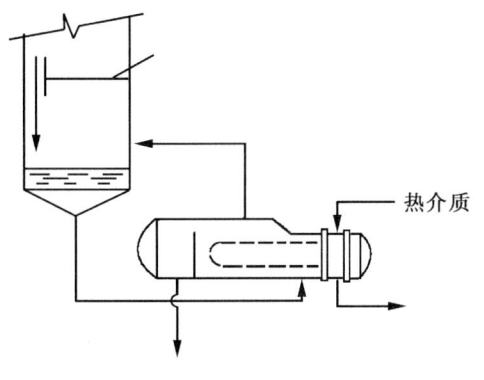

图 2-48 釜式重沸器

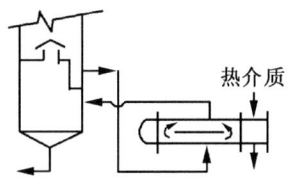

图 2-49 卧式热虹吸型重沸器

4. 闪蒸罐

闪蒸罐用于使吸收塔底流出的富液夹带和溶解的烃类逸出，既可回收用作工厂的燃料气，又可降低去后续硫磺回收装置的酸气中的烃含量。早期曾使用垂直的塔式结构，目前均使用可提供较大气液界面的卧式结构。

在烃类闪蒸出的同时常伴有酸气逸出，故在闪蒸罐上常设一吸收段以一小股溶液处理之。此外，如果系统存在液烃进入富液的可能性，则闪蒸罐还应安排撇油设施。

5. 过滤器

就胺法装置而言，要使其长周期、高效率地无故障运行，国内外的首要经验是保持系统、特别是溶液清洁，装置的发泡及腐蚀等问题常常是由于杂质所引起的。因此，溶液过滤器虽是装置的配套设施，却需给予应有的重视。

除去溶液中的固体杂质使用机械过滤器，而要脱除其中的均相杂质则需活性炭过滤器。关于溶液过滤问题，本章稍后还将进一步讨论。

第三节 一乙醇胺法

在用于气体净化的各种烷醇胺中，MEA 是最强的有机碱，它与酸气的反应最迅速。虽然它与 H_2S 的反应速度快于 CO_2，但在实际运行中并不显示出具有选择脱除 H_2S 的能力。在 20 世纪 50~60 年代，MEA 法常常是天然气脱硫的首选方法。此后由于不断开发出在能耗、溶剂降解及装置腐蚀等方面更有优势的方法，MEA 法在天然气净化中的地位逐步下降。

一、一乙醇胺法的特点

MEA 法易获得高的净化度，在气流中存在 COS 及 CS_2 时产生不可逆降解，为控制腐蚀故使用的溶液浓度及酸气负荷受到限制。

1. 高净化度

不论是 H_2S 还是 CO_2，MEA 法均可将其脱除达到很高的净化度。对于天然气管输指标，要获得低于 $20mg/m^3$ 或 $5mg/m^3$ 的 H_2S 指标是容易的。

表 2-12 为在不同 MEA 贫液质量下与其相对应的平衡气相中的 H_2S 及 CO_2 含量[2]。

表 2-12　15%MEA 不同贫液质量下的平衡净化气质量①

贫液 H_2S 含量		贫液 CO_2 含量		净化气 H_2S 含量，mL/m^3			净化气 CO_2 含量，mL/m^3		
mol/mol	g/L	mol/mol	g/L	2.0②	4.0②	6.0②	2.0②	4.0②	6.0②
0.1	8.5	0.000	0.000	24.90	12.45	8.30	0.00	0.00	0.00
0.1	8.5	0.001	0.11	25.44	12.72	8.48	0.00	0.00	0.00
0.1	8.5	0.01	1.1	28.34	14.17	9.45	0.064	0.032	0.021
0.1	8.5	0.05	5.5	42.60	21.30	14.20	0.393	0.196	0.131
0.1	8.5	0.10	11.0	64.78	32.39	21.59	1.32	0.657	0.438
0.05	4.25	0.10	11.0	22.85	11.44	7.63	0.85	0.427	0.284
0.01	0.85	0.10	11.0	3.23	1.62	1.07	0.59	0.295	0.196
0.001	0.085	0.10	11.0	0.27	0.135	0.090	0.524	0.262	0.175
0.000	0.000	0.10	11.0	0.00	0.00	0.00	0.524	0.262	0.175

①本表根据 Maddox 平衡数据计算；
②装置总压，MPa。

从表 2-12 可见：

（1）从平衡的角度而言，贫液 H_2S 含量 $4.25g/L$ 所对应的平衡气相 H_2S 含量事实上已不能保证净化指标合格。压力为 4.0MPa 时，净化气平衡 H_2S 含量 $11.44mL/m^3$（约 $16.4mg/m^3$），2.0MPa 更高达 $22.85mL/m^3$（约 $32.7mg/m^3$）。实际操作与平衡还会有一段距离。根据试验结果，贫液 H_2S 含量 $2g/L$ 可保证净化气 H_2S 含量 $20mg/m^3$。

（2）在一定的贫液 H_2S 含量条件下，贫液 CO_2 含量的升高对 H_2S 净化度有显著的不利影响，反之亦然。

（3）总体说来，平衡条件下净化气 H_2S 含量较 CO_2 含量高 1～2 个数量级。实际上由于 CO_2 与 MEA 反应速度要慢一些，故距平衡较远，使净化气中 CO_2 含量较 H_2S 含量高 2～3 个数量级。

2. 与 COS 及 CS_2 发生不可逆降解

在工况条件下 MEA 会与 COS 及 CS_2 发生不可逆的降解反应，本章稍后将详细介绍。所以，当天然气中含有 COS 及（或）CS_2 时，应避免使用 MEA 法。

3. 腐蚀限制了 MEA 溶液浓度及酸气负荷

在烷醇胺中 MEA 的相对分子质量最低，在一定的质量分数下，MEA 溶液具有最高的摩尔浓度,这本来意味着 MEA 法可使用较低的循环量。但为了使装置腐蚀控制在可以接受的范围内,通常 MEA 溶液浓度在 15% 左右,酸气净负荷一般也不超过 0.35mol/mol,按体积计不超过 20m³/m³。

4. MEA 装置通常配置溶液复活设施

由于 MEA 与 CO_2 存在不可逆的降解反应,系统内除 H_2S 及 CO_2 之外的强酸性组分又会与 MEA 结合形成无法再生的热稳定盐(详见本章第七节),所以 MEA 装置通常配置溶液复活设施,如图 2-50 所示。

应当指出,加碱只能使热稳定盐中的 MEA 析出,而无法使降解物复原成 MEA。

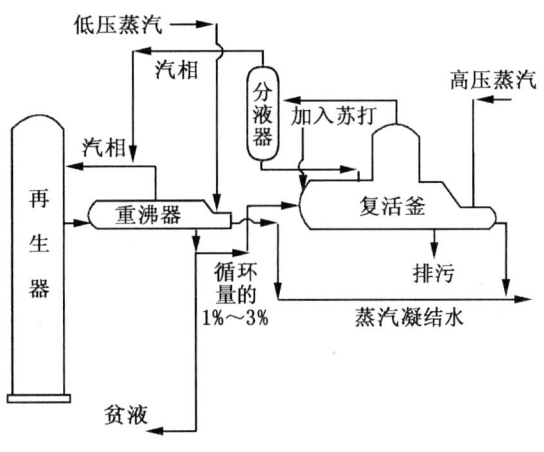

图 2-50 MEA 溶液复活设施

二、一乙醇胺装置数据

国外一套处理天然气的 MEA 装置,总处理量为 $707.5 \times 10^4 m^3/d$,安排了 5 个吸收塔及两个再生塔,见表 2-13。

表 2-13 MEA 天然气净化装置

吸收塔内径①	2.13m	MEA 浓度	17%
吸收塔高	20.73m	气液比	2490~3740m³/m³
吸收塔塔板数③	23	再生塔内径②	2.13m
吸收压力	1.38MPa	再生塔塔板数	20
单塔处理量	$141.5 \times 10^4 m^3/d$	再生压力	8.3kPa
原料气 H_2S	3.7~4.1g/m³	再生塔顶温度	115.6℃
CO_2	0.3%~0.4%	再生塔入塔温度	93.3℃
净化气 H_2S	0.46~6.87mg/m³	再生塔塔底温度	121.1℃
最高蒸汽耗量	510kg/10⁴m³		

①共有 5 个吸收塔;
②共有 2 个再生塔;
③顶部三层塔板为水洗塔板,贫液自第 4 层塔板入塔。

从表 2-13 所示数据可见,虽然吸收压力仅有 1.38MPa,但净化度是很好的。然而按体积计的酸气负荷大致仅有 18m³/m³,溶液再生的蒸汽耗量也高达 510kg/10⁴m³。

三、抗硫型胺保护剂（Amine Guard ST）[10]

如前所述,MEA 法溶液浓度及酸气负荷受限制的关键因素是腐蚀。为此美国联合碳化物公司开发了减轻胺液腐蚀的添加剂——胺保护剂（Amine Guard）,此中的Ⅰ、Ⅱ及Ⅲ型均只能用于脱碳系统,而 Amine Guard ST 则可用于脱硫。

Amine Guard ST 由两种氧化钝化型缓蚀剂组成,它在钢表面上形成一层坚硬的氧化铁膜从而将腐蚀速率控制在 0.0254mm/a 以下。

两套 MEA 装置加入 Amine Guard ST 前后的工况示于表 2-14,可见因 MEA 浓度及溶液酸气负荷提高,循环量均降至一半,相应地能耗大幅降低。

表 2-14　MEA 装置使用 Amine Guard ST 效果

工况	加入前	加入后	加入前	加入后
处理量，$10^4 m^3/d$	35.84		274.4	372.4
原 H_2S，%	0.18		0.9	1.2
原 CO_2，%	0.22		1.3	1.4
压　力，MPa	1.055		4.9	4.9
MEA 浓度，%	13	22	13	22
循环量，m^3/h	8.4	4.32	204.6	102

除用于 MEA 装置外，Amine Guard ST 也可用于 DEA 装置，据报道已有百套以上装置采用。

第四节　二乙醇胺法

DEA 也是在气体净化中获得广泛应用的烷醇胺，早期主要用于处理含 COS 及 CS_2 的气体，在法国阿基坦国家石油公司（Societe Nationale Petrole Aquitaine）开发出高酸气负荷的 SNPA-DEA 工艺后，它就在高压、高酸气浓度的天然气净化中获得相当多的应用。

一、二乙醇胺法的特点

1. 用于天然气净化可保证净化度

DEA 的碱性较 MEA 稍弱，平衡时气相中的 H_2S 及 CO_2 分压要高一些。但天然气净化通常在相当高的压力下进行，DEA 法保证净化度一般不是一个需要特别关注的问题。

2. 基本不为 COS 及 CS_2 降解

DEA 与 COS 及 CS_2 的反应产物在装置再生条件下可分解而使 DEA 获得再生，故适于处理含 COS 及 CS_2 的天然气（详见本章第七节）。

3. DEA 法通常不安排溶液复活设施

采用侧线加碱真空蒸馏复活 DEA 溶液的效果不佳，所以 DEA 装置通常不设复活设施。

二、常规二乙醇胺法

表 2-15 提供了使用 DEA 法处理高压、高酸气浓度天然气的数据。

表 2-15　DEA 法天然气脱硫装置

原料气处理量	$100×10^4 m^3/d$	循环量	$350 m^3/h$
H_2S	15%	净化气 H_2S	$6.4 mg/m^3$
CO_2	10%	CO_2	$4.74 mg/m^3$
COS	$300 mL/m^3$	COS	0
CS_2	$600 mL/m^3$	再生压力	172 kPa
吸收压力	6.89 MPa	再生塔塔板数	20
吸收塔塔板数	30	重沸器温度	133℃
DEA 浓度	20%	蒸汽量	41.8 t/h

从表 2-15 可见，溶液酸气负荷约 $30 m^3/m^3$。

三、高负荷二乙醇胺法（SNPA－DEA）

SNPA－DEA 法是在常规 DEA 法的基础上发展起来的，主要用于高压及高酸气浓度的天然气，在防止装置腐蚀方面也采取了一些措施，这就可以获得高的酸气负荷而降低能耗。

SNPA－DEA 法中 DEA 浓度可达 30%～35%，后来还报道说达到 40%。对应于高的酸气分压，溶液的酸气负荷可达 0.8～1.1mol/mol，即以体积计的溶液酸气负荷可达 50～80m³/m³，低的溶液循环量相应地可获得降低能耗的效果。

第五节 二异丙醇胺法

DIPA 溶液显示出颇为有趣的性质，它在常压下具有在 CO_2 存在下选择脱除 H_2S 的良好能力，可在还原吸收法处理克劳斯尾气工艺中用作选吸溶剂（详见第三章第五节及第十一章第三节），但在压力下其选吸能力则不显著；由于它具有良好的脱除 COS 的能力，它在欧洲多用于处理炼厂气。此外，DIPA 与环丁砜配伍组成的砜胺Ⅱ型工艺，则是净化天然气的主要方法之一（详见第六章第三节）。

一、二异丙醇胺法的特点

国外 DIPA 法的商业名称为 Adip，后来 Adip 又包括 DIPA 或 MDEA 两种溶液。与 MEA 法相比，DIPA 法主要有以下优点[11]。

1. 蒸汽耗量低

DIPA 富液容易再生，其所需的回流比 [mol（水）/mol（酸气）] 显著低于 MEA 和 DEA，如表 2-16 所示。通常蒸汽耗量较 MEA 法可节约 30% 以上。

表 2-16 醇胺再生所需的回流比

醇 胺	MEA	DEA	DIPA
高净化度	3	2.5	1.8
中等净化度	2.5	2.0	0.9

2. 腐蚀轻

三种醇胺与 CO_2 系统的强化腐蚀试验的测定结果示于表 2-17。

表 2-17 醇胺—CO_2 系统的腐蚀速率[①]

溶 液	80%MEA	80%DEA	80%DIPA
CO_2 负荷，mol/mol	0.47	0.49	0.40
腐蚀速率，mm/a	1.83	0.99	0.46

① 测定条件：120℃，16h，碳钢试片。

DIPA 装置实际运行结果也确实说明其腐蚀是很轻的。

3. 降解慢

DIPA 不为 COS 及 CS_2 所降解。CO_2 所致降解速度也是很慢的，其降解产物可以碱析出 DIPA，但实际生产装置均毋须安排复活设施（详见本章第七节）。

DIPA 的缺点是相对分子质量大，此外其熔点较高导致配制溶液较为麻烦。
二、二异丙醇胺装置数据
南京炼油厂采用 DIPA 法代替 MEA 法处理催化裂化干气及液态烃的运行结果示于表 2-18。

表 2-18　南京炼油厂 DIPA 及 MEA 法运行结果[12]

原料醇胺		催化裂化干气		液　态　烃	
		MEA	DIPA	MEA	DIPA
处理量，m^3/h		6400	7074	21.1	22.4
吸收压力，MPa		0.59	0.59	1.23	1.23
原料气	H_2S，%	2.2	2.2	1.10	1.07
	CO_2，%	6.5	6.5	—	—
净化气	H_2S，mg/m^3	2.4	5.8	<13.2	<13.2
	CO_2，%	<0.001	2.0	—	—
酸气负荷，m^3/m^3		12.1	16.0~17.6	4.35	17.2
蒸汽消耗，kg/kg（酸气）		6.17	3.46	4.92	2.91

从表 2-18 可见，以 DIPA 代替 MEA 取得了显著的节能效果。由于压力不高，DIPA 法也显示了一定的选吸能力，CO_2 吸收率共 65%~70%。

第六节　二甘醇胺法

DGA 虽然与 DEA 有相同的分子式（$C_4H_{11}O_2N$），但结构不同，DGA 是一个伯胺故其性质接近 MEA 而有高反应性的优点。

美国 Fluor 公司使用 DGA 为净化溶剂并命名为 Fluor Econamine 法[13]。

一、二甘醇胺法的特点
1. 高 DGA 浓度

DGA 法的溶液浓度高达 65%，循环量相应降低而可获得节能效果。

2. 高 H_2S 净化度

即使贫液温度高达 54℃也可保证 H_2S 净化度，因此溶液冷却可仅使用空冷而不用水冷，故适于沙漠及干旱地区。

3. 二甘醇胺溶液凝固点低

在通常使用的 DGA 浓度下，溶液的凝固点低于 -40℃，而 MEA 及 DEA 等溶液则在 -10℃以上，所以 DGA 法适于寒冷地区使用。

二、二甘醇胺装置数据
表 2-19 给出了一套 DGA 装置的数据[14]。

表 2-19 DGA 装置数据

吸 收 塔		再 生 塔	
处理量	$2.83\times10^4 m^3/d$	再生塔汽提塔板数	18
原料气 H_2S	5%	回流塔板数	4
CO_2	5%	再生压力	55kPa
60%DGA 溶液循环量	$319m^3/h$	再生塔顶温度	104℃
吸收塔板数	20	重沸器温度	121℃
贫液入塔温度	43℃	重沸器蒸汽量	57.7t/h
富液出塔温度	82℃	净化气 H_2S	$5.7mg/m^3$
吸收压力	6.2MPa	CO_2	0.01%

DGA 法在沙特阿拉伯用于处理低压（0.76～1.24MPa）伴生气，总酸气含量12%～15%，环境温度高达52℃，贫液空冷冷却，净化在49～60℃下进行，可达到所要求的净化度[15]。

三、Malaprop 法[16]

Malaprop 法使用 DGA 溶液脱除液体丙烷中的 COS，可从 0.4%降至 $2mg/m^3$。据认为在系统内虽有 COS 水解，但主反应却是：

$$2HOC_2H_4OC_2H_4NH_2 + COS \Longrightarrow \begin{matrix} HOC_2H_4OC_2H_4NH \\ \diagdown \\ C=O + H_2S \\ \diagup \\ HOC_2H_4OC_2H_4NH \end{matrix} \qquad (2-37)$$

反应产物可简称二甘醇脲（英文缩写词为 BHEEU），加热再生可析出 DGA。

第七节 醇胺的变质与复活[17]

醇胺在净化过程中通常是稳定的，即其变质速度很低，但在使用不当的情况下，变质反应也会以相当高的速度进行。在不少国内外文献中，常将醇胺的变质称为降解。严格地说，降解系指复杂有机化合物分解为简单化合物的过程，而醇胺的不少变质反应却是生成更大的分子。在本书中，可视"降解"与"变质"二者的含义是相同的。

醇胺的变质不仅造成胺的损失使吸收液的有效胺浓度下降，增加了溶剂消耗费用，而且不少变质产物使溶液腐蚀性增强、易发泡并增加了溶液粘度。

醇胺的变质是一个相当复杂的问题，不仅有化学变质与热变质之别，不同组分造成的化学变质有别，而且同一组分对不同醇胺的影响也不同，在不同工况下变质速率也是不同的。

醇胺的复活系指将其变质产物再转化为其母体醇胺，并将醇胺与各种杂质分开的过程。

通过大量的工业实践及实验室研究，对醇胺在净化过程中的变质已积累了许多知识和经验并开发了一些胺液复活工艺，但这方面的认识还远不是充分的。

本节将讨论 MEA，DEA，DIPA 及 DGA 的变质与复活工艺，MDEA 则在第三章讨论，砜胺溶液的复活则在第六章介绍。

一、醇胺的热变质

醇胺及其水溶液加热到150℃以上时产生一些分解或缩聚，并使其腐蚀性变强。据认为，在常用的醇胺中 DEA 最易产生热变质，表 2-20 为实验测定的 DEA 热变质速率。

表 2-20 DEA 的热变质速率

时间, h 温度, ℃	变质量占总量的比例, %							
	1	2	3	4	5	6	7	8
190	0.111	0.210	0.344	0.432	0.531	0.642	0.753	0.858
200	0.200	0.400	0.600	0.799	1.000	1.190	1.390	1.593
210	0.410	0.817	1.231	1.639	2.083	2.450	2.858	3.273
220	0.712	1.429	2.141	2.858	3.570	4.288	4.999	5.723

从表 2-20 可见，温度升高 10℃，热变质速率大体增加一倍。在所测定的时间内热变质也大体以恒定的速度进行。以此推算在常规工况下 DEA 的热变质速率是 10^{-6} 级的，可以忽略。

但需要强调指出的是较高的温度常常加速许多化学变质反应，应予警惕。

二、醇胺与 CO_2 的变质反应

在需要脱除 H_2S 的天然气中几乎无例外地均含有 CO_2，虽然碳硫比差别很大。

事实上，在一套工艺选择恰当的胺法装置中，导致醇胺变质的主要因素就是 CO_2。

1. MEA—CO_2 变质反应

文献中所报道的 CO_2 导致 MEA 变质的反应可归纳如下：

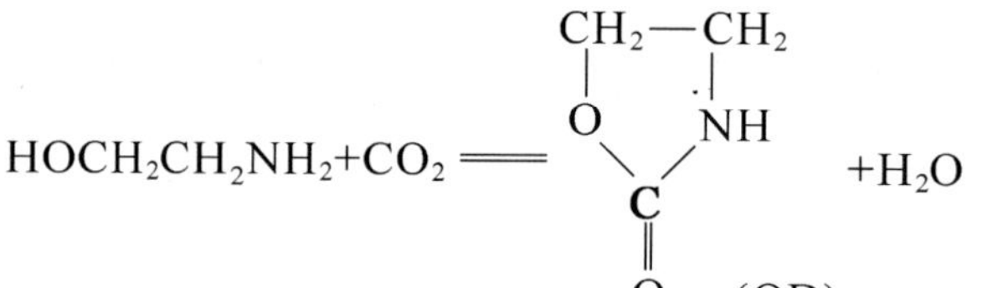

$$HOCH_2CH_2NH_2 + CO_2 \Longrightarrow \underset{(OD)}{\text{OD}} + H_2O \qquad (2-38)$$

$$(OD) + HOCH_2CH_2NH_2 \longrightarrow \begin{cases} \text{(HEID)} + H_2O & (2-39) \\ \text{(DEU)} & (2-40) \end{cases}$$

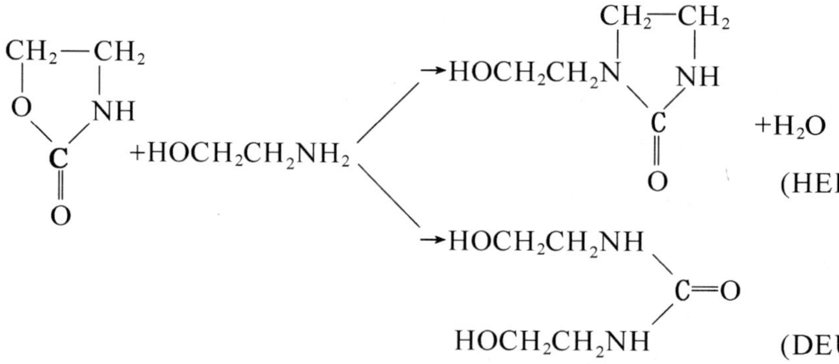

$$\text{DEU} \longrightarrow \text{(HEID)} + H_2O \qquad (2-41)$$

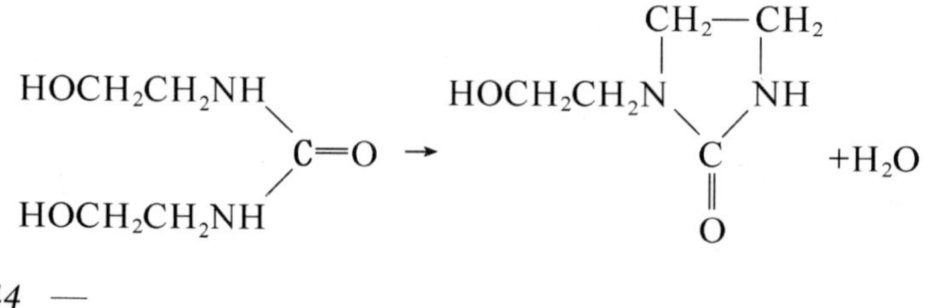

$$\text{HOCH}_2\text{CH}_2\text{N}\underset{\underset{\text{O}}{\overset{\|}{\text{C}}}}{\overset{\overset{\text{CH}_2-\text{CH}_2}{|\quad\quad|}}{}}\text{NH} + \text{H}_2\text{O} \rightarrow \text{HOCH}_2\text{CH}_2\text{NHCH}_2\text{CH}_2\text{NH}_2 + \text{CO}_2 \qquad (2-42)$$

(HEEA)

据研究，在以上反应中决定变质速率的控制步骤是（2-38）式，即生成噁唑烷酮-2（OD）的反应，所以 OD 在 MEA 溶液中的浓度是很低的。而上述几种变质产物中只有 OD 与碱反应可析出 MEA，其余均不可能复原为 MEA。表 2-21 给出了上述 MEA—CO_2 变质产物的主要性质，同时有 MEA 性质以资对比。

表 2-21 MEA 及其主要变质产物的物理性质

物 质	MEA	OD①	DEU①	HEID①	HEEA①
分子式	C_2H_7NO	$C_3H_5NO_2$	$C_5H_{12}N_2O_3$	$C_5H_{10}N_2O_2$	$C_4H_{13}N_2O$
结构式	$HOCH_2CH_2NH_2$	(见图)	(见图)	(见图)	(见图)
相对分子质量	61.09	87.08	148.17	130.15	104.16
熔点,℃	10.5	89	86~87	56.5	—
沸点,℃②	171	200 (2.8)	—	182 (0.013)	114~115 (0.027)
溶解性	易溶于水	溶于水	溶于水	可溶于水	易溶于水
碱性	强	极弱	有	非	较 MEA 强

①OD 为噁唑烷酮-2，DEU 为二乙醇脲，HEID 为 1-（2-羟乙基）咪唑啉酮-2，HEEA 为 N-（2-羟乙基）乙二胺；
②括弧内为残压，kPa。

2. DEA—CO_2 变质反应

文献所报道的 DEA—CO_2 变质反应可归纳如下（式中 R 均表示 $HOCH_2CH_2-$）：

$$R_2NH_4 + CO_2 \xrightarrow{k_1} R-N\underset{\underset{\text{O}}{\overset{\|}{\text{C}}}}{\overset{\overset{\text{CH}_2-\text{CH}_2}{|\quad\quad|}}{}}O + H_2O \qquad (2-43)$$

(HEOD)

$$2R_2NH_4 + CO_2 \xrightarrow{k_2} R_2NC_2H_4NHR + H^+ + HCO_3^- \qquad (2-44)$$

(THEED)

$$R_2NC_2H_4NHR \xrightarrow{k_3} R-N\underset{C_2H_4}{\overset{C_2H_4}{\diagup\diagdown}}N-R + H_2O \qquad (2-45)$$

(BHEP)

$$2\ R-N\underset{\underset{O}{\overset{\|}{C}}}{\overset{CH_2-CH_2}{\overbrace{}\ \ O}} \longrightarrow R-N\underset{C_2H_4}{\overset{C_2H_4}{\rightleftarrows}}N-R + CO_2 \qquad (2-46)$$

(BHEP)

Kennard 等在 140℃ 及 CO_2 分压 4137kPa 下测定的 20%DEA 溶液中变质产物浓度随时间的变化关系如下[18]：

$$[HEOD] = [DEA]_0 \cdot \frac{k_1}{k_1+k_2}[1-\exp(-k_1-k_2)t] \qquad (2-47)$$

$$[THEED] = [DEA]_0 \cdot \frac{k_2}{k_3-(k_1+k_2)}[\exp(-k_1-k_2)t - \exp(-k_3t)] \qquad (2-48)$$

$$[BHEP] = [DEA]_0 \cdot \frac{k_2}{k_1+k_2}[1-\frac{k_3}{k_3-(k_1+k_2)}\exp(-k_1-k_2)t$$
$$+\frac{k_1+k_2}{k_3-(k_1+k_2)}\exp(-k_3t)] \qquad (2-49)$$

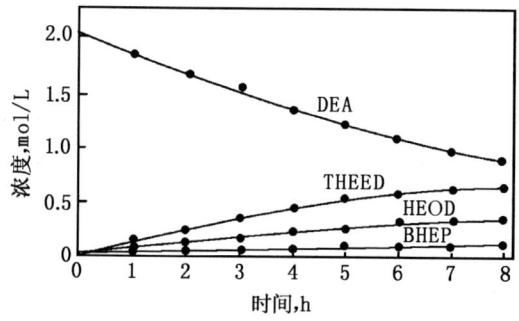

图 2-51　DEA 及其变质产物随时间的变化
[引自 IEC, Fundam., 1985, 24 (1)]

式中 $[DEA]_0$ 为 DEA 初浓度，k_1，k_2 及 k_3 分别为前述的三个反应的速率常数。图 2-51 反映了其变化关系。

DEA 及其与 CO_2 的变质产物的物理性质示于表 2-22。

除上述物质外，在 DEA 变质溶液中还检出了 MEA 溶液中出现的 HEID 及 HEEA，以及 N, N-二（羟乙基）咪唑啉酮（BHEI）、N-羟乙基哌嗪（HEP）、N, N, N, N-四（羟乙基）乙二胺（TEHEED）、N, N-二（羟乙基）乙二胺（BHEED）等。奥地利一净化厂以色谱法检出的 DEA 溶液中的变质产物浓度可见表 2-23。

表 2-22　DEA 及其主要变质产物的物理性质

物　　质	DEA	HEOD①	THEED①	BHEP①
分子式	$C_4H_{11}O_2N$	$C_5H_9O_3N$	$C_8H_{20}O_3N_2$	$C_8H_{18}O_2N_2$
结构式	HOCH$_2$CH$_2$＼NH／HOCH$_2$CH$_2$	CH$_2$-CH$_2$＼O　N-CH$_2$CH$_2$OH＼C／‖O	C$_2$H$_4$OH　H＼　／N-C$_2$H$_4$-N／　＼C$_2$H$_4$OH　C$_2$H$_4$OH	C$_2$H$_4$OH｜CH$_2$-N-CH$_2$｜　　　｜CH$_2$　　CH$_2$＼　　／N-CH$_2$｜C$_2$H$_4$OH

续表

物 质	DEA	HEOD[①]	THEED[①]	BHEP[①]
相对分子质量	105.13	131.14	192.26	174.25
熔点,℃	27.5	57～58	—	134～135
沸点,℃[②]	187 (6.67)	164～166 (0.13)	—	215～220 (6.67)
溶解性能	易溶于水	溶于水	溶于水	易溶于水
碱性	较强	很弱	比DEA强	与DEA相近

① HEOD为3-羟乙基噁唑烷酮-2，THEED为N,N,N-三（羟乙基）乙二胺，BHEP为N,N-二（羟乙基）哌嗪；
② 括弧内为残压，kPa。

表2-23 DEA溶液中的变质产物浓度

变质产物	HEOD	BHEP	HEID	HEEA	残余酸
浓度,%	0.05	0.48	0.05	0.84	0.63

3. DIPA—CO_2变质反应

DIPA—CO_2可能仅有一种变质产物3-（2-羟丙基）-5-甲基噁唑烷酮-2（HPMO），其反应为：

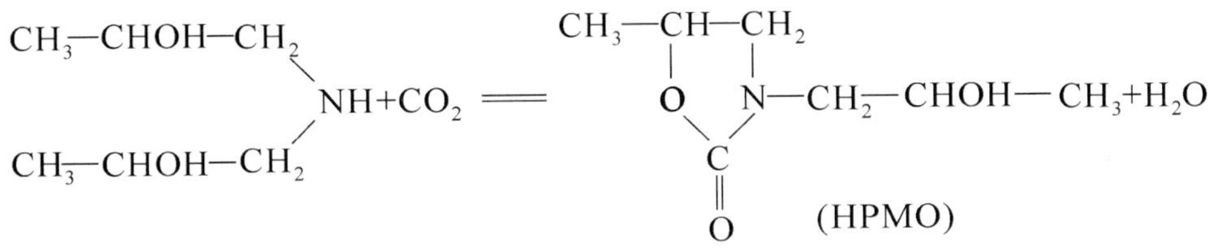

$$\text{CH}_3\text{—CHOH—CH}_2\text{—NH} + CO_2 \Longleftrightarrow \text{(HPMO)} + H_2O \tag{2-50}$$

HPMO的相对密度为1.1398，折射率1.469，沸点为123～128℃（残压13.3Pa）或132～133℃（残压26.7Pa）。DIPA—CO_2在150℃及3.43MPa下，经20h约有70%转化为HPMO，这是一个可逆反应。

4. DGA—CO_2变质反应

DGA—CO_2的主要变质反应为：

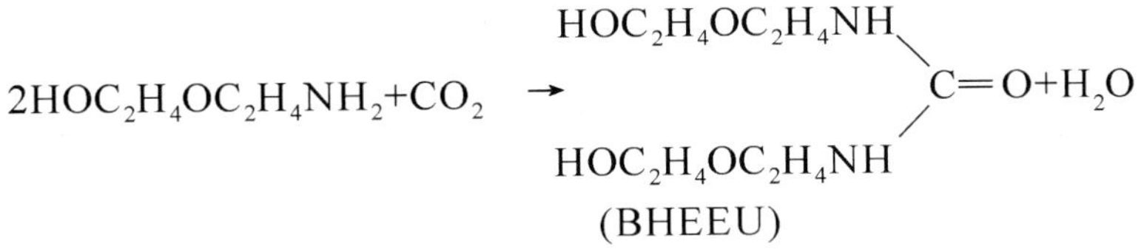

$$2HOC_2H_4OC_2H_4NH_2 + CO_2 \longrightarrow (BHEEU) + H_2O \tag{2-51}$$

变质产物BHEEU可简称为二甘醇脲。

5. 醇胺—CO_2变质速率

文献所报道的生产装置中醇胺—CO_2的变质速率按处理$1000m^3 CO_2$计，示于表2-24。

表 2-24 醇胺—CO_2 变质速率

醇 胺	MEA	DEA	DIPA	DGA
变质速率，$kg/10^3 m^3$（CO_2）	3.37, 3.82	0.64~0.80, 0.80	0.4~1.2, 0.95	1.50~3.74

表 2-24 数据说明，伯胺 MEA 及 DGA 变质速率较高，而仲胺 DEA 及 DIPA 则较低。

三、醇胺与 COS 及醇胺与 CS_2 变质反应

COS 及 CS_2 具有与 CO_2 类似的分子结构。关于 COS 与醇胺的变质反应报道稍多，CS_2 则较少。DIPA 基本不为 COS 所降解，DGA—COS 反应已在第六节介绍 Malaprop 法时涉及。

1. MEA—COS 变质反应

MEA 与 COS 发生如下反应：

$$HOC_2H_4NH_2 + COS \longrightarrow HOC_2H_4NHCOSH \tag{2-52}$$

$$HOC_2H_4NHCOSH \begin{cases} \xrightarrow{H_2O} HOC_2H_4NH_2 + CO_2 + H_2S & (2-53) \\ \rightarrow \text{(OD)} + H_2S & (2-54) \end{cases}$$

可见，MEA 与 COS 的反应产物既可能水解，也可能转化为 OD，OD 将迅速转化为 DEU、HEID 及 HEEA 等变质产物。

表 2-25 所给出的现场试验结果说明，MEA 所吸收的 COS 有 17.7% 使 MEA 降解，7.9% 仍以 COS 的形态出现于酸气中，其余 74.4% 则水解成为 H_2S 及 CO_2。

表 2-25 MEA—COS 现场试验结果

COS 去向	酸气中 COS	水解	使 MEA 变质
比例，%	7.9	74.4	17.7

MEA—COS 在 25℃ 下的反应速率常数为 MEA—CO_2 的 0.25%，但 COS 使 MEA 变质的速率高得多。

2. MEA—CS_2 变质反应

据认为 MEA—CS_2 的变质反应有两个途径：

$$HOC_2H_4NH_2 + CS_2 \rightarrow \text{(环状产物)} + H_2O \tag{2-55}$$

$$2HOC_2H_4NH_2 + CS_2 \rightarrow HOC_2H_4NH-\underset{\underset{S}{\parallel}}{C}-SH \cdot H_2NC_2H_4OH \tag{2-56}$$

$$HOC_2H_4NH-\underset{\underset{S}{\parallel}}{C}-SH \cdot H_2NC_2H_4OH \rightarrow (HOC_2H_4NHO)_2CS + H_2S \tag{2-57}$$

MEA—CS_2 的反应速率较 MEA—COS 低，但会造成 MEA 相当多的损失。

3. DEA—COS 变质反应

DEA—COS 的反应与 MEA—COS 类似，反应产物既可水解放出 DEA，也可转化为 HEOD，继续反应生成 BHEP 及 THEED 等。但表 2-26 所示的现场试验结果未发现 COS 使 DEA 变质。

表 2-26 DEA—COS 现场试验结果

COS 去向	酸气中 COS	水解	使 DEA 变质
比例，%	5.5	94.5	0.0

在 25℃下 DEA—COS 的反应速率常数约为 DEA—CO_2 的 1%，MEA—COS 的 2/3。

四、醇胺的氧化变质[19]

在天然气脱硫装置中，如果胺液储罐未用惰性气保护，或者从溶液循环泵填料函处吸入空气，将可能使醇胺发生氧化变质。在各种醇胺中，MEA 及 DEA 较 TEA 易氧化，异丙醇胺类则较乙醇胺类不易氧化。据认为有若干氧化降解机理，主要产物是有机酸。

关于 MEA 氧化，曾提出的一个反应途径是：

$$H_2NCH_2CH_2OH \xrightarrow{\frac{1}{2}O_2} H_2NCH_2-\overset{O}{\underset{H}{C}} \xrightarrow{\frac{1}{2}O_2} H_2NCH_2-\overset{O}{\underset{OH}{C}} \xrightarrow{O_2} HOCH_2-\overset{O}{\underset{OH}{C}} + N_2 + H_2O$$
（氨基乙醛）　　　（氨基乙酸）　　　（羟基乙酸）

$$\overset{O_2\downarrow}{} \quad H\overset{O}{\underset{}{C}}-\overset{O}{\underset{OH}{C}} \xrightarrow{\frac{1}{2}O_2} HO\overset{O}{\underset{}{C}}-\overset{O}{\underset{OH}{C}}$$
（乙醛酸）　　　　（草酸）

(2-58)

此中氨基乙酸、羟基乙酸及草酸均已检出。在较高的温度下，反应将大大加速。

Blachly 等研究了在核潜艇内以 MEA 溶液脱除空气中的 CO_2 时的氧化变质问题，认为 MEA 被氧氧化为氨及过氧化物，而且是一个自动催化氧化过程。

表 2-27 提供了以 1L 混合气（50%CO_2 + 50%O_2）按 100mL/min 速度在 82℃下分别通过 MEA，DEA，MDEA 及 MDEA—DEA 溶液的氧化降解结果。可见 MDEA 最稳定，DEA 最易氧化，但当它与 MDEA 组成混合胺液后氧化速率大幅下降。

表 2-27 醇胺的氧化降解试验结果

醇胺	MEA	DEA	MDEA	MDEA/DEA
浓度，%（质量分数）	15	26	29	15/13
胺损失，%	33	61	1.6	4.8/7.4

还应当指出，在净化过程中氧有可能将 H_2S 氧化为元素硫，硫可与醇胺反应，此外还可能生成硫代硫酸盐而降低了有效胺的浓度，产生一系列问题。

五、热稳定盐

热稳定盐（HSS）系指在净化过程中醇胺与酸性较强的杂质如有机酸、SO_2、HCl 及 HCN 等结合形成的盐，它们在通常的再生条件下是不能再生而析出醇胺的。这不仅造成有效胺的损失使溶液吸收能力下降，而且常常加剧胺液的腐蚀性。此外，有机酸还是溶液发泡的促进剂，氯离子将造成含奥氏体的不锈钢应力腐蚀。

六、关于醇胺变质问题的小结

综上所述，醇胺在气体净化过程中的变质是十分复杂的，在生产装置内它必然受使用的醇胺、气体组成、操作条件及装置情况等多方面因素的影响。而且，这些因素的作用也不是孤立的，它们之间常常有协同作用。例如，在 CO_2 存在下醇胺为氧所导致的氧化变质将大大加速，温度升高对各种变质反应的促进作用更是不容忽视的。

情况虽然复杂，但在正常情况下醇胺—CO_2 变质反应是主要的，MEA 的主要变质产物是 HEID 及 HEEA 等，DEA 是 HEOD、BHEP 及 THEED 等，DIPA 是 HPMO，DGA 则是 BHEEU。应当强调指出的是，热稳定盐也是十分重要的因素，事实上 MEA 溶液的复活主要就是析出热稳定盐中的 MEA。

MEA 等溶液复活可以收到良好效果，但这毕竟只是问题的一个方面，另一方面则是设法控制与抑制变质反应，在某种意义上说这可能是更加积极的措施。

为了控制醇胺在净化过程中的变质反应，应着重考虑以下三点：

（1）对所处理的气流组分应清楚了解，以便选择适当的醇胺及采取恰当的措施。

当天然气中存在 COS 及（或）CS_2 时应使用仲胺或叔胺而不用伯胺。对于其他气体，如含有机酸时应采用废碱洗预先除去；HCN 则可先用水洗；若气流含氧，不宜用 MEA，同时应考虑加入抗氧剂等措施。

（2）避免胺液与空气接触，可使用惰性气保护溶液。

（3）溶液再生时应防止胺液温度过高，使用蒸汽作热源时应选用低压饱和蒸汽，使用烟道气作热源应作好传热计算避免过高的壁温。对于 MEA，溶液温度应不大于127℃，蒸汽温度不大于140℃。

七、醇胺变质溶液的复活

MEA 溶液的复活，其作用是回收变质溶液中的游离 MEA 及使热稳定盐中的 MEA 析出并回收，同时也可排出其他变质产物及非挥发性杂质。

工业上获得广泛应用的复活方法是加碱及蒸馏，加入纯碱或苛性碱可将热稳定盐中的 MEA 置换出来，溶液中的极少量噁唑烷酮-2 也将转化为 MEA，然后蒸馏回收[20]。

图 2-52 为 MEA—水体系的汽液平衡曲线。

如图 2-52 所示，当复活釜在表压 68.9kPa 下操作时，与汽相 MEA 溶液 15%（质量分数）相对应的液相 MEA 浓度为 67%（质量分数）。即当釜内溶液浓缩后可实现一段时间的连续蒸馏，在釜温到达规定值后停止进料以蒸汽吹出釜

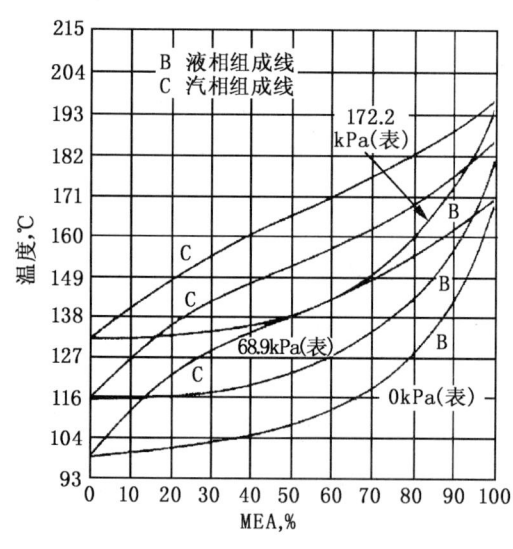

图 2-52 MEA—水的汽液平衡

底残液中的 MEA。

复活釜在 MEA 装置流程中的安排可见图 2-50，其容量决定于杂质的积累速度，一般可按系统溶液循环量的 1%～3%或三至七天将系统溶液复活一遍设计。

DIPA 溶液的复活则需在减压下进行。在卧龙河引进 SCOT 尾气处理装置 DIPA 溶液受到严重污染后，中国石油西南油气田分公司天然气研究院利用加碱减压蒸馏的办法协助处理废液 23m³，回收 DIPA 近 9t，DIPA 收率达 86%[21]。

DGA 溶液的复活是类似的，但蒸馏亦需在减压下进行，当残压为 67.7~84.6kPa 时，釜温 160~171℃。

第八节 胺法装置中的腐蚀、发泡、过滤及溶剂损失问题

一、胺法装置的腐蚀问题

胺法装置的腐蚀是一个重大问题，它可能导致装置非计划性停产、设备寿命缩短甚至产生设备及人员伤亡事故。1984 年美国芝加哥炼厂处理丙烷的 MEA 吸收塔因大范围腐蚀开裂产生爆炸，直径 2.6m 的上段 14m 飞出近 1km，死亡 17 人，经济损失 5 亿美元[22]。

胺液腐蚀是一个影响因素众多、涉及多门学科的复杂问题，此处只能简要介绍胺法装置的腐蚀类型及敏感区域、不同醇胺及工艺条件的影响和材质选用及预防措施。

1. 腐蚀类型及敏感区域

在胺法装置中发现的腐蚀类型有均匀腐蚀、电化学腐蚀、缝隙腐蚀、坑点腐蚀、晶间腐蚀（常见于不锈钢）、选择性腐蚀（从金属合金中选择性浸出某种元素）、磨损腐蚀（包括冲蚀和气蚀）、应力腐蚀开裂（SCC）及氢型腐蚀。对上述芝加哥 MEA 装置腐蚀原因的研究还提出了应力集中氢致开裂（SOHIC）的概念。

此中可能造成事故，甚至恶性事故的是局部腐蚀，特别是应力腐蚀开裂、氢型腐蚀、磨损腐蚀及坑蚀。

胺法装置容易发生腐蚀的敏感区域主要有再生塔及其内部构件、贫富液换热器的富液侧、换热器后的富液管线以及有游离酸气和较高温度的重沸器及附属管线等处。

2. 不同醇胺溶液的腐蚀性[23]

应当指出，胺液本身对碳钢并无腐蚀性，腐蚀是在酸气进入胺液后才产生的。

图 2-53 给出了在 CO_2 环境中，99℃ 及 168h 的条件下，MEA、DEA 及 MDEA 溶液的腐蚀率。

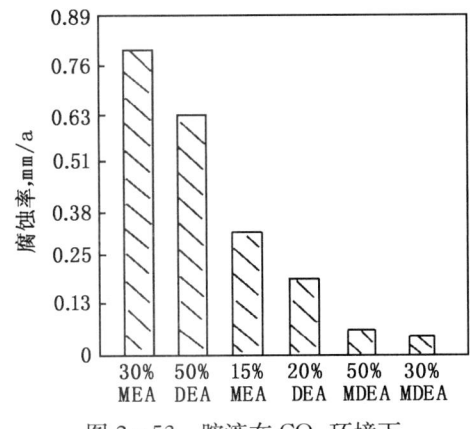

图 2-53 胺液在 CO_2 环境下的腐蚀率

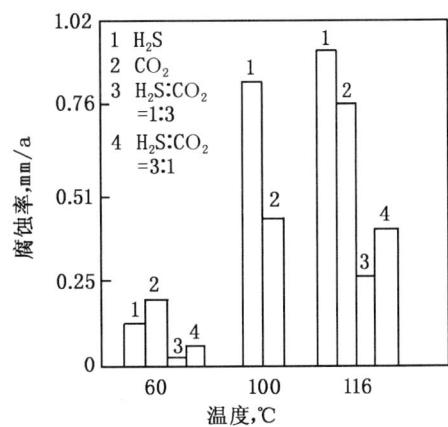

图 2-54 不同气相组成及温度下 15%MEA 溶液的腐蚀率

看来胺液的腐蚀性与其反应性能有关,反应性愈强、腐蚀也愈严重;对于每种醇胺,其浓度愈高,腐蚀率也愈高。

3. 工艺条件的影响[23]

图 2-54 及图 2-55 分别为 15%MEA 溶液和 20%DEA 溶液在不同气相组成条件下的腐蚀率。

从图 2-54 及图 2-55 可见,在仅有 H_2S 或仅有 CO_2 时腐蚀率最高。现场数据表明,对以脱除 CO_2 为主的装置,气体中如含少量 H_2S 可对金属起强烈的钝化作用,高 H_2S/CO_2 比的腐蚀低于低 H_2S/CO_2 比。还可以看到,随温度上升而腐蚀率升高。此外,液流速度对腐蚀也有显著影响。

图 2-56 给出了 MEA 溶液在不同 CO_2 负荷下的腐蚀率,可见 CO_2 负荷 0.45mol/mol 的腐蚀率与 0.3mol/mol 相近,但 0.6mol/mol 则达 0.45mol/mol 的一倍以上。

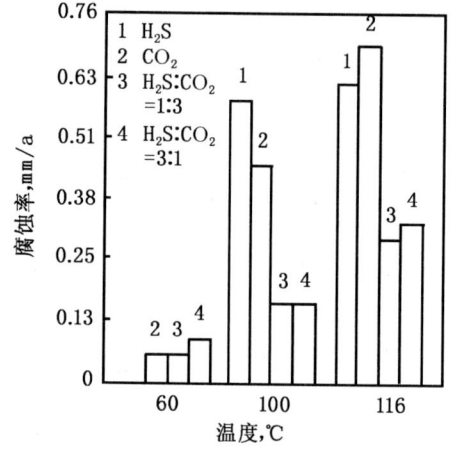

图 2-55 不同气相组成及温度下 20%DEA 溶液的腐蚀率

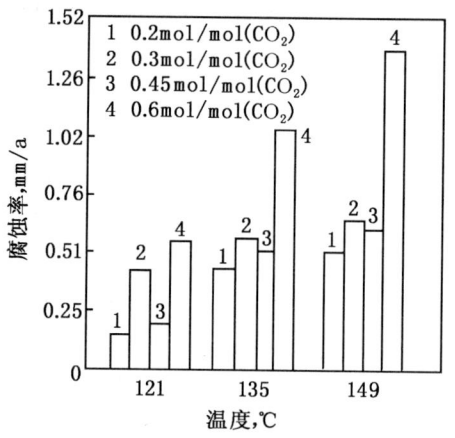

图 2-56 不同 CO_2 负荷及温度下 20%MEA 溶液的腐蚀率

4. 胺法装置的材质选择[23]

关于胺法装置中的各个设备中的构件,DuPart 等所推荐使用的材料示于表 2-28。

表 2-28 DuPart 推荐的胺法装置材料

吸收塔壳体	碳钢	酸气冷凝器壳体	碳钢
内部构件	碳钢或不锈钢	管子	碳钢或不锈钢
再生塔壳体	碳钢	贫液冷却器壳体	碳钢
内部构件	不锈钢	管子	碳钢或不锈钢
重沸器壳体	碳钢	回流罐	碳钢
管子	不锈钢	活性炭罐壳体	碳钢
管板	碳钢	内部构件	不锈钢
蒸汽室导板	碳钢	溶液循环泵壳体	碳钢
贫富液换热器壳体	碳钢	叶轮	不锈钢
管子(富液)	不锈钢	富液管线	不锈钢
		贫液管线	碳钢或不锈钢

此外，美国气体加工及供应者协会（GPSA）还建议吸收塔底部 5 层塔板、再生塔顶部 5 层塔板及酸气冷凝器也使用不锈钢。

5. 胺法装置预防腐蚀的措施

为了预防胺法装置的腐蚀，在装置设计以及运行中需要考虑许多因素，现简要概括如下：

（1）设备和管线使用适当材料（表 2-28）。

（2）设备制成后应消除应力。美国的一次调查表明，在炼厂合计 272 套装置中，有 94 套发生过应力开裂，此中 85 套未消除应力。不同醇胺发生应力开裂的情形示于表 2-29。

表 2-29　炼油厂胺法装置应力开裂情况[24]

醇　　胺	MEA	DEA	DIPA	MDEA	DGA
发生开裂数	78	22	1	3	0
未发生开裂数	15	115	11	19	8

表 2-29 所示数据可见，与其他醇胺相比，MEA 装置较易发生应力开裂。

（3）设计应选用合理的工艺参数，如胺液浓度及其酸气负荷。至于管线液体流速，碳钢管道不超过 1m/s，吸收塔至换热器的富液流速为 0.6～0.8 m/s，换热器至再生塔的富液流速还可以低一些。此外应注意减少涡流和局部压降。

（4）为防止磨损腐蚀，溶液过滤是必不可少的，它可以除去导致磨损腐蚀和破坏保护膜的固体粒子。此外，保护溶液的其他措施也有助于减轻腐蚀。

（5）关于缓蚀剂，20 世纪 50 年代使用 T-52（四乙撑五胺与炔醇的缩合物），60 年代使用 $NaVO_3$ 和酒石酸锑钾，70 年代出现了 Amine Guard（前面已介绍了 Amine Guard ST）。需要指出的是，缓蚀剂仅能解决均匀腐蚀问题，而无法解决局部腐蚀。

（6）定期采用无损探伤技术检查装置，据称湿荧光磁粉探测技术（WFMT）对检查设备内部的裂纹情况特别有效。

二、胺法装置的发泡问题

发泡是胺法装置不时发生而令人困扰的工艺故障，它可能导致净化气不合格、装置处理量降低及胺液大量损失等问题。

虽然表面的物理化学理论是研究胺液发泡问题的理论基础，但迄今为止还难以使用胺液的物化性质将其发泡能力量化，检查和解决胺液的发泡还是建立在经验的基础上。

此处将简要讨论胺液发泡的原因、测定胺液发泡性能的方法和指标以及预防和处理发泡的措施。

1. 导致胺液发泡的因素

胺液净化天然气是一个气液界面间传质并发生反应的过程，当采用板式塔时，气泡从塔板上的胺液中穿过，在正常情况下气泡穿过胺液后应迅速破裂；当塔内产生致密的气泡且相当稳定而不迅速破裂时，胺液就发泡了。

在胺液发泡的情况下，泡沫会被气流夹带到上一层塔板，塔内的持液量增加而会影响液面变化，最灵敏的标志是塔的压降增加，因此应经常监控塔的压降变化。

稳定泡沫的形成需要三个方面的条件：发泡剂、泡沫稳定剂和一定的流体力学条件。

（1）发泡剂。

导致胺液产生泡沫的物质可称为发泡剂。在天然气净化装置中的发泡剂有从气井带出的一些处理剂（如表面活性剂、有机酸等），有人认为某些胺降解产物乃至补充水中的杂质也有发泡作用。气流中带入的液烃或冷凝的烃类也会导致溶液发泡，它们在再生塔内的蒸发更是造成再生塔冲塔的主要因素。

（2）泡沫稳定剂。

普遍认为，胺液中的硫化铁等固体杂质具有稳定泡沫的作用。

（3）流体力学条件。

高的气体线速及塔压的迅速变化也是导致发泡的因素。

2. 测定溶液发泡性能的方法

表示溶液的发泡性能通常使用两个参数：泡沫高度和停气后泡沫完全消失所需的时间。可使用直径 25mm、高 1m 而底部有气体分配器的玻璃管，装入适量溶液，气流以固定气速通过溶液，待泡沫层稳定后记录其高度与清液高度之差，停止通气，记录泡沫完全消失所需时间。

采用此工具亦可评价消泡剂的消泡能力。应当记住，在装置需要加入消泡剂时，尤其是加入新的、未使用过的消泡剂时必须先行测试。

3. 预防和处理发泡的措施

在胺液严重发泡的紧急情况下，加入消泡剂是有效措施。常用的有效消泡剂是硅油类物质，它虽然也是表面活性剂，但其表面活性大而可顶出原来的发泡剂分子，且由于消泡剂分子结构的特点使其不能在液膜上整齐排列从而可使泡沫破裂消失。

治本措施是找到胺液发泡的原因并设法除去发泡剂与泡沫稳定剂。

预防发泡措施的核心是保持溶液清洁：原料气应有效分离所夹带的液、固杂质；溶液应良好过滤（必要时用活性炭过滤）；保证吸收塔内不产生烃类的冷凝；补充水应是蒸汽凝结水等。此外，保持装置平稳运行避免工艺参数急剧变化也是重要的。

三、胺法装置的过滤问题

从前面的介绍可见，实现溶液的良好过滤可减轻装置的腐蚀和预防发泡。因此，溶液过滤虽是一个辅助设施，但对于维持溶液清洁从而实现装置的无故障长周期平稳运行具有重要意义。溶液过滤首先是机械过滤以除去固体杂质，必要时可继以活性炭吸附以除去溶液中的均相杂质，如降解产物、有机酸、表面活性剂及溶解的烃类等。

1. 机械过滤

通常应将全部富液或部分贫液通过一个筒式过滤器，以除去其中直径大于 $5\mu m$ 的固体微粒，使系统溶液中的固体颗粒浓度低于 0.01%。

关于过滤器放置的位置有不同的认识，有人认为应置于富液管线上，可以更好地除去溶液中的硫化铁，而贫液中则有不少铁离子无法除去；但是也有人认为处于富液环境下过滤系统的腐蚀是个问题而赞成置于贫液管线上。更有大型装置对贫液及富液均予过滤。事实上，过滤器的放置位置远不及使其正常发挥作用那么重要。

曾经有一段时间使用硅藻土作过滤介质的预涂层过滤器颇受关注，它可以除去直径小于 $1\mu m$ 的超微颗粒而取得良好效果，但也务必防止硅藻土进入系统溶液。20 世纪 90 年代以来由于滤芯技术发展，胺法装置一般也不采用硅藻土预涂层过滤器了。

2. 活性炭过滤器

活性炭过滤器过滤量不低于循环量的 10%。通常使用褐煤基或烟煤基活性炭吸附胺液中的表面活性剂、有机酸及烃类。若用于除去有机酸，则应选用有高碘值的活性炭。活性炭过滤器通常置于贫液一侧，位于机械过滤之后，但也有置于富液一侧的。需要特别指出的是，在活性炭过滤器后必需继以一个机械过滤器以避免活性炭粉碎进入系统溶液。

四、胺法装置的溶剂损失[25]

醇胺消耗量是胺法装置的重要经济指标之一，胺损失的途径是蒸发（处理 NGL 或 LPG 时为溶解）、夹带、降解以及机械损失。

1. 蒸发损失

气体带走的气相醇胺量可按其工况下的蒸气压计算，包括吸收塔、闪蒸罐及再生塔三处。

表 2-30 为不同胺液在 4.82MPa 及 49℃下在吸收塔顶蒸发损失的计算值。

表 2-30 醇胺的蒸发损失①

胺 液	15%MEA	30%DEA	30%MDEA	50%MDEA
蒸发损失，kg/10^4m³	0.0866	0.0046	0.0056	0.0098

① 4.82MPa, 49℃。

至于在再生系统冷凝后的酸气含胺量大约为 MEA 0.016kg/10^4m³，DEA 0.0014kg/10^4m³，MDEA 0.0016kg/10^4m³。

2. 溶解损失

当使用胺液处理 NGL 或 LPG 时，存在二者相互溶解的问题。图 2-57 给出了 25℃，2.0MPa 下 MEA，DEA 及 MDEA 在丙烷中的溶解度。

溶解损失较蒸发损失高一个数量级以上。

3. 夹带损失

无论处理气体或液体，胺液均存在夹带损失问题。其数值常常超过、甚至大大超过蒸发或溶解损失，气相夹带的极端情形是发泡，液相夹带则是乳化。

控制物料流速及设置高效分离设施是降低夹带损失的有效途径。当系统需要补充水以维持胺液浓度时，在吸收塔顶设置一个小的水洗段更可以大幅度降低夹带损失。

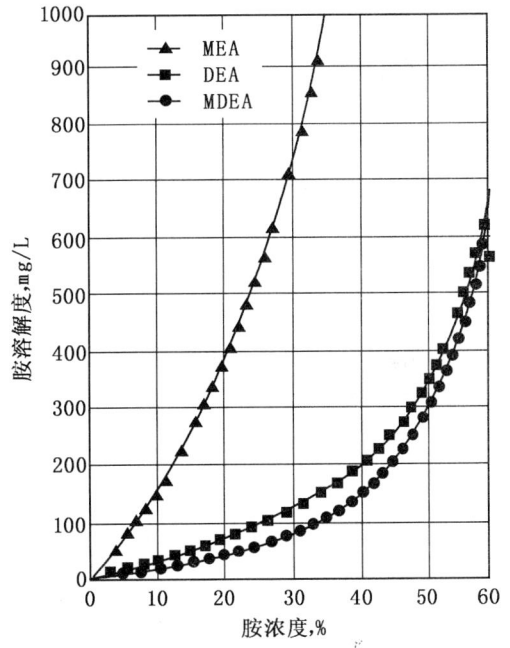

图 2-57 醇胺在丙烷中的溶解度
[引自 Hydrocarbon Proc. 1994，73 (5)]

4. 降解损失

本章第七节已经详细讨论了醇胺的化学变质问题，此处不再赘述。

5. 机械损失

机械损失就是装置跑冒滴漏胺液，因此胺液浓度愈高更需降低机械损失，这取决于装置的设计、管理及操作水平。

综合以上情况，根据国内外胺法净化天然气装置的操作经验，醇胺损失通常不超过

$0.5 kg/10^4 m^3$。

参 考 文 献

1　周学厚等编. 天然气工程手册（下）. 北京：石油工业出版社，1984
2　R. N. Maddox. Gas and Liquid Sweetening. Campbell Petroleum Series, USA, 1982
3　A. L. Kohl et al. Gas Purification (3rd Ed). Gulf Publishing Comp, 1979
4　徐文渊，蒋长安主编. 天然气利用手册. 北京：中国石化出版社，2002
5　J. J. Carroll. Converting Amine Concentration. Hydrocarbon Proc, 73 (3), 1994：91～92, 94
6　E. B. Rinker et al. Effect of H_2S Loading on the Density and Viscosity of Aqueous Solutions of MDEA. J. Chem. Eng. Data, 45 (2), 2000：254～256
7　G. Vagqueg et al. Surface Tensions of Aqueous Solutions of DEA and TEA from 25 to 50℃, J. Chem. Eng. Data, 41 (4), 1996：806～808
8　E. D. Snijder et al. Diffusion Coefficients of Several Aqueous Alkanolamine Solutions. J. Chem. Eng. Data, 38 (3), 1993：475～480
9　H. Hikita et al. Densities, Viscosities and Amine Diffusivities of Aqueous MIPA. DIPA. DGA and EDA. J. Chem. Eng. Jpn, 14 (5), 1981：411～415
10　A. J. Kosseim et al. New Gas Sweetening System in Energy Saver. Oil Gas J., 82 (12), 1984：174～178
11　王开岳. 二异丙醇胺溶液用于炼厂气脱硫的一些优点. 石油炼制, 1980 (2)：22～27
12　王开岳等. 二异丙醇胺法的国内应用情况. 石油与天然气化工，13 (4), 1984：24～28
13　H. L. Holder. Diglycolamine – A Promising New Acid Gas Remover. Oil Gas J. 64 (18), 1966：83～86
14　R. W. Bucklin. DGA – A Workhorse for Gas Sweetening. Oil Gas J., 80 (45), 1982：204, 208～210
15　M. Huval et al. DGA Proves out as a Low – Pressure Gas Sweetener in Sandi Arabia. Oil Gas J., 79 (33), 1981：91～98, 103
16　G. P. McClure et al. Malaprop Process Removes COS. Hydrocarbon Proc., 58 (5), 1979：231～233
17　王开岳. 醇胺在净化过程中的变质与复活. 石油与天然气化工，1977 (4)：1～34
18　王开岳. 二乙醇胺溶液变质研究的新进展. 齐鲁石油化工，1986 (3)：42～45, 28
19　P. C. Rooney et al. Oxygen Role in Alkaolanmine Degradation. Hydrocarbon Proc., 77 (7), 1998：109～113
20　R. J. Blake, Why Reclaim MEA Solution, Oil Gas J., 61 (36), 1963：130～136
21　赵明旭. 还原吸收法变质脱硫溶液处理研究的工业应用情况. 石油与天然气化工，17 (1), 1988：9～16
22　王海雷. 脱硫装置酸性环境下的腐蚀开裂. 石油与天然气化工，24 (1), 1994：58～62
23　M. S. Dupart, et al. Understanding Corrosion in Alkanolamine Gas Treating Plants,

(1), (2). Hydrocarbon Proc., 72 (4), 1993: 75~80; 72 (5), 1993, 89~94

24　J. P. Richert et al. Sulfide Corrosion Cracking of Carbon Steel in Amine Systems, Mater. Perf., 1988 (1): 9~18

25　E. J. Stewarts, et al. Reduce Amine Plant Solvent Losses. Hydrocarbon Proc., 73 (5), 1994: 51~54

第三章 选择性胺法

第一节 选择性脱硫的应用领域及相关参数

一、选择性脱硫的应用领域

选择性脱硫系指在气体中同时存在 H_2S 与 CO_2 的条件下,几乎完全脱除 H_2S 而仅吸收部分 CO_2 的工艺。可以实现选择性脱硫的胺法称为选择性胺法。

具有选择脱硫能力的烷醇胺首先是甲基二乙醇胺(MDEA),它的优良特性使其从 20 世纪 80 年代以来获得广泛应用,并取得重要的经济及社会效益。而在工业上首先用于常压下选择脱硫的是二异丙醇胺(DIPA),但它逐步为 MDEA 所取代。此外,一些空间位阻胺也具有良好的选择脱硫能力。

除去选择性胺法外,可实现选择性脱硫的工艺还有直接转化法及物理溶剂法等,固体脱硫剂则几乎不吸收 CO_2 而只脱除 H_2S,这些工艺可参见有关章节。

开发选择性胺法的原动力是获得适合克劳斯工艺处理的酸气,具体的应用领域包括压力下选择性脱除 H_2S、常压下选择性脱除 H_2S 及酸气 H_2S 提浓。

1. **压力下选择性脱除 H_2S**

当天然气的碳硫比(摩尔比,下同)较高($CO_2/H_2S>5.7$)时,使用常规胺法(即无选择性的胺法)所得酸气 H_2S 浓度低于 15% 而无法进入常规克劳斯装置处理。采用选择性胺法时由于少吸收了 CO_2 而提高了酸气 H_2S 浓度。

当不考虑酸气中烃类组分及水汽量时,酸气 H_2S 浓度(c_s)与原料气碳硫比(R)、H_2S 脱除率(η_s)及 CO_2 共吸收率(η_c)间有如下关系:

$$c_s = 1/(\eta_s + R\eta_c) \qquad (3-1)$$

通常 η_s 值均接近 100%,故:

$$c_s = 1/(1 + R\eta_c) \qquad (3-2)$$

或:

$$\eta_c = (1 - c_s)/Rc_s \qquad (3-3)$$

当要求 c_s 不小于 15% 时,可得图 3-1,图中阴影部分即为在不同 R 值下可满足 c_s 不小于 15% 的区域,从中可找到所需的 η_c 值。

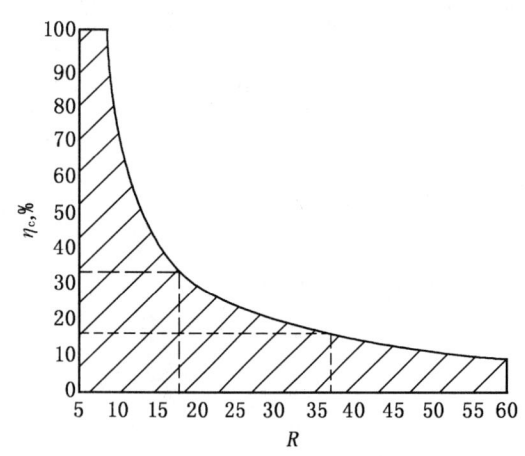

图 3-1 不同 R 值下为满足 c_s 不小于 15% 所需的 η_c 值

2. **常压下选择脱除 H_2S**

典型的应用是还原吸收法处理克劳斯尾气工艺中的选吸工序。可以毫不夸张地说,由于所得酸气需返回克劳斯装置,"选吸"正是使此工艺得以实现的关键。

3. **酸气 H_2S 提浓**

当酸气不能满足克劳斯装置进料要求或酸气需提浓它用时,则可进入提浓装置。

对于处理碳硫比很高的天然气,仅靠压力选吸仍无法获得所需的 c_s,此时可继以酸气提

浓的两级选吸方案，此时需满足 c_s 不小于 15%
的条件成为：

$$\eta_{c1}\eta_{c2} \leqslant 17/3R \qquad (3-4)$$

式中 η_{c1} 及 η_{c2} 分别为压力选吸及酸气提浓段的 CO_2 共吸收率。

从图 3-2 可见，当 $\eta_{c1} = 30\%$ 及 $\eta_{c2} = 10\%$ 时，只要原料气碳硫比不高于 189，酸气 H_2S 浓度均可达到 15% 以上。

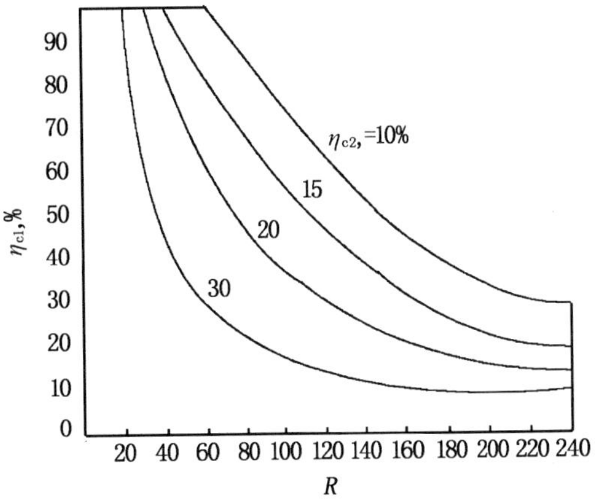

二、选择性脱硫的相关参数

1. CO_2 共吸收率

CO_2 共吸收率就是 CO_2 脱除率，国外一些文章也使用 CO_2 通过率，二者的关系是清楚的，即：CO_2 通过率 $= 1 - \eta_c$。

在选择性胺法中，CO_2 共吸收率是最重要的

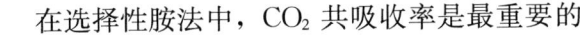

图 3-2 两级选吸方案满足 c_s
不小于 15% 的 η_c 值

工艺参数之一，确切地说它是表征选择性的一个最基本的工艺参数，只有求得准确的 η_c 值，才能准确地评价其选择性。

获得准确的物料流数据，当然可以得到准确的 η_c 值，但在实际上却很难做到。例如，当原料气的 H_2S 及 CO_2 浓度不高时，原料气与净化气的计量误差对于计算 η_c 值可能就是无法接受的，酸气准确计量也不容易。

为了解决这一问题，鉴于在稳态操作工况下取得一组准确的气相及液相分析数据是不难做到的，作者通过合理简化由物料平衡导出一组只需要气体及溶液分析数据即可计算 η_c 的简化式。这一组计算式所得 η_c 值的吻合程度反映了数据的质量从而可起校核作用。实践证明，这组计算式是简便而可靠的。

$$\eta_{ca} = \frac{[CO_2]_原 - [CO_2]_净 (1 - [H_2S]_原 + [H_2S]_净)}{[CO_2]_原 (1 - [CO_2]_净)} \qquad (3-5)$$

$$\eta_{cb} = \frac{34 ([CO_2]_富 - [CO_2]_贫)([H_2S]_原 - [H_2S]_净)}{44 [CO_2]_原 ([H_2S]_富 - [H_2S]_贫)} \qquad (3-6)$$

$$\eta_{cc} = \frac{[CO_2]_酸 ([H_2S]_原 - [H_2S]_净)}{[H_2S]_酸 [CO_2]_原} \qquad (3-7)$$

用于天然气净化时，与 $[H_2S]_原$ 相比，$[H_2S]_净$ 可忽略不计，式（3-5）～式（3-7）可进一步简化为：

$$\eta_{ca} = \frac{[CO_2]_原 - [CO_2]_净 (1 - [H_2S]_原)}{[CO_2]_原 (1 - [CO_2]_净)} \qquad (3-8)$$

$$\eta_{cb} = \frac{34 [H_2S]_原 ([CO_2]_富 - [CO_2]_贫)}{44 [CO_2]_原 ([H_2S]_富 - [H_2S]_贫)} \qquad (3-9)$$

$$\eta_{cc} = \frac{[CO_2]_酸 [H_2S]_原}{[H_2S]_酸 [CO_2]_原} \qquad (3-10)$$

式中 $[CO_2]$ 及 $[H_2S]$ 分别为 CO_2 及 H_2S 的浓度；下标"原"、"净"及"酸"分别表示原料气、净化气及酸气，%；下标"贫"及"富"分别表示贫液及富液，g/L。

2. 选择性因子

在选择性胺法中，常使用选择性因子（S）表征方法或装置在一定条件下当 CO_2 也存在

时选择脱除 H_2S 的能力。S 值有不同的表达方式，文献中可见到两种：

$$S_1 = \eta_s / \eta_c \tag{3-11}$$

式中 η_s 及 η_c 分别为 H_2S 脱除率及 CO_2 共吸收率，%；S_1 表示了对 H_2S 及 CO_2 脱除程度的比值；η_s 在天然气净化中可视为 100%。

$$S_2 = [\alpha_s]_{富} / [\alpha_c]_{富} \tag{3-12}$$

式中 $[\alpha_s]_{富}$ 及 $[\alpha_c]_{富}$ 分别为富液中 H_2S 及 CO_2 负荷，mol/mol；S_2 实际上反映了可能获得的酸气的质量。

第二节 甲基二乙醇胺选择脱硫工艺

选择性胺法的工艺流程及设备与常规胺法基本上是相同的，但吸收塔常安排几个贫液入口以便根据工况调节从而获得最佳的选吸效果。MDEA 溶液的物化性质可见第二章第一节。

一、甲基二乙醇胺压力选吸工艺[1~4]

国内 MDEA 压力下选择脱除 H_2S 是在中间试验基础上于 1986 年工业化的，由于效益显著，新建装置及老装置纷纷采用此项工艺。

1. 工艺条件对选择性的影响

现以国内 MDEA 压力选吸工业试验及中间试验数据分析气液比、溶液浓度、吸收塔板数、吸收温度及压力和原料气碳硫比对选择性的影响。

1) 气液比

气液比意为单位体积溶液处理的气体体积数（m^3/m^3），它是影响净化结果和过程经济性的首要因素，也是在操作过程中最容易调节的工艺参数。图 3-3 给出了气液比对选择性的影响。

从图 3-3 可见，可以采取提高气液比的方法来改善选择性，这有巨大的实际意义。因为气液比的提高意味着装置能耗下降，可见对选择性胺法装置而言，选择性与效益是一致的。

但是气液比的提高要受到一些因素的牵制，首先是需要保证 H_2S 净化度，图 3-4 给出了气液比与净化气 H_2S 含量的关系。此外，净化气 CO_2 浓度将因选择性改善而升高，也需考虑净化气 CO_2 指标的限制。

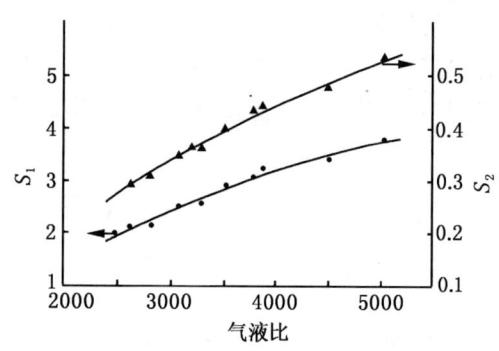

图 3-3 气液比对选择性的影响

从图 3-4 可见，随气液比上升，$[H_2S]_{净}$ 随之上升，因此，H_2S 净化度决定了可操作的气液比的上限。

还应当指出，气液比不是一个单因素，而是气量与液量互动的因素。在不同处理量下即使气液比相同其选择性也是有差别的，总的说来在较高处理量下运行可以取得更好的选择性，因为较高的气速意味着气流在塔内停留时间较短，较少吸收 CO_2。

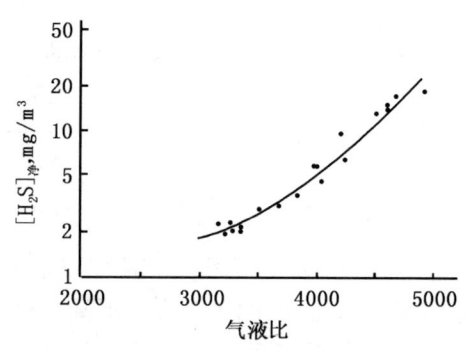

图 3-4 气液比与 $[H_2S]_{净}$ 的关系

在中试过程中将装置的处理量提高一倍而维持同样的气液比（3750m³/m³）时，选择性因子 S_1 从 3.33 升至 3.91，酸气 H_2S 浓度由 24.4% 升至 28.5%。

2）溶液浓度

溶液 MDEA 浓度也是装置中不难调节的工艺参数，图 3-5 为中试时不同 MDEA 浓度对选择性的影响，可见在相同的气液比下选择性随溶液浓度上升而改善，而如果随溶液浓度升高而相应提高气液比运行时，则选择性的改善更为显著。

溶液浓度的重要影响可能是通过粘度进而导致液膜阻力变化而影响 CO_2 的吸收的。

限制溶液浓度提高的因素有：腐蚀性、机械损失等，高的溶液浓度也导致塔底富液温度较高而影响其 H_2S 负荷。

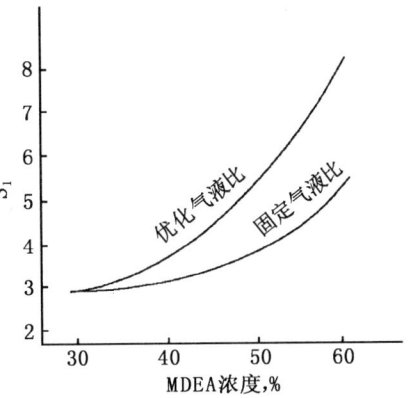

图 3-5 溶液浓度对选择性的影响

3）吸收塔板数

由于 MDEA 与 H_2S 系瞬间反应而 MDEA 与 CO_2 系中速反应的基本特性，所以吸收塔内 H_2S 浓度的变化呈指数曲线，而 CO_2 浓度的变化则几乎为一直线，如图 3-6 所示。

因此，在达到所需的 H_2S 净化度后，增加吸收塔板实际上几乎成正比地多吸收 CO_2，其结果是无论在何种气液比条件下运行，选择性总是随塔板数增加而变差，如图 3-7 所示。

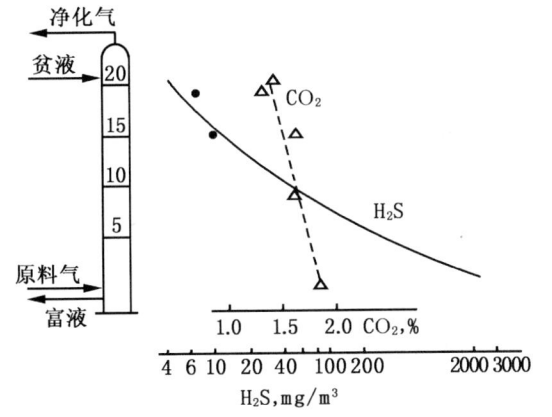

图 3-6 吸收塔内 H_2S 及 CO_2 浓度变化情况

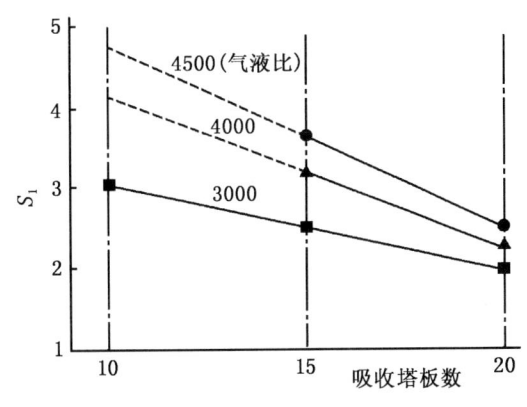

图 3-7 吸收塔板数对选择性的影响

应当强调指出，增加吸收塔板数不仅对选择性不利，而且在高气液比的条件下还因多吸收了 CO_2 造成对 H_2S 的不利影响从而导致 H_2S 净化度变差，如图 3-8 所示。

所以，在选择性胺法中，即使从 H_2S 净化度的角度而言，吸收塔板数也绝非愈多愈好，这是选择性胺法有别于常规胺法的一个重要工艺特点。

其后，匈牙利一套选择性胺法装置也出现了上述现象，其结果示于图 3-9[5]。

4）吸收温度

在天然气净化中，通常原料气温度均较贫液为低，塔内溶液温度曲线与原料气中酸气浓度有关，如图 3-10 所示，当原料气酸气浓度低时，溶液温度变化有如线 1，浓度高时则如线 2。

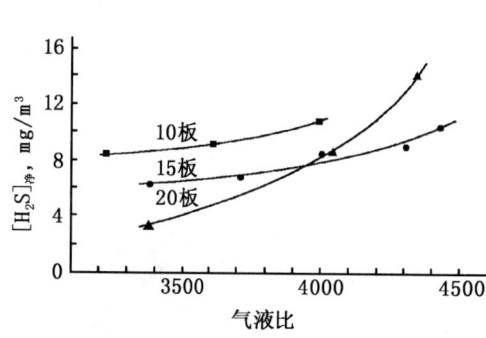

图 3-8 吸收塔板数对 H_2S 净化度的影响

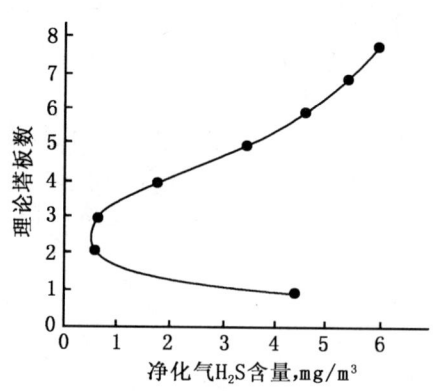

图 3-9 净化气 H_2S 与理论塔板数的关系

我们的压力选吸工业试验及中试中，塔内溶液温度变化有如线 1，即塔温主要决定于进料气。中试获得的一组不同温度下选择性情况的数据示于表 3-1。

表 3-1 吸收温度对选择性的影响

原料气温度，℃	贫液温度，℃	S_1	S_2
23	32	3.92	0.490
11	37	4.61	0.576

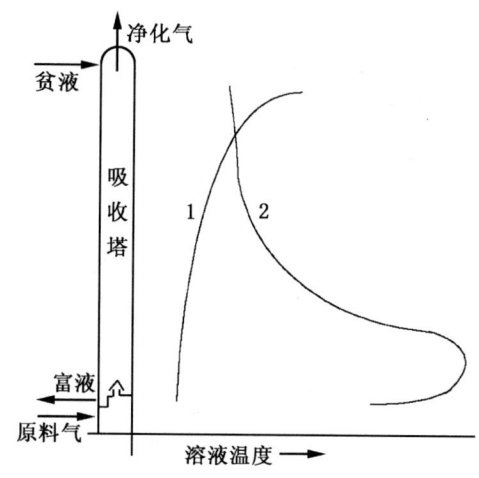

图 3-10 吸收塔内溶液温度曲线
1—低酸气浓度；2—高酸气浓度

从表 3-1 可见，虽然贫液温度升高 5℃，但因塔温为气温所控制，随其从 23℃ 降至 11℃，选择性显著改善。

温度的影响可能通过两个途径。首先是反应速率，MDEA 与 CO_2 系中速反应，其反应速率常数 k [L/(mol·s)] 可表示为：

$$k = 4.79 \times 10^9 \exp(-12300/RT) \quad (3-13)$$

式中　R——气体常数；
　　　T——温度，K。

可见温度升高 10℃，k 值约增加一倍，即 CO_2 吸收量增加。

但温度对 H_2S 的影响主要在平衡溶解度方面，而基本不影响其反应速率。

温度影响的另一个途径是溶液物化性质如粘度等变化从而影响传质速率。

可见，从选择性的角度而言，宜于使用较低的吸收温度，较低的温度还可以获得较高的负荷而采用较高的气液比。

5）吸收压力

从选择性的角度来说，降低吸收压力有助于改善选择性，表 3-2 提供了中试的一组数据。

表 3-2 压力对选择性的影响

吸收压力，MPa	S_1	富液 H_2S 负荷，mol/mol
4.0	3.92	0.18
1.0	4.61	0.08

从表 3-2 可见，随总压、相应的 CO_2 分压降低而对 CO_2 的传质与反应产生不利影响，从而改善了选择性。应当指出，压力降低的同时也使溶液负荷降低，即需要在较低的气液比下运行，装置的处理能力也下降。因此，试图通过降低吸收压力来改善选择性是不可取的。

6) 原料气碳硫比

原料气碳硫比 R 并非一个单因素，而是原料气 H_2S 及 CO_2 浓度互动的结果，图 3-11 显示出在 CO_2 浓度基本稳定、R 值随 H_2S 浓度而变化时对选择性的影响。虽然 S_1 值不变，但 S_2 值却随 R 上升而下降，反映出酸气质量变差。

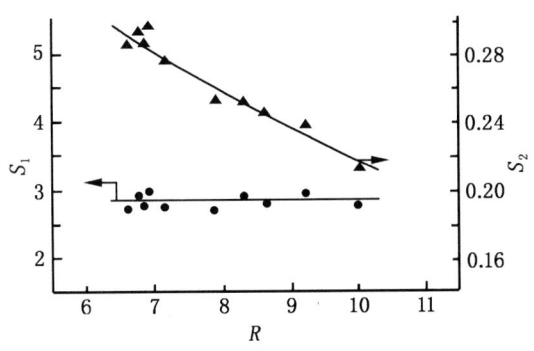

图 3-11 原料气碳硫比对选择性的影响

2. MDEA 压力选吸装置数据

1) 重庆天然气净化总厂垫江分厂脱硫装置数据

重庆天然气净化总厂垫江分厂脱硫装置于 1986 年 9 月 MDEA 压力选吸工业试验取得成功后，又根据装置实际情况改造成"三合一"流程（三个吸收塔的富液合并闪蒸、换热及再生），1987 年 12 月 1—20 日的运行数据示于表 3-3。

表 3-3 垫江 MDEA 压力选吸装置运行数据

处理量，$10^4/d$	404.64①	$[H_2S]_净$，mg/m^3	4.58（3.0～13.8）
$[H_2S]_原$，%	0.298②（0.237～0.337）	$[CO_2]_净$，%	1.247（1.030～1.364）
$[CO_2]_原$，%	1.732（1.502～1.906）	η_C，%	～27.6
吸收压力，MPa	3.9	$[H_2S]_酸$，%	36.1（33.7～38.4）
原料气温度，℃	10～20	$[H_2S]_贫$，g/L	0.20（0.08～0.33）
MDEA 浓度，%	38.9（38.1～39.5）	$[CO_2]_贫$，g/L	0.28（0.19～0.57）
循环量，m^3/h	40	重沸器蒸汽，t/h	5.8
贫液温度，℃	35～40	蒸汽消耗，kg/m^3（液）	145
气液比，m^3/m^3	4215③	$kg/10^4 m^3$（气）	345
吸收塔板数	15	MDEA 消耗，$kg/10^4 m^3$（气）	0.24

①塔 1 小于 $120\times10^4 m^3/d$，塔 2 及塔 3 可达 $150\times10^4 m^3/d$；
②20d 平均值，括弧内为其范围；
③平均值，实际三塔可能有些差别。

关于贫液质量对 H_2S 净化度的影响，图 3-12 给出了工业试验结果。

从图 3-12 可见，为使 $H_2S_净$ 小于 $20mg/m^3$，贫液 H_2S 负荷应小于 0.003mol/mol，即 0.37g/L。图 3-13 的数据表明，重沸器蒸汽量为 $120kg/m^3$ 液时，贫液 H_2S 负荷即已低于

0.002mol/mol（0.25g/L）。

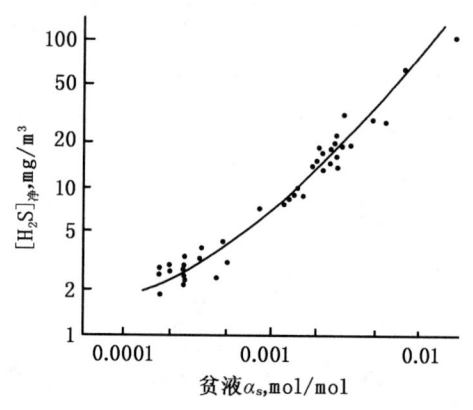

图3-12 净化气 H_2S 含量与贫液 H_2S 负荷的关系

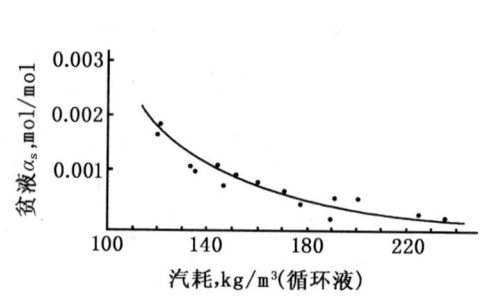

图3-13 贫液 H_2S 与汽耗的关系

2）国内一些 MDEA 压力选吸装置数据

表3-4给出了川渝气田渠县、磨溪、长寿及长庆气田第一及第二净化厂 MDEA 压力选吸装置的数据。

表3-4 国内 MDEA 压力选吸装置运行数据

装置 项目	渠县	长寿①	磨溪		长庆	
			引进	基地	一厂	二厂
处理量，$10^4 m^3/d$	405	404.04	44.26	80.35	204.4	373.6
$[H_2S]_原$，%	0.484	0.218	1.95	1.95	~0.03	0.0643
$[CO_2]_原$，%	1.63	1.880	0.14	0.14	5.19	5.612
溶液浓度，%	47.3	39.4	45	40	45.57	—
气液比，m^3/m^3	4440	4489	1844	1860	5678	2812
吸收压力，MPa	4.2	4.3	4.0	4.0	4.64	5.01
吸收塔板数	14及9	8	20	20	13	14
原料气温度，℃	19	15	10	10	6.1	—
贫液温度，℃	32	32	42	40	28.6	44
$[H_2S]_净$，mg/m^3	6.24	6.9	10.74	1.54	4.61	0.38
$[H_2S]_酸$，%	43.85	36.3	~94	~94	4.78	2.33
η_C，%	32.7	19.3	66.6	66.05	14.14	47.6

①使用 MDEA 配方溶液，牌号为 CT 8-5。

从表3-4可见，在川渝气田，就原料气组成而言，渠县及长寿装置需要安排选吸工艺；但磨溪装置则未必需要选吸，然而采用 MDEA 工艺亦可收节能之功效。

至于长庆气田，净化厂所处理的天然气气质与川渝气田显著不同，原料气的 H_2S 含量低（但亦需脱除）而 CO_2 含量则较高。因此，其装置与其说是选吸，毋宁说主要脱除 CO_2。就一厂而言，设计时的原料气组成为 H_2S 0.034%，CO_2 3.02%，实际运行中 CO_2 超过5%。这就不仅导致溶液循环量大幅增加，而且净化气 CO_2 含量有超过3%而无法达标的危险。为此该厂增加一套 $400 \times 10^4 m^3/d$ 的装置脱除 CO_2，该装置净化气 CO_2 含量小于

0.5%，以保证出厂产品气 CO_2 含量小于 3%[6]。

长庆气田在处理低 H_2S、高 CO_2 天然气的脱硫脱碳工艺方面已经并将进一步为我国的天然气净化工艺积累经验[7]。

3）国外一些 MDEA 压力选吸装置数据

表 3-5 提供了文献报道的国外几套 MDEA 压力选吸装置的运行数据。

表 3-5　国外 MDEA 压力选吸装置运行数据[8~12]

国家与装置 项　目	加拿大 森林堡		匈牙利 Barcs		加拿大 Caroline	加拿大 Rimbey	刚果① Tchibouela	加拿大② Alberta
处理量，$10^4 m^3/d$	62.3	40.0	27.7	27.7	87.6	283	40~50	20000b/d
$[H_2S]_原$，%	0.43	0.31	$82.4 mL/m^3$	$80.8 mL/m^3$	$50 mL/m^3$	$20 mL/m^3$	2.25	$12 mL/m^3$
$[CO_2]_原$，%	2.99	3.08	11.0	11.4	3.52	2.82	4.40	3.10
溶液浓度，%	36.2	32.4	50	40	33	25	—	40
气液比，m^3/m^3	1588	1046	—	—	2309	1038	—	65.2③
吸收压力，MPa	3.0	2.7	8.78	8.78	5.52	6.62	0.45	6.70
吸收塔板数	13	13	12	12	—	25	—	2×4.27m④
原料气温度，℃	15	15.5	35	27	29	35	25	17
贫液温度，℃	23	26	42	42	36	49	—	—
$[H_2S]_净$，mL/m^3	2.8	0.6~1.5	3.3	3.5	0.6	<4	100	0
$[H_2S]_酸$，%	29.3	20.3	—	—	—	—	60~70	—
η_c，%	35.2	41.7	23.0	28.0	48.3	66	20~30	99.8

①世界上首套海上平台胺法装置，净化气用于燃料及气举；
②系液体乙烷处理装置，处理量 20000bbl/d；
③液液比；
④两段 2in Norton Hypack 填料。

二、甲基二乙醇胺常压选吸工艺[2]

目前 MDEA 常压选吸工艺在国内外均用于还原吸收法尾气处理装置的选吸工序（详见第十一章）。与压力选吸相比，常压选吸对 H_2S 净化度的要求宽一些（例如小于 $300 mL/m^3$ 甚至 $500 mL/m^3$），也使用较少的吸收塔板，目前使用的溶液浓度均较低。

还原吸收法工艺的选吸工序最初使用 DIPA 溶液，20 世纪 80 年代后逐步更换为 MDEA 溶液并取得显著的效益[13]。从装置的运行结果看，MDEA 常压选吸工艺有如下一些特点。

1. 优于 DIPA 常压选吸工艺

在达到 H_2S 净化度的前提下，MDEA 溶液的 CO_2 共吸收率大体上不到 DIPA 溶液的一半，即只有 10% 左右，这就提高了返回酸气的 H_2S 浓度，而且溶液循环量也显著降低。表 3-6 为工业装置上的对比试验结果。

表 3-6　常压选吸对比试验结果

工　艺	S_1	S_2	气液比
MDEA 常压选吸	10.3	0.721	268
DIPA 常压选吸	4.8	0.488	170

根据工业试验的标定结果，装置由 DIPA 法改为 MDEA 法，综合能耗下降 24.4%，操作费用下降 13.5%。

2. 净化尾气 H_2S 含量与富液 H_2S 负荷显示出同步关系

天然气脱硫装置的进料气组成是基本稳定的，而尾气处理装置的进料气因硫收率变化等原因使加氢尾气的 H_2S 浓度变化幅度较大，炼油厂则更为严重。

工业试验期间，在稳定的溶液循环量下，净化尾气 H_2S 含量与富液 H_2S 负荷显示了异常灵敏的同步变化关系，如图 3-14 所示。

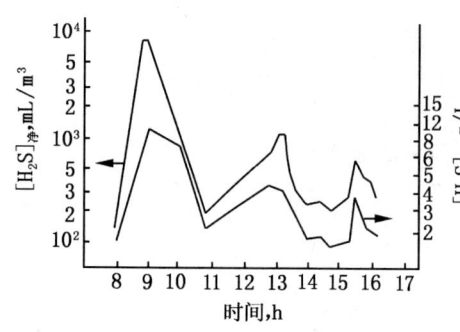

图 3-14　$[H_2S]_{净}$ 与 $[H_2S]_{富}$ 的连续分析结果

这是由于在常压选吸工况下吸收塔板数较少及容许的净化尾气 H_2S 含量较高之故，在压力选吸工况下通常不致如此。

3. MDEA 浓溶液常压选吸效果更佳

在压力选吸中曾介绍了 MDEA 溶液浓度对选择性的影响。国外曾报道了处理加氢尾气的 Sulften 法的运行结果，据称其为 MDEA 基溶液（可能是配方溶液），它与 25% MDEA 溶液的对比结果示于表 3-7[14]。

值得注意的是净化尾气 H_2S 含量达 $3mL/m^3$，可不再灼烧而直接放空，但未透露达到如此高的 H_2S 净化度的技术措施。

表 3-7　Sulften 与 25% MDEA 对比结果

工　艺	MDEA 浓度,%	S_1	S_2	$[H_2S]_净$, mL/m^3	相对能耗
MDEA	25	4	1.44	90	100
Sulften	46	10	3.60	3	58

4. 更需防止 SO_2 从加氢反应器"穿透"

此点将在第十一章详细分析。

三、酸气 H_2S 提浓

酸气 H_2S 提浓系指胺法脱硫所得酸气 H_2S 浓度不能达到工艺要求而以 MDEA 再次选吸使酸气 H_2S 浓度得以提高的过程。虽然它也是一种常压选吸过程，但具有一些特点。

在天然气净化领域，酸气提浓是在某些特殊情况下不得已而采取的一项工艺措施。

表 3-8 给出了国内外的一些酸气提浓结果，此中序号 5 系南京化工研究院处理常温甲醇法酸气的模试结果[15]，其余为国外数据[16]。

表 3-8　MDEA 酸气提浓数据

序　号		1	2	3	4	5
进料酸气	H_2S,%	6	15.5	4.16	12.0	5.70
	CO_2/H_2S	15.7	5.43	22.9	6.90	13.9
提浓酸气	H_2S,%	30	53.2	42.7	35.5	30
	CO_2/H_2S	2.33	0.88	1.34	1.66	2.33

续表

序　号	1	2	3	4	5
排放气 H_2S 含量，mL/m^3	250	<500	<1950	200	2290
η_s，%	99.7	99.8	98.6	99.9	97.4
η_c，%	14.8	16.1	5.76	24.0	16.8
提浓倍数	5.0	3.4	10.3	3.0	5.3

从表 3-8 数据可见，H_2S 提浓倍数在 3～10 之间，总的说来，当要求有高的 H_2S 回收率（即排放气 H_2S 含量低）时则提浓倍数低，反之则提浓倍数高。

第三节　甲基二乙醇胺工艺应用范围的扩展

MDEA 是在 20 世纪 80 年代初作为一个选择性脱除 H_2S 的溶剂获得工业应用的[17]，在实践中 MDEA 卓越的低能耗性质也迅即为人们所发现。因此，无论在国内还是国外，着眼于其节能特点，从 80 年代后期以来掀起了一股应用 MDEA 的热潮，其中有不少工况并非利用其选吸能力，而是节能。

经过 20 年的发展，时至今日，以 MDEA 为主剂已开发出多种溶液体系，其应用范围则几乎覆盖了整个气体脱硫脱碳领域，详情可见表 3-9。

表 3-9　MDEA 溶液体系及应用领域

溶液体系	应用领域
MDEA 溶液	选择脱除 H_2S
MDEA 配方溶液	酸气提浓
活化 MDEA 溶液	脱除 CO_2
MDEA-环丁砜溶液	选择脱除 H_2S 及有机硫
MDEA 混合胺溶液	同时脱除 H_2S 及 CO_2

表 3-9 中 MDEA 配方溶液系指以 MDEA 为主剂、加有改善选吸性能的助剂及（或）阻泡剂、缓蚀剂、抗氧剂等的溶液；活化 MDEA 溶液系在 MDEA 溶液中加有促进 CO_2 吸收的活化剂的体系；MDEA 混合胺系以 MDEA 与仲胺（如 DEA）或伯胺（如 MEA）组合的溶液。国内外有些企业亦将 MDEA 混合胺溶液列入 MDEA 配方溶液系列之中。

MDEA 溶液及选吸工艺已在上节介绍，MDEA-环丁砜溶液（即砜-胺Ⅲ型或 Sulfinol-M）与选择脱除 H_2S 及有机硫请见第六章第四节。此处仅介绍用于选吸的 MDEA 配方溶液，用于脱碳的活化 MDEA 溶液和同时脱除 H_2S 与 CO_2 的混合胺溶液。

一、MDEA 配方溶液

以 MDEA 为主剂、加入小量一种或几种助剂（通常均是不公开的）以改善其某种或某些方面性能的溶液体系本书称为 MDEA 配方溶液。世界上首例 MDEA 配方溶液是美国联合碳化物公司的 Ucarsol HS[18]，后编号为 HS-101，其后又有 HS-102 及 HS-103 等出现，此后又开发了主要用于脱除 CO_2 的 CR 系列的多种配方溶液。美国 Dow 化学公司开发的 Gas/Spec SS 及 CS 系列溶剂均是以 MDEA 为中心的体系。国内中国石油西南油气田分公司天然气研究院开发了 CT8-5 溶剂，它是以 MDEA 为主剂的配方溶剂，CT8-9 则是

MDEA 混合胺溶剂。此外，市场上还出现了 YXS-93 及 SSH 等多种牌号的 MDEA 配方溶剂。

1. MDEA 配方溶液的效能

与 MDEA 溶液相比，MDEA 配方溶液的选吸能力是可以考查对比的，表 3-10 为长寿分厂使用 CT8-5 溶剂的考核结果与 MDEA 的计算结果的对比数据[19]。

表 3-10　CT8-5 与 MDEA 选吸能力对比

工艺条件	CT8-5 考核	MDEA 计算
原料气处理量，$10^4 m^3/d$	400	400
H_2S，%	0.20	0.20
CO_2，%	1.52	1.52
溶液浓度，%	38.3	38.3
气液比，m^3/m^3	4170	4170
吸收塔板数	8	8
净化气 H_2S 含量，mg/m^3	5.8	6.1
CO_2，%	1.21	1.08
η_C，%	20.4	29.3
酸气 H_2S 含量，%	39.04	30.48

从表 3-10 数据可见，CT8-5 较 MDEA 在选吸性能方面确改善显著，但选择性得以提高的机理未曾透露。

在国外，Ucarsol 及 Gas/Spec 等均已分别形成有许多牌号的溶剂体系，每个牌号有一定的应用范围。此中，一些可提高选择性、改善贫液质量和降低能耗的配方溶剂更应予以关注。

至于溶液的阻泡、缓蚀及抗氧等性能，是否有必要先期加入有关助剂以及如何评价这些助剂的功效则是一个颇有争议的问题。

天然气中不含氧，如果溶液储罐液面上复以惰性气障、溶液循环泵也不吸入空气，则加入抗氧剂并无必要，事实上 MDEA 抗氧化降解的能力也大大优于 MEA 及 DEA。

关于腐蚀问题，在已获工业应用的几种烷醇胺中，大量数据证明 MDEA 溶液的腐蚀性是最轻的，并无必要加入缓蚀剂。稍后将要讨论到 MDEA 装置的腐蚀问题，如果进料气中含有甲酸及乙酸等，它们形成的热稳定盐是腐蚀性的，需要采取措施加以控制。

第二章第八节讨论了胺法装置的发泡问题，防止溶液发泡的根本措施是保持溶液清洁，除去进料气及溶液中的固体及液体杂质，消泡仅适用于作为紧急情况下的应对措施。还应当指出的是，阻泡剂也多为表面活性剂，有时它也会导致溶液发泡。

2. "配方"可能产生的问题

最容易想到的提高 MDEA 溶液选吸性能的措施是降低其 pH 值，事实上有不少专利就采用了加入磷酸及（或）其他酸至 MDEA 溶液中以提高选吸效果[20]。pH 值的下降使其与 CO_2 反应的速度下降，选吸的改善是毋庸置疑的。

但是，这些酸的加入将给 MDEA 溶液带来一些负面影响，值得予以注意。

1）降低了胺液有效浓度

磷酸等加入 MDEA 溶液实际上形成了无法再生的热稳定盐，这就降低了溶液内有效胺的浓度,例如,1kg 磷酸将与 4.36kg MDEA 结合,即配方溶剂如含磷酸 1%,则最多将有 4.36% MDEA 成为热稳定盐,可能使有效的 MDEA 降至 94.64%以下。有效胺浓度的降低则将使可操作的气液比下降 5%以上,气液比的降低不仅使能耗增加,也会造成 CO_2 共吸收率的上升。

迄今为止,尚未见到科学地评价 MDEA 溶液及 MDEA 配方溶液的选吸能力的材料。

2) 使溶液的腐蚀性增强

毫无疑问,"配方"中的酸形成的热稳定盐将使溶液的腐蚀性增强,事实上国外有些装置使用某种 MDEA 配方溶液就发生了腐蚀问题而不得不予以调整或更换。

至于改善 MDEA 溶液其他性能的"配方"是否必要上文已作了讨论,它们加入的直接后果是降低了有效胺的浓度,至于有无其他负面效果则需要较长期的考查。

归结起来,是否选用 MDEA 配方溶液既要考虑其直接效益,也要考虑其负面影响以及对长期运行可能带来的问题,而采取审慎的态度。

二、活化 MDEA 工艺[21]

德国 BASF 公司开发的活化 MDEA(aMDEA)工艺于 1971 年工业化,作为一个低能耗工艺,主要用于脱除合成气及天然气中的 CO_2,当然,它也可在脱碳的同时脱除气体中的微量 H_2S。法国 Elf Aquitaine 公司也开发了类似的 aMDEA 工艺。我国南京化学工业公司研究院也于 80 年代开发成功类似方法,并用于合成氨原料气的脱碳。

1. 反应原理

如前所述,MDEA 作为一个选吸溶剂正是基于它与 CO_2 的反应速度较慢,用于脱碳则需加入活化剂以加快与 CO_2 的反应速度,可用的活化剂有哌嗪、DEA、咪唑或甲基咪唑等。

BASF 的 aMDEA 工艺按活化剂的加入量不同编为 01 至 06 共 6 个级别,它们在不同 CO_2 分压下的 CO_2 负荷示于图 3-15。由图可见,aMDEA 01 性能接近物理溶剂,06 则接近化学溶剂。

在给定的不同 CO_2 负荷下,aMDEA 溶液传质系数随活化剂浓度上升而升高,如图 3-16 所示。

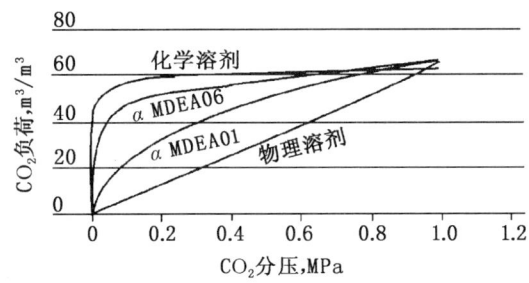

图 3-15 溶剂 CO_2 负荷与 CO_2 分压的关系

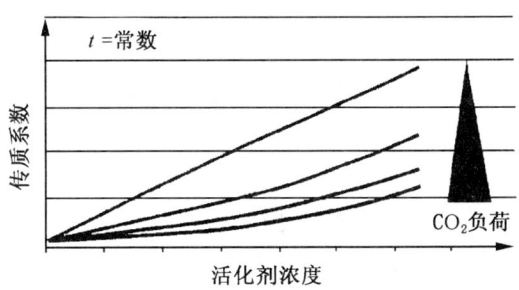

图 3-16 aMDEA 浓液的传质系数

为了进一步提高吸收 CO_2 的速率,有时也使用较高的吸收温度。

活化 MDEA 法的低能耗特性源于大量 CO_2 可借闪蒸而从溶液中析出。如图 3-15 所示,对于 aMDEA 01,当 CO_2 分压为 0.4MPa 时,溶液 CO_2 负荷约 44m^3/m^3;当分压降至 0.04MPa 时,负荷为 20m^3/m^3。亦即,当 CO_2 分压从 0.4MPa 降至 0.04MPa 时,有可能闪蒸出 24m^3/m^3 的 CO_2。

2. 工艺流程及装置数据

aMDEA 工艺用于天然气时可使用更接近物理性的溶剂,即 aMDEA 01 至 aMDEA 03。可采用的工艺流程有三个基本类型:

(1) 一段吸收与两级或多级闪蒸;
(2) 一段吸收与两级或多级闪蒸继以汽提;
(3) 贫液及半贫液两段吸收与两级或多级闪蒸继以汽提。

三种类型工艺流程的装置实例示于表 3-11。

表 3-11 aMDEA 处理天然气的三种流程装置数据

流　程	(1)	(2)	(3)
处理量,$10^4 m^3/d$	283×2	849×2	509
$[CO_2]_原$,%	13.3	5.9	21.7
$[H_2S]_原$,mL/m^3	—	—	150
吸收压力,MPa	11.2	8.3	5.5
一级闪蒸压力,kPa	1793	552	1379
二级闪蒸压力,kPa	117	131	159
$[CO_2]_净$,%	2	$50mL/m^3$	$100mL/m^3$
$[H_2S]_净$,mL/m^3	—	—	4
能耗,$MJ/mol(CO_2)$	5~25①	80~100②	20~40

① 用于二级闪蒸前的溶液加热;
② 用于溶液闪蒸后的汽提。

从表 3-11 可见,对于天然气脱碳,仅使用溶液闪蒸即可达到通常的管输要求。当有微量 H_2S 需同时脱除而净化气 CO_2 指标亦严格时,可采用第三种流程,此时由于采用了贫液及半贫液两段的分流流程,仅有 10%~30% 的溶液送去汽提而获得贫液以保证吸收塔的净化度,其能耗接近第一种流程。

根据 BASF 的多年经验,活化 MDEA 装置无严重的腐蚀问题,主要使用碳钢设备。

三、混合胺工艺

采用 MDEA 与其他伯胺(如 MEA)或仲胺(如 DEA)的混合体系是为了在基本保持体系的低能耗特性的同时提高对 CO_2 的脱除能力(类似于前述的活化 MDEA 工艺)或解决在低压下运行时的净化度问题。由于可与不同的醇胺组合以及使用不同的配比,混合胺法具有较大弹性。混合胺体系也被一些企业列入 MDEA 配方溶剂体系之中。

1. 反应原理

如前所述,伯胺及仲胺与 CO_2 反应生成氨基甲酸盐,其摩尔比为 2:1;而 MDEA 作为一个叔胺,它不能生成氨基甲酸盐,仅能形成复碳酸盐,摩尔比为 1:1。所以,叔胺的理论 CO_2 负荷高于伯胺及仲胺,但前者与 CO_2 的反应速率则大大低于后二者,如表 3-12 所示。

表 3-12 醇胺-CO_2 的反应速率常数(25℃)

醇　胺	MEA	DEA	DIPA	MDEA
反应速率常数 k_{Am-CO_2},$L/(mol·s)$	5868	1090	313	5.1

据文献报道,在混合胺体系中反应按"穿梭反应"机理进行,即 MEA 或 DEA 在相界面吸收 CO_2 生成氨基甲酸盐,进入体相后将 CO_2 传递给 MDEA,"再生"了的 MEA 或 DEA 又至界面。此外,对于含有 MEA 或 DEA 的溶液,由于具有较低的平衡气相 H_2S 及 CO_2 分压,而可在吸收塔顶达到更好的净化度。

2. 应用领域

现有装置在以下情况下可改为混合胺法。

1) 天然气酸气含量升高

美国 Bryan 气体净化厂原设计以 35% DEA 溶液处理 CO_2 浓度为 2.91% 的天然气,后 CO_2 浓度升至 3.5%,不仅净化气 CO_2 超过规定的 0.35% 指标,且因富液负荷升高而产生腐蚀问题。后决定逐步加入 MDEA,溶液组成调整为 DEA 35% 及 MDEA 15%,上述问题得以解决且装置能耗也应有所降低,详情如表 3-13 所示[22]。

表 3-13 混合胺法与 DEA 法对比数据

溶液组成,% (DEA/MDEA)	处理量 $10^4 m^3/d$	$[CO_2]_原$ %	$[H_2S]_原$ mL/m^3	循环量 m^3/h	$[CO_2]_净$ %
30.86~32.17/0	74~81	3.25~3.50	6~8	27	0.32~0.42
30.25~32.52/(12.46~13.74)	68~79	2.00~3.50	6~10	27	<0.1

事实上,当 DEA 法或 MEA 法改为混合胺法后,由于总胺的摩尔浓度升高,因此溶液循环量可有所下降或处理量有所上升,装置能耗也可下降。

2) 需降低能耗

MEA 或 DEA 装置需降低能耗时可改为混合胺法,通常能耗可节约 30%~40%。

3) 低压操作保证净化度

Polasek 等使用 TSWEET 模型对以混合胺法在高压或低压下净化气体进行了研究,其条件为:MDEA/MEA:50/0~45/5;MDEA/DEA:50/0~42/8;压力:11.6MPa 及 2.9MPa;H_2S 浓度:0.1%~1%;CO_2 浓度:5%~10%[23]。

计算结果表明:在高压下混合胺法较 MDEA 法无明显优势;但随压力下降,MDEA 法可能无法达到所要求的 CO_2 指标,在原料气 H_2S 浓度大于 0.1% 时,净化气 H_2S 也可能不合格。使用混合胺法在低压下仍可达到所需的净化度。

第四节 甲基二乙醇胺的化学变质、腐蚀性及其他操作问题

一、MDEA 的变质问题

第二章第七节详细介绍了 MEA、DEA、DIPA 及 DGA 等醇胺的化学变质与热变质以及胺液的复活方法。在设计及操作正确的装置中,导致胺液变质的主要因素是 CO_2 所致的醇胺降解反应。

1. MDEA-CO_2 变质反应产物[24]

曾经认为,由于 MDEA 与 CO_2 不可能反应生成氨基甲酸盐,而伯胺及仲胺的降解都是由于氨基甲酸盐的进一步转化造成的,所以 MDEA 不存在 CO_2 所致化学降解问题。

然而，Chakma 等详细研究了 MDEA 因 CO_2 所致降解问题，鉴定了降解物，并提出了 MDEA 的降解机理和相应的动力学方程式。他们鉴定出的降解产物示于表 3-14，降解样品的色谱图见图 3-17，它们在 Tenax GC 色谱柱中的保留时间示于表 3-15。

表 3-14 MDEA 与 CO_2 所致降解产物[①]

峰号	化合物名称	结构式	相对分子质量	沸点,℃[②]
9	甲基二乙醇胺（MDEA）	$CH_3N(C_2H_4OH)_2$	119.17	247.2
1	甲醇（MeOH）	CH_3OH	32.04	64.5
2	环氧乙烷（EO）	$\underset{O}{CH_2\text{—}CH_2}$	44.05	13～14
3	三甲胺（TMA）	$(CH_3)_3N$	59.11	2.87
4	N,N-二甲基乙胺（DMEA）	$(CH_3)_2NC_2H_5$	73.14	36～37
5	乙二醇（EG）	$HOCH_2CH_2OH$	62.07	197.2
6	二甲基乙醇胺（DMAE）	$(CH_3)_2NC_2H_4OH$	89.14	135
7	4-甲基吗啉（MM）	$CH_3\text{-}N\text{<}O$	101.15	115～116
8	1,4-二甲基哌嗪（DMP）	$CH_3N(C_2H_4)_2NCH_3$	114.19	131～132
10	2-羟乙基-4-甲基哌嗪（HMP）	$HOC_2H_4N(C_2H_4)_2NCH_3$	144.22	—
12	三乙醇胺（TEA）	$(HOC_2H_4)_3N$	149.19	360（分解）
13	N,N 二（2-羟乙基）哌嗪（BHEP）	$HOC_2H_4N(C_2H_4)_2NC_2H_4OH$	174.25	215～220[50]
14	3-羟乙基噁唑烷酮-2（HEOD）	$\begin{array}{c}CH_2\text{—}CH_2\\O\quad N\text{—}C_2H_4OH\\ \diagdown\ \diagup\\ C\\ \|\\ O\end{array}$	131.14	164～166[1]
15	N,N,N-三（羟乙基）乙二胺（THEED）	$(HOC_2H_4)_2NC_2H_4NHC_2H_4OH$	192.26	—
16	N,N,N,N 四（羟乙基）乙二胺（TEHEED）	$(HOC_2H_4)_2NC_2H_4N(C_2H_4OH)_2$	236.3	—
—	二乙醇胺（DEA）	$(HOC_2H_4)_2NH$	105.13	269
—	甲基-乙醇胺（MAE）	$CH_3NHC_2H_4OH$	75.11	158

①11 号物未鉴定出；
②右上角为蒸馏残压，mmHg，1mmHg＝133Pa。

表3-15 MDEA降解产物在色谱柱中的保留时间

编号	化合物	保留时间, min	编号	化合物	保留时间, min
2	EO	1.3~1.4	-	DEA	14.8~14.9
3	TMA	1.9~2.0	10	HMP	16.5~16.7
5	EG	7.2~7.3	12	TEA	20.1~20.3
6	DMAE	8.4~8.6	13	BHEP	21.4~21.6
-	MAE	8.5~8.6	14	HEOD	22.2~22.4
8	DMP	11.5~11.6	15	THEED	25.5~25.7
9	MDEA	14.7~14.8	16	TEHEED	27.8~28.0

在可能影响MDEA降解速率的因素中,温度是主要的,在低于120℃的条件下,CO_2所致降解实际上是可以忽略的;MDEA浓度及CO_2分压的影响均是很有限的。

关于MDEA-CO_2降解的详情可见文献[24]。

2. MDEA的氧化降解[25]

在常用的几种醇胺中,MDEA的氧化降解是最轻微的,仅为MEA的5%,DEA的2.6%,详情可见第二章表2-27。

MDEA的氧化降解产物主要是甲酸盐、乙酸盐及甘醇酸盐,表3-16给出了50%MDEA溶液在82℃下的氧化降解结果。

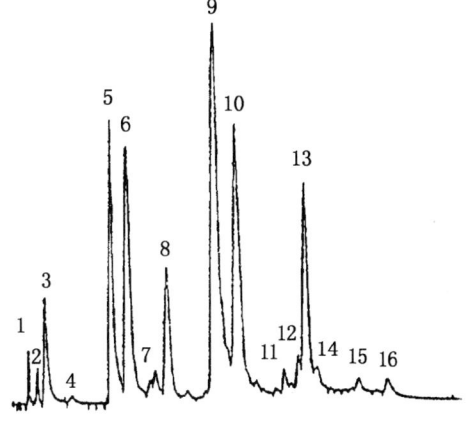

图3-17 MDEA降解产物色谱图

表3-16 50% MDEA溶液82℃下的氧化降解结果

时间, d	0	7	14	21	28
甲酸盐, mg/kg	<10	93	155	215	236
乙酸盐, mg/kg	<10	21	54	83	111
甘醇酸盐, mg/kg	<10	224	338	431	521

还应当指出:50% MDEA溶液在82℃下氧化28天产生的DEA达1605mg/kg。

3. 热稳定盐及其脱除

各种酸性强于H_2S及CO_2的杂质与MDEA形成热稳定盐,对于MDEA体系性能的影响较其他醇胺更为严重。依据腐蚀试验结果建议的对各种酸性杂质的限制值示于表3-17。

表3-17 MDEA溶液含杂质酸的限制值

组分	甲酸	乙酸	草酸	硫酸	硫代硫酸	盐酸	硫氰酸
浓度, mg/kg	500	1000	250	500	10000	500	10000

从表3-17可见,除$S_2O_3^{2-}$及CNS^-外,余均限制较严,总热稳定盐量要求不超过溶液的0.5%。

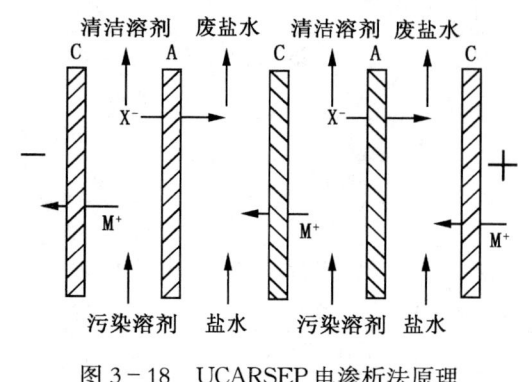

图 3-18 UCARSEP 电渗析法原理

关于溶液除去热稳定盐的方法，除传统的加碱减压蒸馏及后来发展的离子交换外，美国联合碳化物公司新近开发了称为 UCARSEP 的电渗析技术，可在线使用，效果颇佳，其原理示于图 3-18。

二、MDEA 装置的腐蚀问题

在各种胺液中，MDEA 溶液的腐蚀性是最轻的，但这不等于说就可以掉以轻心了。在设计及运行条件不当时仍有可能产生显著的腐蚀。

1. MDEA 装置的挂片数据

国内 MDEA 压力选吸中试期间的腐蚀挂片数据示于表 3-18。

表 3-18 MDEA 压力选吸中试腐蚀挂片数据

位 置	试 片 数	腐蚀速率，mm/a
45%MDEA 溶液，1835h		
再生塔富液入口处	5	0.012 (0.0098～0.0132)
再生塔酸水入口处	5	0.010 (0.0098～0.0107)
贫富液换热器富液出口处	4	0.030 (0.0285～0.0311)

从表 3-18 可见，三处中以贫富液换热器富液出口处最高，但也仅为 0.030mm/a。

加拿大 Rimbey MDEA 装置的腐蚀挂片数据示于表 3-19，可见也是很轻微的。

表 3-19 Rimbey MDEA 装置腐蚀挂片数据 (mm/a)

位 置	重沸器返回线	再生塔冷凝器入口	再生塔冷凝器出口	回流罐酸气出口	富液控制阀入口	富液控制阀出口	贫液冷却器出口	贫液缓冲罐出口
第1组	0.162	0.048	0.112	0.005	0.058	0.013	0.003	0.025
第2组	0.048	0.038	0.005	0.030	0.005	0.005	0.003	0.003

2. MDEA 装置腐蚀实例

MDEA 装置腐蚀轻是众所公认的，一些 MEA 及 DEA 装置换用 MDEA 后腐蚀问题也随之解决。但是有些 MDEA 装置仍有腐蚀问题，美国有一套处理炼厂含硫燃料气的装置就曾发生换热器严重污染并蚀穿的事故，经分析系由于焦化干气等带入的甲酸及乙酸等造成的。

Dow 化学公司曾对 4 例现场腐蚀故障进行了细致分析，详情示于表 3-20。

值得注意的是 4 例均为 MDEA 配方溶液，除表中所述腐蚀原因外，此中的"配方"组分对溶液的腐蚀性有无影响，Dow 公司的分析未曾涉及；其中第 3 例提及更换了溶剂供应者。

表 3-20 MDEA 现场腐蚀故障实例分析

溶液	气质	腐蚀点	腐蚀原因	纠正办法
MDEA 配方	燃料气，45% CO_2，20mL/m³ H_2S，2.07MPa	富液降压处坑点及磨蚀	系湿 CO_2 造成，气泡破裂的气蚀，CO_2 闪蒸形成坑蚀，高速冲击的磨蚀	闪蒸管线改用 304SS；限制富液及半贫液碳钢管线流速 1.7m/s；采取措施限制产生紊流
MDEA 配方	合成气，CO_2 17%，2.14MPa	吸收塔壁磨蚀	进料气与液相表面的紊流阻碍了正常的钝化层形成	磨蚀区清洁后涂以环氧树脂；将进料分配器最远的孔焊死
MDEA 配方	天然气，CO_2 1.5%，5.52MPa	汽提塔板严重坑蚀及磨蚀，阀孔增大，其他设备也有磨蚀及坑蚀	活性炭进入系统造成磨蚀，贫液质量差导致在换热器内闪蒸出 CO_2 产生坑蚀	汽提塔塔板及浮阀和换热器管束均改用 316SS 材料；活性炭过滤器下游装全流的机械过滤器；换溶剂；使贫液 $α_c$ 达到 0.015～0.020mol/mol
MDEA 配方	合成气	汽提塔 304SS 壳体纵向及环向焊缝热影响区发生腐蚀	因制造技术及不锈钢敏化产生晶间腐蚀	规定正确的焊接程序

三、MDEA 装置的其他操作问题

1. 发泡

MDEA 溶液与其他胺液相比，发泡是强些还是弱些，文献有不同认识。有人认为，MDEA 溶液本身的泡沫多于其他胺液，但它的腐蚀轻，产生的可稳定泡沫的硫化铁少，所以它的发泡问题较其他胺液轻。

从俄罗斯研究人员所测定的胺液发泡性能来看，MDEA 溶液的泡沫并不高，泡沫稳定时间也不长，但所示数据难以归纳出规律性，详见表 3-21[26]。

表 3-21 MDEA 基溶液的发泡性能

醇胺	MDEA				30% DEA + 70% MDEA				40% DEA + 60% MDEA	50% DEA + 50% MDEA		
总胺浓度，%	25	30	40	50	25	33	40	59	40	25	33	40
泡沫高度，mm	45	33	85	10	54	63	67	54	67	60	40	45
消失时间，s	24	30	41	3	53	66	89	84	82	39	25	60

王隆祥等根据重庆天然气净化总厂 7 套使用 MDEA 的装置运行 8 年的经验，在肯定其取得巨大技术经济效益的同时，指出 MDEA 抗污染的性能较差，从而有助于导致溶液发泡，应当是可信的[27]。因此，应当注意采取并积累防止 MDEA 溶液污染的措施和经验。

2. 过滤

MDEA 溶液的过滤与其他胺液并无区别，采用常规机械过滤及活性炭吸附可取得良好效果，注意在活性炭罐之后应有机械过滤以防炭粉进入系统。

第五节 其他选择性胺法

一、二异丙醇胺常压选吸工艺

在第二章第五节已经提及，DIPA 在常压下具有选择脱除 H_2S 的能力。事实上，选择性

胺法的最初的工业应用就是常压选吸——还原吸收法尾气处理工艺中的选吸工序，使用的醇胺就是DIPA，但是现在它已经在相当大的程度上被选吸能力更好的MDEA所取代了。

DIPA吸收CO_2的速率显著低于MEA及DEA，如表3-22所示。

表3-22 不同醇胺与CO_2反应的相对速率

醇 胺	MEA	DEA	DIPA
与CO_2反应的相对速率	100	40	20

DIPA-H_2S的反应速率则是DIPA-CO_2反应速率的10^6倍，所以它在常压下具有良好选吸能力。表3-23给出了DIPA溶液用于还原吸收法尾气处理的选吸工序的典型操作数据。

表3-23 DIPA常压选吸数据

$[H_2S]_原$,%	$[CO_2]_原$,%	吸收温度,℃	吸收塔板数	$[H_2S]_净$, mL/m^3	$[CO_2]_净$,%	η_c,%	$[H_2S]_酸$,%
1.78	9.70	40	11	<300	7.64	24.8	42.1

二、位阻胺法[28]

美国Exxon公司开发了以位阻胺作为化学溶剂的系列工艺Flexsorb，如表3-24所示，此中工业应用最多的是其中的选吸工艺Flexsorb SE及SE$^+$。

表3-24 Exxon Flexsorb系列工艺

	Flexsorb				
类别	SE	PS	HP	SE$^+$	混合SE
用途	选择脱硫	脱硫脱碳	脱 碳	选择脱硫	选择脱除H_2S及有机硫

此处除介绍Flexxsorb SE及SE$^+$外，也简要介绍Flexsorb 混合SE、PS及HP工艺。

1. 位阻胺

空间位阻胺（Steric-Hindered Amine）系指分子中与氨基相连的烃基具有显著的空间位阻效应，其程度以Taft空间位阻常数$-E_s$表示，不同烷基的Taft常数示于表3-25。

表3-25 烷基的Taft空间位阻常数[29]

烷 基	CH_3-	CH_3-CH_2-	$CH_3-CH_2-CH_2-$	CH_3-CH- $\quad\quad\mid$ $\quad\quad CH_3$	$CH_3-CH_2-CH_2-CH_2-$
Taft常数$-E_s$	0	0.07	0.36	0.47	0.39
烷 基	$CH_3-CH-CH_2-$ $\quad\mid$ $\quad CH_3$	CH_3 $\mid$ CH_3-C- $\mid$ CH_3	$CH_3-CH_2-CH_2-$ $\quad\quad\mid$ $\quad\quad CH_3$	CH_3 $\mid$ CH_3-C-CH_2- $\mid$ CH_3	CH_3-CH_2- $\quad\mid$ $\quad CH_3$
Taft常数$-E_s$	0.93	1.13	0.96	1.74	1.98

据认为,以 Taft 常数超过 1.74 的基团取代的胺,由于基团位阻作用限制了与 CO_2 的反应而可成为选吸性能优良的胺。表 3-26 给出了几种位阻胺的性质,它们的 $-E_s$ 值甚至达到 2 以上,而 MDEA 的 $-E_s$ 值仅为 0.79。

表 3-26 几种位阻胺的结构与性质

位阻胺	结构式	沸点①,℃	pKa	$-E_s$
TBE	$CH_3-C(CH_3)_2-NH-CH_2CH_2OH$	90 (3.3)	10.2	2.10
TBEE	$CH_3-C(CH_3)_2-NH-CH_2-CH_2-O-CH_2-CH_2OH$	117 (1.3)	10.3	2.10
TBP	$CH_3-C(CH_3)_2-NH-CH_2CH_2CH_2OH$	103 (2.7)	11.1	2.13
TBIPE	$CH_3-C(CH_3)_2-NH-CH(CH_3)CH_2O-CH_2CH_2OH$	122 (2.5)	10.6	2.67
IPIPE	$CH_3-CH(CH_3)-NH-CH(CH_3)CH_2O-CH_2CH_2OH$	119 (2.7)	10.4	1.86

① 括弧内为残压,kPa。

表中 TBEE 即叔丁基乙氧基乙醚在专利中报道较多,国内中国石油西南油气田分公司天然气研究院也合成了此物并称之为 TBGA 即叔丁基二甘醇胺。

2. Flexsorb SE 及 SE^+ 工艺

1) Flexsorb SE 工艺

这是首先工业化的 Flexsorb 工艺,用于还原吸收法尾气处理的选吸工序,与先期使用的 MDEA 溶液相比,循环量以及相应的能耗均可降低 40%,如图 3-19 所示。

另一套尾气处理装置以 Flexsorb SE 取代 DIPA,溶液循环量可降至 32%,重沸器蒸汽消耗降至 25%。

以 Flexsorb SE 取代 MDEA 处理天然气时,(H_2S 0.5%,CO_2 3.0%,6.9MPa,$2.83 \times 10^6 m^3/d$),重沸蒸汽用量可降低一半。

以上结果均表明 Flexsorb SE 溶液不仅具

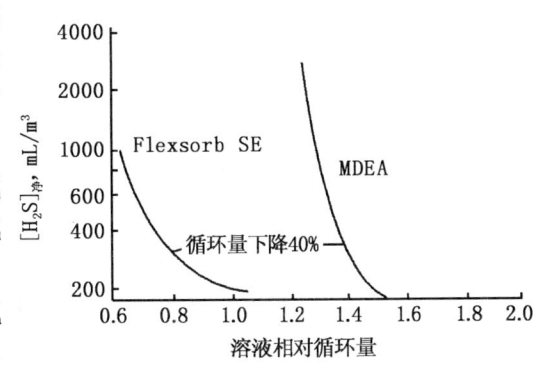

图 3-19 Flexsorb SE 与 MDEA 的对比

有良好的选吸能力,而且具有较高的富液 H_2S 负荷。但迄今为止,对其显著优于 MDEA 的选吸能力和高的 H_2S 负荷的理论分析似尚嫌不足。

位阻胺相当昂贵的价格也限制了它的应用。

2) Flexsorb SE⁺

Flexsorb SE⁺ 是 SE 型的改进型,由于加入了一种添加剂,在保持其选择性的基础上提高了 H_2S 的净化度。在处理低压气(如小于 0.2MPa)时可将 H_2S 降至 $10mL/m^3$。

3. Flexsorb 混合 SE、PS 及 HP 工艺

1) Flexsorb 混合 SE

此工艺溶液由 SE 溶剂、物理溶剂及水组成,类似砜胺Ⅲ型溶剂,可用于选择脱除 H_2S 及有机硫。

2) Flexsorb PS 工艺

Flexsorb PS 使用与 SE 不同的位阻胺,用于同时脱除 H_2S 及 CO_2,一套装置用于生产液化天然气的原料净化,与常规胺法相比,其循环量及能耗均有所下降,如表 3-27 所示。

表 3-27 Flexsorb PS 工艺的经济性①

工艺	相对循环量	相对蒸汽耗量	相对电耗量
常规胺法	124	104	120
Flexsorb PS	100	100	100

①原料气 H_2S 0.1%,CO_2 18.5%,压力 5.86MPa;处理量 $4.8×10^6 m^3/d$;净化气 $H_2S<4mL/m^3$,$CO_2<50mL/m^3$。

3) Flexsorb HP 工艺

这是以位阻胺为活化剂、类似 Benfield 及 Catacarb 法的热钾碱工艺(详见第八章),用于脱除合成气中的 CO_2。在较高的 CO_2 分压下,溶液循环量可较传统热钾碱法显著降低。

第六节 选择性胺法的工艺特点[30,31]

在处理选吸过程时,原来用于常规胺法的一些概念和认识不完全适用了,而需要新的概念和认识,因此研究选择性胺法的工艺特点是有意义的。在前面几节中已陆续指出了选择性胺法有别于常规胺法的一些特点,本节将就此作进一步的概括。

一、溶液较高的 H_2S 负荷

1. 选择性胺法只能使用 H_2S 负荷

常规胺法中有一个重要指标——酸气负荷,酸气指 H_2S 和 CO_2。常用的表示胺液酸气负荷的指标有 m^3(酸气)/m^3(溶液)及 mol(酸气)/mol(胺)。m^3/m^3 的表示方法较为直观简单,便于宏观上考查工况;mol/mol 的表示方法则反映了过程的化学本质并可进而揭示其与平衡的距离。

对于同时脱除 H_2S 与 CO_2 的常规胺法,使用酸气负荷不会造成什么误解和麻烦。

对于目的是选择性脱除 H_2S 的选择性胺法而言,继续使用酸气负荷的指标从概念上说是混乱的,因为"选吸"的本质是要求 CO_2 负荷愈低愈好(严格说是离平衡 CO_2 负荷愈远愈好);而使用酸气负荷在实践上是有害的,例如国内外均曾经有一种观点,认为选择性胺法的酸气负荷低,即为了获得好的选择性必须降低酸气负荷,实质上是认为选择性与负荷是矛盾的。这就是在选择性胺法中使用"酸气负荷"这一概念的后果。而事实上,选择性与

H_2S 负荷是一致的。

因此，在选择性胺法中，只有着眼于 H_2S 负荷才是有意义的，无论是选择性胺法自身或是与常规胺法或其他方法比较，只有评价它们的 H_2S 负荷才是有意义的。

2. 选择性与溶液 H_2S 负荷呈同步趋势

在天然气脱硫过程中，H_2S 脱除率通常接近 100%，因此溶液的 H_2S 负荷与操作的气液比成正比，本章图 3-3 提供了选择性与气液比即 H_2S 负荷的关系，可见随气液比上升，选择性也得到提高。

此点有极大的实践意义，因为气液比的上升意味着能耗下降而效益增加，那么选择性与效益就是同步的而不是互相牵制的。

3. 选择性胺法的 H_2S 负荷高

在选择性胺法中正是由于 CO_2 负荷低而离平衡远，因而可以获得较高的 H_2S 负荷。而且，由于 MDEA 腐蚀轻而可使用较浓的溶液，从而使其操作的气液比，即 H_2S 负荷高于常规胺法等非选吸的工艺，此点在处理高碳硫比天然气时更为显著。表 3-28 提供了对比数据。

表 3-28 不同工艺的气液比（H_2S 负荷）[①]

工艺		MDEA	MEA	砜胺Ⅱ型
溶液胺浓度，%		45	15	40
溶液 H_2S 负荷	mol/mol	0.113	0.030	0.034
	mol/m³	0.364	0.075	0.112
气液比，m³/m³		3712	764	1144

①原料气 H_2S 0.2%，CO_2 2.0%，压力 4.0MPa。

从表 3-28 可见，就所处理的气质而言，MDEA 法的气液比为 MEA 法的 4.86 倍、砜胺Ⅱ型（DIPA-环丁砜法）的 3.24 倍。高的气液比导致了重大的节能效果与经济效益。

二、H_2S 净化度变化较为灵敏

在选吸过程中，由于较少的吸收塔板、较高的气液比、CO_2 负荷距平衡远而 H_2S 负荷距平衡近等因素，故 H_2S 净化度更为灵敏地受一些因素的影响而变化。

具体说来，与常规胺法相比，选择性胺法的 H_2S 净化度有如下特点。

1. 吸收塔板数的影响呈复杂态势

在常规胺法中，H_2S 净化度总是随吸收塔板数增加而改善的，至少无不利影响。

但在选择性胺法中，吸收塔板数对 H_2S 净化度的影响则呈现出复杂性。在低气液比即低 H_2S 负荷下，H_2S 净化度随塔板增加而改善，在高气液比即高 H_2S 负荷下，H_2S 净化度却随塔板增加而变差，如图 3-8 及图 3-9 所示。

因此，在选择性胺法中，不仅从少吸收 CO_2 以获得较好的选择性出发而不用过多塔板，而且从取得较高的 H_2S 负荷及良好的 H_2S 净化度的角度，也不宜使用过多塔板。

事实上，选择性胺法吸收塔通常均有多个（例如三个）贫液入口，以供在工况条件变化时使用适当的塔板数以取得满意结果。

2. 富液 H_2S 负荷对 H_2S 净化度有显著影响

贫液 H_2S 含量决定了吸收塔顶的平衡，它对于 H_2S 净化度的影响是不言而喻的，图

3-12反映了它们之间的关系。

选择性胺法由于使用较少的吸收塔板及较高的H_2S负荷等因素，富液H_2S负荷对H_2S净化度的影响也远比常规胺法显著。在MDEA常压选吸的条件下，如图3-14所示，净化气H_2S含量异常灵敏地随富液H_2S负荷而变化。

在压力选吸工况下两者虽然不像常压选吸那么灵敏，却也表现出明显的同步关系，如图3-4所示。

这就是说，H_2S净化度的要求也可能成为溶液H_2S负荷的限制因素。

三、选择性胺法的能耗低

选择性胺法不仅由于溶液H_2S负荷高而循环量低从而可降低能耗，而且单位体积溶液再生所需蒸汽量也显著低于常规胺法。

第三节关于活化MDEA法用于脱除CO_2时，溶液甚至无需汽提仅靠在稍高温度下闪蒸即可获得再生。在选择脱除H_2S时富液必需汽提再生才能获得符合质量要求的贫液。

MDEA作为一个叔胺，它与H_2S及CO_2反应形成的键能较弱，故而较易再生。再生所需的回流比[mol（H_2O）/mol（H_2S+CO_2）]是体系再生难易的一个标志，表3-29列出了不同醇胺再生所需的回流比，MDEA显著低于其他醇胺。

表3-29 醇胺汽提再生所需的回流比

醇 胺	MEA	DEA	DIPA	MDEA
回流比，mol/mol	2.5～3.0	2.0～2.5	0.9～1.8	0.5～1.0

四、装置处理能力增大

选择性胺法因操作的气液比较高而吸收塔的液流强度较低，从而可提高装置处理能力。国内MDEA压力选吸工业试验结果表明，装置处理能力可提高10%以上。国外也有一些装置以MDEA法代替常规胺法后提高了装置的处理能力。

五、选择性胺法抗污染的能力较弱

前面曾经提及，重庆天然气净化总厂7套使用MDEA的装置运行8年的经验表明，其抗污染的能力较弱。国内MDEA常压选吸工业试验期间，也曾发生前端加氢工序故障导致SO_2"穿透"进入MDEA溶液而损害溶液性能的情况。

这是不难理解的，由于MDEA的碱性较常规醇胺为弱，一些杂质、特别是强酸性杂质进入溶液后对其净化能力的影响也就大于其他醇胺。所以选择性胺法装置的溶液更需精心维护，防止外来杂质污染溶液。

第七节 提高酸气H_2S浓度的其他途径[16]

在原料天然气碳硫比较高的情况下，为了提高酸气H_2S浓度以满足克劳斯装置进料要求，首选的方法当然是MDEA压力选吸。此外，在天然气比较"贫"（即C_2^+烃含量少）且酸气分压高的条件下，物理溶剂法也可考虑（详见第五章）。再一个办法是酸气提浓。为了节省投资与能耗，还可以采用将酸气提浓串联入主吸收装置的流程。此外，国外还进行富液分级再生以获得富H_2S酸气的研究，可称之为选择再生，但迄今尚未见到工业应用的报道。

一、酸气提浓串接流程

俄罗斯阿斯特拉罕气体净化厂原料天然气含 H_2S 25%及 CO_2 14%，采用两段吸收，第一段 MDEA 压力选吸（$\eta_c=26.2\%$），第二段以 DEA 溶液脱除残余的 H_2S 及 CO_2，两种溶液再生所得的酸气合并进入克劳斯装置，酸气 H_2S 浓度 59.4%[32]。

拟用 MDEA 溶液提浓 DEA 法的酸气（H_2S 由 8%升至 22%左右），CO_2 气可灼烧排放。提浓富液的 H_2S 负荷甚低，仍可与贫液合并进入 MDEA 压力选吸的吸收塔，其流程如图 3-20 所示。

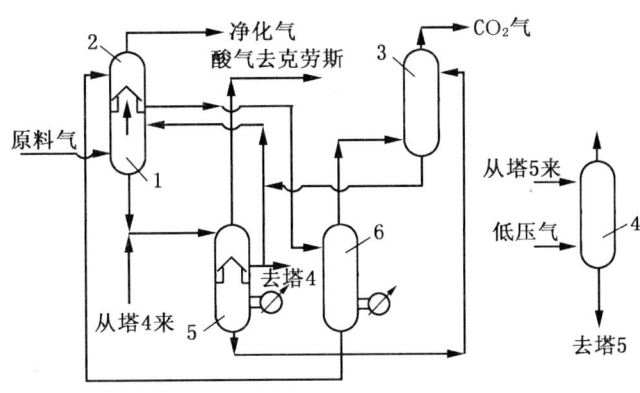

图 3-20 阿斯特拉罕酸气提浓串联流程
1—MDEA 吸收塔；2—DEA 吸收塔；3—DEA 酸气提浓塔
4—低压吸收塔；5—MDEA 再生塔；6—DEA 再生塔

采用酸气提浓串接流程后，进克劳斯装置的酸气 H_2S 浓度升至 72.3%，包括尾气处理在内的总硫收率从 99.0%升至 99.18%，详情可见表 3-30。

表 3-30 采用酸气提浓串接流程的效果

流　　程	酸气量，m^3/h	$[H_2S]_{酸}$，%	$[CO_2]_{酸}$，%	炉内转化率①，%	总硫收率②，%
原流程	8.93×10^4	59.4	33.8	59.2	99.0
酸气提浓串联	7.36×10^4	72.3	20.4	66.4	99.18

①燃烧段 $H_2S\to S$ 的转化率；
②包括 Sulfreen 法尾气处理在内的总硫收率。

二、选择再生

选择再生系利用胺液 H_2S 与 CO_2 解吸速度的差别将吸收的酸气分为两股，一股是 H_2S 浓缩了的酸气，另一股则基本上是 CO_2，甚至可直接排空。因醇胺不同而需分成三个类型：

（1）MEA 溶液。作为伯胺，MEA 溶液中的 H_2S 较 CO_2 易于逸出，故可先以较缓和的条件使 H_2S 几乎完全解吸，而 CO_2 仅有一部分解吸，从而获得富 H_2S 酸气，然后再以较充分的条件赶出余下的 CO_2。

（2）MDEA 溶液。作为叔胺，MDEA 溶液中的 CO_2 较 H_2S 易于再生，故可先赶出 CO_2，然后获得富 H_2S 酸气。

MDEA 压力选吸继以富液选择再生可取得 MDEA 压力选吸继以 MDEA 酸气提浓的效果。

（3）DEA 溶液。作为仲胺，DEA 溶液中 H_2S 与 CO_2 解吸速度的差别不显著，此时第一解吸塔应改为吸收再生塔，即从塔顶喷入溶液吸收从富液解吸的 H_2S 使此塔排出 CO_2 气，而第二解吸塔则可获得富 H_2S 酸气。

表 3-31 提供了国外一些专利中的选择再生数据[16]。

表 3-31 胺液选择再生数据

醇 胺	总酸气组成		第一股酸气组成		第二股酸气组成	
	H_2S,%	CO_2,%	H_2S,%	CO_2,%	H_2S,%	CO_2,%
MEA	3.23	96.77	17.2	82.8	微量	～100
DEA	17.59	82.41	0.94	99.06	59.61	40.39
MDEA	5.83	94.17	0.08	96.20	60.89	39.11

但迄今为止，尚未见到采用选择再生工艺的工业装置运行数据报道。

参 考 文 献

1　王开岳. MDEA水溶液压力下选择脱除H_2S的工业试验，天然气工业，7（3），1987：68～74

2　王开岳等. 甲基二乙醇胺水溶液选择性脱除气体中硫化氢的工业试验. 石油炼制，1988（9）：35～40

3　范恩泽. MDEA法在垫江分厂脱硫装置上的使用效果评述. 天然气工业，8（4），1988：68～73

4　王开岳. 90年代国内外MDEA工艺的工业应用及开发动向. 石油与天然气化工，26（4），1997：219～226

5　D. Law. New MDEA Design in Gas Plant Improves Sweetening, Reduces CO_2. Oil Gas J., 92（35），1994：83～85

6　王登海，王遇冬. 长庆气田地面工程技术现状介绍. 天然气工业，22（6），2002：89～92

7　王遇冬等. 胺法脱硫技术在长庆气田的应用与研究. 天然气工业，22（6），2002：92～96

8　D. H. Mackenzie et al. Design and Operation of A Selective Sweetening Plant Using MDEA. Energy Prog., 7（1），1987：31～36

9　I. M, Wesch. CO_2 Removal from Liquid Phase Ethane at the Fort Saskatchewan Facility. Energy Proc./Can., 84（6），1991：14～17

10　H. Y. Mak. Gas Plant Converts Amine Unit to MDEA-based Solvent. Hydrocarbon Proc., 71（10），1992：91～96

11　G. R. Daviet et al. Switch to MDEA Raises Capacity. Hydrocarbon Proc., 63（5），1984：79～82

12　A. Cabes. Offshore Desulfurization Unit Permits Gas Lift Operations. Oil Gas J., 90（2），1992：35～38

13　尹荣辅等. MDEA水溶液选择性脱除H_2S的研究. 石油与天然气化工，1983（4）：1～9

14　The Sulften Process: A Proprietary MDEA-Based Solvent is the Key. Sulphur, 173, 1984：32～33

15　张学模. MDEA溶液选择性脱除H_2S. 化肥工业，1983（1）：12～18

16　王开岳. 提高酸气硫化氢浓度的途径. 天然气与石油，1990（1）：28～34

17　J. A. Lagas. 选择性胺过程脱除酸气. 石油与天然气化工，1983年增刊：60～66

18　Advanced Process Selective in Remove H$_2$S. Oil Gas J., 79 (23), 1981: 142~147

19　付敬强. CT8-5 选择性脱硫溶液在四川长寿天然气净化分厂使用效果评述. 石油与天然气化工, 28 (3), 1999: 184~186

20　E. M. Cordi et al. Kinetics of CO$_2$ and MDEA with Phosphoric Acid. AIChE J., 38 (3), 1992: 455~460

21　W. Wammes et al. Activated MDEA Process: A Flexible Process for Acid Gas Removal from Natural Gas. Proc 73rd GPA Annu. Conv., 1994: 247~250

22　M. L. Spears et al. Converting to DEA/MDEA Mix ups Sweetening Capacity. Oil Gas J., 94 (33), 1996: 63~67

23　J. C. Polasek et al. Using Mixed Amine Solutions for Gas Sweetening. Proc. 71st GPA Annu. Conv., 1992: 58~63

24　王开岳等. CO$_2$ 所致 MDEA 化学降解的鉴定及研究. 石油与天然气化工, 28 (2), 1999: 98~102

25　P. C. Rooney et al. Oxygen's Role in Alkanolamine Degradation. Hydrocarbon Proc., 77 (7), 1998: 109~113

26　Е. М. Прохоров, и др. Испытания Смещанного Абсорбентана Установке Сероочистки Астраханского ГПЗ. Газ. Пром., 1997 (10): 63~65

27　王隆祥等. MDEA 选择脱硫技术在川东天然气净化总厂的应用. 石油与天然气化工, 23 (4), 1994: 201~204

28　A. M. Goldstein et al. New Flexsorb Gas Treating Technology for Acid Gas Removal. Energy Prog., 1986 (6): 67~70

29　G. Sartori et al. Process for the Selective Removal of H$_2$S from Gaseous Mixtures with Severely Sterically Hindered Secondary Aminoether Alcohols. U. S. P., 4405585, 1983

30　王开岳. 选择脱硫过程的若干工艺特点. 化肥工业, 1988 (3): 20~23

31　王开岳. 选择性胺法的 H$_2$S 负荷及其提高途径. 天然气工业, 11 (3), 1991: 60~65

32　Р. Л. Шкляр и др. Селективная Очистка Газа от Сероворода на Астраханском ГПЗ. Газ Пром., 1999 (12): 40~41

第四章 胺液吸收酸气的热力学与动力学

第一节 概　　述

醇胺溶液吸收酸气是气相中的 H_2S 与 CO_2 传质进入液相并与醇胺发生反应的过程。醇胺溶液吸收酸气的热力学实质上就是酸气在气相与液相中的相平衡问题,即在一定的条件下 H_2S 与 CO_2 在胺液中的平衡溶解度,或者反过来它们在胺液上的平衡分压。

从天然气净化的角度而言,人们首要关心的是胺液的酸气负荷或 H_2S 负荷,这就需要在一定的 H_2S 与 CO_2 分压和一定温度下使用一定浓度的某种醇胺溶液时它们在胺液中的平衡溶解度数据;其次是为达到净化指标所需的贫液质量。

设计一套胺法天然气脱硫脱碳装置,对于一定的气质条件和处理量,需要确定的最主要的工艺参数就是溶液循环量,而合理的溶液循环量就需要以工况条件下 H_2S 和 CO_2 在胺液中的平衡溶解度为依据来确定。在装置运行中如气质条件发生显著变化,也必须依据新条件下 H_2S 与 CO_2 的平衡溶解度重新确定溶液循环量。

当然,在实际装置运行中酸气的吸收需要一定的传质推动力,因而富液的 H_2S 与 CO_2 负荷不可能达到(在选择性胺法中 CO_2 更是不应当达到)与进料气相对应的平衡溶解度,这就产生了 H_2S 与 CO_2 负荷所达到的平衡程度问题。

平衡溶解度数据是如此重要,因此,国外在测定不同醇胺、不同浓度、不同温度下 H_2S 与 CO_2 分压变化和平衡溶解度的关系方面进行了大量工作,国内如中国石油西南油气田分公司天然气研究院及南京化学工业公司研究院也作了一些测定工作。

但是,显而易见,测定所有不同组合条件下的平衡溶解度数据,不仅其工作量之大是不可能完全做到的,事实上也不会有人进行如此繁重而缺乏效率和效益的工作,而且在某些条件下测定的数据的准确度也未必能够令人满意。例如,进行相当于净化气 H_2S 与 CO_2 含量或贫液 H_2S 与 CO_2 含量下的平衡测定,由于其浓度是如此之低,测定数据的偏差可能相当大。

因此,通过计算途径获得酸气在胺液中平衡溶解度的数据成为许多学者努力的目标。然而,纯粹的理论分析并不成功,实际情况下的非理想性使计算数据与实测数据有相当大的偏差而失去意义。为此,采取了一种折中的或者称之为半经验的方法,即开发出既有理论分析,又依据部分实测数据进行校正的数学模型,这一路线取得了成功。遵循这一路线,国内外开发出了一些可供有效应用的计算酸气在胺液中的平衡溶解度的数学模型。

关于胺液吸收酸气的速度问题,首先应当指出,这是一个因有反应而获得增强的气液传质过程。因此,在整个过程中包含了物理性的传质及化学反应两个步骤。当然,这两个步骤不是孤立进行的,传质为化学反应的发生提供了条件,而反应又反过来大大加速了传质过程。

处理气液吸收过程的传质模型有双膜模型、渗透模型及表面更新模型等,它们均曾被用于处理胺液吸收酸气的过程并取得了成功。

涉及醇胺与酸气的反应动力学,各种醇胺与 H_2S 的反应几乎无例外地是瞬间质子反应,其动力学研究也很少,通常视为传质及气液平衡构成对 H_2S 吸收的限制。醇胺与 CO_2 的反应则是中速反应或慢反应,在这方面国外进行了许多研究。

在 H_2S 与 CO_2 在胺液中的平衡溶解度数学模型、传质模型及反应动力学研究成果的基础上,国内外均开发了一些软件包可用于工艺计算。

第二节 酸气在胺液中平衡溶解度的测定方法[1,2]

测定酸气在胺液中平衡溶解度的方法有静态法、气体通过法和汽相循环法,20 世纪 80 年代后期又开发出离子电极法。测定溶解度是一项非常精细的工作,为了获得比较准确的数据,各个组分(醇胺、H_2S、CO_2 以及水)均应有高的纯度,温度及压力的测量应当既准确又精确,当然气相及液相组成的分析也应有高的准确度。

一、静态法

静态法测定酸气在胺液中平衡溶解度的装置如图 4-1 所示。

从图 4-1 可见,在恒温油浴内设一平衡槽(容积可为 500mL),槽内有电动搅拌器并有气相及液相取样口和测温及测压孔。平衡槽在以氮气吹扫净后注入溶液(50 或 100mL),酸气加入量由压力表示值确定,必要时可注入氮气以保证表压高于一定值(如 200kPa)。在一定温度下启动电磁棒,经 8~14h 可达平衡。达到平衡后分别取出气样及液样作分析,当酸气负荷较高(如达 0.5mol/mol 或更高)时应用已知量的胺液稀释以免酸气损失,对于较高温度的气样应予干燥。

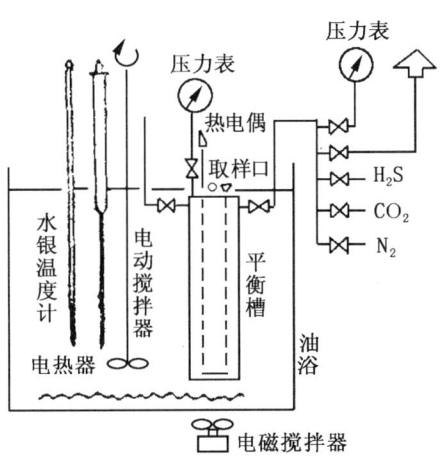

图 4-1 静态法气液平衡装置示意图

二、汽相循环法

汽相循环法测定装置示于图 4-2。

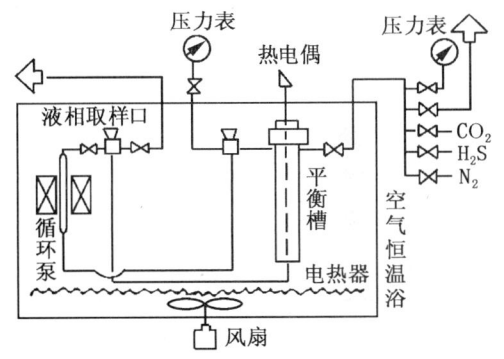

图 4-2 汽相循环法气液平衡装置示意图

从图 4-2 可见,平衡槽置于空气恒温浴内,槽容积约 500mL,装入一定量胺液和酸气后,在一定温度下以磁力泵使汽相从顶部至底部不断循环使其与液相充分接触而达到平衡。

三、气体通过法

以组成恒定的气体连续通过胺液直至出口气体组成与入口气体组成相同,此种方法即是气体通过法。

四、离子电极法

离子电极法仅能测定 H_2S 在胺液中的平衡溶解度,其原理系基于气相 H_2S 与液相 H_2S 平衡,液相 H_2S 又与电离的 HS^- 及 S^{2-} 平衡,基本关系式为:

$$p_{H_2S} = H_{H_2S} [H_2S] = \frac{a_{H^+}^2 \cdot a_{S^{2-}}}{K_1 K_2} H_{H_2S}$$

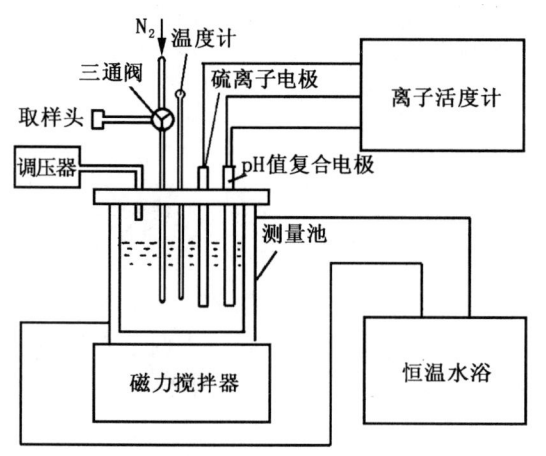

图 4-3 离子电极法气液平衡装置示意图

式中 p_{H_2S}——H_2S 分压，kPa；
H_{H_2S}——H_2S 的亨利系数，kPa·L/mol；
[H_2S]——液相中 H_2S 的浓度，mol/L；
a_{H^+}，$a_{S^{2-}}$——H^+ 及 S^{2-} 的活度，mol/L；
K_1，K_2——H_2S 的一级及二级电离常数，mol/L。

式中 a_{H^+} 及 $a_{S^{2-}}$ 可使用 pH 值复合电极和硫离子电极测定，测定装置示于图 4-3。

此法较前三种方法测定速度快而简便，但只能用于测定 H_2S 在胺液中的平衡溶解度。

第三节 酸气在胺液中平衡溶解度的计算模型

McNeil 及 Danckwerts 首先开始了 H_2S 及 CO_2 分压与其在胺液中溶解度的关联工作，但由于体系的非理想性，其预计的平衡值与实测值有相当大的差别。

Kent 及 Eisenberg 在他们工作的基础上采用了一种实用的处理方法，即将体系的非理想性人为地集中于两个反应式，并以实测数据拟合出此二反应的平衡常数（拟平衡常数）从而在建立平衡溶解度的数学模型方面取得了成功[3]。沿着此一思路，国内朱利凯等[4,5]、汤渭龙等[6]以及本书作者均形成了各自的数学模型。进一步改进和提高计算模型的研究仍在不断进行中。

一、计算所涉及的平衡方程式

在 H_2S-CO_2-Am（醇胺）-水体系中，所涉及的平衡方程计有：化学反应式 7 个，亨利关系式两个，物料平衡式 3 个，电中性式 1 个，合计 13 个。

1. 化学反应平衡式

$$AmH^+ \rightleftharpoons Am + H^+ \qquad (4-1)$$
$$K_1 = [Am][H^+]/[AmH^+] \qquad (4-1a)$$
$$AmCOO^- + H_2O \rightleftharpoons Am + HCO_3^- \qquad (4-2)$$
$$K_2 = [Am][HCO_3^-]/[AmCOO^-] \qquad (4-2a)$$
$$CO_2 + H_2O \rightleftharpoons H^+ + HCO_3^- \qquad (4-3)$$
$$K_3 = [H^+][HCO_3^-]/[CO_2] \qquad (4-3a)$$
$$H_2O \rightleftharpoons H^+ + OH^- \qquad (4-4)$$
$$K_4 = [H^+][OH^-] \qquad (4-4a)$$
$$HCO_3^- \rightleftharpoons H^+ + CO_3^{2-} \qquad (4-5)$$
$$K_5 = [H^+][CO_3^{2-}]/[HCO_3^-] \qquad (4-5a)$$
$$H_2S \rightleftharpoons H^+ + HS^- \qquad (4-6)$$
$$K_6 = [H^+][HS^-]/[H_2S] \qquad (4-6a)$$
$$HS^- \rightleftharpoons H^+ + S^{2-} \qquad (4-7)$$

$$K_7 = [H^+][S^{2-}]/[HS^-] \quad (4-7a)$$

式中 K_i 为平衡常数，i 为反应式编号，[H$^+$] 等为所示化合物或离子在溶液中的浓度，单位 mol/L。

从理论上说，CO_2 与醇胺还可能生成烷基碳酸酯，但此反应在 pH 值低于 12 时完全可以忽略，显然在通常的天然气净化工况下不可能有烷基碳酸酯生成。

2. 亨利关系式

$$p_c = H_c [CO_2] \quad (4-8)$$
$$p_s = H_s [H_2S] \quad (4-9)$$

式中　p_c，p_s——CO_2 及 H_2S 的分压，kPa；

H_c，H_s——CO_2 及 H_2S 的亨利系数，kPa·L/mol。

3. 电中性式

$$[HCO_3^-] + [OH^-] + 2[CO_3^{2-}] + [HS^-] + 2[S^{2-}] + [AmCOO^-] = [AmH^+] + [H^+] \quad (4-10)$$

4. 物料平衡式

$$m = [Am] + [AmH^+] + [AmCOO^-] \quad (4-11)$$
$$m\alpha_s = [HS^-] + [S^{2-}] + [H_2S] \quad (4-12)$$
$$m\alpha_c = [HCO_3^-] + [CO_3^{2-}] + [AmCOO^-] + [CO_2] \quad (4-13)$$

式中　m——胺液浓度，mol/L；

α_s，α_c——H_2S 及 CO_2 在胺液中的平衡溶解度，mol/mol。

二、Kent-Eisenberg 模型[3]

Kent-Eisenberg（K-E）模型的主要特点是将 K_3 至 K_7 以及 H_c、H_s 各式均视为理想的，从而可使用文献中查到的各项数据；整个体系的非理想性则均归诸于两个最主要的反应，即醇胺与 H_2S 反应的 K_1，醇胺与 CO_2 反应生成氨基甲酸盐的 K_2，K_1 与 K_2 则使用测定数据拟合。由此模型获得的计算值与文献中的测定值颇为一致，详见参考文献[3]。

K-E 模型的主要计算式有：

$$p_s = \left(\frac{H_s}{K_6 K_7}\right)\left(\frac{A[H^+]^2}{1+\frac{[H^+]}{K_7}}\right) \quad (4-14)$$

$$p_c = \left(\frac{H_c}{K_3 K_5}\right)\left(\frac{B[H^+]^2}{1+\frac{[H^+]}{K_5}+\frac{m[H^+]}{K_2 K_5 K'}}\right) \quad (4-15)$$

$$[H^+] = \frac{A\left(1+\frac{K_7}{K_7+[H^+]}\right)}{1+\frac{m}{K_1 K'}} + \frac{B\left(1+\frac{K_2 K_5}{K_2 K_5 + K_2[H^+]}+\frac{m[H^+]}{K'}\right)}{1+\frac{m}{K_1 K'}+\frac{K_4}{[H^+]\left(1+\frac{m}{K_1 K'}\right)}} \quad (4-16)$$

式中除其他符号同前外，有：

$$A = m\alpha_s - p_s/H_s \quad (4-17)$$
$$B = m\alpha_c - p_c/H_c \quad (4-18)$$
$$K' = 1 + \frac{[H^+]}{K_1} + \frac{p_c K_3}{K_2 H_c [H^+]} \quad (4-19)$$

K-E模型所使用的 $K_3 \sim K_7$ 及 H_s，H_c 7个常数值示于表4-1，注意 T 为兰氏温标，°R。

表4-1　K-E模型所用常数①

常　数	单　位	A	$B \times 10^{-4}$	$C \times 10^{-8}$	$D \times 10^{-11}$	$E \times 10^{-13}$
K_3	g（离子）/L	-241.818	53.6855	-4.8123	1.94	-2.96445
K_4	[g（离子）/L]²	39.5554	-17.7822	1.843	-0.8541	-1.4292
K_5	g（离子）/L	-294.740	65.5893	-5.9667	2.4249	-3.7192
K_6	g（离子）/L	-304.689	69.6979	6.31007	2.5551	-3.91757
K_7	g（离子）/L	-657.965	164.936	-15.8964	6.72472	-10.6043
H_s	mmHg·L/mol	104.518	-24.6254	2.39029	-1.01898	1.59734
H_c	mmHg·L/mol	22.2819	-2.48951	0.223996	-0.090918	0.12601

① $K_i = \exp(A + B/T + C/T^2 + D/T^3 + E/T^4)$。

通过拟合得到15.3%MEA溶液的 K_1 及 K_2 值分别为：

$$K_1 = \exp(-3.3636 - 10532/T) \tag{4-20}$$

$$K_2 = \exp(6.69425 - 5563.49/T) \tag{4-21}$$

对于20.5% DEA溶液：

$$K_1 = \exp(-2.551 - 10174/T) \tag{4-22}$$

$$K_2 = \exp(4.8255 - 3392.6/T) \tag{4-23}$$

注意式中温度 T 均为兰氏温标，°R。

三、Zhu-Chen模型[4,5]

朱利凯及陈赓良认为胺液吸收酸气后的pH值通常在8～10的范围内，而将K-E模型进一步简化。对于伯胺及仲胺：

$$p_s = A \frac{H_s [H^+]}{K_6} \tag{4-24}$$

$$K_1 K_3^2 p_c^2 + (mK_1 K_3 H_c [H^+] + K_1 K_2 K_3 H_c [H^+] - K_1 K_2 B H_c [H^+] + K_2 K_3 H_c [H^+]^2) p_c - (K_1 K_2 B H_s^2 [H^+]^2 + B K_2 H_c^2 [H^+]) \cdot 3 = 0 \tag{4-25}$$

$$[H^+]^3 - \frac{K_3 p_c [H^+]^2}{B H_c} - \frac{K_1 K_3 p_c [H^+]}{K_2 H_c} - \frac{K_1 K_3 K_6 p_c p_s}{K_2 B H_c H_s} = 0 \tag{4-26}$$

式中

$$A = m\alpha_s - p_s / H_s \tag{4-27}$$

$$B = m\alpha_c - p_c / H_s \tag{4-28}$$

Zhu-Chen（Z-C）模型拟合的DIPA溶液的 K_1 及 K_2 值分别为：

$$K_1 = \exp\left(-4.3290 - \frac{4767.3}{T}\right) \tag{4-29}$$

$$K_2 = \exp\left(2.9907 - \frac{789.0}{T}\right) \tag{4-30}$$

注意式中 T 为开尔文温标，K。

对于叔胺，由于不与 CO_2 生成氨基甲酸盐，故可进一步简化：

$$p_s = A \frac{H_s [H^+]}{K_6} \tag{4-31}$$

$$p_c = B \frac{H_c [H^+]}{K_3} \tag{4-32}$$

$$[H^+] = \frac{1}{\dfrac{m}{K_1(A+B)} - \dfrac{1}{K_1}} \tag{4-33}$$

Z-C 模型拟合出的 MDEA 溶液的 K_1 值为：

$$\log K_1 = \frac{\alpha_s}{\alpha_s + \alpha_c}(-14.4848 + 0.0193T - 1.0200\alpha_s)$$

$$+ \frac{\alpha_c}{\alpha_s + \alpha_c}(-14.8754 + 0.0217T - 1.5000\alpha_c) \tag{4-34}$$

从式（4-34）可见，MDEA 溶液的 K_1 值与式（4-20）、式（4-22）及式（4-29）有显著不同，不仅与温度有关，而且与其 H_2S 负荷和 CO_2 负荷有关，对此未作进一步的讨论。

四、Jou 模型[7]

Jou 等按 K-E 模型计算出 MDEA 溶液的模型如下：

$$p_s = \frac{H_s [H^+]^2 A}{K_6 K_7}\left(\frac{1}{1 + \dfrac{[H^+]}{K_7}}\right) \tag{4-35}$$

$$p_c = \frac{H_c [H^+]^2 B}{K_3 K_5}\left(\frac{1}{1 + \dfrac{[H^+]}{K_5}}\right) \tag{4-36}$$

$$[H^+] = \frac{A\left(1 + \dfrac{K_7}{K_7 + [H^+]}\right)}{1 + \dfrac{m}{K_1 K'}} + \frac{B\left(1 + \dfrac{K_5}{K_5 + [H^+]}\right)}{1 + \dfrac{m}{K_1 K'}} + \frac{K_4}{[H^+]\left(1 + \dfrac{m}{K_1 K'}\right)} \tag{4-37}$$

式中

$$A = m\alpha_s - p_s/H_s \tag{4-38}$$

$$B = m\alpha_c - p_c/H_c \tag{4-39}$$

$$K' = 1 + [H^+]/K_1 \tag{4-40}$$

Jou 模型采用开尔文温标，K。

五、Tang-Xu-Shen 模型[6]

汤渭龙等提出了 $H_2S-CO_2-DIPA-H_2O$ 体系的计算模型，其特点是考虑了液相中存在多种离子反应平衡及离子对活度和酸气挥发性的影响。如果仍使用前面各项方程式和平衡常数的编号，则 T-X-S 模型所得到的 DIPA 溶液的 K_1 及 K_2 值分别为：

$$-\log K_1 = pK_a \tag{4-41}$$

$$K_2 = 286.3\exp(-1737/T) \tag{4-42}$$

式中 T 的单位为 K。

六、Wang 模型

本书作者也曾运用 K-E 模型的方法导出了 Wang 模型，采用开尔文温标，K。

1. 从 $H_2S-Am-H_2O$ 实验数据求拟 K_1

$$K_1 = \frac{[H^+]^4 + m[H^+]^3 - (K_4 + K_6 \dfrac{p_s}{H_s})[H^+]^2 - 2K_6 K_7 \dfrac{p_s}{H_s}[H^+]}{-[H^+]^3 + (K_4 + K_6 \dfrac{p_s}{H_s})[H^+] + 2K_6 K_7 \dfrac{p_s}{H_s}} \tag{4-43}$$

式中 $[H^+]$ 可由下式求得：

$$(m\alpha_s - \frac{p_s}{H_s})[H^+]^2 - K_6\frac{p_s}{H_s}[H^+] - K_6K_7\frac{p_s}{H_s} = 0 \tag{4-44}$$

根据胺法实际运行条件，可略予简化，则得简化式如下：

$$K_1 = \frac{[H^+]^3 + m[H^+]^2 - (K_4 + K_6\frac{p_s}{H_s})[H^+]}{-[H^+]^2 + (K_4 + K_6\frac{p_s}{H_s})} \tag{4-45}$$

$$[H^+] = \frac{K_6\frac{p_s}{H_s}}{m\alpha_s - \frac{p_s}{H_s}} \tag{4-46}$$

2. 从 $CO_2 - Am - H_2O$ 实验数据求拟 K_2

$$K_2 = \frac{K_3\frac{p_c}{H_c}\{[H^+]^2 + (m - 2m\alpha_c + 2\frac{p_c}{H_c})[H^+] + (K_3\frac{p_c}{H_c} - K_4)\}}{(m\alpha_c - \frac{p_c}{H_c})[H^+]^2 - K_3\frac{p_c}{H_c}[H^+] - K_3K_5\frac{p_c}{H_c}} \tag{4-47}$$

$$[H^+]^4 + (K_1 - 2m\alpha_c + m + 2\frac{p_c}{H_c})[H^+]^3 + (K_3\frac{p_c}{H_c} + K_1\frac{p_c}{H_c} - K_4 - K_1m\alpha_c)[H^+]^2 -$$

$$K_1K_4[H^+] - K_1K_3K_5\frac{p_c}{H_c} = 0 \tag{4-48}$$

简化式为：

$$K_2 = \frac{K_3\frac{p_c}{H_c}\{[H^+]^2 + (m - 2m\alpha_c + 2\frac{p_c}{H_c})[H^+] + (K_3\frac{p_c}{H_c} - K_4)\}}{(m\alpha_c - \frac{p_c}{H_c})[H^+]^2 - K_3\frac{p_c}{H_c}[H^+]} \tag{4-49}$$

$$[H^+]^3 + (K_1 - 2m\alpha_c + m + 2\frac{p_c}{H_c})[H^+]^2 + (K_3\frac{p_c}{H_c} + K_1\frac{p_c}{H_c} - K_4 - K_1m\alpha_c)[H^+] - K_1K_4 = 0 \tag{4-50}$$

3. 求 $H_2S - CO_2 - Am - H_2O$ 系统的平衡溶解度

$$\alpha_s = \frac{1}{m}\left(\frac{K_6\frac{p_s}{H_s}}{[H^+]} + \frac{K_6K_7\frac{p_s}{H_s}}{[H^+]^2} + \frac{p_s}{H_s}\right) \tag{4-51}$$

$$\alpha_c = \frac{1}{m}\left(\frac{K_3\frac{p_c}{H_c}}{[H^+]} + \frac{K_3K_5\frac{p_c}{H_c}}{[H^+]^2} + \frac{p_c}{H_c} + \frac{mK_3\frac{p_c}{H_c}}{K_2[H^+] + \frac{K_2[H^+]^2}{K_1} + K_3\frac{p_c}{H_c}}\right) \tag{4-52}$$

$$A[H^+]^5 + B[H^+]^4 + C[H^+]^3 + D[H^+]^2 + E[H^+] + F = 0 \tag{4-53}$$

$$A = -K_2 \tag{4-53a}$$

$$B = -(K_1K_2 + mK_2) \tag{4-53b}$$

$$C = K_2K_3\frac{p_c}{H_c} + K_2K_4 + K_2K_6\frac{p_s}{H_s} - K_1K_3\frac{p_c}{H_c} \tag{4-53c}$$

$$D = K_1K_2K_3\frac{p_c}{H_c} + K_1K_2K_4 + K_1K_2K_6\frac{p_s}{H_s} + 2K_2K_3K_5\frac{p_c}{H_c} + 2K_2K_6K_7\frac{p_s}{H_s} + mK_1K_3\frac{p_c}{H_c} \quad (4-53d)$$

$$E = 2K_1K_2K_3K_5\frac{p_c}{H_c} + 2K_1K_2K_6K_7\frac{p_s}{H_s} + K_1K_3^2\frac{p_c^2}{H_c^2} + K_1K_3K_4\frac{p_c}{H_c} + K_1K_3K_6\frac{p_c}{H_c}\cdot\frac{p_s}{H_s} \quad (4-53e)$$

$$F = 2K_1K_3^2K_5\frac{p_c^2}{H_c^2} + 2K_1K_3K_6K_7\frac{p_c}{H_c}\cdot\frac{p_s}{H_s} \quad (4-53f)$$

简化式为：

$$\alpha_s = \frac{1}{m}\left(\frac{K_6\frac{p_s}{H_s}}{[H^+]} + \frac{p_s}{H_s}\right) \quad (4-54)$$

$$\alpha_c = \frac{1}{m}\left(\frac{K_3\frac{p_c}{H_c}}{[H^+]} + \frac{p_c}{H_c} + \frac{mK_3\frac{p_c}{H_c}}{K_2[H^+] + \frac{K_2[H^+]^2}{K_1} + K_3\frac{p_c}{H_c}}\right) \quad (4-55)$$

$$A'[H^+]^4 + B'[H^+]^3 + C'[H^+]^2 + D'[H^+] + E' = 0 \quad (4-56)$$

$$A' = -K_2 \quad (4-56a)$$

$$B' = -(K_1K_2 + mK_2) \quad (4-56b)$$

$$C' = \left(K_2K_3\frac{p_c}{H_c} + K_2K_6\frac{p_s}{H_s} + K_2K_4 - K_1K_3\frac{p_c}{H_c}\right) \quad (4-56c)$$

$$D' = \left(K_1K_2K_3\frac{p_c}{H_c} + K_1K_2K_6\frac{p_s}{H_s} + K_1K_2K_4 + mK_1K_3\frac{p_c}{H_c}\right) \quad (4-56d)$$

$$E' = K_1K_3^2\frac{p_c^2}{H_c^2} + K_1K_3K_4\frac{p_c}{H_c} + K_1K_3K_6\frac{p_c}{H_c}\cdot\frac{p_s}{H_s} \quad (4-56e)$$

当然，也可以从已知的溶解度求其对应的平衡 H_2S 及 CO_2 分压，其 H_2S 计算式如下：

$$p_s = \frac{m\alpha_s H_s[H^+]^2}{[H^+]^2 + K_6[H^+] + K_6K_7} \quad (4-57)$$

简化式为：

$$p_s = \frac{m\alpha_s H_s[H^+]}{[H^+] + K_6} \quad (4-58)$$

4. 叔烷醇胺体系

对于如 MDEA 这样的叔胺体系，因不存在生成氨基甲酸盐（$AmCOO^-$）的反应，体系要简单一些，其计算式如下：

$$[H^+]^3 + (K_1 + m)[H^+]^2 - \left(K_3\frac{p_c}{H_c} + K_6\frac{p_s}{H_s} + K_4\right)[H^+] - \left(K_1K_3\frac{p_c}{H_c} + K_1K_4 + K_1K_6\frac{p_s}{H_s}\right) = 0 \quad (4-59)$$

$$\alpha_s = \frac{1}{m}\left(\frac{K_6\frac{p_s}{H_s}}{[H^+]} + \frac{p_s}{H_s}\right) \quad (4-60)$$

$$\alpha_c = \frac{1}{m}\left(\frac{K_3 \dfrac{p_c}{H_c}}{[\mathrm{H}^+]} + \frac{p_c}{H_c}\right) \tag{4-61}$$

$$p_s = \frac{m\alpha_s H_s [\mathrm{H}^+]}{K_6 + [\mathrm{H}^+]} \tag{4-62}$$

$$p_c = \frac{m\alpha_c H_c [\mathrm{H}^+]}{K_3 + [\mathrm{H}^+]} \tag{4-63}$$

七、MDEA 溶液 K_1 值的修正式[8]

金汀通过 K-E、Z-C 及 Wang 模型的编程计算，根据实验数据，回归出 MDEA 溶液 K_1 值与温度、平衡溶解度及胺浓度的关系式如下：

$$\begin{aligned}\ln K_1 =\ & 21.1898 + 0.3584795m - 7.215616E-2m^2 - 2.842868E-3T - 6451.22/T - 3.437289\ln T \\ & + 0.1300101\alpha_s + 2.577836E-2\alpha_s^2 - 0.2655379\alpha_c - 0.0971493\alpha_c^2\end{aligned} \tag{4-64}$$

采用此式计算后，平衡溶解度，尤其是 α_c 值的平均偏差显著改善。

除以上模型外，Klyamer、Chakma-Meisen 等也都有各自的模型，本书不再一一介绍，读者如有兴趣，可从本章参考文献中查阅原文。

第四节 酸气在胺液中平衡溶解度数据

文献中已发表了各种醇胺在不同浓度、不同温度及不同的 H_2S 与 CO_2 分压下平衡溶解度的测定结果，不少还给出了模型的计算结果。考虑到天然气中 H_2S 与 CO_2 常常共存的实际情况，本节将主要提供 H_2S 与 CO_2 同时存在情况下在胺液中的共存溶解度数据。

一、MEA-H_2S-CO_2-H_2O 体系

酸气在 MEA 溶液中的平衡溶解度数据，文献中发表的数据比较多，现给出 Lee 等[9]以 2.5mol/L MEA 溶液在 40℃ 及 100℃ 下的数据和 Isacc[10] 等在低酸气分压下测定的数据（图 4-4～图 4-9）。

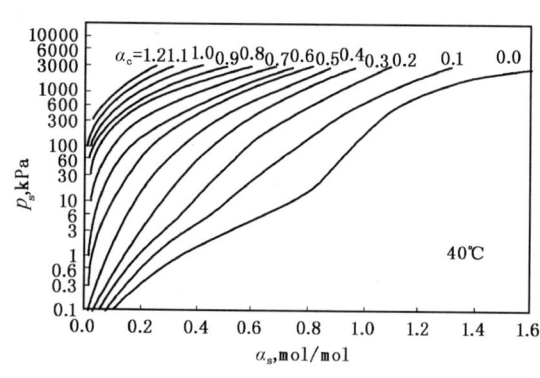

图 4-4 40℃下 CO_2 对 2.5mol/L MEA 溶液 H_2S 溶解度的影响

[引自 Can. J. Chem. Eng.，1976，54（3）]

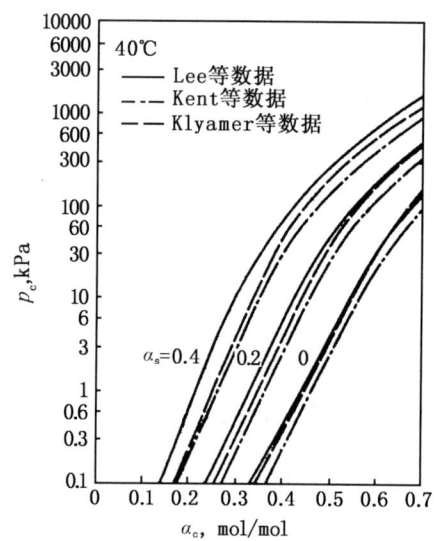

图 4-5 40℃下 H_2S 对 2.5mol/L MEA 溶液 CO_2 溶解度的影响

[引自 Can. J. Chem. Eng.，1976，54（3）]

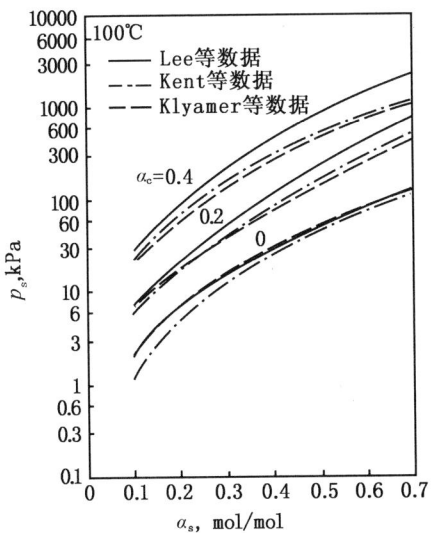

图 4-6 100℃下 2.5mol/L MEA 溶液 CO_2
对 H_2S 溶解度的影响

[引自 Can. J. Chem. Eng., 1976, 54 (3)]

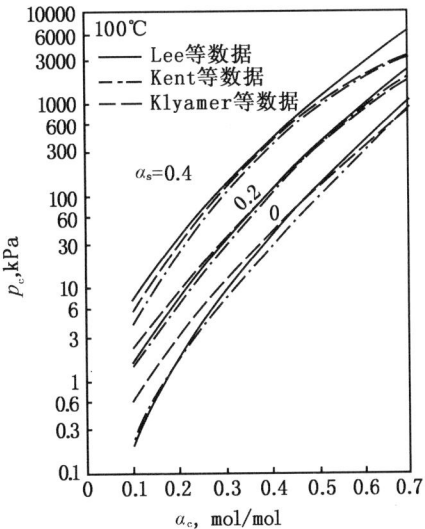

图 4-7 100℃下 2.5mol/L MEA 溶液
H_2S 对 CO_2 溶解度的影响

[引自 Can. J. Chem. Eng., 1976, 54 (3)]

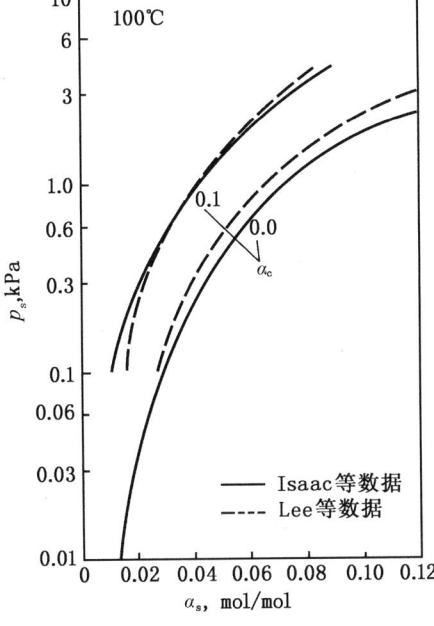

图 4-8 2.5mol/L MEA 溶液 100℃下
CO_2 对 H_2S 溶解度的影响

[引自 J. Chem. Eng. Data, 1980, 25 (2)]

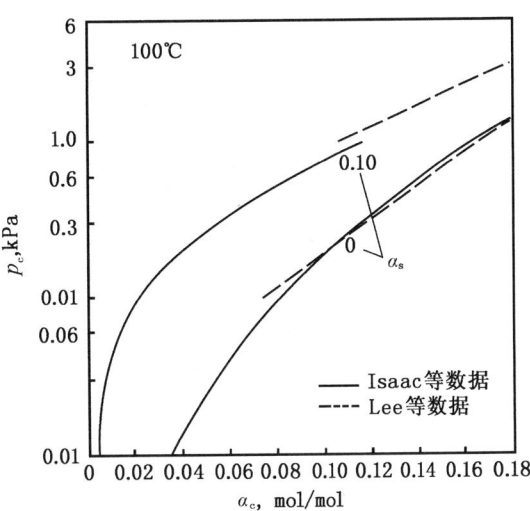

图 4-9 2.5mol/L MEA 溶液 100℃下
H_2S 对 CO_2 溶解度的影响

[引自 J. Chem. Eng. Data, 1980, 25 (2)]

二、$DEA-H_2S-CO_2-H_2O$ 体系

图 4-10 至图 4-13 给出了 2.0mol/L DEA 溶液在 50℃及 100℃下 CO_2 对 H_2S 溶解度和 H_2S 对 CO_2 溶解度的影响[11]。图 4-14 及图 4-15 则是低分压下在 40℃ H_2S 与 CO_2 二者相互的影响[12]。

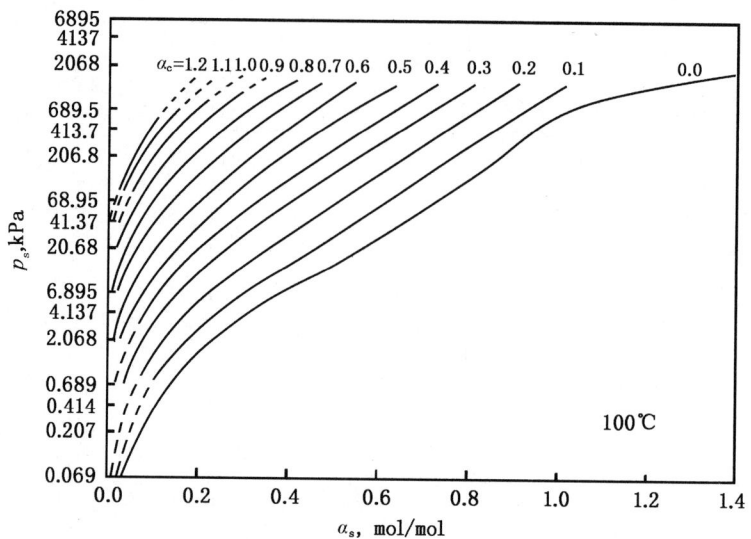

图 4-10　2.0mol/L DEA 溶液 50℃下 CO_2 对 H_2S 溶解度的影响
（引自本章参考文献 [11]，图 4-18）

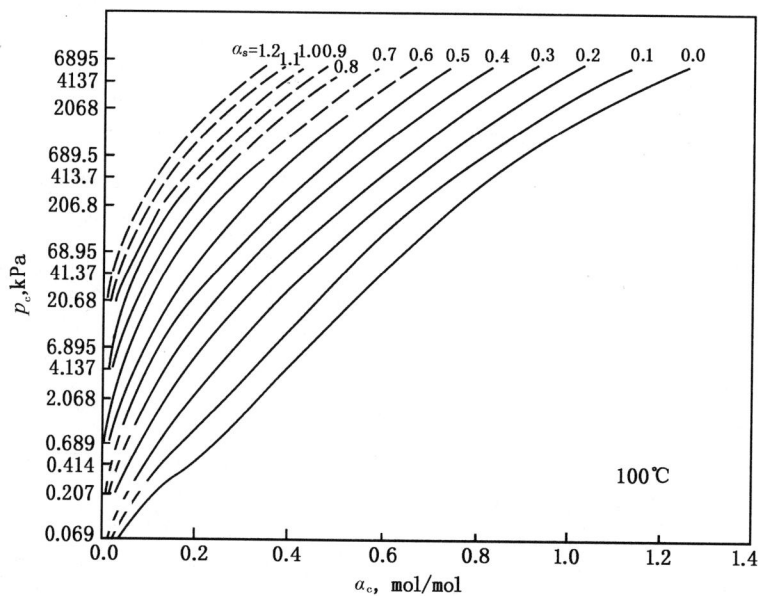

图 4-11　2.0mol/L DEA 溶液 50℃下 H_2S 对 CO_2 溶解度的影响
（引自本章参考文献 [11]，图 4-17）

三、DIPA - H_2S - CO_2 - H_2O 体系

图 4-16 及图 4-17 给出了 40℃下 2.5 mol/L DIPA 溶液 CO_2 对 H_2S 溶解度的影响和 H_2S 对 CO_2 溶解度的影响。100℃下 H_2S 与 CO_2 相互对其溶解度的影响则示于表 4-2[13]。

四、DGA - H_2S - CO_2 - H_2O 体系

图 4-18 至图 4-21 分别给出了 65%DGA 溶液在 38℃与 82℃下 CO_2 对 H_2S 平衡溶解度的影响与 H_2S 对 CO_2 溶解度的影响[14]。

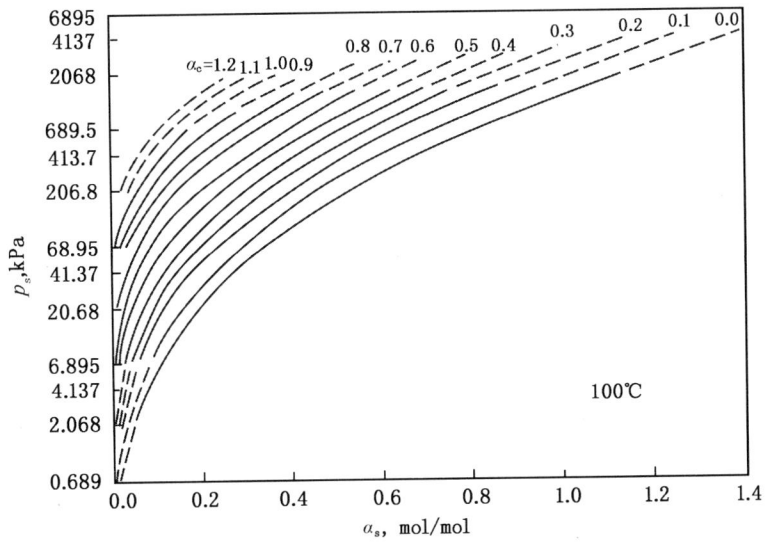

图 4-12 2.0mol/L DEA 溶液 100℃下 CO_2 对 H_2S 溶解度的影响
(引自本章参考文献 [11]，图 4-19)

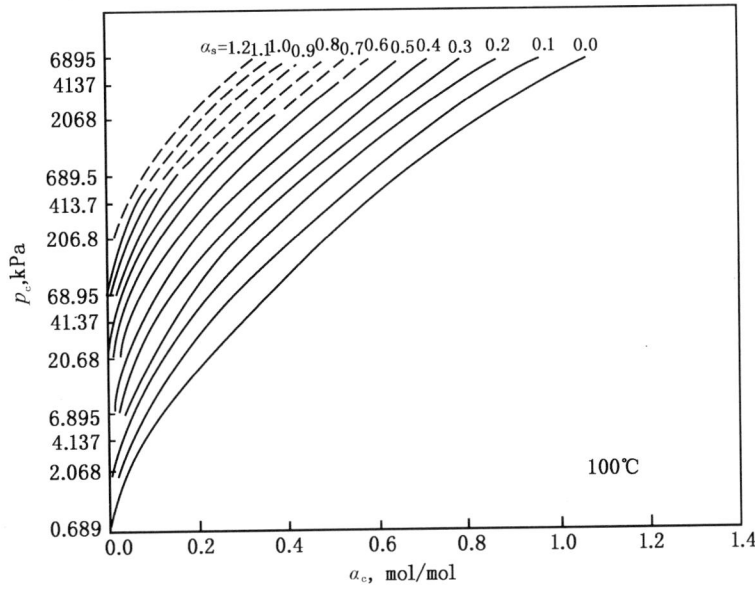

图 4-13 2.0mol/L DEA 溶液 100℃下 H_2S 对 CO_2 溶解度的影响
(引自本章参考文献 [11]，图 4-20)

五、MDEA - H_2S - CO_2 - H_2O 体系

中国石油西南油气田分公司天然气研究院在国内外率先发表了 H_2S 与 CO_2 混合酸气在 MDEA 溶液中的平衡溶解度，MDEA 浓度为 2.5mol/L，40℃及 100℃下的测定数据分别示于表 4-3 与表 4-4，CO_2 与 H_2S 二者相互对共存溶解度的影响示于图 4-22 至图 4-25[1]。

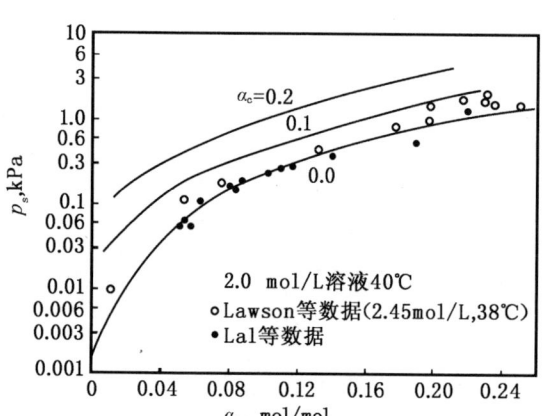

图4-14 2.0mol/L DEA 溶液 40℃下 CO_2 对 H_2S 溶解度的影响

[引自 Can. J. Chem. Eng.，1985，63（4）]

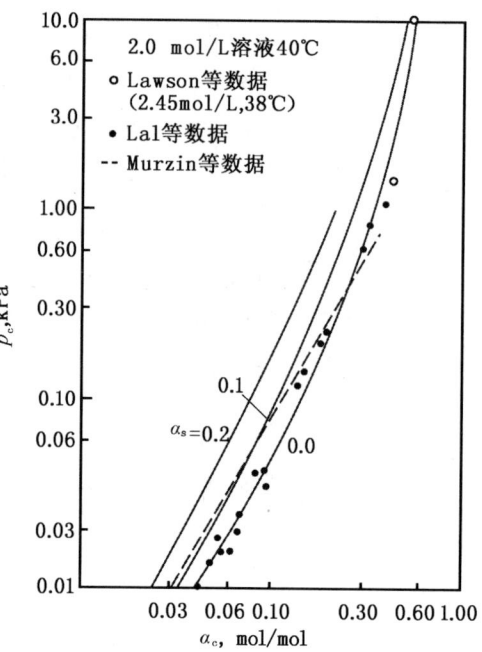

图4-15 2.0mol/L DEA 溶液 40℃下 H_2S 对 CO_2 溶解度的影响

[引自 Can. J. Chem. Eng.，1985，63（4）]

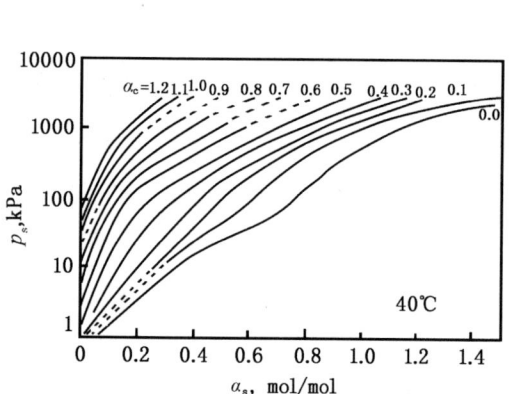

图4-16 2.5mol/L DIPA 溶液 40℃下 CO_2 对 H_2S 溶解度的影响

[引自 Can. J. Chem. Eng.，1977，55（2）]

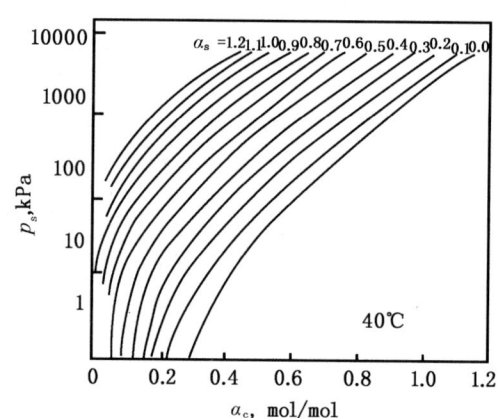

图4-17 2.5mol/L DIPA 溶液 40℃下 H_2S 对 CO_2 溶解度的影响

[引自 Can. J. Chem. Eng.，1977，55（2）]

表4-2 100℃下酸气混合物在 2.5mol/L DIPA 溶液中的溶解度

α_s, mol/mol		α_c, mol/mol									
		0.000	0.100	0.200	0.300	0.400	0.500	0.600	0.700	0.800	0.900	1.000
p_c kPa	1.0	0.055①	0.035①	0.024①								
	3.16	0.069	0.046①	0.028①	0.009①							

续表

		α_c, mol/mol										
p_c kPa	10.0	0.105	0.076	0.048	0.023	0.010						
	31.6	0.165	0.127	0.092	0.068	0.040	0.030	0.023	0.015①			
	100	0.250	0.211	0.172	0.139	0.101	0.072	0.052	0.043	0.035①	0.026①	0.016①
	316	0.361	0.322	0.278	0.236	0.188	0.147	0.115	0.092	0.072	0.054	0.040①
	1000	0.508	0.460	0.411	0.362	0.315	0.262	0.227	0.192	0.155	0.127	0.102
	3000	0.680	0.621	0.570	0.515	0.465	0.418	0.380	0.334①	0.288①	0.250①	0.222①
	5000	0.790	0.712	0.662	0.610	0.552	0.505	0.468	0.417①	0.370①	0.322①	0.293①

	α_s, mol/mol										
α_c, mol/mol	0.000	0.100	0.200	0.300	0.400	0.500	0.600	0.700	0.800	0.900	1.000
p_s kPa		0.025	0.018①	0.010①								
10.0	0.086	0.052	0.036	0.028	0.020	0.015①	0.010①				
31.6	0.178	0.138	0.092	0.065	0.053	0.041	0.023	0.016①			
100	0.311	0.245	0.200	0.150	0.120	0.093	0.073	0.058	0.037	0.024①	0.018①
316	0.541	0.423	0.346	0.286	0.239	0.189	0.142	0.111	0.080①	0.058①	0.039①
1000	0.880	0.705	0.580	0.490	0.412	0.337	0.272	0.212	0.163①	0.130①	0.107①
3000	1.200	1.042	0.880	0.770	0.665	0.552①	0.470①	0.397①	0.331①	0.286①	0.250①

①外延值。

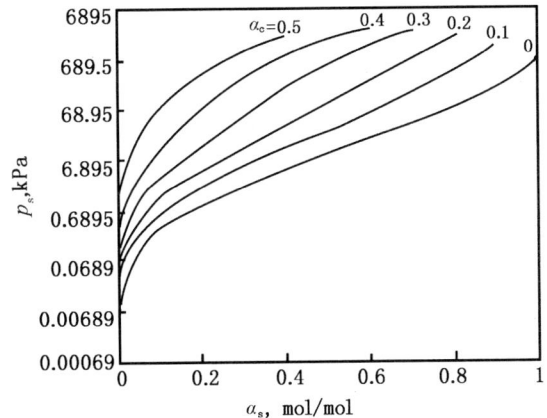

图 4-18 65% DGA 溶液 38℃下 CO_2 对 H_2S 溶解度的影响

(引自 62nd GPA Annu. Conv., 1983)

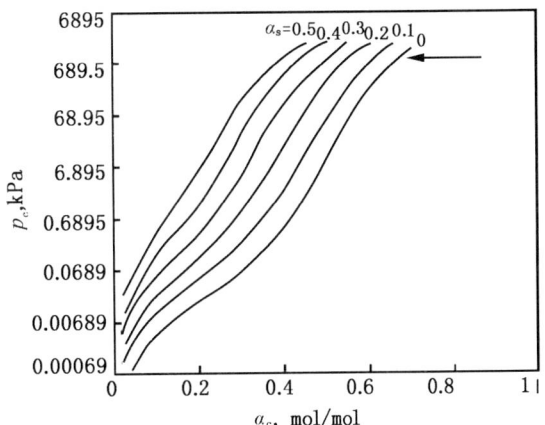

图 4-19 65% DGA 溶液 38℃下 H_2S 对 CO_2 溶解度的影响

(引自 62nd GPA Annu. Conv., 1983)

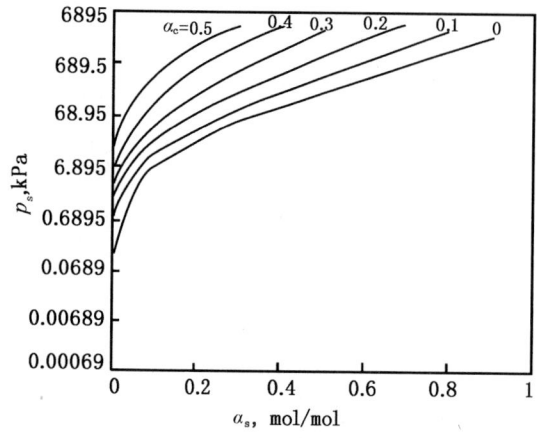

图 4-20　65% DGA 溶液 82℃下 CO_2 对 H_2S 溶解度的影响

（引自 62nd GPA Annu. Conv.，1983）

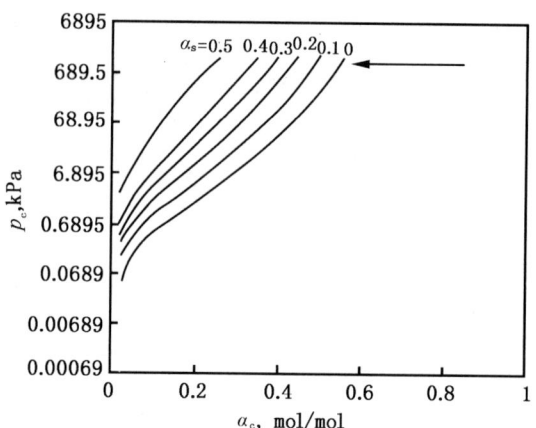

图 4-21　65% DGA 溶液 82℃下 H_2S 对 CO_2 溶解度的影响

（引自 62nd GPA Annu. Conv.，1983）

表 4-3　40℃下 H_2S 与 CO_2 混合酸气在 2.5mol/L MDEA 溶液中的溶解度

p_s kPa	p_c kPa	α_s mol/mol	α_c mol/mol	p_s kPa	p_c kPa	α_s mol/mol	α_c mol/mol
0.11	14.11	0.0059	0.4002	32.80	92.46	0.1955	0.6314
0.36	28.69	0.0101	0.5425	9.86	8.68	0.2222	0.2110
0.14	5.29	0.0114	0.2301	9.52	8.27	0.2257	0.2074
0.24	6.42	0.0129	0.2636	19.18	47.11	0.2265	0.4997
0.54	24.26	0.0130	0.4988	5.21	1.92	0.2302	0.0641
0.21	3.69	0.0183	0.1752	10.78	12.37	0.2584	0.2478
0.43	8.66	0.0183	0.3095	16.15	27.21	0.2607	0.3826
1.08	39.61	0.0200	0.5991	7.03	1.49	0.2716	0.0458
1.56	26.50	0.0256	0.4918	14.99	14.64	0.2832	0.3005
0.34	1.88	0.0311	0.0983	49.78	105.61	0.2858	0.5342
1.74	31.66	0.0359	0.5519	58.20	118.43	0.3019	0.5340
3.12	51.97	0.0397	0.3121	7.96	6.45	0.3044	0.1235
2.27	34.72	0.0398	0.5527	39.27	60.62	0.3268	0.4652
1.34	13.02	0.0410	0.3630	15.19	11.62	0.3367	0.2140
1.38	14.63	0.0421	0.3915	29.69	39.74	0.3378	0.3830
0.99	7.25	0.0423	0.2696	21.45	11.94	0.3532	0.1947
0.47	1.78	0.0432	0.0903	51.40	75.60	0.3641	0.4540
1.40	11.27	0.0444	0.3320	81.63	128.00	0.3679	0.4848
3.17	43.46	0.0465	0.5928	16.41	6.64	0.3726	0.1257
0.92	4.03	0.0482	0.1816	26.40	25.00	0.3752	0.2991
1.94	17.53	0.0497	0.4165	66.48	84.96	0.4144	0.4306
1.09	4.23	0.0524	0.1772	13.96	1.88	0.4157	0.0414
6.61	82.38	0.0595	0.6893	94.54	117.57	0.4169	0.4355
3.17	28.33	0.0627	0.5091	114.16	158.74	0.4266	0.4849
2.43	16.81	0.0684	0.3935	135.50	155.63	0.4574	0.4210
7.07	69.97	0.0710	0.6561	61.13	57.97	0.4664	0.3507

续表

p_s kPa	p_c kPa	α_s mol/mol	α_c mol/mol	p_s kPa	p_c kPa	α_s mol/mol	α_c mol/mol
2.94	15.40	0.0800	0.3719	49.20	36.99	0.4707	0.3040
1.95	6.64	0.0822	0.2323	61.75	53.62	0.4770	0.3284
7.40	52.84	0.0921	0.6185	29.17	9.41	0.4854	0.1256
8.82	37.70	0.1085	0.5904	42.10	23.96	0.4856	0.2234
6.90	33.11	0.1124	0.5063	44.19	27.39	0.4890	0.2447
2.17	1.97	0.1219	0.0866	111.22	108.15	0.4972	0.3821
2.98	3.29	0.1291	0.1245	22.38	1.26	0.5236	0.0332
7.70	16.99	0.1363	0.3405	102.17	80.41	0.5389	0.3288
4.39	9.16	0.1385	0.2593	61.60	33.34	0.5568	0.2391
6.14	18.34	0.1394	0.3757	47.13	13.20	0.5727	0.1255
13.21	58.40	0.1406	0.5771	123.19	78.77	0.5753	0.2753
8.35	23.46	0.1408	0.4075	82.38	38.54	0.6040	0.2180
6.09	7.86	0.1485	0.2038	68.63	19.75	0.6551	0.1402
6.04	9.08	0.1567	0.2481	129.68	61.12	0.6683	0.2295
4.05	4.06	0.1711	0.1413	120.54	25.68	0.7574	0.1109

表 4-4　100℃ 下 H_2S 与 CO_2 混合酸气在 2.5M MDEA 溶液中的溶解度

p_s kPa	p_c kPa	α_s mol/mol	α_c mol/mol	p_s kPa	p_c kPa	α_s mol/mol	α_c mol/mol
0.03	14.44	0.0001	0.0466	24.34	15.27	0.1483	0.0262
0.04	1.27	0.0008	0.0047	41.62	33.14	0.2045	0.0453
0.27	35.45	0.0017	0.0889	38.57	5.73	0.2101	0.0081
0.88	239.36	0.0023	0.3080	88.80	355.02	0.2211	0.2864
3.92	239.42	0.0198	0.3132	71.71	228.33	0.2284	0.2255
4.07	171.89	0.0232	0.2504	71.52	158.63	0.2363	0.1594
3.91	99.73	0.0265	0.1735	61.58	69.17	0.2370	0.0813
10.85	228.77	0.0422	0.2850	71.20	146.17	0.2372	0.1449
9.90	248.34	0.0432	0.3098	51.21	14.66	0.2459	0.0192
9.37	170.05	0.0449	0.2368	53.85	31.21	0.2582	0.0402
7.93	97.40	0.0462	0.1625	66.45	16.14	0.2861	0.0182
4.80	7.27	0.0466	0.0179	71.60	32.34	0.2877	0.0361
4.79	18.08	0.0469	0.0468	81.84	59.28	0.2946	0.0614
4.33	1.78	0.0503	0.0047	71.46	7.71	0.2974	0.0075
7.03	46.19	0.0509	0.0931	70.27	7.2	0.3004	0.0081
5.64	11.08	0.0522	0.0268	127.08	336.65	0.3091	0.2502
17.84	53.81	0.0977	0.0896	99.59	107.66	0.3201	0.1013
16.75	24.90	0.1087	0.0456	119.51	228.78	0.3280	0.1855
19.81	56.22	0.1128	0.0891	135.82	285.26	0.3283	0.2096
45.19	323.32	0.1360	0.3116	149.35	416.85	0.3264	0.2770
27.42	55.83	0.1373	0.0858	114.46	154.81	0.3325	0.1307
34.48	128.97	0.1427	0.1640	106.21	113.14	0.3365	0.1035
44.38	278.36	0.1439	0.2853	85.19	31.21	0.3503	0.0355
36.50	199.81	0.1446	0.2303	124.92	4.73	0.4280	0.0037
21.36	2.78	0.1483	0.0047				

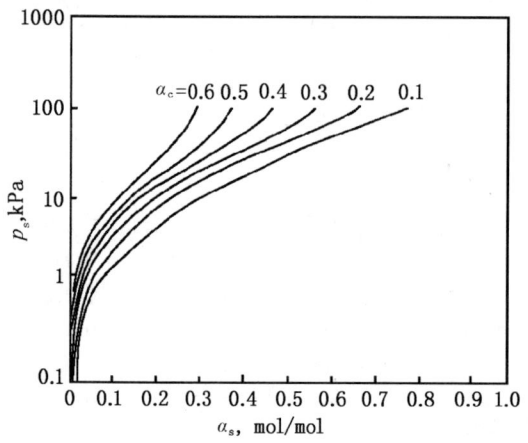

图 4-22 2.5mol/L MDEA 溶液 40℃下 CO_2 对 H_2S 溶解度的影响

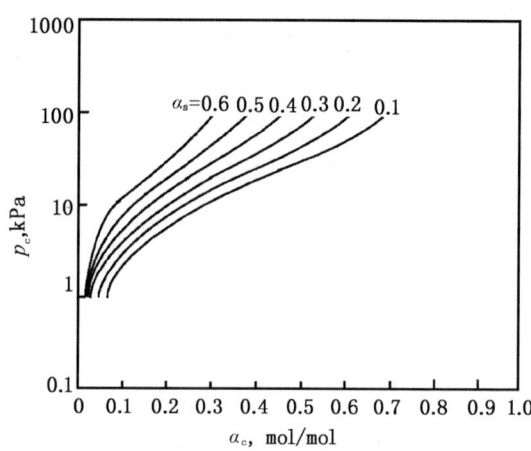

图 4-23 2.5mol/L MDEA 溶液 40℃下 H_2S 对 CO_2 溶解度的影响

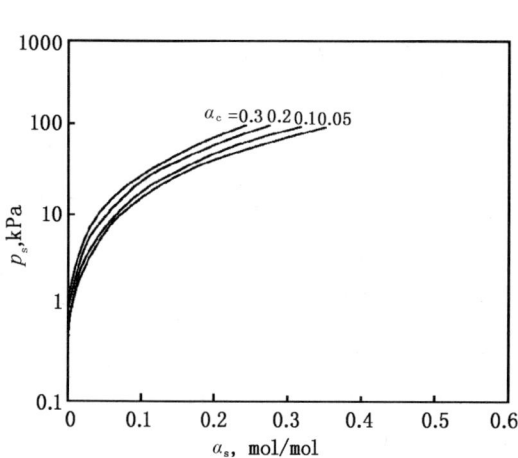

图 4-24 2.5mol/L MDEA 溶液 100℃下 CO_2 对 H_2S 溶解度的影响

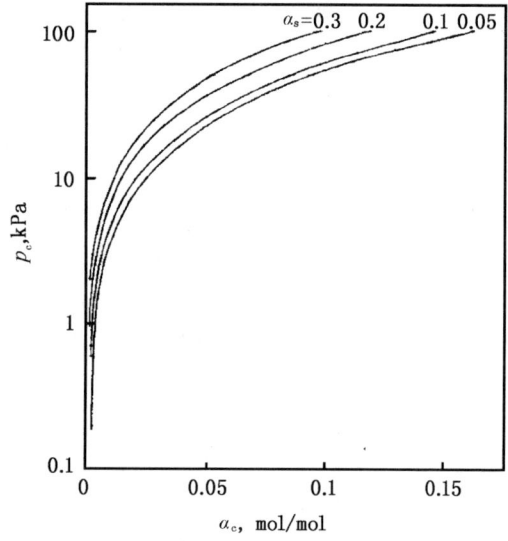

图 4-25 2.5mol/L MDEA 溶液 100℃下 H_2S 对 CO_2 溶解度的影响

表 4-5 至表 4-7 分别为国外测定的 H_2S 与 CO_2 混合酸气于不同温度下在 35% 与 50% MDEA 溶液中的平衡溶解度数据[15,16];表 4-8 及表 4-9 则是乙硫醇（EtSH）在 40℃ 与 70℃时于有无 H_2S 与 CO_2 条件下在 50%MDEA 溶液中的溶解度数据[17]。

表 4-5 40℃下 H_2S+CO_2 在 35%MDEA 溶液中的平衡溶解度

p_s kPa	p_c kPa	α_s mol/mol	α_c mol/mol	p_s kPa	p_c kPa	α_s mol/mol	α_c mol/mol
3.70	23.9	0.0769	0.523	10.19	0.719	0.366	0.0205
2.45	15.1	0.0678	0.399	9.70	1.099	0.353	0.0307
2.51	11.0	0.0784	0.316	10.46	1.207	0.355	0.0318
0.122	0.976	0.0161	0.00813	10.42	1.618	0.352	0.0388
0.258	0.919	0.0356	0.0726	10.92	3.271	0.339	0.0775

续表

p_s kPa	p_c kPa	α_s mol/mol	α_c mol/mol	p_s kPa	p_c kPa	α_s mol/mol	α_c mol/mol
8.38	0.0361	0.448	0.00101	11.56	2.824	0.358	0.0673
2.07	0.014	0.146	0.00061	10.85	3.417	0.343	0.0836
4.30	0.00621	0.215	0.00044	11.25	4.213	0.341	0.102
1.61	0.0151	0.143	0.00076	16.97	14.53	0.355	0.249
1.06	0.0174	0.104	0.00077	18.72	19.09	0.331	0.291
0.734	0.0188	0.0847	0.00129	17.46	20.46	0.310	0.310
0.437	0.0144	0.0605	0.00074	15.33	14.88	0.321	0.260
0.348	0.0727	0.0535	0.00668	16.68	13.17	0.346	0.226
0.415	0.0796	0.064	0.00819	13.23	8.695	0.338	0.168
1.24	0.120	0.103	0.00659	2.71	0.457	0.200	0.0273
1.15	0.0498	0.108	0.00248	3.16	0.719	0.197	0.0324
10.4	0.228	0.36	0.00654	3.85	1.35	0.204	0.0533
12.9	0.193	0.49	0.00680	5.00	2.16	0.236	0.0756
48.9	0.14	0.699	0.00179	5.14	2.67	0.230	0.0908
76.6	0.264	0.811	0.00259	4.50	3.19	0.214	0.112
100.0	0.262	0.888	0.00086	5.19	3.95	0.219	0.127
97.1	0.661	0.873	0.00452	5.47	5.44	0.209	0.164
98.0	2.50	0.873	0.0114	4.41	5.45	0.193	0.178
5.12	1.05	0.266	0.047	5.84	7.81	0.209	0.218
59.1	1.02	0.746	0.0126	6.01	9.34	0.208	0.252
86.6	9.4	0.815	0.0489	4.90	9.42	0.177	0.270
68.8	33.8	0.650	0.194	6.50	9.51	0.222	0.242
31.8	70.2	0.304	0.516	4.91	7.65	0.192	0.237
13.9	88.8	0.127	0.649	3.32	4.61	0.149	0.199
6.34	97.4	0.0863	0.758	3.91	4.17	0.161	0.184
1.21	33.7	0.049	0.588	0.139	28.7	0.00351	0.594
0.644	18.1	0.0406	0.455	0.609	28.9	0.0118	0.591
0.587	9.08	0.0553	0.375	4.49	39.0	0.0623	0.612
2.09	3.43	0.160	0.154	4.17	21.7	0.0836	0.506
7.88	2.16	0.341	0.0958	2.81	14.3	0.076	0.42
53.4	1.65	0.715	0.0201	8.12	31.9	0.117	0.539
101.0	0.0978	0.882	0.0007	4.99	24.1	0.0947	0.537
71.3	0.154	0.805	0.00144	2.92	16.9	0.0752	0.498
27.5	0.0153	0.583	0.00021	1.06	7.55	0.0473	0.342
6.51	0.00506	0.303	0.00017	1.52	9.43	0.0584	0.349
2.96	0.02790	0.194	0.00118	3.46	20.3	0.0865	0.599
0.233	0.01030	0.047	0.00093	7.68	91.5	0.0702	0.709
0.0641	0.00559	0.0241	0.00118	5.92	89.7	0.0525	0.679
0.0323	0.0227	0.0167	0.00554	3.28	53.3	0.0435	0.658
0.0401	0.111	0.0166	0.021	2.00	33.7	0.0369	0.556
0.743	101.0	0.0101	0.788				

表 4-6　100℃下 H_2S+CO_2 在 35%MDEA 溶液中的平衡溶解度

p_s kPa H_2S	p_c kPa CO_2	α_s mol/mol	α_c mol/mol	p_s kPa H_2S	p_c kPa CO_2	α_s mol/mol	α_c mol/mol	p_s kPa H_2S	p_c kPa CO_2	α_s mol/mol	α_c mol/mol
20.3	3.84	0.147	0.0078	12.4	72.8	0.075	0.098	67.0	257	0.178	0.172
12.2	5.54	0.105	0.016	50.4	76.1	0.193	0.077	196	281	0.367	0.150
60.2	6.00	0.268	0.006	61.8	125	0.213	0.111	190	306	0.365	0.161
15.8	6.65	0.118	0.02	16.9	196	0.079	0.172	22.9	367	0.071	0.235
126.0	7.13	0.386	0.0035	14.0	225	0.060	0.191	118	529	0.210	0.244

表 4-7　不同温度下 H_2S+CO_2 在 50%MDEA 溶液中的平衡溶解度

$p_{总}$ kPa	p_{N_2} kPa	p_c kPa	p_s kPa	α_c mol/mol	α_s mol/mol	$p_{总}$ kPa	p_{N_2} kPa	p_c kPa	p_s kPa	α_c mol/mol	α_s mol/mol
40℃						**70℃**					
8800	273	8120	397	1.228	0.0836	15000	30	10450	4420	0.777	0.622
7560①	15.4	5300	2240	0.934	0.481	10200	17	7230	2910	0.685	0.658
6540	199	6040	288	1.205	0.0821	7170	0	5090	2050	0.625	0.655
6500	0	4600	1890	0.854	0.554	**100℃**					
6150	221	5890	25.5	1.072	0.0319	13160	0	9540	3520	0.538	0.706
6150②	233	3710	2390	0.690	0.777	10020	22	5880	4090	0.346	0.957
6000	0	5320	668	1.101	0.214	10000	88	9710	88.9	0.998	0.0320
3600	105	2790	692	0.903	0.336	8170	13	5890	2170	0.463	0.669
3050	0	2150	885	0.755	0.498	7410	29	2860	4410	0.176	1.171
3000	104	2870	12.6	1.182	0.0806	7000	0	6790	109	0.901	0.0513
2000	0	1080	908	0.505	0.699	5490	22	625	4750	0.0369	1.298
1820	44.4	1210	556	0.681	0.485	5160	23	28.0	5020	0.00223	1.431
1340	223	1080	25.5	1.072	0.0319	5100	23	114	4870	0.00737	1.417
1330	47.2	1010	259	0.829	0.285	5090	24	42.7	4930	0.00316	1.423
1300	15.2	820	455	0.627	0.507	2900	0	2710	100	0.634	0.0836
700	17.3	642	34.7	0.999	0.0642	2400	28	2270	14.5	0.642	0.0172
600	3.3	295	295	0.409	0.509	1800	6.8	52.3	1590	0.00649	0.950
500	10.9	481	2.37	0.965	0.00589	560	2.3	29.0	320	0.00997	0.477
400	292	97.7	4.42	0.697	0.0394	400	0.5	258	53.1	0.150	0.119
260	225	11.7	16.9	0.145	0.305	360	0.2	271	0.588	0.213	0.00231
250	227	3.17	13.4	0.0474	0.305	350	51	205	6.59	0.157	0.0218
250	224	18.2	1.40	0.337	0.0405	300	154	15.2	42.8	0.0116	0.132
250	232	0.392	11.4	0.00641	0.300	300	0.3	209	2.21	0.164	0.00785
250	233	0.172	11.2	0.00286	0.299	280	185	5.98	0.995	0.0130	0.0109
250	235	0.118	8.70	0.00239	0.258	250	158	3.43	0.781	0.00960	0.0107
210	201	2.38	0.677	0.0785	0.0395	250	160	0.126	1.54	0.000406	0.0205
200	193	0.880	0.419	0.0393	0.0400	250	159	2.07	0.912	0.00566	0.0123
200	194	0.0860	0.295	0.00563	0.0401	250	170	1.59	0.234	0.00532	0.00538
200	189	0.0805	4.56	0.00209	0.179						

①泡点；

②露点。

表 4-8 40℃下乙硫醇在 50%MDEA 溶液中的平衡溶解度[①]

$p_{总}$ kPa	p_{CH_4} kPa	m_{CH_4} mmol·kg^{-1}	x_{CH_4}	H_{CH_4} MPa	p_c kPa	α_c mol/mol	p_s kPa	α_s mol/mol	p_{EtSH} kPa	m_{EtSH} mmol·kg^{-1}	x_{EtSH}	H_{EtSH} MPa
6890	6870	73.5	2.30×10^{-3}	2650	—	—	—	—	10.2	17.6	5.49×10^{-4}	9.6
6890	6880	74.2	2.30×10^{-3}	2654	—	—	—	—	2.48	4.36	1.31×10^{-4}	9.8
6890	6880	73.3	2.29×10^{-3}	2665	—	—	—	—	0.612	0.994	3.11×10^{-5}	10.2
6890	6880	72.6	2.27×10^{-3}	2689	—	—	—	—	0.195	0.381	1.19×10^{-5}	8.5
6890	6860	49.9	1.47×10^{-3}	4140	—	—	23.3	0.461	0.75	0.83	2.44×10^{-5}	15.8
6890	6850	48.0	1.41×10^{-3}	4310	—	—	27.0	0.495	6.80	7.28	2.12×10^{-4}	16.5
6890	6870	64.4	1.98×10^{-3}	3078	2.94	0.112	—	—	3.51	4.78	1.47×10^{-4}	12.3
6890	6875	59.7	1.84×10^{-3}	3315	4.51	0.160	—	—	0.708	1.06	3.25×10^{-5}	11.2
6890	6875	51.6	1.58×10^{-3}	3860	5.40	0.170	—	—	0.178	0.257	7.85×10^{-6}	11.7
6890	6840	51.6	1.52×10^{-3}	3992	36.4	0.471	—	—	3.36	2.96	8.72×10^{-5}	19.8
6890	6550	23.7	6.63×10^{-4}	8767	321.0	0.897	—	—	6.76	3.72	1.04×10^{-4}	32.9
6890	6870	52.2	1.59×10^{-3}	3833	3.88	0.0912	3.40	0.123	6.10	8.95	2.72×10^{-4}	11.5
6890	6860	37.2	1.11×10^{-3}	5483	11.0	0.151	8.93	0.193	1.87	2.41	7.20×10^{-5}	13.4
6890	6790	40.8	1.17×10^{-3}	5149	40.8	0.259	39.2	0.404	11.0	9.01	2.59×10^{-4}	21.7
6890	6810	41.0	1.19×10^{-3}	5077	48.3	0.364	18.2	0.221	2.65	2.50	7.24×10^{-5}	18.8
6890	6010	24.7	6.80×10^{-3}	7855	437.0	0.430	431	0.615	3.83	1.89	5.20×10^{-5}	35.6
6890	6150	16.7	4.61×10^{-4}	11849	541.0	0.720	180	0.313	11.1	5.05	1.39×10^{-4}	39.2
6890	5530	24.9	6.82×10^{-4}	7224	853.0	0.599	487	0.465	9.86	4.20	1.15×10^{-4}	40.2

① $p_{H_2O}=(10\pm2)$ kPa。

表 4-9 70℃下乙硫醇在 50%MDEA 溶液中的平衡溶解度[①]

$p_{总}$ kPa	p_{CH_4} kPa	m_{CH_4} mmol·kg^{-1}	x_{CH_4}	H_{CH_4} MPa	p_c kPa	α_c mol/mol	p_s kPa	α_s mol/mol	p_{EtSH} kPa	m_{EtSH} mmol·kg^{-1}	x_{EtSH}	H_{EtSH} MPa
6890	6850	79.8	2.49×10^{-3}	2528	—	—	—	—	8.75	7.94	2.48×10^{-4}	21.4
6890	6860	82.6	2.58×10^{-3}	2443	—	—	—	—	3.45	3.36	1.05×10^{-4}	19.9
6890	6860	80.1	2.50×10^{-3}	2521	—	—	—	—	0.705	0.718	2.24×10^{-5}	19.9
6890	6860	79.5	2.49×10^{-3}	2531	—	—	—	—	0.298	0.277	8.66×10^{-6}	20.9
6890	6750	56.6	1.66×10^{-3}	3736	—	—	112	0.521	0.90	0.48	1.41×10^{-5}	38.4
6890	6750	56.5	1.66×10^{-3}	3736	—	—	99.6	0.484	7.75	4.33	1.27×10^{-4}	36.7
6890	6750	45.9	1.38×10^{-3}	4494	111	0.297	—	—	1.29	0.535	1.61×10^{-5}	48.4
6890	6225	25.0	7.18×10^{-4}	7972	631	0.673	—	—	3.77	1.17	3.36×10^{-5}	66.3
6890	5355	—	—	—	1500	0.873	—	—	4.38	1.19	3.34×10^{-5}	74.8
6890	6720	47.9	1.43×10^{-3}	4318	98.1	0.185	41.1	0.196	4.16	2.30	6.84×10^{-5}	36.6
6890	6710	45.9	1.36×10^{-3}	4533	123	0.289	20.2	0.127	8.44	4.86	1.45×10^{-4}	35.0
6890	6590	43.2	1.25×10^{-3}	4844	158	0.225	101	0.370	12.9	6.62	1.92×10^{-4}	40.1
6890	6625	38.2	1.12×10^{-3}	5435	182	0.270	49.1	0.195	4.13	2.02	5.96×10^{-5}	41.6
6890	5800	33.3	9.37×10^{-4}	5698	855	0.557	192	0.309	14.8	5.37	1.51×10^{-4}	56.5

① $p_{H_2O}=(10\pm2)$ kPa。

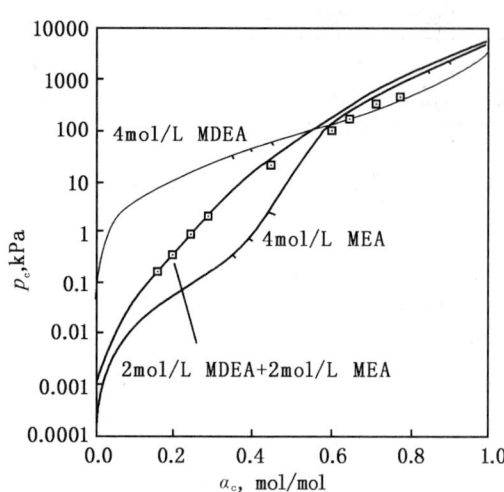

图 4-26　CO_2 40℃下在混合胺液中的溶解度
(引自 70th GPA Annu. Conv. 1991)

六、混合胺-H_2S-CO_2-H_2O 体系

前已述及，近期混合胺法的开发颇受重视，目的是同时取得高净化度与低能耗的收益，关于酸气在混合胺溶液中的平衡溶解度亦陆续有测定数据发表。大体上可以预期，H_2S 与 CO_2 的平衡溶解度介于两种醇胺之间但非线性关系，图 4-26 系 CO_2 在 MDEA-MEA 溶液中的平衡溶解度，并给出了在 MDEA 溶液及 MEA 溶液中的溶解度以资对比[18]。

由于混合胺体系因不同醇胺组合和不同配比更呈现出多样性，H_2S 与 CO_2 二者间对相互的平衡溶解度的影响可能也要复杂一些。

七、醇胺的氨基甲酸盐与碳酸氢盐的平衡[19,20]

对于伯胺及仲胺，它们与 CO_2 既可生成氨基甲酸盐，又可生成碳酸氢盐，二者之间存在平衡，如前面的式（4-2）所示，其平衡常数为：

$$K_2 = [Am][HCO_3^-] / [AmCOO^-]$$

MEA 及 DEA 溶液在 25℃ 及 40℃ 下的 K_2 值示于表 4-10。

表 4-10　MEA 及 DEA 溶液 25℃ 及 40℃ 下的 K_2 值

醇胺	初浓度, mol/L			I g（离子）/L	K_2, mol/L	
	Am	CO_3^{2-}	HCO_3^-		25℃	40℃
MEA	0.125~0.156	0.125~0.187	0.125~0.156	0.531~0.931	0.0342~0.0390	0.0536~0.0567
DEA	0.125~0.156	0.125~0.156	0.125~0.156	0.531~0.624	0.2182~0.2620	0.379~0.412

Aroua 等在离子强度直至 1.7M 下测得的不同温度下以活度计的 MEA 及 DEA K_2 值示于表 4-11。

表 4-11　不同温度下以活度计的 MEA 及 DEA 的 K_2 值

温度, K	298	308	318	328
K_2（MEA）, mol/L	0.04953	0.05426	0.06536	0.07911
K_2（DEA）, mol/L	0.1391	0.2174	0.3311	0.4902

从表 4-11 可见，温度对 DEA 的 K_2 值影响更为显著。

八、从 p_s 及 p_c 值用图表求对应的 α_s 及 α_c 值

在拥有计算模型软件时，可以方便地从 p_s 及 p_c 值求得某种醇胺在一定浓度及一定温度下的平衡溶解度值。缺乏计算软件时仍可用相应的图表求得与 p_s 及 p_c 对应的 α_s 及 α_c 值，其步骤可用以下实例说明。

（1）已知条件：2.5mol/L MDEA 水溶液，温度 40℃，$p_s = 10.0$ kPa，$p_c = 100.0$ kPa。

（2）从图 4-22 找出不同 α_c 值下对应于 p_s 的 α_s 值，得下表：

α_c, mol/mol	0.1	0.2	0.3	0.4	0.5	0.6
α_s, mol/mol	0.305	0.235	0.200	0.168	0.143	0.117

(3) 从图 4-23 找出不同 α_s 值下对应于 p_c 的 α_c 值，得下表：

α_s, mol/mol	0.1	0.2	0.3	0.4	0.5	0.6
α_c, mol/mol	0.683	0.608	0.533	0.458	0.383	0.305

(4) 以 α_s 及 α_c 为坐标轴并代入以上二表的数值，两线交点即为与 p_s 及 p_c 相对应的 α_s 及 α_c 值。如图 4-27 所示，$\alpha_s = 0.100$，$\alpha_c = 0.683$。

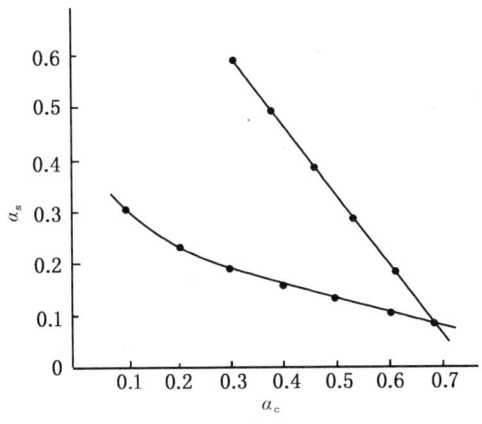

图 4-27 作图法求 α_s 及 α_c

第五节 酸气负荷的平衡程度[21]

本章前面几节已介绍了胺液中酸气平衡溶解度的测定方法、计算模型及测定数据。

胺液装置运行所获得的富液负荷与平衡溶解度之间是有距离的，这才能产生传质推动力。实际酸气负荷与平衡溶解度的比值可称之为酸气负荷所达到的平衡程度。对于选择性胺法，则应评价其 H_2S 负荷的平衡程度。

一、酸气负荷的第一平衡程度

实际获得的富液酸气负荷（α'_s 及 α'_c）与前述方法求得的平衡溶解度（α_{s1} 及 α_{c1}）的比值称为酸气负荷的第一平衡程度，即：

$$K_{s1} = \alpha'_s / \alpha_{s1} \quad (4-65)$$

$$K_{c1} = \alpha'_c / \alpha_{c1} \quad (4-66)$$

在胺法装置的设计及运行中，溶液循环量是需要确定的最重要的工艺参数，它不仅决定了装置换热及再生设备的尺寸而对投资费用有重要影响，而且它还决定了装置的能耗。

一般而言，较低的酸气负荷有助于保证净化度，然而这意味着较高的循环量，相应地较高的投资费用、较高的能耗、较差的经济效益。

又要保证净化度，又要取得较好的效益，这就需要恰当地安排酸气负荷。总的原则应当是在保证净化度合格并略有余地的条件下以尽可能高的酸气负荷运行。

在作胺法装置设计时,可取适当的平衡程度值计算溶液循环量,有人取 65%,也有人取 75%,Maddox 则取中值 70%,即:

$$\alpha'_s = 0.70\alpha_{s1} \quad (4-67)$$

$$\alpha'_c = 0.70\alpha_{c1} \quad (4-68)$$

由 α'_s 及 α'_c 分别算出循环量,二者如有差别则取较高的数值以策安全。

按照平衡程度确定溶液循环量,是胺法工艺合理化的一个里程碑,它对于常规胺法(即同时脱除 H_2S 与 CO_2)的设计与运行处在经济合理的条件下,起到了重要作用。

需要指出的是,MEA 法主要由于控制腐蚀的要求,其富液的酸气负荷($\alpha'_s + \alpha'_c$)限制在 0.40mol/mol 以下(采用 Amine Guard ST 时可高一些),并非是由平衡程度确定的。

在胺法装置的自动化水平已大大提高和操作经验已十分丰富的今天,取 70% 的平衡程度已证明是安全的,但也有进一步提高以降低能耗的余地。

二、选择性胺法 H_2S 负荷的第二平衡程度

在第三章已较为充分地论证了,对于选择性胺法而言,由于要尽可能少吸收 CO_2,因此不能使用常规胺法的酸气负荷概念来处理它的问题,只能使用 H_2S 负荷这一概念。

同样,在选择性胺法中 H_2S 负荷的平衡程度大大高于 CO_2 负荷的平衡程度,即:

$$K_{s1} \gg K_{c1}$$

这正是人们所期望和追求的。例如,在 MDEA 压力选吸中试及工试中,均曾获得 K_{s1} 大于 100% 而 K_{c1} 小于 40% 的结果。

对于常规胺法而言,K_{s1} 不小于 100%,即 α'_s 不小于 α_{s1},是不可思议的。但是,在选择性胺法的条件下恰恰由于 K_{c1} 值相当低,即 α'_c 远小于 α_{c1},从而提供了 α'_s 逼近甚至超过 α_{s1} 的条件。

可见,对于选择性胺法,采用本书称之为第一平衡程度的概念已不大合适了,需要加以发展,为此提出了 H_2S 负荷的第二平衡程度的概念。

在所涉及的溶液浓度及温度条件下,令:

$$\alpha_{c2} = \alpha'_c \quad (4-69)$$

可求得在 p_s 及 p_c 条件下与 α_{c2} 相匹配的 α_{s2},此时:

$$K_{s2} = \alpha'_s / \alpha_{s2} \quad (4-70)$$

式中 K_{s2} 即为 H_2S 负荷的第二平衡程度。

而:

$$K_{c2} = \alpha'_c / \alpha_{c2} = 100\% \quad (4-71)$$

从上文的叙述可见:

$$\alpha_{s2} > \alpha_{s1} \quad (4-72)$$

所以:

$$K_{s2} < K_{s1}$$

且无论在何种条件下,K_{s2} 恒小于 100%。

这样,在选择性胺法中可以使用 H_2S 负荷的第二平衡程度,即 K_{s2} 来评价装置的运行状况乃至设计新装置。

三、H_2S 负荷第二平衡程度应用示例

表 4-12 给出了国内外几套 MDEA 装置 H_2S 负荷的第二平衡程度数据。应当指出,计算所用的平衡溶解度数据取自文献 [1],工业装置所用溶液浓度较高而温度则较低。但是,

一方面在所涉及的差别范围内二者对平衡溶解度的影响有限,另一方面二者的影响又在一定程度上相互抵消,故所得结果仍有参考价值。

表4-12 MDEA装置H_2S负荷的第二平衡程度

项 目	装 置	川渝气田垫江装置 (1)	(2)	川渝气田荣县装置	加拿大森林堡装置
p_s	kPa	6.63	11.62	9.39	12.90
p_c	kPa	72.15	67.20	50.85	89.70
α_{s1}	mol/mol	0.083	0.125	0.117	0.125
α_{c1}	mol/mol	0.653	0.610	0.572	0.645
α'_s	mol/mol	0.073	0.168	0.134	0.071
α'_c	mol/mol	0.289	0.271	0.208	0.159
K_{s1}	%	88.0	134	115	56.4
K_{c1}	%	44.3	44.5	36.4	24.7
α_{s2}	%	0.151	0.225	0.223	0.295
K_{s2}	%	48.3	74.5	60.0	23.9

从表4-12所示数据可见,加拿大森林堡装置K_{s2}值仅有23.9%,操作较为保守,国内两套装置指标较为先进,尤其是垫江(2)工况K_{s2}值高达74.5%。

提高K_{s2}值运行的限制因素是净化气H_2S含量应当合格,图4-28给出了垫江装置K_{s2}值与净化气H_2S含量的关系图。由图可见,为保证净化气H_2S含量低于20mg/m³,K_{s2}应不高于80%,为留有余地,以K_{s2}在70%左右为宜。

从H_2S负荷的第二平衡程度,也可以更好地理解在选择性胺法中,为何在高气液比条件下运行时使用20块塔板时的H_2S净化度较15块塔板时为差,较高的K_{s2}将导致较高的净化气H_2S含量,详见表4-13。

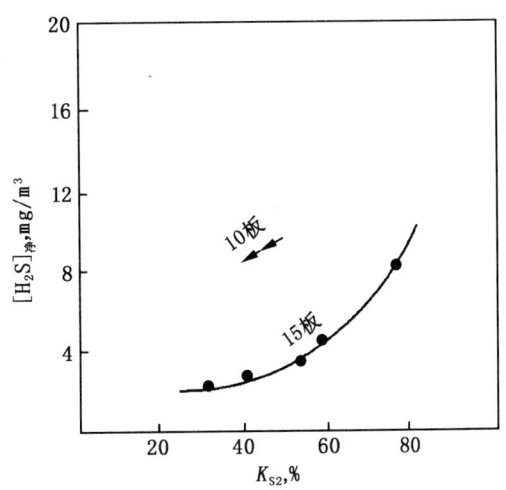

图4-28 垫江装置$[H_2S]_{净}$与K_{s2}关系图

表4-13 不同吸收塔板数下的平衡程度[①]

塔 板 数	10	15	20
$[H_2S]_{净}$,mg/m³	10	5	8
K_{c1},%	31	40	50
K_{s1},%	90	95	105
K_{s2},%	40	45	60

① 垫江装置,气液比4000m³/m³。

第六节 酸气在胺液中的吸收热效应

H_2S与CO_2在胺液中的吸收热是基本的热力学数据,中国石油西南油气田分公司天然气研究院测定了它们分别在MEA、DEA、TEA、DIPA及MDEA溶液中的吸收热,以及在砜胺Ⅱ型和砜胺Ⅲ型溶液中的吸收热,详见表4-14至表4-17[22]。

表 4-14　H_2S 在胺液中的吸收热①

醇　胺	MEA	DEA	TEA	DIPA	MDEA
ΔH, kJ/mol	50.61	42.12	34.80	42.70	36.81

①溶液浓度 2.5mol/L, 吸收温度 25℃, $\alpha_s = 0.004$ mol/mol。

表 4-15　CO_2 在胺液中的吸收热①

醇　胺	MEA	DEA	TEA	DIPA	MDEA
ΔH, kJ/mol	91.52	78.58	54.52	79.64	56.94

①溶液浓度 2.5mol/L, 吸收温度 25℃, $\alpha_c = 0.01$ mol/mol。

表 4-14 及表 4-15 测定值与文献数据颇为吻合。

表 4-16　H_2S 在砜胺液中的吸收热①

溶　液	DIPA:环丁砜:水=33:52:15	MDEA:环丁砜:水=29:56:15
ΔH, kJ/mol	61.75	51.53

①吸收温度 25℃, $\alpha_s = 0.004$ mol/mol。

表 4-17　CO_2 在砜胺液中的吸收热①

溶　液	DIPA:环丁砜:水			MDEA:环丁砜:水		
比　例	33:52:15	33:37:30	33:22:45	29:56:15	29:41:30	29:26:45
ΔH, kJ/mol	85.76	81.66	80.65	69.65	62.35	61.03

①吸收温度 25℃, $\alpha_c = 0.01$ mol/mol。

从表 4-16 及表 4-17 可见, H_2S 与 CO_2 在砜胺液中的吸收热高于相应的胺液, 且随溶液中环丁砜浓度的上升而升高, 其原因尚待探讨。

还应当强调指出的是, 酸气在胺液中的吸收热与其酸气负荷有关, 随负荷的增加而大幅度下降, 如表 4-18 至表 4-19 所示。

表 4-18　不同负荷下酸气在 MEA 溶液中的吸收热[23]

α, mol/mol	0.2	0.4	0.6	0.8	1.0	1.2	1.4	1.6
ΔH (H_2S), kJ/mol	48.5	47.5	46.3	42.5	24.6	16.8	12.6	11.0
ΔH (CO_2), kJ/mol	85.4	66.0	50.7	38.6	29.5	23.1	—	—

表 4-19　不同负荷下 CO_2 在 DEA 溶液中的吸收热[24]

DEA 浓度, mol/L	项目 α_c, mol/mol	ΔH, kJ/mol					
		0.2	0.4	0.6	0.8	1.0	1.2	1.4
0.5		57.5	53.0	44.3	37.3	31.5	27.2	23.5
2.0		67.2	59.5	47.5	38.8	32.0	27.2	23.5
3.5		76.3	65.4	50.3	40.0	32.4	27.3	23.5
5.0		84.3	70.5	52.6	40.9	32.7	27.4	23.5
6.5		90.7	73.7	54.2	41.5	32.9	27.4	23.5
8.0		96.2	76.3	55.5	41.8	33.0	27.4	23.5

表 4-19 的数据还表明，CO_2 的吸收热效应随溶液 DEA 浓度的升高而增加，此点似与砜胺液的测定结果类似。但随溶液 CO_2 负荷的升高，DEA 溶液浓度的影响逐步消失。

表 4-14 及表 4-15 的数据表明，无论是 H_2S 或 CO_2，各种醇胺吸收热数值的顺序为：

MEA＞DEA，DIPA＞MDEA，TEA

即伯胺最高，仲胺次之，叔胺最低，这显然是由其结合的键能决定的。

各种胺法的能耗也是伯胺最高，仲胺次之，叔胺最低。应当强调指出的是，吸收热对能耗的影响系通过溶液再生的难易即回流比的高低而显示出来的。

第七节 醇胺-CO_2 反应的动力学

各种醇胺与 H_2S 的反应系质子反应，瞬间完成，在各种计算中通常均按其达到工况下的平衡考虑，关于其动力学也较少研究。曾有人研究了 5%～10% MDEA 溶液中 MDEA 与 H_2S 的反应动力学，为二级反应，25℃下的反应速率常数为 $1.4 \times 10^{10} \text{cm}^3/(\text{g} \cdot \text{mol} \cdot \text{s})$[25]。

醇胺与 CO_2 反应动力学的研究从 20 世纪 40 年代即已开始，迄今文献中已积累了大量数据，本书仅作简要介绍。

一、MEA-CO_2 反应动力学[26]

表 4-20 列出了关于 MEA-CO_2 反应动力学的众多研究结果，虽然反应速率常数 k 因测定条件不同而有显著差别，但所获得的活化能值 E 却颇为一致，多为 41.8kJ/mol，涉及反应级数，则无论是 MEA 还是 CO_2，均各为一级。

表 4-20 CO_2-MEA 水溶液反应动力学研究结果

研 究 者	MEA 浓度，mol/L	温度，℃	k，L/(mol·s)	E，kJ/mol	年 度
Jensen 等	0.1，0.2	18	4065	—	1954
Astarita	0.25～2	21.5	5400	—	1961
Clarke	1.6，3.2，4.8	25	7500	—	1964
Sharma	1.0	18	5100	41.8	1964
Sharma	1.0	25	7600	41.8	1964
Sharma	1.0	35	9700	41.8	1964
Danckwerts 等	1.0	18	5100	41.8	1966
Danckwerts 等	1.0	25	6970	41.8	1966
Danckwerts 等	1.0	35	13000	41.8	1966
Groothuis	2.0	25	6500	—	1966
Leder	—	80	94000	39.7	1971
Sada 等	0.245～1.905	25	8400	—	1976
Sada 等	0.2～1.9	25	7140	—	1976
Hikita 等	0.0152～0.177	5.6～35.4	$\lg k = 10.99 - \dfrac{2152}{T}$	41.2	1977
Alvareg-Fuster 等	0.2～2.02	20	4300	—	1980
Doualdson	0.0265～0.0828	25	6000	—	1980
Laddha 等	0.49～1.71	25	5720	—	1981

图4-29为Blauwhoff获得的CO_2-MEA水溶液的Arrhenius图,图4-30则是Savage等获得的CO_2吸收速率与溶液中游离的MEA浓度间的关系。

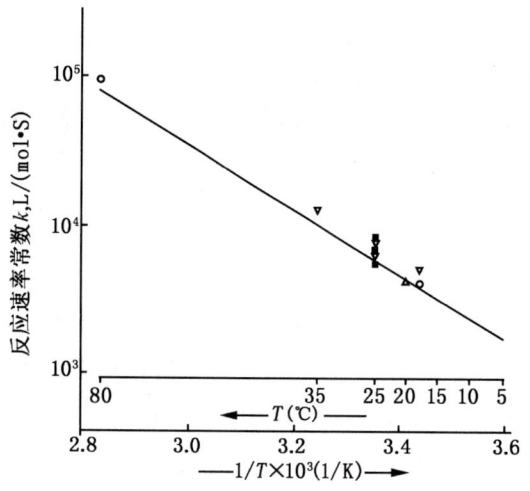

图4-29 CO_2-MEA水溶液Arrhenius图

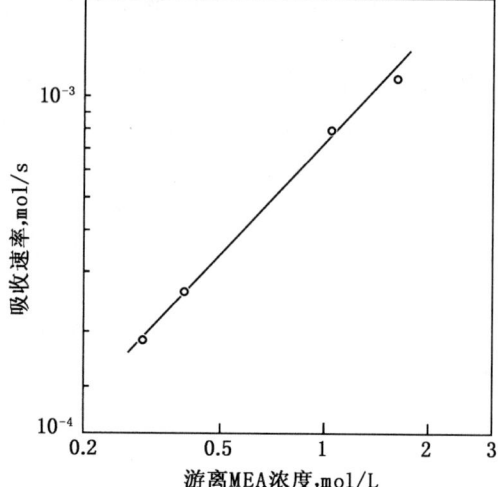

图4-30 CO_2吸收速率与游离MEA浓度的关系

关于CO_2与MEA的反应机理,认为实际上有两个反应步骤,即:

$$CO_2 + RNH_2 \underset{k_b}{\overset{k_a}{\rightleftharpoons}} RNH_2^+ COO^- \qquad (4-73)$$

$$RNH_2^+ COO^- + RNH_2 \overset{k_c}{\longrightarrow} RNHCOO^- + RNH_3^+ \qquad (4-74)$$

从测定结果对CO_2及MEA浓度均为一级来看,上述两个步骤中前一步骤为慢反应,后一步骤为快反应。

二、DEA-CO_2及DIPA-CO_2反应动力学[27]

表4-21和表4-22分别列出了DEA-CO_2和DIPA-CO_2反应动力学的众多研究结果。

表4-21 CO_2-DEA水溶液反应动力学研究结果

研究者	DEA浓度 mol/L	温度 ℃	$k = r/[CO_2]$ s	E kJ/mol	年度
Van Krevelen 等	0.05~3	19~56	260 [DEA]²	—	1948
Jensen 等	0.1, 0.2	18	5080 [DEA]	—	1954
Jorgensen 等	0.1, 0.2, 0.3	18	(3990 + 1395 [OH⁻]) [DEA]	—	1956
Jorgensen 等	0.1, 0.2, 0.3	0	(730 + 4910 [OH⁻]) [DEA]	—	1956
Nunge 等	10~12	29.4, 35, 40.6	C [DEA]²	54.4	1963
Sharma①	1.0	18	1000 [DEA]	41.8	1964
Sharma	1.0	25	1500 [DEA]	41.8	1964
Sharma	1.0	35	2500 [DEA]	41.8	1964
Groothuis	2.0	25	1300 [DEA]	—	1966
Sharma①	1.0	25	1500 [DEA]	41.8	1966
Sharma	1.0	35	2500 [DEA]	41.8	1966

续表

研 究 者	DEA 浓度 mol/L	温度 ℃	$k=r/[CO_2]$ s	E kJ/mol	年度
Leder	—	80	178000[DEA]	43.9	1971
Coldrey 等	0.1～1.0	19	③	—	1976
Sada 等	0.249～1.922	25	7340[DEA]	—	1976
Hikita 等	0.174～0.719	5.8～40.3	$10^{(12.41-\frac{2775}{T})}[DEA]^2$	53.1	1977
Alvareg–Fuster 等	0.25～0.82	20	840[DEA]²	—	1980
Donaldson 等	0.031～0.088	25	1400[DEA]②	—	1980
Blanc 等	0.05～4.0	20～60	$10^{(-\frac{2274.5}{T}+10.4493)}[DEA]$	—	1981
Ralkovics 等	0.108～0.964	20	$k_1[DEA]^2$	—	1981
Laddha 等	0.46～2.88	25	$\dfrac{[DEA]}{\dfrac{1}{1410}+\dfrac{1}{1200[DEA]}}$	—	1981
Laddha 等	0.5～2.0	11	$\dfrac{[DEA]}{\dfrac{1}{890}+\dfrac{1}{560[DEA]}}$	—	1982
Blauwhoff 等	0.509～2.308	25	—	—	1983

① 测定方法不同；
② 在 DEA 浓度趋于 0 时；
③ $430[DEA]+1000[OH^-]^{\frac{1}{2}}-\dfrac{60([DEAH^+]+[产物])}{[DEA][CO_2]}$。

表 4-22 CO_2-DIPA 水溶液反应动力学研究结果

研 究 者	DIPA 浓度，mol/L	温度，℃	k, L/(mol·s)	E, kJ/mol	年 度
Sharma 等	1.0	15	230	41.8	1964
Sharma 等	1.0	25	400	41.8	1964
Sharma 等	1.0	35	680	41.8	1964
Sharma 等	1.0	15	230	41.8	1966
Sharma 等	1.0	25	400	41.8	1966
Sharma 等	1.0	35	680	41.8	1966
Groothuis 等	2.0	25	450	—	1966
Blauwhoff 等	0.334～2.905	25	—	—	1983
Savage 等	1.0	50	—	—	1985

表 4-21 的数据表明，CO_2-DEA 的反应速率中，CO_2 为一级。但 DEA 的级数有一级、二级等，情况较为复杂，活化能也不太一致。

Savage 归纳的 DEA-CO_2 及 DIPA-CO_2 反应的 Arrhenius 图示于图 4-31，CO_2 吸收速率与游离的 DEA 及 DIPA 浓度的关系示于图 4-32。

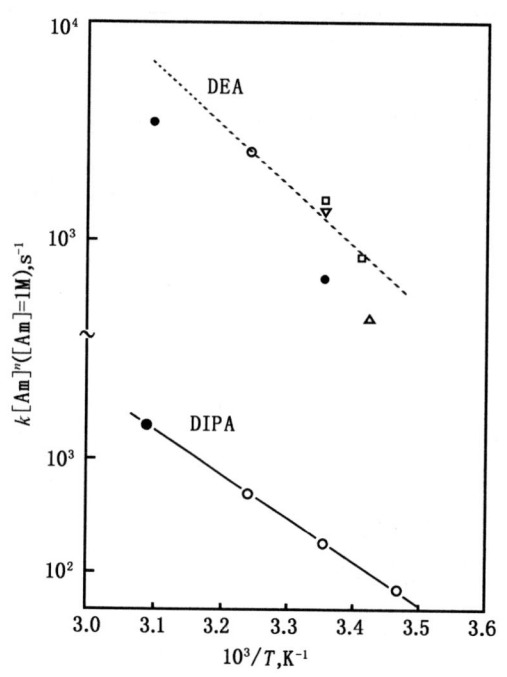

图4-31 CO_2-DEA 及 CO_2-DIPA 的 Arrhenius 图

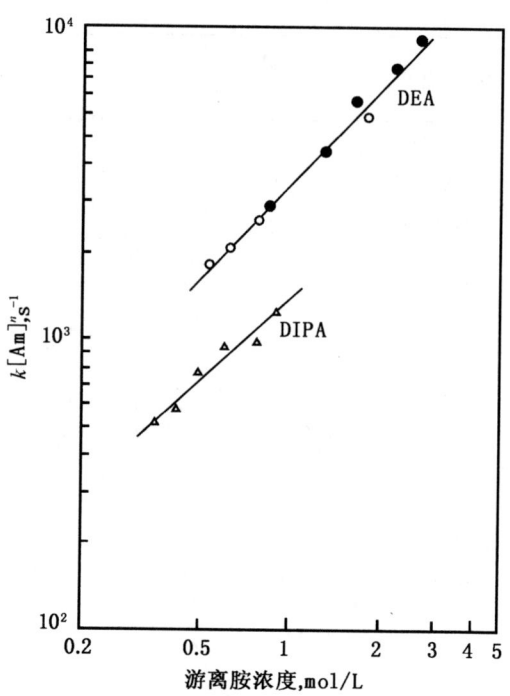

图4-32 CO_2 吸收速率与游离 DEA 及 DIPA 浓度的关系

三、MDEA-CO_2 反应动力学[28,29]

表4-23 给出了 CO_2-MDEA 反应动力学的研究结果。

表4-23 CO_2-MDEA 水溶液反应动力学研究结果

研 究 者	MDEA 浓度 mol/L	温 度 ℃	k L/(mol·s)	E kJ/mol	年 度
Barth 等	0.02~0.2	25	—	—	1981
Blauwhoff 等	0.45	25	2.1	—	1983
Blauwhoff 等	0.76	25	3.3	—	1983
Blauwhoff 等	1.05	25	4.7	—	1983
Blauwhoff 等	1.14	25	5.4	—	1983
Blauwhoff 等	1.59	25	7.0	—	1983
Blauwhoff 等	1.63	25	8.4	—	1983
Yu 等	0.25~2.5	25	12.1	38.5	1985
Cutchfield 等	1.7	25	2.53	57.3	1987
Haimour	0.85~1.70	15~35	$8.741\times10^{12}\exp\left(-\dfrac{8625}{T}\right)$	71.6	1987
Versteeg 等	0.17~2.4	20~60	$1.19\times10^{8}\exp\left(-\dfrac{5103}{T}\right)$	42.3	1988
Tomcej 等	1.70, 3.47	25~75	$1.165\times10^{8}\exp\left(-\dfrac{5134}{T}\right)$	42.7	1987

续表

研 究 者	MDEA 浓度 mol/L	温 度 ℃	k L/(mol·s)	E kJ/mol	年 度
Toman 等	4.3	25	5.50	—	1981
Little 等	0.17~2.7	25	5.20	48.1	1990
Glasscock	1.68	25	3.5~7	—	1990
Wang 等	—	30~70	—	33.0	1991
张成芳等	1.75~4.28	30~70	$5.86\times10^6\exp(-\frac{3984}{T})$	33.13	1991

作为一个叔胺，MDEA 不可能与 CO_2 生成氨基甲酸盐，只能生成碳酸氢盐，但实际的反应速度较 $r=k_{OH^-}[OH^-][CO_2]$ 计算值要高出约两个数量级，而且反应速率常数与 MDEA 的浓度有关，这就说明 MDEA 在此过程中有催化作用，如图 4-33 所示。

由此提出了在 MDEA 的 N 原子上形成一个不稳定的两性离子中间化合物，从而起到了均相催化作用的观点，其反应式可写成：

$$R_1R_2R_3N\colon\ +\ O{=}C{=}O\ \longrightarrow\ R_1R_2R_3N\colon\colon\colon\overset{O}{\underset{O}{C}} \tag{4-75}$$

$$R_1R_2R_3N\colon\colon\colon\overset{O}{\underset{O}{C}}\ +H_2O\ \longrightarrow\ R_1R_2R_3NH^+ + HCO_3^- \tag{4-76}$$

图 4-34 为 CO_2-MDEA 水溶液的 Arrhenius 图。

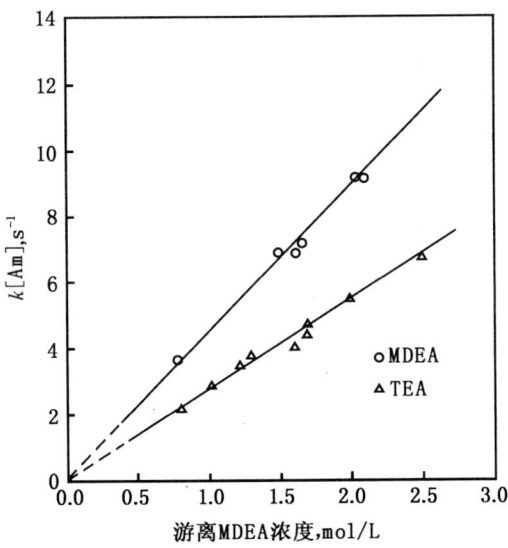

图 4-33 CO_2-MDEA 反应速率常数与 MDEA 浓度的关系
[引自 Chem. Eng. Sci, 1985, 40 (8)]

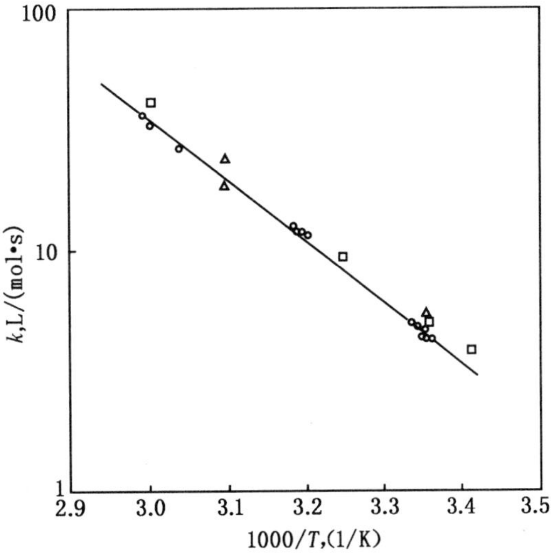

图 4-34 CO_2-MDEA 水溶液的 Arrhenius 图
[引自 Chem. Eng. Sci, 1985, 40 (8)]

图 4-34 数据可以下式表示：
$$k = 1.154 \times 10^9 \exp(-5770/T) \quad (4-77)$$
Glasscock 用下式表示 MDEA 溶液吸收 CO_2 的速率。
$$r = [CO_2][MDEA]\{k_{H_2O}[H_2O] + k_{OH^-}[OH^-]\} + k'_{OH}[CO_2][OH^-] \quad (4-78)$$

虽然实际情形比较复杂，但通常反应级数对 CO_2 及 MDEA 均作为一级处理。

四、CO_2 与 MDEA-MEA 混合胺液的反应动力学[30]

MDEA 溶液加入 MEA 后与 CO_2 的反应速率显著提高，图 4-35 给出了其增强因子变化情况。

五、CO_2 在醇胺的醇溶液中的反应动力学[31]

除了以上所讨论的 CO_2 与各种醇胺水溶液的反应动力学以外，还有一些 CO_2 与非水溶剂中的醇胺反应动力学的研究报道，所研究的非水溶剂有甲醇、乙醇、乙二醇、异丙醇及甲苯等，加入的醇胺则有 MEA、DEA 及 MIPA（一异丙醇胺）等。令人遗憾的是在天然气净化领域获得广泛应用的砜胺体系，却未见与 CO_2 反应动力学的研究结果报道。

与水溶液相比，CO_2 在醇胺的醇溶液中的反应动力学有以下几个特点。

（1）吸收速率较高。

无论是 MEA、DEA 或是 MIPA，CO_2 在醇溶液中的吸收速率均高于水溶液，其顺序为：甲醇＞乙醇＞异丙醇＞水。图 4-36 为 CO_2 在 MEA 的醇溶液中的吸收速率。

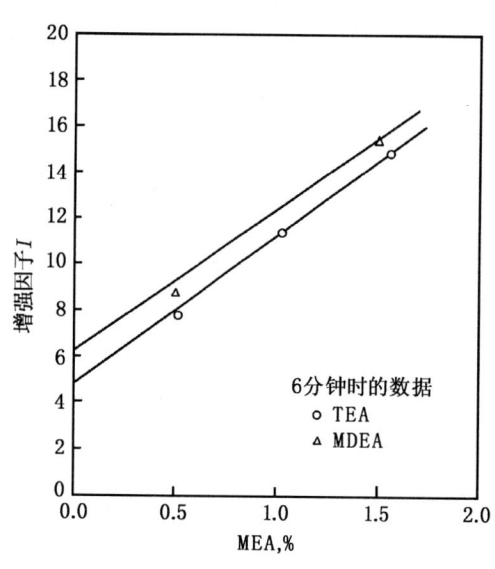

图 4-35 加入 MDEA 溶液的 MEA 浓度与 CO_2 反应的增强因子的关系
[引自 Can. J. Chem. Eng., 1992, 70 (3)]

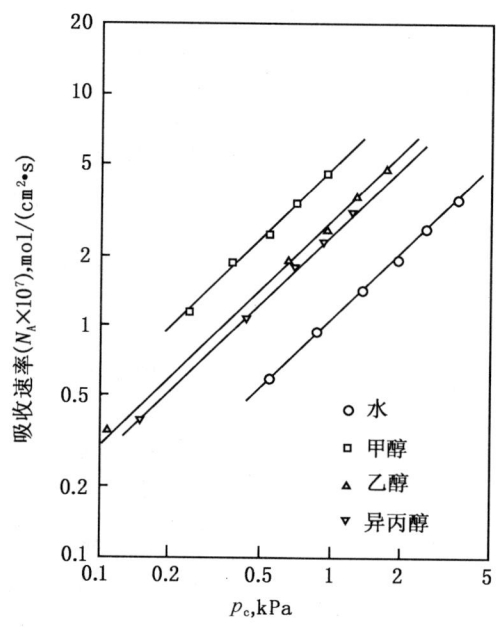

图 4-36 CO_2 在 MEA 的醇溶液中的吸收速率
[引自 AIChE J., 1985, 31 (8)]

（2）醇胺的反应级数升高。

从表 4-24 可见，在醇溶液中 CO_2 与醇胺反应，对胺的反应级数高于水溶液，且随溶剂的介电常数及溶解度参数下降而呈上升趋势，即与溶剂的极性呈反方向变化。

表 4-24　CO_2 与醇胺在醇溶液中的反应级数

溶　剂	对胺的反应级数			介电常数 (298K)	溶剂的溶解度参数 (298K) $J^{\frac{1}{2}}/(mol^{\frac{1}{2}} \cdot cm^{\frac{3}{2}})$
	MEA	DEA	MIPA		
水	~1	1.42	1	78.5	48.1
甲醇	1.62	1.52	1.47	32.6	29.7
乙醇	1.70	1.74	1.64	24.0	26.1
异丙醇	1.90	~2	1.93	18.0	23.4

在水溶液中，醇胺与 CO_2 形成的两性离子可立即进行去质子化反应，而在醇溶液中去质子化反应不像在水中那么容易进行，导致总的反应级数升高。

(3) 反应速率常数与溶剂的溶解度参数间有重要关系。

CO_2 与醇胺首先形成两性离子，两性离子既可以析出质子，也可以逆转为 CO_2 与醇胺，如反应 4-73 及 4-74 所示。三者的反应速率常数分别为 k_a、k_c 及 k_b，总速率常数则是 $k_a \cdot k_c / k_b$。图 4-37 为 MEA-CO_2 反应速率常数与溶剂的溶解度参数 δ 间的关系，图 4-38 则是 DEA-CO_2 反应速率常数与溶剂的溶解度参数的关系。可见，总包反应速率常数 $k_a \cdot k_c / k_b$ 随溶解度参数 δ 增加而上升，虽然对分反应的速率常数的影响有所不同。

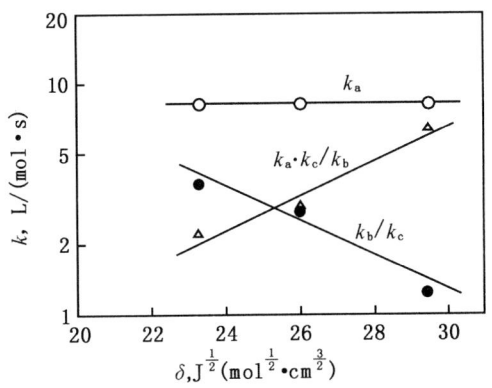

图 4-37　CO_2-MEA 反应速率常数与溶解度参数的关系

[引自 AIChE J., 1985, 31 (8)]

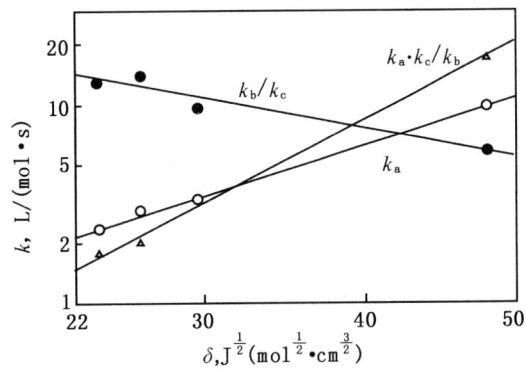

图 4-38　CO_2-DEA 反应速率常数与溶解度参数的关系

[引自 AIChE J., 1985, 31 (8)]

第八节　胺液吸收酸气的模型化[32,33]

模拟板式塔内胺液吸收 H_2S 与 CO_2 的过程需要将气液传质、反应热力学与动力学及体系的热平衡有机结合起来。

(1) 气液传质过程。

可使用双膜模型、渗透模型或表面更新模型，均可取得好的效果。

(2) 气液平衡。

可使用本章第三节酸气在胺液中平衡溶解度的计算模型，但应考虑吸收热对体系温度的影响。

(3) 反应动力学。

醇胺与 H_2S 的反应为瞬间质子反应，醇胺与 CO_2 的反应动力学已在第七节介绍。

(4) 热平衡。

将胺液吸收酸气的热效应包括在内的体系热平衡。

将以上 4 个方面的模型有机组合作逐板计算即可模拟整个吸收过程。

国外已形成的计算胺液吸收酸气过程的软件有 TSWEET、AMSIM 及 GASPLANT、GASPLANT PLUS 等。中国石油西南油气田分公司天然气研究院朱利凯等开发了吸收塔内的逐板计算软件，石油大学汤渭龙等则开发了全流程工艺计算的软件包。

参 考 文 献

1 蔡礽熊. H_2S 和 CO_2 混合酸气在 MDEA 水溶液中的溶解度. 天然气工业, 1988, 8 (1)：77～80

2 程国香等. 用离子电极测定 H_2S 在醇胺溶液中平衡分压的方法. 石油大学学报, 1991, 15 (2)：105～109

3 R. L. Kent & B. Eisenberg. Better Data for Amine Treating. Hydrocarbon Proc., 1976, 55 (2)：87～90

4 陈赓良等. H_2S 和 CO_2 在 MEA 或 DEA 水溶液中的溶解度. 石油炼制, 1985 (11)：57～63

5 朱利凯等. H_2S 和 CO_2 在 MDEA 水溶液中的溶解度. 石油炼制, 1986 (10)：57～63

6 汤渭龙等. H_2S、CO_2 与 DIPA 水溶液的汽液平衡计算. 计算机与应用化学, 1988, 5 (2)：97～103

7 F. Y. Jou et al. Solubility of H_2S and CO_2 in Aqueous MDEA Solutions. IEC, Proc. Des. Dev., 1982, 21 (4)：539～544

8 金汀. 天然气预处理工艺计算软件—RSP 软件 I：酸性气体在胺溶液中的溶解度计算程序. 石油与天然气化工, 21 (1), 1992：57～63

9 J. I. Lee et al. The Measurements and Prediction of the Solubility of Mixtures of CO_2 and H_2S in a 2.5N MEA Solution. Can J. Chem. Eng., 54 (3), 1976：214～219

10 E. E. Isaacs, et al. Solubility of Mixtures of H_2S and CO_2 in a MEA Solution at Low Pressures. J. Chem. Eng. Data, 25 (2), 1980：118～120

11 [美] R. N. Maddox 等著. 张铁生等译. 天然气预处理和加工·第四卷·气体与液体脱硫, 北京：石油工业出版社, 1990

12 D. Lal et al. The Solubility of H_2S and CO_2 in a DEA Solution at Low Partial Pressures. Can. J. Chem. Eng., 63 (4), 1985：681～685

13 E. E. Isaacs et al. The Solubility of Mixtures of CO_2 and H_2S in an Aqueous DIPA Solution. Can. J. Chem. Eng., 55 (2), 1977：210～212

14 J. C. Dingman et al. Equilibrium Data for H_2S－CO_2－Diglycolamine Agent－Water System. Proc. 62nd GPA Annu. Conv., 1983：256～268

15 F. Y. Jou et al. The Solubility of CO_2 and H_2S in a 35％ Aqueous Solution of MDEA. Can. J. Chem. Eng., 71 (2), 1993：264～268

16 F. Y. Jou et al. The Solubility of Mixtures of H_2S and CO_2 in an MDEA Solution.

	Can. J. Chem. Eng., 75 (6), 1997: 1138~1141
17	F. Y. Jou et al. Vapor-Liquid Equilibrium in the System Ethanethiol + MDEA + Water in the Presence of Acid Gases. J. Chem. End. Data, 44 (9), 1999: 833~835
18	G. T. Rochelle. Research Needs for Acid Gas Kinetics and Equilibrium in Alkanolamine Systems. Proc. 70th GPA Annu. Conv., 1991: 66~82
19	H. M. Chan et al. Equilibrium of MEA and DEA with Bicarbonate and Carbamate. Chem. Eng. Sci., 36 (1), 1981: 229~230
20	M. K. Aroua et al. Equilibrium Constant for Carbamate Formation from MEA and Its Relationship with Temperature, J. Chem. Eng. Data, 44 (5), 1999: 887~891
21	王开岳. 试论胺法酸气负荷的平衡程度. 石油与天然气化工, 21 (1), 1992: 29~33
22	刘秀蓉. H_2S、CO_2 在醇胺溶液中吸收热效应的测定. 石油与天然气化工, 16 (4), 1987: 44~50
23	J. I. Lee et al. The Solubility of H_2S and CO_2 in Aqueous MEA Solutions. Can. J. Chem. Eng., 52 (6), 1974: 803~805
24	J. I. Lee et al. Solubility of CO_2 in Aqueous DEA Solutions at High Pressures. J. Chem. Eng. Data, 17 (4), 1972: 465~468
25	N. Haimour et al. Absorption of H_2S into Aqueous MDEA. Chem. Eng. Commun., 59 (1~6), 1987: 85~93
26	P. M. M. Blauwhoff et al. A Study on the Reaction Between CO_2 and Alkanolamines in Aqueous Solutious. Chem. Eng. Sci., 38 (9), 1983: 1411~1429
27	D. W. Savage et al. Chemical Kinetics of CO_2 Reactions with DEA and DIPA in Aqueous Solutions, AIChE J., 31 (2), 1985: 296~301
28	W. C. Yu et al. Kinetics of CO_2 Absorption in Solutions of MDEA, Chem. Eng. Sci., 40 (8), 1985: 1585~1590
29	张成芳等. MDEA 溶液吸收 CO_2 动力学研究. 化工学报, 1991 (4): 466~474
30	H. A. Rangwala et al. Absorption of CO_2 into Aqueous Tertiary Amine/MEA Solutions. Can. J. Chem. Eng., 70 (3), 1992: 482~489
31	E. Sada et al. Chemical Kinetics of the Reaction of CO_2 with Ethanolamines in Nonaqueous Solvents. AIChE J., 31 (8), 1985: 1297~1303
32	朱利凯等. 板式塔中 MDEA 水溶液选择性吸收 H_2S 过程的模型化. 天然气工业, 8 (1), 1988: 85~94
33	汤渭龙等. 气体脱硫制硫全流程工艺计算软件包的开发研究. 炼油设计, 1989 (3): 49~52

第五章 物理溶剂法

第一节 物理溶剂法的特点[1,2]

前面第二章所介绍的常规胺法和第三章介绍的选择性胺法等均是以化学溶剂(各种胺类)通过化学反应脱除天然气中的 H_2S 及 CO_2 等酸性杂质;而物理溶剂法则是利用 H_2S 及 CO_2 等酸性杂质与烃类在物理溶剂中溶解度的巨大差异完成天然气的脱硫脱碳任务。

水是一种最廉价的溶剂,在气体脱硫领域内它曾获得过应用;然而很显然,它对酸气的溶解能力及可能达到的净化程度限制了它的应用。在20世纪60年代获得工业应用的物理溶剂有甲醇(工艺的国外商业名称为 Rectisol)、碳酸丙烯酯(Fluor Solvent),磷酸三正丁酯(Estasolvan)也曾被广泛研究,但最终未能获得工业应用。20世纪70年代以来,使用多乙二醇二甲醚(Selexol)、N-甲基吡咯烷酮(Purisol)及多乙二醇甲基异丙基醚(Sepasolv MPE)等溶剂的工艺陆续获得工业应用。进入20世纪90年代,法国石油研究院(IFP)在冷甲醇法的基础上开发了 IFPEXOL 工艺,此中 IFPEX-1 用于天然气脱水及 NGL 回收,IFPEX-2 则用于脱除酸气。美国燃气工艺研究院(IGT)与德国 Krupp 公司合作开发了以N-甲酰吗啉等为溶剂的 Morphysorb 工艺,已完成现场中试,正在寻求工业化。

在我国,多乙二醇二甲醚、碳酸丙烯酯及冷甲醇法等物理溶剂脱除气体中酸气的方法也已实现了工业应用,现主要用于合成气脱除 CO_2 及煤气脱硫等领域,在天然气净化方面尚无应用实例。

表5-1给出了物理溶剂法国内外的简要应用情况。

表5-1 物理溶剂法应用情况

溶 剂	多乙二醇二甲醚	碳酸丙烯酯	甲醇	N-甲基吡咯烷酮	多乙二醇甲基异丙基醚	N-甲酰吗啉
国外工艺商业名称	Selexol	Fluor Solvent	Rectisol	Purisol	Sepasolv MPE	Morphysorb
国外工业装置数	>50	11	>100	7	?	待工业化
国内应用情况	合成气	合成气	煤气	无	无	无
技术拥有者	美国 Allied 化学 南京化工研究院	美国 Fluor 杭州化工研究所	德国 Lurgi 国内化工设计院	德国 Lurgi	德国 BASF	美国 IGT 德国 Krupp

由于物理溶剂法脱除酸气的原理与胺法迥然不同,当然有其独特的优点和缺点,大体可概括如下:

(1)传质速率慢。胺法由于溶液吸收酸气后发生化学反应,传质速率大大增强(常以增强因子表示),物理溶剂法在吸收过程中缺乏此种推动力,故传质速率慢,需要很大的气液传质界面。

(2)达到高的 H_2S 净化度较为困难。由于体系的物理性质,物理溶剂法要使净化气

H_2S 含量达到小于 $20mg/m^3$ 或者小于 $5mg/m^3$ 的指标是较为困难的，为此需要采取一些特殊的溶剂再生措施。

(3) 溶剂再生的能耗低。物理溶剂法中酸气是溶解于其中故易于析出，而胺法中酸气与醇胺系键合故再生较难而能耗较高。

(4) 具有选择脱硫能力。几乎所有的物理溶剂对 H_2S 的溶解能力均优于 CO_2，所以物理溶剂法可实现在 H_2S 及 CO_2 同时存在的条件下选择性脱除 H_2S。

(5) 优良的脱有机硫能力。胺法等对天然气中的有机硫如硫醇、COS 及 CS_2 等的脱除效率均较差；然而，物理溶剂法对上述有机硫化合物有良好的脱除能力。

(6) 可实现同时脱硫脱水。物理溶剂对天然气中的水分有很高的亲和力，因此可在脱除 H_2S 及 CO_2 的同时完成脱水任务；而胺法的净化气是为水所饱和的，必须进入后续的脱水装置。

(7) 烃类溶解量多、特别是重烃。与胺液相比，物理溶剂对烃类、特别是重烃、尤其是芳烃有良好的亲和力，需要采取有效措施回收溶解的烃以减少烃的损失和降低酸气中的烃含量。

(8) 酸气负荷与酸气分压大体成正比。由于物理溶剂法的酸气负荷大体上与天然气中的酸气分压成正比，当天然气中 H_2S 及 CO_2 的浓度较低且操作压力较低时，其溶液循环量将大大高于胺法。

(9) 基本上不存在溶剂变质问题。在胺法中，醇胺可与 CO_2、COS 及 CS_2 等产生变质反应而导致活性变差及腐蚀性增强等问题，物理溶剂不存在这一问题。

从这些特点可见，物理溶剂法的应用范围不可能像胺法那么广泛，但在某些条件下，它们也具有一定的技术经济优势。

第二节 常用物理溶剂的性质

如前所述，现已获得工业应用的物理溶剂有多乙二醇二甲醚、碳酸丙烯酯、甲醇、N-甲基吡咯烷酮及多乙二醇甲基异丙基醚等，磷酸三正丁酯也曾作过广泛的研究，N-甲酰吗啉已完成中试。

还必须指出，在第六章将要介绍化学物理溶剂法，砜胺法是其典型代表；砜胺法中所用的物理溶剂环丁砜，其性质也在此处一并介绍。

表 5-2 给出了上述物理溶剂的主要性质。

表 5-2 物理溶剂的主要性质

溶 剂	多乙二醇二甲醚[①]	碳酸丙烯酯	甲醇	N-甲基吡咯烷酮
分子式	$C_{2n+2}H_{4n+6}O_n$	$C_4H_6O_3$	CH_4O	C_5H_9ON
化学式	$CH_3(OCH_2CH_2)nCH_3$[①]	$\begin{array}{c} CH_3-CH-CH_2 \\ \quad \mid \quad\quad \mid \\ \quad O \quad\quad O \\ \quad\quad \diagdown \diagup \\ \quad\quad\; C \\ \quad\quad\; \parallel \\ \quad\quad\; O \end{array}$	CH_3OH	$\begin{array}{c} CH_2-CH_2 \\ \mid \quad\quad\quad \mid \\ CH_2\quad C=O \\ \quad\diagdown\;\diagup \\ \quad\;\; N \\ \quad\;\; \mid \\ \quad\;\; CH_3 \end{array}$
相对分子质量	250～270	102.09	32.04	99.13
相对密度 (d_4^{20})	1.032 (25℃)	1.2041	0.7913	1.027

续表

溶 剂	多乙二醇二甲醚①	碳酸丙烯酯	甲醇	N-甲基吡咯烷酮
凝固点,℃	-22～-29	-48.8	-97.7	-24.4
沸点,℃	-	240	64.7	202
闪点（开杯）,℃	151	-	16	95
粘度,mPa·s	5.8 (25℃)	2.09 (25℃)	0.5945	1.65 (25℃)
比热容,kJ/(kg·K)	2.05 (25℃)	5.07 (16℃)	2.49	1.67 (40℃)
表面张力,mN/m	34.3 (25℃)			
折射率		n_D^{20} 1.4189	n_D^{20} 1.3284	n_D^{25} 1.469
汽化热,kJ/kg		780	1100.4	533
热导率,W/(m·K)	0.186	0.208		

溶 剂	多乙二醇甲基异丙基醚	磷酸三正丁酯	N-甲酰吗啉	环丁砜
分子式	$C_{2n+4}H_{4n+10}O_n$	$C_{12}H_{24}O_4P$	$C_5H_9O_2N$	$C_4H_8O_2S$
化学式	$CH_3(OCH_2CH_2)_n$—$CHCH_3$ | CH_3	C_4H_8 \ C_4H_8—PO_4 / C_4H_8	$\begin{array}{c}O\\CH_2\quad CH_2\\ \mid\quad\quad \mid\\CH_2\quad CH_2\\ \backslash\ /\\N\\ \mid\\H-C=O\end{array}$	$\begin{array}{c}CH_2-CH_2\\ \mid\quad\quad \mid\\CH_2\quad CH_2\\ \backslash\ /\\S\\ /\ \backslash\\O\quad O\end{array}$
相对分子质量	316（平均值）	266.32	115.13	120.14
相对密度（d_4^{20}）	1.005	0.973 (25℃)		1.2614 (30℃)
凝固点,℃		-80	23	28.8
沸点,℃		180℃ (4kPa)	243	285
闪点（开杯）,℃	72			
粘度,mPa·s	7.2 (20℃)	3.19 (20℃)		10.286 (30℃)
比热容,kJ/(kg·K)	1.94 (0℃)			1.34 (25℃)
表面张力,mN/m	31.0 (20℃)			
折射率				1.4820 (30℃)
汽化热,kJ/kg				
热导率,W/(m·K)	0.155 (0℃)			

①Selexol 溶剂 $n=3\sim9$，南京化工研究院溶剂 $n=2\sim8$，表中为 Selexol 溶剂性质。

从表 5-2 可见，甲醇的沸点为 64.7℃，所以通常在较低的温度下作为吸收酸气的溶剂，其余的溶剂均有较高的沸点，可在常温下使用。

应当指出的是，表 5-2 所列几种物理溶剂除磷酸三正丁酯外与水均有很好的互溶性；在 25℃下，磷酸三正丁酯在水中的溶解度为 0.42g/L，而水在磷酸三正丁酯中的溶解度为 65g/L。

H_2S 及 CO_2 在多乙二醇二甲醚及碳酸丙烯酯中溶解的焓值、自由能及不同温度下的亨利系数示于表 5-3[3]。

表 5-3　H_2S 及 CO_2 在多乙二醇二甲醚及碳酸丙烯酯中溶解的焓值、自由能及亨利系数

溶　剂	酸气	$-\Delta H°$ kJ/mol	$G°_{298}$ kJ/mol	亨利系数 H，MPa					
				298K	303K	313K	323K	333K	343K
Selexol	H_2S	19.0	4.06	0.440	0.506	0.641	0.787	1.01	—
	CO_2	14.3	9.25	3.57	3.95	4.67	5.62	6.55	—
碳酸丙烯酯	H_2S	14.1	7.78	2.34	2.64	3.21	3.53	4.42	4.97
	CO_2	12.2	11.0	8.53	9.52	11.4	12.4	15.4	16.1

从表 5-3 可见，多乙二醇二甲醚对酸气的溶解性能优于碳酸丙烯酯。

几种物理溶剂的蒸汽压与温度的关系示于图 5-1。

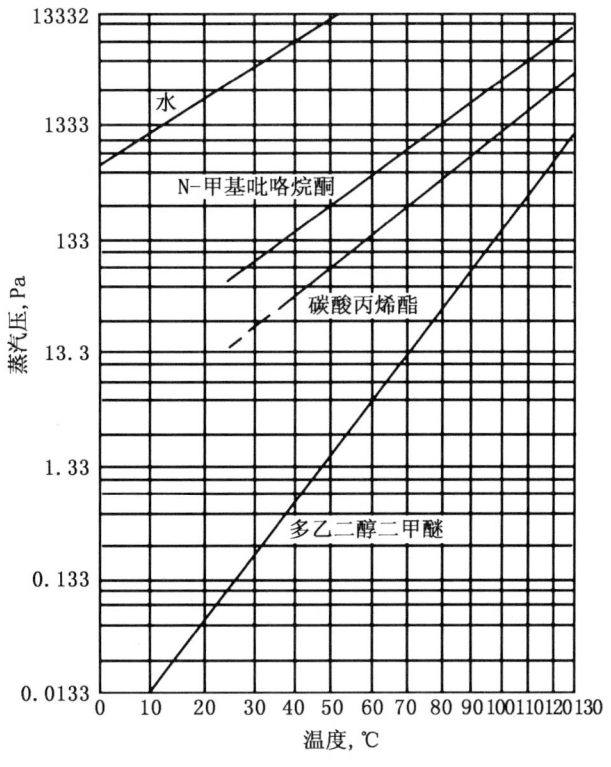

图 5-1　几种物理溶剂的蒸汽压

[引自 Erdöl Erdgas Z., 1977, 93 (12)]

第三节　多乙二醇二甲醚法[4]

对于天然气脱硫脱碳而言，多乙二醇二甲醚法是物理溶剂法中最重要的一种方法。此法是美国 Allied 化学公司首先开发的，其商业名称为 Selexol，现已建设 50 余套工业装置，其中大约有三分之一用于处理天然气。

多乙二醇二甲醚溶剂最初虽然是使用四乙二醇二甲醚开始试验研究工作的，但此后为了改善方法的经济性，使用了通式为 $CH_3(OCH_2CH_2)_nCH_3$ 的混合物，其中 $n=3\sim9$，典型组

成可见表 5-4。

表 5-4 Selexol 溶剂典型组成

n	3	4	5	6	7	8	9
%（质量分数）	12	24	25	19	11	6	3

我国南京化学工业公司开发的 NHD 法所用溶剂 $CH_3(OCH_2CH_2)_nCH_3$ 中的 $n=2\sim8$。以下介绍的主要是 Selexol 法的数据。

一、Selexol 溶剂对酸气的溶解性能

以 Selexol 溶剂对 CH_4 的溶解度为 1.0，其他各种气体的相对溶解度示于表 5-5。

表 5-5 各种气体在 Selexol 溶剂中的相对溶解度

H_2	0.2	C_2H_4	7.2	COS	35.0	H_2S	134	SO_2	1400
N_2	0.3	CO_2	15.2	iC_5	68.0	C_6	167	C_6H_6	3800
CO	0.43	C_3H_8	15.4	C_2H_2	68.0	CH_3SH	340	C_4H_4S	8200
CH_4	1.0	iC_4	28.0	NH_3	73	C_7	360	H_2O	11000
C_2H_6	6.5	nC_4	36.0	nC_5	83	CS_2	360	HCN	19000

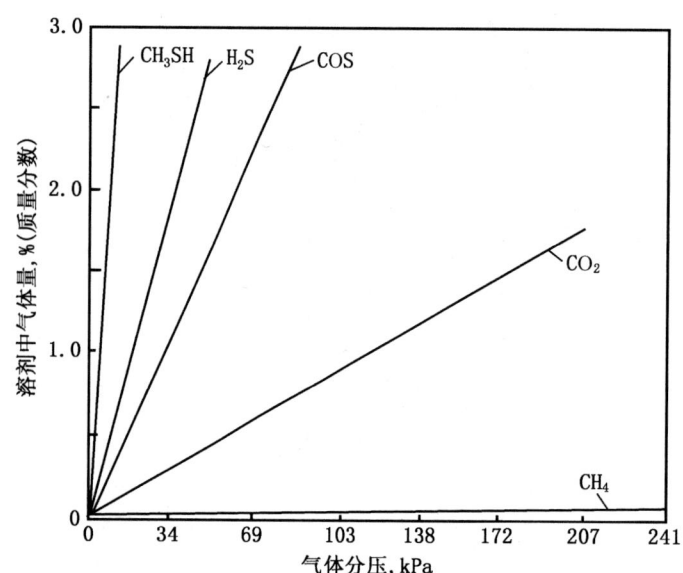

图 5-2 几种气体不同分压下在 Selexol 中的溶解度
（引自本章参考文献 [2]，图 6-12）

从表 5-5 所示数据可见：

（1）H_2S 在 Selexol 溶剂中的溶解度是 CH_4 的 134 倍，CO_2 则是 CH_4 的 15.2 倍，这些溶解度的差别不仅提供了从天然气中脱除 H_2S 及 CO_2 的可能性，而且也提供了在 H_2S 及 CO_2 同时存在下选择脱除 H_2S 的可能性。

（2）与 H_2S 及 CO_2 相比，Selexol 溶剂对有机硫也有较好、甚至更好的亲和力，甲硫醇的溶解度为甲烷的 340 倍，COS 为 35 倍，CS_2 为 360 倍，噻吩达到 8200 倍；溶剂对 SO_2 也有非常好的溶解能力，达到 1400 倍。

（3）Selexol 溶剂对水分有极好的亲和力，水分的溶解度为 CH_4 的 11000 倍，H_2S 的 82 倍，可以同时脱硫脱水。

（4）较高碳数的烃类在 Selexol 溶剂中亦有较高的溶解度，丙烷的溶解度与 CO_2 相当，已烷则超过 H_2S，苯的溶解度则达到 CH_4 的 3800 倍、H_2S 的 28 倍。显然，如气流中含有芳烃及较多的 C_3^+ 烃，如何减少烃损失和提高酸气质量将成为需要考虑的重要课题。

在不同分压下 H_2S、CO_2、CH_3SH、COS 及 CH_4 在 Selexol 溶剂中的溶解度示于图 5-2。

H_2S 及 CO_2 在不同温度与压力下在 Selexol 溶剂中的平衡常数分别示于图 5-3 及图 5-4。平衡常数是在平衡条件下气相 H_2S 或 CO_2 摩尔分率与液相 H_2S 或 CO_2 摩尔分率的比值。

当 Selexol 溶剂含有水分时，CO_2 在其中的溶解度将有所下降，如图 5-5 所示。

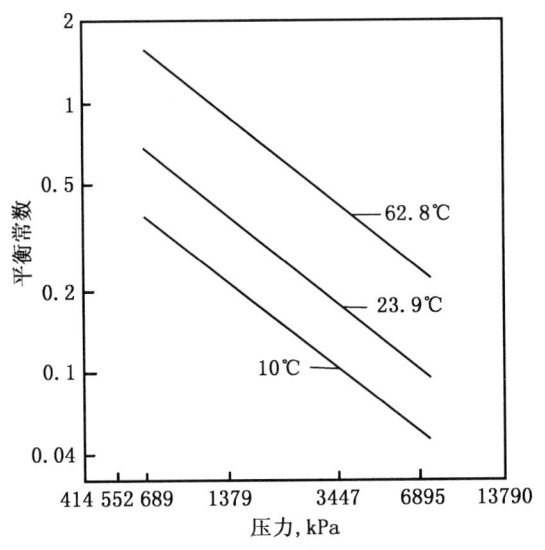

图 5-3 H_2S 在 Selexol 溶剂中的平衡常数
（引自本章参考文献 [2]，图 6-16）

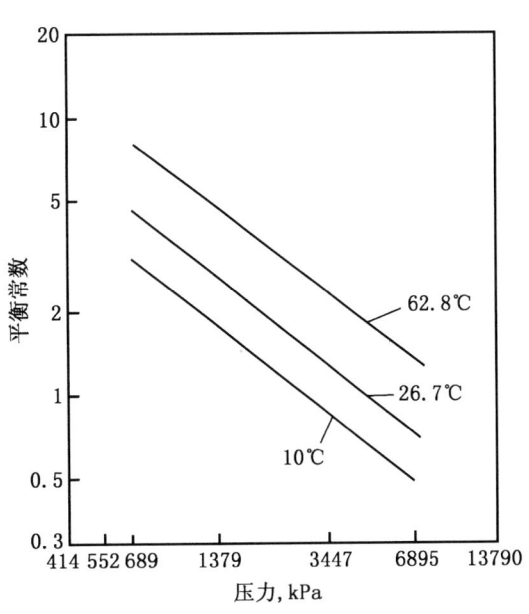

图 5-4 CO_2 在 Selexol 溶剂中的平衡常数
（引自本章参考文献 [2]，图 6-15）

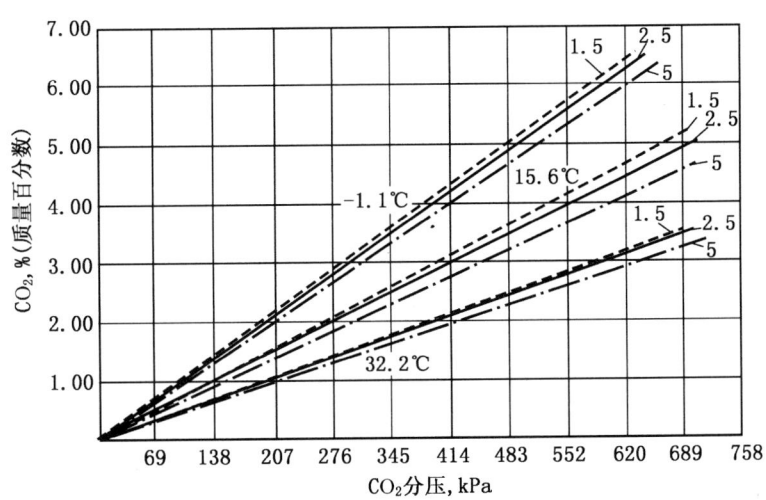

图 5-5 CO_2 在含水 Selexol 溶剂中的溶解度
（引自本章参考文献 [2]，图 6-6）

从图 5-5 可见，当 Selexol 溶剂含水量在 5% 以下时对 CO_2 溶解度的影响是很有限的；但当温度从 32℃ 降至 -1℃ 时，CO_2 的溶解度可增加一倍。

25℃ 下 H_2S、CO_2 及 CH_4 在 Selexol 溶剂中的溶解热示于表 5-6。

表 5-6 25℃下气体在 Selexol 溶剂中的溶解热

气 体	H₂S	CO₂	CH₄
溶解热，kJ/kg	441.7	372.6	174.6

此外，Selexol 溶剂的粘度及热导率分别示于图 5-6 及图 5-7。

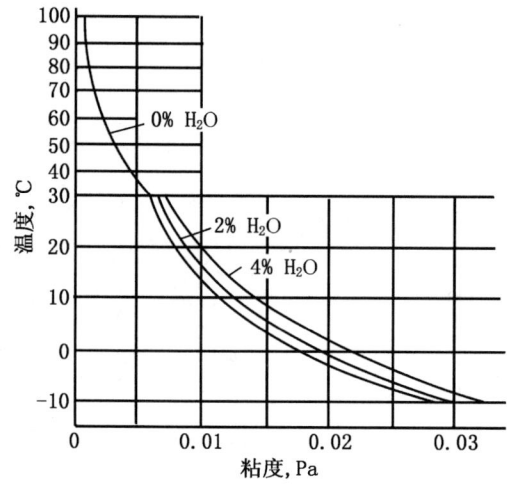

图 5-6 Selexol 溶剂的粘度
[引自 Erdöl Erdgas Z., 1977, 93 (12)]

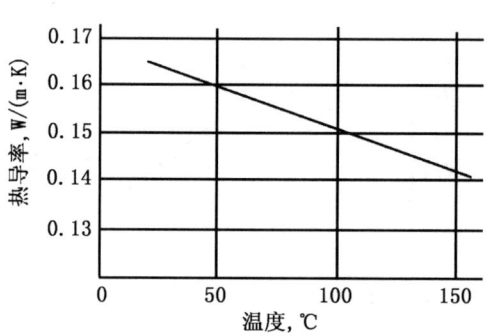

图 5-7 Selexol 溶剂的热导率
[引自 Erdöl Erdgas Z., 1977, 93 (12)]

二、Selexol 装置实例

以下将介绍两套使用 Selexol 法净化天然气的装置：一套为德国的 NEAG-Ⅱ装置，用于处理高 H_2S 及 CO_2 分压的天然气，且取得了选择脱除 H_2S 的效果；另一套为美国的 Pikes Peak 装置，用于处理低 H_2S 含量、高 CO_2 的天然气，主要是脱除 CO_2。

1. 德国 NEAG-Ⅱ装置

北德天然气矿业公司（NEAG）共有三套天然气脱硫装置，此中第二套（NEAG-Ⅱ）使用 Selexol 法。

应当指出的是，在采用 Selexol 法之前，NEAG-Ⅱ原使用 4 套装置串联，即：

(1) Alkazid DIK 法（以二甲基甘氨酸盐为吸收剂）选择性粗脱 H_2S；
(2) Benfield 法（以 DEA 为活化剂的热钾碱法）水解 COS 并精脱 H_2S；
(3) 活性炭法脱除硫醇及痕量 H_2S；
(4) 活性炭法脱水。

粗天然气以 4 套装置串联处理以达到如表 5-7 所示的产品规格。

表 5-7 NEAG-Ⅱ装置产品天然气规格

H_2S mg/m³	总硫 mg/m³	热值 kJ/m³	Wobbe 值 kJ/m³	水露点 (7.1MPa)℃
<3.5	<50	35170±840	44380±1670	-8

在实际生产中，由于第二段 Benfield 法在控制 CO_2 的脱除率（以保证热值及 Wobbe 值）的条件下，无论是 COS 的水解还是 H_2S 的精脱均无法达到工艺要求，因此改为 Selexol

法。另外，第一段 Alkazid DIK 法在运行过程中其吸收剂二甲基甘氨酸钾变质情况相当严重，因此在第二段使用 Selexol 法取得成功的基础上，经过一系列工作，将 Selexol 法延伸至粗脱段。最后，使用一套 Selexol 装置顶替上述 4 套装置处理含 H_2S 9.0% 及 CO_2 9.5% 的天然气。

图 5-8 为 NEAG-Ⅱ Selexol 装置的工艺流程图。

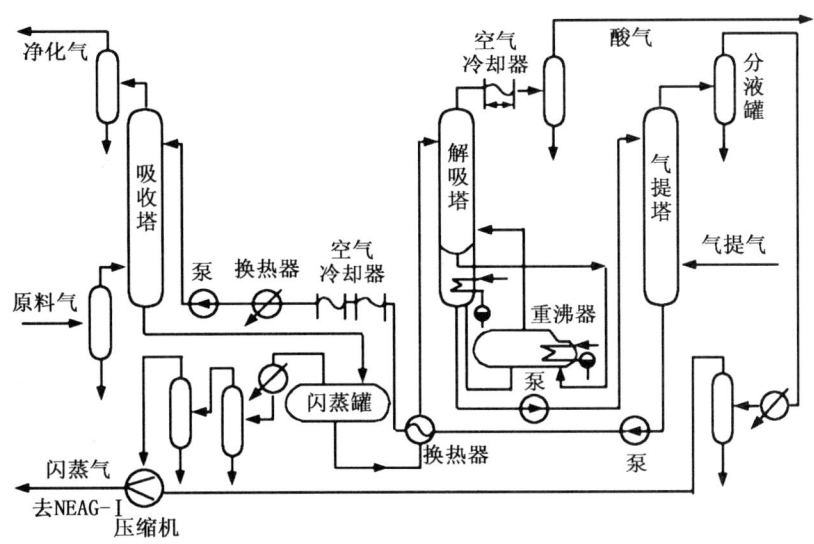

图 5-8　NEAG-Ⅱ Selexol 装置

如图 5-8 所示，原料天然气在吸收塔内经 Selexol 溶剂逆流洗涤脱除 H_2S、有机硫、水分及部分 CO_2 后成为产品天然气从塔顶排出。塔底富液进入闪蒸罐闪蒸，闪蒸气压缩后送往 NEAG-Ⅰ 装置（采用 Purisol 即 N-甲基吡咯烷酮法处理）。闪蒸罐底富液在换热后进入解吸塔，以重沸器内产生的蒸汽汽提，解吸出的酸气送克劳斯制硫装置。解吸塔底溶液再进入气提塔，以净化气进一步气提以降低溶液中的 H_2S 含量，气提排出气压缩后送往 NEAG-Ⅰ 装置。气提塔底再生好的 Selexol 溶剂换热、冷却并增压再循环至吸收塔。

此处需要说明的是，NEAG-Ⅰ Purisol 装置所要求的净化气质量指标为 H_2S 小于 1000mL/m³。当不存在这种方便条件时，如德国的 Duste-Ⅱ Selexol 装置，闪蒸气以及气提气在压缩后则与装置的原料天然气一起进入吸收塔。

NEAG-Ⅱ Selexol 装置的工艺条件及运转结果示于表 5-8。

表 5-8　NEAG-Ⅱ Selexol 装置工艺条件及运转结果

工艺条件		运转结果	
处理量，m³/h	75000	净化气 H_2S，mL/m³	<2
吸收压力，MPa	7.0	CO_2，%	8.0
原料气 H_2S，%	9.0	COS，mL/m³	70
CO_2，%	9.5	RSH，mL/m³	无
COS，mL/m³	130	脱除率 H_2S，%	≈100
RSH，mL/m³	100	CO_2，%	27.4

续表

工艺条件			运转结果		
	溶剂含水量,%	1.5		COS,%	53.8
	溶剂循环量, m³/h	150		RSH,%	≈100
	气液比	500		H_2S 负荷, m³/m³	45
温度	气体入塔,℃	20		CO_2 负荷, m³/m³	13
	气体出塔,℃	29	消耗指标	电, kW·h/10^4m³	26.7
	贫液入塔,℃	26		加热蒸汽, t/10^4m³	1.34
	富液出塔,℃	41		泵用蒸汽, t/10^4m³	1.47
	重沸器,℃	119		气提气, m³/10^4m³	147

NEAG-Ⅱ装置原料气、净化气及酸气组成示于表5-9；表中同时列入了使用Sulfinol法（DIPA-环丁砜溶液，第六章将详细介绍）的NEAG-Ⅲ装置的净化气及酸气组成，以便于比较讨论。

表 5-9 NEAG-Ⅱ及 NEAG-Ⅲ气体组成[①]

	原料气	净化气		酸气	
		NEAG-Ⅱ	NEAG-Ⅲ	NEAG-Ⅱ	NEAG-Ⅲ
H_2S,%	9.0	<2mL/m³	<2mL/m³	80.0	45.1
CO_2,%	9.5	8.0	0.0	17.0	47.6
C_1^+,%	77.0	86.8	94.4	3.0	1.9
N_2,%	4.5	5.2	5.6		
COS, mL/m³	130	70	<1		
RSH, mL/m³	100	0			
H_2O,%	—	—		0.0	5.4
水露点,℃	<-8	<-8	饱和		
W_o, kJ/m³[②]	—	42700	50530		

①NEAG-Ⅱ为Selexol法，NEAG-Ⅲ为Sulfinol法。
②合同要求的Wobbe值为44380±1670kJ/m³。

从表5-8及表5-9所示数据，可得到如下的一些认识。

(1) 可以获得良好的 H_2S 净化度。为了保证净化气 H_2S 含量小于 3.5mg/m³（约2.2mL/m³），NEAG-Ⅱ装置的富液经闪蒸—蒸汽汽提—净化气气提三级处理，天然气经此装置处理后 H_2S 含量经常小于 1mL/m³。

(2) 优良的选择脱硫能力。在压力高达 7.0MPa 的条件下，NEAG-Ⅱ装置 H_2S 脱除率几乎为100%（从9.0%至小于3.5mg/m³），而 CO_2 的共吸收率仅为27.4%。这么好的选择脱硫能力，采用45%MDEA溶液可能也难以达到，也许60%MDEA溶液才能够取得这种效果。

另一套使用Selexol法的Duste-Ⅱ装置[5]，其 H_2S 脱除率同样接近100%，而 CO_2 共吸收率为26.7%，与NEAG-Ⅱ相近。

对于NEAG-Ⅱ装置，采用Selexol让 CO_2 有72.6%留在净化气中，使出厂产品气的热值以及 Wobbe 值达到规格要求而不需另外补入氮气至净化气中,相应地获得了 H_2S 浓度达到 80% 的酸气。

使用 Sulfinol 法脱硫的 NEAG-Ⅲ装置,由于其不能选择脱硫,需要向净化气中注氮以达到产品规格要求,同时酸气 H_2S 浓度仅有 45%。

(3) 良好的脱有机硫能力[6]。如表 5-5 所示,多乙二醇二甲醚对硫醇的溶解能力很好,但对羰硫的溶解能力则稍差。NEAG-Ⅱ的硫醇脱除率近 100%,但 COS 脱除率仅有 53.8%。

Duste-Ⅱ装置的硫醇脱除率也是近 100%,COS 则从 118mL/m³ 降至 40mL/m³,脱除率为 67.5%。如果延长气液接触时间,COS 的脱除率可以提高,但相应地 CO_2 的共吸收率及烃类的损失也将增加。

(4) 可同时完成脱水。由于 NEAG-Ⅱ装置的进料气水露点小于 -8℃,已是干气,此装置保持了净化气以"干"的状态离开。事实上,如表 5-5 所示,Selexol 溶剂对水有极好的亲和力,当处理"湿"的天然气时,可在脱硫脱碳的同时脱水达到产品质量指标;当然,在溶剂再生过程中需将吸收的水分赶出,以维持其性能。

Duste-Ⅱ装置贫液温度如低于 -1℃,净化气露点可达到 -10℃以下。

NEAG-Ⅲ装置因 Sulfinol 溶液含有水,故出装置的净化气为水饱和,需后继以脱水装置。

(5) 酸气烃含量较高。NEAG-ⅡSelexol 装置酸气中的烃含量达到 3.0%,而 NEAG-ⅢSulfinol 装置为 1.9%。

应当指出,NEAG 进厂的原料天然气中 C_2^+ 的含量大约只有 0.2%,就烃的组成而言也是十分"贫"的气体。

如果处理 C_2^+ 含量比较高的天然气,在酸气烃含量及烃类损失问题上,Selexol 法将遇到较多的麻烦。

(6) 酸气负荷与酸气分压成正比。NEAG-Ⅱ装置进料天然气的 H_2S 与 CO_2 分压分别高达 630kPa 及 665kPa,获得的 H_2S 负荷及 CO_2 负荷分别为 45m³/m³ 及 13m³/m³,合计为 58m³/m³。

(7) 蒸汽耗量低。由于 H_2S 及 CO_2 的脱除系物理性的,系统内无化学反应发生,故过程消耗的热量不多。NEAG-Ⅱ装置用于蒸汽汽提的蒸汽耗量为 0.69kg/kg 脱除的酸气,如以进料的 H_2S 及 CO_2 计,则仅为 0.40kg/kg。

但 NEAG-Ⅱ装置需使用气提气,其用量为 147m³/10⁴ m³ 进料气。当然,此气体并未损失,是回收了的。

NEAG-Ⅱ装置两年的操作经验表明,通过气相及液相夹带以及机械漏损的 Selexol 溶剂损失为 0.65kg/10⁴ m³ 原料气。

2. 美国 Pikes Peak 装置

美国 Pikes Peak 装置与 NEAG-Ⅱ装置不同,其原料天然气含 H_2S 60mL/m³、CO_2 43%,而净化气要求达到 H_2S 6mL/m³、CO_2 3% 的管输标准。因此,这实际上是一套脱除大量 CO_2 的装置。

Pikes Peak 装置流程示于图 5-9。

如图 5-9 所示,原料天然气与高压闪蒸气混合后与净化气换热使温度降至 4℃,然后进入吸收塔,在与 Selexol 溶剂逆流接触后,脱除了 H_2S 及 CO_2 的净化气从塔顶排出。富液在稳定后连续在高压、中压及低压闪蒸罐内析出吸收的气体；其中高压闪蒸气含烃多，经压缩后返回与原料气混合；而中压及低压闪蒸气主要是CO_2，从烟囱排入大气。低压闪蒸后得到的贫液加压泵回吸收塔，溶剂在闪蒸过程中温度降至所需的水平。

Pikes Peak Selexol 装置的典型操作数据示于表 5-10。

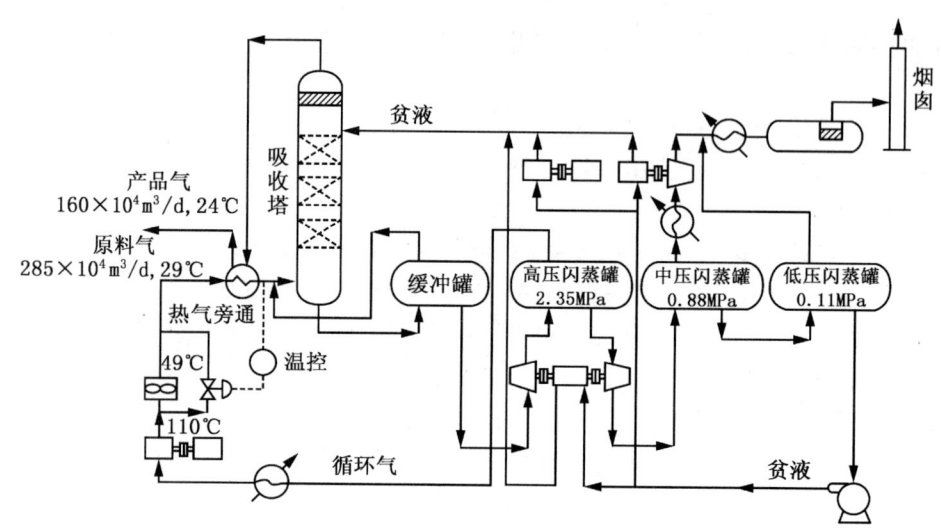

图 5-9　Pikes Peak Selexol 装置工艺流程图

表 5-10　Pikes Peak Selexol 装置典型操作数据

气　体	原料气 A	循环气① B	进塔气 C (A+B)	产品气 D	排空气 E
气量，$10^4 m^3/d$	285	60	345	160	125
压力，MPa	6.86	6.86	6.86	6.67	0.108
温度，℃	29	49	4	24	24
H_2S，mL/m^3	60.0	32.2	55.0	5.4	129.3
CO_2，%	44.0	70.9	48.7	2.8	96.5
CH_4，%	54.7	28.2	50.1	95.3	3.0
H_2S 脱除率，%			94.5		
CO_2 脱除率，%			96.3		
总烃损失率，%			2.72		

① 高压闪蒸气。

从 Pikes Peak 装置的流程及操作数据，可看出有如下特点：

(1) 富液是完全依靠逐级闪蒸而获得再生，未使用蒸汽汽提或净化气气提。

(2) 为了减少烃的损失，高压闪蒸气加压返回吸收塔。即使如此，总烃的损失率仍然达到 2.72%；此中，CH_4 的损失率为 2.37%，C_2 损失率达到 19.95%，而 C_3 的损失率则高达 70.90%。如果不采取高压闪蒸气循环的措施，则 C_2 及 C_3 的损失率将分别达到 40% 及 95%。这与表 5-5 所示的各种气体在 Selexol 溶剂中的相对溶解度是一致的，相对于 CH_4 的溶解度 CO_2 为 15.2，C_2 为 6.5，C_3 为 15.4，可见 C_3 溶解度已高于 CO_2。

从上述数字不难认识到物理溶剂法的局限性，它不适合处理 C_2^+ 烃含量高的天然气，这就在颇大程度上限制了它的应用范围。

(3) 利用富液降压闪蒸时所获得的膨胀制冷效应，使入吸收塔的贫液温度降至 $-6℃$ 以下，加上进料气中的 CO_2 分压高达 3.34MPa，从而使溶液的酸气（几乎全是 CO_2）负荷高达 $75m^3/m^3$。

三、几个工艺技术问题

1. 吸收塔塔型

Selexol 装置的吸收塔几乎均使用填料塔，甚至从胺法装置转产的板式吸收塔也拆去塔板改装填料。这种情况是能够理解的，因为与基于化学吸收的胺法不同，物理溶剂吸收酸气因无化学反应增强因子的推动，其传质速率要慢得多，加上溶剂粘度较高又增加了传质阻力，这就需要提供尽可能大的气液传质界面，故填料塔较板式塔更为适宜。

2. 富液再生方案

众所周知，净化气质量能否合格的前提是贫液质量是否达到要求，这是由吸收塔顶的气液平衡决定的。

对于脱除大量 CO_2 的情形，如前述的 Pikes Peak 装置，Selexol 富液中的 CO_2 可通过闪蒸而析出，可仅靠溶液的闪蒸而完成再生，并能保证净化气达到所要求的指标。

但在脱除 H_2S（及 CO_2）的情形，由于净化气 H_2S 指标的要求较 CO_2 要低 4 个数量级，仅靠闪蒸是不可能获得足以保证净化气 H_2S 指标合格的贫液质量的，而必须有其他的溶液再生措施。

在 Selexol 法的发展过程中，曾设想及研究过 4 种措施，即空气气提、净化气气提、水蒸气汽提及真空闪蒸。

(1) 空气气提。最初曾设想以空气气提溶液中残留的 H_2S，然后将此含 H_2S 的空气送往克劳斯制硫装置。但当使用空气气提时，实际运行中有元素硫生成而悬浮于溶液中，然后沉降于装置各处，而在溶液循环泵入口的硫沉积常常造成操作紊乱。所以此方案不得不放弃。

(2) 净化气气提。采用净化气气提溶液，当然可以免去元素硫生成的麻烦；然而，明显的是此含 H_2S 的气提气不能送往克劳斯装置而必须另寻出路。

前述的 NEAG-Ⅱ装置的含 H_2S 气提气是送 NEAG-Ⅰ Purisol 装置，所幸该装置所要求的净化气 H_2S 指标为 $1000mL/m^3$。

(3) 水蒸气汽提。与前面的两个措施相比，采用水蒸气汽提既无生成元素硫之麻烦，又可送往克劳斯装置处理。但此方案也有两个缺点，一是能耗较大，二是导致贫液中水含量增至 2%～4%，因此，当装置需保证净化气水露点指标时，含水贫液的温度必须降至 $-1℃$ 才能使净化气的露点达到 $-10℃$。

NEAG-Ⅱ装置在水蒸气汽提后又继以净化气气提，在降低溶液中 H_2S 含量的同时也降低了其中的水含量。

(4) 真空闪蒸。降低贫液中 H_2S 含量的另一个途径是真空闪蒸，相应地真空闪蒸气需加压方能送出。

美国得克萨斯州 Mitchell 厂原以 DEA 法净化原料天然气，因进料 CO_2 从 18% 升至 28%，H_2S 则从 $183mg/m^3$ 降至 $22.9mg/m^3$，为降低能耗决定改为 Selexol 法。关于富液再生，比较了各种方案，认为在中、低压闪蒸后继以真空闪蒸最可取，在绝压 34.5kPa 下闪蒸所得贫液可满足要求。真空闪蒸气加压后与低压闪蒸气一起送出供油田 CO_2 驱油,其流程示于图 5-10。

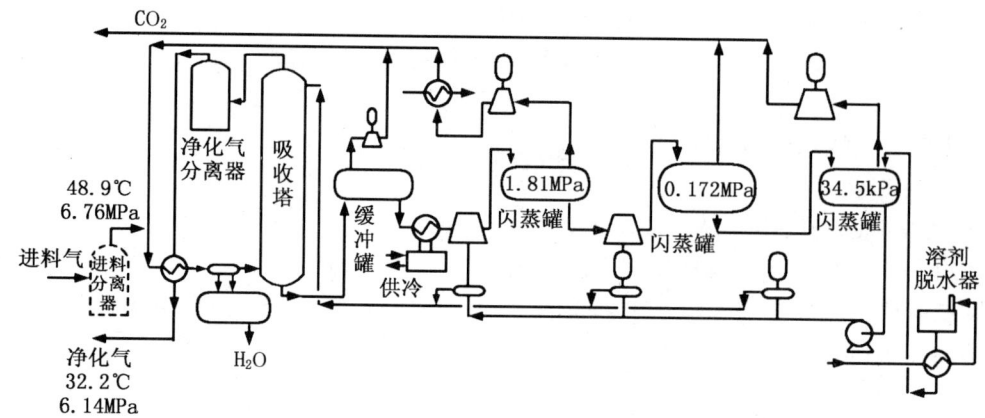

图 5-10 Mitchell Selexol 装置流程图

3. 烃类的溶解与夹带

在为了获得所要求的酸气脱除率而保证气液良好接触的同时,各种烃也会依其分压及溶解度而溶解于物理溶剂中,且随碳数上升而溶解度急剧增加,芳烃尤甚。此外,由于溶剂的粘度比较高,尤其在低温下,除溶解外还会夹带一些气体。因此,在物理溶剂法装置中,降低酸气中烃含量及减少烃类损失,是设计和操作中需要着重考虑的问题之一。

前述的两套装置,NEAG-Ⅱ 高压闪蒸气送往 NEAG-Ⅰ 处理后作为燃料气,Pikes Peak 高压闪蒸气则加压并入原料天然气,目的均是回收溶解及夹带的烃类。

除此之外,还可以采取的措施有:富液在吸收塔底或稳定罐内的停留时间不少于 2~3min,以供夹带的气体逸出;闪蒸罐应有足够的闪蒸界面,溶液停留时间不少于 3~5min。

4. 溶剂的腐蚀性、发泡及组分变化

多乙二醇二甲醚溶剂本身是中性且不具腐蚀性的,但因运行中溶液含有一些水,吸收了 H_2S 及(或)CO_2 后溶液呈酸性,因此腐蚀问题是需要注意和重视的。

据报道,Pikes Peak 装置是全部用碳钢建造的,但 NEAG-Ⅱ 装置的材质未报道。Duste-Ⅱ 装置气提塔上部镶有 X7CrAl13 不锈钢板,回流冷凝器管束也是不锈钢,气提塔内原使用碳钢鲍尔环,后更换为不锈钢。此外,有的装置的吸收塔也使用不锈钢制作。

中试时在许多敏感区域装有试片,各处腐蚀速率不同,敏感区的腐蚀速率大体上为 0.076mm/a,但任何位置的腐蚀速率均未超过 0.2mm/a,最高腐蚀部位在以空气气提时从气提塔释出的 H_2S—空气混合物管线上。

关于腐蚀的机理,虽然作过一些推测,如认为气液混合物产生的紊流破坏硫化铁膜,CO_2 生成碳酸有化学腐蚀等,但看来在不同位置产生腐蚀的机理可能是不完全相同的。

NEAG-Ⅱ 及 Pikes Peak 装置均未发生过溶液发泡问题。但当溶液中含有较多的硫化铁、液烃或压缩机油时,也是可能发泡的;此外,溶液中水含量高也有助于发泡。

多乙二醇二甲醚有良好的热和化学稳定性,在酸气吸收及解吸过程中也无化学反应,可以预期不存在溶剂的化学变质问题。但是,在长期运行中溶剂有变重的趋势。例如,NEAG-Ⅱ 装置使用的 Selexol 溶剂运行一年半,溶剂的平均相对分子质量从 275 升至 315,这显

然是溶剂中的低沸点组分相对挥发较多造成的。

第四节 碳酸丙烯酯法[7,8]

美国 Fluor 公司首先研究开发了碳酸丙烯酯法，其商业名称为 Fluor Solvent。在筛选了数百种溶剂的基础上选出碳酸丙烯酯、乙酸甲氧基二甘醇酯、乙酸丁氧基二甘醇酯和三乙酸甘油酯；而最后获得工业应用的是碳酸丙烯酯。

我国杭州化工研究所也合成了碳酸丙烯酯并开发了以其作为溶剂的净化工艺，迄今为止国内的工业应用均在合成气领域，用于脱除 CO_2。

一、碳酸丙烯酯对酸气的溶解性能

以 CO_2 在碳酸丙烯酯中的溶解度为 1，各种气体在其中的相对溶解度示于表 5-11。

表 5-11 各种气体在碳酸丙烯酯中的相对溶解度

H_2	7.8×10^{-3}	CO_2	1.0	nC_5	5.0	CS_2	30.9
N_2	8.4×10^{-3}	C_3	0.51	H_2S	3.29	cyclo-C_6[②]	46.7
O_2	2.6×10^{-2}	iC_4	1.13	NO_2	17.1	nC_8	65.6
CO	2.1×10^{-2}	nC_4	1.75	nC_6	13.5	SO_2	68.6
CH_4	3.8×10^{-2}	COS	1.88	2.4DMP[①]	17.5	C_6H_6	200
C_2H_6	0.17	iC_5	3.50	CH_3SH	27.2	nC_{10}	284
C_2H_4	0.35	C_2H_2	2.87	nC_7	29.2	H_2O	300

① 2,4-二甲基丙烷；
② 环己烷。

将碳酸丙烯酯与多乙二醇二甲醚相比，如表 5-3 所示，前者对 H_2S 及 CO_2 的溶解能力不如后者；此外，前者 H_2S 对 CO_2 相对溶解度的比值为 3.29，而后者则达到 8.8 以上。可见多乙二醇二甲醚较碳酸丙烯酯更适合用于脱除 H_2S、特别是选择脱除 H_2S 的工况。

H_2S 及 CO_2 于 40℃ 及 100℃ 下在碳酸丙烯酯中溶解度的实测数据分别示于表 5-12 及表 5-13。

表 5-12 H_2S 在碳酸丙烯酯中的溶解度

温度 ℃	H_2S 压力 kPa	溶解度 mol/mol	溶解度 kg/kg	温度 ℃	H_2S 压力 kPa	溶解度 mol/mol	溶解度 kg/kg
40	2378.4	2.631	0.8783	100	4960.6	1.202	0.4013
	2140.9	1.943	0.6486		3594.4	0.622	0.2076
	1430.7	0.943	0.3148		2189.1	0.308	0.1028
	616.2	0.231	0.0771		639.1	0.062	0.0207
	244.7	0.062	0.0207		184.7	0.0006	0.0002

表 5-13　CO_2 在碳酸丙烯酯中的溶解度

温度 ℃	CO_2 压力 kPa	溶解度 mol/mol	溶解度 kg/kg	温度 ℃	CO_2 压力 kPa	溶解度 mol/mol	溶解度 kg/kg
40	5768.9	0.660	0.285	100	5739.8	0.275	0.119
	3166.2	0.341	0.147		4114.9	0.183	0.0799
	1760.1	0.183	0.079		2665.1	0.136	0.0586
	931.4	0.084	0.036		1514.6	0.059	0.0254
	415.8	0.034	0.015		950.8	0.036	0.0155
					407.8	0.011	0.0047
					42.2	0.0017	0.00073

图 5-11 则给出了以体积计的 H_2S 及 CO_2 在碳酸丙烯酯中的溶解度。

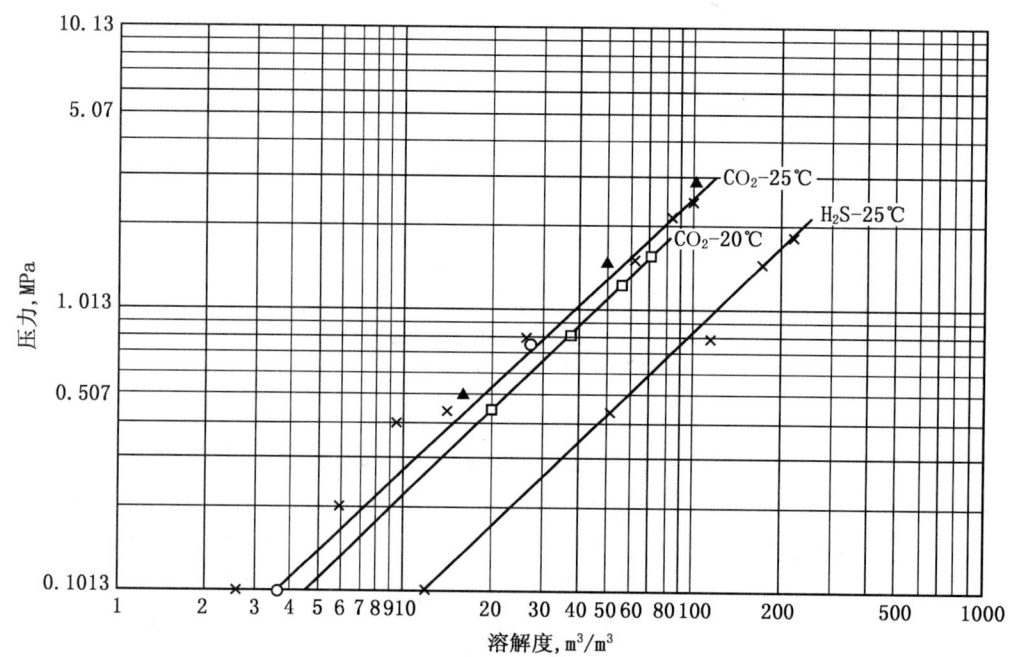

图 5-11　H_2S 及 CO_2 在碳酸丙烯酯中的溶解度
(引自本章参考文献 [1]，图 14-29)

其他一些气体在碳酸丙烯酯中溶解的本生系数（Bunsen coefficient，单位体积溶剂所吸收的，折算为 273.15K 及 101.325kPa 条件下的气体体积）示于表 5-14。

表 5-14　一些气体在碳酸丙烯酯中的溶解度（25℃，101.325kPa）

气体	CH_4	COS	H_2	CO	C_2H_2
本生系数，m^3/m^3	0.3	5.0	0.03	0.5	8.6

H_2S、CO_2 及乙烷在碳酸丙烯酯中溶解的亨利系数示于表 5-15。

表 5-15 三种气体在碳酸丙烯酯中的亨利系数

气体 \ 温度,℃	亨利系数 H,MPa				
	-10	25	50	75	100
H_2S	1.17	2.56	3.91	5.55	7.48
CO_2	3.66	8.39	12.47	17.12	22.35
C_2H_6	22.88	33.81	40.76	46.96	52.42

与多乙二醇二甲醚相比,烃类在碳酸丙烯酯中的溶解损失要低一些,如表 5-16 所示。

表 5-16 烃在碳酸丙烯酯及 Selexol 中的相对溶解损失量

烃	C_1	C_2	C_3	iC_4	nC_4	iC_5	nC_5	nC_6
碳酸丙烯酯	1	1	1	1	1	1	1	1
Selexol	1.61	2.51	2.72	2.41	1.35	1.18	1.16	1.12

碳酸丙烯酯的密度、粘度及比热容分别示于图 5-12 至图 5-14。

二、碳酸丙酸酯装置实例

4 套用于处理天然气及油田伴生气的碳酸丙烯酯净化装置的原料气组成及净化气质量示于表 5-17。

以下将进一步介绍这些装置的情况。

1. 装置 A

该装置位于美国得克萨斯州用于处理天然气,除达到表 5-17 所示的净化规格外,还大大降低了硫醇含量并脱水至管输标准。

进料气在三个平行的吸收塔内与碳酸丙烯酯贫液逆流接触,达到净化规格的气体从顶部出塔;塔底富液则在四个顺次的闪蒸罐内闪蒸再生,第一个高压闪蒸罐出来的闪蒸气压缩返回吸收塔入口,第二、三个闪蒸罐在中压及常压下操作,第四个则是真空闪蒸罐,其真空是依靠 CO_2 喷射器获得的。

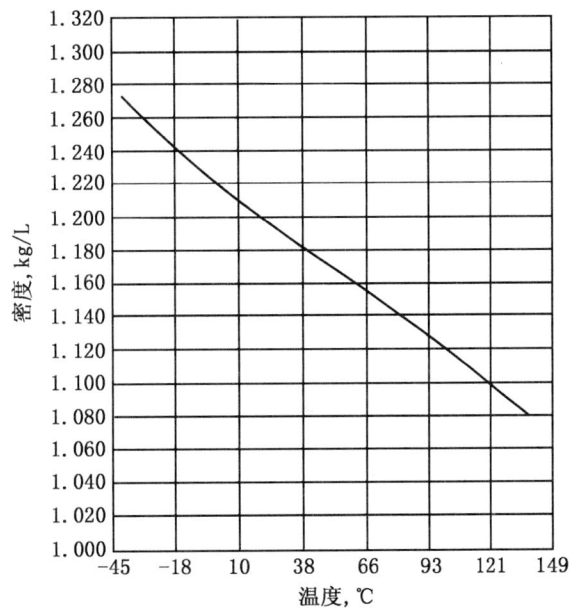

图 5-12 碳酸丙烯酯的密度
(引自本章参考文献 [1],图 14-25)

实际运行时的 CO_2 浓度为 40%~45%,压力则从 5.86MPa 升至 6.72MPa。

此装置的特点是能量利用合理,采用的富液及气体膨胀透平大大降低了公用工程消耗,由于回收了冷能而降低了循环量并相应缩小了设备尺寸。

碳酸丙烯酯的损失,包括净化气及闪蒸气中的平衡汽相损失和机械损失,通常不超过 0.16kg/$10^4 m^3$ 进料气。

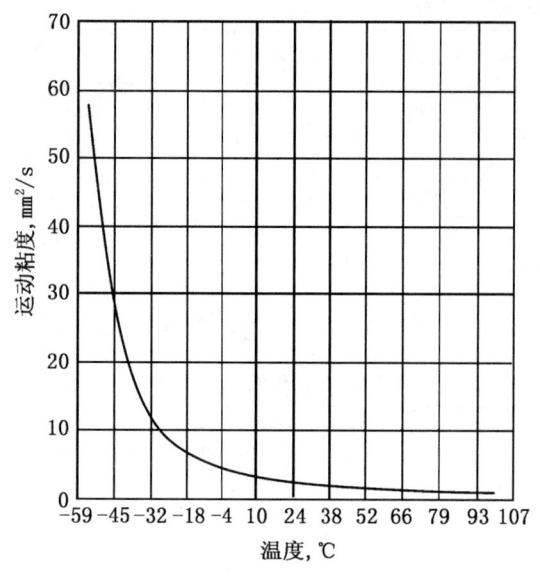

图 5-13 碳酸丙烯酯的粘度
(引自本章参考文献 [1]，图 14-26)

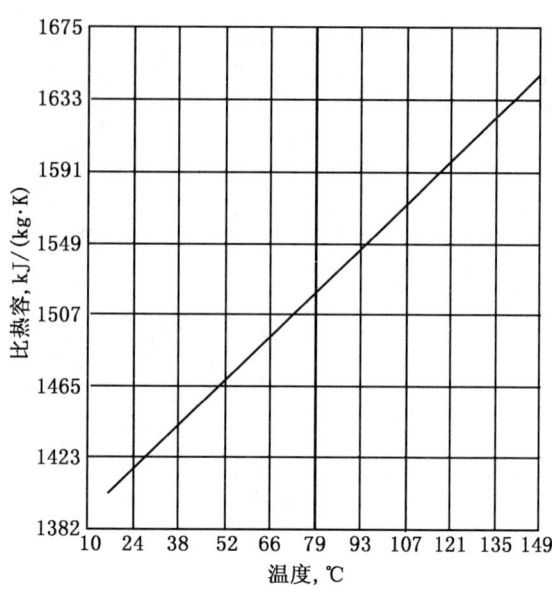

图 5-14 碳酸丙烯酯的比热容
(引自本章参考文献 [1]，图 14-28)

表 5-17 碳酸丙烯酯法天然气净化装置

装 置	A	B	C	D
处理量，$10^4 m^3/d$	623	28.3	56.6	226
原料气 CO_2，%	53	17	22.8	10～13
H_2S，%	$69 mg/m^3$	—	—	5～15
吸收压力，MPa	5.86	3.10	5.51	6.89
进料 CO_2 分压，MPa	2.98	0.517	0.124	—
$CO_2 + H_2S$ 分压，MPa	—	—	—	1.72～2.07
净化气 CO_2，%	2	5	1	0.1
H_2S，mg/m^3	5.7	—	—	18

在装置内 8 个不同位置的腐蚀挂片表明，三年运行未发生显著的腐蚀。

2. 装置 B

位于美国加利福尼亚州的此套装置用于处理油田伴生气，装置富液采用两级闪蒸，一级闪蒸气压缩返回吸收塔，二级闪蒸出的 CO_2 直接排入大气。

由于此装置是处理伴生气，气体中 C_3^+ 烃较多，为了解决 C_3^+ 烃进入碳酸丙烯酯的问题，发展了一项工艺设计，但详情未曾说明。

估计可能采取的办法是引出一股富液加水，碳酸丙烯酯与水互溶而导致烃类相分离，烃类可滗出，含水溶剂蒸出水分后返回系统，可通过调节蒸发器的压力及温度控制返回的碳酸丙烯酯中的水含量。图 5-15 为其示意流程图。

显然，此种分离重烃的办法也可用于多乙二醇二甲醚等其他的物理溶剂。

在装置 B 中，为了降低吸收温度以获得较高的 CO_2 负荷和降低溶剂的汽相损失，设有

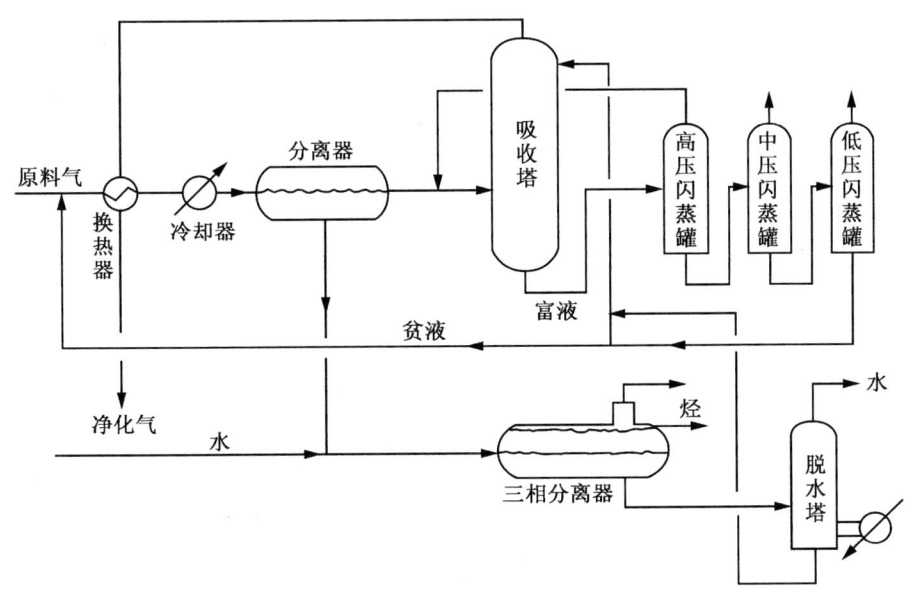

图 5-15　用水从溶剂中分出烃相

一个小的丙烷制冷系统。原料气先以甘醇脱水以防水合物生成并使溶剂在接近无水状态下运行。

装置总的碳酸丙烯酯损失在整个运行期间平均为 $0.16kg/10^4 m^3$ 左右，分析表明，溶剂中没有任何杂质积累。

3. 装置 C

装置 C 位于美国犹他州井场，天然气除含 22.8% CO_2 外，还含有 23.2% N_2，丁烷及天然汽油的含量为每 $10^4 m^3$ 天然气含 1.34 L。

装置位于海拔 1920m 的高寒区域，设计成半无人值守运行，由于装置中没有蒸汽重沸器，碳酸丙烯酯的凝固点低至 -48.8℃，运行良好。

装置运行结果表明，N_2 几乎未被脱除，富液再生十分类似于装置 A，但亦如装置 B 一样采取了特别步骤以解决重烃溶解问题。

4. 装置 D

这是一套同时脱除天然气中 H_2S 与 CO_2 的装置，位于德国，由于原料气来自几个井场，所以设计的气体组成在一定范围。

装置的溶液循环量是按 CO_2 的溶解度设计的，如前所述，H_2S 在碳酸丙烯酯中的溶解度是 CO_2 的 3.29 倍，这就足以保证 H_2S 的脱除。但并未说明净化气是仅以此装置净化抑或另有一套装置清除残余的 H_2S 来达到所要求的净化指标。净化气售给电力公司用于发电。

关于富液的闪蒸再生步骤未作说明，所产生的酸气送克劳斯制硫装置。

第五节　其他物理溶剂法

除去前面两节介绍的多乙二醇二甲醚及碳酸丙烯酯两种方法外，还有一些物理溶剂脱除酸气的方法；本节将介绍 N-甲基吡咯烷酮法（Purisol）、多乙二醇甲基异丙基醚法（Sepasolv MPE），以甲醇为溶剂的冷甲醇法与 IFPEX-2，N-甲酰吗啉法以及磷酸三正丁酯法（Estasolvan）。

一、N-甲基吡咯烷酮法[9,10]

以 N-甲基吡咯烷酮（NMP）为溶剂脱除酸气是德国 Lurgi 公司开发的一种气体净化方法，其商业名称为 Purisol。

1. N-甲基吡咯烷酮对酸气的溶解性能

以 NMP 对 CO_2 的溶解度为 1，各种气体在 NMP 中的相对溶解度示于表 5-18。

从表 5-18 可见，H_2S 在 NMP 中的溶解度是 CO_2 的 10.2 倍，不仅显著优于碳酸丙烯酯，而且优于多乙二醇二甲醚。因此仅就选择脱硫的能力而言，NMP 更具优势。此外，NMP 也是脱除有机硫化合物的优良溶剂，而对水的溶解度则是 CO_2 的 4000 倍。

表 5-18　各种气体在 NMP 中的相对溶解度

H_2	6.4×10^{-3}	C_2H_4	0.55	COS	2.72	nC_7	50.0
O_2	3.5×10^{-2}	CO_2	1.0	C_2H_2	7.37	C_2H_5SH	78.8
CO	2.1×10^{-2}	C_3	1.07	H_2S	10.2	$(CH_3)_2S$	91.9
C_1	7.2×10^{-2}	iC_4	2.21	nC_6	42.7	H_2O	4000
C_2	0.38	nC_4	3.48	CH_3SH	34.0		

图 5-16 是几种硫化物及 CO_2 于不同温度下在 NMP 中的溶解度，图 5-17 则是 CH_4 及几种烃类在 NMP 中的溶解度。图中纵坐标为在相应组分分压为 101.3kPa 下每克 NMP 溶解的气量，以 0℃ 及 101.3kPa 计的毫升数，横坐标则是绝对温度 K 的倒数。

以体积计的，不同温度及分压下的 H_2S、CO_2 及 CH_4 在 NMP 中的溶解度示于表 5-19。

表 5-19　H_2S、CO_2 及 CH_4 在 NMP 中的溶解度

气　　体	温度,℃	气体分压, kPa	溶解度, m^3/m^3
CO_2	20	101.3	3.95
	23.5	67.9	2.0
	35	101.3	3.0
	35	1013	32.0
H_2S	20	101.3	48.8
	23.5	41.5	14.3
	35	101.3	25.0
CH_4	20	101.3	0.28
	23.5	5674	12.2
	35	59.8	1.9

2. Purisol 装置实例

一套处理天然气的 Purisol 装置（可能是 NEAG-I）的实际运行数据示于表 5-20。

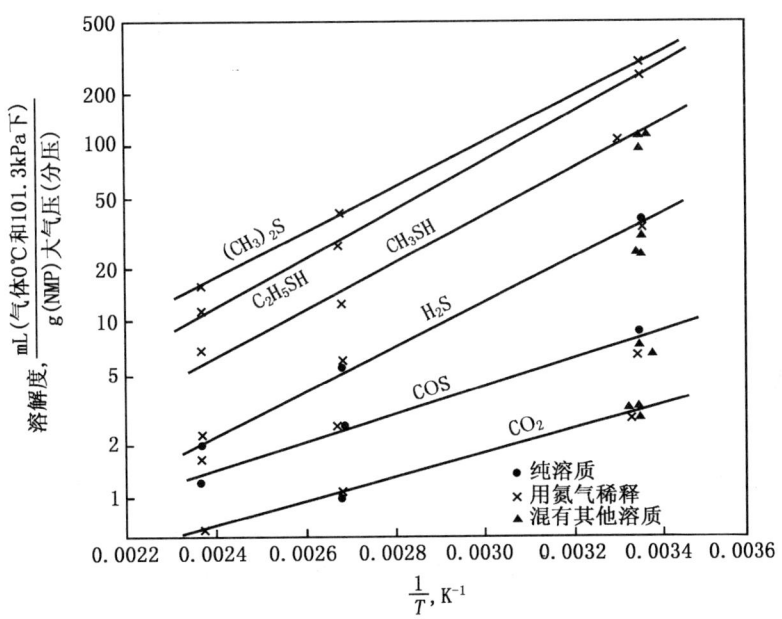

图 5-16 硫化合物及 CO_2 在 NMP 中的溶解度
(引自浙江省化工研究所 NMP 资料汇编，1975)

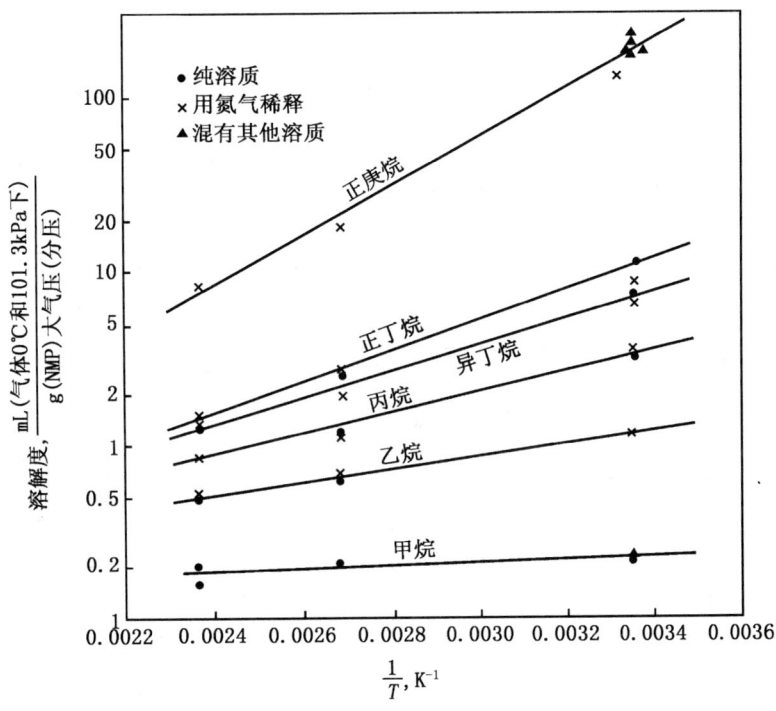

图 5-17 甲烷等烃类在 NMP 中的溶解度
(引自浙江省化工研究所 NMP 资料汇编，1975)

表 5-20 Purisol 天然气净化装置运行数据

	进料气	净化气		
H_2S, %	1~10	0.02~0.2	第一吸收塔贫液温度	21℃
CO_2, %	8~26	6~20	富液温度	30℃
N_2, %	4~5	4~5	第二吸收塔贫液温度	24~28℃
CH_4, %	70~80	75~90	富液温度	40~44℃
温度, ℃	0~15	25	溶液去闪蒸温度	130℃
压力, MPa	4.96	3.93	一级闪蒸压力	3.45MPa
—	—	—	二级闪蒸压力	1.45MPa
			三级闪蒸压力	51.7kPa

从表 5-20 所示数据可见：
（1）净化气 H_2S 含量 0.02%~0.2%，较通常的天然气管输质量要求高出三至四个数量级。
（2）贫液入塔温度低于 30℃，需要采取一些特别的溶液冷却措施。
（3）富液闪蒸前加热至 130℃。
（4）第三级闪蒸压力为 51.7kPa，是在真空下闪蒸。

Lurgi 公司针对三种工况使用 Purisol 法脱除气体中的酸气提出了不同的富液再生方案：
①高压下基本上完全脱除气体中的大量 CO_2，富液采用闪蒸及惰性气气提；
②从天然气中脱除大量 H_2S（但未达到通常的管输规格），富液在三个压力等级下闪蒸再生；
③从天然气中选择脱除 H_2S 并达到管输规格，富液则需要采用闪蒸及高温汽提以使之完全再生，其示意流程如图 5-18。

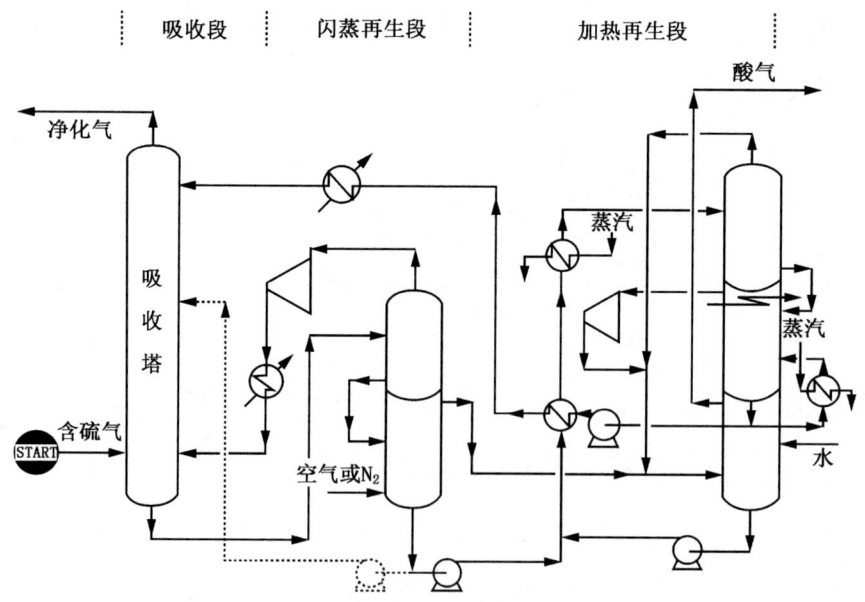

图 5-18 Purisol（富液闪蒸及汽提）法工艺流程图

三种工况的气体组成及能耗示于表5-21。

表5-21 Purisol法三种工况的气体组成及能耗

工 况	1	2	3
进料气量,$10^4 m^3/d$	283	283	283
压力,MPa	7.38	3.52	7.38
温度,℃	43	27	27
原料气 H_2S,%	—	34.0	6.0
CO_2,%	33.15	1.0	15.0
CH_4,%	0.44	63.7	75.0
C_2^+,%	—	1.3	—
CO,%	1.50	—	—
H_2,%	64.53	—	—
N_2,%	0.38	—	4.0
净化气 H_2S,%	—	2.0	$2mL/m^3$
CO_2,%	0.10	1.2	13.6
CH_4,%	0.59	95.4	82.0
C_2^+,%	—	1.4	—
CO,%	2.24	—	—
H_2,%	96.44	—	—
N_2,%	0.63	—	4.4
电耗①,kW	2100	1600	1100
蒸汽(310kPa),kg/h	1700	680	5900
NMP损耗,kg/h	3.0	5.0	4.1

①未采用透平回收能量。

从表5-21工况3的数据可见,天然气中的H_2S从6%降至$2mL/m^3$,而CO_2仅从15%降至13.6%,CO_2的共吸收率相应地仅为17.1%,应当说其选吸能力十分优越了。

二、多乙二醇甲基异丙基醚法[2]

多乙二醇甲基异丙基醚法是德国BASF公司开发的,其商业名称为Sepasolv MPE。从溶剂的名称可见,此法类似于前面介绍的多乙二醇二甲醚法。

1. 多乙二醇甲基异丙基醚对酸气的溶解性能

以CO_2在Sepasolv MPE溶剂中的溶解度为1,H_2S,COS,CH_4及H_2的相对溶解度示于表5-22。看来它的选择脱除H_2S的能力稍逊于多乙二醇二甲醚。

表5-22 气体在Sepasolv MPE中的相对溶解度

H_2	CH_4	CO_2	COS	H_2S
$5.0×10^{-3}$	$6.6×10^{-2}$	1	2.54	6.86

几种气体在Sepasolv MPE中的溶解度示于图5-19。

H_2S不同分压下在Sepasolv MPE中的溶解度示于图5-20。

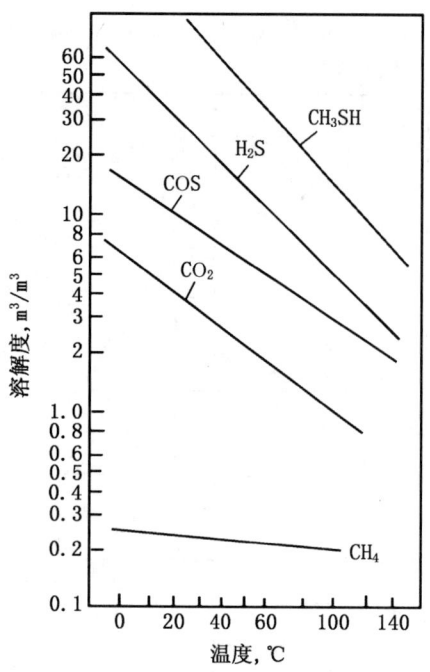

图 5-19 几种气体在 Sepasolv MPE 中的溶解度（0.1MPa 下）
［引自 OGJ，1980，78（3）］

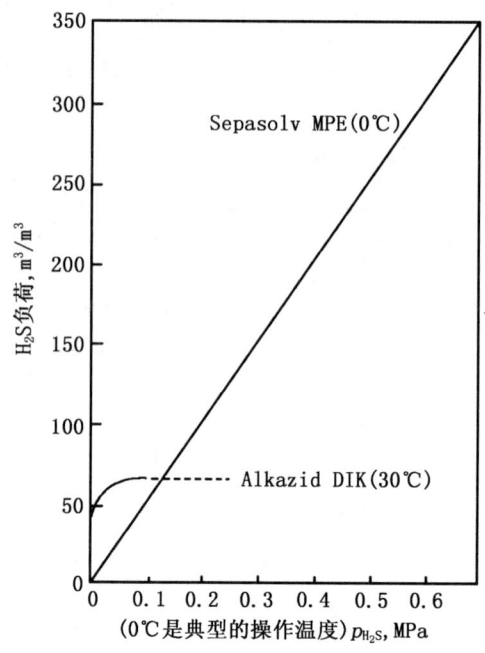

图 5-20 H_2S 在 Sepasolv MPE 中的溶解度
［引自 OGJ，1980，78（3）］

2. Sepasolv MPE 装置实例

Sepasolv MPE 法的首次工业应用是在德国不来梅南部的 Duste 天然气净化厂，用于 I 号装置。该装置的工艺流程示于图 5-21，表 5-23 则是其操作数据，几种酸气及烃类的脱除率示于表 5-24。

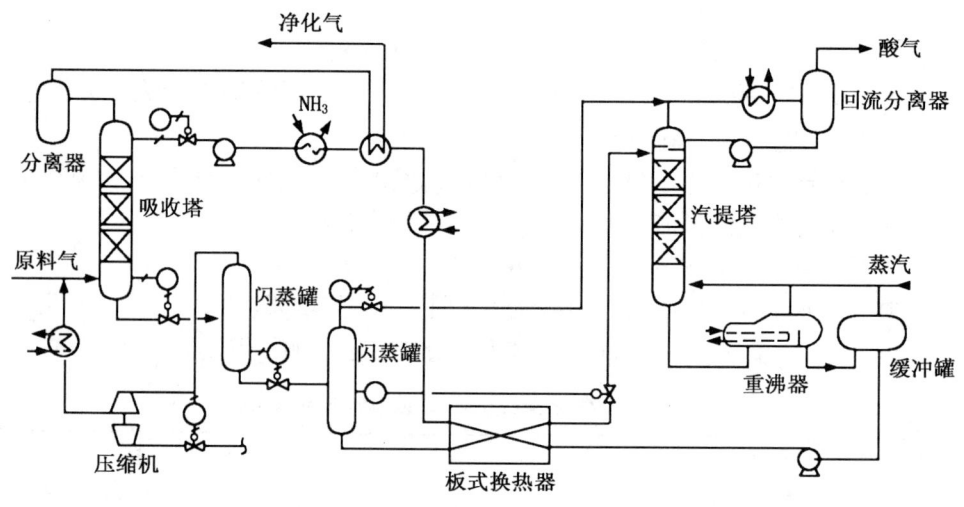

图 5-21 Sepasolv MPE 法工艺流程图

表 5-23 Duste Sepasolv MPE 装置操作数据

	原料气	净化气	酸气
气量，m³/h	50000	45380	4750
压力，MPa	7.0	6.9	0.003
温度，℃	4		
溶剂入塔温度，℃	-1.4		
溶剂汽提温度，℃	140		
溶剂汽提压力，kPa	142		
H_2S，%	6.31	3mL/m³	66.42
CO_2，%	8.88	7.51	21.69
COS，mg/m³	94	25	750
RSH，mg/m³	22	<1	222
C_1，%	80.64	88.04	7.70
C_2，%	0.20	0.19	0.29
蒸汽用量，kg/h	3600		

表 5-24 几种气体的脱除率

气　　体	H_2S	CO_2	COS	RSH	C_1	C_2
脱除率，%	～100	23.2	75.8	95.9	0.91	13.78

关于 DusteⅠ装置及其运行情况，需作如下说明：

(1) 吸收塔及汽提塔均为填料塔。

(2) 富液再生分三级进行，第一级在 2MPa 压力下闪蒸，闪蒸气压缩返回吸收塔；第二级在 0.6MPa 下闪蒸；第三级将溶液加热到 115℃送入汽提塔，溶液在 142kPa 及 140℃下汽提再生。溶液中含有 2%～3%水，汽化并冷凝回流。

(3) 由于溶液含水，所以吸收温度需要足够低才可不需要另行脱水；因此溶剂使用一个氨冷单元冷却，当溶剂为 0℃时，净化气露点可达到-15℃以下。

(4) 在 H_2S 几乎完全脱除的情况下，CO_2 仅脱除 23.2%，说明 Sepasolv MPE 溶剂也有良好的选择脱硫能力；然而，根据图 5-19 所示的溶解度，硫醇的脱除率似乎偏低。

三、冷甲醇法

以甲醇为溶剂在低温下脱除酸气的冷甲醇法是德国 Lurgi 公司首先开发的，其商业名称为 Rectisol[10]，国外使用此工艺的装置数已超过 100 套，主要用于煤气及合成气净化，也用于天然气液化前的预净化。此法在我国的煤气净化中也有应用。

进入 20 世纪 90 年代，法国石油研究院在冷甲醇法的基础上进一步开发出 IFPEXOL 工艺，此中 IFPEX-1 用于天然气脱水及 NGL 回收，IFPEX-2 则用于天然气中酸气的脱除。

1. 气体在甲醇中的溶解度[11]

几种气体（H_2S，CO_2，CH_4，CO、H_2 及 N_2）在甲醇中的溶解度示于表 5-25。

表 5-25 气体在甲醇中的溶解度

温度 K	溶解度，$10^3 m^3/t$（甲醇），$p=100kPa$					
	H_2S	CO_2	CH_4	CO	H_2	N_2
203.2	1016	126	1.20	0.50	0.24	0.206
223.2	300	45.0	0.86	0.35	0.16	0.199
243.2	105	20.0	0.70	0.29	0.14	0.185
263.2	47	9.8	0.61	0.26	0.12	0.175
283.2	26	6.0	0.60	0.25	0.108	0.175
303.2	16	3.7	0.58	0.26	0.100	0.185
323.2	8.08	2.3	0.58	0.27	0.120	0.195

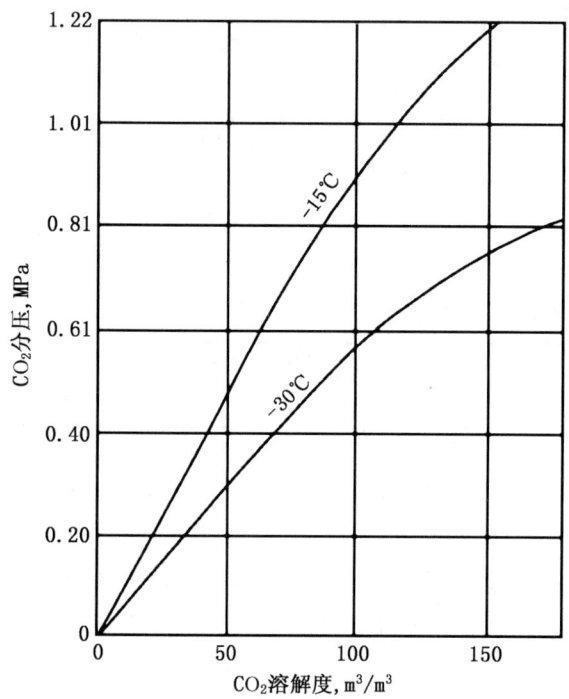

图 5-22 CO_2 在冷甲醇中的溶解度
[引自计算机与应用化学，1994，11 (1)]

从表 5-25 可见：

（1）酸气在甲醇中的溶解度随温度上升而急剧下降，H_2S 在 50℃下的溶解度为 -70℃的 0.8%，CO_2 则为 1.8%；H_2S 的溶解度为 CO_2 的 4~8 倍；但其他气体溶解度的变化则非常有限。

（2）在 -70℃下，CH_4 的溶解度仅为 H_2S 的 1.2%，但至 50℃时此值则升至 H_2S 的 7.2%，上升约 6 倍。

还要指出的是，烃在甲醇中的溶解度随其碳数上升而迅速上升。这一性质使冷甲醇法长期以来主要用于煤气等领域，但它又成为前述的 IFPEX-1 用于回收 NGL 的基础。

图 5-22 给出了 CO_2 在不同分压下在冷甲醇中的溶解度。

2. 冷甲醇法装置示例

冷甲醇法既可用于同时脱除 H_2S 及 CO_2，也可以安排为两段吸收，第一段脱除 H_2S 及 COS，第二段则脱除 CO_2（制氢装置脱 CO_2 可安排在变换工序之后）。图 5-23 是两段净化的工艺流程图。

此种先脱除 H_2S 及 COS、变换后再脱 CO_2 的装置工艺参数示于表 5-26。

据称，此装置需电 2500kW（未使用透平回收能量）、蒸汽 5.2t/h，用于制冷的废热 $50×10^3$ MJ/h，冷却水 2060m³/h；甲醇耗量 80kg/h。

3. 改进的 IFPEX-2 系统[12,13]

在 IFPEXOL 工艺中，利用甲醇对较高碳数的烃类、水及酸气的溶解能力，在 IFPEX-1 中脱水及回收 NGL，IFPEX-2 中脱除酸气。

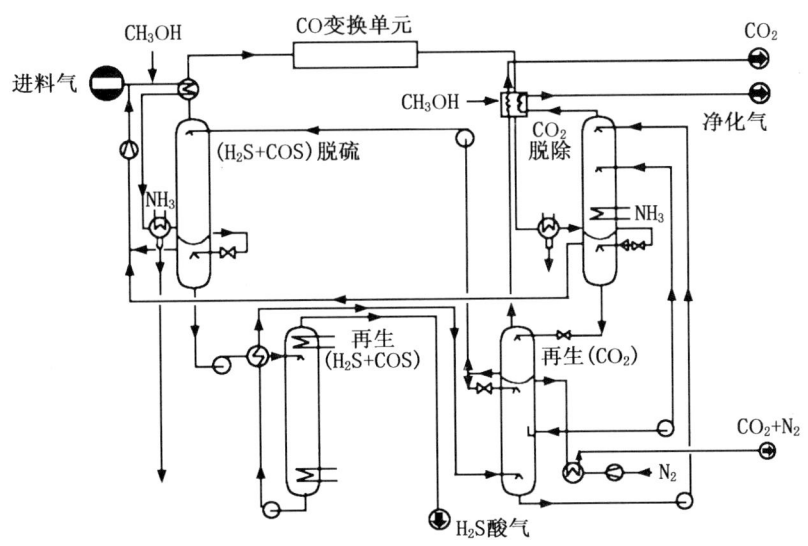

图 5-23 Rectisol 两段净化工艺流程图

表 5-26 Rectisol 两段净化气体组成（装置处理量 $306×10^4 m^3/d$，压力 4.7MPa）

组　分	一段（脱除 H_2S+COS）			二段（脱 CO_2）	
	进料气	净化气	H_2S 酸气	进料气	净化气
H_2S+COS,%	0.7	$<0.1 mL/m^3$	40.1	—	—
CO_2,%	5.3	5.3	57.3	36.1	0.1[①]
H_2,%	44.6	45.0	—	62.8	98.2
CO,%	48.4	48.7	—	0.5	0.8
N_2+Ar,%	1.0	1.0	1.6	0.6	0.9

①如需要，甚至可达 $1 mL/m^3$。

与 Rectisol 比较，IFPEX-2 并未显示出更多的特点。

但是，IFPEX-2 新近有了改进，即将甲醇吸收的酸气分成两股，一股为富 H_2S 酸气可供克劳斯制硫装置加工，一股则为含 CO_2 及烃气，其流程示于图 5-24。

从图 5-24 可见，此流程的主要改进之处在于将原流程中的贫富液换热器改为一个新型的换热汽提器。在此垂直的管壳式换热器内，冷富液从热贫液取得热量并发生闪蒸汽提，顶部提供了气体通道。

这种安排可完全保证去克劳斯装置的酸气烃含量小于 2% 且提高了 H_2S 浓度。

四、N-甲酰吗啉法[14]

美国燃气工艺研究院（IGT）就 N-甲基吗啉（NFM）作为脱除酸气的溶剂进行了广泛研究，后又与德国 Krupp Uhde 公司合作使用 NFM 与 NAM（N-乙基吗啉）的混合物以克服 NFM 凝固点较高的缺点，并名为 Morphysorb 法。此法可用于脱除大量 CO_2 或选择脱除 H_2S，并可同时脱除有机硫和水分；中试和计算机模拟结果表明，也许是由于 NFM 呈微碱性，循环量较其他物理溶剂低 12%~25%，且烃损失也有所下降。表 5-27 列出了几种工况的预期净化结果，此中，工况 3 及 4 仅用闪蒸，工况 1 及 2 除闪蒸外溶剂还需要汽提。

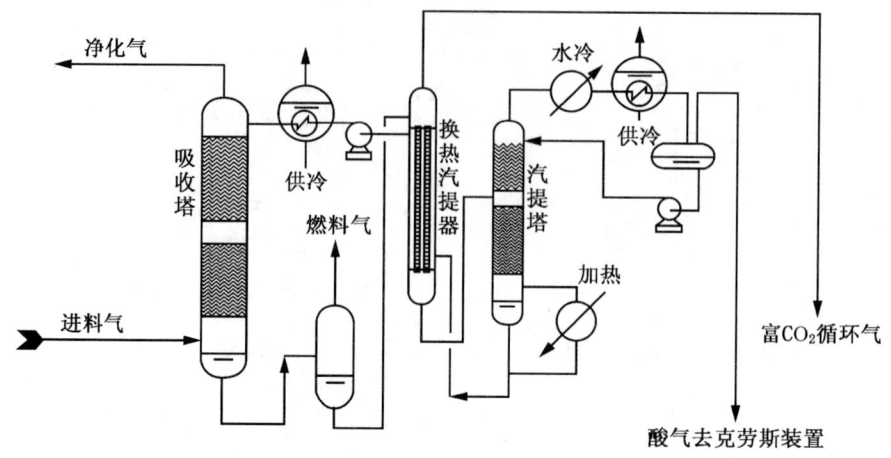

图 5-24 改进的 IFPEX-2 工艺流程

表 5-27 Morphysorb 工艺的预期净化结果

工 况	1[①]	2	3	4
处理量，$10^4 m^3/d$	229	204	481	5943
CO_2原，%	30.0	14.1	10.0	71.0
H_2S原，%	0.002	0.005	15.0	0.5
CH_4原，%	70.0	85.0	74.7	28.0
压力，MPa	7.0	7.24	8.27	7.0
温度，℃	-	27	30	18
循环量，m^3/h	990	451	360	6889
CO_2净，%	2.0	2.0	7.8	17.8
H_2S净，%	<0.0004	<0.0004	3.2	0.2
H_2S酸，%	-	-	74.0	0.6
CO_2酸，%	-	-	21.0	98.9
CH_4酸，%	-	-	5.0	0.5
CH_4 损失，$10^4 m^3/d$	-	-	3.96	20.1
溶剂损失，kg/h	-	-	8.2	-

① 仅用 NFM。

五、磷酸三正丁酯法[15]

法国石油研究院（IFP）与德国 Friedrich Uhde 公司联合以磷酸三正丁酯（TBP）为酸气吸收剂进行了广泛的研究，为此工艺取的名称是 Estasolvan。然而遗憾的是此法迄今为止未能获得工业应用，但国外的几本气体净化专著均介绍了此法。

1. 磷酸三正丁酯对酸气的溶解性能

以 CO_2 在 TBP 中的溶解度为 1，H_2S 及 CH_4 的相对溶解度示于表 5-28。

表 5-28 气体在 TBP 中的相对溶解度

CH$_4$	CO$_2$	H$_2$S
4.0×10^{-2}	1	5.6

就选择脱除 H$_2$S 的能力而言，TBP 较前述的几种溶剂要差一些。

图 5-25 给出了上述三种气体不同压力下在 TBP 中的溶解度。

前已提及，与已工业化的几种物理溶剂相比，TBP 是疏水性的，与水的互溶性不好。

值得注意的是，液体硫磺在 TBP 中的溶解度也很小，因此曾试图以 TBP 为溶剂使 H$_2$S 与 SO$_2$ 在其中发生液相克劳斯反应而生成的硫磺可自动分离，为此在实验室进行了不少工作，但未能形成工业过程。

2. TBP 试验数据

在研究开发过程中，曾设想了两种应用的可能性：首先是用于低 C$_2^+$ 气流的脱硫，其次是当处理 C$_2^+$ 含量较高的气流时，则既净化又回收 NGL。

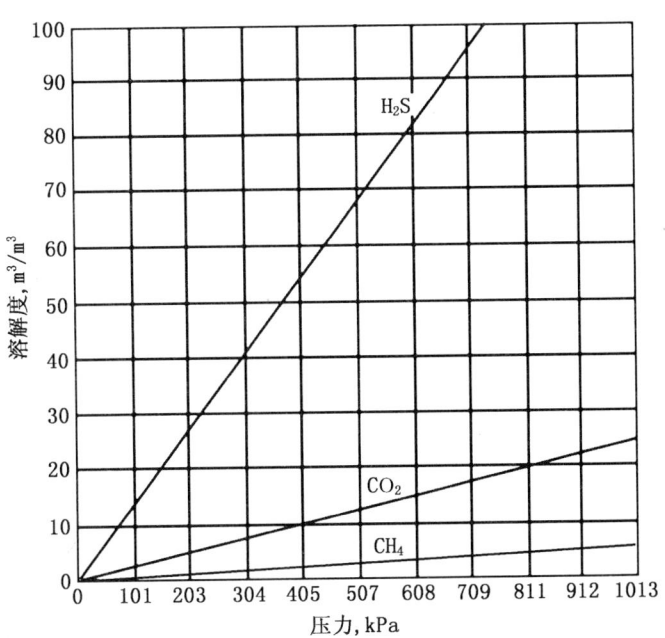

图 5-25 25℃下气体在 TBP 中的溶解度
[引自 OGJ，1968，66（21）]

用于天然气净化的试验装置所取得的数据示于表 5-29。

表 5-29 TBP 法试验装置数据

操 作 参 数			
原料气量，10^{4}m^3/d	压力，MPa	温度，℃	溶剂循环量，m^3/h
180	6.86	29	160
气 体 组 成			
	原料气	净化气	酸气
H$_2$S，%	10.0	3.4mg/m^3	67.3
CO$_2$，%	15.0	5.8	31.4
CH$_4$，%	75.5	88.5	1.4
N$_2$，%	4.7	5.7	—
气体脱除率，%			
H$_2$S	CO$_2$	CH$_4$	N$_2$
～100	31.1	0.276	—

参 考 文 献

1. A. L. Kohl et al. Gas Purification (3rd Edition). Gulf Publishing Company, U. S. A., 1979
2. R. N. Maddox. Gas Conditioning and Processing. Vol. 4, Gas and Liguid Sweetening, Cambell Petroleum Series, U. S. A, 1982
3. Y. Xu et al. Solubility of CO_2, H_2S and SO_2 in Physical Solvents. Can. J. Chem. Eng., 70 (3), 1992: 569~573
4. 王开岳. 塞列克索物理溶剂净化法. 石油与天然气化工, 1980 (1): 8~19
5. Von W. Wolfer. Bau und Inbetriebnahme der Selexol-Erdgaswasche Duste Ⅱ der Wintershall Aktiengesellschaft. Erdol Erdgas Z., 93 (12), 1977: 421~427
6. W. G. Judd. Mercaptan Removal Rate Exceeds 99％ at Canadian Gas Plant. Oil Gas J., 91 (33), 1993: 81~83
7. R. W. Bucklin et al. Comparison of Fluor Solvent and Selexol Process. Energy Prog., 4 (3), 1984: 137~142
8. D. K. Judd. Gas Process Plant Conversion Cut Energy Use, Emission. Oil Gas J., 76 (19), 1978: 247~252
9. 王开岳. 关于珀里索法及使用N,5-二甲基吡咯烷酮作为脱硫溶剂的一些问题. 石油与天然气化工, 1977 (2): 15~18
10. Hoochgesand, G. Rectisol and Purisol. Ind. Eng. Chem., 62 (7), 1970: 37~43
11. 戴文斌等. 低温甲醇洗工艺气体溶解度的计算. 计算机与应用化学, 11 (1), 1994: 44~51
12. W. Wolfer et al. Solvent Shows Greater Efficiency in Sweetening of Gas. Oil Gas J., 78 (3), 1980: 67~72
13. A. Minkkinen et al. Methanol Simplifies Gas Processing. Proc. 76th GPA Annu. Conv., 1997: 227~233
14. N. Palla et al. Advancements in Treating Subquality Natural Gas Using N-formyl Morpholine. Proc. 77th GPA Annu. Conv., 1998: 36~41
15. S. Franckowiah et al. Estasolvan: New Gas Treating Process. Hydrocarbon Proc., 49 (5), 1970: 145~148

第六章 化学—物理溶剂法

本章所要讨论的化学—物理溶剂法是指以化学溶剂（胺类）与物理溶剂组成的溶液（常常还含有水）脱除气体中酸性组分的方法。

最早使用的化学—物理溶剂体系是醇胺—甘醇，采用这一体系是为了解决天然气的同时脱硫脱水问题，后因此体系的醇胺变质及系统腐蚀均较严重等问题而逐步停止使用。

迄今为止国内外应用最广泛的化学—物理溶剂法是砜胺法，现有装置超过 200 套。此法所用物理溶剂为环丁砜，化学溶剂则是二异丙醇胺（DIPA）或甲基二乙醇胺（MDEA），我国还曾使用过一乙醇胺（MEA），溶液中还含有一定量的水。可见砜胺法不是为了在脱硫的同时脱水，而是为了节能；与胺法比较，在较高的酸气分压下有较高的酸气负荷而可降低循环量；此外，良好的脱有机硫能力则是其重要特点。

国内在 20 世纪 60 及 70 年代前期曾经将砜胺法称为"环丁砜"法，这种称谓显然是不妥的，它不能反映体系中既有化学溶剂烷醇胺又有物理溶剂环丁砜的本质，而且有可能造成不必要的误解。事实上，首先开发了砜胺法并将其命名为 Sulfinol 法的荷兰壳牌公司还研究开发了另一个工艺——Shell Sulfolane（可译为壳牌环丁砜法），这是一个进行液相克劳斯反应的工艺，此体系在环丁砜中加有亚铁盐催化剂、吡啶羧酸和水，但未见有工业化的报道。可见，Sulfinol 和 Shell Sulfolane 是两个体系不同，应用领域也完全不同的工艺。

Sulfinol 法原型以 DIPA 与环丁砜配伍，后又开发了以 MDEA 与环丁砜配伍的体系，并称为 New Sulfinol；后重新命名称前者为 Sulfinol - D，后者为 Sulfinol - M。我国先后将 MEA、DIPA 及 MDEA 与环丁砜组成三个体系，可分别称为砜胺Ⅰ型，Ⅱ型及Ⅲ型。

应当指出，从溶液组成的角度而言，砜胺Ⅱ型与 Sulfinol - D（或 Sulfinol）是相同的，砜胺Ⅲ型与 Sulfinol - M（或 New Sulfinol）是相同的，但工艺的开发者不同。

从世界范围来说，砜胺法所处理的气体中 H_2S 高达 54%，CO_2 高达 44%，有机硫则高达 $4000mL/m^3$。

另一种化学—物理溶剂法则是在冷甲醇法的基础上形成的，使用醇胺—甲醇溶液；由于吸收在常温而不是冷甲醇法的低温下进行，所以也被称为常温甲醇法。德国 Lurgi 公司以 DEA 与甲醇配伍，称为 Amisol 法；我国西北化工研究院（原化肥工业研究所）则使用 DIPA 与甲醇组合，命名为 CFID 法。

除此之外，还有一些其他的化学—物理溶剂体系，如 Selefining，Optisol，Ucarsol LE - 701 及 Flexsorb 混合 SE 等，它们与砜胺法颇为类似，但应用都不多。

还应当指出的是，第五章中介绍的一些物理溶剂也均可以作为化学—物理溶剂法中的物理溶剂使用；事实上，有关公司曾进行了 DIPA—多乙二醇二甲醚，DIPA - N - 甲基吡咯烷酮等体系脱硫的广泛试验[1]，并取得了良好结果，但未见工业应用报道。

第一节 醇胺—甘醇法[2]

醇胺—甘醇法使用的烷醇胺为 MEA，所用甘醇则为二甘醇（DEG）或三甘醇（TEG）；

溶液中的含水量则因脱水要求而变，如欲使之成为有效的脱水剂，则溶液水含量应低于 5%。关于使用甘醇脱水，将在本书的第九章系统介绍。

醇胺—甘醇法使用的溶液通常含 MEA 10%～30%，DEG 60%～85%，水则为 5%～10%。

图 6-1 提供了带有部分操作参数的 MEA-DEG 装置图。

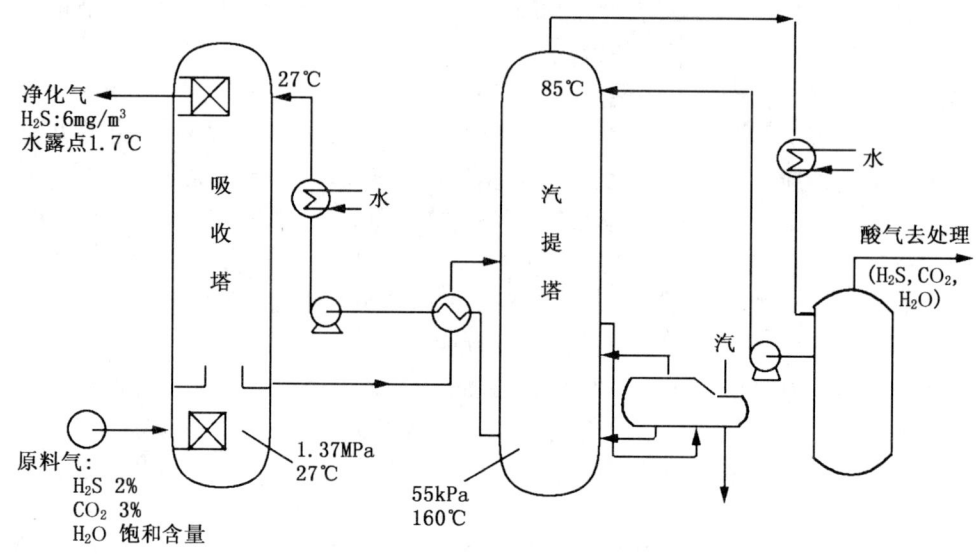

图 6-1　MEA-DEG 脱硫脱水装置

图 6-1 所示装置处理量为 $130×10^4 m^3/d$，原料气含饱和水，H_2S 2%，CO_2 3%；净化气露点为 1.7℃，含 H_2S 6mg/m^3 及微量 CO_2。

值得注意的是：

(1) 净化气的 H_2S 及 CO_2 含量均很低，这是意料之中的，但由于溶液含水，所获得的露点降不过 25℃左右。

(2) 汽提塔底及重沸器的溶液温度达到 160℃，这样的温度对于 MEA 而言显然是太高了。

归纳起来，醇胺—甘醇法有如下优点：

(1) 可以同时脱硫脱水；

(2) 与胺法相比，蒸汽消耗稍低一些；

(3) 因再生温度高，溶液所含 H_2S 及 CO_2 汽提得更完全，净化气质量更好。

而此法的缺点则是：

(1) 要使溶液作为一个有效的脱水剂，水含量就不能高，相应地重沸器温度就相当高，图 6-1 所示的温度为 160℃。

从第二章可以知道，MEA 水溶液通常的再生温度还不到 120℃，为了控制 MEA 的变质反应，甚至要求重沸器加热蒸汽的温度也不超过 149℃，现在重沸器温度竟高达 160℃，与 120℃的工况相比，MEA 的变质速率前者可能达到后者的 16 倍，这当然是无法容忍的。

(2) 与系统温度高及 MEA 变质严重直接关联的是装置腐蚀严重。

(3) MEA 装置常配有溶液复活设施，但 MEA-DEG 溶液则无法采用复活设施纯化溶液。

（4）与水溶液相比，醇胺—甘醇溶液将吸收较多的重烃，特别是芳烃，而影响酸气质量。

主要由于MEA变质严重及腐蚀加剧，加之其脱水深度有限，因此从20世纪60年代以后，醇胺—甘醇法在工业上已不再采用，天然气净化厂宁愿安排胺法脱硫及甘醇脱水两套装置。

第二节　一乙醇胺—环丁砜法

我国四川天然气研究所在借鉴国外Sulfinol法经验的基础上于20世纪60年代合成了环丁砜并开发了一乙醇胺—环丁砜法脱硫及脱碳工艺，可简称为砜胺Ⅰ型工艺，此法当时曾不恰当的被称为"环丁砜法"。

在研究开发工作的基础上，砜胺Ⅰ型工艺先后用于天然气脱硫及合成气脱碳的工业装置。未见国外有使用一乙醇胺—环丁砜溶液脱硫或脱碳的工业装置报道。

一、砜胺Ⅰ型溶液的物化性质

关于砜胺法中所用物理溶剂环丁砜，其主要物理性质已示于第五章的表5-2，至于使用的化学溶剂MEA、DIPA及MDEA已示于第二章的表2-1，此处均不再赘述。

经实验室及中间试验，四川天然气研究所选择的用于天然气脱硫的砜胺Ⅰ型溶液组成为：一乙醇胺∶环丁砜∶水=20∶50∶30，可根据实际情况调整。

1. 砜胺Ⅰ型溶液密度

不同组成的砜胺Ⅰ型溶液密度示于表6-1。

表6-1　砜胺Ⅰ型溶液密度

溶液组成[①] \ 项目 温度,℃	密度,g/cm³				
	25	35	45	55	65
20∶50∶30	1.1312	1.1231	1.1160	1.1122	1.1110
25∶55∶20	1.1462	1.1382	1.1290	1.1218	1.1078
28∶54∶18	1.1421	1.1340	1.1260	1.1182	1.1102
25∶50∶25	1.1320	1.1247	1.1169	1.1088	1.1015

①组成顺序为一乙醇胺∶环丁砜∶水，下表均同。

2. 砜胺Ⅰ型溶液比热容

不同组成的砜胺Ⅰ型溶液的比热容示于表6-2。

表6-2　砜胺Ⅰ型溶液比热容

溶液组成 \ 项目 温度,℃	比热容,kJ/(kg·℃)				
	20	30	40	50	60
20∶50∶30	2.483	2.516	2.550	2.579	2.617
25∶55∶20	2.261	2.328	2.366	2.399	2.453
28∶54∶18	2.240	2.282	2.311	2.370	2.407
25∶50∶25	2.353	2.412	2.462	2.546	2.596

因环丁砜的比热容显著低于水,所以砜胺液的比热容也低于胺液,这意味着对于一定的温度变化,砜胺液需要提供或取出的热量少于胺液,这有助于降低系统能耗。

3. 砜胺Ⅰ型溶液粘度

不同组成的砜胺Ⅰ型溶液的运动粘度示于表6-3。

表6-3 砜胺Ⅰ型溶液运动粘度

溶液组成 \ 温度,℃	运动粘度,mm²/s				
	25	35	45	55	65
20:50:30	4.20	3.14	2.39	1.90	1.55
25:55:20	6.13	4.39	3.29	2.52	2.04
28:54:18	6.80	4.81	3.58	2.71	2.20
25:50:25	5.36	3.89	3.58	2.25	1.83

砜胺液的粘度较胺液为高,这对于传质及传热过程有一些不利影响。

4. 砜胺Ⅰ型溶液表面张力

不同浓度的砜胺Ⅰ型溶液的表面张力示于表6-4。

表6-4 砜胺Ⅰ型溶液表面张力

溶液组成 \ 温度,℃	表面张力,mN/m				
	25	35	45	55	65
20:50:30	49.94	49.31	48.24	45.63	44.57
25:55:20	45.92	45.71	44.06	45.59	45.01
28:54:18	46.29	45.91	45.09	45.28	44.56
25:50:25	47.58	47.39	47.05	46.57	45.71

从表6-4可见,环丁砜进入MEA溶液后,大幅度降低了溶液的表面张力;由于气液发泡是局部表面张力梯度产生的,较低的表面张力使气泡容易破裂,从而有助于减轻溶液的发泡倾向。

5. 酸气在砜胺Ⅰ型溶液中的平衡溶解度

国内在研究开发砜胺Ⅰ型工艺的过程中尚未及建立实验装置测定酸气在此溶液体系中的平衡溶解度。

墨西哥石油学院的 F. Murrieta-Guevara 等曾测定了 CO_2 及 H_2S 在一乙醇胺—环丁砜溶液中的平衡溶解度,MEA浓度15%及30%,温度303.15~373.15K,酸气分压从 2 kPa 至2210kPa,并根据溶解度数据导出 CO_2 及 H_2S 的溶解焓值,发表于 Fluid Phase Equilibria 1993年,86卷,225至231页。

6. 环丁砜对硫化物的溶解度

砜胺液中物理溶剂对 H_2S,CO_2 及乙烷的亨利系数示于表6-5,可见 H_2S 在环丁砜中的溶解度约为 CO_2 的4倍多,乙烷的24倍。

表6-6给出了以色谱法测定的甲硫醇、乙硫醇、甲硫醚及乙硫醚4种有机硫化合物在

环丁砜中的分配系数（是指该物质在环丁砜中的浓度与气相中浓度之比值）。

表6-5 H_2S等在环丁砜中的亨利系数

温 度,℃		30	50	75	100
亨利系数 MPa	H_2S	2.07	3.07	4.57	6.33
	CO_2	9.26	13.30	18.89	25.07
	C_2H_6	48.69	58.30	67.32	73.00

表6-6 有机硫化合物在环丁砜中的分配系数

温 度,℃	20	30	40	50
CH_3SH	100.5	74.1	56.0	43.2
C_2H_5SH	182.8	130.3	95.0	70.9
CH_3SCH_3	216	152.6	112	82.4
$C_2H_5SC_2H_5$	-	-	-	254

可见随有机硫化合物的分子量增大，环丁砜的亲和力也增加；但随温度升高，分配系数迅速下降。

二、砜胺Ⅰ型装置运转数据

在砜胺Ⅰ型工艺的研究开发过程中，一方面在一套处理能力约为$1×10^4 m^3/d$的中试装置上分别在四川威远气田及卧龙河气田进行了处理含硫天然气的现场试验；另一方面在一套约$4×10^3 m^3/d$的中试装置上以合成氨原料气进行了脱除CO_2的现场试验。

在完成了试验工作后，砜胺Ⅰ型脱硫工艺用于川西南矿区净化二厂及川东矿区卧龙河脱硫厂的工业装置；砜胺Ⅰ型脱碳工艺则陆续用于大庆炼油厂及济南石油化工二厂等合成气脱碳工业装置。

以下将介绍中试及工业装置的一些运转数据。

1. 砜胺Ⅰ型工艺脱硫中试结果

如上所述，砜胺Ⅰ型脱硫中试先后在四川威远气田及卧龙河气田进行。其工艺流程示于图6-2。

威远气田天然气含H_2S 1.34%，CO_2 4.92%，吸收压力为2.58MPa，采用MEA：环丁砜：水为20：50：30及25：55：20的两种溶液（可分别称为稀溶液及浓溶液）。

在贫液质量比较稳定（H_2S 0.4~0.7g/L，CO_2 6~7g/L）的条件下，净化气H_2S含量与溶液净酸气负荷（$m^3 H_2S+CO_2/m^3$液）的关系示于图6-3，可见净酸气负荷不应超过40m^3/m^3。

砜胺Ⅰ型溶液所吸收的H_2S较CO_2易于再生，贫液CO_2含量与再生温度的关系示于图6-4，而再生温度与蒸汽耗量（kg蒸汽/kg酸气）的关系示于图6-5。

卧龙河气田原料气H_2S 6.35%，CO_2 0.75%，常携带凝析油进入中试装置；砜胺Ⅰ型溶液组成为MEA：环丁砜：水=25：50：25；吸收压力3.92MPa。可见，溶液中MEA浓度及吸收压力均高于威远中试；所以溶液的净酸气负荷可以达到50m^3/m^3。

采用有效的闪蒸措施后，酸气中烃含量只有1%~2%，凝析油对中试操作的影响不显著。

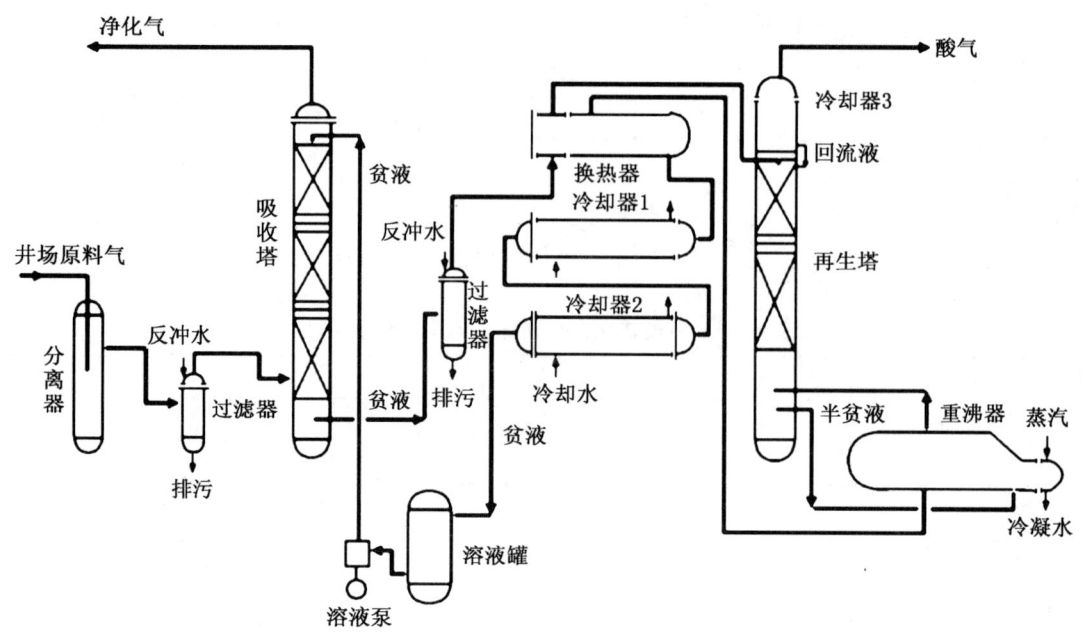

图 6-2 砜胺 Ⅰ 型脱硫中试装置流程

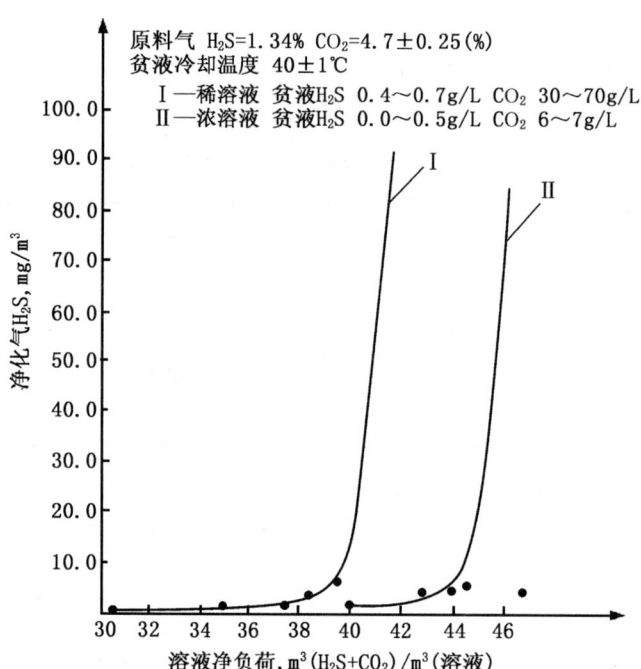

图 6-3 砜胺 Ⅰ 型威远中试净化气 H_2S 与净酸气负荷之关系

依据使用砜胺 Ⅰ 型及 MEA 法的中试对比结果，可对二者评价得到表 6-7。

从表 6-7 可见，与常规的 MEA 法相比，砜胺 Ⅰ 型工艺的溶液循环量大幅度下降，相应地能耗大幅降低；而且，装置的处理能力可提高 50% 以上。

2. 砜胺 Ⅰ 型工艺脱碳中试结果

砜胺 Ⅰ 型工艺脱碳中试所用溶液含 MEA 26.3%～26.9%，水 18.2%～19.2%，余为环丁砜。原料气为氮氢合成气，含 CO_2 16.1%～17.1%，吸收压力 152～157kPa。

中试装置选定的适宜操作条件示于表 6-8，表 6-9 则为气体组成。

从表 6-9 可见，净化气 CO_2 含量小于 0.1%，可减轻后续的甲烷化装置负荷和降低 H_2 的消耗；再生出的酸气 CO_2 浓度达到 99.4%，可用于合成尿素。

试验中考虑到净化气携带的环丁砜可能导致甲烷化催化剂中毒，因此测定了净化气的含

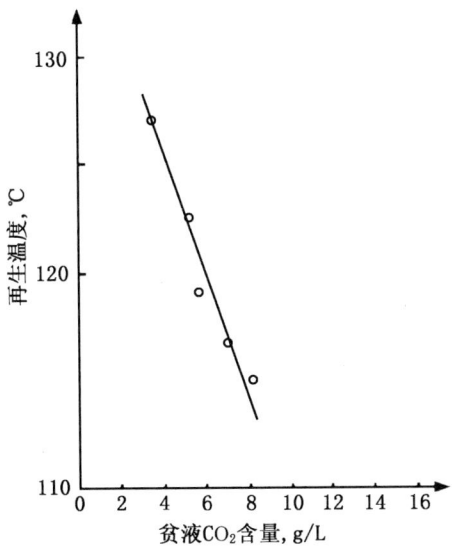

图 6-4 砜胺 I 型威远中试贫液 CO_2 含量与再生温度之关系

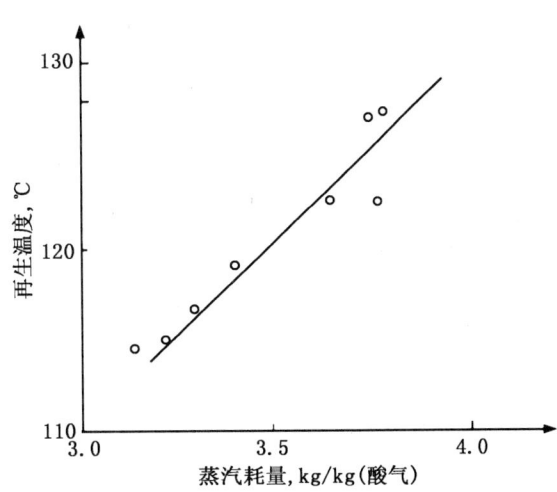

图 6-5 砜胺 I 型威远中试蒸汽耗量与再生温度之关系

硫量,如表 6-10 所示。

表 6-7 砜胺 I 型与 MEA 工艺对比

气 田	卧龙河		威 远	
H_2S 分压,kPa	255		38.7	
CO_2 分压,kPa	29.4		136	
工 艺	砜胺 I 型	MEA	砜胺 I 型	MEA
相对溶液循环量	0.5	1.0	0.64	1.0
相对处理气量	1.9	1.0	1.5	1.0
相对蒸汽耗量	0.49	1.0	0.62	1.0

表 6-8 砜胺 I 型脱碳中试适宜操作条件

吸收压力	157kPa	重沸器压力	5~7 kPa
原料气温度	40±2 ℃	重沸器返回线温度	125~129
贫液 CO_2 含量	8~15 g/L	再生塔顶温度	81~90 ℃
贫液入塔温度	40±2 ℃	回流比(摩尔水/摩尔 CO_2)	0.5~0.9
气液比,m^3/m^3	255~270	溶液净负荷	42 $m^3(CO_2)/m^3$

表 6-9 砜胺 I 型脱碳中试气体组成

组 分	CO_2	H_2	N_2	O_2	CO	CH_4
原料气,%	16.5	61.01	20.05	0.39	1.42	0.18
净化气,%	<0.1	73.48	24.60	0.33	1.6	
酸 气,%	99.4	0.31	0.23	—	0.06	

表 6-10　不同温度下净化气的含硫量

塔顶温度,℃	16	28	35.5	45	50	55	59.5	59.8
硫含量，mL/m³	1.5	3.3	4.6	10.5	13.9	23.4	29.7	32.6

为使净化气含硫量降至 $1mL/m^3$ 以下，曾研究了水洗及催化脱除（O901 催化剂，钼酸钴及 O901 催化剂）等方法，发现水洗是良好的脱除净化气中环丁砜的方法，净化气中硫含量可从 $10\sim20mL/m^3$，甚至 $30\sim40mL/m^3$ 降至 $1mL/m^3$ 以下。

当 CO_2 负荷过高时溶液可能产生盐析分层，上层为胺水相，其中 MEA 浓度可高达 60%，下层则主要是环丁砜，这就使系统溶液产生不均匀性，而且 MEA 浓度高达 60% 的富液将形成严重的腐蚀问题。

试验中注意到设备腐蚀比较严重，使用碳钢的重沸器腐蚀速度约为 1mm/a，因此认为在未找到有效的缓蚀措施以前，不宜选用碳钢的重沸器。

3. 川西南矿区净化二厂

川西南矿区净化二厂脱硫装置系我国第一套使用砜胺Ⅰ型工艺的天然气脱硫装置；该装置是按 MEA 法设计的，设计单套处理天然气量为 $70\times10^4 m^3/d$，改用砜胺Ⅰ型工艺后，处理量增至 $(90\sim100)\times10^4 m^3/d$，其在正常运行条件下的主要操作数据示于表 6-11。

表 6-11　川西南净化二厂砜胺-Ⅰ型装置操作数据

溶液组成	MEA：环丁砜：水 = 20：50：30		
原料气量	$90\times10^4 m^3/d$	贫液 H_2S	<0.5 g/L
原料气 H_2S	1.0%～1.2%	富液 H_2S	8g/L
CO_2	5.0%～6.0%	酸气负荷	$35\sim40 m^3/m^3$
原料气压力	3.6～3.7MPa	贫液入塔温度	30 ℃
温度	17～18 ℃	吸收塔顶温度	28 ℃
溶液循环量	69～70 m³/h	吸收塔中温度	65～70 ℃
气液比，m³/m³	536～545	富液出换热器温度	101 ℃
净化气 H_2S	<5mg/m³	贫液出重沸器温度	128 ℃
CO_2	200mg/m³	重沸器蒸汽量	7.0 t/h

根据表 6-11 所示结果并与 MEA 装置对比，可得出如下几点认识：

(1) 砜胺Ⅰ型工艺的 H_2S 及 CO_2 净化度是很好的；其气液比较 MEA 高，几近一倍，能耗显著下降。

(2) 砜胺Ⅰ型的处理能力高于 MEA 法，以 MEA 法设计的装置转为砜胺Ⅰ型后处理能力可提高 30%～40%。

(3) 溶液再生温度较 MEA 法高 8～10℃，这必然导致溶液中 MEA 的变质加剧。

(4) 较高的再生温度，较高的溶液负荷及较严重的 MEA 变质，导致川西南净化二厂砜胺Ⅰ型装置产生相当严重的腐蚀问题，甚至使装置难于稳定运行。

关于砜胺液的腐蚀问题，稍后将有一节专门讨论。

4. 卧龙河脱硫厂

卧龙河脱硫厂的名称几经变迁，现为重庆天然气净化总厂垫江分厂。

卧龙河脱硫厂所处理的天然气与川西南净化二厂显著不同，H_2S较高而CO_2较低，且含有相当多的有机硫化合物，装置不时还有凝析油进入。

工厂有三套脱硫装置，单套处理能力为$125×10^4 m^3/d$，采用砜胺Ⅰ型溶液，其组成为MEA∶环丁砜∶水＝20∶50∶30，设计气液比为$740m^3/m^3$。

装置投产后运转基本正常，单套处理量可达设计指标，净化气H_2S含量稳定低于$20mg/m^3$，通常在$5mg/m^3$以下；然而，从砜胺Ⅰ型的中试至此装置投产，均未注意有机硫问题。后经测定，发现净化气总硫含量大致在$200\sim500mg/m^3$之间，最高达到$800mg/m^3$以上。

表6-12给出了卧龙河脱硫装置在低于设计处理能力下运行的一些数据。

表6-12　卧龙河砜胺Ⅰ型装置操作数据

项　　目	A	B
溶液组成：MEA∶环丁砜∶水＝20∶50∶30		
装置处理量，$10^4 m^3/d$	80～100	
吸收压力，MPa	3.4～3.8	
贫液入塔温度，℃	28～35	
原料气H_2S，%	4.5	
CO_2，%	0.4	
气液比	450～500	650～700
净化气H_2S，mg/m^3	<20	<20
净化气总硫，mg/m^3	89～247	270～512
净化气总硫平均值，mg/m^3	144	392

关于卧龙河砜胺Ⅰ型装置，有必要说明以下几点：

（1）装置的腐蚀情况比川西南净化二厂装置要轻得多，稍后将详细讨论。

（2）由于时有凝析油进入装置，导致装置操作波动，需要降低处理量运行，有时由于酸气中烃量过多，导致后续的克劳斯装置出现"黑"硫磺。

（3）关于砜胺Ⅰ型溶液，以及Ⅱ型、Ⅲ型溶液的脱有机硫能力，将在稍后系统讨论。

5. 济南石油化工二厂甲醇合成气净化装置

该厂$3×10^3$ t/a甲醇装置合成气采用砜胺Ⅰ型工艺脱碳，随运转时间增长，MEA变质产物在溶液中积累，使溶液中MEA浓度为10%～20%，环丁砜20%～30%，水30%～50%，变质物0～40%。装置操作参数示于表6-13[3]。

表6-13　济南石化二厂砜胺-Ⅰ型净化装置

原料气CO_2	16%～22%	气液比，m^3/m^3	170～190
H_2S	0.17～0.51 g/m^3	溶液CO_2负荷	30.9～34.8 m^3/m^3
吸收压力	1.0～1.2 MPa	贫液CO_2含量	<5 g/L
净化气总硫	<1mL/m^3	富液CO_2含量	20 g/L
CO_2	<0.1%	酸气CO_2	>99%

装置运行过程中，MEA 的变质甚为严重，腐蚀则在再生塔的蒸汽加热部件较为严重，后改用 1Cr18Ni9Ti 不锈钢。

第三节　二异丙醇胺—环丁砜法

壳牌公司 20 世纪 60 年代开发成功的 Sulfinol 法使用二异丙醇胺—环丁砜—水溶液，后又改称为 Sulfinol-D。

我国于 20 世纪 70 年代中期将卧龙河脱硫装置中的砜胺Ⅰ型溶液（MEA—环丁砜）顺利更换为砜胺Ⅱ型溶液（DIPA-环丁砜），随后又成功地推广至川西南净化二厂及川西北净化厂。

壳牌公司在实验室阶段，曾使用 MEA，DEA，DIPA 及 MIPA（一异丙醇胺）等与环丁砜配伍，进行了广泛的研究，但最终选定的醇胺却是 DIPA，此点值得注意。事实上，在上述几种醇胺中，DIPA 的相对分子质量最大，约为 MEA 的 2.2 倍。醇胺与酸气按当量进行反应，分子量高无疑是个缺点。

Sulfinol 法问世以后，显示出能耗低、可脱有机硫、装置处理能力大，腐蚀轻，不易发泡及溶剂变质轻等一系列优点，因而受到广泛欢迎而迅速推广应用，现已成为天然气脱硫的主要工艺方法之一。

在现有的 200 余套 Sulfinol 装置中，天然气脱硫装置约占 70%；此外，也用于合成气脱碳等领域。

我国开发的砜胺Ⅱ型工艺除用于天然气脱硫外，也用于合成气脱碳。

一、二异丙醇胺—环丁砜溶液的物化性质

天然气研究所测定了砜胺Ⅱ型溶液的密度、比热容、粘度、表面张力及蒸汽压等物化常数。有两种溶液组成，DIPA：环丁砜：水分别为 30∶55∶15（ⅡA）及 40∶40∶20（ⅡB）。

1. 砜胺Ⅱ型溶液密度

砜胺ⅡA 及砜胺ⅡB 溶液的密度示于图 6-6，依据测定数据回归的计算式分别为：

砜胺ⅡA　　　　　　　$\rho = 1.1674 - 0.00091T$ 　　　　　　　(6-1)

　ⅡB　　　　　　　　$\rho = 1.1334 - 0.0009T$ 　　　　　　　　(6-2)

式中　ρ——溶液密度，g/cm^3；

　　　T——温度，℃。

2. 砜胺Ⅱ型溶液的比热容

砜胺ⅡB 溶液的比热容示于图 6-7，依据测定数据回归的计算式为：

砜胺Ⅱ B：$c_p = 2.6594 + 0.00184T$ 　　　　　　　　　　　　(6-3)

式中　c_p——比热容，$J/g \cdot K$；

　　　T——温度，℃。

3. 砜胺Ⅱ型溶液的粘度

砜胺ⅡA 及ⅡB 溶液的运动粘度示于图 6-8，30~110℃范围内的测定值示于表 6-14。

应当指出，溶液吸收 CO_2 后，其动力粘度竟升高 3~5 倍，表 6-15 给出了不同组成的溶液有关数据。

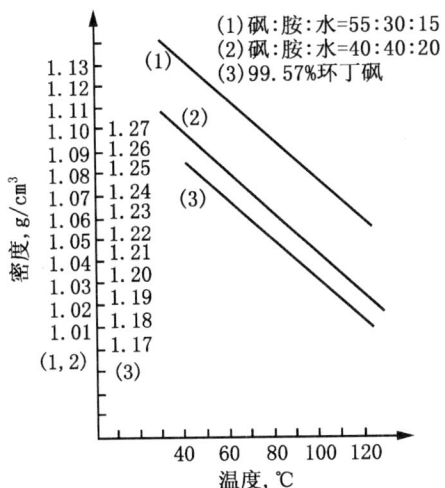

图 6-6 砜胺Ⅱ型溶液的密度

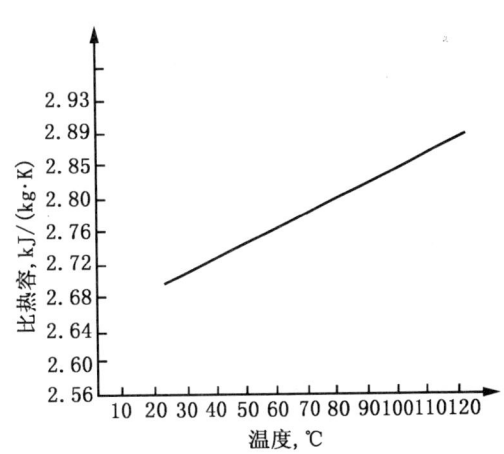

图 6-7 砜胺ⅡB溶液的比热容

表 6-14 砜胺Ⅱ型溶液的运动粘度（mm²/s）

温度,℃	30	40	50	60	70	80	90	100	110
砜胺ⅡA溶液	10.50	6.924	4.819	3.546	2.819	2.236	1.776	1.483	1.255
砜胺ⅡB溶液	14.62	9.168	6.075	4.266	3.242	2.486	1.937	1.544	1.354

表 6-15 Sulfinol 溶液的动力粘度

溶液组成,%（质量百分数）			动力粘度, mPa·s	
DIPA	环丁砜	水	贫液	CO_2 富液
40	50	10	14.2	45
52	38	10	26.0	122
52	23	25	14.2	45

4. 砜胺Ⅱ型溶液表面张力

砜胺ⅡA及ⅡB溶液的表面张力示于图 6-9，依据测定数据回归的计算式分别为：

砜胺ⅡA $\qquad \delta = 44.63 - 0.084T$ （6-4）

砜胺ⅡB $\qquad \delta = 44.59 - 0.088T$ （6-5）

式中 δ ——表面张力，mN/m；

T ——温度，℃。

5. 砜胺Ⅱ型溶液的蒸汽压

砜胺ⅡA及ⅡB溶液的饱和蒸汽压示于图 6-10，依据测定数据回归的计算式分别为：

砜胺ⅡA $\qquad \lg p = 10.6682 - (2181.8/T)$ （6-6）

砜胺ⅡB $\qquad \lg p = 10.8106 - (2220.5/T)$ （6-7）

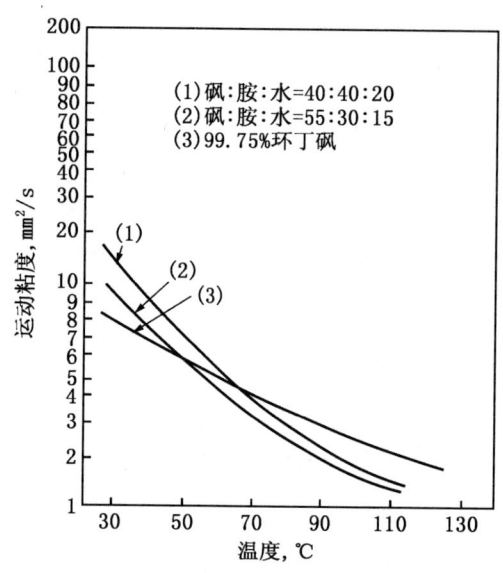

图 6-8 砜胺Ⅱ型溶液的运动粘度

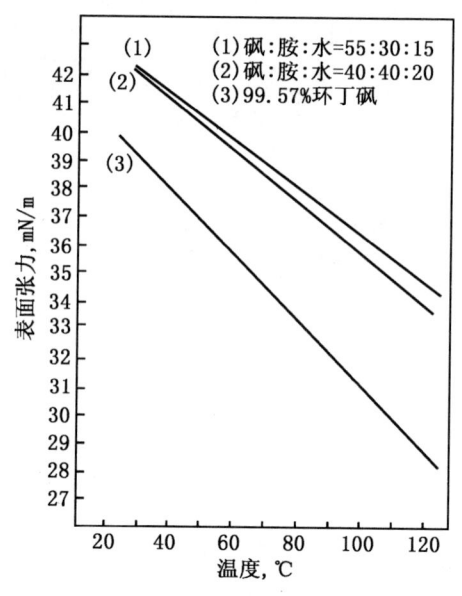

图 6-9 砜胺Ⅱ型溶液的表面张力

式中　p——饱和蒸汽压，Pa；

　　　T——温度，K。

6. Sulfinol 溶液的传热系数

溶液水含量对 Sulfinol 溶液的传热系数有显著影响，如表 6-16 所示。

表 6-16　水含量对 Sulfinol 溶液传热系数的影响

项目 溶液水含量,[①] %（质量分数） 设备	传热系数，10^4 W/(m²·K)		
	10	20	25
贫富液换热器	1.210	1.767	2.056
贫液冷却器	0.641	1.470	1.624
重沸器	2.265	3.408	3.580

① 溶液中 DIPA/环丁砜 = 1.0。

二、酸气在 Sulfinol 溶液中的平衡溶解度[4,5]

1. H_2S 在 Sulfinol 溶液中的平衡溶解度

以 DIPA：环丁砜：水 = 40：40：20（相当于上述的砜胺Ⅱ B 型）的溶液，测定的 H_2S 在 40 ℃ 及 100 ℃ 下的平衡溶解度数据示于表 6-17，并制成图 6-11，图中并有 H_2S 在 DIPA 水溶液中的溶解度以资对比。

从图 6-11 可见，在低的 H_2S 分压下（大约 200 kPa），40 ℃ 下 Sulfinol 溶液的溶解度（$α_s$）略低于 DIPA 溶液，这可能是由于 Sulfinol 溶液 DIPA 浓度（40%）高于 DIPA 溶液（~30%）的缘故，而当 H_2S 分压大于 200kPa 时，前者的 $α_s$ 值高于后者，且随分压上升而差距急剧增大，这显示了环丁砜在较高 H_2S 分压下的物理溶解能力。

表 6-17　H_2S 在 Sulfinol 溶液中的溶解度数据

T,℃	p_s, kPa	α_s, mol/mol	T,℃	p_s, kPa	α_s, mol/mol
40	2291.3	4.429	100	3862.3	1.988
	2051.2	3.339		2405.9	1.283
	1410.3	2.022		1748.8	0.929
	1081.9	1.598		1122.6	0.733
	865.6	1.492		658.7	0.510
	585.3	1.173		419.5	0.352
	502.3	1.091		262.1	0.243
	277.6	0.901		165.0	0.150
	55.9	0.582		71.7	0.119
	25.3	0.424		76.4	0.083
	20.3	0.308		63.7	0.074
	13.8	0.297			
	5.2	0.175			
	4.6	0.152			

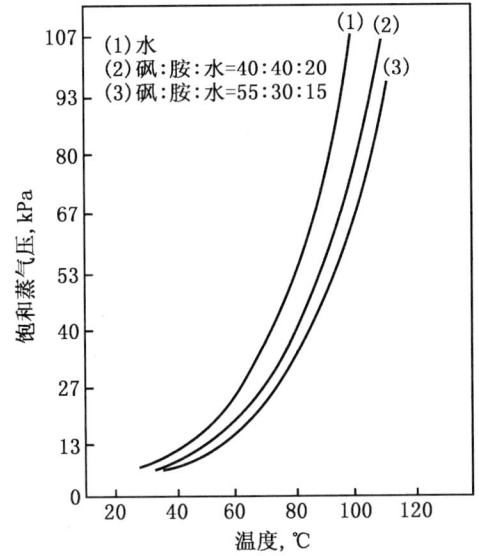

图 6-10　砜胺Ⅱ型溶液饱和蒸汽压

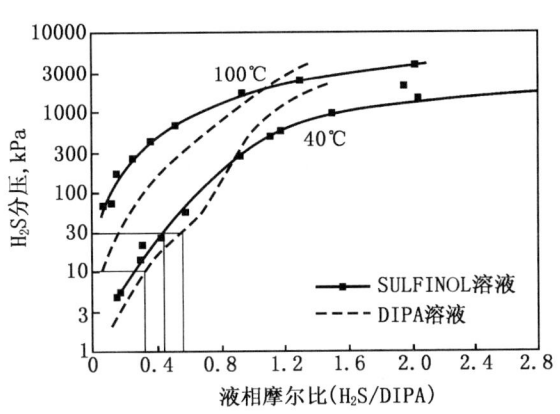

图 6-11　H_2S 在 Sulfinol 溶液中的平衡溶解度
[引自 J. Chem. Eng. Data, 1997, 22 (3)]

2. CO_2 在 Sulfinol 溶液中的平衡溶解度

表 6-18 给出了 CO_2 在 40 ℃及 100 ℃下在 Sulfinol 溶液中的平衡溶解度测定数据, 并制成图 6-12, 还给出了 CO_2 在 DIPA 溶液中的溶解度以资对比。

从图 6-12 可见, 在 40℃下 Sulfionl 及 DIPA 溶液中 CO_2 的溶解度, 两线的交点约在 5000kPa 左右, 超过此值时 Sulfionl 的 α_c 值才高于 DIPA 溶液。

表 6-18 CO_2 在 Sulfinol 溶液中的溶解度数据

T, ℃	p_c, kPa	α_c, mol/mol	T, ℃	p_c, kPa	α_c, mol/mol
40	5688.0	1.302	100	5469.6	0.719
	4410.6	1.035		5371.6	0.717
	2597.5	0.901		3339.6	0.573
	1544.6	0.758		1534.8	0.419
	1232.6	0.743		935.0	0.356
	736.8	0.666		887.8	0.338
	539.0	0.604		364.5	0.229
	628.1	0.600		175.4	0.166
	521.4	0.592		157.0	0.134
	452.7	0.590		117.7	0.126
	439.6	0.566		69.6	0.091
	288.2	0.526		27.9	0.047
	147.7	0.474		29.3	0.041
	148.5	0.452			
	149.3	0.430			
	42.1	0.405			
	7.5	0.308			
	6.9	0.305			
	2.6	0.148			
	3.4	0.146			
	2.4	0.146			

将表 6-17 与表 6-18 数值对比，当分压相同时，α_s 值高于 α_c 值，随压力上升，α_s 值相当于 α_c 值的一倍及几倍。

3. H_2S 及 CO_2 混合物在砜胺Ⅱ型溶液中的平衡溶解度

迄今为止未见到有 H_2S 及 CO_2 混合物在砜胺Ⅱ型溶液中的平衡溶解度测定数据报道。

朱利凯依据 Kent 及 Eisenberg 的方法（见本书第四章）通过上面的单组分在 Sulfinol 溶液中的溶解度数据拟合出 K_1 及 K_2，从而计算出 H_2S 及 CO_2 混合物的溶解度，现示于图 6-13 至图 6-16，其溶液组成仍为 DIPA：环丁砜：水 = 40：40：20。

三、砜胺Ⅱ型装置运转数据

由于国内已积累了砜胺Ⅰ型装置的运转经验，所以砜胺Ⅱ型未经中试即在卧龙河脱硫装置实现了工业化，此后川西南净化二厂亦从砜胺Ⅰ型转化为砜胺Ⅱ型，川西北净化厂投产亦采用了砜胺Ⅱ型工艺。

国外 Sulfinol 法的首套工业化装置是美国得克萨斯州的 Person 天然气脱硫装置。

1. 卧龙河脱硫装置

卧龙河脱硫装置于 1976 年 9 月由砜胺Ⅰ型溶液改为砜胺Ⅱ型溶液，投产期间曾进行了广泛的条件试验与各种参数的考查。由于此项改造是在 1975 年为解决净化气总硫（主要为

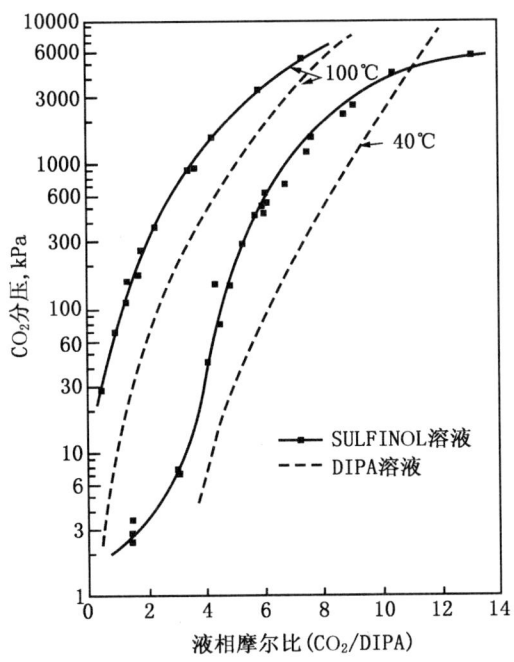

图 6-12 CO_2 在 Sulfinol 溶液中的平衡溶解度
[引自 J. Chem. Eng. Data, 1997, 22 (3)]

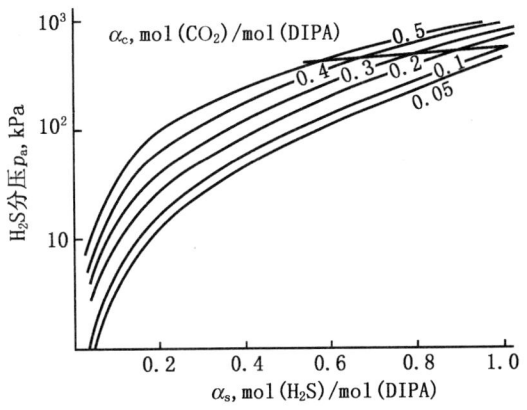

图 6-13 40℃下 H_2S 在砜胺Ⅱ型溶液中的共存溶解度

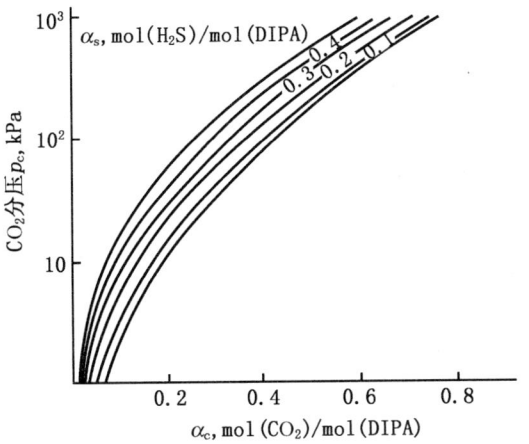

图 6-14 40℃下 CO_2 在砜胺Ⅱ型溶液中的共存溶解度

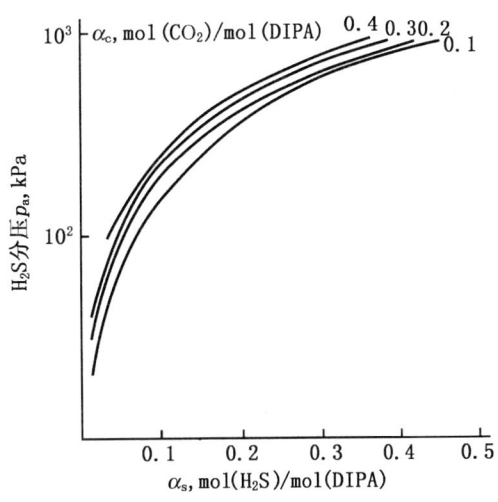

图 6-15 100℃下 H_2S 在砜胺Ⅱ型溶液中的共存溶解度

有机硫）含量所进行的技术攻关后进行的，因此试验期间对净化气总硫含量给予了很大的关注，这方面的内容将在稍后的专门一节内讨论。此处则介绍所获得的一些其他结果，特别是两种溶液体系（即砜胺Ⅱ型与Ⅰ型）的对比结果。原料气组成等条件可见表 6-12。

（1）溶液配比对净化结果的影响。试验期间配制了 3 种不同比例的砜胺Ⅱ型溶液运转，DIPA：环丁砜：水的比例分别为 35：45：20，30：50：20 及 30：55：15，其净化结果示于表 6-19。

表 6-19 溶液组成对净化结果的影响

溶液组成	35∶45∶20	30∶50∶20	30∶55∶15
气液比	502	500	500
净化气 H_2S 含量，mg/m^3	<1	<1	<1
净化气总硫含量，mg/m^3	323～363	238～255	195～206
净化气总硫平均值，mg/m^3	345	246	200

从表 6-19 可见，由于脱除有机硫的需要，装置不得不在较低的气液比、即较低的酸气负荷下运行，因此净化气 H_2S 含量很低。考虑到有机硫问题，选定的溶液组成为 DIPA∶环丁砜∶水 = 30∶55∶15，即前述的砜胺ⅡA。

净化气中 CO_2 含量一般为每立方米几到几十毫克，与砜胺Ⅰ型差不多，即在此工况下砜胺Ⅱ型中的 DIPA 并未显示出选择脱除 H_2S（即少吸收 CO_2）的能力。

（2）砜胺ⅡA 溶液的再生状况及蒸汽耗量。表 6-20 给出了砜胺ⅡA 溶液中 H_2S 在再生塔及重沸器内解吸情况的数据。

从表 6-20 可见，H_2S 的解吸在再生塔内已近完全，这对于减轻重沸器内的酸气解吸从而减轻重沸器的腐蚀是有意义的。

表 6-20 砜胺ⅡA 溶液中 H_2S 的解吸情况

	溶液 H_2S 含量，g/L			塔内 H_2S 解吸率 %
	富液	半贫液	贫液	
(1)	34.00	0.51	0.43	99.8
(2)	37.57	0.26	0.26	～100

由于酸气解吸较为容易而可使用较低的回流比，以及砜胺ⅡA 溶液的水含量较砜胺Ⅰ型为低等因素，装置单套蒸汽用量从砜胺Ⅰ型时的 10t/h 降至 7.0～7.5 t/h，节约 25% 以上。

（3）吸收塔塔温分布。图 6-17 给出了砜胺Ⅱ型及砜胺Ⅰ型溶液在不同气液比下吸收塔内的温度分布情况，虚线是作者作的。从图 6-17 可见，在所示工况下，由于 MEA 的反应性能较 DIPA 强，吸收塔下段的高温段随砜胺Ⅰ型改为砜胺Ⅱ型而向上移动；在较高的气液比下，因放出的反应热量随单位溶液量吸收酸气量而增加，温升也更高。

（4）砜胺液的传热系数。表 6-21 给出了在装置上测定的砜胺ⅡA 及砜胺Ⅰ型溶液在重沸器，贫富液换热器和贫液一级冷却器的总传热系数。

表 6-21 砜胺ⅡA 及Ⅰ型溶液的传热系数

溶液	传热系数，$10^4 W/(m^2·K)$		
	重沸器	贫富液换热器	贫液冷却器
砜胺ⅡA	2.692～3.056	0.848	1.101
砜胺Ⅰ型	3.056～3.601	1.290	1.214

从表 6-21 可见，砜胺ⅡA 的传热系数低于砜胺Ⅰ型，这显然是由于溶液含水量下降而

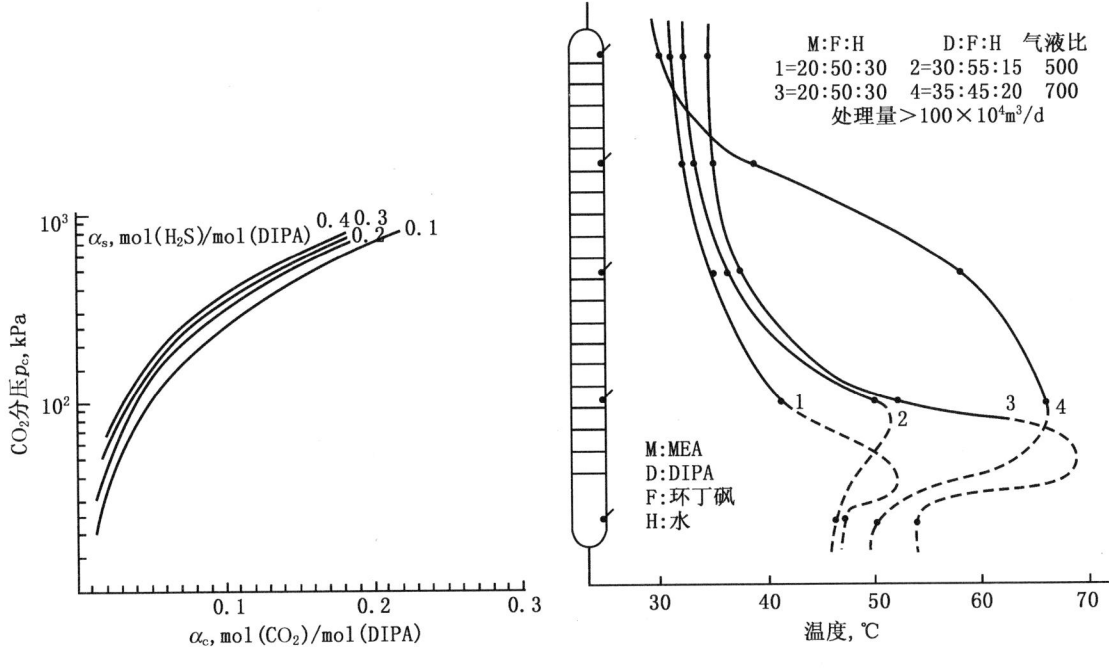

图 6-16 100℃下 CO_2 在砜胺Ⅱ型溶液中的共存溶解度

图 6-17 不同条件下的塔温分布

粘度升高所造成的。好在随着溶液的更换，装置内所需要传递的热量减少，因此传热系数的下降对装置的运行未产生不良后果。

（5）净化气中的胺含量。根据 MEA 浓度为 20％及 DIPA30％的醇胺蒸汽压计算的净化气中胺含量及装置实测值示于表 6-22。

表 6-22 净化气中胺含量

项 目	计 算 值	实 测 值
MEA，mg/m^3	6.8～13.6（30℃）	6.0；11.2；4.9
DIPA，mg/m^3	0.65（42℃）	0.9（31℃）；1.5（32℃）

从表 6-22 可见，DIPA 的气相蒸发损失大体上只有 MEA 的 1/10。

按环丁砜在溶液中的浓度为 55％计，净化气中的环丁砜含量约为 $0.65mg/m^3$。

除以上几点外，砜胺Ⅱ型溶液的腐蚀性大大优于砜胺Ⅰ型溶液，稍后将专门讨论。

2. 川西南净化二厂脱硫装置

因为川西南净化二厂不存在有机硫问题的工况，所以溶液组成定为 DIPA：环丁砜：水 = 40：40：20，即砜胺ⅡB。装置进料气 H_2S 约 1.1％，CO_2 为 5.0％～6.0％。

虽然此装置原料气总酸气浓度（约 6％～7％）高于卧龙河装置（小于 5％），但因无有机硫问题，仍可使用较高的气液比运行。表 6-23 给出了不同气液比下净化气 H_2S 含量。

从表 6-23 可见，大约在气液比 600 左右，随其升高而净化气 H_2S 含量飙升，此时溶液酸气负荷约为 $38.3m^3/m^3$，α_s 与 α_c 之和达到 0.493 mol/mol。

表 6-23　川西南净化二厂气液比与净化气 H_2S 含量的关系

气 液 比	530	570	580	595	605	617
净化气 H_2S，mg/m^3	0.76～1.40	0.68～1.05	1.04～1.14	0.85～1.67	13.12～23.03	11.44～39.23
平均值，mg/m^3	1.08	0.86	1.09	1.26	18.07	25.38

该装置的蒸汽耗量从砜胺Ⅰ型时的 $2.60t/10^4 m^3$ 原料气降至砜胺ⅡB下的 $2.12 t/10^4 m^3$，节约 20% 左右。

3. 川西北净化厂脱硫装置

川西北矿区净化厂原料天然气 H_2S 为 7.50%、CO_2 为 4.44%，采用砜胺Ⅱ型溶液净化，溶液组成为 DIPA：环丁砜：水 = 45：40：15。

装置设计处理能力为 $80×10^4 m^3/d$，后改造达 $120×10^4 m^3/d$，吸收压力 4.0MPa。设计气液比为 268，溶液中摩尔比为 0.388 mol（H_2S+CO_2）/mol（DIPA），取值较保守，仅达相应工况下平衡溶解度的 40%～45%。实际操作的气液比达到 350，溶液酸气负荷达到 0.549 mol/mol，平衡程度达到 60%～70%。相应地，以 10^3（H_2S+CO_2）m^3 计的实际蒸汽消耗量仅有 3.04 t，低于卧龙河脱硫装置的 4.5 t。

4. 美国得克萨斯州 Person 脱硫装置[6]

Person 装置是 Sulfinol 法工业化的第一套装置，故提供的情况也比较详细。

该装置原使用 MEA 法，处理油田伴生气，其典型的气体组成示于表 6-24。

表 6-24　Person 装置进料气典型组成

组分	C_1	C_2	C_3	C_4	C_5	C_6	C_7	C_8	C_9^+
%	81.57	5.82	1.85	1.03	0.45	0.15	0.06	0.043	0.004
组分	苯	甲苯	二甲苯	总烃	N_2	CO_2	H_2S	COS	RSH
%	0.013	0.010	痕量	91.00	0.50	6.90	1.60	$7mL/m^3$	$19mL/m^3$

以下将介绍该装置采用 Sulfinol 法的运转情况并与 MEA 法作对比。

（1）装置的处理能力。表 6-25 给出了装置使用 MEA 法及 Sulfinol 法的处理能力对比数据，可见由 MEA 法改为 Sulfinol 法后，装置处理量可提高约 50%，溶液的酸气负荷（m^3/m^3）提高约 1/3，净化气总硫含量也显著降低。

表 6-25　Person 装置运转数据

工 艺		MEA	Sulfinol	
			(1)	(2)
进料气	H_2S，%	1.6	1.6	1.6
	CO_2，%	6.9	6.9	6.9
装置处理量，$10^4 m^3/d$		150	218	218
气液比		394	529	500
溶液酸气负荷，m^3/m^3		33.5	45.0	42.5
净化气总硫含量，mg/m^3		<22.9	<13.7	<2.3

（2）酸气烃含量情况。Person 装置处理油田伴生气，其组成如表 6-24 所示。对于含有

物理溶剂环丁砜的 Sulfinol 法而言,在酸气烃含量方面处于一种不利的地位;但由于采取了使净化气温度不低于原料气温度以及较好的闪蒸措施,酸气中的烃含量仅有 2.0%,如表 6－26 所示。

表 6－26　Person 装置酸气组成

组　　分	$C_1 \sim C_4$	C_5^+	芳烃	总烃	H_2S	CO_2
实测值,%	1.20	0.50	0.20	1.90	18.0	80.1
计算值,%	1.21	0.56	0.23	2.00	18.5	79.5

应当指出,考虑到总烃为 2.0%,其中 C_5^+ 0.50%、芳烃 0.20%,如以碳数计折为 C_1 则可能超过 5%,作为克劳斯装置的进料,其质量是不好的。

事实上,进料中的芳烃有 95% 以上为溶液所吸收,这是不奇怪的,因为环丁砜本身是一种优良的抽提芳烃的溶剂;此外,C_5^+ 烃也有 5% 为溶液所吸收。

(3) 装置的热负荷。装置以 MEA 法运行时,蒸汽耗量为 2.3～2.5 kg/kg 酸气,换成 Sulfinol 法后降至 1.1kg/kg。冷换设备的热负荷示于表 6－27,可见有显著的下降。

表 6－27　Person 装置设备热负荷 (kJ/m^3 溶液)

设　　备		重沸器	贫富液换热器	贫液冷却器
MEA		802	339	414
Sulfinol	实测值	377	250	280
	计算值	377	239	280

(4) 醇胺变质情况。Person 装置使用 MEA 法时,以 $10^3 m^3 CO_2$ 计的 MEA 变质量为 0.963kg;改为 Sulfinol 后,DIPA 的变质量为 0.120kg,约为前者的 1/8。

(5) 腐蚀情况。稍后将集中讨论,Person 装置的经验表明使用碳钢是适宜的。

5. 引进 Sulfinol 装置

从日本千代田公司引进的天然气净化装置是当时我国单套处理能力最大的装置,为 $400 \times 10^4 m^3/d$,于 1980 年底投产;与国内设计建设的其他净化装置相比,它有如下一些特点:

(1) 将脱硫、脱水、硫磺回收及尾气处理装置一体化安排;
(2) 脱硫及脱水装置的操作压力超过 6MPa(国内其他装置不超过 5 MPa);
(3) 配套措施较为完善,就脱硫装置而言,进料天然气以高效过滤分离器处理,溶液过滤,富液能量回收透平驱动溶液循环泵,还有一个脱硫溶液复活单元。
(4) 为解决脱有机硫效率问题,吸收塔有 35 块塔板。

总之,此装置具有国外 20 世纪 70 年代的先进水平,但装置在开车运行后也出现了一些问题,将在本书的相关章节内介绍。

表 6－28 为脱硫装置设计指标及考核期间的有关数据。

在运行的初期几个月内,贫液 H_2S 含量为 0.022～0.027g/L,CO_2 为 0.0064～0.0076 g/L;DIPA 及环丁砜的设计消耗指标分别为 0.383 $kg/10^4 m^3$ 及 0.278 $kg/10^4 m^3$ 原料气,在此期间实际的消耗量分别为 0.313～0.43$kg/10^4 m^3$ 及 0.22～0.268$kg/10^4 m^3$。

6. Sulfinol 装置设计与操作数据[7]

作者曾在 20 世纪 70 年代末系统收集 Sulfinol 装置的设计与操作数据,现摘出一部分示于表6-29，此中除天然气脱硫装置外，也有用于合成气脱碳的装置。

表6-28 引进脱硫装置设计值及考核期间运转值

参　数	设计值	运转值	参　数	设计值	运转值
处理量，$10^4 m^3/d$	400	396.4	净化气 H_2S，mg/m^3	<5	<5
压力，MPa	6.27	6.17	CO_2，mL/m^3	<500	<500
原料气 H_2S，%	4.49	4.21	总有机硫，mg/m^3	120~140	97.84
原料气 CO_2，%	0.54	0.56	原料气温度，℃	4~20	16~19
有机硫，mg/m^3	1000~1200	800~1200	再生塔顶温度，℃	100	100
循环量，m^3/h	242	242	再生塔底温度，℃	137	137
气液比	689	683			

表6-29 Sulfinol装置操作与设计数据表

装置所在国	美国	德国	加拿大	伊朗	美国	加拿大	美国	美国	中国
装置名称或地址	Person	Grossen-kenten	Alberta	Brunei	Pyoto	Alberta	Brea	Odessa	卧龙河
气　体	天然气	天然气	天然气	天然气	天然气	天然气	合成气	氢	天然气
原料气 H_2S，%	1.60	11.0	51.5	$0.2 mL/m^3$ (3.5)	0.10	20.1	—	—	4.49
原料气 CO_2，%	6.90	9.0	3.5	0.6 (1.0)	18.00	2.0	21.9	32.0	0.54
COS，mL/m^3	7	$200 mg/m^3$①	$192 mg/m^3$①			$167 mg/m^3$①	—	—	100
RSH，mL/m^3	19	$20 mg/m^3$①	$71 mg/m^3$①			$34.3 mg/m^3$①			700
净化气 H_2S，mg/m^3	2.3	<0.35	<5.7	0	<5.7	<5.7	—	—	<5
净化气 CO_2，mL/m^3	<1000	<500	<1.0%	20 (50)	2.0%	<1.0%	0.02%	0.01%	<500
净化气 COS，mL/m^3	脱除95%		} $22.9 mg/m^3$①		} $22.9 mg/m^3$①	} $22.9 mg/m^3$①	—	—	<50
净化气 RSH，mL/m^3									<150
装置处理量，$10^4 m^3/d$	90.7	44.0	283	454 (446)	283	283	228	196	400
吸收压力，MPa	6.9	7.6	6.9	5.3	6.9	6.9	2.0	3.0	6.28
溶液循环量，m^3/h	76.0	800	538	47 (80)	492	398	628	720	242
气液比	513	228	220	4020 (2330)	240	297	151	113	689
酸气负荷，m^3/m^3	42.5	45.6	121	24.1 (23.3)	39.4	65.8	33.1	36.2	34.3
吸收塔直径，m	1.22	2.75 (两台)	—	—					2.4
塔板数	23	45							35
板间距，m	0.61	0.665							0.6
空塔线速，m/s	0.146	0.064							0.16
消耗指标 蒸汽，t/t(酸气)	1.1	1.47	0.71	—	1.08	1.24	1.37	1.18	1.74
冷却水，t/t(酸气)	37.5	9.0	—	—	—	—	45.0	40.2	
电，kW·h/t(酸气)	39.2	15.9	—	—	—	—	15.5	20.1	
DIPA，$kg/10^3 m^3$ (CO_2)	0.121	1.25							0.782
备注				括弧内为设计值					

① 以硫计。

第四节 甲基二乙醇胺—环丁砜法

甲基二乙醇胺—环丁砜法既有良好的脱除有机硫的能力，又可以在 H_2S 和 CO_2 同时存在的条件下从天然气中选择脱除 H_2S[8]。作为砜胺法的第三种体系，可编为砜胺Ⅲ型工艺。

壳牌公司最初称此工艺为 New Sulfinol，后又改称为 Sulfinol-M。

一、酸气在砜胺Ⅲ型溶液中的平衡溶解度[9,10]

关于砜胺Ⅲ型或 Sulfinol-M 溶液的物化数据，尚未见到公开发表的资料。

关于 H_2S 及 CO_2 在 MDEA—环丁砜溶液中的平衡溶解度，发表的数据也不多。

1. H_2S 在 MDEA—环丁砜—水溶液中的平衡溶解度

MacGregor 等使用 MDEA：环丁砜：水 = 20.9：30.5：48.6 的溶液测定了 H_2S 在 40℃ 及 100℃ 下的平衡溶解度，现示于图 6-18，并有 MDEA 水溶液的数据可比较。

应当说，上述组成的溶液获得工业应用的可能性颇令人怀疑。

从图 6-18 可见，与 2M 的 MDEA 水溶液相比，H_2S 在 MDEA—环丁砜—水溶液中的平衡溶解度在低压下低而高压下高，其 40℃ 下的分界点在 250 kPa 左右，这与 Sulfinol-D 溶液的情形是类似的。

2. CO_2 在 MDEA—环丁砜—水溶液中的平衡溶解度

仍以上述组成测定的 40℃ 及 100℃ 下 CO_2 的平衡溶解度示于图 6-19。

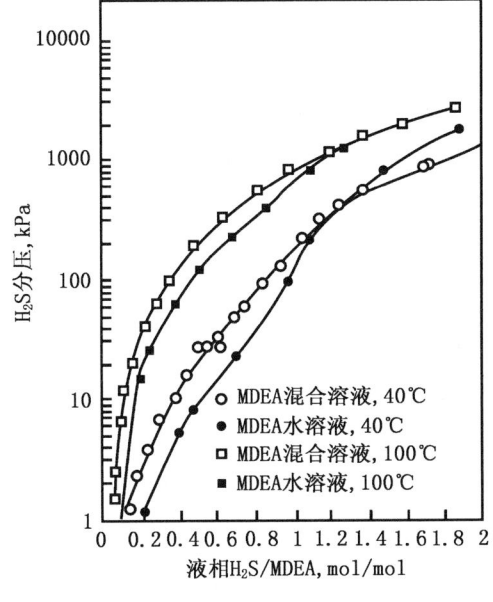

图 6-18 H_2S 在 MDEA—环丁砜—水
溶液中的平衡溶解度

[引自 Can. J. Chem. Eng., 1991, 69 (9)]

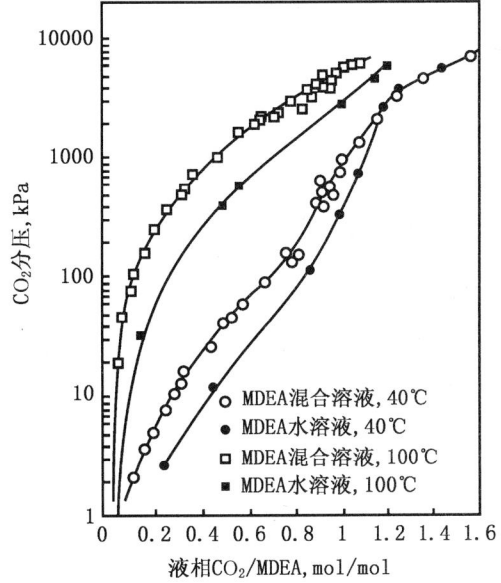

图 6-19 CO_2 在 MDEA—环丁砜—水
溶液中的平衡溶解度

[引自 Can. J. Chem. Eng., 1991, 69 (9)]

从图 6-19 可见，CO_2 在混合溶液中的溶解度几乎一直低于 MDEA 水溶液。

3. H_2S 及 CO_2 在砜胺Ⅲ型溶液中的平衡溶解度

中国石油西南油气田分公司天然气研究院使用两种砜胺Ⅲ型溶液（ⅢA 为 MDEA：环

丁砜：水 = 40：45：15，Ⅲ B 为 50：30：20) 测定了 H_2S 及 CO_2 混合物在 40℃下的平衡溶解度，图 6-20 为 CO_2 对 H_2S 负荷的影响，图 6-21 为 H_2S 对 CO_2 负荷的影响。

从图 6-20 及 6-21 可见，与前述的混合溶液的溶解度在低压下低于水溶液一致，含水较少的砜胺Ⅲ A 的溶解度也较砜胺Ⅲ B 为低。

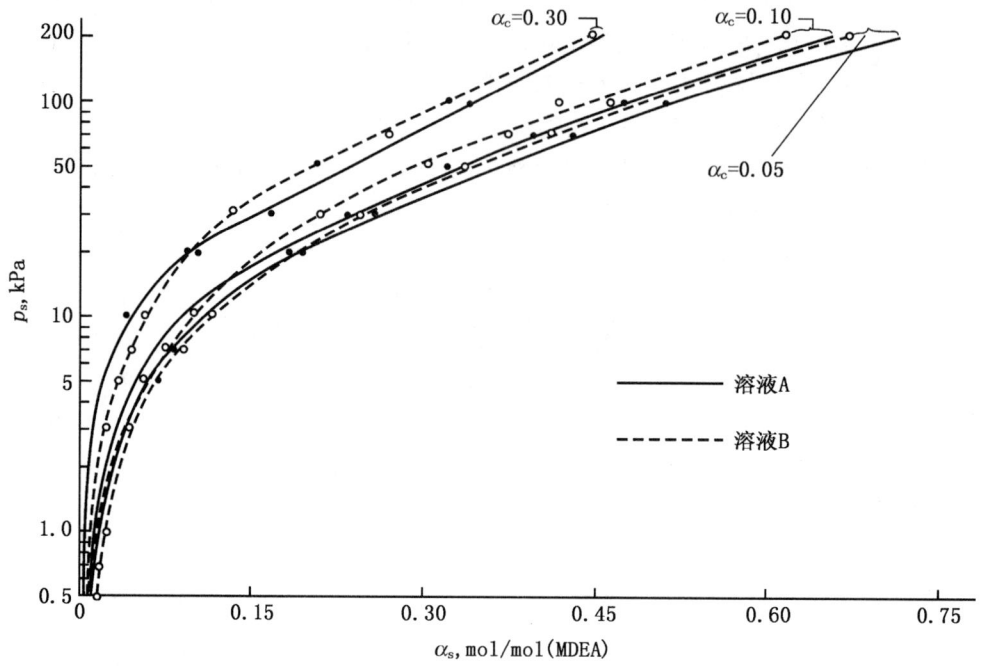

图 6-20　40℃下 CO_2 对砜胺Ⅲ型溶液 H_2S 溶解度的影响

二、砜胺Ⅲ型装置运转数据

作为一个既可以选择脱除 H_2S 又具有良好的脱除有机硫的溶液体系，作者曾经指出了各项工艺因素对砜胺Ⅲ型溶液上述两项性能的影响，现示于表 6-30。

表 6-30 中 CO_2 共吸收率 η_c 上升表明选择脱除 H_2S 的能力变差。

从表 6-30 可见，在装置设计或操作中可以调控的几个工艺因素中，只有温度对这两个要求的影响方向是一致的，即降低温度既可减少 CO_2 吸收量而提高选吸效果也可改善有机硫的脱除效率，升高温度对二者均产生不利效果。至于其他 3 个因素，即气液比、吸收塔板数和压力，它们的变动对选吸及脱有机硫效率的影响是相反的，前者改善则后者变差，前者降低则后者增加。因此，就砜胺Ⅲ型溶液而言，应当确定合理的选吸及脱有机硫指标，且只有精心搭配各个工艺参数才能获得所期望的结果。

表 6-30　工艺参数对 η_c 及 η_{os} 的影响

工艺参数	CO_2 共吸收率 η_c	有机硫脱除率 η_{os}
气液比↑	↓（有利）	↓（不利）
吸收塔板数↑	↑（不利）	↑（有利）
吸收温度↑	↑（不利）	↓（不利）
吸收压力↑	↑（不利）	↑（有利）

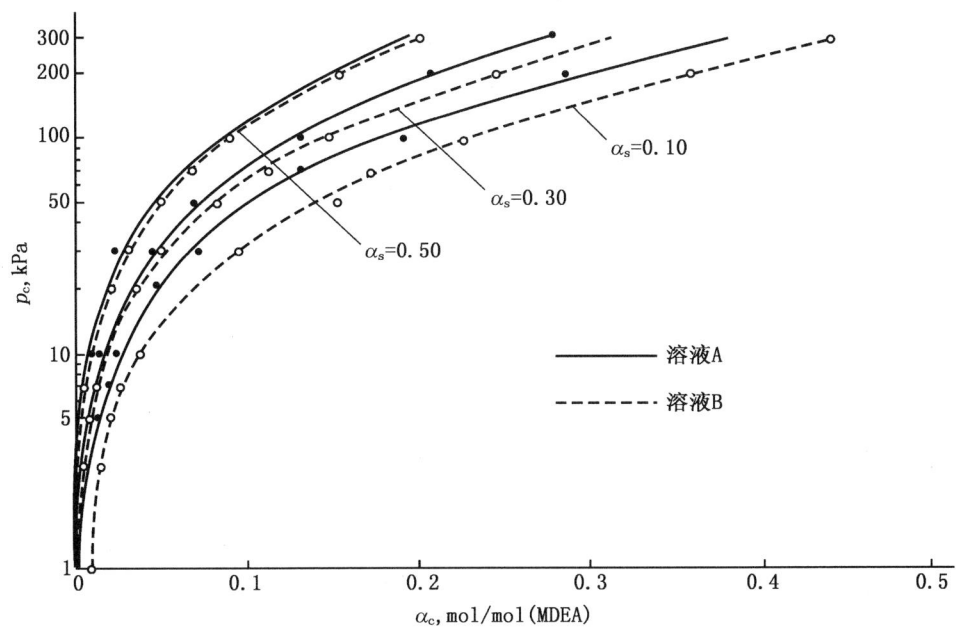

图 6-21 40℃下 H_2S 对砜胺型溶液 CO_2 溶解度的影响

1. 引进脱硫装置砜胺Ⅲ型运转数据[11]

引进的 Sulfinol 装置在 20 世纪 80 年代末面临原料天然气 H_2S 浓度下降及 CO_2 浓度上升而带来的一系列问题,包括克劳斯装置进料酸气 H_2S 浓度下降、系统蒸汽难以平衡、装置能耗增大等,这种趋势进一步发展将使整个工厂难以正常运行。

经分析,采用砜胺Ⅲ型工艺(MDEA—环丁砜溶液)代替 Sulfinol-D 工艺(DIPA—环丁砜溶液)可在一定程度上改善工厂现状,缓和装置面临的困难。

为此,在一系列侧线试验的基础上,拆除了部分吸收塔板,更换了系统溶液,其运转结果及两者的对比示于表 6-31。

表 6-31 两种砜胺工艺运转结果对比

工　艺		砜胺Ⅲ型	Sulfinol-D	
醇胺∶环丁砜∶水		40∶45∶15	40∶45∶15	
气液比		877	829	773
原料气	H_2S,%	2.63	2.71	2.67
	CO_2,%	1.04	1.03	1.06
有机硫,mg/m^3		647	—	647
吸收塔板数		23	35	35
净化气	H_2S,mg/m^3	5.0	>20	4.0
	CO_2,%	0.51	—	6.6(mg/m^3)
有机硫,mg/m^3		183.5	—	109.4
酸气 H_2S,%		79.9	66.7	67.3
CH_4,%		1.20	1.49	1.60
蒸汽用量,t/h		16.0	22.2	22.2

从表6-31可见，以砜胺Ⅲ型代替Sulfinol-D后，气液比从773升至877，上升13%；酸气H_2S浓度从67%升至近80%，CH_4含量有所下降；蒸汽用量从22.2 t/h降至16 t/h，节约了28%，达到了预期效果，取得了重要的技术经济效益。当然，由于减少了吸收塔板数等因素，有机硫脱除率由83.1%下降至71.6%，但净化气总硫指标仍然是稳定合格并留有余地的。

关于以MDEA作为化学溶剂的体系，当以环丁砜代替相当部分的水，即由MDEA-水系统改变成MDEA—环丁砜—水系统后，溶液的选择脱硫能力的变化，是人们所关注的问题。

在现场进行的侧线试验中（吸收塔径76mm，内装多段6×6mm瓷拉西环），曾进行了几种不同组成溶液的试验，其结果示于表6-32[12]。

表6-32 几种溶液的选择脱硫能力

溶液组成	MDEA 50 水 50	MDEA 50 环丁砜 30 水 20	MDEA 50 NMP 30 水 20	DIPA 50 环丁砜 30 水 20
吸收压力, MPa	3.3			
气液比	357			
原料气 H_2S, %	6.92	7.22	6.93	7.13
CO_2, %	5.12	5.14	5.10	5.12
有机硫, mg/m³	270.4	285.1	272.5	283.8
净化气 H_2S, mg/m³	19.8	8.4	8.7	2.2
CO_2, %	1.45	1.86	2.25	<0.01
有机硫, mg/m³	139.5	47.0	58.9	17.5
H_2S脱除率, %	99.982	99.993	99.992	99.998
CO_2共吸收率, %	75.12	67.74	60.84	99.83
有机硫脱除率, %	54.74	85.30	80.81	94.63

从表6-32可见，DIPA—环丁砜溶液在试验条件下未表现出任何的选择脱硫能力（η_c大于99.8%），而含有物理溶剂的MDEA溶液的选择性又优于MDEA水溶液（$\eta_c \approx 75\%$），其中含N-甲基吡咯烷酮（NMP）的溶液（$\eta_c \approx 61\%$）又优于含环丁砜的溶液（$\eta_c \approx 68\%$）。

就脱除H_2S及有机硫的性能而言，DIPA—环丁砜溶液优于3种MDEA基的溶液。DIPA作为一个仲胺，其碱性强于作为叔胺的MDEA，具有较强的脱除H_2S的能力；砜胺Ⅱ型溶液有机硫（主要为硫醇）脱除率也明显高于其他3种溶液，说明在有机硫的脱除中，除物理溶剂外，醇胺也发挥了一定作用。

至于DIPA—环丁砜溶液，虽然在上述试验中未显示出任何选择脱硫能力；但壳牌公司开发的SCOT尾气处理工艺，系将Sulfinol-D溶液作为可供选择的选择脱除H_2S的溶液之一；但迄今为止，虽有Sulfinol-D溶液用于SCOT装置的报道，却未提供任何可资与DIPA水溶液相对比的数据。

依据表6-32数据，环丁砜进入MDEA水溶液改善了其选择脱除H_2S的能力，而环丁砜进入DIPA水溶液却未显示出任何改善选吸性能的效果。

综上所述，物理溶剂对选择性胺法性能的影响问题，尚是一个在理论上和实践上有待进一步认识的问题。

2. 国外 Sulfinol‑M 装置的运行数据[13]

表 6‑33　Emmen Sulfinol‑M 装置运行数据[14]

处理量 $10^4 m^3/d$	压力 MPa	原料气中含量,%		净化气 H_2S mg/m^3	CO_2 共吸收率 %	酸气 H_2S %
		H_2S	CO_2			
400	6.5	0.44	4.25	3.7	37.6	>40
400	6.5	0.15	2.87	3.1	39.2	>40

荷兰 Emmen 天然气净化厂使用 Sulfinol‑M 工艺,其装置的实际运行数据示于表 6‑33。

从表 6‑33 可见,装置所处理的两种天然气的碳硫比分别为 9.66 及 19.1,虽然 CO_2 共吸收率达到 35%~40%,如所吸收的 H_2S 及 CO_2 全部析出,所得酸气 H_2S 的浓度分别也只有 20% 及 10% 左右。表中所示酸气 H_2S 浓度大于 40% 是由于采取了富液在低压下闪蒸解吸出部分 CO_2 后再入再生系统,其流程如图 6‑22 所示。

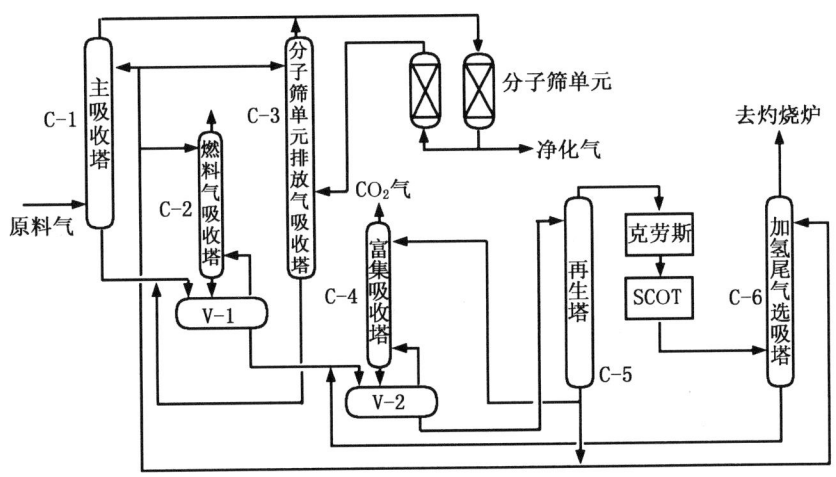

图 6‑22　Emmen Sulfinol 装置流程图

此外,还有一些采用 Sulfinol‑M 工艺的装置情况的简单报道。例如,一套装置吸收压力为 6.2MPa,原料气中的 H_2S 为 200~300mL/m³,CO_2 为 8%,由 Sulfinol‑D 改为 Sulfinol‑M 后,溶液循环量下降 37%,CO_2 共吸收率 60%,重沸器蒸汽用量节省 28%。另有一套装置,吸收压力为 7.4MPa,原料气中 H_2S 为 8%,CO_2 为 10%,使用 Sulfinol‑M 后,CO_2 共吸收率为 20%,溶液循环量及重沸器蒸汽用量均降低一半以上。

第五节　有机硫化合物的脱除

国内外关于天然气的质量标准,均有总硫含量标准,总硫由 H_2S 及有机硫两部分构成;有些标准还规定了硫醇含量。

对于大多数天然气来说,有机硫含量很低,因此它的脱除不是需要解决的一个问题。但是也确实有一些有机硫含量相当高的天然气,如第一章表 1‑6 及表 1‑7 所示,对于它们,在脱除 H_2S 的同时也将有机硫脱除达到所要求的指标,就成为一个需要认真对待的问题。

国内在处理川东嘉 5-1 地层的含硫天然气时，无论是自行建设的脱硫装置，还是引进建设的脱硫装置，都不得不设法解决有机硫的脱除达标问题，为此甚至组织过技术攻关。

在脱除 H_2S 的同时脱除有机硫，国内外都将砜胺法作为首选的方法；当然，几种物理溶剂法及其他的化学物理溶剂法也有可能取得良好的脱有机硫效果。

本节将系统介绍这方面的情况。

一、砜胺 I 型溶液脱有机硫结果

20 世纪 70 年代初，我国从国外引进建设四川维尼纶厂（川维），该厂以天然气裂解制乙炔经醋酸乙烯、聚乙烯醇再醛化得维尼纶。

川维所使用的原料天然气来自卧龙河脱硫厂，1974 年测定了该厂净化气的有机硫含量，通常在 200~500mg/m³ 间，但也出现高于 800mg/m³ 的数据。

为了解决供给川维的原料天然气质量问题，上级参照国外标准，要求卧龙河脱硫厂出厂净化气总硫含量不高于 250mg/m³。

卧龙河脱硫装置使用砜胺 I 型溶液，其组成为 MEA：环丁砜：水 = 20：50：30。为了完成此一任务，专门组织了一次有各方面人员参加的脱有机硫技术攻关。

1. 工业装置脱有机硫试验结果

在工业装置溶液组成、吸收压力及吸收塔板数等基本固定的条件下，考查了气液比（固定进料气量，调节溶液循环量）及贫液温度的影响，还变动重沸器蒸汽用量以考查溶液再生程度对净化气总硫含量的影响。

（1）气液比对净化气总硫含量的影响。由于在工况条件下，净化气 H_2S 含量是很低的（小于 5mg/m³），因此大体上可视净化气总硫含量即是其有机硫含量。

表 6-34 与图 6-23 为装置取得的大量不同气液比下净化气总硫含量的数据。

表 6-34　气液比对净化气总硫含量的影响

装置处理量（80~100）×10⁴m³/d，压力 3.4~3.8MPa

贫液温度 28~35℃，贫液 H_2S 含量 ~1g/L

气 液 比	分析样品数	净化气总硫含量，mg/m³			合格率 %
		最高值	最低值	平均值	
<500	119	247	89	144	100
501~550	90	296	129	177	93.2
551~600	41	316	132	234	65.9
601~650	21	446	237	315	14.3
>650	14	512	270	392	0.0

由于此时尚未建立测定原料气中有机硫含量（有大量 H_2S 存在）的方法，而原料气中有机硫含量可能因上游集气站运行条件的变化而不同，所以尚不能确定不同工况下的有机硫脱除率，故采取了上述统计分析方法。

根据表 6-34 及图 6-23 所示试验结果，为保证净化气总硫含量稳定小于 250mg/m³，确定操作的气液比为 500。

较低的气液比意味着单位体积循环溶液的有机硫负荷较低，这当然容易获得较高的有机硫脱除率。

（2）贫液温度对净化气总硫含量的影响。较低的贫液温度有利于有机硫化合物的溶解，

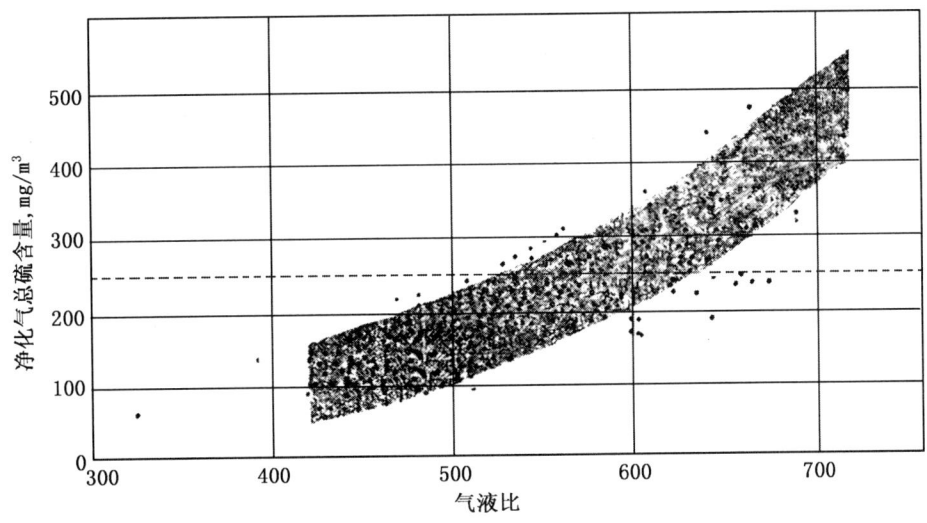

图 6-23 气液比与净化气总硫含量的关系

表 6-35 所提供的数据说明，较低的贫液温度确可获得较低的净化气总硫含量。

表 6-35 贫液温度对净化气总硫含量的影响

贫液温度 ℃	气 液 比	净化气总硫含量，mg/m³		
		最高值	最低值	平均值
44	490~510	241	219	225
31	500~510	161	134	151
37	460~480	150	133	139
31	460	130	93	108

（3）溶液再生程度对净化气总硫含量的影响。贫液有机硫含量对吸收塔顶的平衡从而决定净化气有机硫含量应有关键作用。

然而，由于未建立溶液中有机硫含量的分析方法，设想加大重沸器蒸汽量有助于降低贫液有机硫含量，故将重沸器蒸汽量与净化气总硫含量关联以观察效果，表 6-36 的数据说明确有一定效果。

表 6-36 重沸器蒸汽用量与净化气总硫含量的关系

处理量 10⁴m³/d	压力 MPa	气液比	贫液温度 ℃	蒸汽量 t/h	净化气总硫含量，mg/m³		
					最高值	最低值	平均值
100	3.7	500	30	9.0	196	178	184
				10.2	159	139	150
80	3.5	450	32	9.0	146	115	156
				9.4	119	89	102

2. 侧线装置脱有机硫试验结果

在工业装置试验的同时，使用一套 120m³/d 的小型侧线装置考查了工业装置难以考查的一些因素对脱有机硫效率的影响。

(1) 调整砜胺Ⅰ型溶液组成的影响。固定溶液中 MEA 浓度，提高环丁砜浓度（相应降低水的浓度）可以显著改善脱有机硫效果，如表 6-37 所示。

(2) 净化气再脱硫试验结果。为了考查溶液的脱硫（实质上是脱有机硫）效率，对净化气进行了再脱硫试验，表 6-38 是使用砜胺Ⅰ型溶液的试验结果。此外，还配制了不含 MEA，仅用环丁砜与水（70:30）的溶液进行了净化气不同压力下的再脱硫试验，其结果示于表 6-39。

表 6-37　提高砜胺Ⅰ型溶液中环丁砜浓度的试验结果

溶液组成	吸收压力 MPa	气液比	贫液温度 ℃	净化气总硫含量，mg/m³		
				最高值	最低值	平均值
20:50:30	3.6	590~610	31	248	228	237
20:55:25	3.6	610~630	35	173	140	161
20:60:20	3.6	560~600	33	147	123	138

表 6-38　净化气砜胺Ⅰ型溶液再脱硫试验结果

气液比	吸收压力 MPa	贫液温度 ℃	气体总硫含量，mg/m³		脱硫率 %
			进口	出口	
460~540	3.7	34	181	21	88.4
520~630		34	166	19	88.5
760~820		35	233	58	75.1

表 6-39　净化气以环丁砜—水溶液再脱硫试验结果

吸收压力 MPa	气液比	贫液温度 ℃	气体总硫含量，mg/m³		脱硫率，%
			进口	出口	
3.7	500	35	175	35	80.0
2.9	500	36	144	39	72.9
2.1	500	34	154	55	64.3

从表 6-38 可见，对于净化气的再脱硫（实质上是脱除有机硫），砜胺Ⅰ型溶液的脱硫率可达 88%，在较高的气液比下也达到 75%。然而应当指出，对于原料气脱硫，大量 H_2S 及 CO_2 的吸收使溶液 pH 值下降，温度上升，对脱有机硫效率当有不利影响。

表 6-39 的数据表明，不含 MEA 的砜水溶液也有良好的脱有机硫能力，且其脱硫率与压力呈直线关系。将表 6-39 与表 6-38 对照，说明砜胺Ⅰ型溶液中的 MEA 对脱除有机硫也发挥了一定作用。

综合以上试验结果，可认为在恰当的工艺参数条件下，砜胺Ⅰ型溶液的有机硫脱除率可以达到 80%~90%。

二、砜胺Ⅱ型溶液脱有机硫结果

1. 卧龙河脱硫装置试验结果

1976 年当卧龙河脱硫装置由砜胺Ⅰ型更换为砜胺Ⅱ型溶液时，曾系统考查了其脱有机硫能力，三种不同组成的砜胺Ⅱ型溶液的脱有机硫结果示于表6-40。

从表6-40的数据可见，随着溶液中环丁砜浓度的提高，净化气总硫含量显著下降。此外，如与砜胺Ⅰ型溶液相比，由于无原料气有机硫含量数据而不能算出脱有机硫效率，因此无法精确对比；但从统计结果可以看出，砜胺Ⅱ型的脱有机硫效率稍逊于砜胺Ⅰ型，这可能是由于DIPA的碱性稍弱故脱除有机硫的贡献不如MEA之故。

表6-40　砜胺Ⅱ型溶液组成对脱有机硫的影响

溶液组成	气液比	贫液温度 ℃	净化气总硫含量，mg/m³		
			最高值	最低值	平均值
35∶45∶20	502	31	363	323	345
30∶50∶20	500	31	255	238	246
30∶55∶15	500	31	206	195	200

采用砜胺ⅡA溶液（即DIPA∶环丁砜∶水=30∶55∶15），变动气液比及贫液温度考查其对净化气总硫含量的影响结果分别示于表6-41及6-42。

表6-41　砜胺ⅡA溶液气液比与净化气总硫含量的关系

气　液　比	净化气总硫含量，mg/m³		
	最高值	最低值	平均值
433	155	127	139
472	177	159	169
500	205	195	200
547	340	291	323

表6-42　砜胺ⅡA溶液贫液温度与净化气总硫含量的关系

贫液温度 ℃	气液比	净化气总硫含量，mg/m³		
		最高值	最低值	平均值
33	440	152	148	150
38	440	207	191	198
32	432	120	96	110
38	423	164	137	151

从表6-41及6-42可见，如同砜胺Ⅰ型工艺，气液比及贫液温度对砜胺Ⅱ型溶液的脱有机硫能力亦有显著影响。

2. 引进Sulfinol装置脱有机硫结果

如前所述，引进Sulfinol装置处理能力为$400 \times 10^4 m^3/d$，溶液组成DIPA∶环丁砜∶水为40∶45∶15，吸收压力6.2MPa；为获得高的脱有机硫效率，吸收塔板数高达35块。原料气H_2S 4.2%，CO_2 0.56%，有机硫含量为800～1200mg/m³，在装置标定时获得的脱有机硫效率示于表6-43。

从表6-43所示数据可见，引进装置操作的气液比大大超过卧龙河脱硫装置，而其气质是相同的。分析起来，其主要原因是装置压力高及吸收塔板多，这就可以在较高的气液比下仍获得较高的脱有机硫效率。

表6-43 引进Sulfinol装置脱有机硫效率

装置处理量 $10^4 m^3/d$	气液比	原料气有机硫含量 mg/m^3	净化气有机硫含量 mg/m^3	有机硫脱除率 %
400	686	811	79	90.7
400	686	1038	136	87.6
400	686	1152	78	93.6

在引进净化装置的技术交流过程中，国外公司曾提供了使用Sulfinol法在原料气有机硫含量不同的情况下，预期的净化气有机硫含量及不同形态的有机硫脱除率，现示于表6-44。

表6-44 某公司提供的脱有机硫数据

组分及总有机硫	原料气，$mg/m^3$①	净化气，$mg/m^3$①	脱除率，%
RSH	150	20	87.3
RSR	132	35	74.8
COS	18	1	94.7
总有机硫	300	56	82.3
RSH	300	32	89.9
RSR	264	70	74.8
COS	36	<1	>97.4
总有机硫	600	103	83.7
RSH	450	48	89.9
RSR	396	105	74.8
COS	54	<1	>98.2
总有机硫	900	154	83.7
RSH	600	64	89.9
RSR	528	140	74.8
COS	72	<1	>98.7
总有机硫	1200	205	83.8

①均以硫计。

从表6-44的数据可见，对于不同形态的有机硫化合物，Sulfinol（即Sulfinol-D）溶液对羰硫的脱除率最高，可达95%~98%，硫醇的脱除率次之，为87%~90%，而硫醚的脱除率较差，仅有74.8%。

3. Sulfinol法的其他脱有机硫数据

Sulfinol法中试过程中，曾在原料气中加入甲硫醇作脱除试验，进料浓度366mg/m^3，净化气含17mg/m^3，甲硫醇脱除率96%[15]。

Sulfinol法首套工业装置Person工厂原料气含硫醇19mL/m^3，其脱除率无准确数据，当时估计是95%[6]。

综合以上数据，认为砜胺Ⅱ型溶液可以脱除原料气中80%~90%的有机硫是适当的。

三、砜胺Ⅲ型溶液脱除有机硫结果

引进装置由Sulfinol-D改为砜胺Ⅲ型工艺后，其脱有机硫效率的变化可见表6-45[11]。

从表6-45可见，更换溶液后，脱有机硫效率从原来的83.7%降至72.7%，虽然这主要是由于气液比提高及吸收塔板数减少造成的，但也不能排除MDEA碱性较DIPA弱的影响。

表6-45 砜胺Ⅲ型与Sulfinol-D脱有机硫效率

工艺	吸收塔板数	气液比	原料气有机硫含量 mg/m³	净化气有机硫含量 mg/m³	有机硫脱除率 %
砜胺Ⅲ型	23	877	647	183.5	72.7
Sulfinol-D	35	773	647	109.4	83.7

前面的表6-32侧线试验数据表明，在其他条件相同的情况下，溶液中的DIPA以MDEA取代，有机硫脱除率从94.63%降至85.30%，其影响是显著的。

所以，砜胺Ⅲ型溶液脱有机硫效率低于砜胺Ⅱ型，大约在75%~85%间。

四、物理溶剂法有优良的脱有机硫能力

第五章所介绍的物理溶剂法有优良的脱有机硫能力，如表5-8所介绍的NEAG-Ⅱ Selexol装置，硫醇脱除率接近100%，但羰硫脱除率仅有53.8%。

第六节 降低酸气中烃含量的途径

采用醇胺的水溶液脱硫时，酸气中的烃含量是相当低的，即使处理油田伴生气，只要净化气温度不低于原料气温度（即无液烃析出），这通常不是一个需要给予特别关注的问题。

但是，对于砜胺液之类的化学物理溶剂，当然还有物理溶剂，由于对烃类有较高的溶解度，如果装置设计或操作不当，酸气中的烃含量会相当高，会导致烃损失及后续的克劳斯装置负荷增加，甚至生产出"黑"硫磺（硫磺中含有炭黑）。

本节将归纳国内外降低砜胺法酸气中烃含量的经验。

一、烃在胺液及砜胺液中的溶解度

1. 烃在胺液中的溶解度

表6-46给出了C_1及C_2在25%DEA溶液中的溶解度，考虑到烃类溶解的物理性质，它们在MEA、DIPA及MDEA等的水溶液中的溶解度也应当是相近的；当然，如果胺的浓度高一些，则烃的溶解度也会稍高一些。

表6-46 C_1及C_2在25%DEA溶液中的溶解度[16]

CH_4-25%DEA溶液			C_2H_6-25%DEA溶液		
温度 ℃	压力 MPa	溶解度 kg·mol/10⁵kg	温度 ℃	压力 MPa	溶解度 kg·mol/10⁵kg
38	3.51	3.20	38	3.31	3.83
	6.66	6.00		5.99	5.02
66	3.52	2.89	66	3.44	3.14
	6.76	5.40		6.69	4.78

从表 6-46 可见，烃的溶解度随压力而上升，随温度升高而下降。

如按 CH_4 实际溶解度为 $0.5m^3/m^3$ 胺液计，若溶液酸气负荷为 $40m^3/m^3$，则即使溶液不经闪蒸，酸气中的烃含量也不过 1% 多一点（不考虑溶液夹带的烃），实际情况也就是如此。

2. 烃在砜胺液中的溶解度

几种烃在两种不同组成的 Sulfinol 溶液中的溶解情况示于表 6-47[16]。

表 6-47 烃在 Sulfinol 溶液中的溶解情况

溶液组成	40∶50∶10		52∶23∶25	
烃	平衡常数	共吸收烃,%	平衡常数	共吸收烃,%
CH_4	41	1.2	200	0.24
C_2H_6	28	1.7	133	0.37
C_3H_8	18	2.7	84	0.59
nC_4H_{10}	11	4.3	50	0.90
nC_5H_{12}	6.7	7.0	33	1.55

从表 6-47 可见，烃在 Sulfinol 溶液中的溶解度随其碳数上升而迅速增加；砜胺液中水含量上升时，烃的溶解度大幅度降低。

大体上说，烃在砜胺液中的溶解度较在胺液中要高一个数量级以上。

二、Sulfinol 法对烃的吸收情况

壳牌公司在 Sulfinol 法的中试及首套工业装置曾测定了溶液对烃的吸收情况，现示于表 6-48[6,15]。

表 6-48 Sulfinol 溶液对烃的吸收率

烃		C_1	C_2	C_3	C_4	C_5	C_6^+	芳烃
中试结果,%		0.1	0.3	1.0	2.0	3.0	12.0	99.0
Person 装置 %	实际	0.1					6	95
	计算	0.1					5	98

从表 6-48 可见，Sulfinol 溶液将进料气中的 C_5^+ 吸收 5% 以上，芳烃则超过 95%。

三、卧龙河脱硫装置酸气烃含量情况

卧龙河脱硫装置最初使用砜胺Ⅰ型溶液，后又改为砜胺Ⅱ型溶液；装置虽设有立式闪蒸塔但效果并不理想，为解决脱有机硫问题，装置不得不在较低气液比下运行，这使酸气烃含量进一步升高，而成为一个迫切需要解决的课题。表 6-49 提供了当时的酸气烃含量及若干工艺参数，其中的富液带出烃量是由闪蒸气量及酸气烃含量二者算出的。

从表 6-49 可见：

(1) 酸气中 CH_4 含量超过 5%，甚至大于 8%。这与通常所期望的酸气烃含量小于 2% 有很大的距离。

(2) 砜胺Ⅰ型溶液的富液带出烃量大大高于砜胺Ⅱ型，这并非由于酸气烃含量高，而是由于闪蒸气多；考虑到砜胺Ⅰ型溶液含水 30% 而砜胺ⅡA 含水 15%，后者的溶解烃量应高于前者；富液带出烃量包括溶解的烃（处于液相中）和溶液夹带的烃（以气相存在），由此可以判断砜胺Ⅰ型富液夹带的气量远高于砜胺ⅡA；前者带出烃量竟占原料气量的 1% 左右，

后者也高于0.5%。

表6-49 卧龙河脱硫装置酸气烃含量情况

溶 液	砜胺Ⅰ型		砜胺ⅡA	
装置处理量，$10^4 m^3/d$	127	78.5	134	133
溶液循环量，m^3/h	104	66	96	99
气液比	502	495	581	560
吸收压力，MPa	3.77	3.72	3.77	3.77
闪蒸气量，m^3/h	372	172	118	122
酸气量，m^3/h	2950	1820	3100	3080
酸气CH_4含量，%	8.20	6.20	5.40	6.60
富液带出烃量，m^3/m^3	5.90	4.32	2.97	3.29
闪蒸效率，%	60.5	60.3	41.4	37.4
闪蒸气/原料气，%	0.70	0.53	0.21	0.22
带出烃/原料气，%	1.16	0.87	0.51	0.59

(3) 在0.60~0.64MPa的闪蒸压力下，系统的闪蒸效率相当低，砜胺ⅡA仅40%左右，砜胺Ⅰ型虽达到60%，这是由于夹带的气体在闪蒸塔内得以分离的缘故。

(4) 当装置处理量增大后，富液带出烃量增加，这是由于循环量相应增加导致溶液在塔底停留时间变短，使气液分离更为不好形成，即富液带走了更多的气体泡沫。

在装置容许的范围内升高气液比、相应提高富液温度及其在闪蒸塔内的停留时间，证明有助于改善闪蒸效率而降低酸气烃含量，如表6-50所示。

表6-50 气液比与酸气CH_4含量

气 液 比	500	550	700
富液带出烃量，m^3/m^3	3.50	3.30	2.80
富液温度，℃	45	46	48
溶液在闪蒸塔停留时间，min	2.15	2.34	2.98
闪蒸效率，%	41.2	47.2	65.5
酸气CH_4含量，%	7.40	5.80	2.60

四、国外Sulfinol装置酸气烃含量

表6-51提供了国外一些Sulfinol装置运行及设计的酸气烃含量及有关的工艺参数。表中(1)为Sulfinol法中试[15]，(2)为Person装置（首套工业装置）[6]，(3)为德国Grossenkneten装置[17]，(4)及(5)分别是在引进装置技术交流中两家公司采用Sulfinol法预期数据。

从表 6-51 数据可见：

(1) 国外 Sulfinol 装置的酸气烃含量，尤其是 CH_4 含量可以降至 2% 以下。

(2) 就富液带出烃量而言，Grossenkneten 装置达到 $6.90m^3/m^3$，大体为卧龙河脱硫装置采用砜胺ⅡA 时的一倍；这是可以理解的，因为前者的压力约为后者的一倍。富液带出烃量虽然高，但酸气烃含量并不高，这是由于闪蒸效率较高的缘故。

表 6-51 国外 Sulfinol 装置酸气烃含量情况

装　置	(1)	(2)	(3)	(4)	(5)
装置处理量，$10^4 m^3/d$	-	100	440	400	400
溶液循环量，m^3/h			800	260	250
气液比	-	-	228	641	667
吸收压力（表），MPa	6.41	6.86	7.55	6.27	6.27
C_1 分压（绝），MPa	4.69	5.67	5.73	5.88	5.88
总烃分压（绝），MPa	5.12	6.33	5.73	6.01	6.01
闪蒸压力（表），MPa	-	-	1.67	0.69	0.69
富液温度，℃	-	-	72	60～70	60～70
闪蒸气量，m^3/h	-	-	4160	1350	1710
闪蒸气/原料气，%	约 1.0	百分之几	2.27	0.81	1.03
酸气烃含量，%	C_1 0.245 总烃 0.8	C_1～C_4 1.20 总烃 0.9	<2	C_1 1.22 总烃 2.31	-
富液带出烃量，m^3/m^3	-	-	6.90	6.06	-
闪蒸效率，%	-	>90	75～80	C_1 91.6 总烃 85.7	-

五、卧龙河脱硫装置降低酸气烃含量的措施与结果

根据以上分析，卧龙河砜胺ⅡA 装置酸气烃含量高系因闪蒸效率低之故，为此比较了国内外的闪蒸罐及闪蒸条件，有关情况示于表 6-52[18]。

表 6-52 国内外闪蒸罐及闪蒸条件

装　置	卧龙河	Grossenkneten	某公司预计
闪蒸罐型式	立式	卧式	卧式
溶液停留时间，min	1.5～2.5	2～3	4
闪蒸界面，$m^2/(100m^3$ 液·h)	1.7	～3.5	5～6
闪蒸压力，MPa	0.6	1.67	0.69
闪蒸温度，℃	45	72	60～70
溶液入塔状况	未喷淋	喷淋	喷淋
闪蒸效率，%	35～45	75～80	～90

从表 6-52 可以明显看出卧龙河装置闪蒸效率低的症结所在。

(1) 闪蒸系统整改措施。闪蒸系统整改措施包括提高闪蒸温度和改造闪蒸塔。

为了提高富液入闪蒸塔的温度，从装置的实际条件出发更改了富液出吸收塔后的流程。原流程为吸收塔出口富液→闪蒸塔→一级贫富液换热器→二级贫富液换热器→再生塔；新流程为吸收塔出口富液→一级贫富液换热器→闪蒸塔→二级贫富液换热器→再生塔。采用新流程使入闪蒸塔的富液温度升至67℃左右。

闪蒸塔的改造受装置布置的限制，不可能将立式改为卧式，从实际条件出发在塔内增加折流板及溶液入塔喷淋以增加气液闪蒸界面，还增设了凝析油撇出槽及出口防涡流挡板等，详情可见闪蒸塔改造示意图（图 6-24）。

除以上措施外，还在吸收塔下部原料气入口与富液界面间新增一层筛板，以改善气液分离，减少富液夹带的烃量。

(2) 闪蒸系统改造效果。在完成上述各项改造后，装置投入运行，闪蒸效率升至80%以上，酸气CH_4含量降至2%以下。因吸收塔底增加一层筛板改善了气液分离，富液带出烃量由原来的 3.43m^3/m^3 降至 2.63~2.92m^3/m^3，减少了 0.5~0.8m^3/m^3。

闪蒸塔内富液改为喷淋及增加6层折流板使闪蒸效率约提高5%。

应当强调指出的是闪蒸效率提高至80%的关键因素是入闪蒸塔的富液温度升至67℃。

表 6-53 提供了改造前后的运行数据。

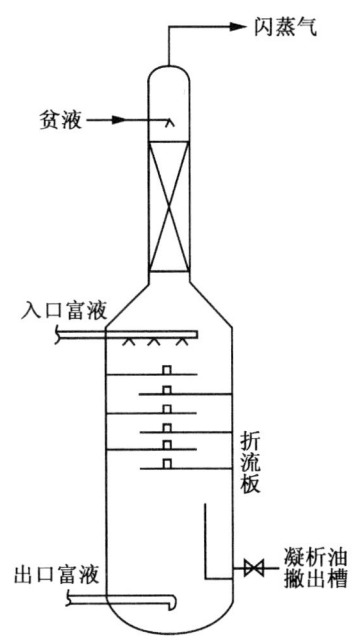

图 6-24 闪蒸塔改造示意图

六、引进 Sulfinol 装置降低酸气烃含量结果[19]

引进 Sulfinol 装置投产后，其酸气烃含量达到设计值的三倍以上，如表 6-54 所示。

表 6-53 降低酸气烃含量改造结果

工艺参数	改造后				改造前
	1	2	3	4	
气液比	539	546	510	549	555
闪蒸压力（表），MPa	0.55	0.59	0.59	0.88	0.64
闪蒸温度，℃	67	47①	67	67	47
闪蒸气量，m^3/h	209	85	231	259	119
富液带出烃量，m^3/m^3	2.63	2.89	2.74	2.92	3.43
闪蒸效率，%	82.8	38.1	80.2	77.7	32.9
酸气CH_4含量，%	1.03~1.45	5.3~5.7	1.5~2.0	2.1~2.75	6.5~6.8
平均值，%	1.45	5.45	1.85	2.30	6.8

① 富液按老流程运行。

通过对装置状况的考查，认为酸气烃含量高的原因是闪蒸效率差，而这是由于闪蒸温度低造成的。在我方提示下，日本千代田公司采取了提高富液温度的措施，其流程变动情况示于图6-25，即将原安排在贫富液换热器后的富液蒸汽加热器调至闪蒸罐之前。

经此改造后，富液入闪蒸罐的温度可根据需要调节，当温度由48℃升至58℃时，闪蒸效率由76.3%升至88.4%，酸气CH_4含量由3.34%降至1.44%，详情示于表6-55。

表6-54 引进Sulfinol装置酸气烃含量数据

工艺参数		设计值	运转值		
			1	2	3
处理量，$10^4 m^3/d$		400	281	399	354
气液比		690	607	686	670
酸气中烃含量，%	C_1	1.16	6.69	2.80	3.90
	C_2	0.03	0.072	—	0.113
	C_3	0.02	0.032	—	0.049
	C_4	0.03	0.169	—	0.179
	C_5	0.04	0.182	—	0.192
	C_6^+	0.34	0.79	—	0.77
	总烃	1.62	7.935	—	5.203

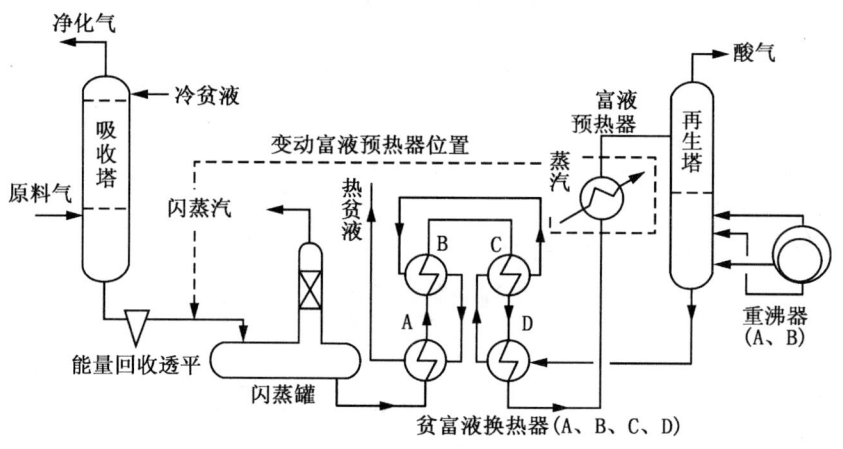

图6-25 引进脱硫装置改造示意图

表6-55 引进装置改造前后酸气烃含量结果

工艺参数	改造前	改造后
装置处理量，$10^4 m^3/d$	259.2	264
溶液循环量，m^3/h	180	180
气液比	600	611
富液入闪蒸罐温度，℃	48	58
闪蒸压力，MPa	0.49	0.49
富液带出烃量，m^3/m^3	5.71	4.93
闪蒸效率，%	76.3	88.4
酸气CH_4含量，%	3.34	1.44

七、降低酸气烃含量的其他途径

沙特阿拉伯使用活性炭吸附除去酸气中的烃（尤其是芳烃），中试表明，烃脱除率可达90%，活性炭可使用低压饱和蒸汽再生[20]。

第七节 砜胺溶液的腐蚀性质

在国内开发砜胺Ⅰ型工艺及工业装置运行过程中，设备及管线的腐蚀问题曾经十分令人困扰，甚至产生过严重的蚀穿停车而影响生产，为此也曾开展了缓蚀剂的研究。

砜胺Ⅱ型及砜胺Ⅲ型工艺在工业装置应用后，腐蚀就不再是一个尖锐的问题了。

因此，系统总结评价几种砜胺工艺的腐蚀性质是有意义的。

一、实验室腐蚀测定结果

在工业装置、尤其是川西南净化二厂砜胺Ⅰ型脱硫装置发生吸收塔塔盘腐蚀掉落等严重问题后（稍后将详细介绍），在实验室配制了不同组成的砜胺液及胺液，比较了它们的腐蚀速率，结果示于表6-56。

表6-56 砜胺液及胺液实验室腐蚀测定结果

溶液组成,%				酸气含量,g/L		温度 ℃	时间 h	试片数	腐蚀速率（平均值）mm/a
MEA	DIPA	环丁砜	水	H_2S	CO_2				
20			80	28.2	—	99	96	5	0.1593
20		50	30	23.8	3.5	100	96	12	0.2947
	30		70	11.1	1.0	97	96	3	0.0355
	30	30	40	8.5	0.7	99	96	3	0.0742
	30	40	30	8.8	1.1	99	96	9	0.0351
	40	20	40	15.5	0.6	100	96	3	0.0959
	40	30	30	20.3	0.8	99	96	6	0.0691
	40	40	20	10.7	0.6	100	96	8	0.0868
	40	50	10	11.6	0.6	100	96	12	0.0310
	50	40	10	6.9	0.7	100	96	7	0.0353

从表6-56所示数据可见：

（1）由于在100℃左右的温度下测定，DIPA溶液中所保留的H_2S及CO_2量显著低于MEA溶液，其腐蚀速率大体上前者也只有后者的1/4～1/5。

（2）无论是MEA溶液或DIPA溶液，加入环丁砜后腐蚀速率均显著上升，大体上砜胺液的腐蚀速率为胺液的一倍。或许环丁砜质量较差（含SO_2）也是重要原因，但当时未就此作进一步考查。

国内在认识Sulfinol法的初期，曾将Sulfinol法腐蚀较MEA法为轻的原因误认为是溶液中加入了环丁砜。表6-56的数据表明，前者腐蚀较轻的原因是使用了DIPA。

（3）砜胺Ⅱ型溶液变动溶液组成，其腐蚀速率也有一些变化，但均在同一数量级范围内。国外关于 Sulfinol 溶液及 MEA、DEA 溶液腐蚀速率实验室测定结果示于表 6-57[21]。

表 6-57 国外实验室腐蚀测定结果

溶 液①	H_2S	CO_2	腐蚀速率，mm/a		
			120℃	100℃	60℃
Sulfinol	√	×	0.36	0.13	—
	×	√	0.71	0.48	0.07
	1	3	0.11	0.03	0.02
	3	1	0.30	0.08	0.04
15%MEA	√	×	0.94	0.81	0.13
	×	√	0.76	0.41	0.19
	1	3	0.24	—	0.03
	3	1	0.38	—	0.05
25%MEA	√	×	2.36	1.83	0.53
	×	√	0.81	0.82	0.41
	3	1	—	0.51	—
20%DEA	√	×	0.61	0.58	—
	×	√	0.69	0.43	0.06
	1	3	0.28	0.16	0.06
	3	1	0.33	0.14	0.07

① 溶液常温下以酸气饱和后密封，升温测定。

表 6-57 同样表明 Sulfinol 溶液腐蚀较 MEA 溶液为轻，且处理同时含有 H_2S 及 CO_2 的气体有助于减轻腐蚀；另外，Sulfinol 法如用于脱碳，其腐蚀亦不容忽视。

二、中试腐蚀测定结果

1. 砜胺Ⅰ型中试腐蚀测定结果

砜胺Ⅰ型中间试验期间，曾使用多种钢材挂片测定其腐蚀情况，总的说来各种合金钢优于 20 号锅炉钢。现将其在威远及卧龙河两处现场试验期间 20 号锅炉钢的腐蚀速率及相应条件示于表 6-58。

表 6-58 砜胺Ⅰ型中试腐蚀测定结果

中试地点	威 远		卧 龙 河	
原料气 CO_2/H_2S	~5/1		~1/10	
溶液组成①	28~32:51~64:6~16		25:50:25	
试片材质	20 号钢		20 号钢	
试片位置	重沸器汽相	重沸器液相	再生塔汽液交叉处	重沸器液相
温 度，℃	120~135	120~135	120	133
挂片时间，h	744	744	984	984
腐蚀速率，mm/a	0.364~0.369	1.048~1.305	0.064~0.087	0.0702~0.0718
平均值，mm/a	0.366	1.176	0.073	0.071

① 顺次为 MEA：环丁砜：水。

从表 6-58 可见，威远中试腐蚀速率远高于卧龙河中试，相差 1~2 个数量级；这既与威远中试时溶液水含量过低导致再生温度高有关，原料气碳硫比的差别也有重要影响。

砜胺Ⅰ型脱除合成气中 CO_2 的中试报告也认为，设备腐蚀较严重，重沸器尤甚，使用碳钢时其腐蚀速率约为 1mm/a；认为在未找到有效的缓蚀措施前，不宜选用普通碳钢的重沸器。

2. Sulfinol法中试腐蚀测定结果

壳牌公司在进行Sulfionl法的中间试验时,曾考查了其用于天然气脱硫及合成气脱碳时的腐蚀速率,并与MEA法运行时的数据作对比,有关数据示于表6-59。

表6-59 Sulfinol及MEA法中试腐蚀情况对比

气体	天然气（15%H_2S、6%CO_2）				合成气（22%CO_2）			
工艺	Sulfinol		MEA		Sulfinol		MEA	
挂片时间,h	876		350		680		170	
挂片位置	℃	mm/a	℃	mm/a	℃	mm/a	℃	mm/a
吸收塔气相	40	<0.02	40	<0.02	63	0.05	—	<0.02
吸收塔液相	70	0.05	57	<0.02	65	<0.02	76	<0.02
热富液	98	0.12	104	0.33	97	0.66	75	0.15
再生塔底液相	133	<0.02	120	<0.02	118	0.025	118	0.025
重沸器管束①	149	(0.88)	142	(3.17)	139	(1.27)	138	(12.7)

①重沸器管束温度是估计的平均壁温,腐蚀速率是基于最大坑深的成坑速度。

从表6-59可见,Sulfinol法天然气脱硫装置在高温区域的腐蚀速率明显低于MEA装置,前者仅为后者的几分之一;与用于天然气脱硫相比,Sulfinol法用于合成气脱碳时热富液处的腐蚀速率达到前者的5~6倍,需予注意。

三、工业装置腐蚀测定结果

1. 砜胺Ⅰ型装置

(1) 川西南净化二厂砜胺Ⅰ型装置。川西南净化二厂原料气碳硫比约为5,在砜胺Ⅰ型工艺投产初期在装置内挂片测定的腐蚀数据示于表6-60。

表6-60 川西南净化二厂砜胺Ⅰ型装置挂片腐蚀数据

挂片位置	半贫液管线	热贫液管线	换热器出口管线
介质	半贫液	热贫液	热富液
温度,℃	118	128	90
腐蚀速率,mm/a	0.24~1.16	0.60~2.52	0.60~1.73
平均值,mm/a	0.58（12）①	1.63（11）	0.83（11）

① 括弧内为挂片数。

随装置运行时间增长,腐蚀也日趋严重,表6-61提供了重沸器管束的腐蚀情况。

表6-61 川西南净化二厂装置重沸器管束腐蚀情况

运转时间,d	腐蚀情况	漏管占总管数,%	穿孔的腐蚀速率,mm/a
252	溶液浓度大幅度下降	—	4.35
332	19根管穿漏	3.40	3.30
417	29根管穿漏	8.58	2.35
518	88根管穿漏	24.30	2.11

此后又发生了再生塔内下部塔板脱落的严重情况。

经验查，在再生塔总计 20 层塔板中，由下而上的第 1 至第 10 层塔板全部腐蚀掉入塔底，塔盘均匀减薄 1~2mm，最严重的一块平均腐蚀速率达 0.695mm/a；浮阀材质为 1Cr13 钢，掉入塔底的浮阀一般重量损失达 50%，严重的超过 80%；再生塔塔壁有坑蚀，但以超声波测厚仪检查，无明显减薄。

（2）卧龙河脱硫厂砜胺Ⅰ型装置。此装置可能是由于原料气质及工艺条件等方面的因素，腐蚀不如川西南净化二厂严重。自 1973 年投产后，从 1975 年至 1976 年因装置蚀穿共停产 8 次，其中重沸器管束 1 次，换热器出口调节阀 1 次，换热器出口富液管线 5 次，贫富液换热器管束 1 次。可见以贫富液换热器出口的热富液（气液两相并流）管线的腐蚀最为严重。此外，再生塔因下部塔盘腐蚀严重，由浮阀塔板改为筛板。

（3）砜胺Ⅰ型合成气脱碳装置。我国采用砜胺Ⅰ型工艺于合成气脱除 CO_2 的几套装置，如胜利合成氨厂，大庆石油化工总厂及济南石油化工二厂等，再生塔及重沸器等高温区域曾发生过相当严重的腐蚀问题，如再生塔浮阀腐蚀脱落、甚至为溶液冲走，重沸器也发生过管束蚀穿事件。

（4）砜胺Ⅰ型溶液缓蚀剂研究。鉴于砜胺Ⅰ型工业装置存在严重的腐蚀问题，曾在实验室工作的基础上向川西南净化二厂装置投放缓蚀剂，取得了一定效果。

所加入的组合缓蚀剂为 $NaVO_3$—酒石酸锑钾（吐酒石）—酒石酸。

关键部位的挂片腐蚀速率由投加前的 1.47~1.85mm/a 降至小于 0.1mm/a，缓蚀率达到 95%~99%。装置运转 445 日后停工检查，再生系统各部位的腐蚀速率均小于 0.1mm/a。

由于不久后国内几套脱硫装置先后从砜胺Ⅰ型改为砜胺Ⅱ型溶液，腐蚀问题不再突出，因此组合缓蚀剂的研究及应用中止。

2. 砜胺Ⅱ型装置

卧龙河脱硫装置由砜胺Ⅰ型改为砜胺Ⅱ型工艺后，曾在装置内挂片测量了腐蚀速率，如表 6-62 所示。

表 6-62　砜胺Ⅱ型工艺腐蚀速率测定数据

溶液组成	35:45:20	30:50:20	30:55:15	30:55:15
挂片累计时间，h	48	64	112	863
换热器前富液（<50℃），mm/a	0.0094	0.0071	0.0063	0.0187
重沸器返回线（130℃），mm/a	—	0.0091	0.0070	—
再生塔出口贫液（130℃），mm/a	0.0107	0.0130	0.0058	0.0247

从表 6-62 可见，所有测定数据均远低于 0.1mm/a。当然，根据经验，腐蚀最严重的区域是贫富液换热器出口富液管线及再生塔下部塔板，但限于条件未能挂片。

长期的工业运行情况表明，砜胺Ⅱ型溶液的腐蚀性是比较轻的。

Sulfinol 法首套工业装置在入再生塔的热富液管线及离开再生塔的热贫液管线两处装有腐蚀试片，所得结果与中试一致，证明较 MEA 法为轻。

引进的 Sulfinol 装置以及川西北净化厂砜胺Ⅱ型装置的长期运行经验均表明，此工艺不存在严重的腐蚀问题。

3. 砜胺Ⅲ型装置

由于砜胺Ⅱ型工艺在腐蚀问题上的良好表现，当以碱性更弱的 MDEA 代替 DIPA 与环丁砜组成新的溶液体系时，人们对其腐蚀性能未表现出任何的担心，迄今为止，也未见此体系腐蚀数据发表。

第八节 砜胺溶液的变质与复活

一、砜胺溶液的变质情况

砜胺体系包括砜胺Ⅰ型、Ⅱ型及Ⅲ型，其中所使用的化学溶剂分别是MEA、DIPA及MDEA，它们在气体净化过程中可能涉及的变质反应及其产物已在前面的第二章及第三章内分别作了介绍，此处不再赘述。

应当强调指出的是，由于砜胺溶液的再生温度较胺液要高6~10℃，因此砜胺液中醇胺变质速率也将显著高于胺液，而所生成的变质产物对体系的不利影响也更为严重。前一节中所介绍的川西南净化二厂使用砜胺Ⅰ型溶液运行过程中产生的严重腐蚀问题，MEA的变质产物很可能也发挥了重要作用。

至于溶液中的环丁砜，它是一个十分稳定的化合物；迄今为止，尚未见到它在砜胺溶液中产生变质反应的任何报道。

二、砜胺Ⅱ型溶液的复活[22]

砜胺Ⅱ型溶液中DIPA的主要变质产物是它与CO_2反应生成的3-甲基-5-羟丙基噁唑烷酮-2（HPMO），此物在运行条件下是基本稳定的，不再转化为其他物质。

在第二章中介绍了DIPA水溶液复活的方法及国内工业应用情况，其基本原理是加入强碱使3-甲基-5-羟丙基噁唑烷酮-2放出CO_2及使热稳定盐分解而复原为DIPA再减压蒸馏回收。

对于砜胺Ⅱ型溶液，由于较DIPA水溶液增加了环丁砜，给溶液的复活及提高物料的收率增添了一些难度。

如前所述，溶液的复活可以安排成一个半连续的过程，即复活过程一开始，釜内溶液中低沸组分馏出较多，高沸组分在釜内积累，随蒸馏过程的进行馏出物中高沸组分的比例不断增加，以至使馏出物中胺砜水的比例大体与溶液组成相当，此时即可使待复活的溶液连续进料，而进料与出料的胺砜水比例基本一致。随着釜内变质产物浓度增加，釜温也会有所上升，至一定程度（可根据釜底温度等条件而定）停止进料，加水汽提进一步回收有用物料，从而完成一次半连续复活过程。

中国石油西南油气田分公司天然气研究院在实验室进行了砜胺Ⅱ型溶液的复活研究，所设想的步骤及工艺条件有如下述。

（1）待复活溶液的预蒸馏。此步骤目的在于先行回收其中的大部分环丁砜及DIPA，使溶液中的变质产物浓缩，所选定的减压蒸馏条件示于表6-63。

表6-63 砜胺Ⅱ型溶液复活预蒸馏条件及物料组成

残 压 kPa	温 度,℃		物料组成①		
	釜 底	釜 顶	入 料	出 料	釜 底
8.0	170~185	154~161	28:40:20:12	35:40:20:2.6	10:40:0:50

①组成顺次为 DIPA：环丁砜：水：3-甲基-5-羟丙基噁唑烷酮-2。

在表6-63的工艺条件下蒸馏可在一定阶段连续进行。

(2) 加碱。第二步可向釜内加碱，使用18%～20%NaOH水溶液，烧碱用量为理论值的1.1倍，在沸腾情况下反应40min。

反应完成后物料分为两层，上层为有机层，下层为碱水层；有机层主要为DIPA，还有少量环丁砜；排出碱水。

(3) 有机层再蒸馏。因有机层内含少量碳酸钠，需予再蒸馏，蒸馏条件为：残压2.0kPa，釜底温度170℃，釜顶温度140～150℃。

但国内砜胺Ⅱ型装置及引进Sulfinol装置的DIPA变质并未成为一个必须处理的问题，所以砜胺Ⅱ型溶液的复活措施并未在工业上得以实施。

国外也曾进行过类似研究，但迄今亦未见Sulfinol工业装置溶液复活实例的报道。

第九节 其他化学物理溶剂法[23]

本节介绍的其他化学物理溶剂法有：采用DEA（或MEA）-甲醇的Amisol法、DIPA-甲醇的CFID法，Selefining法及Optisol法。至于也属于此类的Flexsorb混合SE法，作为使用位阻胺的Flexsorb系列工艺的一员，已在第三章内简要介绍，此处不再赘述。

一、Amisol法[24]

Amisol法系德国Lurgi公司在Rectisol（低温甲醇法）的基础上开发，由于加入了DEA（或MEA），净化可在常温下完成，所以国内也有人称之为常温甲醇法。

类似于Rectisol法，Amisol法的一个重要特点是对气体中各种杂质的净化程度高，H_2S含量甚至可降至$0.1mL/m^3$，CO_2可达$5mL/m^3$，并可洗涤COS及HCN等杂质。这是通常的胺法及砜胺法等难以达到的。

1. Amisol法半工业试验数据

Amisol法半工业试验在2.9MPa及20℃的条件下进行，其气体组成（为合成气）示于表6-64。

表6-64 Amisol法半工业试验气体组成

组　分	原料气,%	净化气,%	酸　气,%
CO_2	6.6	10	90.7
H_2S	0.38	$0.3mL/m^3$	4.4
COS	$152mL/m^3$	$0.1mL/m^3$	0.15
CO	44.9	48.2	2.3
H_2	47.6	51.3	2.4
N_2	0.2		
CH_4	0.3		

装置流程的特点是，由于再生温度较低（为80℃），因此无贫富液换热器；由于溶液吸收原料气中的水分，因此需要一个小的蒸馏塔以解决系统水平衡问题。

溶液的酸气负荷达到$26.6m^3/m^3$，CO及H_2的损失分别为0.2%及0.35%；如果采用闪蒸及再压缩流程，损失可降至0.05%。

实验室测定的腐蚀速率小于0.1mm/a。

据称，Amisol法中DEA的损失显著低于常规胺法，这可能与其再生温度较低有关（表6-65）。

表6-65 Amisol法副反应导致的醇胺损失

工　艺	进料气组分含量		醇胺损失，kg/1000m³（原料气）	
	CO_2, %	COS及CS_2, mL/m³	CO_2	COS及CS_2
Amisol	6.6~8.0	85	0.27	160
MEA	1.3~11.6	70~600	3.3	490
DEA	1.0~11.0	60~120	24~37	

2. Amisol工业装置数据

几套Amisol工业装置的运行数据示于表6-66，我国齐鲁石化公司一套甲醇装置合成气以Amisol法净化[25]。

表6-66 Amisol工业装置运行数据

气　体	天然气	渣油气化气	羰基合成气
溶液组成	DEA：甲醇：水=40：50：10，含硼酸0.03mol/L		
装置处理量，$10^4 m^3/d$	120	192	20
溶液循环量，m³/h	255	155	70
气液比	196	516	120
原料气 H_2S, %	4.2	0.8	—
CO_2, %	22.1	4.8	32.9
COS, mL/m³	200	100	
净化气 H_2S, mL/m³	1.0	总硫0.1	
CO_2, mL/m³	0.39%	5	0.036%
COS, mL/m³	5	—	
酸气负荷，m³/m³	51.6	28.9	39.7
蒸汽消耗，kg/m³（H_2S+CO_2）	—	0.49	0.54

3. 选择性Amisol法[26]

鉴于DEA或MEA与甲醇组成的体系，既不能选择性脱除H_2S及COS而留下CO_2，又存在化学降解问题，故开发了选择性Amisol法。

经广泛筛选，发现使用烷基胺如二乙基胺（DETA）或二异丙基胺（DIPAM）与甲醇组合可解决上述问题。

曾将选择性Amisol（DETA-甲醇）与选择性MDEA二者的选择脱硫能力（以净化气碳硫比/原料气碳硫比表征）对比，现示于图6-26。

需要指出的是，这是以MDEA法净化气 H_2S 为 15mL/m³ 及 DETA-Amisol 为 1 mL/m³ 的条件而获得的；依据图6-26，就净化气中CO_2浓度而言，MDEA法却是它的5倍，说明MDEA法的CO_2共吸收率要低一些。Lurgi公司认为，当净化气 H_2S 均定为 15mL/m³ 时，二者选择性相近。

当处理高碳硫比进料气时，为了获得可供克劳斯装置处理的酸气，还可采用酸气提浓措施，图6-27为用于选择脱硫的Amisol流程。

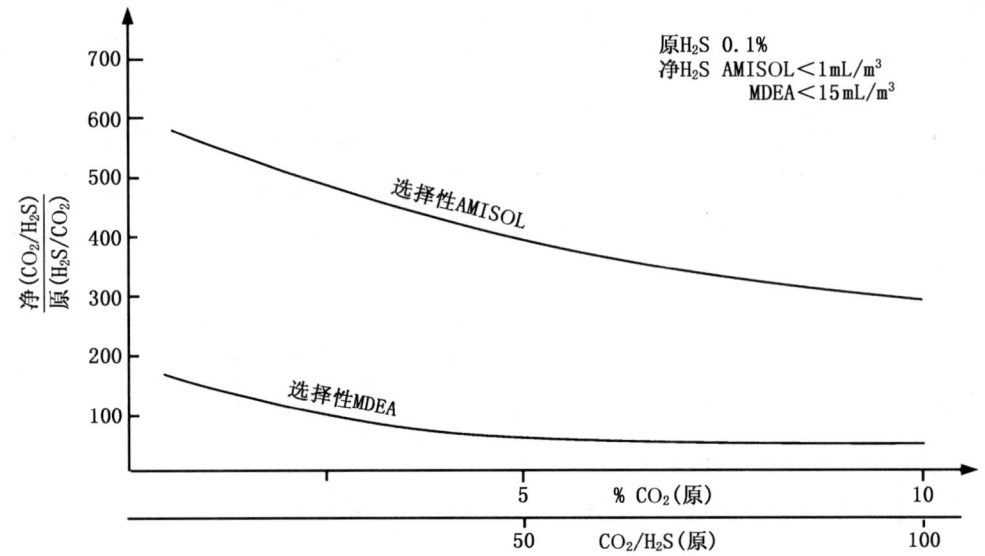

图 6-27 DETA-Amisol 法的选择性

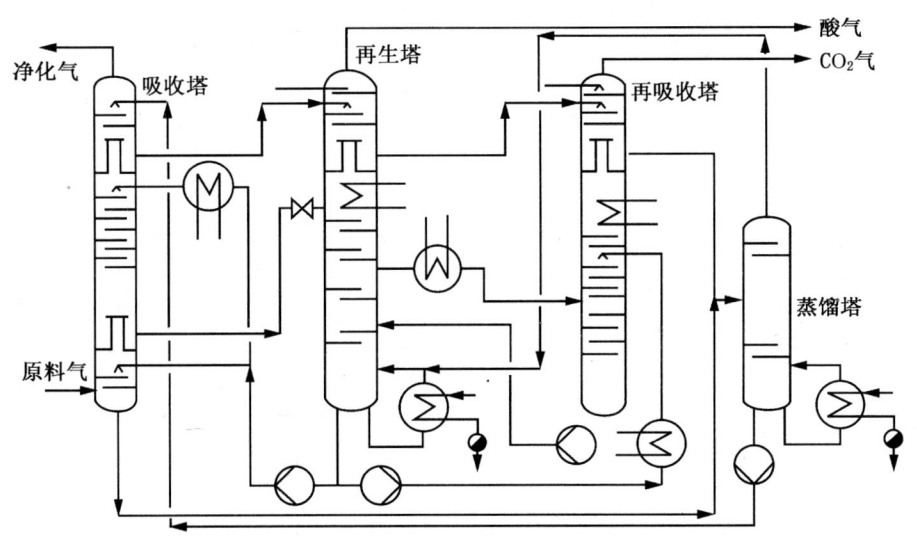

图 6-27 用于选择脱硫的 Aminsol 流程

从图 6-27 可见，由于甲醇和 DETA 的沸点均比较低，仅有 65℃及 56℃，所以再生塔及再吸收塔顶需以水洗回收二者，然后多余的水在一蒸馏塔中分离。

据称，当原料气碳硫比为 20 时，以上述流程可制得 H_2S 浓度达 30% 的酸气。

已有 DETA-Amisol 装置用于处理煤气，尚未见到用于天然气净化的报道。

新近，法国 TotalFinaElf 与 IFP 还联合开发了名为 Hybrisol 的气体净化工艺，亦以甲醇与仲胺或叔胺组合，不知所用的叔胺是否 MDEA，其工业应用不详，亦未见其试验数据。

二、CFID 法[27]

CFID 法是我国西北化工研究院（原化工部化肥工业研究所）开发的一种气体净化工艺，以 DIPA-甲醇为溶剂，已获工业应用。

在广泛的实验室工作基础上,CFID法使用的溶液组成定为:DIPA 38%～42%,甲醇50%～55%,水 5%～10%。用于合成氨原料气脱碳装置的工艺参数为:吸收压力0.64MPa,温度小于40℃,进料气 CO_2 为 26%～29%,净化气 CO_2 小于0.2%。溶液 CO_2 负荷为 20～30m³/m³。

CFID法用于脱硫曾作过模试,在约2MPa的压力下,进料气 H_2S 5g/m³, CO_2 10%,COS 169mg/m³,净化气总硫可降至0.23mL/m³, CO_2 可降至22mL/m³。

三、Selefining 及 Optisol 法

Selefining法是意大利Snampregetti公司开发的一种化学物理溶剂净化方法,该工艺使用一种叔胺、一种有机溶剂与很少的水形成具有选择性脱除 H_2S 的体系,据称可通过溶液中的水含量控制其吸收 CO_2 量。但迄今未透露其溶液体系的组成,也未见有运行数据发表。现有工业装置5套。

Optisol法则是美国C-E Natco公司开发的,也是使用一种叔胺、一种物理溶剂和水的混合物作为选择脱硫溶剂,详情亦未透露,有工业装置6套。

从以上情况可见,Selefining及Optisol法均类似于砜胺Ⅲ型工艺,其中所用的叔胺也可能就是MDEA,这些方法均具有选择脱除 H_2S 的能力,并有良好的脱有机硫效率。

参 考 文 献

1 王开岳.关于珀里索法及N,5-二甲基吡咯烷酮作为脱硫溶剂的若干问题.石油与天然气化工,1976(2):1～9

2 A. L. Kohl et al. Gas Purification (3rd Edition). Gulf Publish Company. Book Division,1979

3 济南石油化工二厂.中压甲醇应用环丁砜-乙醇胺溶液脱硫脱碳新工艺.石油化工,1976(5):473～476

4 E. E. Isaacs et al. Solubility of H_2S and CO_2 in a Sulfinol Solution. J. Chem. Eng. Data.,22(3),1977:317～319

5 朱利凯. H_2S 和 CO_2 在环丁砜-二异丙醇胺溶液中的溶解度.石油与天然气化工,20(4),1991:9～14

6 C. L. Dunn et al. First Plant Data from Sulfinol Process. Hydrocarbon Proc.,44(4),1965:137～140

7 王开岳.国外Sulfinol装置设计及操作数据表.石油与天然气化工,1980(2)

8 王开岳,范恩泽.引进净化装置面临的问题和对策.天然气工业,9(3),1989:59～68

9 R. J. MacGregor et al. Equilibrium Solubility of H_2S and CO_2 and Their Mixtures in a Mixed Solvent. Can. J. Chem. Eng.,69(6),1991:1357～1366

10 常宏岗. H_2S、CO_2 在环丁砜-甲基二乙醇胺水溶液中的溶解度特性.天然气工业,13(3),1993:80～85

11 张建华等.甲基二乙醇胺-环丁砜水溶液脱硫工业试验.天然气工业,12(5),1992:77～82

12 田荫怀等.用物理化学混合溶剂选择性脱除硫化氢与有机硫.石油与天然气化工,19(1),1990:1～10

13 天然气研究所物化组(吴宝存,刘秀蓉执笔).脱硫溶液物化数据的测定.石油与天然

气化工，1981（3）：1~24

14　王开岳. 90 年代国内外 MDEA 工艺的工业应用及开发方向. 石油与天然气化工，26（4），1997：219~226

15　C. L. Dunn et al. New Pilot Data on Sulfinol Process. Hydrocarbon Proc.，43（3），1964：150~154

16　M. N. Papadopoulas et al. Method of Separating Acidic Gases from Gas Mixtures. U. S. p. 3347621，1967. 10. 17

17　Synopses/The Grossenkneten Natural Gas Treatment Plant. Erdol und Kohle，31（3），1978：155~157

18　N. A. Taylor et al. Gas Desulfurization Plant Handles Wide Range of Sour Gas Composition，Oil Gas J.，89（33），1991：57~59

19　王开岳. 降低卧龙河脱硫装置酸气烃含量途径的调查报告. 石油与天然气化工，1977（3）：33~47

20　卧龙河脱硫总厂. 天然气研究所四室（王开岳执笔）. 引进脱硫装置酸气烃含量高的原因分析及解决措施. 石油与天然气化工，1983（3）：13~20

21　L. G. Harruff et al. Activated Carbon Passes Tests for Acid Gas. Oil Gas J.，94（20），1996：31~37

22　A. J. MacNab et al. Materials Requirments for a Gas Treating Process. Mat. Prot. Perf.，10（1），1971：21~25

23　M. Kriebel. Improved Amisol Process for Gas Purification. Energy Prog.，4（3），1984：143~146

24　王开岳. 醇胺在净化过程中的变质与复活. 石油与天然气化工，1977（4）：1~34

25　K. Bratzer et al. Amisol Process Purifies Gases. Hydrocarbon Proc.，53（4），1974：78~90

26　李君. 齐鲁甲醇装置 Amisol 脱硫工艺的改进与完善. 天然气化工，17（4），1992：35~39

27　王开岳. 天然气净化工艺的国内外现状及开发动向. 石油规划设计，7（3），1996：13~14

说明：本章还参考引用了四川石油管理局石油炼制研究所（现中国石油西南油气田分公司天然气研究院）于 20 世纪 70 年代编印的《气体净化资料》（一）、（五）、（七）、（八）、（十）等中曹于、黄文盖、戴书麒、范恩泽、朱利凯、王宪堂、谢继贤、王开岳等执笔编写的研究报告共 12 篇中的图表及数据。

第七章 直接转化法

第一节 概 述

直接转化法是指使用含有氧载体的溶液将天然气中的 H_2S 氧化为元素硫,被还原的氧化剂经空气再生又恢复了氧化能力的一类气体脱硫方法。由于其主反应是液相中的氧化还原反应,因此也被称为氧化还原法或湿式氧化法。

直接转化法是从煤气脱硫领域发展起来的,曾开发了许多方法。时至今日,已有若干方法被淘汰;目前仍具有工业价值的直接转化法,以所使用的氧载体分类,主要有铁法、钒法及其他一些方法,它们在天然气净化领域也有一些应用,可处理天然气、胺法酸气及克劳斯法尾气[1]。

铁法的氧载体大多使用三价铁,它在将 H_2S 氧化为元素硫的同时自身转变为二价铁,空气再生又将其氧化为三价铁。最早工业化的铁法是铁碱悬浮液法及酸性硫酸铁法,为了解决溶液均相化问题后来加入络合剂,而成为络合铁法。当前国外应用最广的络合铁法是 Lo-Cat 法,装置数已超过 100 套;与之类似的,但铁浓度高得多的 SulFerox 法装置也有 20 多套,此外还有 Sulfint 法等。国内获工业应用的有 EDTA 络合铁法、FD 法及 HEDP-NTA 络合铁法等。

钒法的氧载体是五价钒,它在氧化 H_2S 的同时自身还原为四价钒,同样可用空气使之再生。然而,由于四价钒的再生相当困难,常加入另一种氧化剂,它既可以较好地氧化四价钒,自身又易为空气氧化。因此钒法通常是二元氧化还原体系。国外典型的钒法是 Stretford 法,此中的另一氧化剂是蒽醌二磺酸钠(ADA);此外还有 Sulfolin 及 Unisulf 法等。国内在 20 世纪 70 至 80 年代中期,使用较廉价的物料以替代 ADA 的研究曾风行一时,获工业应用的有氧化煤、栲胶、茶灰及 MSQ 等。

除去以铁、钒作为氧载体的两类方法外,国内还开发了使用磺化酞菁钴的 PDS 法,国外有使用萘醌磺酸盐的 Takahax-Hiperion 法及氨水液相催化法等。

由于钒是一种重金属,故当前国内外更重视铁法的开发和应用。

国内获得工业应用于天然气脱硫的直接转化法有 ADA-$NaVO_3$ 法及 PDS 法等;此外,还引进了一套 Lo-Cat 装置处理胺法酸气。

与天然气净化中大量采用的胺法或砜胺法脱硫——克劳斯法硫回收——尾气处理路线相比,直接转化法脱硫有下面一些特点。

(1)流程简单、投资较低。直接转化法可在脱硫的同时将 H_2S 转化为元素硫,因此可起"一顶二",甚至"一顶三"的作用;装置设备也较简单,且脱硫及再生均在常温下进行;故工艺装置及公用工程的投资费用均较低。

(2)基本不脱除 CO_2。直接转化法基本不脱除或仅少量吸收 CO_2(决定于溶液 pH 值),因此当进料天然气 CO_2 浓度显著高于管输质量指标时,需另行安排脱 CO_2 装置。

(3)能耗结构不同。胺法需用大量蒸汽再生富液,直接转化法需蒸汽不多;但直接转化法的硫容低,溶液循环量大,电耗高。

(4) 在环保方面产生的问题不同。胺法正常运行时几乎无废液产生，但需解决硫回收尾气 SO_2 浓度达标问题；直接转化法基本无气相污染问题，但因运行中存在 $Na_2S_2O_3$ 等生成及络合剂降解问题，有必要连续或间歇排出一股溶液予以处理。

(5) 对气质变化的适应性不同。当进料气 H_2S 上升时，直接转化法的溶液循环量需成正比地增加，故在处理高碳硫比天然气时，其适应性远不及胺法（当然硫回收装置也存在是否适应问题）；另一方面，在 H_2S 含量不变而碳硫比升高时，它的适应性又远优于胺法、尤其是常规胺法。

(6) 操作问题较多。胺法装置中遇到的操作问题主要是溶液发泡及腐蚀等问题，通常均有相当可靠的措施加以解决或抑制；而直接转化法装置的许多操作问题是因溶液中含有固相硫磺导致的非均相性而产生的，如硫磺堵塞、腐蚀—磨蚀等。总的说来，直接转化法装置中可能产生的操作故障较多。此外，其硫磺质量亦不如克劳斯法硫磺。

第二节 液相氧化还原反应的基本原理

一、H_2S 在溶液中的形态

在直接转化法溶液中，进入的 H_2S 可离解为 HS^- 及 S^{2-}，其比例与溶液 pH 值有关，如表 7-1 所示。

表 7-1 不同 pH 值下 H_2S 在溶液中的形态比例

pH 值	2	3	4	5	6	8	9	10	11	12	13	14
H_2S,%	100	99.9	99.9	99.01	90.91	9.09	0.99	0.10	0.01	0	0	0
HS^-,%	0	0.01	0.1	0.99	9.09	90.91	99.00	99.89	99.87	98.75	88.81	44.25
S^{2-},%	0	0	0	0	0	0	0.01	0.01	0.12	1.25	11.19	55.75

从表 7-1 可见，在直接转化法通常使用溶液的 pH 值条件下，H_2S 主要以 HS^- 存在。因此，溶液中氧载体将 H_2S 氧化为元素硫的反应（析硫反应）应为下式：

$$2HS^- \xrightarrow{[O]} S^0 + H_2O + 2e \tag{7-1}$$

二、氧化还原电对的电位

直接转化法基于氧化还原反应，氧载体在热力学上氧化 H_2S 的能力决定于本身电对的电位与 S^0/HS^- 电对电位的差值。

氧化还原电对的电位值可以下式表示：

$$E' = E_0 + \frac{0.0591}{n} \lg \frac{[O_x]}{[Red]} - \frac{0.0591m}{n} pH \tag{7-2}$$

式中 E' 及 E_0——分别为工况下的电位及标准电位，V；

n——电极反应中电子转移数；

$[O_x]$ 及 $[Red]$——分别为氧化态及还原态浓度，mol/L；

m——参与电极反应的 H^+ 数。

1. S^0/HS^- 电对的电位

S^0/HS^- 电对的标准电位 E_0 为 0.065V，$n=2$，$m=1$，故：

$$E' = 0.065 + 0.0295\log\frac{[S^0]}{[HS^-]} - 0.0295pH$$

在 $[S^0]/[HS^-]$ 比为 0.5、1 及 2 以及 pH 值 7.5、8.0、8.5 及 9.0 下的电位值示于表 7-2。

表 7-2 不同 $[S^0]/[HS^-]$ 比及 pH 值下的电位值

$\frac{[S^0]}{[HS^-]}$	0.5				1.0				2.0			
pH 值	7.5	8.0	8.5	9.0	7.5	8.0	8.5	9.0	7.5	8.0	8.5	9.0
E', V	-0.2951	-0.3099	-0.3246	-0.3394	-0.2863	-0.3010	-0.3158	-0.3305	-0.2774	-0.2921	-0.3069	-0.3216

从理论上说，只要氧载体电对的电位高于表 7-2 所示的 S^0/HS^- 电对的电位值，就有在溶液中氧化 H_2S 为元素硫的能力。

2. 络合铁电对的电位

络合铁溶液中的电对为 $Fe^{3+}L/Fe^{2+}L$，L 为络合剂，获得工业应用的络合剂有乙二胺四乙酸（EDTA）、水杨酸（SAL）、羟基乙叉二膦酸（HEDP）及氨三乙酸（NTA）等。

未络合的 Fe^{3+}/Fe^{2+} 有相当高的电位，其标准电位 0.771V，虽然在热力学上远高于 S^0/HS^- 的电位，但氧化速度并不快。

$Fe^{3+}EDTA/Fe^{2+}EDTA$ 的标准电位为 0.137V，图 7-1 为实测的络合铁溶液在不同铁比（Fe^{3+}/总 Fe）及 pH 值下的电位图。

FD 法使用水杨酸络合铁溶液，不同 pH 值下的溶液电位示于表 7-3。

表 7-3 不同 pH 值下 FD 溶液电位

pH 值	5.95	6.75	7.60	7.95	8.50	8.72	9.00	9.25	9.50
E', V	0.259	0.302	0.277	0.272	0.242	0.232	0.227	0.217	0.210

①溶液中水杨酸 19g/L，总铁 1.2g/L，$Fe^{3+}/Fe^{2+} = 10/0$。

HEDP-NTA 络合铁溶液，实测电位为 -0.044V。

3. 钒法电对的电位

钒法的典型代表是 ADA-$NaVO_3$ 法，此中有两组电对，氧化态 ADA/还原态 ADA（AQ/AHQ）和 V^{5+}/V^{4+}，它们的标准电位、电位表达式及 [氧化态]/[还原态]=1 和 pH=9 下的电位示于表 7-4。

表 7-4 AQ/AHQ 及 V^{5+}/V^{4+} 电对的电极电位

电对	E, V	电位表达式	E', V
AQ/AHQ	0.228	$0.228 + 0.0295\lg\frac{[AQ]}{[AHQ]} - 0.0591pH$	0.304
$VO_4^{2-}/HV_2O_5^-$	0.719	$0.719 + 0.0295\lg\frac{[VO_4^{2-}]}{[HV_2O_5^-]} - 0.0886pH$	-0.0784

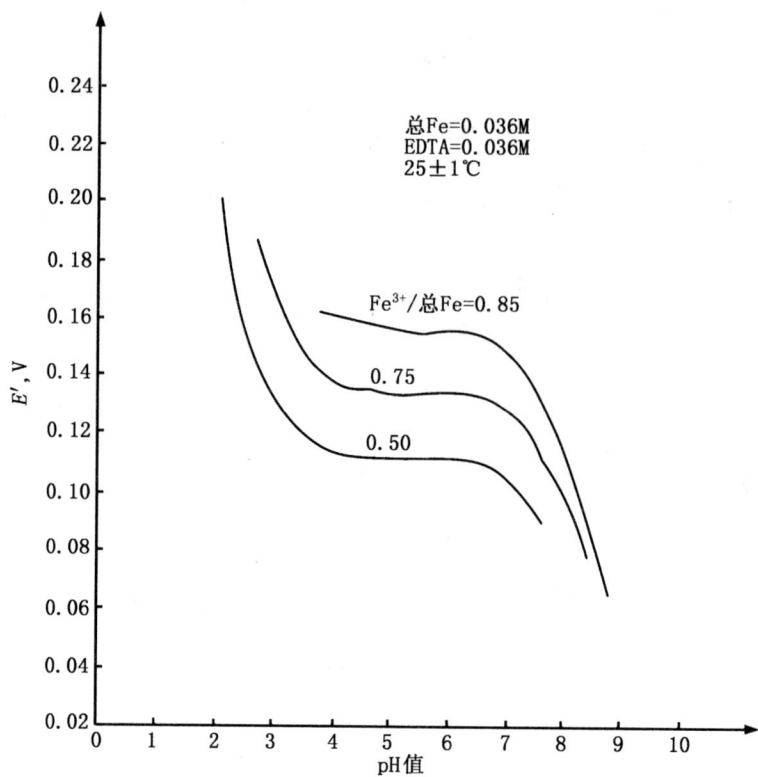

图 7-1　不同铁比及 pH 值下的 EDTA 络合铁溶液的电位图
(引自郑州工学院化工系 EDTA 络合铁脱硫资料，1976.3)

事实上 V^{5+} 及 V^{4+} 在溶液中有多种形态，通常的反应式分别以 VO_3^- 及 $V_4O_9^{2-}$ 或 $V_2O_5^{2-}$ 表示。何云峰根据平衡常数计算，在 pH=9 的条件下，V^{5+} 的形态以 $V_4O_{13}^{6-}$、$HV_4O_{13}^{5-}$ 及 HVO_4^{2-} 较为重要，VO_3^- 几乎可以忽略；V^{4+} 在 pH=9 的条件下几乎全部以 $HV_2O_5^-$ 的形态存在[2]。

4. 醌/氢醌电对的电位

氨水液相催化法及 MSQ 法均以苯醌为氧载体，醌/氢醌（BQ/BHQ）电对的 E_0 为 0.669V，其电位表示式为：

$$E' = 0.669 + 0.0295\lg\frac{[BQ]}{[BHQ]} - 0.0591 pH$$

在 [BQ]/[BHQ]=1，pH=9 的条件下，$E'=0.1371V$。

5. 再生中氧的电位

溶液再生过程中，空气中的氧使还原态的氧载体氧化，而自身转化为水；有研究认为，再生过程中有 H_2O_2 产生，它们的电位示于表 7-5。

表 7-5　溶液再生中氧的电位

电　　对	E^0, V	电位表达式	E', V
O_2/O^{2-}	1.229	$1.229 + 0.01477\lg\frac{[p_{O_2}]}{[H_2O]^2} - 0.0591 pH$	0.697
H_2O_2/H_2O	1.80	$1.80 + 0.259\lg\frac{[H_2O_2]}{[H_2O]^2} - 0.0591 pH$	1.268

表 7-5 所示的电位远高于各种氧载体的电位,所以还原了的氧载体可用空气中的氧气氧化而再生。

6. 氧化还原过程中的电位

图 7-2 给出了以苯醌为氧载体的氨水液相催化脱硫液的电位图。

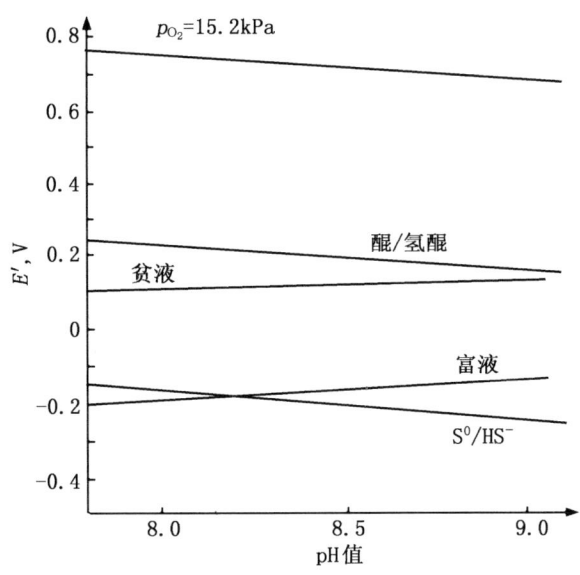

图 7-2 氨水液相催化法脱硫液电位图❶

第三节 铁 法

铁是一种多价态的金属元素;在直接转化法中,常以三价铁作为 H_2S 的氧化剂,所发生的反应为:

$$2Fe^{3+} + HS^- \rightleftharpoons 2Fe^{2+} + S + H^+ \tag{7-3}$$

Fe^{2+} 的再生反应则是:

$$2Fe^{2+} + \frac{1}{2}O_2 + 2H^+ \rightleftharpoons 2Fe^{3+} + H_2O \tag{7-4}$$

本节将介绍铁碱法,使用了络合剂的 Lo-Cat、SulFerox、Sulfint、EDTA 络合铁、FD 及 HEDP-NTA 络合铁等方法。

除三价铁外,还有使用六价铁为氧化剂的 Konox 法,也作简要介绍。

一、铁碱法

使用氧化铁的碱液脱除 H_2S 是一个传统方法,国外工艺有 Ferrox 以及 Glund、Manchster 等法;国内四川石油设计院曾于 20 世纪 70 年代初进行过工业试验。

1. 反应原理

在铁碱法中,H_2S 净化度系依靠纯碱的吸收反应保证;悬浮的氧化铁然后与 HS^- 反应

---

❶ 王祥光等编. 小氮肥厂脱硫技术. 化学工业部小合成氨设计技术中心站. 1992 年。

生成硫化铁，此反应速率较慢；HS^- 离子进入氧化槽将有大量 $S_2O_3^{2-}$ 生成；此外，如果 Fe^{3+} 转变为 Fe^{2+}，生成 FeS 是很难再生的。

所涉及的反应有：

$$H_2S + Na_2CO_3 = NaHS + NaHCO_3 \tag{7-5}$$

$$Fe_2O_3 + 3NaHS + 3NaHCO_3 = Fe_2S_3 + 3Na_2CO_3 + 3H_2O \tag{7-6}$$

$$Fe_2S_3 + 1\frac{1}{2}O_2 = Fe_2O_3 + 3S \tag{7-7}$$

$$2NaHS + 2O_2 = Na_2S_2O_3 + H_2O \tag{7-8}$$

2. 工业试验数据[3]

四川石油设计院铁碱法脱硫工业试验装置吸收塔塔径 1.0m，内装木格栅填料两段，每段高 5m；氧化槽溶液停留时间 1～1.2h；溶液碱浓度 3%、氢氧化铁 0.5%。

装置的主要工艺参数示于表 7-6。

表 7-6 铁碱法工业试验主要工艺参数

处理量 $10^4 m^3/d$	压力 MPa	原 H_2S mg/m^3	净 H_2S mg/m^3	再生温度 ℃	再生风量 $m^3/kg\ H_2S$	脱硫效率 %	硫容 g/L
1.0	3.9	450	<20	45	50	95～98	0.37～0.75

从表 7-6 可见，装置的脱硫基本上是成功的，脱硫效率可达 97%，净化气 H_2S 小于 20 mg/m³；而且溶液硫容高，这在直接转化法中是不多见的。虽然物料消耗量大但价格便宜，因此从投资及操作费用的角度，铁碱法是经济的。

然而，它存在以下的问题限制了其应用。

（1）腐蚀—磨蚀问题。铁碱法使用氧化铁悬浮液，因此，其腐蚀因同时产生的磨蚀而在某些敏感区大大加剧。

（2）副反应严重。吸收 H_2S 后的期望产物是硫磺，但实际上有相当量的 $Na_2S_2O_3$ 生成，国外报道其生成率为潜硫量的 20%～30%，由此而产生了一系列问题。

（3）硫泥较难利用。由硫泡沫过滤而得的硫泥含液 50%，此中不仅有碱液及 $Na_2S_2O_3$，而且有悬浮的氧化铁，因此难于利用或出售。

（4）废液排放。因 $Na_2S_2O_3$ 生成率高，故系统需连续或定期排放一定量的废液。

二、Lo-Cat 法[4,5]

Lo-Cat 法是美国 Air Product and Chemical Co. 于 20 世纪 70 年代开发成功的方法，经不断发展现已成为包括 4 种工艺的系列方法，已建装置超过 146 套。

1979 年 Lo-Cat 法工业化，脱硫与再生各在一塔进行，可称为双塔流程。

1983 年"自动循环"的 Lo-Cat 法工业化，其脱硫与再生可在同一塔内同时进行，可称为单塔流程，不言而喻，此流程适于处理废气。

1990 年，由 Lo-Cat 法衍生出而用于处理废水的 Aqua-Cat 法工业化。

1991 年，第二代的 Lo-Cat Ⅱ 工业化，主要用于单塔流程。

Lo-Cat 法所使用的络合剂称为 ARI-310，自称系 EDTA 络合铁开发以来的第三代催化体系；它很可能是一种双络合剂体系，除去 EDTA 之外，还加入了多羟基醛。溶液为含络合铁的 Na_2CO_3 - $NaHCO_3$ 体系，pH 值为 8.0～8.5，总铁含量 500mg/L，按此值计算，其理论硫容为 0.14 g/L。

1. Lo‐Cat 双塔流程

用于天然气脱硫可采用双塔流程，如图 7‐3 所示。

从图 7‐3 可见，Lo‐Cat 法的吸收再生系统与胺法有很大的差别。

（1）吸收部分安排了一个文丘里吸收器，继以一个鼓泡塔保证净化度。

直接转化法由于其吸收反应的非平衡性

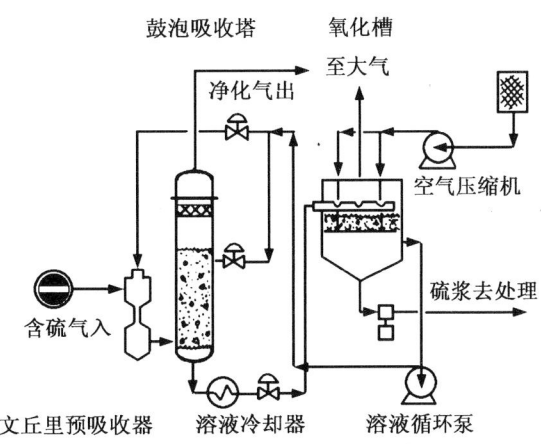

图 7‐3　Lo‐Cat 双塔流程示意图

质，因此可不必像胺法采用逆流吸收，而可采用并流吸收以降低设备尺寸减少投资，络合铁法高的反应速率为此创造了前提。

关于吸收塔的选型，图 7‐4 可以参考。大体说来，在气量不大且 H_2S 分压低的情况下，可使用鼓泡塔；高 H_2S 分压则采用文丘里管与其他塔型组合；大气量时宜用填料塔。

Lo‐Cat 法用于天然气脱硫的首套装置在美国得克萨斯州，1983 年投产；迄今为止用于天然气脱硫的装置估计有 20 套。

Lo‐Cat 法达到净化气 H_2S 不大于 5 mg/m³ 的指标是不成问题的，它还有同时脱除部分硫醇的能力。

（2）再生槽以空气氧化溶液，生成的硫磺沉降为硫浆从下部抽出去硫回收工序。

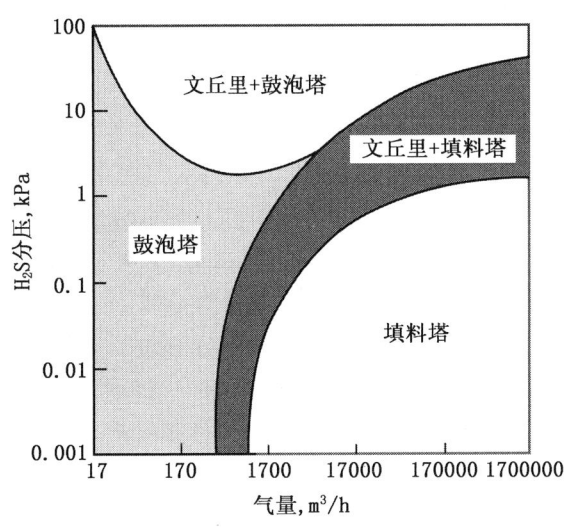

图 7‐4　Lo‐Cat 法吸收塔型的选择

2. Lo‐Cat 单塔流程

处理胺法酸气可使用溶液自动循环、集脱硫与再生于一塔的单塔流程，如图 7‐5 所示。改进的 Lo‐Cat Ⅱ 工艺提高了溶液的氧化再生效率，进一步降低了投资和操作费用。

反应器内溶液的自动循环是依靠吸收液与再生液的密度差而实现的。在图 7‐5 所示的对流筒吸收区中溶液因 H_2S 氧化为元素硫密度上升而下沉，筒外溶液则因空气（空气量远多于酸气量）鼓泡而密度下降不断抬升进入对流筒。

我国蜀南气矿引进了一套 Lo‐Cat Ⅱ 自循环单塔装置处理胺法酸气，装置的设计参数示于表 7‐7。

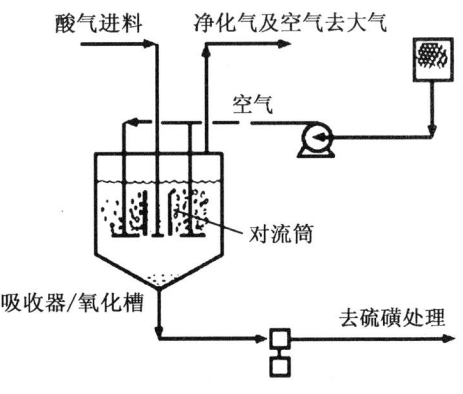

图 7‐5　Lo‐Cat 单塔流程示意图

表7-7 蜀南气矿 Lo-Cat 装置设计参数[6]

酸气量 m³/h	酸气 H_2S,%	溶液铁浓度 mg/L	pH值	溶液电位 mV	净化气 H_2S mL/m³	硫磺产量 t/d
150	23	500	8~9	-150~-250	<10	~1.2

值得注意的是溶液中除含有络合铁浓缩剂 ARI-340 外，还加有 ARI-350 稳定剂、ARI-400 灭菌剂及促使硫磺聚集沉降的 ARI-600 表面活性剂；此外，在运行初期及必要时还需加入 ARI-360 降解抑制剂。溶液所使用的碱为 KOH 而不是 NaOH。

装置中采用了不锈钢、硅橡胶、高密度聚乙烯（HDPE）及氯化聚氯乙烯等（CPVC）防腐材料。为防硫磺堵塞，定期以压缩空气吹扫。

三、SulFerox 法[7]

SulFerox 法是美国 Shell 石油公司和 Dow 化学公司联合开发的一种络合铁法脱硫工艺，其首套工业装置用于处理路易斯安那州井场天然气，现有工业装置超过20套，用于处理天然气、CO_2 强化采油伴生气、炼厂气及胺法酸气。

1. SulFerox 法工艺特点

与 Lo-Cat 法相比，SulFerox 法的溶液铁含量高达4%，为前者的80倍，理论硫容11.5g/L。不言而喻，高硫容可获得循环量低和设备尺寸小等效益，这对于处理有较高压力的天然气是有利的；然而高硫容也带来设备易堵塞及溶液机械损失高等问题。

事实上，SulFerox 法中试处理 CO_2 强化采油伴生气时，初期产生的主要困难就是硫磺堵塞；后采用上流的并流管式吸收器，内装专利填料，气液接触时间短至1s，解决了问题。据称此法可脱除50%~90%的甲硫醇及30%~60%的羰硫。

根据原料气工况不同有三种流程可供选择。处理压力下的天然气时则类似 Lo-Cat 双塔流程，常压下处理胺法酸气时，可使用逆流的鼓泡吸收塔；处理克劳斯尾气时使用并流吸收器，气液一起进入再生槽，这不同于 Lo-Cat 单塔流程；SulFerox 单塔流程系用于间歇操作的工况。

2. SulFerox 装置实例

1）首套工业装置

SulFerox 首套工业装置处理了美国 White Castle 油田的伴生气，原料气量 17×10^4 m³/d，原料气 H_2S 700mL/m³，净化气 H_2S 4mL/m³，产硫量 0.21 t/d。

2）处理天然气的装置

阿曼一套处理天然气的 SulFerox 装置压力为 7.5MPa，处理量 $(0.7~4) \times 10^6$ m³/d，原料气 H_2S 10~500mL/m³，CO_2 0.8%，温度 50℃；净化气 H_2S 仅有 0~1mL/m³；采用中低压闪蒸，烃损失量很少。

3）处理 CO_2 强化采油伴生气的装置

位于美国 Wasson Denver 的一套处理 CO_2 强化采油伴生气的 SulFerox 装置简要情况示于表7-8。

表7-8 Wasson Denver SulFerox 装置数据

原料气量 m³/d	压力 MPa	原料气组分,%			净化气 H_2S mL/m³	产硫量 t/d
		H_2S	CO_2	C_1~C_3		
3.96×10^6	1.9	600mL/m³	90	8	<20	3.4

4) 处理炼厂气的装置

美国 Congo 炼厂气 SulFerox 装置的设计及实际运转数据示于表 7-9。

表 7-9 Congo SulFerox 装置设计及运转数据

进料气		重整气及加氢异构裂解气		酸水汽提气	
指 标		设 计	实 际	设 计	实 际
原料气 H_2S，%		0.4	0.2	56	>30
CO_2，%		2.0		2.0	
氨，mL/m^3		50		30%	
氰化物，mL/m^3		12		1600	
SO_2，mL/m^3		36		5000	
有机物，mL/m^3		10		10	
处理量，$10^4 m^3/d$		10	8.5~10	0.085	<0.085
压 力，MPa		0.55	0.55	0.10	0.10
温 度，℃		35	27	54	49
硫产率，t/d		0.61	0.25	0.71	0.10
净化气 H_2S，mg/L		<80	<20	<80	~1

需要指出的是，运转初期曾由于液烃带入装置促进了硫磺聚集而产生堵塞问题。此外，如图 7-6 所示，溶液 pH 值对 H_2S 净化度的影响是指数关系（图中净化气 H_2S 含量是本书作者按进料气 H_2S 浓度为 $2000mL/m^3$ 计算得到的）。

可见，pH 值是一个十分敏感的因素，图 7-6 中只给出了 B 点与 A 点的 pH 差值为 1.7，而未提供绝对值。

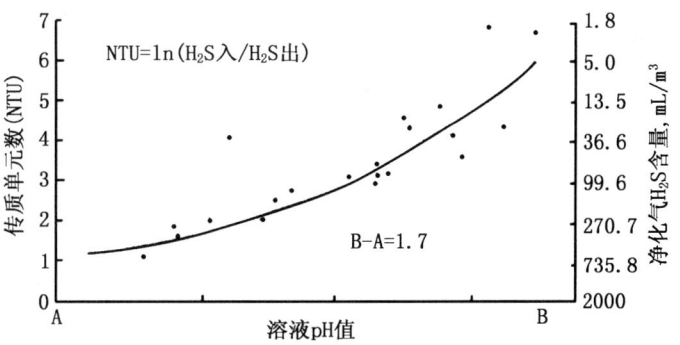

图 7-6 SulFerox 溶液 pH 值与 H_2S 净化度的关系
（引自美国 NPRA Annu. Meeting，1992. AM-92-62）

关于 Congo 装置络合剂降解情况将稍后予以介绍。

四、EDTA 络合铁法

EDTA 是乙二胺四乙酸的缩写词。EDTA 络合铁法是 20 世纪六七十年代国内外研究开发的一个热点，国外曾称为 Cataban 及 RET 法等，国内曾在一些氮肥厂获得应用；为用于天然气脱硫，中国石油西南油气田分公司天然气研究院曾在实验室工作的基础上建设了 $2\times10^4 m^3/d$ 的中试装置，进行了广泛的试验。无论在实验室，中试或工业应用中，EDTA 络合铁法均显示了它的许多优点：脱硫效率高（净化气 H_2S 达到 $1mg/m^3$），析硫速度快，副反应少（$S_2O_3^{2-}$ 生成率为 0.5%），硫磺粒度大且质量好，溶液易再生，还可以获得相当高的溶液硫容[8]。

在中试中采用 1.0 g/L 的溶液硫容运行时，发生了喷射吸收器的严重堵塞问题（SulFerox 中试也曾遇到类似问题）；其后，降至 0.5 g/L 硫容运行，虽未完全解决硫堵问题，但基本上可顺利运行。

较硫堵更为严重的问题是 EDTA 的化学降解，中试按补充量计算的 EDTA 消耗量为 200g/kg 硫，其中化学损失约为 80%。为了减轻或抑制 EDTA 的降解，在实验室进行了广泛的工作，除考虑了碱度、pH 值及铁比（Fe^{3+}/Fe^{2+}）等因素的影响外，还研究了加入添加剂的效果。但是，由于一则缺乏有力的手段判断 EDTA 的降解速度，二则思路不够明确，故无显著成效。

小氮肥厂 EDTA 络合铁装置也因消耗过大而转用其他脱硫方法。

五、其他络合铁法

国内外在 20 世纪 70 年代开发的络合铁法还有奥地利一家公司开发的 Sulfint 法（已建 7 套装置）、福州大学的 FD 法及郑州大学的 HEDP-NTA 络合铁法等。

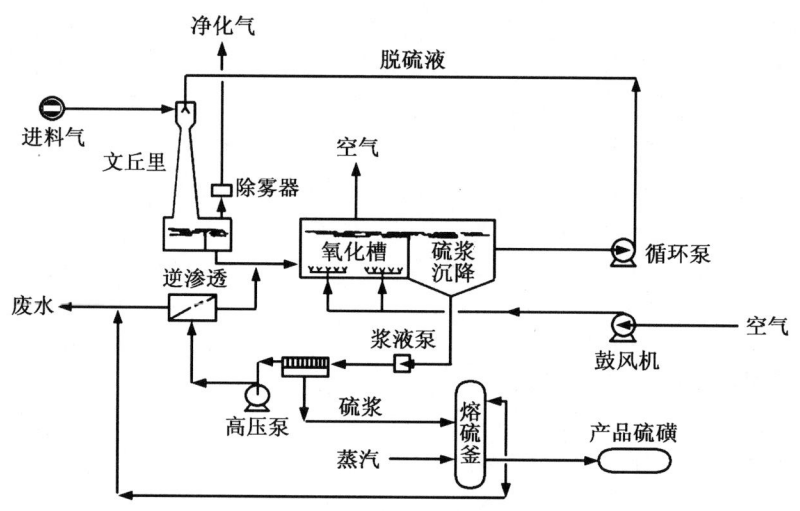

图 7-7 Sulfint 法工艺流程图

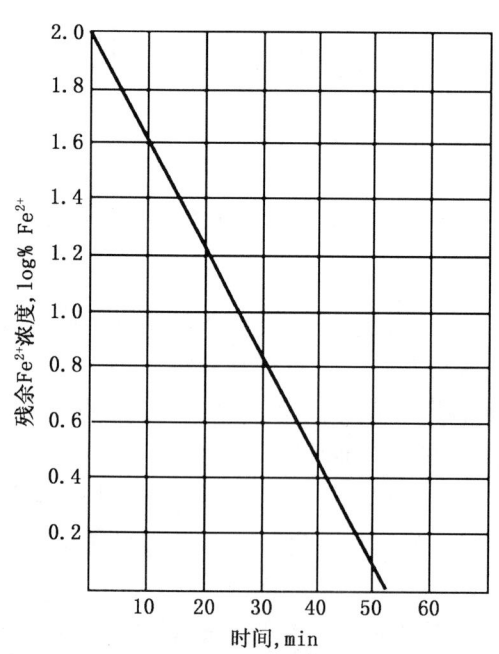

图 7-8 残余 Fe^{2+} 与再生时间的关系
[引自 Hydrocarbon Proc., 1982, 61 (3)]

1. Sulfint 法[9]

奥地利 Integral Engineering 开发的 Sulfint 法所用络合剂可能是 EDTA，已建 12 套装置，较大的一套用于处理 Rectisol 装置的酸气，硫产量为 18t/d。装置流程示于图 7-7。

据报道，溶液吸收和转化 H_2S 的速度很快，0.05 s 内即有 95% H_2S 转化；每千克 H_2S 需溶液量在 1.5~10m³ 间，即硫容为 0.1~0.67g/L。

溶液再生速度则慢得多，pH 值升高一个单位，Fe^{2+} 的氧化速率升高 20%，图 7-8 给出了残余 Fe^{2+} 量与再生时间的关系。

在氧化槽深度为 4m 的条件下，空气用量为 15m³/kg H_2S，氧的利用率相当于 10%。

硫磺粒度为 0.1~2mm，其沉降速度（按 Andreasen 法计算）为 0.02m/s。

溶液虽为中性，但需使用 304 Cr-Ni 钢或塑料。

从图 7-7 可见，此法使用逆渗透法除去溶液中的硫酸盐等杂质。

已建的 Sulfint 装置均用于处理低压气体，新近该工艺经改进扩展至可处理压力直至 8 MPa 的高压气体，已完成中试，称为 Sulfint HP。其主要特点是将高压富液送入过滤器滤出硫磺，然后再去氧化槽，加上其他措施，在系统内基本不存在硫磺沉积堵塞问题，装置也不易发泡[10]。

2. FD 法

FD 法使用磺基水杨酸络合铁溶液，在 pH 值 4~9 的条件下，主要以二配位体的状态存在，$Fe^{3+}(Ssal^{-2})_2$ 的稳定常数为 1.51×10^{25}，$Fe^{2+}(Ssal^{-2})_2$ 为 7.9×10^9。

福建泰宁氨厂使用 FD 法脱硫的运行数据示于表 7-10。

据称，溶液可脱除部分硫醇及羰硫；新溶液中的络合剂降解较快，运转一月后趋于平稳。

曾用费古罗夫斯基沉降天平测定了 FD 法的硫磺粒度，测定结果表明，随操作温度上升粒度变大，详见表 7-11。

3. HEDP-NTA 络合铁法

郑州大学以羟基乙叉二膦酸（HEDP）及氨三乙酸（NTA）二者形成络合铁溶液，它们可形成四种络合物，Fe:HEDP:NTA = 2:1:1，2:1:2，2:2:1 及 1:1:1；以 2:1:2 的配位络合物脱硫性能最好，它是一个双核络合物。

表 7-10 泰宁 FD 法脱硫装置运行数据

处理量 m³/h	压 力	原料气 H_2S g/m³	脱硫效率 %	溶液硫容 g/L	溶液再生时间 min
1700~2400	常压	4~6.5	>98	0.24~0.56	<30

表 7-11 FD 法的硫磺粒度分布

温 度 ℃	粒度分布，%				
	19~23μm	16~19μm	14~16μm	11~14μm	<11μm
16	—	51.7	13.1	21.4	13.8
37	56.0	12.0	7.7	16.9	7.4

溶液总铁浓度为 0.005~0.015mol/L，相应硫容为 0.1~0.3 g/L。商丘化肥厂采用此法，可将气体 H_2S 含量从 4.25~6.12 g/m³ 降至 17~51mg/m³，脱硫效率为 99.2%~99.7%。

运行中 HEDP 及 NTA 开始降解较快，逐渐变慢；溶液碱浓度较低时降解也较慢。

六、络合铁法中的络合剂降解问题[11]

1. 络合剂降解情况

前已提及，四川天然气研究院在 EDTA 络合铁法中试中根据 EDTA 的补充量估计化学损失约为 160 g/kg 硫。

采用 SulFerox 法的 Congo 装置的络合剂降解情况示于图 7-9。

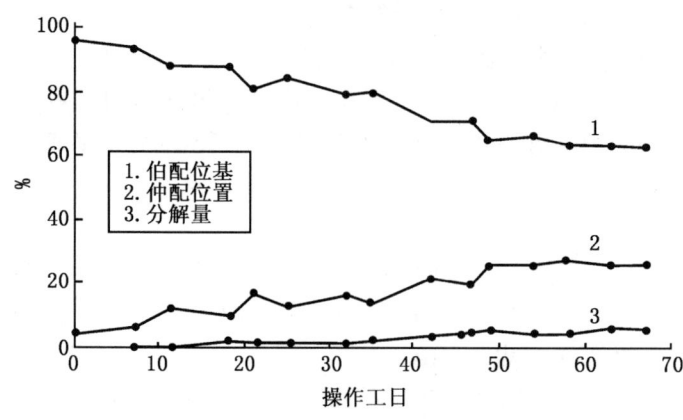

图 7-9 Congo SulFerox 溶液降解情况
(引自美国 1992 NPRA Annu. Meeting, AM-92-62)

从图 7-9 可见，溶液降解表现为伯配位基转变为仲配位基，运行至第二周时溶液组成已大体稳定，表明降解量与洗涤硫滤饼的损失量大致相当，此时降解物在总络合剂中所占比例约为 8%。但半年多后，由于操作参数控制不当，络合剂及抗降解剂补充不足，溶液中伯配位基浓度一度降至"0"。故决定排出硫滤饼中的溶剂，逐步补加新剂。

在 Lo-Cat 法的开发过程中，加入多羟基醚是克服 EDTA 降解的措施之一。

2. 影响络合剂降解的因素

据认为，在络合铁法中影响络合剂降解速度的因素有溶液温度、铁比及 pH 值等。

根据络合物降解机理的研究，它是再生过程中过氧化物或氧离子的攻击造成的。

较高的再生温度将增强它们进攻络合物的能力，因此不宜选用高的再生温度，当然要兼顾 Fe^{2+} 的氧化速度。

在络合铁体系中，高的 pH 值对 Fe^{2+} 的再生是不利的，考虑到降解很可能是逐级脱羧反应，高碱度是有利于脱羧反应的，所以络合铁法均选择使用略高于 7 的 pH 值。

关于溶液的铁比，再生过程中随 Fe^{2+} 的氧化趋于完全，电位急剧上升，再生难度加大，导致络合剂降解的可能性也增加，因此，选择适宜的氧化还原电位以获得一个适当的铁比是必要的。前面介绍的 Lo-Cat 单塔装置就将溶液电位控制在 $-150 \sim -250$ mV。

还应当强调指出的是 SulFerox 及 Lo-Cat 法等均在溶液中加入了降解抑制剂，在某种意义上可以认为降解抑制剂是代替络合剂接受过氧化物或氧离子等攻击的牺牲品，所以它们不仅应当有效，而且应当价廉且对溶液无有害影响。有报道说在 Lo-Cat 法中使用 $Na_2S_2O_3$ 作为稳定剂。

七、Konox 法[12]

日本 Sankyo 公司开发的 Konox 法使用高铁酸钠溶液脱除 H_2S，其反应为：

$$4Na_2FeO_4 + 6H_2S \Longrightarrow 4NaFeO_2 + 4NaOH + 6S + 4H_2O \tag{7-9}$$

$$4NaFeO_2 + 4NaOH + 3O_2 \Longrightarrow 4Na_2FeO_4 + 2H_2O \tag{7-10}$$

可见，氧化剂是 Fe^{6+}，它在氧化 H_2S 后自身转变为 Fe^{3+}。

Fe^{6+} 氧化 H_2S 的速度很快，有很高的脱硫效率，$S_2O_3^{2-}$ 的生成率也很低；此外，由于是 $Fe^{6+} \to Fe^{3+}$，每 mol Fe^{6+} 氧化的 H_2S 量为前面的络合铁法的三倍。但是，Fe^{6+} 仅在 pH 大于 10 的条件下才稳定，依靠常规的空气再生无法将 Fe^{3+} 氧化为 Fe^{6+}，而必须有氧化促进剂，然而详情未见报道。

第四节 钒 法

最早获得工业应用的钒法是 ADA－NaVO$_3$ 法,它是英国西北气体局与 Clayton 苯胺公司联合开发的,名为 Stretford 法。此法在欧洲的煤气脱硫领域获得广泛的应用,目前国外装置数超过 150 套;国内也有不少应用。

此外,国外开发的钒法尚有 Sulfolin 及 Unisulf 等方法。

国内在 ADA－NaVO$_3$ 法工业化后,由于小氮肥蓬勃发展,ADA 供应较紧且价格较高,因此在 ADA 的代用品开发方面进行了大量工作,取得显著成绩,最早是氧化煤,后来有栲胶及茶灰等。它们的流程都是可以通用的。

由于钒是一种重金属,其废液排放将产生环保问题,故当前它的发展较为沉寂。

一、ADA－NaVO$_3$ 法[1,13]

ADA 是蒽醌二磺酸钠的缩写词,因磺酸钠在蒽环上位置不同而有 1,5－,1,8－,2,6－及 2,7－等几种异构体,它们是生产染料的中间体。就脱除 H$_2$S 的活性而言,2,7－大于 2,6－大于 1,5－大于 1,8－;就在水中的溶解度而言,20℃下 2,7－ADA 可达 30% 以上,但 2,6－ADA 仅为 3%。可见用于脱硫以 2,7－ADA 为佳,但市售 ADA 一般为 2,7－与 2,6－的混合物。二者的结构式示于图 7－10。

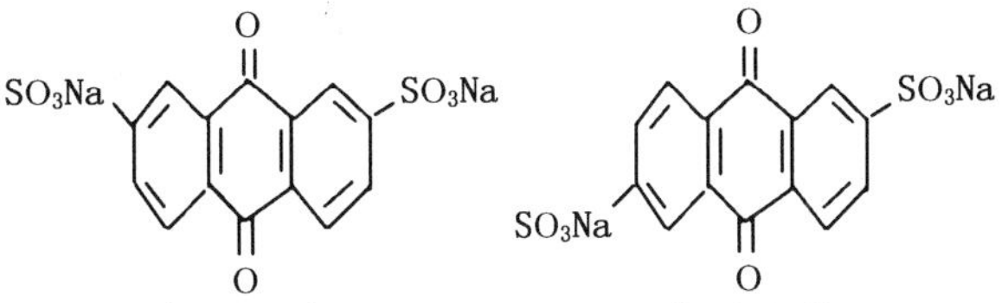

从图 7－10 可见,ADA 的氧化能力是来自于自身的醌型结构。

图 7－10 2,7－及 2,6－ADA 结构式

ADA－NaVO$_3$ 可简称为 AV 法,其脱硫及再生的反应式通常写作:

$$Na_2CO_3 + H_2S \Longrightarrow NaHS + NaHCO_3 \qquad (7-11)$$

$$4NaVO_3 + 2NaHS + H_2O \Longrightarrow Na_2V_4O_9 + 2S + 4NaOH \qquad (7-12)$$

$$Na_2V_4O_9 + 2NaOH + H_2O + 2ADA = 4NaVO_3 + 2ADA（还原态）\qquad (7-13)$$

$$2ADA（还原态）+ O_2 = 2ADA + H_2O \qquad (7-14)$$

系统内还有生成 Na$_2$S$_2$O$_3$ 等的副反应。在溶液吸收超负荷的情况下,有可能产生 V－O－S 黑色沉淀;溶液中加入酒石酸钾钠等螯合剂及调节负荷,可避免此种情形的发生。

1. 吸收阶段工艺条件的影响

吸收阶段的工艺条件有溶液钒含量及 pH 值,此外尚有反应时间和反应温度等。

1) 钒含量

V^{5+} 氧化 HS$^-$ 的速度显著低于 Fe^{3+},钒含量对 HS$^-$ 的氧化速率有显著影响,图 7－11 给出了测定结果。

2) 溶液 pH 值

图 7－12 给出了 HS$^-$ 氧化为元素硫的反应速率常数与 pH 值的关系。

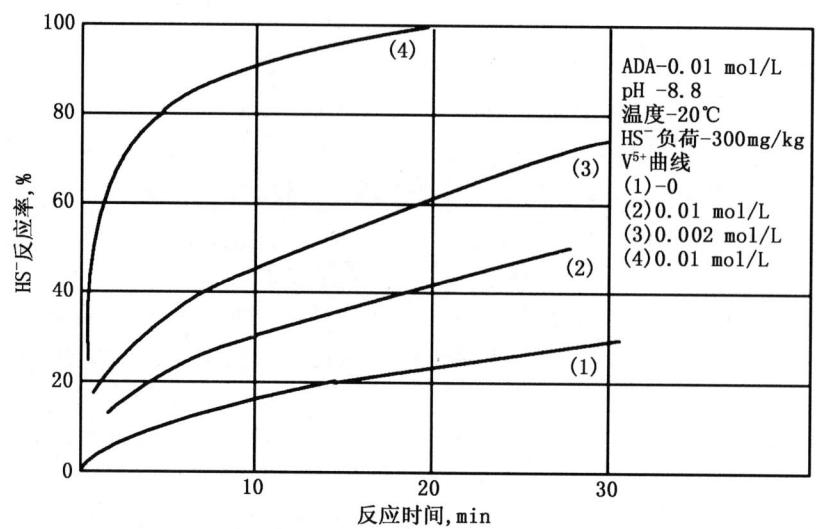

图 7-11 钒浓度对反应速率的影响

(引自本章参考文献 [1] 图 9-11)

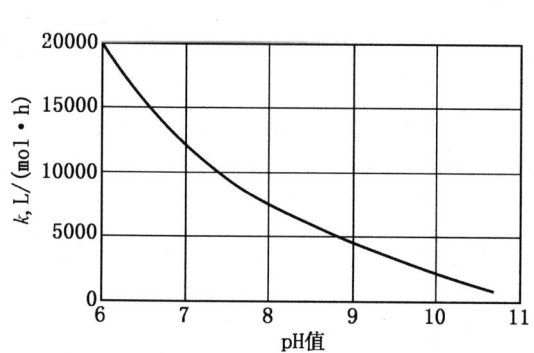

图 7-12 不同 pH 值下 $HS^{-1} \rightarrow S$ 的反应速率常数

(引自本章参考文献 [1] 图 9-12)

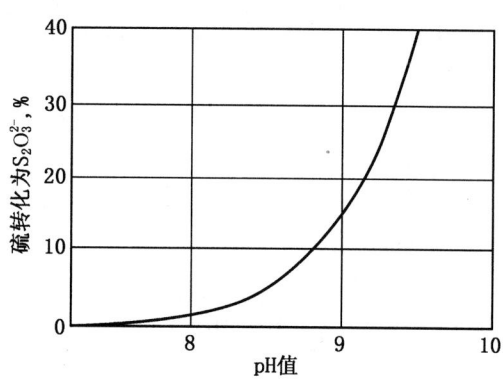

图 7-13 pH 值对 $S_2O_3^{2-}$ 生成率的影响

(引自本章参考文献 [1] 图 9-15)

从图 7-12 可见,虽然较高的 pH 值对气液传质是有利的,但它对析硫反应却是不利的,不仅如此,高的 pH 值还有利于生成 $S_2O_3^{2-}$ 的副反应,如图 7-13 所示。

3) 反应温度

温度上升有助于加快析硫反应,如图 7-14 所示,在一定范围内升高温度有利于改善 H_2S 的净化度,这与前面叙述的胺法颇为不同。

需要指出,较高的温度也使 $S_2O_3^{2-}$ 的生成率增加,如图 7-15 所示。

4) 反应时间

AV 法中 $HS^- \rightarrow S$ 的氧化反应是二级反应,其转化率与所需时间有如下关系:

$$t = \frac{1}{k(a-b)} \cdot \ln\frac{b(a-x)}{a(b-x)} \tag{7-15}$$

式中 t——时间,h;

k——反应速率常数,L/(mol·h);

a——V^{5+} 的初始浓度,mol/L;

b——HS^- 初始浓度，mol/L；
x——HS^- 转化了的量，mol/L。

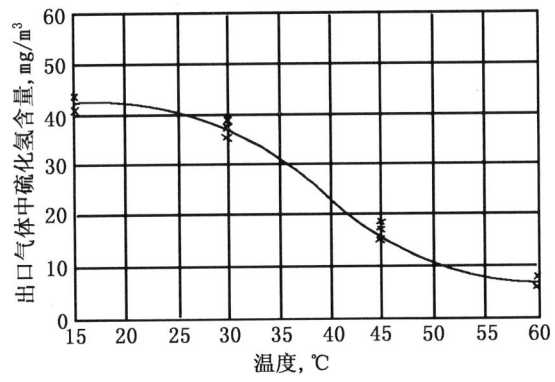

图 7-14　温度对 AV 法 H_2S 脱除效果的影响❶

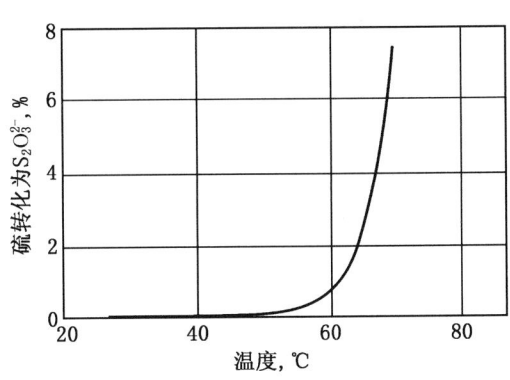

图 7-15　温度对 $S_2O_3^{2-}$ 生成率的影响
（引自本章参考文献 [1] 图 9-14）

以上式计算所得结果示于图 7-16。

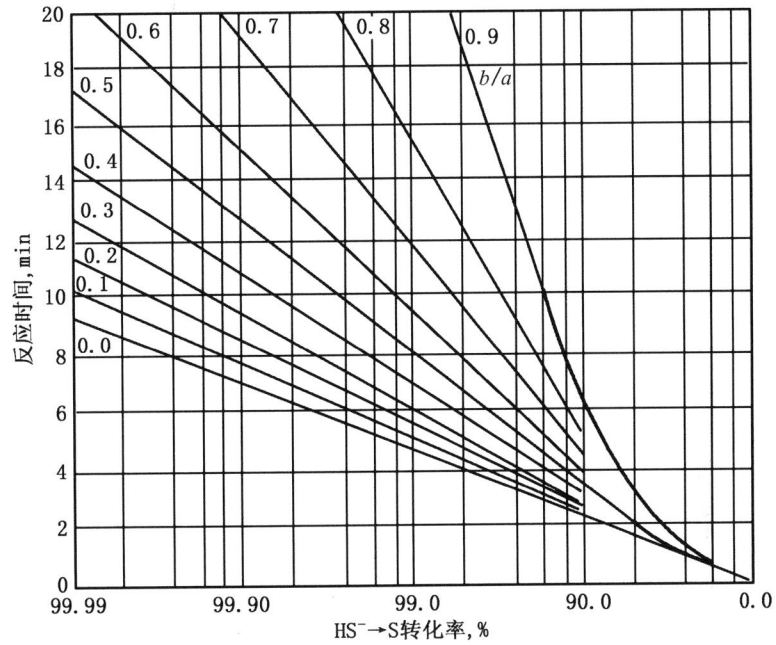

图 7-16　反应时间与 $HS^- \to S$ 转化率的关系
（引自本章参考文献 [1] 图 9-13）

2. 再生阶段工艺条件的影响

AV 法的析硫反应应在溶液进入再生槽之前完成，否则 HS^- 将在再生槽内更多地转化为 $S_2O_3^{2-}$。

再生阶段的工艺条件主要有溶液 pH 值、温度、吹风强度及再生时间等。

---

❶ 王祥光等编．小氮肥厂脱硫技术．化学工业部小合成氨设计技术中心站．1992年。

1) 溶液 pH 值

在 AV 法中，以空气直接氧化 V^{4+} 是困难的，而需借助于氧化态的 ADA；较高的 pH 值有助于 ADA 从还原态转变为氧化态，表 7-12 给出了 pH 值与此反应的速率常数的关系。

表 7-12　pH 值对还原态 ADA 氧化反应速率常数的影响

pH 值	9.5	8.4	7.5	7.0	6.6
k, L/(mol·h)	34000	26500	13000	9000	5050

再生过程中吹出吸收的 CO_2 将恢复和提高溶液的 pH 值。

2) 再生温度

提高再生温度有助于加快溶液再生进程，如图 7-17 所示。

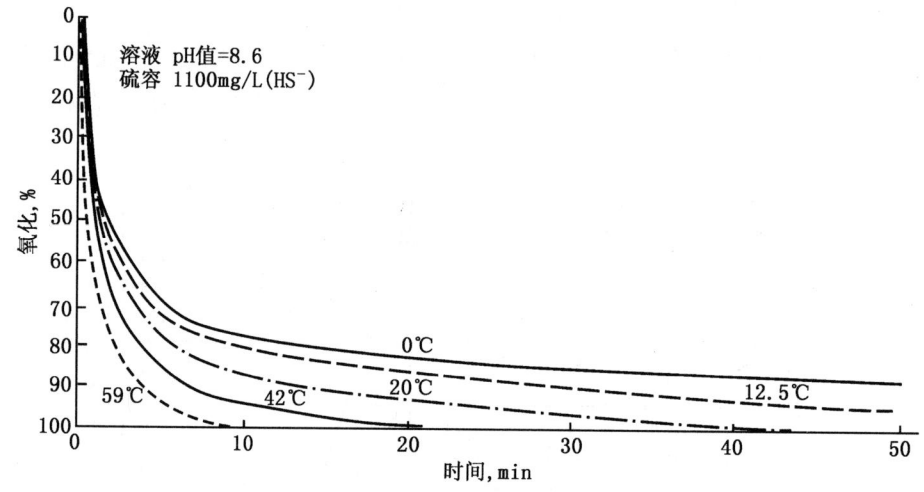

图 7-17　温度对 ADA 溶液再生的影响
（引自浙江化工研究所国外 ADA 法脱硫的近期发展概况，1975.9）

升温也可使硫磺粒度从 5~25μm 增至 25~50μm，从而有利于硫磺的分离。

此外，较高的温度将驱出更多的 CO_2，但 $S_2O_3^{2-}$ 生成率也将增加。

3) 吹风强度

再生时的鼓风量实际上不仅提供溶液再生所需要的氧，而且要使溶液中的硫形成硫泡沫浮于氧化槽表面而溢流出来。

通常选用的吹风强度为 30~80 m^3/(m^2·h)。

4) 再生时间

钒法溶液的再生速度逊于铁法，通常安排较长的再生时间，例如 10~30min。

3. 赤水 AV 法天然气脱硫装置[14]

赤水 AV 法天然气脱硫装置是与引进的赤水天然气化肥厂配套建设的，设计单套处理量为 $100×10^4 m^3/d$，平行两套；这是国内最大的 AV 法装置，也是唯一的天然气 AV 法脱硫装置，于 1978 年建成投产。装置的脱硫再生系统示于图 7-18，采用连续熔硫法回收硫磺。

该装置有以下几个特点：

(1) 吸收塔除空塔喷淋及以钢板网填料保证净化度外，在塔底设有一个"引射器"，利

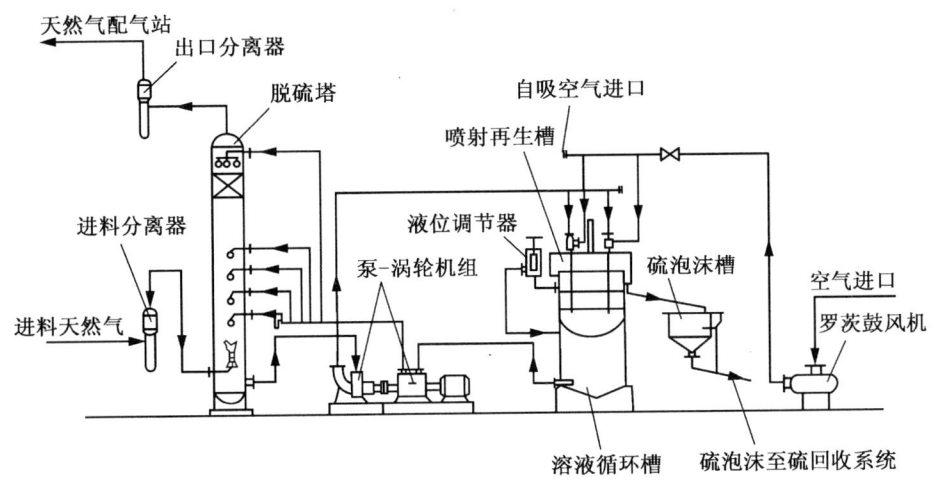

图 7-18 赤水 AV 装置脱硫再生系统流程图

用进料气的喷射作用吸入已流至塔下部的溶液再次进行脱硫吸收反应；这实际上是一个并流反应器，是一个有创意的安排，估计其脱硫效率可能达到 90% 左右，甚至更高。

（2）考虑到溶液循环量很大且富液处于压力下，设计中安排了泵—涡轮机组，估计可回收 35% 的能量。

（3）溶液再生既可使用自吸空气，也可用罗茨风机送风。

（4）装置的设计数据及初期运行数据见表 7-13。

表 7-13 赤水 AV 装置设计及运行数据

指　标	设计值	某日平均数据	某月平均数据
单套装置处理量，$10^4 m^3/d$	100	77.1	69.1
原料气 H_2S，g/m^3	<2.5	3.343	3.145
净化气 H_2S，mg/m^3	<60	0.55	2.6
溶液循环量，m^3/h	280~300	340	350
脱硫压力，MPa	2.0	1.7~2.0	1.8
操作温度，℃	20~35	45~50	46
再生空气来自	罗茨风机	自吸	自吸
再生空气过量倍数	19	4.3	5.6
脱硫效率，%	97.6	99.98	99.92
溶液硫容，kg/m^3	0.35~0.40	0.35	0.25
硫回收率，%	>95	—	71.7

① 运行中溶液含 ADA 4g/L，$NaVO_3$ 3g/L，总碱度 0.25 mol/L。

根据表 7-13 数据及所报道的情况，可作如下归纳：

（1）在压力下以 AV 溶液脱除天然气中的 H_2S，脱硫效率是很高的，净化气 H_2S 含量甚至低至 $1mg/m^3$；此外有机硫的脱除率约为 70%~80%。此中引射器的脱硫效率（不易准确测定）估计可能达到 90% 或更高。

（2）利用富液压力自吸空气可以满足溶液再生的要求。

（3）运行初期的 $Na_2S_2O_3$ 生成率为 6.6%，较高的生成率可能与较高的溶液 pH 值和再生温度有关。

(4) 溶液的硫容可达到 0.35 g/L。

(5) 较低的硫回收率与运行初期硫磺在系统内积存有关。

4. 美国长海滩天然气 AV 法脱硫装置[15]

此装置是用于天然气脱硫的第一套 Stretford 装置，位于威明顿油田，该装置的有关参数示于表 7-14。

表 7-14　长海滩 Stretford 装置参数

处理量 $10^4 m^3/d$	原料气 H_2S mg/m^3	原料气 CO_2 %	压力 kPa	循环量 m^3/h	净化气 H_2S mg/m^3	硫容 g/L
113.2	684	3.0	482	227	0.12	0.141

值得注意的是，为了预防腐蚀，该装置在吸收塔及氧化槽等设备的内表面涂刷了 1.5~2mm 厚的玻璃布加强聚酯树脂，而中间罐及硫浆罐等则以玻璃钢制作。

二、栲胶- $NaVO_3$ 法

在 ADA 代用品的各种研究开发工作中，广西化工研究所等开发的橡椀栲胶是较为成功的。

栲胶的主要成分是单宁，橡椀单宁由橡椀精酸等 7 种物质组成，它们都是具有酚式结构的多羟基化合物，在空气中易氧化成醌式结构，因此，具有氧化 V^{4+} 的能力；所含的羧基也可以络合 V^{4+}，而不需另加络合剂。

与 AV 法相比，栲胶- $NaVO_3$ 法的主要优点是栲胶较 ADA 便宜而且不必另加络合剂，所产的硫磺不易堵塔也是其重要的优点；但栲胶在制备溶液时需先行预处理，较为麻烦。

1. 栲胶的预处理

栲胶液是典型的胶体溶液，需要在碱液中以空气氧化处理并滤去胶状沉淀物，方能配制成满足脱硫工艺要求的溶液。

可使用纯碱或烧碱，采用烧碱和较高的温度可缩短预处理时间，表 7-15 给出了预处理条件。

表 7-15　栲胶预处理条件

碱	栲胶浓度 g/L	碱度 mol/L	温度 ℃	空气量
Na_2CO_3	10~30	0.5~1.25	60~70	溶液不出器外
NaOH	30~50	1.0~2.0	60~90	溶液不出器外

可根据溶液的消光度决定预处理是否完成，通常的消光度指标是 0.45 左右。

处理后需滤去胶状沉淀物方可配制或加入脱硫溶液，适宜的胶钒比为 1.1~1.3。

如果溶液预处理深度不够或过滤不好，生产中会发生硫泡沫过多及硫磺难过滤等问题。

2. 栲胶- $NaVO_3$ 装置运行数据

表 7-16 给出了几个氮肥厂采用栲胶- $NaVO_3$ 法处理半水煤气的运行数据。溶液含栲胶 2~2.5 g/L，$NaVO_3$ 1.5~2 g/L。

表7-16 栲胶-$NaVO_3$法脱硫运行数据

工 艺 参 数	上林氮肥厂	北京化工实验厂	柳州化肥厂
处理量,$10^3 m^3/h$	1.5~2.04	45~50	14.6~16.9
原料气H_2S,g/m^3	8~15	2~2.2	0.78~1.43
溶液循环量,m^3/h	115~140	760~780	179~205
净化气H_2S,mg/m^3	<100	5~10	14.8~23.9
再生空气量,m^3/h	450~550	—	250~300
再生温度,℃	35~45	40	25~45
再生时间,min	7~8	7	—
副反应率①,%	~8.14	—	7.67

① 指进料H_2S转化为$Na_2S_2O_3$及Na_2SO_4的比率。

根据表7-16的运行数据,溶液硫容大体上在0.1~0.15 g/L间。

3. KCA法

为了克服栲胶溶液配制麻烦的缺点,广西化工研究所又开发了KCA法;由于事先处理制成KCA棕色粉末,且在制备过程中加入变价金属,故使用方便。

KCA法与栲胶-$NaVO_3$法的运行情况类似。

三、其他钒法

除栲胶外,国内在ADA替代物的研究开发方面取得成功而获工业应用的尚有氧化煤及茶灰等;国外除Stretford法外,还有Unisulf法及Sulfolin法等。

1. 氧化煤-$NaVO_3$法

这是国内寻找ADA替代物最早获得工业应用的方法。浙江省化工研究所以硝酸氧化年轻褐煤,煤酸比1:0.6~0.7,所得水溶物可代替ADA制备脱硫液。先后有几个小化肥厂的脱硫装置用此法运行,脱硫结果也是好的;但由于溶液中含硝酸,装置腐蚀严重,此法逐步停运。

2. 茶灰-$NaVO_3$法

浙江省化工研究所使用加工茶叶所产生的茶灰为原料制得多酚类化合物,可与$NaVO_3$一起配制脱硫溶液,但茶灰的预处理过程未曾报道。茶灰也曾称为茶多灰,茶多酚及T型脱硫剂等。茶叶内的多酚物质的代表是儿茶素,约占70%,它具有多元酚醌的氧化还原性质,所含的羧基和羟基可作为V^{4+}的络合剂。

在工业应用中取得优于AV法的脱硫效率。

还在几个工厂使用不加$NaVO_3$的茶灰法,也取得较好的技术经济效果。

3. Sulfolin法[16]

德国Linde公司TVT分部开发的Sulfolin法已建工业装置6套;其首套装置建于南非的Sasol(大型以煤或天然气为原料制合成油的生产公司),处理量为$660×10^4 m^3/d$,进料气H_2S 17.36 g/m^3,产硫磺110 t/d,规模是很大的。

Sulfolin溶液含有$NaVO_3$及有机氮化物,据称它克服了其他方法副反应高,溶液寿命短及腐蚀等缺点;它能够同时脱除硫醇,但不能脱除COS及CS_2。

4. Unisulf法[17]

美国Unocal公司开发的Unisulf法已建工业装置4套,其首套装置用于处理克劳斯装置的加氢尾气,硫产量为 6 t/d;后有用于天然气脱硫的装置,产硫 5 t/d。

Unisulf 法使用芳族磺酸盐与钒盐组成脱硫液,据称其主要特点是避免了 $S_2O_3^{2-}$ 的生成,不仅提高了硫收率,更重要的是延长了溶液的使用寿命。

第五节 其他直接转化法

在直接转化法中,还有一些既非以钒、亦非以铁作为氧载体的方法,如国内开发的 PDS 法,国外的 Takahax 法以及氨水液相催化法等,它们也都获得了工业应用。新近还有一种使用有机溶剂的 CrystaSulf 法问世。

一、PDS 法[18]

PDS 法是东北师范大学开发的使用酞菁钴磺酸盐作为氧载体的脱硫方法。使用此类化合物作为硫醇氧化剂的 Merox 法是人们所熟悉的,但用于脱除煤气中的 H_2S 却存在 HCN 使之中毒的问题,东北师范大学正是由于研制出了耐氰催化剂而实现了方法的工业化。

1. 反应原理

水溶液的吸氧速度是衡量氧载体活性的重要标志,从表 7-17 可见,虽然几种金属的酞菁化合物均有吸氧活性,但特别突出的是钴。

表 7-17 酞菁金属化合物的吸氧性能

金属①	Co	Fe	Zn	V	Cu	Ni
浓度,10^{-4}mol/L	0.0015	0.05	2.5	2.5	5.0	1.0
比活性,mol O_2/(min·mol)	5600	140	0.30	2.9	0.46	17.3

① 均为 $MPc(SO_3Na)_4$,M 表金属元素。

据称,PDS 法与铁法及钒法在反应机理方面有显著差异如下式所示:

吸收反应:

$$NaHS + (x-1)S + Na_2CO_3 \xrightarrow{PDS} Na_2S_x + NaHCO_3 \qquad (7-16)$$

再生反应:

$$Na_2S_x + \frac{1}{2}O_2 + H_2O \xrightarrow{PDS} S_x + 2NaOH \qquad (7-17)$$

$$NaHS + \frac{1}{2}O_2 \xrightarrow{PDS} S + NaOH \qquad (7-18)$$

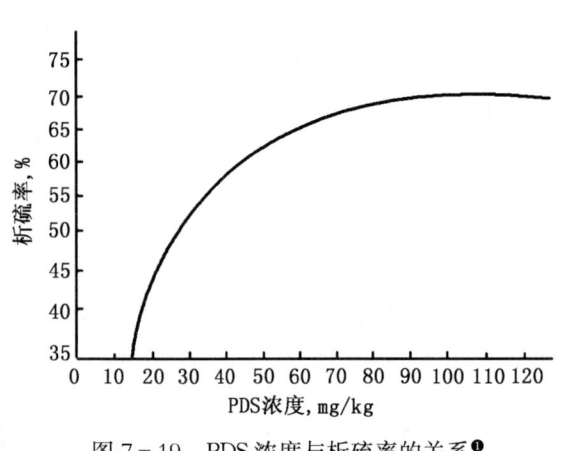

图 7-19 PDS 浓度与析硫率的关系❶

图 7-19 给出了溶液 PDS 浓度与析硫率的关系,可见超过 70mg/kg 后影响减轻。

析硫最佳的 pH 值为 8.2。

经不断改进,PDS 已由原型经 PDS-4、PDS-200 发展至 PDS-400,活性指标由

---

❶ 王祥光等编. 小氮肥厂脱硫技术. 化学工业部小合成氨设计技术中心站. 1992 年。

$0.02min^{-1}$提高至$0.04min^{-1}$以上,溶液不需另加助剂,硫醇脱除率也从40%升至60%以上。

2. PDS装置实例

使用PDS法的装置已有500余套,它在天然气脱硫方面也获得应用,表7-18为川西南矿区包35井PDS脱硫装置设计参数。

表7-18 包35井PDS脱硫装置设计参数

处理量 m^3/h	压力 MPa	原H_2S g/m^3	循环量 m^3/h	净H_2S mg/m^3	PDS浓度 g/m^3	再生温度 ℃	再生时间 min
1000	4.0~6.4	2.851	25~50	≤150	5~10	20~40	8~15

装置投入运行后,净化气H_2S小于$100mg/m^3$,H_2S脱除率大于97%;该装置后因故停车。

二、MSQ法

郑州大学开发的MSQ法所使用的脱硫剂为对苯二酸-$MnSO_4$-水杨酸三组分体系,此中对苯二酚为氧载体,$MnSO_4$可加速对苯二酚的氧化,水杨酸既可络合Mn^{2+},也有利于硫泡沫层的形成。MSQ既可单独形成脱硫液,也可与$NaVO_3$组成脱硫液。

MSQ溶液各组分含量为:对苯二酚0.05~0.15 g/L,$MnSO_4$ 0.005~0.015g/L,水杨酸0.10~0.15g/L;装置运行指标示于表7-19。

表7-19 MSQ法脱硫运行指标

原H_2S g/m^3	气液比	净H_2S g/m^3	再生温度 ℃	吹风强度 $m^3/(m^2·h)$	再生时间 min	脱硫效率 %	硫回收率 %
2~10	40~50	<0.07	30~40	115	20~30	>90	75~85

三、TaKahax法及Hiperion法

TaKahax法是日本东京煤气公司开发的脱硫工艺,所用氧载体为1,4-萘醌-2-磺酸钠,(后认为1,4-萘醌-2-磺酸铵的效果更好),它也是借助分子中醌基—氢醌基的转换而实现对H_2S的氧化,其反应为:

$$NaHS + \text{(1,4-萘醌-2-磺酸钠)} + NaHCO_3 \Longrightarrow S + \text{(1,4-二羟基萘-2-磺酸钠)} + Na_2CO_3 \tag{7-19}$$

$$\text{(1,4-二羟基萘-2-磺酸钠)} + \frac{1}{2}O_2 \Longrightarrow \text{(1,4-萘醌-2-磺酸钠)} + H_2O \tag{7-20}$$

可见,与ADA相比,它不需要借助$NaVO_3$的传递作用,可独自完成反应。

然而，萘醌磺酸钠氧化 H_2S 的速度不仅低于络合铁，而且低于 V^{5+}，因此硫容较低、硫磺粒度细、副反应率较高导致碱耗较大；此外，溶液的再生速度也较慢，腐蚀也较严重。

TaKahax 法后经改进，采用萘醌和萘双醌（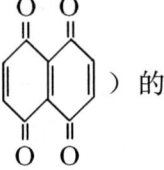）的混合物作为氧载体，脱硫效率显著提高，可达 99% 以上；再生也显著加快，且无严重腐蚀，此工艺被称为 Hiperion 法[19]。

四、氨水液相催化法

这是以氨水吸收 H_2S，而以溶液中的苯醌氧化 H_2S 的一种脱硫方法。国外于 20 世纪 50 年代工业化，称为 Perox 法；国内在上海化工研究院等单位的开发推动下，由于体系简单，易于采用，在我国小化肥厂应用颇多。

苯醌氧化 H_2S 及再生反应如下：

$$\text{(苯醌)} + HS^- + H_2O \Longleftrightarrow \text{(对苯二酚)} + S + OH^- \tag{7-21}$$

$$\text{(对苯二酚)} + \tfrac{1}{2}O_2 \Longleftrightarrow \text{(苯醌)} + H_2O \tag{7-22}$$

由于苯醌氧化 HS^- 的速度较慢，所以 $S_2O_3^{2-}$ 的生成率比较高；而由于它不仅易降解、而且有自聚合倾向，故浓度仅为 $0.2\sim0.3\ g/L$；上述因素导致其硫容低、硫收率低。此外，当进料气 CO_2 浓度高时，溶液脱硫效率下降。

所以有不少使用此法的小化肥厂的脱硫装置先后改用其他方法。

五、CrystaSulf 法[20]

新近问世的 CrystaSulf 法是美国 GRI 等开发的，该法使用有机溶硫剂，以可与 SO_2 或 O_2 反应生成不易挥发的有机碱脱除 H_2S，生成的硫磺在结晶槽内分离。

该法的脱硫速度及再生速度均显著慢于络合铁法，但硫容较高；由于使用有机溶剂，存在烃的溶解损失问题。

考虑到此法以 SO_2 再生优于以空气再生溶剂，以及烃损失等问题，可能它更适合用于克劳斯尾气处理。

第六节　直接转化法设备的特点[21]

从前面所介绍的直接转化法工艺及其流程，可看出所用的设备与胺法有很大不同，装置的核心设备是吸收器与再生槽。

一、吸收器

1. 反应特点

直接转化法脱除 H_2S 的反应特性与胺法有显著不同。在胺法中，H_2S 在液相中与醇胺的反应为质子反应，可按瞬间可逆反应处理；因此，为达到净化气质量要求，吸收塔必须采用气液逆流的安排。在直接转化法中，虽然碱液吸收 H_2S 的情况与胺液类似，但随后产生的 HS^- 被氧化为元素硫的反应却打破了其平衡，而使总包反应成为不可逆的。这不仅使之可以获得比胺法更好的 H_2S 净化度，而且提供了采用气液并流式吸收器的可能性；析硫速度愈快，采用高效强化传质设备的可能性愈大，投资也可大幅节省。

直接转化法如用于天然气脱硫，通常将在比较高的压力下运行，如赤水装置为 2.0 MPa，长海滩装置为 4.8 MPa；为了降低能耗，主要是降低电耗，宜选用比较高的硫容。从表 7-13 可见，赤水装置硫容 0.37 g/L（在直接转化法装置中已是相当高的硫容了），电耗在总消耗费用中的比例仍高达 76%。

2. 实际采用的吸收器型式

国内绝大多数直接转化法装置均在常压下运行，应用的吸收器型式很多，较为常用的有喷射塔、旋流板塔、填料塔和喷旋塔等。

压力下的吸收塔，赤水装置为复合塔型，包括喷淋段、填料段、还有一个引射器；鲁南化肥厂 AV 法装置设计采用喷淋—填料塔，后发现硫堵问题作了调整；EDTA 络合铁法中试装置采用了高效强化的喷射吸收器——鼓泡吸收塔。

3. 升高硫容下的吸收器

作者曾探讨了升高硫容后的反应速度问题，以析硫速度慢于络合铁法的 AV 法的例，从图 7-20 可见，在静态条件下，当硫容由 0.1 g/L 升至 0.75 g/L 时，达到同样析硫率所需的时间相应降至 1/8。虽然在动态条件下

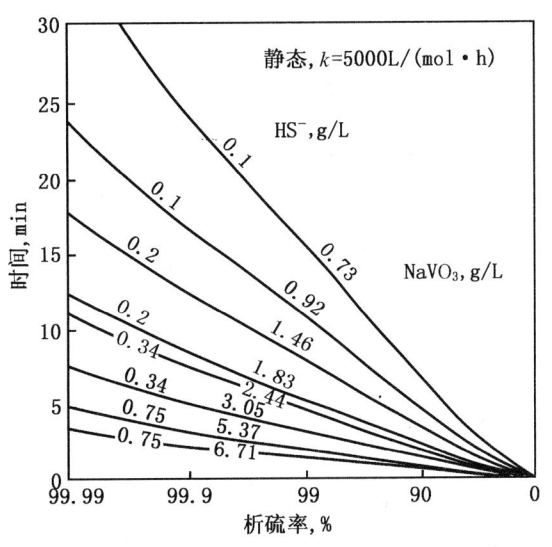

图 7-20 AV 法不同硫容下析硫率与时间的关系

与之有所不同，但考虑到析硫反应是整个反应过程的慢步骤，它的加速将提高 H_2S 的脱除率而改善净化度。

析硫速度加快相应地可降低副反应率，表 7-20 为不同方法的 $S_2O_3^{2-}$ 生成率。

表 7-20 不同方法的 $S_2O_3^{2-}$ 生成率

方 法	EDTA 络合铁法	AV 法	铁 碱 法
析硫反应速度	快	中等	慢
析硫处	吸收段	吸收段及反应段	再生段
$S_2O_3^{2-}$ 生成率，%	<0.5	2~8	>20

因此，直接转化法用于天然气脱硫时，尤其是选用络合铁法时，吸收器可采用喷射器或

静态混合器等高效设备，但要注意防止硫磺堵塞及解决硫磺堆积等问题。

二、再生槽

直接转化法用于再生溶液的氧化槽有高塔再生和喷射再生两类，后者投资及能耗较省而效率较高。经过70年代以来的努力，国内在喷射再生方面已取得很大成绩。

赤水装置曾测定了喷射再生中的容积喷射系数（m^3 空气/m^3 液）与溶液压力的关系，如图7-21所示。可见，在溶液压力为 0.7～0.8MPa 时，吸入空气量可达 3～4m^3/m^3，经改进可能达到 5m^3/m^3，大体上可满足硫容 0.5 g/L 下所需的再生空气量。相应地吹风强度达到 60$m^3/(m^2·h)$ 以上，完全可以满足浮选硫磺的要求。

采用自吸空气喷射再生，不仅节约了设备投资与能耗，而且因气液界面大幅增加且不断更新，从而强化了再生过程而可减少时间。

广西大学高华等在单级喷射的基础上改进为双级喷射，如图7-22所示。双级喷射器由喷嘴、一级喉管、二级喉管、扩散管和尾管组成；在一级喉管内，液体是连续相，空气是分散相；进入二级喉管后，空气量增多而成为连续相，溶液则以液滴分散于空气中。

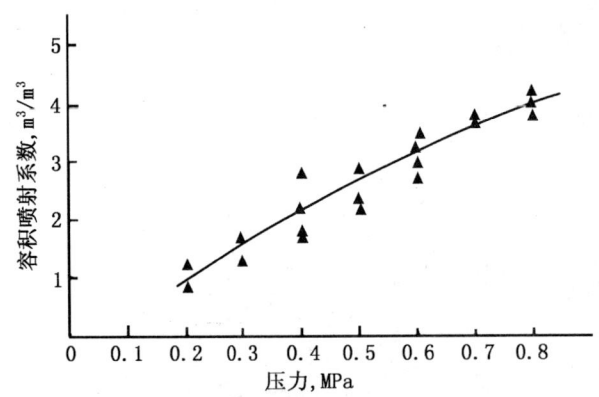

图 7-21 不同溶液压力下的容积喷射系数

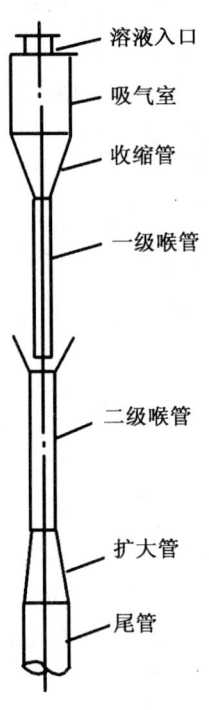

图 7-22 双级喷射器

与单级喷射相比，双级喷射有如下优点：

（1）富液射流能量利用更充分，总空气吸入量较单级增加一倍。

（2）富液与空气混合好，气液表面多次更新，强化了再生过程；

（3）由于一级喉管的滑动系数接近于1，气液接近同速，故喉管不易堵塞。

参 考 文 献

1　A. L. Kohl et al. Gas Purification（3rd Ed.）. Gulf Publishing Company，1979

2　何云峰. 钒（V）、（IV）在水中的形态及钒（IV）的络合物. 石油与天然气化工，12（3），1983：5～13

3　刘世华等. 铁碱悬浮液脱硫法工业性试验技术总结. 天然气与石油，1976（3）

4　L. C. Hardison. Go from H_2S to S in One Unit. Hydrocarbon Proc.，64（4），1985：70～71

5　L. C. Hardison et al. H_2S to S: Process Improvement. Hydrocarbon Proc., 71 (1), 1992: 89～90

6　张乃骞. Lo-Cat Ⅱ工艺在天然气净化中的应用. 天然气与石油, 20 (3), 2002: 16～19

7　王开岳. 高硫容络合铁法的应用与分析. 油气加工, 1993 (3): 9～14, 41

8　符克明. 络合铁法脱除天然气中H_2S的研究. 石油与天然气化工, 1980 (3): 57～64

9　H. Mackinger et al. Sulfint Process. Hydrocarbon Proc., 61 (3), 1982: 169～172

10　龙晓达 等. 高压脱硫的液相氧化还原新工艺. 石油与天然气化工, 32 (2), 2003: 81～84

11　王开岳. 络合铁法动力学与机理研究近况. 石油与天然气化工, 24 (3), 1995: 178～184

12　T. Kasai. Konox Process Removes H_2S. Hydrocarbon Proc., 54 (2), 1975: 178～184

13　施亚钧等编. 气体脱硫. 上海: 上海科学技术出版社, 1986

14　郭未生等. 赤水天然气脱硫厂设计小结. 石油与天然气化工, 1980 (3): 1～18, 38

15　蒽醌法在东威明顿油田的应用. 天然气与石油, 1972 (6): 80～91

16　M. P. Heisel et al. New Gas Scrubber Removes H_2S. Hydrocarbon Proc., 66 (4), 1987: 35～37

17　Unisulf Process. Chem. Eng., 93 (16), 1986: 9

18　周文. PDS 技术在天然气脱硫中的应用. 石油与天然气化工, 30 (5), 2001: 250～252

19　Sweetening Natural Gas (Ⅱ). Sulphur, 193, 1987: 26～31

20　马波. 脱硫新工艺——结晶硫法 (CrystaSulf). 石油与天然气化工, 31 (5), 2002: 253～256

21　王开岳. 直接转化法升高硫容后的反应速度及设备选择问题. 石油与天然气化工, 13 (2), 1984: 49～55

第八章 天然气脱硫脱碳的其他方法

除去前面几章介绍的常规胺法，以 MDEA 法为代表的选择性胺法、物理溶剂法，以砜胺法为代表的化学物理溶剂法和液相氧化 H_2S 的直接转化法这几大类气体脱硫脱碳方法之外，还有一些脱硫脱碳的方法目前在天然气领域内的应用面较狭窄，主要用于特定的工况[1]。

本章将要介绍的其他脱硫脱碳方法如下：

(1) 氧化铁固体脱硫剂，这是一类将 H_2S 反应脱除而通常并不再生的方法，近来发展较为活跃；

(2) 浆液法，这是将固体脱硫剂制成浆液而有助于装卸的脱硫方法；

(3) 热碳酸钾法，使用活化剂的热碳酸钾法广泛用于合成气脱除 CO_2，它们在天然气脱硫脱碳领域也有一些应用；

(4) 分子筛法，利用其择形及强极性可有效脱除 H_2S，特别是硫醇而达到高的净化度；

(5) 膜分离法，这是利用不同气体通过膜时的渗透性能的差别而实现气体分离的方法，在天然气领域主要用于脱除大量 CO_2；

(6) 低温分离法，主要用于处理 CO_2 驱油后的伴生气，可同时回收天然气凝液（NGL）；

(7) 生化脱硫法，利用细菌将 H_2S 转化为硫或促进脱硫液再生的方法；

(8) 液体除硫剂，使用碱性物料或具有氧化能力的物料除去天然气中的 H_2S；

(9) 天然气的精脱硫，当天然气用作化工原料时需予深度脱硫，本章也作简要介绍。

第一节 氧化铁固体脱硫剂

用于处理粗天然气使之达到管输要求的固体脱硫剂主要成分均为活性氧化铁，它们可与 H_2S 发生如下反应：

$$Fe_2O_3 + 3H_2S \longrightarrow Fe_2S_3 + 3H_2O \qquad (8-1)$$

$$Fe_3O_4 + 4H_2S \longrightarrow 3FeS + 4H_2O + S \qquad (8-2)$$

$$FeS + S \longrightarrow FeS_2 \qquad (8-3)$$

依 (8-1) 式，100kg Fe_2O_3 完全反应可脱除的 H_2S 量为 63.87kg。

最初使用的氧化铁脱硫剂是天然物料，如黄土（沼铁矿），此后为了提高活性及硫容，逐步采用人工合成的方法。

一、黄土脱硫

使用黄土即沼铁矿脱除 H_2S 是一种古老的脱硫方法，我国锦州石油六厂水煤气合成石油装置中合成气的净化即采用此种方法。20 世纪 50 年代初，在四川气田也曾建有黄土脱硫装置以保证生产炭黑的原料天然气的质量。

研究表明，虽然氧化铁有多种形态，但仅 $\alpha - Fe_2O_3 \cdot H_2O$ 及 $\gamma - Fe_2O_3 \cdot H_2O$ 两者有

良好的脱硫活性。黄土主要含 $\alpha-Fe_2O_3 \cdot H_2O$；赤泥，即由铝土矿生产氧化铝的下脚料，也称铝土泥，主要含 $\gamma-Al_2O_3 \cdot H_2O$。应当指出的是，它们仅在含有化合水时方有脱硫活性。

脱硫剂含黄土95.5%，木屑4.0%，石灰0.5%；木屑使之疏松，碱性条件有助于完成以上反应。在装入设备前需均匀喷水，使脱硫剂中的水分含量达到30%~40%。

图8-1为氧化铁脱硫塔示意图[2]。

脱除 H_2S 的适宜条件为 28~30℃，脱硫剂湿度不少于30%，即使在常压下气体中的 H_2S 也可降至 $20mg/m^3$ 以下。

脱硫剂吸收 H_2S 饱和后，可在水蒸气存在下以空气使之再生，其反应为：

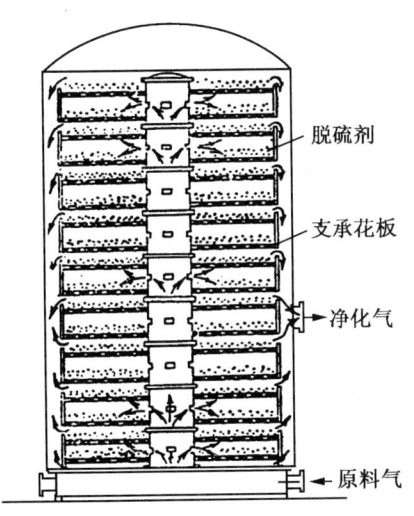

图8-1 氧化铁脱硫塔

$$2Fe_2S_3 + 3O_2 + 6H_2O \longrightarrow 4Fe(OH)_3 + 6S \qquad (8-4)$$

此反应为放热反应（303kJ/mol Fe_2S_3）。

再生析出的硫存在于脱硫剂床层中，它会包围活性氧化铁而使 H_2S 无法与之反应；通常当脱硫剂的硫含量达到50%（干基）时，就应更换脱硫剂。

二、海绵铁法[3]

海绵铁法（Iron Sponge）也是一种古老的气体脱硫方法，其性能与黄土类似，但它是人工制备的，表8-1给出了国外某海绵铁产品的化学组成及粒度分布数据。

表8-1 海绵铁的化学组分及粒度分布

化学分析(干基)	铁(Fe_2O_3)	(Fe_3O_4)	硫	铜	锌	铅	硅	铅	磷	—
%，m	58.67	20.40	0.49	0.11	0.01	0.01	1.02	0.02	0.02	—
粒度分布	<16目	16目	30目	60目	100目	140目	200目	325目	400目	>400目
%，m	1.32	2.90	54.62	32.72	4.49	1.58	0.79	1.06	0.26	0.26

从表8-1可见，海绵铁主要为 Fe_2O_3，也含有一定量 Fe_3O_4，粒度则主要集中于30至60目。

海绵铁亦需混入木屑及纯碱使用，其产品按氧化铁含量分为几个等级；在天然气中使用氧化铁含量最高的一种，每立方米含氧化铁194kg，纯碱13kg，余为木屑，堆密度432kg/m³。

除 H_2S 外，海绵铁亦可脱除气流中的一部分硫醇，其反应为：

$$Fe_2O_3 + 6RSH \longrightarrow 2Fe(SR)_3 + 3H_2O \qquad (8-5)$$

如黄土一样，反应产物 Fe_2S_3 可与空气中的氧发生反应而析出硫磺。

海绵铁塔的空塔线速可取3m/min以下，以氧化铁计的硫容可达53%。

海绵铁可以将天然气中的 H_2S 含量降至 $20mg/m^3$ 以下，甚至小于 $5mg/m^3$。除此之外，它也可用于处理天然气凝液（NGL），表8-2为其应用的三个实例[4]。

由于海绵铁脱硫活性高，设备投资低，脱硫剂较廉价，所以它在处理潜硫量很少的天然气方面应用较多，据估计超过2000套。

表8-2　海绵铁法处理NGL实例

装　　置	1	2	3
NGL处理量，m^3/d	151	83	189
原料含硫量，mg/kg	16～32	0～4	40～60
脱硫塔内径，m	0.61	0.61	0.76
高度，m	3.66	4.57	3.05
空速，h^{-1}	5.88	2.59	5.66
脱硫剂寿命（实际），d	60	730	40～70
（计算），d	29～50	535	37～55
最大硫负荷，kg（硫）/（$m^2 \cdot d$）	9.77	0.49	15.14

三、SulfaTreat[5]

美国SulfaTreat公司开发的粒状脱硫剂除含Fe_2O_3及Fe_3O_4外还含有Fe_2O_4，后者与H_2S的反应为：

$$Fe_2O_4 + 4H_2S \longrightarrow 2FeS_2 + 4H_2O \tag{8-6}$$

SulfaTreat脱硫剂粒度为4～30目，堆密度$1121kg/m^3$，它的一个重要特点是具有流动性，从而便于装卸。

SulfaTreat使用时要求气体含有饱和水，因此通常在脱硫塔前设一水饱和器，据测定，在相对湿度23%的条件下，其反应速率仅及饱和条件下的1/3。

SulfaTreat脱硫剂曾在我国长庆气田试用，为保证净化气H_2S小于$20mg/m^3$，单塔运行时硫容大约只能达到8%，预计脱除$1kgH_2S$的费用达到80～110元（人民币）。

该法的主要缺点是反应活性较低，一般情况下均需双塔串联运行以保证H_2S净化度和达到10%～15%的硫容。

值得指出的是，SulfaTreat除流动性好而易于装卸外，废脱硫剂不自燃而安全性好。

此法自1989年12月问世后，由于其环境的可接受性好，发展较快，估计目前装置数已超过400套。

四、国产常温氧化铁脱硫剂

从20世纪70年代以来，国内以一些工业下脚料或其他原料研制的常温氧化铁脱硫剂陆续问世，这种势头目前仍在继续。

表8-3列出了国产的几种常温氧化铁脱硫剂的使用条件。

表8-3所示的脱硫剂中，只有四川天然气研究院的CT8-4系列是针对天然气脱硫研制的，有CT8-4、CT8-4A及CT8-4B三种，它们的某些工艺特性示于表8-4。此后该院又开发了CT8-6脱硫剂，硫容可达30%以上。

表 8-3 国产常温氧化铁脱硫剂使用条件

型号	操作状态	压力 MPa	温度 ℃	空速 h^{-1}	相对湿度 %	线速 m/s	压降 Pa/m	H$_2$S净化度 mL/m^3	累积硫容 %
CT8-4B	脱硫	加压	0~45	100~300	100	—	—	<13	13.0
	再生	常压							
ST801	脱硫	常压~2.0	20~40	800~3000	—	0.1~0.3	80~120	<1	30~40
	再生	常压	30~60	0.5~140			30~50		
T-501	脱硫	常压~2.0	5~40	300~1000				<1	40
	再生		≤50						
TG-2	脱硫	常压~3.0	20~40	300~800	100	0.1~0.3	80~120	<1	≥30
	再生	常压	30~60	0.5~140	100		30~50		
TG-4	脱硫	常压~2.0	5~50	300~1500	90	0.1~0.3	80~150	<0.1	≥60
	再生	常压力	20~60	0.5~150	100	0.1~0.3	30~50		
TG-F	脱硫	常压~20	10~40	50~150	100	0.01~0.1	50~200	<15	30~60
	再生	常压	20~60	0.5~50	100	—	50~100		

表 8-4 CT8-4 系列及 CT8-6 脱硫剂工艺特性

脱硫剂	CT8-4	CT8-4A	CT8-4B	CT8-6
外观	红棕色柱状，φ5mm	红棕色柱状，φ5mm	黑色柱状，φ5mm	褐色柱状，φ5mm
活性成分	水合 Fe$_2$O$_3$	水合 Fe$_2$O$_3$	Fe$_2$O$_3$	Fe$_2$O$_3$
堆密度，kg/m^3	~700	~800	~1000	650~850
脱硫反应速度	快	快	中	快
能否再生	不能	如需要，可以	如需要，可以	如需要，可以
硫容，%	>22	18~21	11~15	≥30
脱硫剂费用，元/kgH$_2$S	~35	~30	25~30	—

表中 CT8-4B 及 CT8-6 废脱硫剂曾由四川省环保中心鉴定，酸性水浸取液中的 Hg、As、Ba、Cd、Pb、Se 及 Ag 等有害物均不超过污水排放标准。

表 8-3 中列出了一些脱硫剂以空气再生的工艺参数，但脱硫剂再生不仅中断脱硫过程并存在安全隐患，而且再生过程中析出的硫也易使床层板结。

还需要指出的是，表 8-3 中一些脱硫剂是基于半水煤气或其他含有一些氧的气流开发的，有些还需要补充氨。当用于不含氧的天然气时，其一次硫容甚低。

国内除上述脱硫剂外，大连化学物理研究所还研制了一种名为 3018 的脱硫剂，这是一种以活性炭为基料的催化型脱硫剂，曾在长庆气田进行了现场试验。在 3.6MPa 下，进料天然气 H$_2$S 浓度为 300~500mg/m^3，配入的氧与 H$_2$S 的摩尔比为 3.5，其单塔硫容（以净化气 H$_2$S 小于 20mg/m^3 计）可达 23% 以上。不过，这种脱硫剂的单价较高，在使用过程中需向天然气中注入空气。

第二节 浆 液 法

鉴于固体脱硫剂存在装卸费时费力、劳动强度大等缺点，国内外均曾开发使脱硫剂固体悬浮于水中的浆液法；所用的浆液有氧化铁浆液及锌盐浆液。

一、氧化铁浆液法[6]

中国石油西南油气田分公司天然气研究院开发的氧化铁浆液法在广泛实验室工作的基础上于1985年进行工业试验取得成功，随后获得推广应用。

美国 Sivalls 公司开发的类似工艺其商业名称为 Slurrisweet[7]。

1. 化学反应

此工艺的关键在于得到一种反应活性好而价格便宜的氧化铁粉；经实验室筛选，一种工业下脚料可满足要求，其主要成分为 Fe_2O_3。

在微酸性条件下，Fe_2O_3 脱除 H_2S 的反应如下：

$$Fe_2O_3 + 3H_2S \longrightarrow Fe_2S_3 + 3H_2O \tag{8-7}$$

$$Fe_2S_3 \longrightarrow 2FeS + S \tag{8-8}$$

$$FeS + S \longrightarrow FeS_2 \tag{8-9}$$

这与上节所述的固体氧化铁脱硫剂在碱性条件下的反应是相同的。

Slurrisweet 所用物料主要成分为 Fe_3O_4，其反应也是类似的。

同样，浆液用空气氧化再生也可部分恢复活性而增加累积硫容，但鉴于在实际运行中它所析出的硫磺会胶结于填料上而使运行困难，故不推荐使用。

2. 氧化铁浆液法工业试验结果

氧化铁浆液法工业试验装置流程示于图8-2，可见其流程十分简单，两个脱硫塔既可并联也可串联。原料气 H_2S 含量为 $1.7\sim1.8g/m^3$，试验压力 $1\sim3$ MPa。

工业试验考查了气速、浆液床高度及温度等工艺因素对脱硫效率及硫容的影响。

硫容系指吸收的 H_2S 量与干基脱硫剂的质量比，工作硫容则定义为净化气 H_2S 含量合格即小于等于 $20mg/m^3$ 条件下的硫容。当采取双塔串联流程时，则以第一塔的脱硫效率大于等于 90% 时的硫容定义为工作硫容。

(1) 气速对脱硫效率及硫容的影响：

图8-3给出了在空塔气速为 0.3，0.6，0.9m/min 条件下的脱硫效率及硫容，双塔串联运行时净化气 H_2S 含量均低于 $20mg/m^3$。从图8-3可见，在较低气速下运行其硫容稍高一些，但三个条件下差别不大，工作硫容均在 30% 以上。

(2) 温度对脱硫效率及硫容的影响：

图8-4显示了温度在 20、30、40℃ 下的脱硫效率和硫容。

从图8-4可见，反应温度对脱硫效率及硫容均有一定影响；实验室的工作表明，当浆液温度从 25℃ 降至 10℃ 时，硫容降低一半，因此，操作温度宜保持在 20℃ 以上。

(3) 浆液高度对硫容的影响：

随着浆液高度上升，脱硫效率均会增加，这是不成问题的。但在浆液床内存在 H_2S 的浓度梯度，故浆液高度对硫容的影响需具体考查。表8-5给出了在浆液高度分别为 3.5m 及 4.5m 时不同气速下的工作硫容。

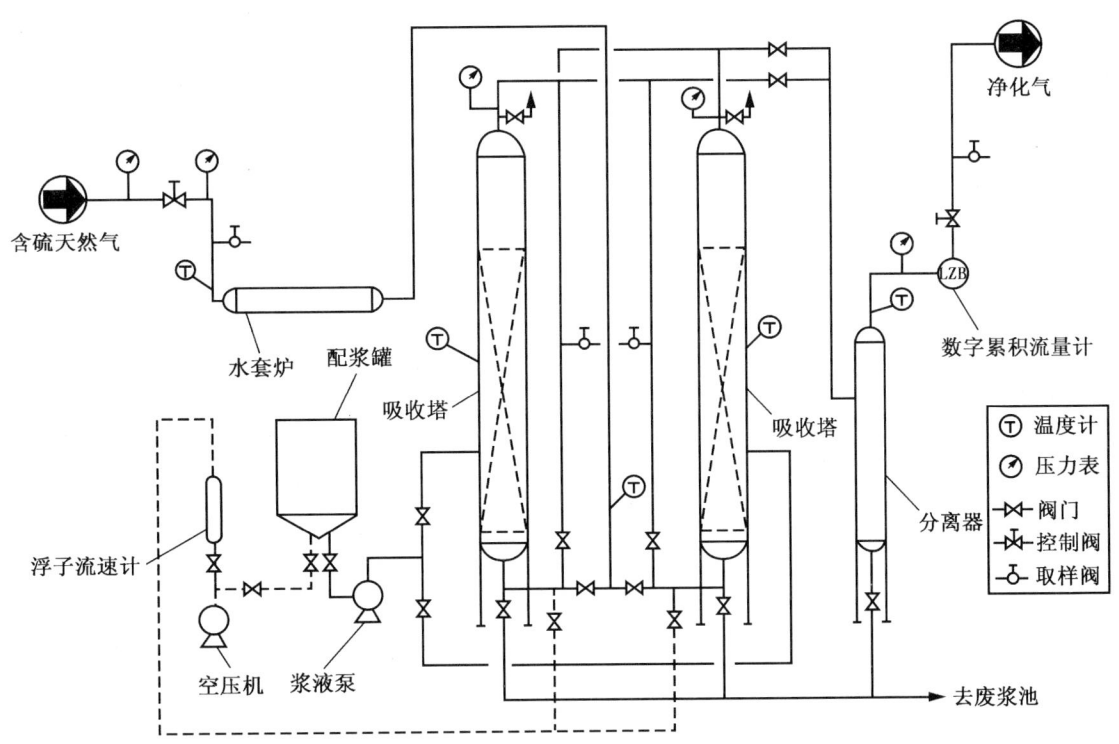

图 8-2 氧化铁浆液法工业试验流程

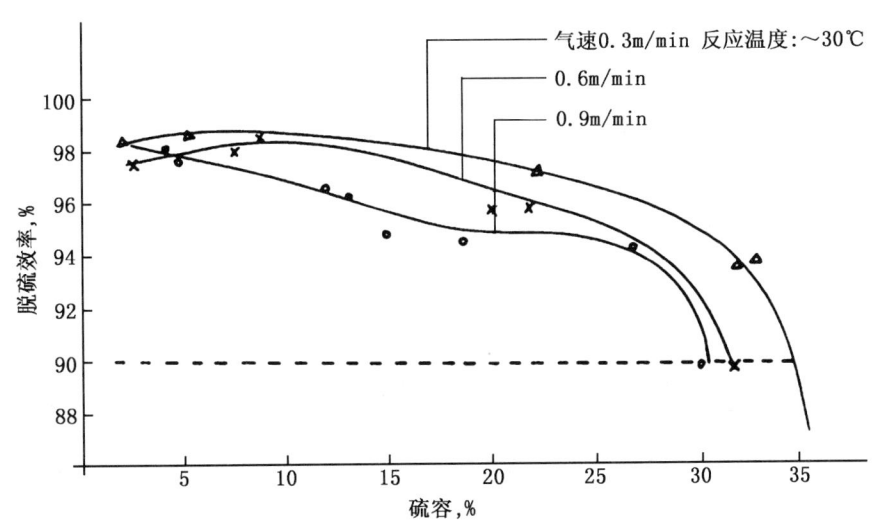

图 8-3 不同气速下的脱硫效率及硫容

表 8-5 不同浆液高度下的工作硫容

气体线速,m/min		0.3	0.6	0.9
硫容,%	浆液 3.5m	36.0	28.8	20～23
	浆液 4.5m	35.0	32.0	30.0

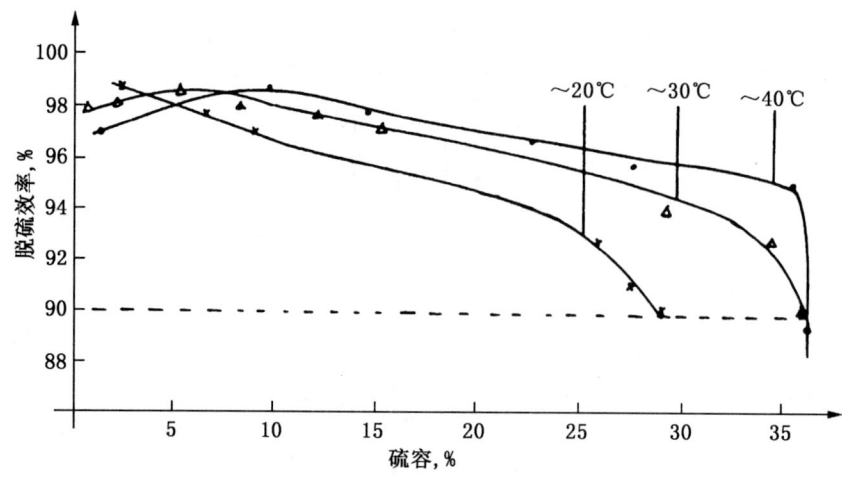

图 8-4 不同温度下的脱硫效率及硫容

从表 8-5 可见,在气速为 0.3m/min 时,低浆液高度时的硫容还稍高一些,但随气速上升而急剧下降。

应当指出,较高的浆液高度不仅在较高气速(即较大处理量)下有较高硫容,而且有较高的脱硫效率,同时较大的浆液量也使切换周期增长。

3. 脱硫塔的腐蚀及防护措施

在氧化铁浆液脱硫塔内,浆液溶解 H_2S 及 CO_2 后处于微酸性条件下($pH = 4 \sim 5$),加之大量氧化铁固体粒子悬浮于液体中,因此此中的腐蚀问题实际上是酸性腐蚀与固体粒子磨蚀的协同作用。试验室的工作说明,这种协同作用达到二者单独作用的几十倍,年腐蚀率高达几十毫米。这是容易理解的,因为 H_2S 腐蚀生成的硫化铁立即为固体粒子磨下,新的表面又暴露于腐蚀环境之下,如此形成恶性循环。

各种钢材的挂片测试结果表明,多数钢材腐蚀均很严重,12Cr2AlMoV 好一些,1Cr18Ni9Ti 则无腐蚀迹象。

工业试验中除将一塔内衬以环氧玻璃布外,还进行了防腐涂层试验;结果表明,所试验的 5 种涂层中,只有环氧玻璃布有效,详情示于表 8-6。

表 8-6 浆液脱硫塔防腐蚀涂层试验结果

涂料	涂衬情况	试验结果
环氧胶泥	在 76mm×19mm×1.8mm 的 A3 钢试片外涂 2mm 厚	试片全部腐蚀,已不存在
环氧玻璃布	在 76mm×19mm×1.8mm 的 A3 钢试片外涂 4 层,厚 4mm	试片及涂层均完好,未失重
环氧玻璃布	塔内壁涂 4 层,厚 4mm	外层环氧树脂略有磨损,玻璃布层完好
RTF 防腐漆	在部分塔内壁每日涂 1 次,共 6 次,面积 0.25m²	漆色由灰变白,漆层变薄
ZQ 防腐漆	在部分塔内壁每日涂一次,共 6 次,面积 0.25m²	整个漆层已不存在

4. 废浆液处理

废浆液排出沉降后,上层清液检测结果示于表 8-7,可见其无毒,符合排放标准。

表 8-7 废浆液的清液检测结果

pH 值	S^{2-}	Fe^{2-}	SO_4^{2-}	元素硫
6	0.21mg/L	0.41mg/L	3.8g/L	微量

废浆液的沉渣为硫化铁与氧化铁的混合物，在与空气接触后，硫化铁逐步转变为氧化铁和元素硫。

以此废渣渗入 25％河沙及 15％水泥手工制砖，其抗压强度达 6.62MPa，可用于工棚及围墙建筑。

5. 氧化铁浆液法推荐应用条件

氧化铁浆液法可用于处理低 H_2S 含量的天然气，当原料气 H_2S 含量为 1～2g/m³ 时，采用双塔串联可获得 H_2S 小于等于 20mg/m³ 的净化气，推荐的主要工艺参数示于表 8-8。

表 8-8 氧化铁浆液法推荐工艺参数

脱硫温度 ℃	空塔线速 m/min	填料高度 m	脱硫塔内径 m
>25	0.3～0.9	5	$(1.02～1.76)\sqrt{\dfrac{A}{p}}$①

① A 为装置处理量，10^4m³/d，p 为操作压力，MPa。

装置更换周期与原料气 H_2S 浓度及装料量有关，可按下式计算：

$$f = 29D^2/AC \tag{8-10}$$

式中　f——运转周期，d；

　　　D——脱硫塔内径，m；

　　　A——装置处理量，10^4m³/d；

　　　C——原料气 H_2S 含量，g/m³。

根据式（8-7），如塔径为 1m，处理量为 $1×10^4$m³/d，原料气 H_2S 含量为 1g/m³，则装置更换周期为 29d。

二、锌盐浆液法[8]

此法系美国 C-E Natco 公司开发的一种简易脱硫方法，名为 Chemsweet 法。

该法使用一种专利配方的白色粉末，可能是氧化锌与乙酸锌的混合物，在浆液中可以有控制地提供锌离子，它立即与 H_2S 反应生成硫化锌。

据称此法浆液的 pH 值低到足以不至于吸收 CO_2，而又高到不至于有显著的设备腐蚀。

初期使用 Chemsweet 法的 20 余套装置的工艺条件在表 8-9 所示范围内。

表 8-9　Chemsweet 法的使用条件

处理量 10^4m³/d	原料 H_2S mg/m³	压力 MPa	脱硫塔径 m	脱硫塔高 m	药剂投入量 kg	使用周期 d
0.142～34	24～1200	0.5～10	0.4～3	4～10	75～1800	15～90

此法目前的装置数已超过 150 套。

与氧化铁浆液法相比，锌盐浆液的反应性能及脱硫效率可能较优，且脱除一部分有机硫，但脱硫剂价格较贵。

第三节 热碳酸钾法[9]

热碳酸钾法是人们熟悉的广泛用于脱除合成气中 CO_2 的方法，国内也常称为热钾碱法，由于溶液中常加入促进 CO_2 吸收的活化剂，所以亦称为活化热钾碱法。

此法常用于处理具有较高温度的合成气，这就可能使溶液的吸收与再生在相近的温度下进行，使装置省去换热冷却设备；而且，较高的温度还增加了碳酸钾的溶解度，从而可获得较高的溶液 CO_2 负荷。

较早使用的活化剂是三氧化砷，称为 G－V 法，国内曾称为砷碱法。此法有很好的性能，但由于三氧化砷是剧毒物而逐渐为其他方法取代。国外具有代表性的活化热钾碱法为 Benfield 法及 Catacarb 法；采用位阻胺活化剂的 Flexsorb HP 也是此类方法。国内也开发了一些活化热钾碱法，如四川化工厂的 SCC－A 法及南京化学工业公司研究院的双活化剂法等。

活化热钾碱法在天然气领域应用不多，当使用此法时则以净化气加热原料气；还有人提出了将 DEA 法与之组合的流程。

一、反应原理

热钾碱溶液吸收 CO_2 及 H_2S 的反应如下：

$$K_2CO_3 + CO_2 + H_2O \Longrightarrow 2KHCO_3 \tag{8-11}$$

$$K_2CO_3 + H_2S \Longrightarrow KHS + KHCO_3 \tag{8-12}$$

与胺法常温吸收—升温解吸不同，热钾碱法吸收与解吸几乎在同样高的温度下进行，不过是在压力下吸收而降压再生的。

CO_2 在热钾碱液中的吸收热为 $6.04 \times 10^2 kJ/kg$（CO_2），仅为 MEA 液的 40% 左右。

此法之所以在较高的温度下进行，主要基于两个原因，一是在较高的温度下 $KHCO_3$ 有较高的溶解度，从而可使用较浓的溶液；二是较高的温度下 CO_2 水合速度大大加快而有助于 CO_2 吸收。在碱液中，COS 与 CS_2 也会水解为 H_2S 及 CO_2 而被吸收，硫醇与 K_2CO_3 的反应则随碳数的上升而减弱。

表 8－10 提供了一些酸气在 Benfield 溶液中的相对吸收速率与相对负荷。

表 8－10　酸气在 Benfield 溶液中的相对吸收速率与负荷
温度 110℃，平衡分压 13.79kPa

组　　分	CO_2	H_2S	COS	CS_2	CH_3SH
相对吸收速率	1	3.6	0.36	0.10	1.2
相对吸收负荷	1	1.41	水解	水解	0.03

从表 8－10 可见，H_2S 的吸收速率及负荷均高于 CO_2，甲硫醇吸收速度略高于 CO_2 而负荷甚低，COS 及 CS_2 吸收速度显著低于 CO_2。

对于 40% 的 K_2CO_3 溶液，当 K_2CO_3 完全转化为 $KHCO_3$ 时吸收的酸气量为 $90m^3/m^3$；

但事实上溶液不能完全再生,实际的净酸气负荷仅有 28~50m³/m³。

热钾碱法溶液再生的热耗约为 5.45MJ/m³CO_2,仅为常规 MEA 法的一半左右。

还应当指出的是,在不存在 CO_2 的条件下,KHS 的再生是十分困难的,因此热钾碱法不能仅用于 H_2S 的脱除。

二、热钾碱法各种工艺及流程

1. 热钾碱法各种工艺

在热钾碱法中,Benfield 法是应用最广的工艺,Catacarb 法次之,国内开发的热钾碱法也获得了工业应用,它们的简要情况示于表 8-11。

表 8-11 活化热钾碱法工艺

工 艺	Benfield	Catacarb	Flexsorb HP	SCC-A	复合催化
技术拥有者	美国 UOP	美国 Eickmeyer	美国 Exxon	中国 四川化工厂	中国 南京化工研究院
活化剂	DEA	硼酸盐	位阻胺	二亚乙基三胺	双活化剂
工业应用情况	>675(65)[①]	>100	3	已获应用	已获应用

① 括弧内为用于天然气净化的装置数。

2. 热钾碱法各种流程

1) 常规流程

图 8-5 为常规热钾碱法流程,吸收塔的操作温度通常为 110℃,汽提塔的操作压力通常在 13.69~68.95 kPa 范围内。

采用常规流程,可使净化气中 CO_2 浓度达到 0.5%~0.6%。

2) 贫液分流流程

当要求净化气 CO_2 浓度达到 0.1%~0.2% 时,可采用贫液分流

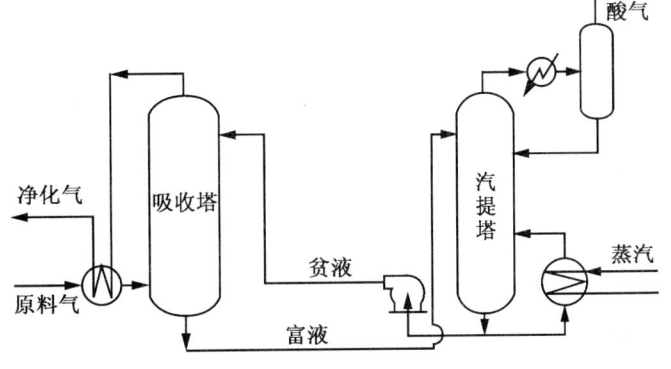

图 8-5 常规热钾碱法流程

流程,如图 8-6 所示,此时分出约 1/3 的贫液冷至 30℃ 送至吸收塔顶,从而降低了出塔气体的 CO_2 浓度。

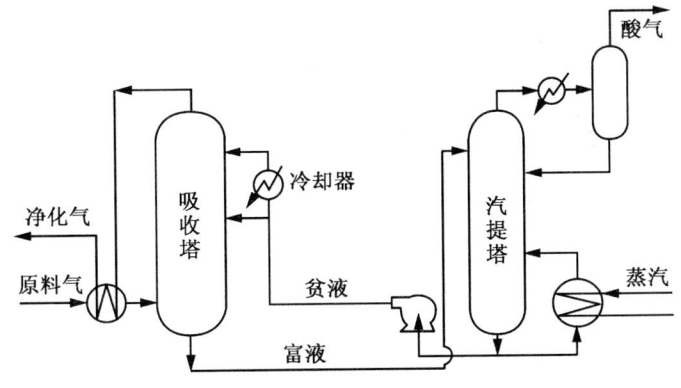

图 8-6 贫液分流热钾碱法流程

3) 贫流与半贫液分流流程

对于处理 CO_2 浓度高达 20%~40% 的进料气,可采用如图 8-7 所示的贫液与半贫液分流流程;从再生塔中部取出占总量 3/4 左右的半贫液送至吸收塔中部,而余下的 1/4 获得更好再生的贫液送入吸收塔顶。为了获得更高的净化度,此股贫液也可进一步冷却后入塔。此种流程的优点是可降低能耗。

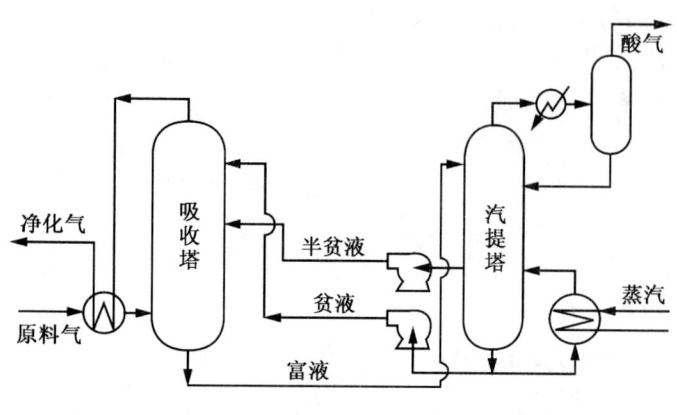

图8-7 贫液与半贫液分流热钾碱法流程

当然,在上述三种流程的基础上,还可以有其他的变型流程。

3. Catacarb 装置数据

表8-12给出了一套Catacarb工业装置的操作数据,该装置使用了如图8-5所示的常规流程,吸收压力为2.48MPa。

表8-12的数据说明,热K_2CO_3溶液加入活化剂后,在净化度不变的情况下处理量可显著增加;在处理量不变的情况下CO_2净化度可显著改善。

表8-12 Catacarb工艺活化剂的效果

活化剂含量,%	0	6.8	0	7.0	0	7.0
处理量,m³/d	11461.5	16697	13301	16329.1	13131.2	13357.6
进料CO_2,%	23.4	22.8	23.5	22.8	22.9	23.0
压力,MPa	2.48	2.48	2.48	2.48	2.48	2.48
气液比,m³/m³	59	75	78	73	71	72
出料CO_2,%	1.0	1.1	2.9	2.7	2.3	0.6
汽耗,kg/m³(CO_2)	13.5	16.5	16.8	15.4	15.0	16.4

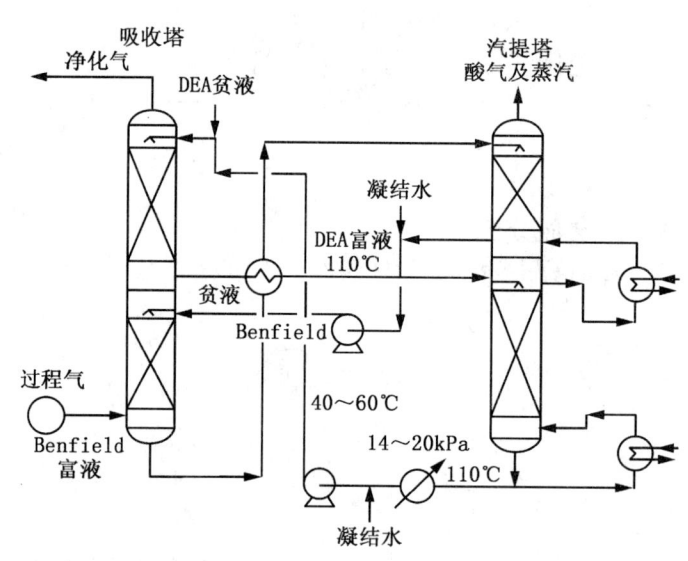

图8-8 HiPure工艺流程图

4. HiPure工艺[10]

美国Benfield公司在已成功的Benfield法的基础上将其与DEA法组合形成HiPure工艺,意为"高纯"工艺,净化气CO_2可从Benfield法时的1000mL/m³降至40mL/m³,能耗还有所下降。图8-8为HiPure工艺流程。

两套使用HiPure工艺处理天然气的装置的有关情况示于表8-13。

表8-13　HiPure处理天然气的装置

装　置	处理量 $10^4 m^3/d$	压力 MPa	进料气,%		净化气,%	
			H_2S	CO_2	H_2S	CO_2
美国 Alabama	88	4.2	10.9	42.8	$1\sim2mL/m^3$	<0.1
英国 Das Island	1415	5.4	4.7	4.9	$<1mL/m^3$	$50mL/m^3$

表8-14根据对CO_2净化度的要求安排了使用热碳酸钾法相应的工艺流程。

表8-14　不同CO_2净化度的工艺流程安排

净化气CO_2含量	工　艺　流　程　安　排
≥1%	单段常规流程
0.1%～1%	有冷却的贫液分流流程
$500\sim1000mL/m^3$	有贫液冷却的贫液与半贫液分流流程
$10\sim500mL/m^3$	HiPure流程

第四节　分子筛法

使用固体吸附剂脱除气体中的硫化物是一类传统方法，早期使用活性炭。分子筛脱除天然气中H_2S及/或硫醇等有机硫化合物的工艺国外于20世纪60年代就实现了工业应用，在美国建设了规模相当大的工业装置。国内在70年代曾进行了分子筛脱除天然气中有机硫化合物以及同时脱硫脱水的实验室工作。

一、分子筛脱硫的基本原理

分子筛因其具有孔径均匀的微孔孔道而仅允许直径较其孔径为小的分子进入孔内而得名。它又是一类强极性的吸附剂，对极性、不饱和化合物以及易极化分子有很高的亲和力。所以，分子筛可按分子尺寸，极性及不饱和度将复杂体系中的某些组分脱除或分离出来。

关于可用于脱硫的分子筛的结构及其吸附性能可参见本书第九章第三节。

分子筛对天然气中的硫化物及其他组分的吸附强度按下述次序递减：

$$H_2O > CH_3SCH_3 > CH_3SH > H_2S > COS、CS_2 > CO_2 > N_2 > CH_4$$

与其他吸附剂相比，分子筛不仅具有择形选择性，而且在低组分分压下仍有相当高的吸附容量，如表8-15所示[11]。

表8-15　吸附剂从天然气中脱除硫醇的首次循环硫容量

压力6.0MPa，进料硫醇含量18mg 硫/m^3，吸附剂装量363kg

吸　附　剂	5A分子筛	13X分子筛	浸铜活性炭	硅　胶
吸附温度,℃	15.6	26.7	19.4	19.4
硫容量, kg（硫）/100kg	8.3	9.0	1.1	0.8

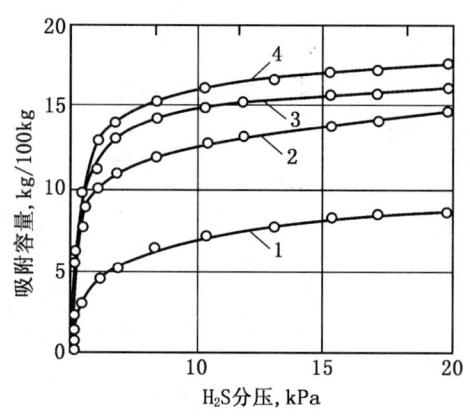

图 8-9 25℃下几种分子筛的 H₂S 吸附容量
1—10X；2—4A；3—5A；4—13X
(引自本章参考文献 [2] 图 5-5)

从表 8-15 可见，分子筛的硫容量相当于活性炭或硅胶硫容量的 10 倍左右。需要指出的是，当气流中含有较重的有机硫化合物时，由于择形效应，5A 分子筛可能无法达到净化度要求，而 13X 则可顺利达到小于 1.4 mg（硫）/m³ 的指标。

图 8-9 为 25℃下几种分子筛的吸附容量与 H_2S 分压的关系；图 8-10 则是 5A 分子筛在不同温度及不同 H_2S 分压下的吸附容量。

图 8-11 则是 25℃下乙硫醇在几种吸附剂上的吸附容量。

从图 8-9 至图 8-11 可见，几种分子筛中 13X 及 5A 具有较高的硫容量；较低的吸附温度及较高的组分分压可获得较高的硫容量。

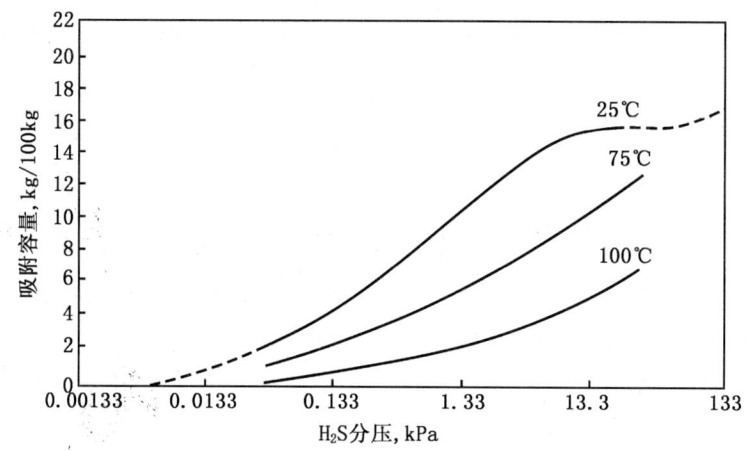

图 8-10 不同温度下 5A 分子筛的 H_2S 吸附容量
(引自本章参考文献 [9]，图 7-20)

然而应当指出，13X 分子筛由于具有较大的孔径（1.0nm），大的烃分子特别是芳烃将会共吸附于其上，再生时易生焦而使其性能变差。

在实际吸附过程中，工作硫容不仅与平衡硫容量有一定的距离，而且还要受其他组分的影响；当天然气中含有水汽时，由于分子筛对水的亲和力优于各种硫化物，因此分子筛床层在实际运行中将会形成几个不断推进的区域，如图 8-12 所示，包括水平衡段、水—硫交换段、硫平衡段和硫传质吸附段四个区域；事实上通常还有第五个区域——分子筛尚未发生吸附的清净区。在实际运行过程中，随吸附时间增加，清净区逐渐缩小，在清净区消失前即应停止吸附转为再生。

图 8-12 既表明使用分子筛可实现同时脱硫脱水，

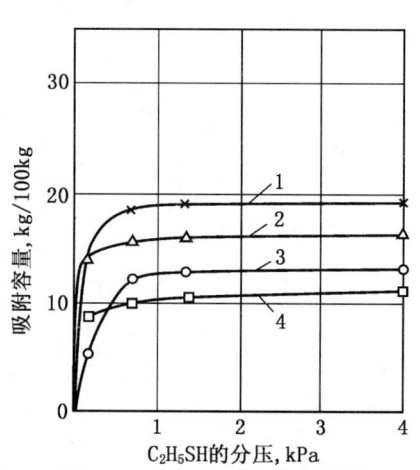

图 8-11 25℃下几种吸附剂的乙硫醇吸附容量
1—13X；2—5A；3—4A；4—10X
(引自本章参考文献 [2] 图 5-12)

也表明当分子筛用于脱硫时，气流中的水分将降低其工作硫容。

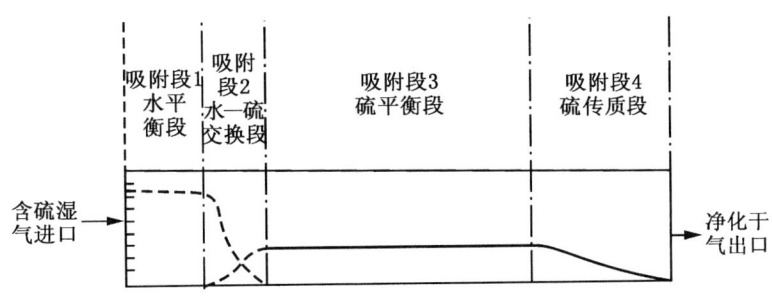

图 8-12 分子筛脱硫床层的不同区域

在分子筛脱硫过程中，由于硫化物的吸附显示出较强的化学吸附性质，必须采用升温再生，再生可使用无硫气（在某些情况下亦可使用含硫气）将析出的硫化物携出；然而，再生过程中硫化物的解吸并非是均匀的，图 8-13 给出了分子筛上存留的硫容量（以平衡负荷的百分数计）随热吹扫时间的变化情况。

当分子筛用于脱水时，再生气携出的水汽可借冷凝而分离，因此再生气可重复使用或返回进料气中。然而硫化物不可能借冷凝而分离，因此再生所得含硫气的处

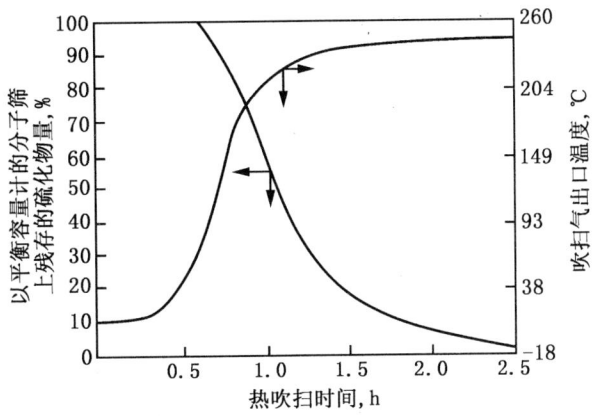

图 8-13 分子筛上硫化物的解吸特性

理是整个分子筛脱硫工艺安排上的难点，再生气中硫化物浓度的不均匀性更加重了这一困难。

如果装置的规模很大，有若干个吸附器分别处于不同的吸附与再生阶段，从而可以产生硫含量相对较稳定的汇合再生气，这就有利于安排其再脱硫过程；有时，此股含硫再生气也可进入工厂的燃料系统；早期还曾将其灼烧排放。除此之外，针对分子筛脱硫过程中的再生问题，国外还开发了一些特定的工艺，如 EFCO 及 Haines 等。

二、分子筛法脱除 H_2S

脱除天然气中的 H_2S 可使用 4A 或 5A 分子筛，含 H_2S 的再生气可使用胺液或其他溶剂处理，也可进入工厂的燃料气系统，早期还曾采取过将小量含硫再生气灼烧排放的措施。此外，还开发了使用 SO_2 与吸附的 H_2S 在分子筛上反应生成元素硫逸出的 Haines 工艺。

在分子筛脱除 H_2S 的过程中，有可能发生 H_2S 与 CO_2 转化为 COS 的反应，值得予以注意。

1. EFCO 工艺[9]

美国 Engineers and Fabricators 公司开发的 EFCO 工艺的特点是再生气中的 H_2S 在一吸收塔内以溶剂吸收，溶剂可借闪蒸而再生，此工艺可实现同时脱硫脱水，其流程示于图 8-14。

事实上，对于大型联合装置，分子筛再生气脱硫塔的富液可以与其他脱硫塔的富液合并再生（前提是使用了相同的脱硫溶液）；本书第六章图 6-22 所述荷兰 Emmen 工厂就是这样安排的。

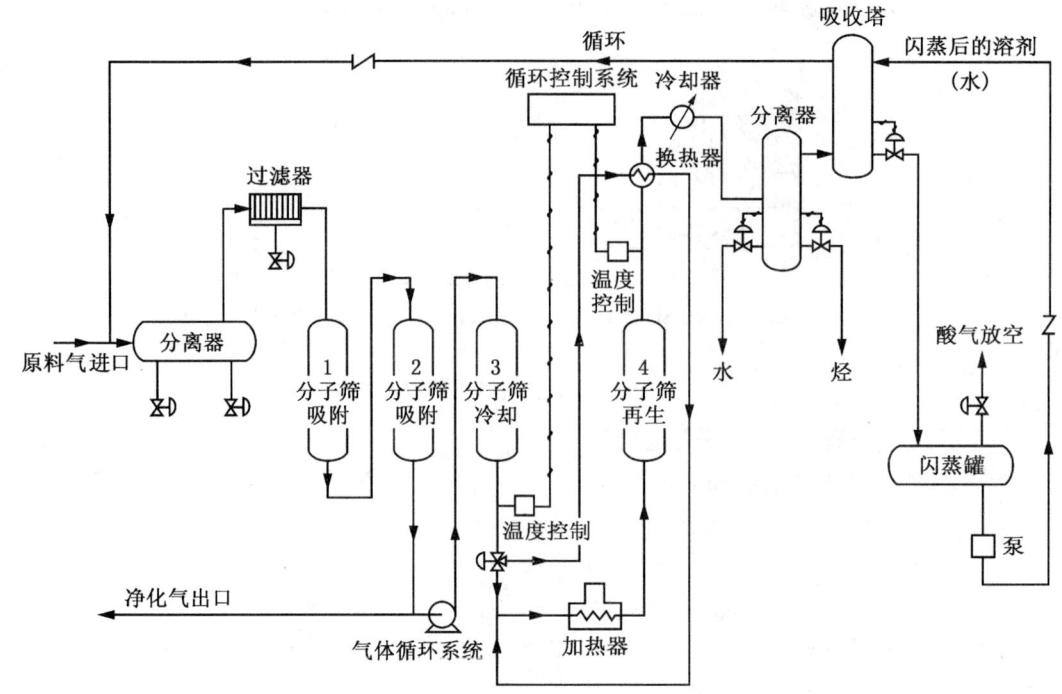

图 8-14 EFCO 分子筛脱硫工艺流程图

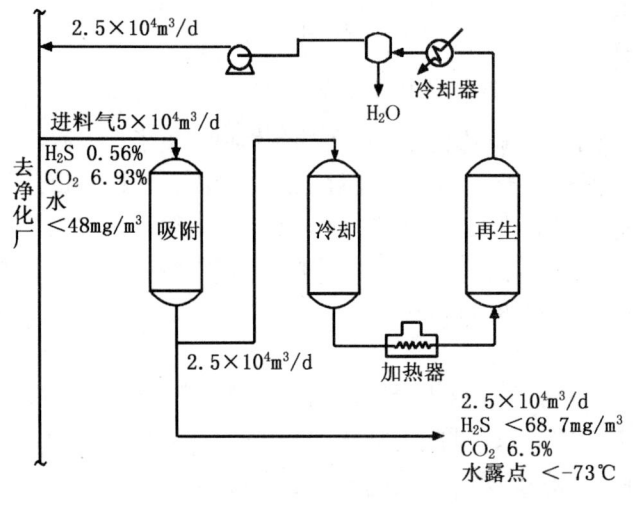

图 8-15 Beaver 分子筛脱硫装置流程图

2. 加拿大井场分子筛脱硫装置[11]

Amoco 公司 Beaver 及 Pointed Mountain 井场天然气 H_2S 含量分别为 0.57% 及 0.47%,安排在井场以三甘醇脱水,处理量分别为 $679.2 \times 10^4 m^3/d$ 及 $509.4 \times 10^4 m^3/d$,干气送净化厂脱硫。为此井场需 $2.5 \times 10^4 m^3/d$ 的燃料气,因此建设了 $5 \times 10^4 m^3/d$ 的分子筛脱硫装置,净化气一半用作 TEG 装置的燃料气,另一半则作为分子筛装置的再生气,此含硫再生气并入 TEG 装置输出的干气去净化厂。

装置流程示于图 8-15,共有三个吸附剂罐,每罐装 A 型分子筛 1500kg,吸附周期为 4h。

分子筛装置设计的吸附及再生压力为 8.4MPa,吸附温度 44.4℃,再生时的热气温度为 288℃,要求净化气 H_2S 含量小于 $68.7mg/m^3$,水露点实际上达到 -73℃ 以下。

装置在实际运行中因气流分布不均等问题导致过早发生 H_2S 的"穿透",后采取了降压 (3.26MPa) 运行等措施克服了上述问题,实际的工作硫容达到 4.2kg/100kg 分子筛。

3. Haines 工艺[12]

美国 Krell and Associates 等开发的 Haines 工艺的主要特点是将吸附的 H_2S 以 SO_2 转

化为硫磺回收，SO_2 则是以部分硫磺用空气燃烧发生的，将其通入需再生的吸附剂，H_2S 与 SO_2 在分子筛上催化转化为硫磺，硫磺经冷凝而回收，未反应的 H_2S 及 SO_2 等灼烧后排放，其工艺流程示于图 8-16。

此工艺实际将天然气脱硫与硫回收融为一体。中试数据表明，采用 A 型分子筛，可将含 H_2S 10% 的原料气净化至 H_2S 小于 $5.7mg/m^3$；分子筛再生在 288℃ 下进行，硫收率可达 90%。

据报道以 Haines 工艺建设了一套工业装置，可处理 15%

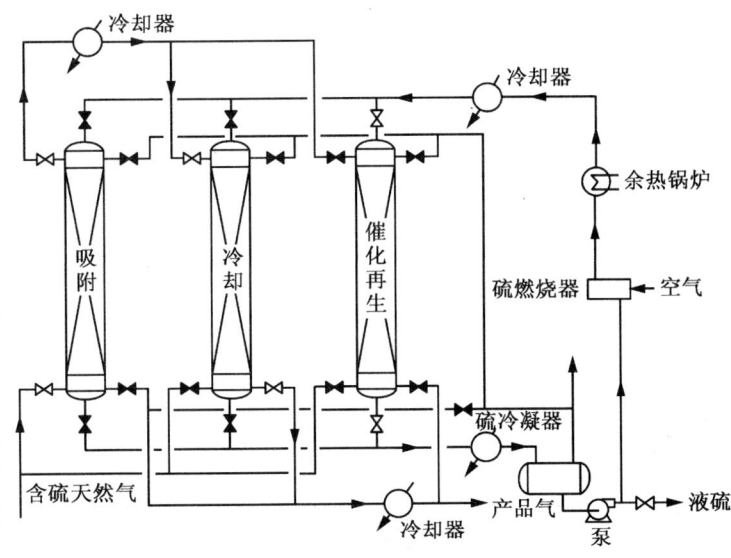

图 8-16 Haines 工艺流程图

H_2S 的天然气 $22.64 \times 10^4 m^3/d$ 实现同时脱硫脱水，且日产硫磺 45t。

4. 国内的分子筛同时脱硫脱水试验结果

四川天然气研究院曾在实验室进行了分子筛同时脱除 H_2S 和水汽的研究，评选了 14 种国产分子筛，不同分子筛的吸附能力依次为 13X 大于 5A 大于 4A，可使 H_2S 降至小于 $5mg/m^3$，水小于 $10mg/m^3$。使用 13X 分子筛进行了 100 个周期的运行，测定的数据示于表 8-16。

表 8-16 13X 分子筛同时脱硫脱水试验结果

原料气 H_2S mg/m^3	原料气 CO_2 %	吸附空速 h^{-1}	净化气 H_2S mg/m^3	净化气 H_2O mg/m^3	工作硫容 %	再生温度 ℃	再生空速[2] h^{-1}
250~400（353）[1]	0.87	4000	<5	<10	1.99~2.15	200~300	200~600

[1] 括弧内为平均值；[2] 以净化气作再生气。

经 100 次循环后，硫容量降至初活性的 3/4，比表面积降低至 95.3%。

值得注意的是分子筛硫容量除随气体线速升高而略有下降外，原料气碳硫比显示出对其硫容量有一定影响。

5. 分子筛脱除 H_2S 过程中的 COS 问题

在分子筛用于脱除天然气中的 H_2S 时，气流中常常同时含有 CO_2，由于分子筛具有良好的催化性能及优良的脱水能力，吸附于其上的 H_2S 与 CO_2 可能转化产生 COS，其反应为：

$$H_2S + CO_2 \Longrightarrow COS + H_2O \tag{8-13}$$

反应（8-13）在一定温度范围内的平衡常数示于表 8-17。

表 8-17　COS 生成反应的平衡常数

温度，℃	20	100	200	300	400
平衡常数 K_p	1.38×10^{-6}	3.16×10^{-5}	3.64×10^{-4}	1.8×10^{-3}	5.4×10^{-3}

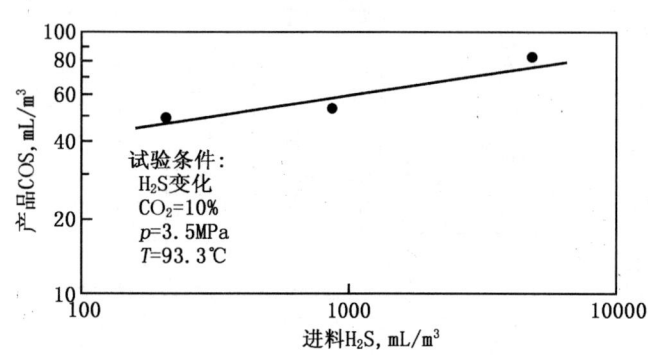

图 8-17　COS 生成率与 H_2S 浓度的关系

从表 8-17 所示数据可见，较高的温度在热力学上有利于 COS 生成；就动力学的角度而言，较高的温度也有较快的反应速率。

有研究者曾经以含 COS 40 mL/m³ 及 CO_2 10% 的天然气在 3.5MPa 及 93.3℃ 的条件下研究了 H_2S 浓度与 COS 生成率的关系，如图 8-17 所示。

还有人测定了分子筛法燃料气脱硫装置中不同气流的 COS 含量数据，原料气 COS 含量为 14～17mL/m³，净化气 COS 含量为 161mL/m³，105mL/m³，260 mL/m³，307mL/m³ 及 364mL/m³（大体上随吸附时间的增长而升高），再生气 COS 为 176mL/m³（仅一个测定数据）。

三、分子筛脱除硫醇等有机硫化合物[13～16]

当以分子筛法脱除天然气或其他物料中的硫醇等有机硫化合物，尤其是存在含硫大分子化合物时，需要选用 13X 分子筛。

分子筛脱除天然气中的硫醇可达到高的净化度，净化气总硫含量可降至小于 1.4mg/m³；但含硫醇的再生气更难于采取后续的处理措施，将此股气流送入工厂的燃料气系统可能是一个适宜的措施。

1. 美国 El Paso 分子筛脱硫醇装置

美国 El Paso 分子筛脱硫醇装置的进料气已经脱除了 H_2S 及 CO_2 并经过甘醇法脱水，尚含有硫醇等有机硫，以硫计的含量约 45.8mg/m³，要求净化气硫含量达到 1.4mg/m³ 以下。

装置处理的天然气量为 566×10^4 m³/d，选用的吸附剂为 13X 分子筛，安排了两个吸附罐，如图 8-18 所示，每罐装分子筛 11.35t。

进料气压力为 5.25MPa，温度 37.8℃，再生气加热至 315.6℃，压力为 5.2MPa。每次循环为 24h，其中吸附 12h，再生 8h，冷却 4h。吸附及冷却阶段气流从床层通过的方向为自上而下，再生时的气流方向则是自下而上。

经吸附脱硫后的净化气总硫含量小于 1.4mg/m³，实际上经常低于 0.7mg/m³；分子

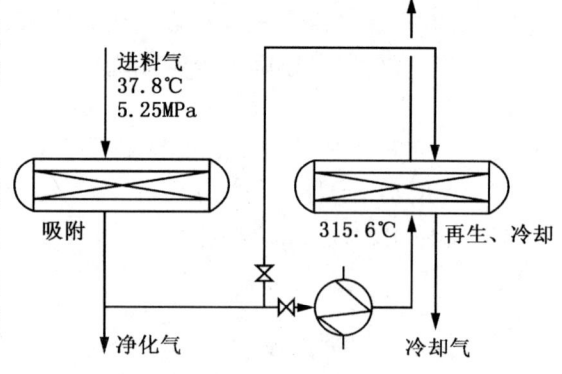

图 8-18　El Paso 分子筛脱硫醇装置

筛的工作硫容量为 1.12kg/100kg；再生完成后分子筛上残存的硫容量低于 0.2kg/100kg。

2. 国内分子筛脱除有机硫试验结果

为了脱除天然气中的有机硫化合物，20 世纪 70 年代中期南京炼油厂研究所曾在卧龙河脱硫厂进行了分子筛脱除有机硫的侧线试验，以脱硫厂的净化气为进料，以分子筛的净化指标为总硫 10mg/m³ 计，几种不同的分子筛均显示了良好的脱除效率，其中 CuX，13X 及 5A 三种分子筛的硫容高于其他几种。

表 8-18　分子筛脱除天然气中有机硫试验结果

温度　25～35℃，压力 3.4～3.6MPa（表），空速　2000h^{-1}，净化气硫含量<10mg/m³

分 子 筛	进料气总硫 mg/m³	连续吸附时间 h	分子筛硫容 %	分子筛增重率 %
5A	277	12	1.20	10.5
13X	186	16	1.20	11.4
10X	144	9	0.58	11.8
CuX	294	14	1.50	15.0
CaY	121	18	0.88	23.0
CuY	188	7.4	0.64	11.9
NaY	216	3.4	0.50	9.4

从表 8-18 可见，分子筛吸附后的增重率大体上较其计算硫容高一个数量级，看来除硫化物外，分子筛还吸附了一些其他的物质，最主要的应当是水分。

分子筛的再生可在常压、350℃下进行，再生气使用经分子筛脱硫后的部分净化气，空速为 200h^{-1}，再生时间不超过 10h，分子筛脱硫活性得以恢复。

此外，西南化工研究院亦曾使用 13X 分子筛进行脱除天然气中甲硫醇及甲硫醚的试验，净化气甲硫醇及甲硫醚含量均可达到 0.5mg/m³ 以下（以硫计）。

第五节　膜 分 离 法

膜分离法是使用一种选择性渗透膜，利用不同气体渗透性能的差别而实现气体分离的方法。由于膜分离是物理性分离，不存在吸收再生问题，又不产生相变，因此装置十分简单，无动设备，能耗低，受到广泛关注，被认为是 20 世纪 60 年代以来在分离科学领域最令人鼓舞的重要进展之一。

从 1965 年美国杜邦公司首创了中空纤维膜及其分离装置应用于氢气及氦气的分离回收以来，在膜分离领域进行了大量的理论及实际开发应用工作，取得了很大的发展与进步，一些公司开发的工艺陆续实现了工业化。

20 世纪 80 年代初，膜分离法用于天然气净化也在国外实现了工业化，主要是处理 CO_2 驱油后的伴生气，也涉及到了 H_2S 的分离净化，但已经实现的应用还相当有限。

从膜分离的原理及工艺特点而言，将它作为一种粗脱方法，即脱除大量酸气（CO_2、H_2S 或两者）的方法在技术经济上是较为有利的；欲使用膜分离法脱除 H_2S 达到管输标准（H_2S 20mg/m³ 或 5mg/m³）是相当困难而不经济的，除非原料天然气中 H_2S 的浓度本来就很低。

一、膜分离原理[17,18]

膜分离的基本原理是原料气中的各个组分在压力作用下因通过半透膜的相对传递速率不同而得以分离。

1. 膜的分类

用于气体分离的膜可分为多孔膜、均质膜（非多孔膜）、非对称膜及复合膜四类。

多孔膜利用不同组分分子运动的平均速度不同，而当膜的微孔孔径远低于气体运动平均自由行程时，通过微孔的分子数与分子的平均速度成正比，从而实现气体的分离，其特点是渗透能力高但选择性差。多孔膜可用氧化铝、氧化硅系的陶瓷材料、聚乙烯、聚砜、聚四氟乙烯等高分子材料以及镍、铝等金属多孔体制作。

均质膜即非多孔膜是使用高分子材料或有机物制成的，大多具有抗热、抗压及抗化学侵蚀的能力；其分离原理是利用不同气体在膜表面溶解及扩散性能的差别而实现气体的分离，特点是选择性高而渗透能力差。

非对称膜是制膜工艺上的重大突破，其目的是在不损害膜的选择性前提下通过降低膜的厚度以增加渗透量，最早制得的非对称性醋酸纤维膜，是将极薄（0.1～1mm）的致密皮层支撑在一张高密多孔的基材上。

进一步开发的复合膜，既可在选择性层上涂复渗透性强的薄层，也可在渗透性层上涂复选择性强的薄层。

由于非对称膜及复合膜在解决渗透性与选择性二者的矛盾方面具有优势，它们已成为当前应用较广的气体分离膜。

不言而喻，对于能够在装置上长期使用的膜，它还应具有良好的耐压、耐温、耐拉伸、不易老化等一系列性能。

2. 气体分离膜的特性参数

气体分离膜的特性参数有渗透系数（P）、分离系数（α）、扩散系数（D）及溶解度系数（S）。

1) 渗透系数

渗透系数 P 的关系式为：

$$P = \frac{ql}{At\Delta p} \qquad (8-14)$$

式中　q——渗透量，cm^3；
　　　l——膜厚，cm；
　　　A——膜的表面积，cm^2；
　　　t——时间，s；
　　　Δp——压力差，cmHg 柱❶。

渗透系数的常用单位为 cm^3（STP）. cm/ [cm^2. s. cmHg] (Barrer)，STP 指标准状态，即 0℃、101.3kPa 条件下，渗透系数的值一般在 $10^{-8} \sim 10^{-14}$ 之间。

对于非对称膜，l 难以准确获得，则可求渗透速率 J_i：

$$J_i = q/A\Delta p \qquad (8-15)$$

要使混合气获得有效分离，一定要选用待分离的气体渗透系数差别大的薄膜。

---

❶　1cmHg 柱 = 1.33322kPa。

2）分离系数

对于气体 A 及气体 B，其分离系数 α 可用下式计算：

$$\alpha_{A/B} = \frac{Y_A/Y_B}{W_A/W_B} = \frac{Y_A W_B}{Y_B W_A} \tag{8-16}$$

式中 W——气体 A 或 B 在供给侧的摩尔浓度；

Y——透过侧摩尔浓度。

除以上用实测值计算外，也可用下式计算

$$\alpha_{A/B} = \frac{P_A}{P_B} \cdot \frac{\left(1 - \dfrac{p_{A2}}{p_{A1}}\right)}{\left(1 - \dfrac{p_{B2}}{p_{B1}}\right)} \tag{8-17}$$

式中 P_A, P_B——渗透系数；

p_{A1}, p_{A2}, p_{B1}, p_{B2}——分别为两种物质在供给侧及透过侧的分压。

当 p_{A1} 远大于 p_{A2} 及 p_{B1} 远大于 p_{B2} 时，$\alpha_{A/B}$ 近似等于 P_A/P_B，此即理论分离系数。

3）溶解度系数

若干较易液化的气体，如 CO_2、H_2S、SO_2、NH_3 及 Cl_2 等对于高分子膜均有较大的溶解度系数，它们均服从亨利定律。

溶解度系数与温度关系为：

$$S = S_0 \exp(-\Delta H/RT) \tag{8-18}$$

式中 ΔH——溶解热，kJ/mol，其值一般在 ±8.4 kJ/mol 以内。

4）H_2S 及 CO_2 的渗透性

表 8-19 比较了三种膜分离 CO_2/CH_4 体系的性能，此中以醋酸纤维素性能最佳，但其使用温度不能超过 40℃，而聚砜则可高达 90℃。

表 8-19 三种膜的 CO_2/CH_4 渗透分离性能

膜	温度,℃	CO_2 渗透系数①	α_{CO_2/CH_4}
醋酸纤维素	35	15.9×10^{-10}	30.8
聚碳酸酯	35	6×10^{-10}	24.4
聚砜	35	4.4×10^{-10}	28.3

① 单位为 cm³(STP)·cm/(cm²·s·cmHg 柱)，STP 指 0℃，101.3kPa。

一些气体在醋酸纤维素中的相对渗透率示于表 8-20。

表 8-20 气体在醋酸纤维素中的相对渗透速率

水蒸气	He	H_2	H_2S	CO_2	O_2	CO	CH_4	N_2	C_2H_6
100	15	12	10	6	1.0	0.3	0.2	0.18	0.1

从表 8-20 可见，H_2S 的渗透速率为 CH_4 的 50 倍，CO_2 则为 30 倍；值得注意的是乙烷的渗透速率仅为甲烷的一半。

图 8-19 是非对称醋酸纤维素膜从烃混合物中分离 H_2S 及 CO_2 的性能，此图的测定条件则示于表 8-21。

表 8-21　图 8-19 的测定条件

渗前压力 kPa	温度 ℃	进料气组分,%					渗出压力 kPa
		H_2S	CO_2	CH_4	C_2	N_2	
5245	50	22.09	3.38	66.05	0.11	8.37	92.8

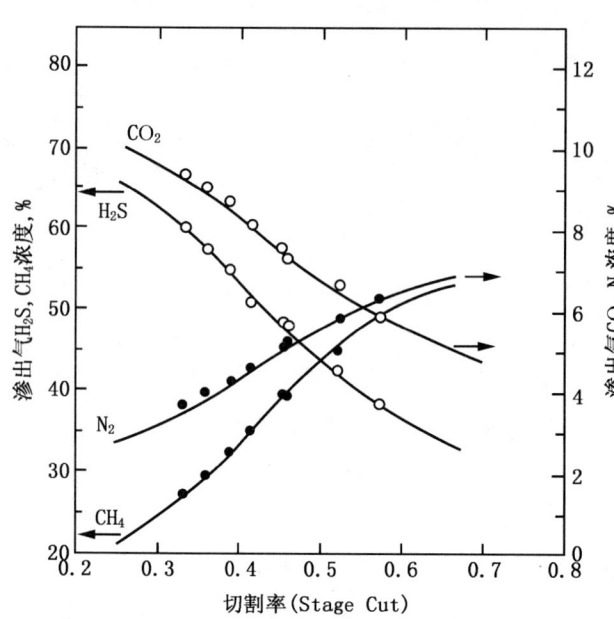

图 8-19　非对称醋酸纤维素膜从烃
混合物中分离 H_2S 及 CO_2 的性能
[引自 AIChE J., 1986, 32 (12)]

从图 8-19 可见，取决于切割率（Stage Cut），即渗出气占总量的比例，在低的切割率下渗出气的 H_2S 浓度可达 65%，CO_2 可达 10%。

在分离过程中，回收纯度与回收率是一对矛盾，要获得较高的纯度，收率则较低，如图 8-20 所示。

二、膜分离单元[19~21]

显然，除了选择性能良好的膜材料之外，膜分离单元的合理设计也是非常重要的。

目前工业上使用的气体膜分离单元有两类，中空纤维型和螺旋卷型。

中空纤维型膜分离单元的结构示于图 8-21，美国 Monsanto 公司广泛用于从合成氨弛放气中回收氢气的 Prism 单元就是此种型式；所使用的膜是涂有硅酮的聚砜不对称膜，涂层约 $1\mu m$，聚砜层 $1000\mu m$，单元内装有直径 0.01~1mm 的中空纤维 1 万至 10 万根，分离器直径有 10cm 及 20cm 两种，长度 3~6m。中国大连化学物理研究所研制的膜分离单元也是此种型式。

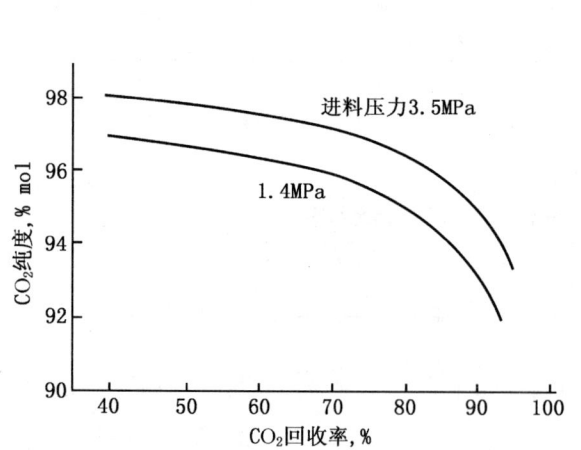

图 8-20　CO_2 回收率与其纯度的关系
[引自 Chem. Eng. Prog., 1982, 78 (10)]

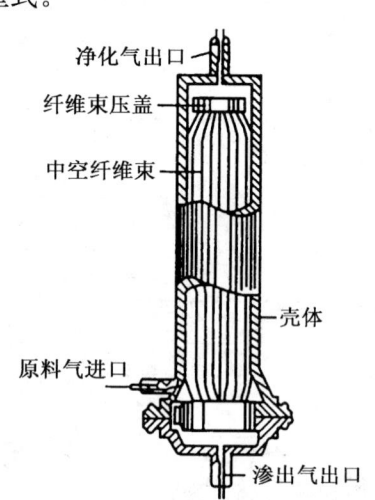

图 8-21　中空纤维型膜分离单元

螺旋卷式膜分离单元示于图 8-22，它将膜加工成卷状放入容器使其对压力的承受力提高，并可根据要求设计合适的尺寸，它的膜厚度可较中空纤维薄，故渗透量大。

Delsep 法即采用螺旋卷型膜分离单元，每个单元的直径为 10cm。

中空纤维型与螺旋卷型膜分离单元的简要对比示于表 8-22，可见各有优缺点，但总起来说，螺旋卷型性能好一些，价格也贵一些。

国外几个公司开发的膜分离单元基本情况及适用条件示于表 8-23[22]。

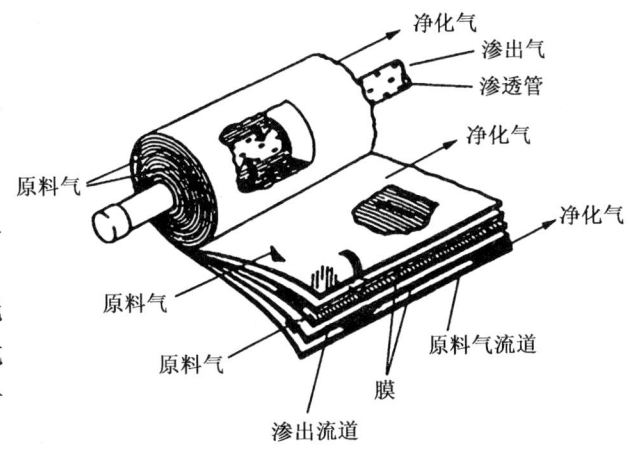

图 8-22 螺旋卷型膜分离单元

表 8-22 两种膜分离单元的比较

类 型	中空纤维型	螺旋卷型
单位面积膜的价格	较低	较高
需要的膜面积	较大	较小
选择型渗透层厚度	较厚	较薄
膜的渗透性	较差	较好

表 8-23 国外膜分离单元基本情况

公 司	膜分离器的商业名称	材 料	膜	膜单元类 型	分离器中单元数，个	膜单元直径 mm	原料气典型的操作条件				水分	第一套装置开工时间
							处理量 m^3/d	温度 ℃	压力 MPa	酸气含量[①] $mol\%$		
Monsanto	PRISM™	聚砜	非对称复合膜	中空纤维	—	—	$2.7×10^3$ ~$2.0×10^6$	约 7	1.4~6.9	10~90	饱和	1983
Separex	Separex™	醋酸纤维素	非对称	螺旋卷	1~6	102 203 254	$1.4×10^3$ ~$2.8×10^6$	0~60	1.7~8.3	10~85	饱和	1981（试验装置）
Envirogenics systems	GASEP™	醋酸纤维素	非对称	螺旋卷	1~6	102 203	$5.7×10^5$	24~52	1.4~7.6	75	除去水分	1977（试验装置）
		聚酰胺		中空纤维	—	—						
Grace membrane systems	Gracesep™	醋酸纤维素	非对称	螺旋卷	不定	51 203	$2.1×10^3$ ~$2.4×10^5$	0~49	4.8~8.3	2.24~33	饱和	1986
Delta projects	Delsep™	醋酸纤维素	非对称	螺旋卷	1~6	102	$5.7×10^5$	7~46	1.4~7.6	10~80	除去部分水分	1977（试验装置）

① 酸气大部分为 CO_2，H_2S 的含量至多达千分之几。

三、膜分离天然气中酸气装置数据

1. Delsep 装置的现场试验[23]

Delsep 装置的现场试验从 1977 年开始，进行了 6 年，使用 10cm 单元，试验的运行条件范围示于表 8-24。

表 8-24 Delsep 现场试验条件

进料气量 m³/d	进料压力 MPa	进料温度 ℃	渗出压力 kPa	进料 H₂S %	进料 CO₂ %	进料 H₂S 分压 MPa	进料 CO₂ 分压 MPa	进料水含量
28.3~335.8	1.86~6.37	20~57	103~1034	0.01~32.5	0.11~92.9	0~1.49	0~4.03	"干"至饱和

处理含 CO_2 16.75% 的 Delsep 一级单元的运行结果示于表 8-25；可见 CO_2 的分离效率即回收率为 78%，净化气 CO_2 浓度为 4.98%；与此同时，C_1 的损失率（即渗出气的 C_1 量占进料 C_1 量的比例）为 16.1%，C_2^+ 为 7.4%。

表 8-25 一级 Delsep 单元处理天然气运行结果

气　体	原　料　气		净　化　气		渗　出　气	
	10⁴m³/d	%	10⁴m³/d	%	10⁴m³/d	%
气量	21.80	100	16.14	100	5.66	100
CO_2	3.65	16.75	0.80	4.98	2.85	50.31
C_1	16.72	76.70	14.03	86.90	2.70	47.62
C_2^+	1.29	5.90	1.19	7.38	0.09	1.67
N_2	0.14	0.65	0.12	0.74	0.02	0.40
压力，MPa	3.94		3.87		0.34	
温度，℃	39		32		32	

Delsep 用于处理 CO_2 驱油伴生气的一套装置回收的产品有 CO_2、净化气及 NGL，膜单元为三级，装置分离 CO_2、H_2S、C_1 及 C_2 的结果示于表 8-26。

表 8-26 三级 Delsep 装置处理 CO_2 驱油伴生气运行结果

气　体	原　料　气		CO_2 产品		净　化　气	
	10⁴m³/h	%	10⁴m³/d	%	10⁴m³/d	%
气量	274.67	100	251.54	100	23.13	100
CO_2	240.64	87.63	237.37	94.36	3.33	14.38
H_2S	1.48	0.54	1.48	0.59	0	0
C_1	20.05	7.30	10.14	4.03	9.90	42.81
C_2	7.69	2.80	1.74	0.69	5.96	25.75
C_3^+	3.85	1.40	0.33	0.13	3.48	15.05
N_2	0.96	0.35	0.48	0.19	0.46	2.01

从表 8-26 可见，由于采取了三级分离，进入 CO_2 产品的 CO_2 量占进料 CO_2 量的 98.62%，渗余的进入净化气的 CO_2 量只占总量的 1.38%，但浓度却是 14.38%；H_2S 几乎全部渗出，进入 CO_2 产品；而烃的损失率，即进入 CO_2 产品中的烃量，C_1 为 50.58%，C_2 为 22.58%，C_3^+ 为 9.56%。

2. Gasep 装置数据[24]

表 8-27 给出了 Gasep 单元在美国及加拿大处理天然气的 5 组现场试验结果。

表 8-27 Gasep 单元现场试验结果

	工 况	1	2	3	4	5
原料气	压力，MPa	—	4.38	4.41	1.40	5.72
	CO_2，%	10	4.44	66.9	8.1	14.6
	H_2S，%	28	—	—	—	—
	烃 + N_2，%	62	—	—	—	—
渗出气	压力，MPa	—	0.413	0.413	—	—
	CO_2，%	17.4	82.5	92.1	—	63.0
	H_2S，%	65	—	—	—	—
	烃 + N_2，%	17.6	—	—	—	—
净化气	压力，MPa	—	—	—	1.30	5.68
	CO_2，%	5.5	—	—	5.0	2.8
	H_2S，%	6.7	—	—	—	—
	烃 + N_2，%	87.8	—	—	—	—

从表 8-27 的第 1 组试验数据可见，H_2S 的渗出率达到 85.9%，CO_2 的渗出率则为 64.4%，烃及 N_2 的损失率达到 10.5%。

四、膜分离工艺特点及展望

膜分离工艺的发展仍处于方兴未艾之际，从以上的介绍可以归纳出它的工艺特点。

(1) 虽然就膜的制造和膜单元的组装来说是相当复杂而精细的，但由此单元组成的装置却是非常简单的，它不需要机动设备；相应地，膜单元日常的运行及维护也是很简单的。

(2) 从膜分离工艺本身来说，它是不耗能的（如果进料气的温度合适的话）。但是，随酸气一起渗出的烃量占有相当的比例，达到进料中烃量的百分之几或是百分之几十，这却是不容忽视的能耗。

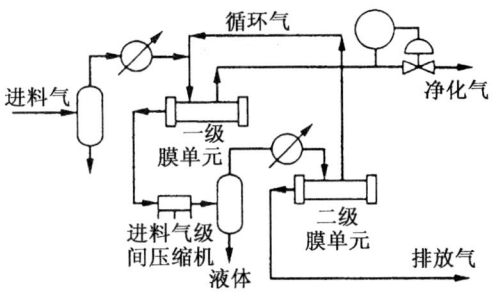

图 8-23 两级膜分离流程示意图

为了降低烃的损失，可以采用如图 8-29 所示的两级乃至多级的分离流程；当然，这使流程变得复杂了，增加了投资及压缩的能耗。显然，只有在处理量相当大时才能考虑两级及多级分离流程。

(3) 从表 8-24 至表 8-27 所示数据可见，对于高 CO_2 原料气而言，采用一级乃至多级膜分离有可能获得合乎管输标准（例如3％）的净化气（渗余气）；而对于高 H_2S 原料气，单独使用膜分离要获得合乎管输标准（例如 $20mg/m^3$）的净化气，无论是一级或多级，都是不可能或者说是不现实的。在这种情况下，采用膜分离与胺法结合的工艺安排，可能是恰当的选择；至于进料气 H_2S 已相当低的情形，自当别论。

（4）从表8-20可见，水蒸气的渗透速率为 H_2S 的10倍，CO_2 的16.7倍；因此，使用膜分离法于天然气脱水是值得重视的方向，国内外均开展了这方面的研究，详情可见第九章。

第六节 低温分离法

美国 Koch 工艺系统公司开发的 Ryan/Holmes 法是一种低温分离工艺，专用于处理 CO_2 驱油伴生气。

低温分离本是一种高能耗工艺，但是当处理的气体含有大量 CO_2（以及 H_2S）时，其他净化方法的能耗也相当高，此时低温分离工艺可能反而较为经济了。此外，在分离过程中还可以回收天然气凝液（NGL）。

一、Ryan/Holmes 法的关键措施

在低温分离的工况下，处于典型的脱甲烷塔条件下 CH_4 与 CO_2 二者的相对挥发度大致为5∶1，应当是容易分离的。然而，在有相当多 CO_2 的情况下，可能会有固体 CO_2 生成。

图8-24[25]为 CH_4 - CO_2 二元相图，图内黑色区域为可能生成 CO_2 固体的区域。

图8-25则显示了 CH_4 - CO_2 二元系统蒸馏时可能生成 CO_2 固体的区域（图中黑色部分）。此外，在低温分离系统中可能遇到的另一问题则是 CO_2 - C_2 二元系可能产生共沸物，如图8-26所示[26]。

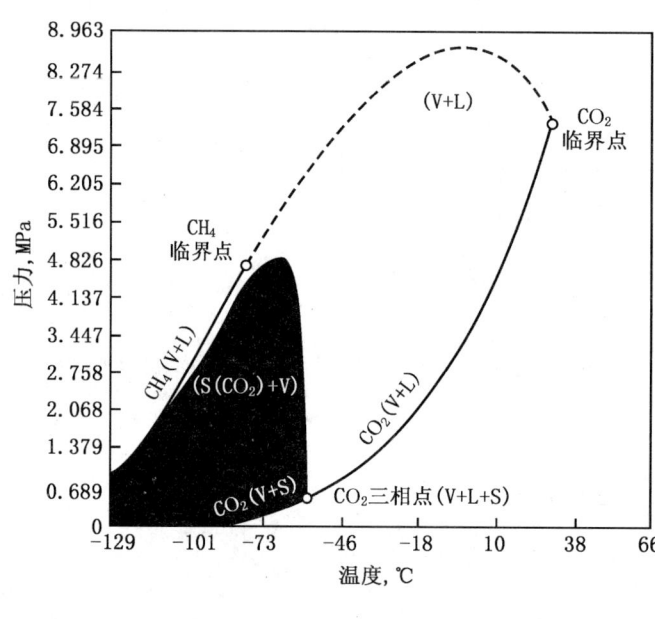

图8-24 CH_4 - CO_2 二元相图
[引自 Hydrocarbon Proc.，1982，61（5）]

Ryan/Holmes 法中的关键措施正是采用添加剂防止了固体 CO_2 生成及解决了 CO_2 - C_2 共沸物问题，不仅如此，添加剂的加入还改善了 C_1 - CO_2、CO_2 - C_2 以及 CO_2 - H_2S 的相对挥发度。而且，所使用的添加剂又是装置在处理 CO_2 驱油伴生气中可以获得的 NGL 中的 C_4^+。

二、Ryan/Holmes 三种工艺流程[27]

Ryan/Holmes 法有二塔、三塔及四塔三种工艺流程，它们有不同的产品结构。

1. 二塔流程

图8-27所示为 Ryan/Holmes 二塔流程，塔1为乙烷回收塔，塔2为添加剂回收塔，它适用于 C_1 与 CO_2 不分离而一同回注的工况，从图8-27可见，塔1顶部出 CO_2 及 C_1 用于回注，塔2顶部出来的含硫的 C_2—C_4 馏分可用常规胺法处理，塔2底部为 C_4^+ 馏分。

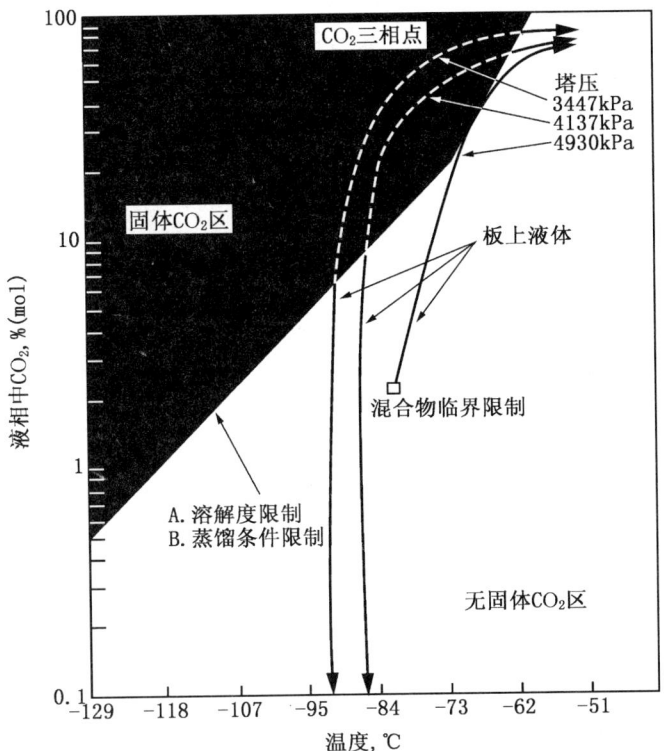

图 8-25 $CH_4 - CO_2$ 二元系统蒸馏模式
[引自 Hydrocarbon Proc., 1982, 61 (5)]

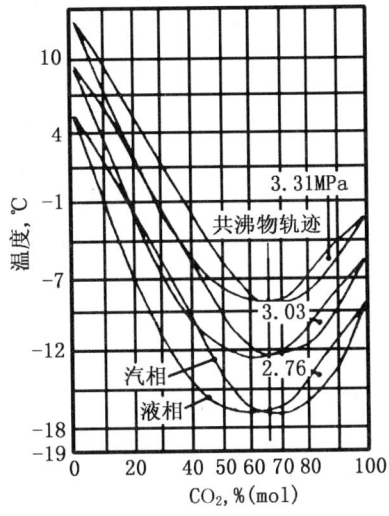

图 8-26 $CO_2 - C_2$ 二元系的共沸问题
[引自 OGJ, 1983, 81 (29)]

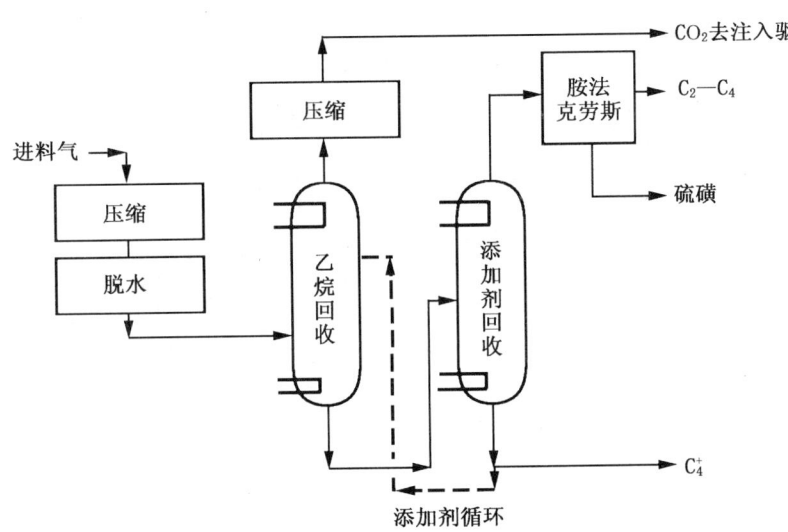

图 8-27 Ryan/Holmes 二塔流程

当加工不含 H_2S 的贫气时,则可安排成塔 1 顶部出产品气,塔 2 顶部出 CO_2,塔 2 底部为添加剂用于循环。

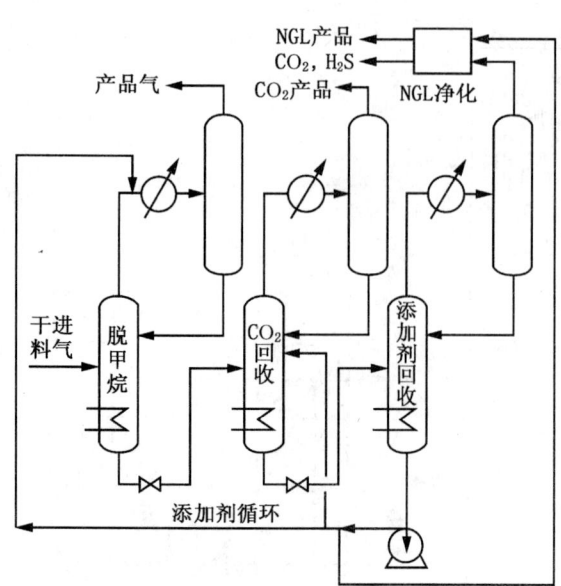

图 8-28 Ryan/Holmes 三塔流程

2. Ryan/Holmes 三塔流程

Ryan/Holmes 三塔流程示于图 8-28，此中，塔 1 为脱甲烷塔，塔 2 为乙烷回收塔，塔 3 为添加剂回收塔；塔 1 顶部出产品气，塔 2 顶部出 CO_2，塔 3 顶部出含硫 C_2—C_4，塔 3 底部出 C_4^+。

3. Ryan/Holmes 四塔流程

Ryan/Holmes 四塔流程示于图 8-29，此中，塔 1 为乙烷回收塔，塔 2 为 CO_2 回收塔，塔 3 为脱甲烷塔，塔 4 为添加剂回收塔；在此流程中，产品气出自塔 3 顶部，塔 2 底部产出液体 CO_2 供回注，塔 4 顶部出含硫 C_2—C_4，塔 4 底部为 C_4^+，部分用于循环。

据称，四塔流程比三塔流程更经济，更适于处理高 CO_2 进料气。

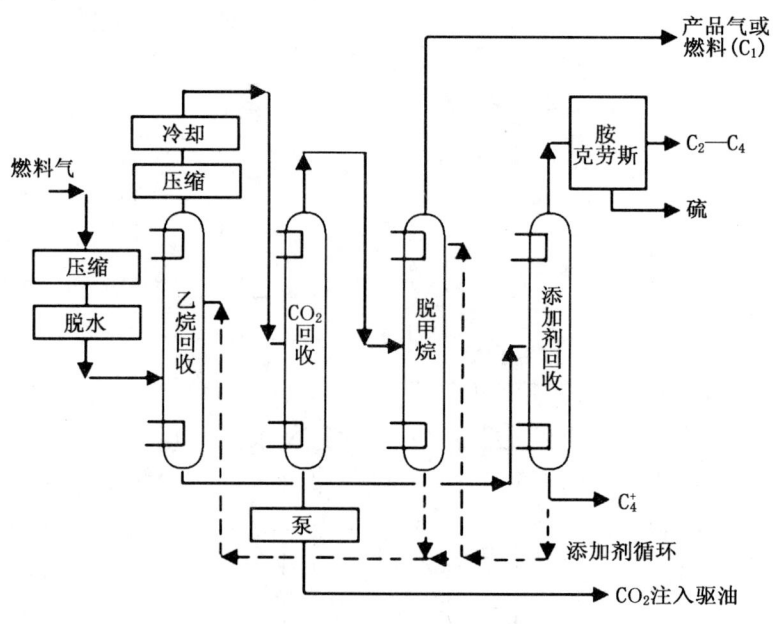

图 8-29 Ryan/Holmes 四塔流程

三、Ryan/Holmes 装置数据

在美国 Candidate 井场建设了 Ryan/Holmes 三塔流程的装置，用以处理 CO_2 驱油伴生气，其系统的方框图示于图 8-30，该装置采用三塔流程可见图 8-28。

在 Ryan/Holmes 装置内，塔 1 用于分离 CH_4 与 CO_2，塔顶净化气 CO_2 浓度为 2%。塔 1 冷凝器在 $-84℃$ 下操作，塔 2 在 2.41MPa 下操作，塔顶温度 $-15℃$，塔顶出 CO_2，其中的 H_2S 含量不大于 $50mL/m^3$；塔 3 顶部所产 NGL 含有几乎全部的 H_2S 及剩余的 CO_2，以胺法处理，酸气继以克劳斯法制硫。

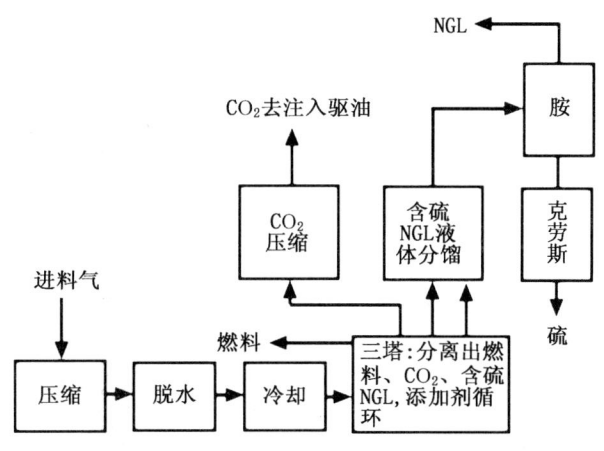

图 8-30 CO_2 驱油伴生气处理系统方框图

装置在 CO_2 驱油早期及高峰期的装置进料及各种产品组成示于表 8-28。

表 8-28 Ryan/Holmes 三塔装置操作数据

时期	组 分	进料气	燃料气	CO_2 产品	NGL	收率,%
早期	气量,$10^4 m^3/d$	33.11	5.35	1.90	352.8m^3/d①	—
	CO_2,%	57.57	2.03	96.89	3.05	—
	H_2S,%	0.39	—	5mL/m^3	1.52	—
	C_1,%	16.68	96.09	2.00	—	—
	C_2,%	8.64	—	1.07	31.33	92.8
	C_3,%	7.38	0.05	0.04	28.75	99.6
	C_4^+,%	9.10	0.34	—	35.35	99.4
	N_2,%	0.24	1.50	—	—	—
高峰期	气量,$10^4 m^3/d$	206.3	9.4	180.3	745.0m^3/d①	—
	CO_2,%	85.97	1.99	98.04	2.75	—
	H_2S,%	0.11	—	50mL/m^3	1.37	—
	C_1,%	4.96	96.07	0.64	—	—
	C_2,%	2.58	—	1.20	19.02	59.3
	C_3,%	2.25	0.05	0.11	26.69	95.5
	C_4^+,%	4.06	0.35	0.01	50.18	99.5
	N_2,%	0.07	1.53	—	—	—

① 液体。

从表 8-28 可见,随着驱油从早期进入高峰期,伴生气量增至 6 倍多,CO_2 浓度也大幅上升,但 NGL 量不过增加一倍,C_2 烃收率从 92.8% 降至 59.3%,C_3 收率也有所降低。

第七节 生化脱硫法[28]

一、概况

使用生化方法处理气体中的 H_2S，国外的研究开发工作也颇活跃，此中最令人感兴趣的是将含有 C、H、O、S 元素的胺法酸气（H_2S、CO_2）转化为碳水化合物与元素硫，而类似于绿色植物的光合作用，使物尽其用而无废物，曾发现嗜硫代硫酸盐绿硫细菌属（*Chlorobium thiosulfato philum*）具有此种功能，但显然，要取得可以工业化的成果，还有相当长的距离。

国外生化脱硫研究大多集中于使用脱氮硫杆菌（*thiobacillus denitrificans*）将 H_2S 氧化，目前仍处于实验室阶段；我国山西大学杨素萍等从印染废水中分离出可氧化 H_2S 为元素硫贮存于细胞内的菌株，经鉴定为酒色着色着菌（*Chromatium uinosum*）。

目前已实现工业化的、在脱硫过程中使用生化的工艺是 Bio-SR 法，不过它并非直接作用于 H_2S，而是促进溶液的再生；与之有所不同的还有 Shell-Paques/Thiopaq 工艺。

二、Bio-SR 法[29,30]

日本钢铁公司开发的 Bio-SR 法于 1984 年实现了工业化。

1. 工作原理

Bio-SR 法以酸性硫酸铁溶液在酸性条件下吸收 H_2S，然后在氧化铁硫杆菌（*thiobacillus ferroxidaus*）的作用下以空气中的氧将溶液中的 Fe^{2+} 氧化为 Fe^{3+}，据称，此菌作用下的氧化速度为无菌时的 50 万倍，所涉及的反应为：

$$H_2S + Fe_2(SO_3)_3 \longrightarrow S^0 + 2FeSO_4 + H_2SO_4 \tag{8-19}$$

$$2FeSO_4 + H_2SO_4 + \frac{1}{2}O_2 \xrightarrow{\text{菌}} Fe_2(SO_4)_3 + H_2O \tag{8-20}$$

2. Bio-SR 装置运行数据

Bio-SR 装置采用喷射吸收脱除 H_2S，用于再生的生化氧化器初为流化床后又改为固定床；设备采用碳钢内衬橡胶，管道及阀门的材质为塑料。

首套 Bio-SR 装置用于处理胺法酸气，其运行数据示于表 8-29。

表 8-29 首套 Bio-SR 装置运行数据

进料气量 m^3/h	进料气组成，%			净化气 H_2S mL/m^3	硫产量 t/mon	硫磺纯度 %
	H_2S	CO_2	H_2O			
200	70	20	10	≤10	150	99.98

后 Bio-SR 法在炼油厂亦获应用，处理炼厂气及酸气的效率示于表 8-30。

表 8-30 Bio-SR 法处理炼厂气效率

气体	进料（H_2S），%	净化气（H_2S），mL/m^3	H_2S 脱除率，%
炼厂气	0.4～1.9	10～20	≥99.5
酸气	85～93	0～10（最大 50）	≥99.99

据报道，Bio-SR法也在试图用于天然气压力下的脱硫，已在建设两套中试装置，处理能力分别为125m³/h及1250m³/h，但有关试验详情未见报道。

Bio-SR法的优点是由于溶液不使用有机物（作氧化剂或络合剂），因此不存在降解及废液处理问题，相应地操作费用也较其他直接转化法低得多，吸收在酸性条件下进行，故不吸收CO_2，但此法采用细菌，相应地再生条件的可调节范围较为狭窄，此外如何长期保持其功能而不变异，则是个关键问题。

三、Shell-Paques/Thiopaq 工艺[31]

Shell-Paques/Thiopaq也是一种采用生化技术的工艺，它与Bio-SR的区别一是以弱碱性溶液吸收H_2S至小于10mL/m³，二是以硫杆菌在生化反应器内以空气将H_2S转化为元素硫，选择性大于96.5%，也有一些转化为$S_2O_3^{2-}$及SO_4^{2-}；此元素硫具亲水性，不会出现堵塞问题。

生化反应器可采用固定膜式或气体上升循环式，硫杆菌均附着于支撑介质上而不进入溶液。反应器顶部设计成一个三相分离器，可将固相载体、溶液及废气分离。因溶液与生化淤泥有效分离而使硫杆菌长期保留在反应器内。

2001年8月，此工艺用于天然气脱硫的首套工业装置在加拿大投入运行，原料气H_2S含量为0.2%，净化气H_2S小于4mL/m³，装置硫产量1.2 t/d。

第八节 各种液体除硫剂

在非再生类的各种脱硫方法中，除氧化铁基及氧化锌基等的固体脱硫剂外，还开发了多种液体除硫剂（国外称为H_2S Scavenger），它们通常是一些碱性物质或具有氧化H_2S能力的物质，表8-31列出了一些国外已获应用的液体除硫剂[32,33]。

表8-31 液体除硫剂

名 称	物 料	企 业
Sulfa-Scrub	三嗪基	Petrolite（美）
SulfaGuard	三嗪基	Coaster（美）
Magnatreat M401	三嗪基	Baker（美）
Sulfa-Check 2420	亚硝酸盐基	Nalco/Exxon（美）
Gas Treat 102	非再生性的胺基	
Gas Treat 114	非再生性的胺基	Champion（美）
Sulfu Rid	胺基	Weskem（美）
Tretolite	非再生性的胺基	—
Scavinox	甲醛-甲醇基	
Inhibit 101	硫化铵基	
Caustic Soda	苛性钠基	
—	乙二醛基	—（德）
Surflo 2314	二氧化氯基	
Dichlor	二氧化氯基	

这些除硫剂除主剂外还需加入一些辅剂以调节其性能，它们均可将天然气中的H_2S含量降至4mL/m³以下，不言而喻，它们均只适于处理H_2S含量相当低的气体。

美国GRI曾对Sulfa-Check 2420、Sulfa-Scrub及Gas Treat114三种除硫剂的经济性作了对比评价，以使用亚硝酸盐基的Sulfa-Check 2420较为经济，主要是除硫剂便宜，但维护费用高一些。

第九节　天然气的精脱硫[1]

天然气用作化工原料、如用于生产合成氨、甲醇及液体燃料时常常需要将其硫含量降至 $1mL/m^3$ 或更低，这就是精脱硫，也可称为深度脱硫；精脱硫通常均在各化工厂作为原料气处理的工序，就天然气净化厂而言，并不需要承担这一任务。

天然气精脱硫方法有以下几类：中温氧化锌脱硫，加氢转化——氧化锌脱硫，常温精脱硫等。

一、中温氧化锌脱硫

氧化锌脱硫剂在中等温度下可脱除 H_2S 及一些有机硫，使总硫含量降至 $0.1mL/m^3$。

1. 脱硫反应

$$ZnO + H_2S \Longrightarrow ZnS + H_2O \qquad (8-21)$$

$$ZnO + COS \Longrightarrow ZnS + CO_2 \qquad (8-22)$$

$$2ZnO + CS_2 \Longrightarrow 2ZnS + CO_2 \qquad (8-23)$$

$$ZnO + C_2H_5SH \Longrightarrow ZnS + C_2H_5OH \qquad (8-24)$$

以上这些反应的平衡常数示于表8-32。从表可见，在中温下氧化锌与 H_2S 及有机硫化合物反应的平衡常数均相当高，实际脱除过程是不可逆的。

氧化锌实际上是不能脱除 CO_2 的，因为与碳酸锌对应的平衡 CO_2 分压相当高，

表8-32　氧化锌脱硫反应的平衡常数

反　　应	200℃	300℃	400℃	500℃	600℃
ZnS-H$_2$S	1.09×10^6	6.5×10^4	9.1×10^3	2.1×10^3	7.1×10^2
ZnS-COS	9.9×10^8	1.25×10^7	5.8×10^5	6.0×10^4	1.0×10^4
ZnS-CS$_2$	6.0×10^{19}	1.1×10^{16}	2.7×10^{13}	8.0×10^{11}	1.0×10^{10}
ZnS-C$_2$H$_5$SH	—	3.63×10^2	7.4×10^2	10.3×10^2	18.6×10^2

2. 氧化锌脱硫剂

氧化锌脱硫剂以氧化锌为主体，常加有助剂如氧化镁或氧化铜等并用矾土水泥等粘结剂制成。它们可将天然气的总硫含量（包括 H_2S、COS、CS_2 及硫醇）降至 $0.3mL/m^3$ 以下，甚至达到 $0.1mL/m^3$ 以下，硫容可达其质量的 25% 左右。

虽然氧化锌脱硫剂在更高的温度下以氧氧化可获得再生，但因其硫容高、使用寿命长，故并不再生。表 8-33 给出了国内外有代表性的氧化锌脱硫剂。

二、加氢转化——氧化锌脱硫

当气流中含有噻吩及硫醚之类与氧化锌难于反应的组分时，需先行将它们加氢转化成为 H_2S，再以氧化锌脱硫剂除去之。

通常使用的加氢转化催化剂为钴钼系催化剂。

表 8-33 氧化锌脱硫剂

生 产 者		四川化工厂	英国 ICI	美国 UCI	丹麦 Topsoe	德国 BASF
牌 号		T305	ICL32-4	C7-2	HTZ-3	R5-10
化学组成,%	ZnO	>95	有	75~80	有	96
	Al_2O_3			8~10		
	SiO_2			10~12		
形状		条	球	条	条	条
粒度,mm		$\phi 4\times(4\sim10)$	$\phi 3\sim5$	$\phi 4\times4.8$	$\phi 4\times(4\sim6)$	$\phi 4\times(4\sim8)$
堆密度,kg/L		1.1~1.3	1.10	1.15~1.25	1.40	1.40
侧压强度,MPa		>0.4	0.2	>0.4	>0.2	>0.4
使用温度,℃		200~400	350~450	200~425	350~400	200~400

1. 加氢反应

$$C_4H_4S + 4H_2 = C_4H_{10} + H_2S \tag{8-25}$$

$$RSR' + 2H_2 = RH + R'H + H_2S \tag{8-26}$$

$$RSSR' + 3H_2 = RH + R'H + 2H_2S \tag{8-27}$$

$$RSH + H_2 = RH + H_2S \tag{8-28}$$

$$COS + H_2 = CO + H_2S \tag{8-29}$$

$$CS_2 + 4H_2 = CH_4 + 2H_2S \tag{8-30}$$

上述反应,按其难度而言以噻吩(C_4H_4S)为最,顺次为硫醚(RSR')、硫醇(RSH)、CS_2 及 COS。然而,这些反应的平衡常数 K_p 值均非常大,如250℃下噻吩加氢反应的 K_p 值超过1040,故实际上可达到完全转化。

2. 加氢转化催化剂

钴钼催化剂又称钼酸钴催化剂,是将氧化钴及氧化钼载于活性氧化铝上制成。亦可使用铁钼及镍钼催化剂。表8-34给出了国内外有代表性的钴钼加氢转化催化剂。

表 8-34 钴钼加氢转化催化剂

生 产 者	沈阳催化剂厂	英国 ICI	美国 UCI	丹麦 Topsoe	德国 BASF
牌 号	T201	ICI41-3	C49-1	TK-450	M8-10
化学组成,%					
CoO	2~3	3	3.5	2	5
MoO_3	11~13	10	10	9~12	13.6
Al_2O_3	有	有	有	有	有
形状	条	条	条	条	条
粒度,mm	$\phi 3\times48$	$\phi 3$	$\phi 3.5$	$\phi 1.5\sim3$	$\phi 1.8$
堆密度,kg/L	0.65~0.75	0.8~0.9	0.58	0.8~0.85	0.65~0.68
使用温度,℃	300~420	300~450	350~400	225~450	280~400

应当指出，以 H_2S 或 CS_2 等将钴钼催化剂预硫化，即将氧化钴和氧化钼分别转化成硫化钴及硫化钼，则催化剂具有更好的加氢转化性能，还能够抑制催化剂的结焦。

3. 氧化锌脱除 H_2S

已如前述，不再重复。

三、常温精脱硫

20世纪90年代国内外开发了常温精脱硫剂，但只限于脱除 COS 及 H_2S。

湖北化学研究所开发的 JTL 系列新工艺中，其 JTL-4 工艺以 EAC-2 特种活性炭串接 EZX 多功能精脱硫剂，可在 20～40℃下同时脱除 H_2S、COS 及 CS_2，总硫含量可达 $0.1mL/m^3$，但是 EZX 脱除 COS 的硫容仅有 3%。昆山精细化工研究所则以 852 羰硫水解催化剂与 T310 常温氧化锌脱硫剂组合。

英国 ICI 公司的 Puraspec200 系列常温脱硫剂则以 P3212 羰硫水解催化剂与 P2020 氧化锌脱硫剂组合，已用于我国齐鲁石化公司二化肥装置，脱硫后气体中总硫含量降至 $0.5 mL/m^3$ 以下，操作温度低于 25℃，实际硫容约 8%。

参 考 文 献

1　徐文渊，蒋长安主编. 天然气利用手册. 北京：中国石化出版社，2002

2　[苏] T. A. 谢苗诺娃等编. 朱世勇等译. 工艺气体的净化. 北京：化学工业出版社，1982

3　J. P. Anerousis et al. Iron Sponge：Still a Top Option for Sour Gas Sweetening. Oil Gas J，83（7），1985：71～76

4　B. J. Davis et al. Iron Sponge is Economical and Effective for NGL Sweetening. Oil Gas J，83（38），1985：122～126

5　New Sweetening Process Offers Advantages. Ener. Proc/Can，82（6），1990：33

6　何云峰等. 用含氧化铁废尘浆液脱硫. 天然气工业，6（3），1986：87～92

7　New Gas Sweetening Process Offgas Economical Alienative. Oil Gas J.，79（35），1981：61

8　W. P. Manning. Chemsweet - A New Gas Sweetener，Proc Gas Cond. Conf.，1979，29：E1～E20

9　[美] R. N. Maddox 编著. 张铁生等译. 天然气预处理和加工（第四卷）. 气体和液体脱硫. 北京：石油工业出版社，1990

10　H. E. Benson et al. HiPure Process Removes CO_2/H_2S. Hydrocarbon Proc，53（4），1974：83～84

11　T. L. Thomas et al. Molecular Sieves Reduce Economic，Operational Process Problems. Oil Gas J，65（12），1967：112～114

12　H. W. Haines et al. Recover Sulfur with Zeolite. Hydrocarbon Proc.，40（4），1961：123～124

13　S. A. Convisor. Molecular Sieves Used to Remove Mercaptans from Natural Gas. Oil Gas J.，63（49），1965：130～135

14　R. N. Maddox et al. Solids Processes for Gas Sweetening. Oil Gas J，66（25），1968：90～93

15	A. M. Aitani. Sour Natural Gas Drying. Hydrocarbon Proc., 72 (4), 1993: 67~73
16	L. V. Kunkel et al. Molecular Sieve Can Sweet Fuel Gas. Oil Gas J, 71 (22), 1973: 74~79
17	C. Y. Pan. Gas Separation by High-Flux Asymmetric Hollow-Fiber Membrane. AIChE J, 32 (12), 1986: 2020~2027
18	王学松等. 气体分离膜的开发近况. 化工进展 (2), 1990: 9~17
19	W. A. Bollinger et al. Separation Systems for Oil Refining and Production. Chem. Eng. Prog., 78 (10), 1982: 27~32
20	W. H. Mazur. Membranes for Natural Gas Sweetening and CO_2 Enrichment. Chem. Eng. Prog., 78 (10), 1982: 38~43
21	W. J. Schell et al. Spiral Wound Permeators for Purification and Recovery. Chem. Eng. Prog., 78 (10), 1982: 33~37
22	龙晓达等. 膜分离技术在天然气净化中的应用现状. 天然气工业, 13 (1), 1993: 100~105
23	F. G. Russell. Application of the Delsep Membrane System. Chem. Eng. Prog., 80 (10), 1984: 48~52
24	P. J. Cook et al. Membranes Provide Cost-Effective Natural Gas Processing. Hydrocarbon Proc., 74 (4), 1995: 79~84
25	A. S. Holmes et al. Process Improves Acid Gas Separation. Hydrocarbon Proc., 61 (5), 1982: 131~136
26	R. Schendel. Process Can Efficiently Treat Gases Associated. Oil Gas J, 81 (29), 1983: 82~86
27	B. C. Price. Processing High CO_2 Gas. Ener Prog, 4 (3), 1984: 169~174
28	涂彦. 微生物脱硫技术在天然气净化中的应用. 石油与天然气化工, 32 (2), 2003: 97~99
29	H. Satoh et al. Bacteria Help Desulfurize Gas. Hydrocarbon Proc., 67 (5), 1988: 76D~76F
30	S. Asai et al. Kinetics of Absorption of H_2S into Aqueous Ferric Sulfafe Solutions, AIChE J, 36 (9), 1990: 1331~1338
31	Biodesulfurisation: A Serious Contender for H_2S Removal. Sulphur, 276, 2001: 31~38
32	D. Dalrymple et al. GRI Research Program in H_2S Scavenging-1995 Update. Proc. 74th GPA Aunu. Conv., 1995: 83~94
33	S. P. Von Halasg et al. Glyoxal as an H_2S Scavenger in Oil and Gas Production Operations. Erdol Erdgas, Kohle, 107 (5), 1991: 215~220

第九章 天然气脱水工艺

第一节 概 述[1~6]

井口流出的粗天然气含有水汽，有些甚至携带出大量气田水；含硫天然气夹带水汽使之更具腐蚀性。除腐蚀问题外，无论是以液相或气相存在的水均会降低管道运送能力，在较低的温度条件下它们还可能形成固体水合物堵塞阀门、管道和设备。

因此天然气中的水汽是需要脱除的组分。出井口的含硫天然气常常需要先行脱水再送净化厂集中脱硫；出净化厂的天然气也需要脱水以达到如表 1-10 所示的商品气规格。所以天然气工业中有几类脱水装置，一类在井场处理粗天然气（含硫或不含硫），一类则在净化厂处理脱硫脱碳装置出来的净化气，还有一类是用于天然气凝液回收、液化天然气或压缩天然气装置的进料气脱水。

一、天然气的饱和水含量

天然气含水量的表示方法有两种。一种系单位体积天然气中的水含量，如 mg/m^3 [西方国家常用的 $1lb/(10^6 ft^3)$ 约等于 $16mg/m^3$]。另一种是水露点可简称露点，这是从防止在输气管道中形成液相水出发的指标；露点不仅与水含量有关，而且与体系的压力乃至气体的相对分子质量等因素都有关。各种脱水方法的能力也常使用其可达到的露点降来表示。

从图 9-1 可见[6]，无硫天然气的饱和水含量主要决定于体系的温度和压力；此外，气体的相对密度及与之平衡的液态水中的含盐量也有一定影响。温度愈高、压力愈低则以 mg/m^3 计的饱和水含量也愈高；如气体相对密度较大、液相含盐量较高则饱和水含量略低一些。宁英男等已将图 9-1 的数据模型化[7]。

应当指出，天然气中的 H_2S 及 CO_2 对饱和水含量有重要影响，较高的酸气浓度将有较高的饱和水含量。图 9-2 为含硫天然气中含水量的校正图，其中所含的 CO_2 则以 0.75 的系数折为 H_2S 一并计算[8]。在图 9-2 的下部找到校正的 H_2S 浓度与温度的交点向上作垂直线找到与压力的交点，作水平线得到水含量校正系数。

表 9-1 给出了不同压力下天然气含水量与露点的关系[8]。

表 9-1 不同压力下天然气含水量与露点的关系

露点 ℃	天然气含水量，mg/m^3						
	4.5 MPa	5.0 MPa	5.5 MPa	6.0 MPa	6.5 MPa	7.0 MPa	7.5 MPa
10	314	286	257	242	223	210	200
5	210	195	180	170	160	152	142
0	160	150	140	120	115	112	108
-5	114	105	96	88	82	80	75
-10	80	75	67	64	60	57	54

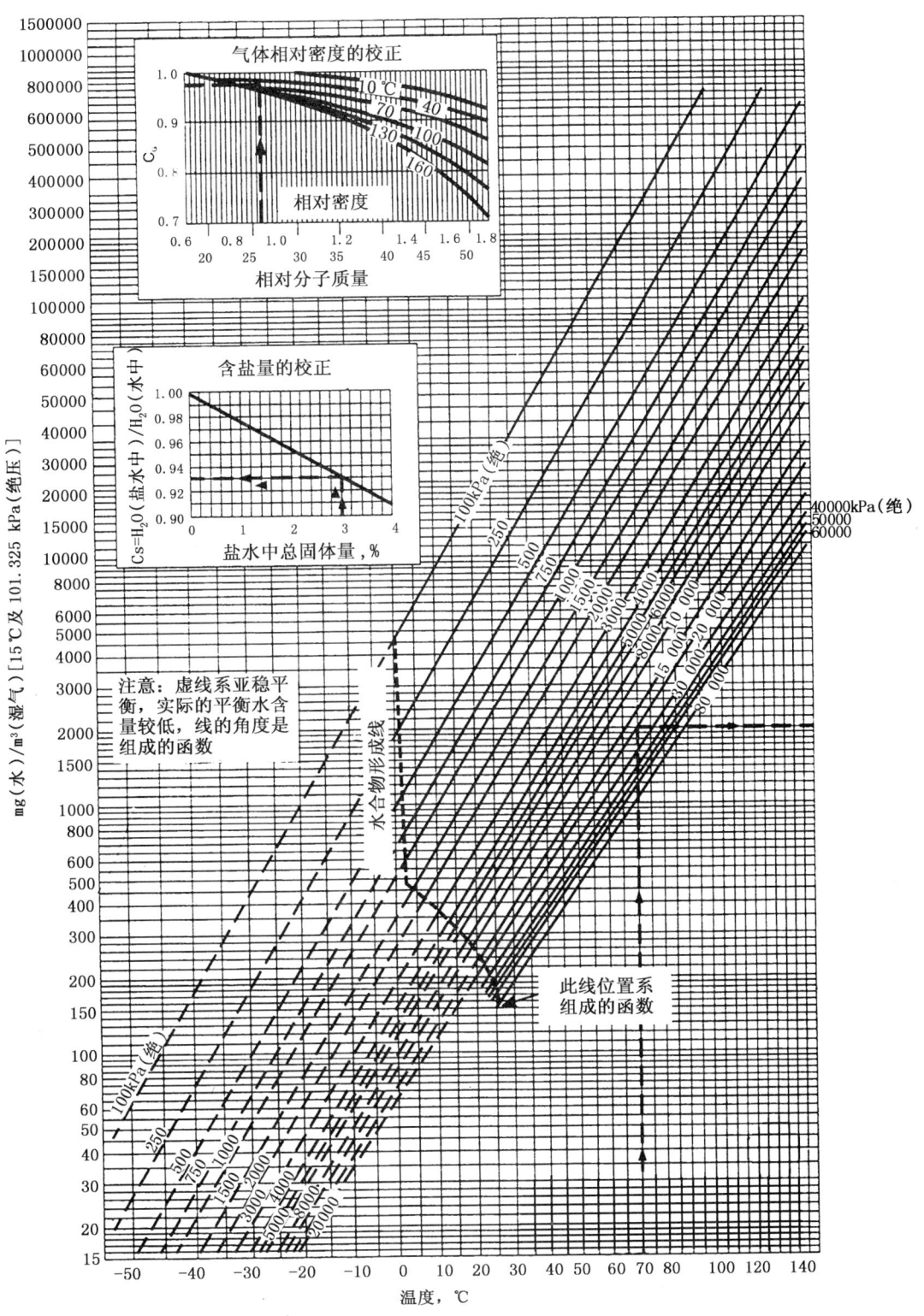

图 9-1 无硫天然气的水含量（以气体相对密度及盐水含盐量校正）
(引自 Engineering Data Book，图 20-3)

二、天然气的脱水方法

压缩和冷却是常用的降低气体中水含量的方法。在有些井场，可利用天然气的压能获取低温以达到所要求的水露点以及烃露点；在另一些情况下，它们虽然不是天然气脱水的主要方法，但也可作为辅助手段采用。气田集输与净化厂使用的天然气脱水方法主要是甘醇法，特别是三甘醇（TEG）法；在需要深度脱水的工况（如生产 CNG 及 LNG，NGL 回收等）则使用分子筛脱水。除这两类主要的脱水方法外，早期还曾采用 $CaCl_2$ 脱水和硅胶、氧化铝等固体吸附剂脱水；甘醇—胺法则用于同时脱硫脱水；此外，物理溶剂法也可以同时得到脱硫脱水之功效。20 世纪 90 年代以来，

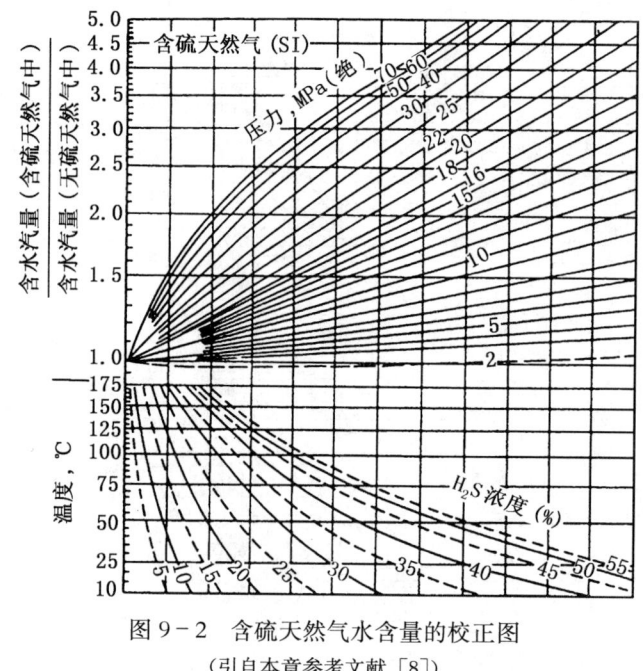

图 9-2 含硫天然气水含量的校正图
（引自本章参考文献 [8]）

国内外在膜分离法脱水方面也开展了一些工作。表 9-2 给出了各种脱水方法可获得的露点降及主要特点。

表 9-2 各种脱水方法的露点降及主要特点

脱 水 剂	露点降，℃	主 要 特 点
TEG	>40	性能稳定、投资及操作费用低
DEG	~28	投资及操作费用较 TEG 法高
$CaCl_2$	17~40	费用低、需更换，腐蚀严重，与 H_2S 产生沉淀
分子筛	>120	投资及操作费用高于甘醇法，吸附选择性高
硅胶	~80	可吸附重烃、易破碎
活性氧化铝	~90	可吸附重烃，不宜用于含硫气
膜分离	~20	工艺简单，能耗低，有烃损失问题

第二节 甘 醇 法

甘醇类化合物具有良好的吸水性，此类包括乙二醇（EG）、二甘醇（DEG）、三甘醇（TEG）及四甘醇（TREG）等。最早用于天然气脱水的甘醇是 DEG，但它逐渐为 TEG 所取代，因为用 TEG 脱水有更大的露点降，而且投资及操作费用较低。乙二醇主要用于注入天然气中以防止水合物的生成。

一、甘醇的性质

四种甘醇的一般性质示于表 9-3。

表 9-3 四种甘醇的性质

甘 醇	乙二醇	二甘醇	三甘醇	四甘醇
分 子 式	$C_2H_6O_2$	$C_4H_{10}O_3$	$C_6H_{14}O_4$	$C_8H_{18}O_5$
相对分子质量	62.1	106.1	150.2	194.2
沸点（101.3kPa），℃	197.3	244.8	285.5	314
密度（25℃），kg/m^3	1110	1113	1119	1120
折射率（25℃）	1.430	1.446	1.454	1.457
凝固点，℃	-13	-8	-7	-5.5
闪点，℃	116	124	177	204
燃点，℃	118	143	166	191
蒸气压（25℃），Pa	16	<1.33	<1.33	<1.33
粘度（25℃），mPa·s	16.5	28.2	37.3	44.6
比热容（25℃），kJ/(kg·K)	2.43	2.30	2.22	2.18
表面张力（25℃），mN/m	47	44	45	45
分解温度，℃	165	164	207	238

目前天然气田主要使用 TEG 为脱水剂，所以下面主要介绍 TEG 的物化性质及其对水、烃类等的溶解性能。

1. 三甘醇的物化性质[6]

图 9-3 至图 9-6 分别给出了不同温度下 TEG 溶液的密度、粘度、比热容及热导率；图 9-7 及图 9-8 则是不同浓度的甘醇溶液的凝固点与表面张力。

2. 三甘醇的溶解性能

图 9-9 给出了对于不同浓度的 TEG 溶液在不同吸收温度下可以获得的平衡水露点温度[6]。可见，欲达到 -10℃ 的水露点，在 40℃ 下吸收时 TEG 浓度需达到 99.0%；要达到 -50℃ 的水露点，TEG 浓度必须高于 99.7%。

TEG 对甲烷等烷烃的溶解量是有限的，大体上仅有 $3 \sim 4 m^3/m^3$，如图 9-10 所示[4]。

TEG 对烷烃的溶解量虽然不多，但它对芳烃却有良好的亲和力，表 9-4 给出了 25℃ 下苯与甲苯在 TEG 等中的溶解度。如果天然气中含有芳烃，TEG 在脱水过程中吸收的芳烃在再生时将会排出，这就产生了排放污染问题[9]。

表 9-4 25℃下芳烃在甘醇中的溶解度

芳 烃	乙二醇	二甘醇	三甘醇
苯，%（质量分数）	5.7	31.3	完全溶解
甲苯，%（质量分数）	2.9	17.2	24.8

表 9-4 的数据说明，DEG 吸收的芳烃较 TEG 少一些。

图 9-11 及图 9-12 分别给出了 H_2S 及 CO_2 不同温度下在 TEG 中的溶解度，当用 TEG 法处理井口含 H_2S 及 CO_2 的天然气时，这是需要关注的问题[6]。

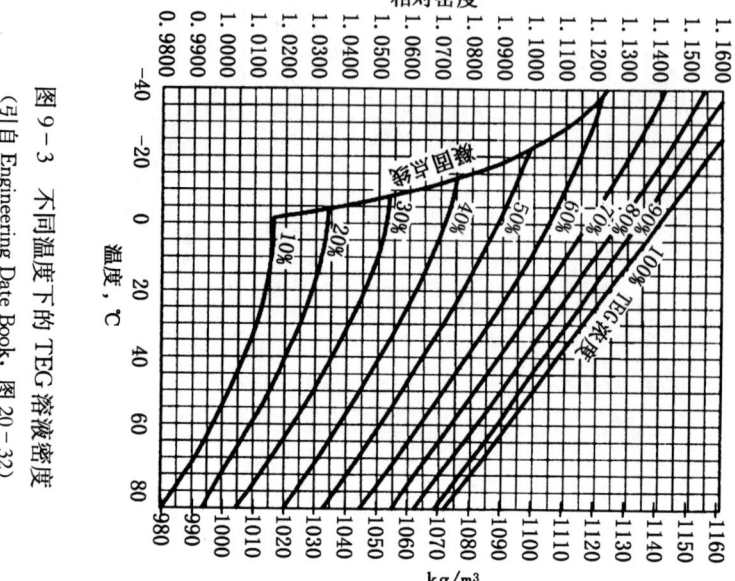

图 9-3 不同温度下的 TEG 溶液密度
(引自 Engineering Date Book，图 20-32)

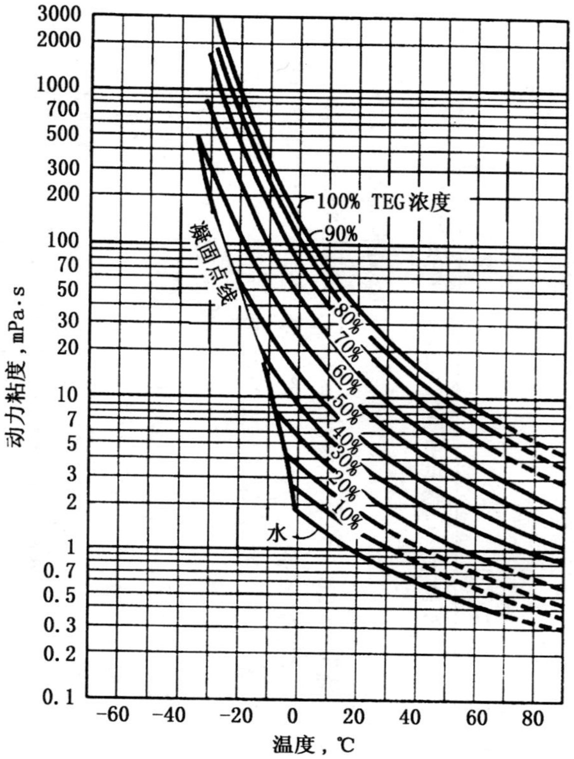

图 9-4 不同温度下 TEG 溶液的动力粘度
(引自 Engineering Date Book，图 20-35)

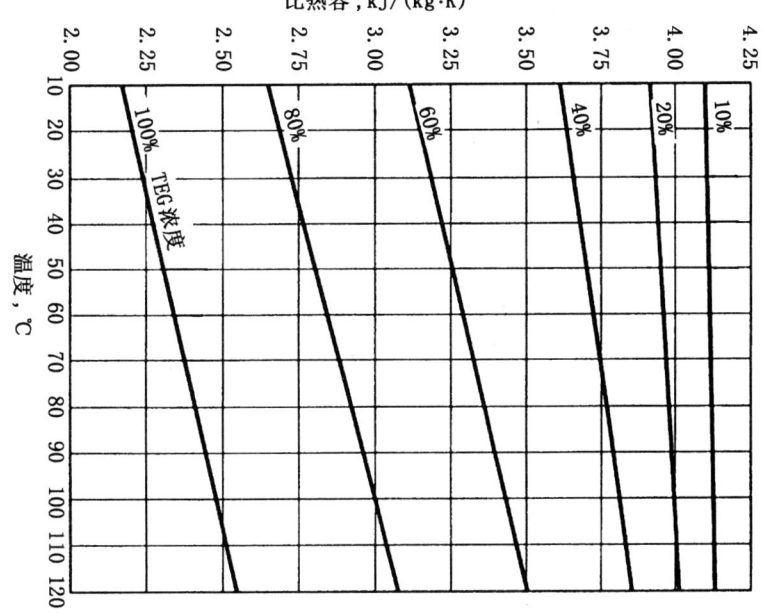

图 9-5 不同温度下 TEG 溶液的比热容
(引自 Engineering Date Book, 图 20-38)

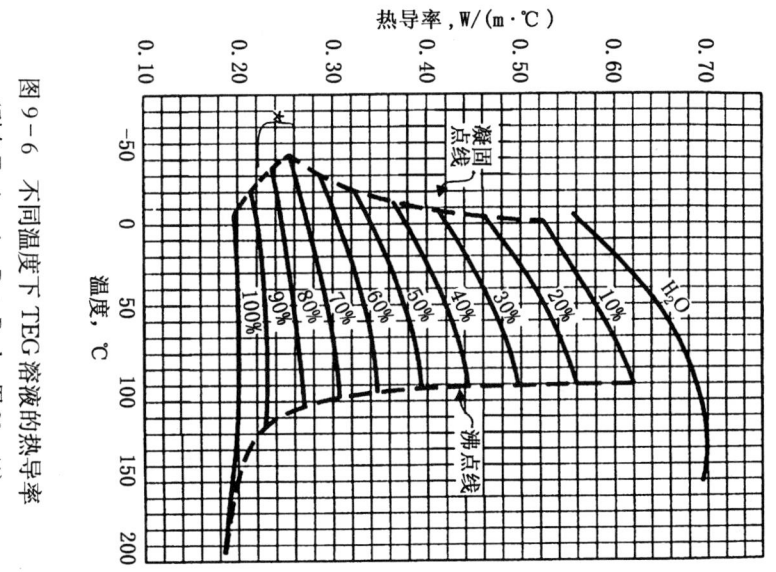

图 9-6 不同温度下 TEG 溶液的热导率
(引自 Engineering Data Book, 图 20-41)

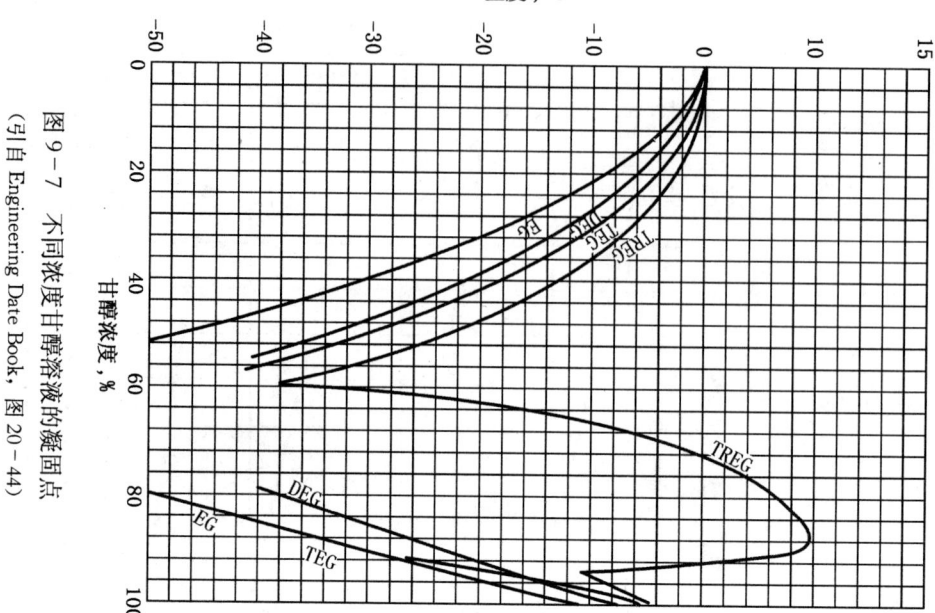

图 9-7 不同浓度甘醇溶液的凝固点
(引自 Engineering Date Book, 图 20-44)

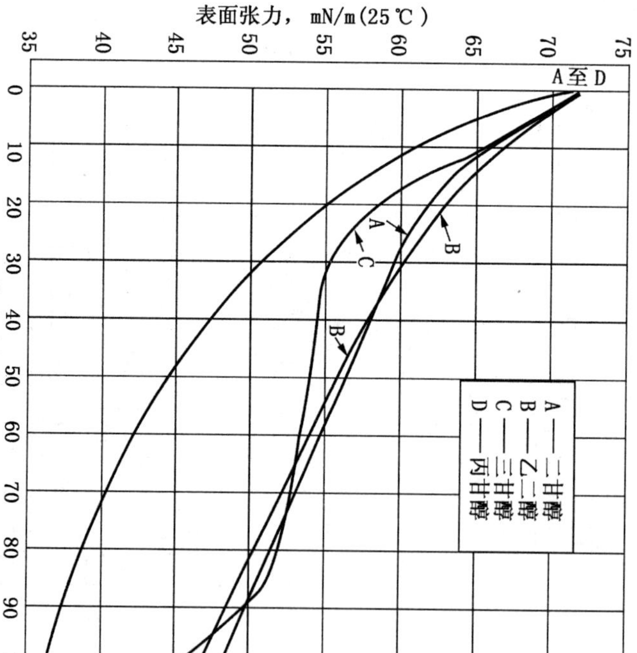

图 9-8 不同浓度甘醇溶液的表面张力
(引自本章参考文献 [1], 图 5-21)

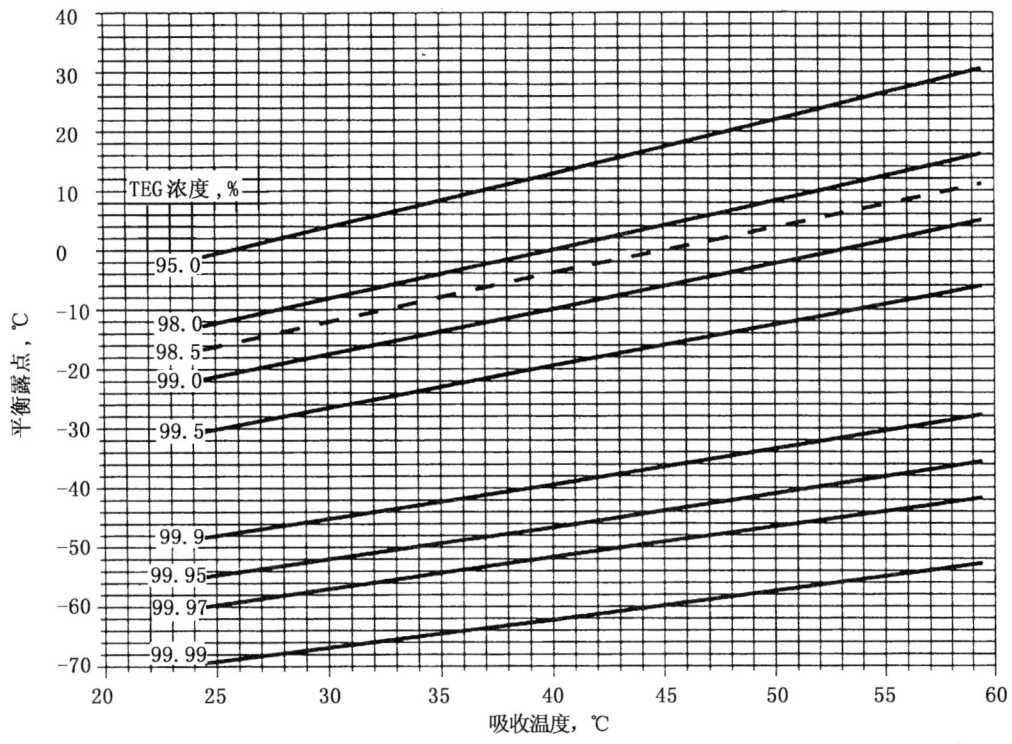

图 9-9 各种 TEG 浓度下平衡水露点与吸收温度的关系
(引自 Engineering Data Book，图 20-54)

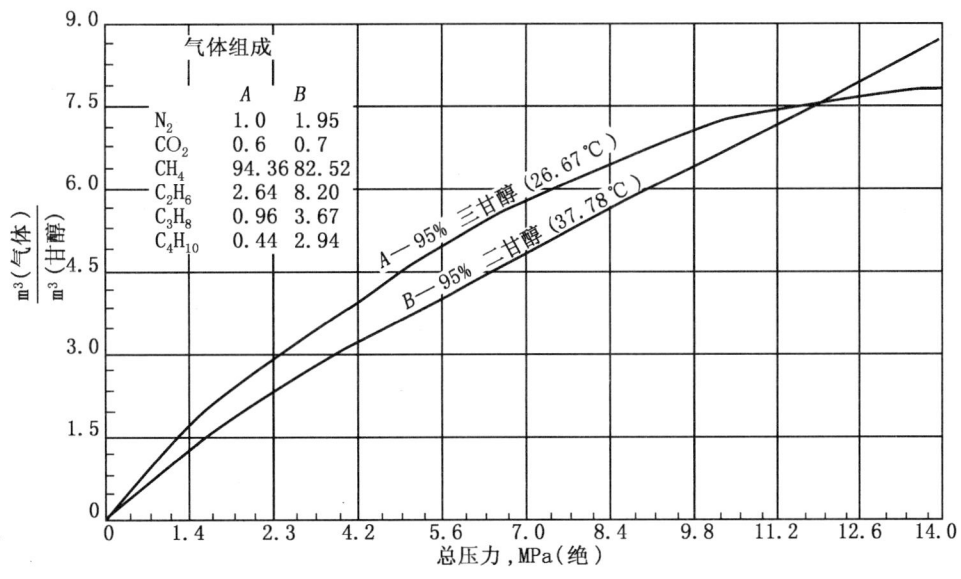

图 9-10 天然气在甘醇溶液中的溶解量
(引自本章参考文献 [4]，图 4-17)

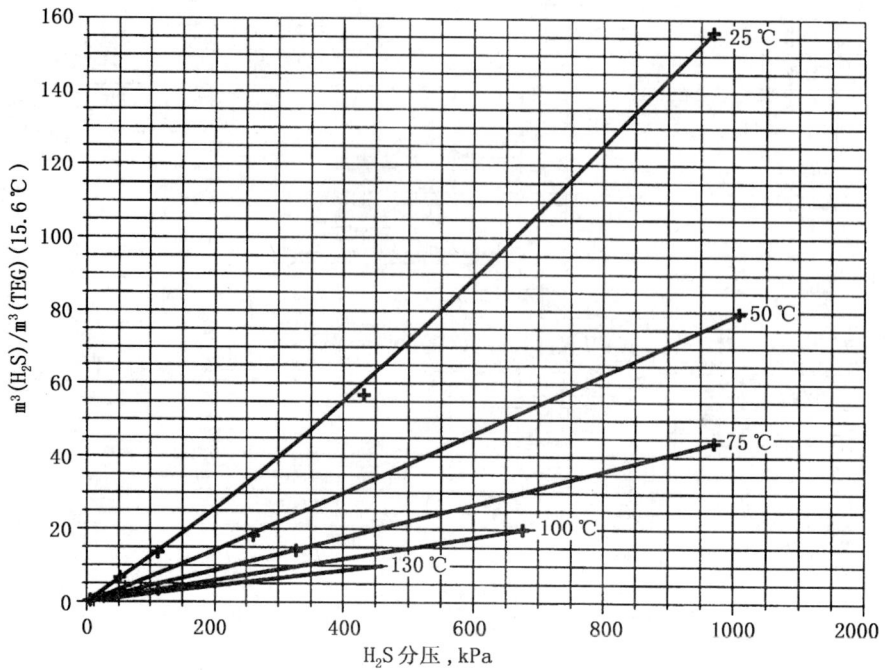

图 9-11　不同温度下 H_2S 在纯 TEG 中的溶解度
(引自 Engineering Data Book，图 20-62)

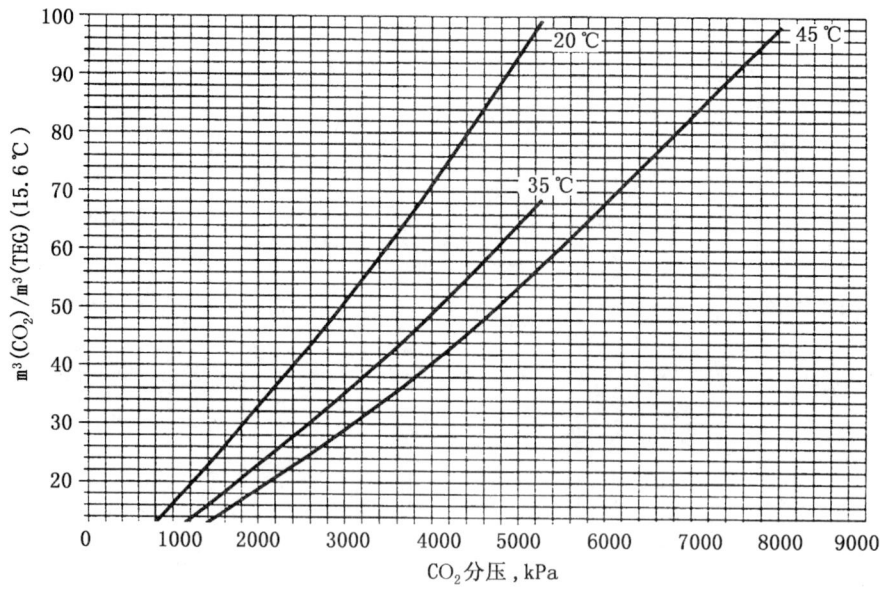

图 9-12　不同温度下 CO_2 在 96.5%TEG 中的溶解度
(引自 Engineering Data Book，图 20-61)

据估算，当以 TEG 法处理含 H_2S 22.3% 及 CO_2 3.5% 的天然气、进料量为 113.2×$10^4 m^3/d$ 时，TEG 所吸收的 H_2S 量可达 325 m^3/h，相当于硫磺 11 t/d，约占进料潜硫量的 3.1%。

二、甘醇法脱水工艺流程及设备[10,11]

1. 处理无硫气的甘醇脱水装置

当甘醇脱水装置在井口处理无硫天然气或在净化厂内处理来自脱硫装置的净化气时，可采用如图 9-13 所示的工艺流程。

从图 9-13 可见，由于处理无硫气，故再生出的水汽可直接排放至大气。当然，如进料气中含有芳烃，则可能需要采取措施控制，稍后将要介绍。

由于甘醇脱水装置通常气液比很高，即甘醇循环量小，且 TEG 又有较高的粘度，故吸收塔通常均使用泡罩塔板。然而，20 世纪 90 年代以来甘醇脱水塔采用结构填料取得了良好的效果，投资费用显著节省，值得关注。再生塔可采用塔板或通用填料。重沸器的热源，净化厂可采用高压蒸汽或热载体间接加热，井场装置可采用火管直接加热，但需控制火管壁温（TEG 侧）不超过221℃，热流密度宜为 18~25kW/m^2。

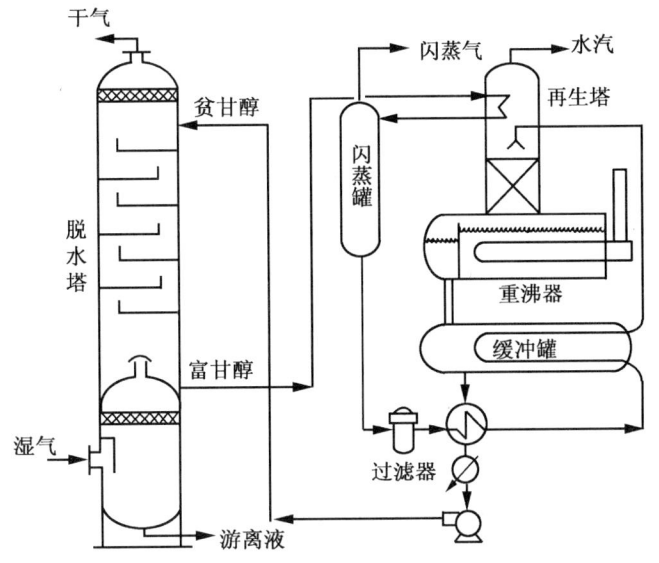

图 9-13 处理无硫气的甘醇脱水工艺流程图

三甘醇的过滤通常置于富液一侧，包括机械过滤及活性炭过滤。

在有些装置中未安排贫液水冷，但工厂实践表明，贫液如进一步用水冷降低温度，可取得更好的效果。

2. 处理含硫气的甘醇脱水装置

当甘醇装置用于井场含硫天然气脱水时，此时 H_2S 等在甘醇中的溶解和其带来的问题必须重视。当 H_2S 浓度不高时，再生排出的 H_2S 可灼烧排放；而对于 H_2S 较高的天然气，应在再生塔前设一富液气提塔解析 H_2S 等并返回吸收塔，使之随 CH_4 等烃类一同输出，图 9-14 系此类装置的原理流程图。

需要指出的是，如使用含硫进料气作为气提气，则从气液平衡可知气提 H_2S 的效果颇为有限；而若使用无硫气作为气提气则可从富液中除去 98% 以上的酸气，在富甘醇中 H_2S 含量为 36~180 kg/m^3 时，气提气量可按 1.87~15.58 m^3/kg H_2S 安排。

然而，在含硫气井场要取得一股无硫气则是个问题。所以，在文献中也难以见到以 TEG 法处理高 H_2S 天然气的报道。前面第八章曾提及 Amoco 公司一井场含 H_2S 0.57% 的天然气使用 TEG 法脱水。

3. 脱水塔改用新型传质元件[12]

TEG 脱水塔传统上均使用泡罩塔板，但 20 世纪 90 年代以来，新型传质元件的采用值得注意。此中，结构填料已为一些新装置采用，据估算，当装置处理量为 212.25×10^4 m^3/d、

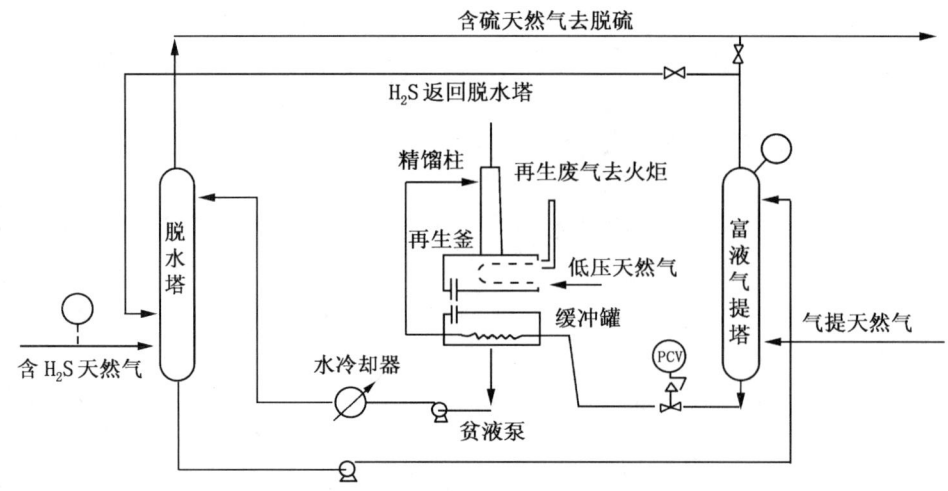

图 9-14 处理含硫气的甘醇脱水工艺流程图

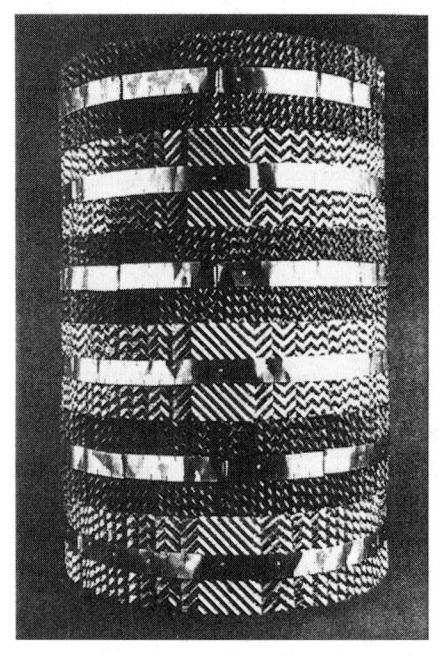

图 9-15 结构填料示意图

压力为 10.2MPa 时,脱水塔径为 1.22m、塔高 5.49m、塔重 14.74t;而如用泡罩塔,塔径则需 1.68m、塔高 7.62m、塔重 28.99m,为前者的一倍。图 9-15 为结构填料示意图。

我国四川气田天东 9 井和天东 12 井引进的 $50×10^4$ m³/d 脱水装置吸收塔均采用了结构填料,运行情况良好[13,14]。

新近,更有以涡流管板(Swirl Tube Tray)代替结构填料的报道。美国一个井场的 TEG 脱水装置,压力为 8.8~10.5MPa,温度 55℃,原为结构填料,装置处理能力为 $311×10^4$ m³/d,改用 7 块涡流管板后,处理能力增至 $495×10^4$ m³/d[15]。

三、三甘醇浓度、比循环量与脱水率

1. 脱水率与 TEG 浓度及比循环量的关系

在 TEG 脱水装置中,贫 TEG 浓度和循环量决定了其脱水率。图 9-16 给出了在 2.0 块理论塔板(通常板效率为 25%~30%)的条件下,脱水率与 TEG 浓度及比循环量的关系[6]。

从图 9-16 可见,不同的 TEG 浓度相应地有一个最高的脱水率,例如,TEG 浓度为 99.0%时最高脱水率约为 94.5%,浓度为 99.5%时的脱水率则可达到 97%。当然,增加塔板数有利于逼近平衡吸水量。在 101.3 kPa 及 204℃的条件下再生时可得到的 TEG 浓度仅有 98.6%,相应的脱水率仅有 92%左右。

TEG 的比循环量通常按每千克水循环 15~40 L TEG 来安排。

2. 提高 TEG 浓度的措施

要提高 TEG 的脱水深度,即加大露点降,就必须采取措施提高 TEG 的浓度,即降低其中的水含量。各种措施的目标都是降低重沸器汽相中的水汽分压,应用得最广泛的措施是

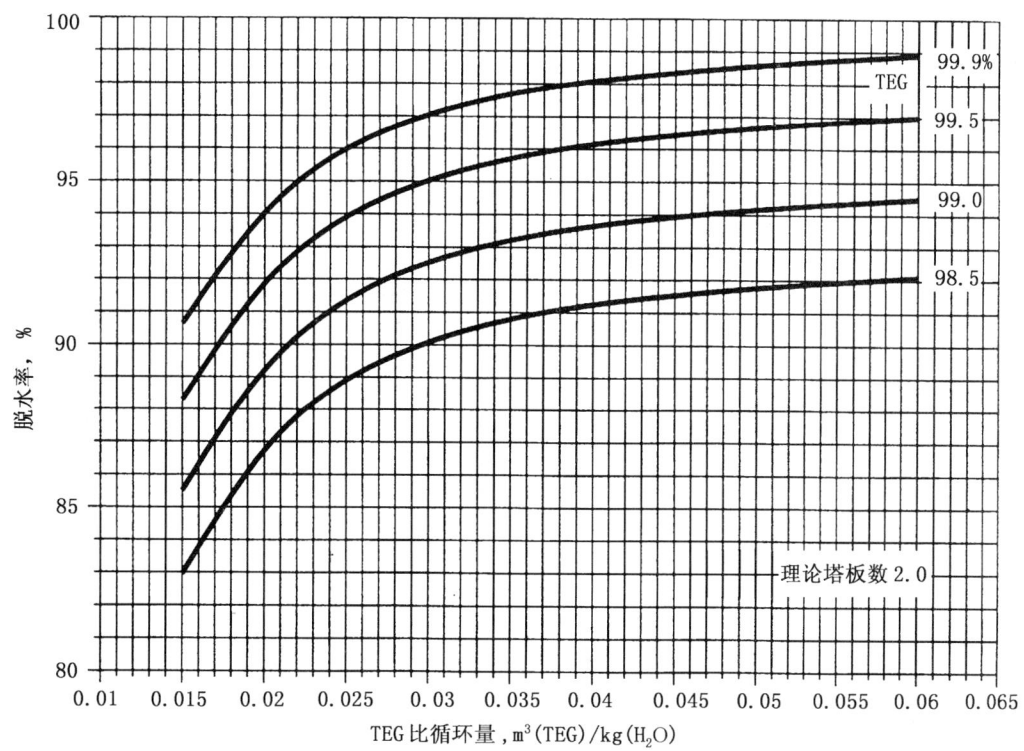

图 9-16 脱水率与 TEG 浓度及比循环量的关系
(引自 Engineering Data Book，图 20-57)

气提法，此外还可以采用共沸蒸馏法、抽真空法与冷指法（Coldfinger）等，它们可以获得的 TEG 浓度及相应可达到的露点降示于表 9-5。

表 9-5 提高 TEG 浓度的措施与效果

措 施	气 提	共沸蒸馏	抽 真 空	冷 指 法
获得的 TEG 浓度，%	99.2～99.9	>99.99	99.2～99.9	99.9
可能的露点降，℃	55～83	100～122	55～83	55～83

从表 9-5 所示数据可见，几种措施中共沸蒸馏的效果最好，但其投资及操作费用较高；气提则最简便易行。以下将简要介绍气提、共沸蒸馏及冷指工艺。

3. 气提工艺

使用干的气体在再生系统气提 TEG 可以降低其中的水含量，图 9-17 给出了在不同气提塔条件下气提气量与 TEG 浓度的关系[6]。

气提气可在不同位置及条件下进入再生系统，图 9-18 系将气提气通入重沸器下的气提柱中进行气提，在重沸器温度 204℃ 及气提气量 40m³/m³ 的条件下，TEG 可提浓至 99.95%。而如果在同样条件下气提气直接进入重沸器，仅能达到 99.6%。

4. 共沸蒸馏工艺

采用共沸蒸馏提浓 TEG 的典型工艺是美国杜邦公司开发的 Drizo 工艺[16]。Drizo 工艺的特点是使用分子量 80～100 的烃溶剂与 TEG 中的残余水分形成低沸点的共沸物蒸出；在

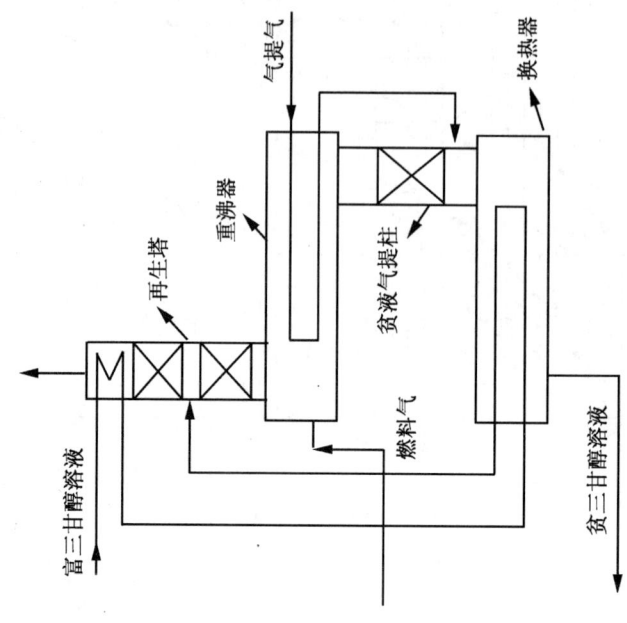

图 9-18 TEG 溶液气提工艺示意图

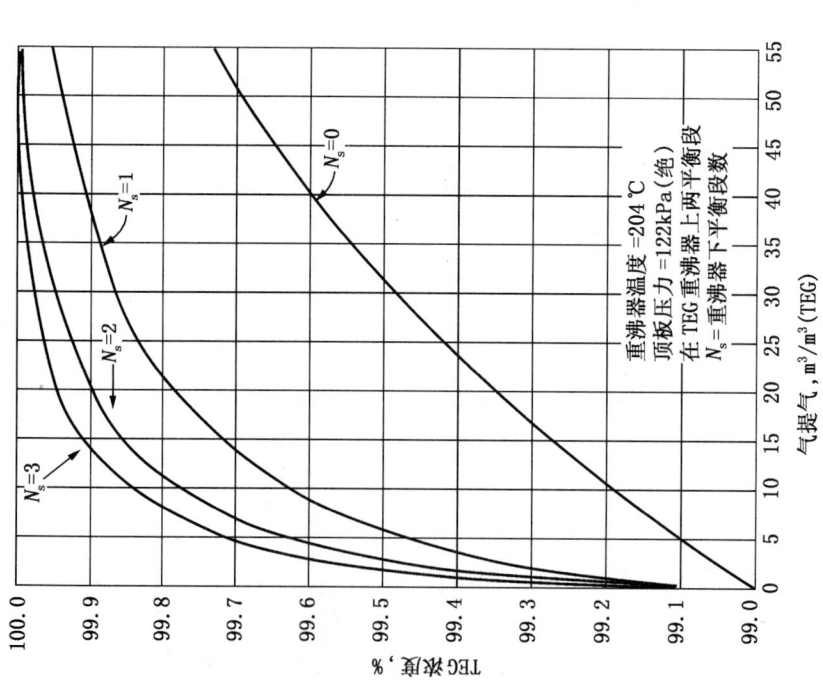

图 9-17 气提气量与 TEG 液浓度的关系
(引自 Engineering Date Book, 图 20-64)

冷凝分出水后循环使用，图 9-19 系 Drizo 脱水工艺共沸蒸馏部分的流程图。

经不断改进，Drizo 工艺 TEG 浓度最高可达 99.999%，净化气露点可达到 -95℃。

应当强调指出的是，采用 Drizo 工艺，TEG 从天然气中吸收的芳烃（如天然气含芳烃 500mL/m³，TEG 吸收的芳烃量为 4～5 L/10⁴ m³ 天然气）可在共沸蒸馏中回收，既避免了芳烃的排放问题，还可将芳烃分出作为产品。

5. 冷指法（Coldfinger）

此法系在重沸器下的热贫液缓冲罐上插入一个冷却盘管，使系统非平衡化，据称可将三甘醇浓度升至 99.9%；此法也可回收芳烃。

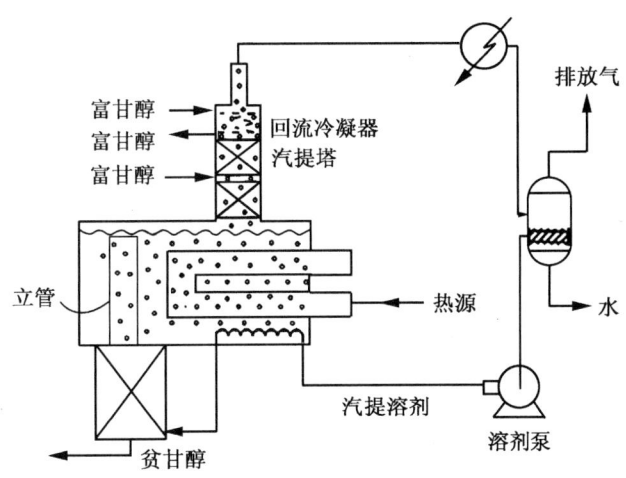

图 9-19 Drizo 共沸蒸馏流程图

四、三甘醇脱水装置数据

表 9-6 提供了国内一些 TEG 脱水装置的数据，这些装置既有位于井场的，也有在净化厂内的；此中既有国内设计建设的装置，也有从国外引进的装置；它们之中还有几套是撬装式的；但用这些装置提高 TEG 浓度的措施都是气提，目前国内尚无采用共沸蒸馏的 TEG 装置。

表 9-6 TEG 脱水装置操作或设计数据

装　　置	卧引	长寿	磨溪[17]	长庆一厂	天东 9 井	天东 9 井
处理量，$10^4 m^3/d$	380	426	45～48	200	50.55	100.04
进料压力，MPa	6.0	4.4	3.8	4.6	6.46	6.48
进料温度，℃	40	40	40	45.5	12.5	13.3
$H_2S_进$，mg/m^3	<5	<20	≤20	≤20	0.139%～1.0%	0.139%～1.0%
$TEG_贫$，%	99.8	98.64	99.1	99.6	99.33	99.25
TEG 循环量，m^3/h	4.2	4		4.07	0.343	0.704
比循环量，L/kg 水			25			
贫液温度，℃	～60	28				
脱水塔板数	7	10	9			
再生温度，℃	202	201	195～200	196～200	202	201
气提气量，m^3/h	10～15	5.5		30		
出料水含量，mg/m^3		27.3			44.5	51.15
出料露点（工况下），℃	<-27		<-5	≤-13		

表 9-7 给出了国外一些使用结构填料的 TEG 装置的数据，包括脱水塔径和填料高度。

表 9-7 采用结构填料的 TEG 装置数据

处理量，$10^4 m^3/d$	1981	1981	637	354	17.7	19.4
压力，MPa	4.48	4.48	6.89	6.89	5.45	5.14
进料温度，℃	26.7	26.7	26.1	25.0	46.1	38.9
TEG贫，%	99.95	99.99	98.53	98.59	98.7	97.90
比循环量，L/kg(水)	13.35	16.69	8.35	8.35	50.07	79.28
出料含水量，mg/m^3	<6.89	0.48	17.63	17.63	48.08	52.89
脱水塔径，m	3.2	3.2	1.55	1.22	0.46	0.46
填料高度，m	5.334	5.334	4.57	3.96	3.05	3.05

五、TEG 装置中的工艺问题

欲使 TEG 脱水装置长周期高效低消耗运行，保持 TEG 溶液的洁净是关键[18]。

1. 腐蚀

TEG 装置的腐蚀主要是由于有机酸及溶解的 H_2S 等造成的。有机酸是 TEG 热降解及氧化降解的产物，所以应防止高温及重沸器中存在"热点"以及避免氧进入系统。当 TEG 的 pH 值降低时，应加入如 TEA 等碱性中和剂调节其 pH 值在 7.3~8.5 范围内，但 pH 值也不应高于 9.0，因为高的 pH 值易使烃类皂化而导致 TEG 溶液发泡。图 9-20 为 DEG 溶液的 pH 值与其腐蚀速率的关系[19]，TEG 溶液应当是类似的。

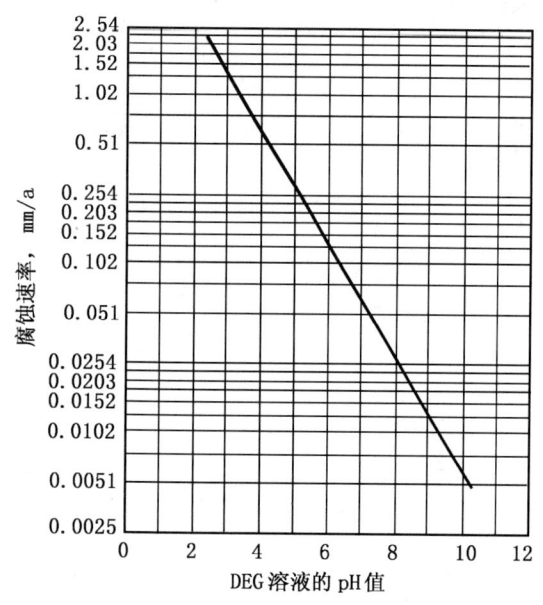

图 9-20 不同 pH 值的 DEG 溶液的腐蚀性
(引自本章参考文献 [19])

2. 发泡

导致 TEG 溶液发泡的机械因素是高气速或操作波动，化学因素则是 TEG 为液烃、缓蚀剂、盐类或其他固体杂质所污染。所以应使进料气中的液固杂质在进入脱水塔前得到良好的分离。此点对井场 TEG 装置尤为重要。

气田水中的盐类在 TEG 装置中析出不仅有助泡作用而且还会降低传热及传质效率、堵塞阀门及管道。图 9-21 及图 9-22 分别为不同温度下 NaCl 及 $CaCl_2$ 在 TEG 溶液中的溶解度[19]。

一旦出现脱水塔压降迅速上升等发泡迹象，除采取其他措施外，必要时可注入经检查证明有效的消泡剂，如硅酮类或磷酸三辛酯等。

3. 过滤

为除去 TEG 中的杂质，装置应有过滤措施。使用机械过滤使 TEG 溶液中的固体含量低于 0.01%；必要时可安排活性炭过滤器以吸附脱除 TEG 中的烃类及有机酸等杂质，应选用煤基硬质活性炭以防其粉碎，炭粉如进入 TEG 循环系统将成为助泡剂。

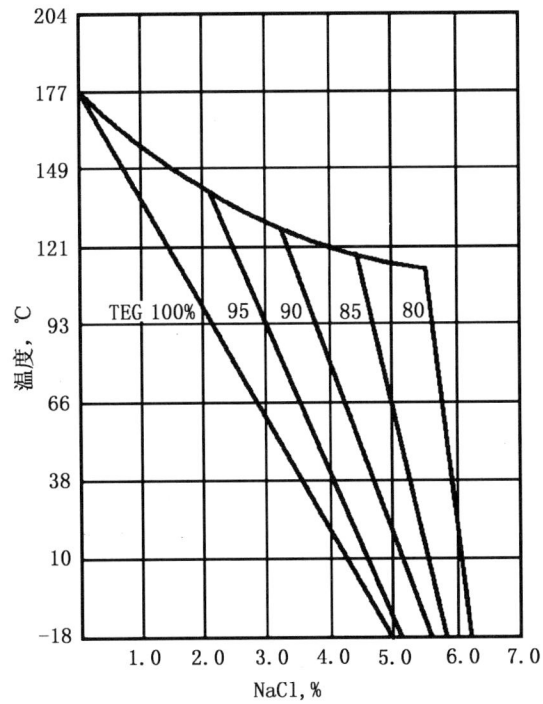

图 9-21 NaCl 在 TEG 溶液中的溶解度
（引自本章参考文献 [19]）

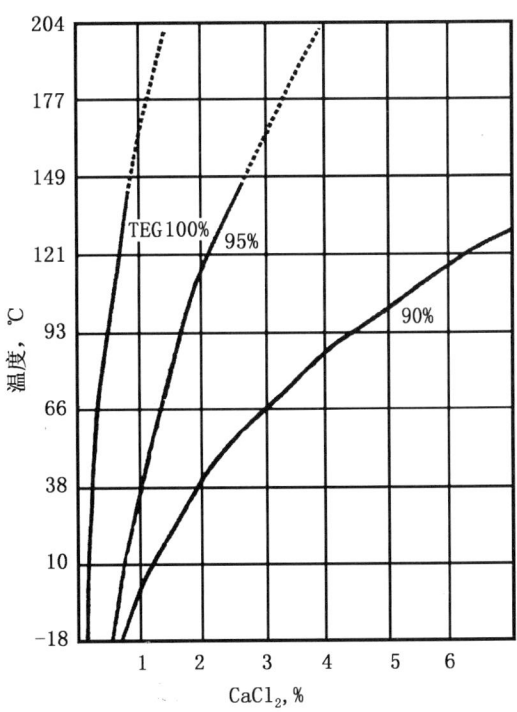

图 9-22 CaCl₂ 在 TEG 溶液中的溶解度
（引自本章参考文献 [19]）

六、甘醇脱水中的芳烃排放控制[9]

美国根据 1990 年公布的空气清洁法令（CAAA）的要求，其大多数甘醇脱水装置排放气的芳烃（BTEX）均需予以控制；有些州还制定了具体而严格的要求。这样，过去未被人们关注的甘醇脱水中的芳烃排放问题被提上了需要予以解决的日程。

1. TEG 装置排放气中的芳烃含量

不同甘醇吸收苯及甲苯的能力已示于表 9-4，表 9-8 给出了美国几套装置实测及计算的 BTEX（苯，甲苯，乙苯，二甲苯）的排放量。

表 9-8 几套 TEG 装置 BTEX 的排放情况

	装 置	俄克拉何马州	路易斯安那州 2A	路易斯安那州 2B	得克萨斯州
工艺条件	处理量，10⁴m³/d	6.23	6.51	6.51	35.94
	吸收压力，MPa	4.65	6.62	6.62	6.82
	吸收温度，℃	38	28	28	30
	TEG 比循环量，kg/kg（水）	4.75	8.74	33.63	6.46
	重沸器温度，℃	179	183	183	177
B t/a	原料气含量	3.5	19	19	67
	实测排放量	0.33	0.87	3.29	3.0
	计算排放量①	0.35	1.5	4.5	5.2
T t/a	原料气含量	22	34	34	92
	实测排放量	2.21	1.55	7.22	10.9
	计算排放量①	3.2	2.7	7.1	10.1

续表

		俄克拉何马州	路易斯安那州2A	路易斯安那州2B	得克萨斯州
E t/a	原料气含量	1.1	3.0	3.0	
	实测排放量	0.17	0.12	0.44	0.8
	计算排放量①	0.25	0.22	0.50	
X t/a	原料气含量	19	38	38	32.9
	实测排放量	1.96	1.34	5.38	5.3
	计算排放量①	6.0	3.4	6.1	6.1
BTEX t/a	原料气含量	45.6	94.0	94.0	
	实测排放量	4.67	3.88	16.33	20.0
	计算排放量	9.80	7.82	18.2	

① 以PROSIM程序计算。

从表9-8的数据可见，常规TEG装置排放的BTEX量占进料BTEX量的4%～17%。
表9-9为一套装置TEG贫富液中的BTEX含量，其进料气BTEX含量为142mL/m³；表9-10则为另一套装置的排放气组成。

表9-9 TEG中的BTEX含量（mL/m³）

组 分	B	T	E	X	BTEX
冷富液	460	420	83	410	1373
热贫液	29	43	12	65	149

表9-10 TEG再生塔排放气组成

组 分	水	CO_2	N_2	C_1～C_6	B	T	E	X	C_7^+
浓度，%	37.27	4.86	0.16	8.89	5.00	10.61	0.75	4.87	27.58

表9-10的数据表明该装置排放气中的BTEX占21.23%，排放量约6.46kg/h；C_2^+的非芳烃量为13.82kg/h。

2. TEG吸收BTEX的影响因素

TEG吸收的BTEX量随其分压上升及吸收段数增多而增加、随温度的升高而减少，但在正常生产中这些都不是可调节的参数。此外，TEG吸收水及CO_2后也使其吸收的BTEX量有所降低。在运行中影响BTEX吸收量的主要因素就是TEG循环量，如图9-23所示，随以kg（TEG）/kg水计的比循环量上升，排放的芳烃量也直线上升；良好的闪蒸可以减少排放量。

因此，应在保证脱水率的前提下降低循环量。

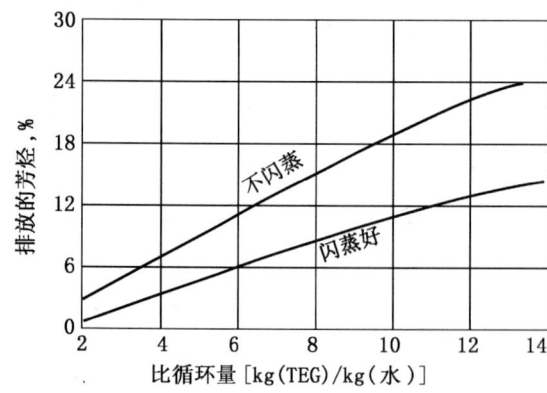

图9-23 TEG循环量与BTEX排放量的关系

3. 控制芳烃排放的措施

前面介绍的Drizo共沸蒸馏工艺可以将

芳烃回收而不排放,得化害为利之益,但投资要增加。除此之外,解决芳烃排放问题的措施还有灼烧排放及冷凝回收等办法。

1) 灼烧排放

可将含芳烃的排放气灼烧排放,但常规设备中烃及水可能凝结产生烟雾及不完全燃烧的问题,为此国外开发了专用于 TEG 排放气的火炬系统,并设计了专用基准型、助风型及大处理量型三种燃烧器,于 1993 年开始应用,此系统具有费用低、适应性宽、无烟雾、低背压和燃料用量少等优点。

我国长寿净化分厂脱水装置系统将气提废气送入硫磺回收装置的灼烧炉,既解决了废气产生的污染问题,又降低了灼烧炉燃料的气量[20]。

重庆净化总厂引进的 TEG 装置,再生塔废气经冷却分离出水分后压缩送燃料气系统,避免了排放污染问题。

2) 冷凝回收

将 BTEX 冷凝回收会有更好的效益,冷却可有多种方法。此中特别值得注意的是美国 Radian 公司开发的 R-BTEX 工艺,其流程示于图 9-24。

从图 9-24 可见,R-BTEX 法的特点是排放气经空冷及水冷两级冷却,水冷使装置本身产生凝结水,凝结水以鼓风降温而类似凉水塔的效果,故水温低于环境温度而提高了 BTEX 的回收率。

美国 Baxter 气体站采用 R-BTEX 工艺可回收 97.2% 的 BTEX,效果可见表 9-11。

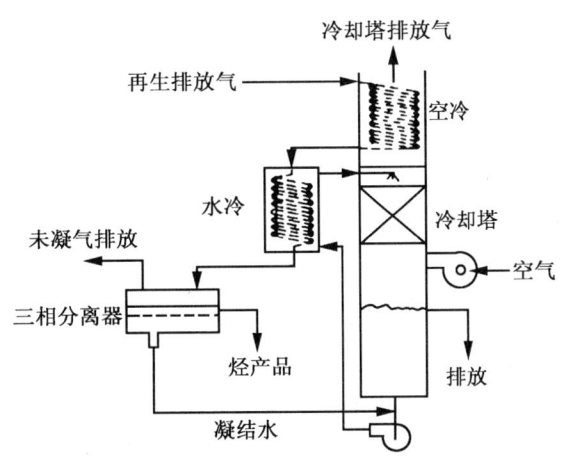

图 9-24 R-BTEX 工艺流程图

表 9-11 R-BTEX 工艺控制 BTEX 排放的效果

组　　分	B	T	E	X	BTEX	总 C_3^+ VOC
使用前排放量,kg/h	1.52	3.2	0.23	1.48	6.46	17.2
使用后排放量,kg/h	0.106	0.062	0.001	0.011	0.180	1.00
控制效率,%	93.0	98.1	99.4	99.3	97.2	94.2

据称该装置的投资可由出售回收的烃液在 2~3 年内得以回收。

第三节 分子筛法

分子筛法是一种深度脱水的方法,如表 9-2 所示,它的露点降可达 120℃ 以上,即脱水后的干天然气露点甚至可降到 -100℃ 以下;所以常用于低温冷凝分离工艺,如天然气凝液(NGL)回收及生产液化天然气(LNG)中的脱水工序;此外,生产供汽车作燃料的压缩天然气也需用分子筛脱水。

分子筛除用于脱水外,还可用于脱除天然气中的微量 H_2S 及有机硫化合物,甚至可同时脱硫脱水,这方面的内容可见本书第八章。

除分子筛外，其他的一些固体吸附剂如活性氧化铝及硅胶等在天然气脱水中也有应用。表9-12给出了几种吸附剂的物性参数[2,4]。

表9-12 吸附剂的物性参数

性　　质	分　子　筛		氧　化　铝		硅　　胶	
	4A	13X	Alcoa H-151	Alcoa F-1	微球 R	微球 H
堆密度，kg/m^3	600～800		830	830	785	720
粒度，mm	3～5		球 $\phi 6$	球 $\phi 2～6$	球 $\phi 2～5$	球 $\phi 2～7$
孔径，nm	0.4	1.0	—	—	—	—
比表面积，m^2/g	800		>300	>300	400～700	400～700
比热容，$kJ/(kg \cdot ℃)$	0.754（20℃） 1.00（250℃）		0.840	—	1.050	1.050
吸附热，$kJ/kg(H_2O)$	4186.8				2932	2932
再生温度，℃	200～300		170～300	170～300	<250	<250
吸湿量①，%	21		20～35	20～35	32～40	32～40
干气水含量，mL/m^3	0.1	0.1	5.1	0.1	5.1	5.1

① 相对湿度100%条件下。

表9-12表明，在相对湿度100%条件下，活性氧化铝及硅胶的平衡湿容量显著高于分子筛；但在低的相对湿度下却大大低于分子筛，下文还将讨论。

一、分子筛的结构与吸附性能

1. 分子筛的结构

分子筛作为一种结晶硅铝酸盐，其骨架最基本的结构是硅氧（SiO_4）四面体和铝氧（AlO_4）四面体；它们按一定的方式通过公用顶点氧联结在一起，形成首尾相接的环状（称多元环）；各种多元环三维地相互联结，可形成更复杂的、中空的多面体，这些多面体再进一步排列，即构成分子筛的骨架结构。因此，这样的硅（铝）氧骨架结构是非常空旷的，具有许多排列整齐的晶穴、晶孔和孔道，金属阳离子就存在其中，水分子更是充满整个空旷的骨架。分子筛中的阳离子可被其他阳离子所交换，水可通过加热脱去，硅（铝）氧骨架也可在一定的条件下发生变化。分子筛结构的这些特点，正是它具有各种特性的内在原因。

分子筛的化学组成经验式可表示为：

$$M_{2/n}O \cdot Al_2O_3 \cdot XSiO_2 \cdot YH_2O$$

式中　M——可交换的金属阳离子；

　　　n——金属阳离子价数；

　　　X——硅铝比；

　　　Y——吸附水的摩尔数。

分子筛现已形成一个庞大的家族，用于天然气脱水以及脱硫的主要是 A 型及 X 型分子筛。A 型分子筛又称 Linde A 分子筛，它的结构属立方晶系，它的理想晶胞组成为：$Na_{96}[Al_{96}Si_{96}O_{384}] \cdot 216H_2O$。八元环是 A 型分子筛的主要窗口，孔径由八元环尺寸决定。NaA 型分子筛的有效孔径为 0.4nm，即 4Å，所以 NaA 型分子筛又叫 4A 型分子筛。用离子半径较大的钾离子交换分子筛中的钠离子，则分子筛孔径缩小至 0.3nm，故 KA 型分子筛称为 3A 型分子筛。同样用二价的钙离子交换钠离子，分子筛孔径增加至 0.5nm，因此 CaA 型分子筛又称为 5A 型分子筛。

X 型及 Y 型分子筛的晶体结构与八面体相同，Si/Al 比大于 2.5 的为 Y 型分子筛；Si/Al 小于 2.5 的为 X 型分子筛。其理想晶胞组成为 $Na_{86}[Al_{86}Si_{106}O_{384}]\cdot 264H_2O$。十二元环系其主要窗口，其孔径约为 1.0nm。NaX 型称 13X 分子筛，CaX 型为 10X 分子筛。

图 9-25 显示了 A 型及 X 型分子筛的结构。

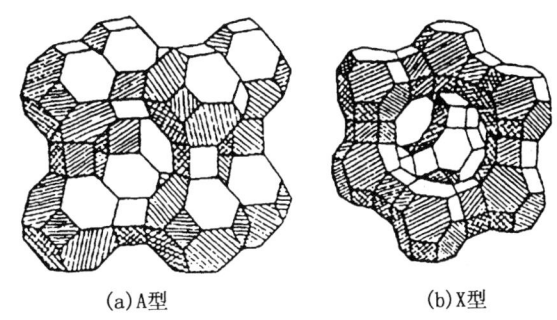

(a) A 型　　　(b) X 型

图 9-25　A 型及 X 型分子筛的结构

2. 分子筛的吸附性能

分子筛具有非常大的内表面积，约为 $600\sim 1000 m^2/g$。其表面由于离子晶格的特点具有高度的极性，因而对极性分子和可极化的分子具有较强的吸附力及较高的吸附容量。天然气中的水、含硫化合物、二氧化碳就属于极性分子一类，因此，分子筛对它们具有较强的吸附力。分子筛对一些物质的吸附强度顺序如下：

$$H_2O > NH_3 > CH_3OH > CH_3SH > H_2S > COS > CO_2 > N_2 > CH_4$$

可见，水最易为分子筛所吸附，而 CH_4 则不易被吸附。

然而，应当强调指出的是，分子筛是具有均一孔径的吸附剂，当被吸附分子的直径小于分子筛孔径时，它才能进入孔内而被吸附，分子"筛"因而得名。所以，分子筛是具有选择性的吸附剂，几种分子筛能够吸附与不能吸附的分子示于表 9-13。

表 9-13　几种分子筛的选择吸附性能

类　型	孔径尺寸，nm	能吸附的分子	不能吸附的分子
3A	0.3	H_2O，NH_3	大于乙烷
4A	0.4	C_2H_5OH，H_2S，CO_2，SO_2，C_2H_4，C_2H_6，C_3H_6	大于丙烷
5A	0.5	$n-C_4H_9OH$，$n-C_4H_{10}$，$C_3H_9\sim C_{22}H_{46}$	异构物和大于四个碳的环状物
13X	1.0	1.0 nm 以下的分子	大于 1.0 nm 的分子

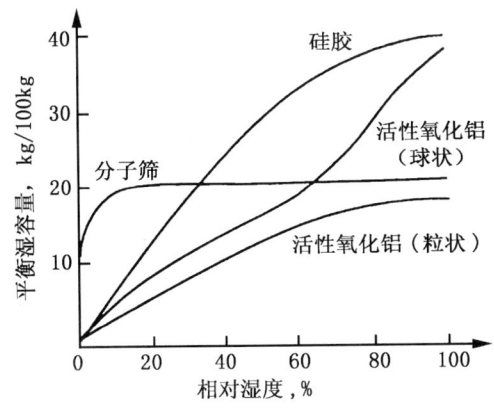

图 9-26　不同相对湿度下几种吸附剂的平衡湿容量

从表 9-13 可见，当用于富天然气脱水时，为防止乙烷以上烃类被吸附，可使用 3A 分子筛；如用于干天然气以及用于脱硫则需要使用 4A 乃至更大孔径的分子筛。

作为脱水的吸附剂，分子筛虽然在高的相对湿度下的平衡湿容量低于活性氧化铝和硅胶，但在低的相对湿度下却大大高于它们，如图 9-26 所示[2]。

还应当指出，虽然随温度升高，所有吸附剂的湿容量均显著下降，但分子筛在较高的吸附温度下仍然有较高的湿容量，如图 9-27 所示[5]。

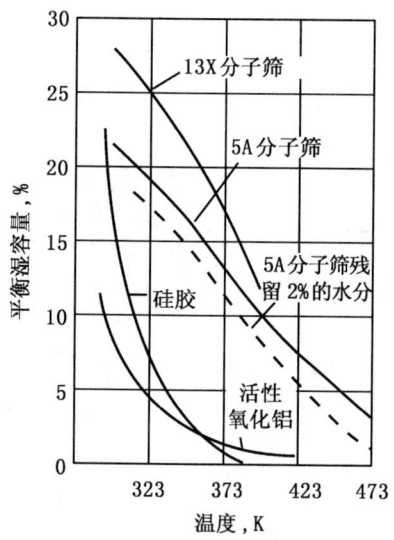

图9-27 不同温度下几种吸附剂
的平衡湿容量
（水分压1.33kPa）

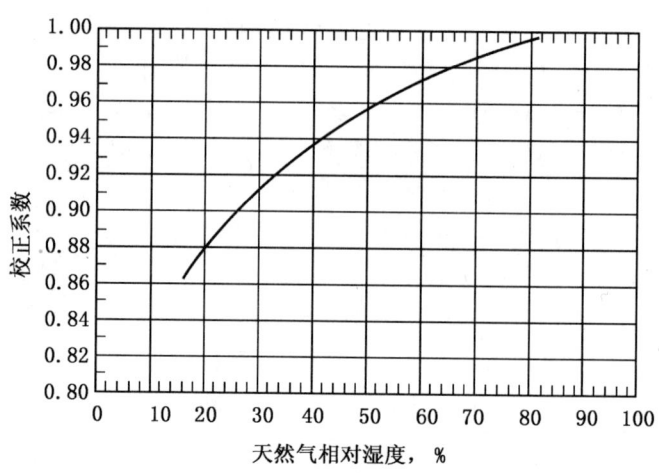

图9-28 分子筛湿容量的相对湿度校正系数
（引自本章参考文献[5]，图3-2-28）

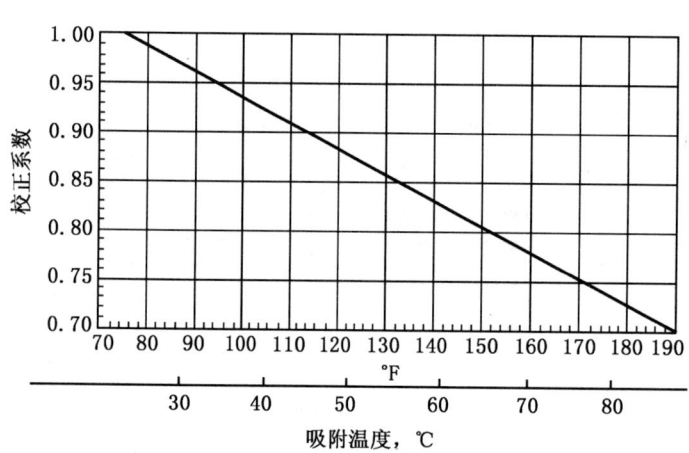

图9-29 分子筛湿容量的吸附温度校正系数
（引自本章参考文献[5]，图3-2-29）

分子筛的湿容量随气流的相对湿度升高而增加，随吸附温度的升高而下降，它们的校正系数分别示于图9-28和图9-29[5]。

由于分子筛的上述特点，加之它不易为液态水损坏、寿命长，所以虽然它的价格较高、再生时能耗也大一些，但它的应用仍然比活性氧化铝和硅胶广泛得多。

A型分子筛如用于井口含硫天然气脱水时，在酸性条件下不仅其吸附能力下降，而且其晶体结构也会损坏，故A型分子筛通常应在pH值高于5的条件下使用。活性氧化铝及硅胶的抗酸能力还不如A型分子筛。

硅铝比较高的分子筛抗酸能力较强，表9-14给出了一些分子筛的硅铝比。

表9-14 分子筛的硅铝比

分子筛	A型	X型	Y型	菱沸石	毛沸石	丝光沸石
SiO_2/Al_2O_3	2	2.5	3~6	4~6	5.5~7.5	10

表9-15为国外几种抗酸分子筛简要情况[1]。

表 9-15 抗酸分子筛

牌　号	AW-300	AW-500	Zeolon 300	Zeolon 500
类　型	丝光沸石	菱沸石	丝光沸石	菱沸石、毛沸石
孔径, nm	0.4	0.5	0.3～0.4	0.4～0.5
湿容量, kg/100kg	10	11	5.5	13.5

需要注意的是，在分子筛用于含硫天然气脱水时，H_2S 和 CO_2 可能部分催化转化为 COS，详见第八章第四节。

3. 湿容量

各种吸附剂的湿容量系指 100kg 吸附剂可以吸附的水量。

以上所提到的均是平衡湿容量，它们是静态湿容量。在动态条件下，例如吸附再生 200 次后，吸附剂的湿容量下降 30%。我国国家标准 GB 8770—88 规定了测定吸附剂动态吸附容量的方法。通常，分子筛的动态湿容量为 (9～12) kg/100kg，活性氧化铝为 (4～7) kg/100kg，硅胶则是 (7～9) kg/100kg[5]。

至于在装置中的有效湿容量，应由分子筛制造厂提供；如无此数据，则取动态湿容量的 70% 是比较适当的。

二、分子筛脱水工艺

1. 脱水工艺流程

分子筛脱水使用固定床吸附器，因此装置至少应有两台吸附器，一个处于吸附脱水阶段，另一个则处于再生及冷却阶段。图 9-30 是简化的工艺流程图。

当装置处理量甚大时也可安排多塔流程。

当分子筛用于天然气脱水时，由于天然气是多组分混合物，各个组分会以不同的速度为分子筛所吸附。在脱水过程中，分子筛对水有最高的吸附强度，所以分子筛的水饱和区也不断由入口向出口方向推进，如图 9-31 所示；而且水饱和区的不断推进也是顶替其他吸附质的过程。因此，就水分而言，在吸附过程中分子筛床层存在饱和段、吸附段及未吸附段三个区域；未吸附段虽未吸附水，但却可能吸附了酸气或烃类组分。

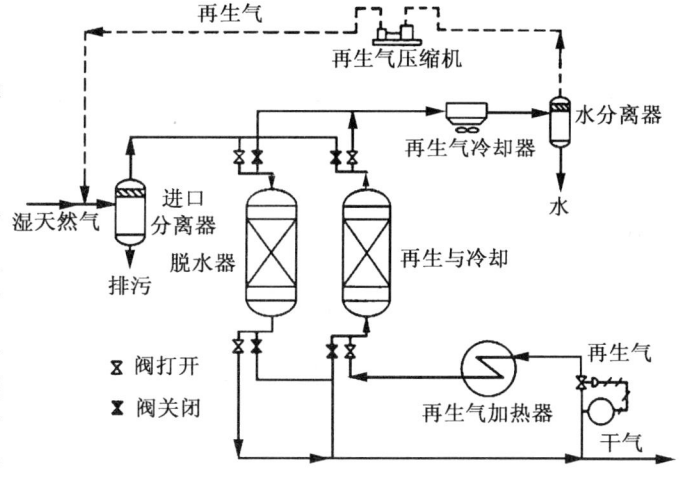

图 9-30　分子筛脱水双塔工艺流程图

随时间增长，饱和段及吸附段不断向前延伸，当吸附段前端抵达出口处时，出口气水含量达到转效点而迅速上升，此时继续吸附操作已不能达到所要求的脱水深度而应切换再生。

分子筛的再生均使用加热再生，以脱水后的一部分干气或进料湿气加热后进入吸附器赶出分子筛内的水分，再生气可与进料湿天然气混合进入吸附器脱水。但在脱水深度要求高的工况下应使用已脱水的干气作为再生气。再生结束后冷却至常温，然后转入下一个吸附阶段。

再生阶段床层温度变化情况示于图 9-32。

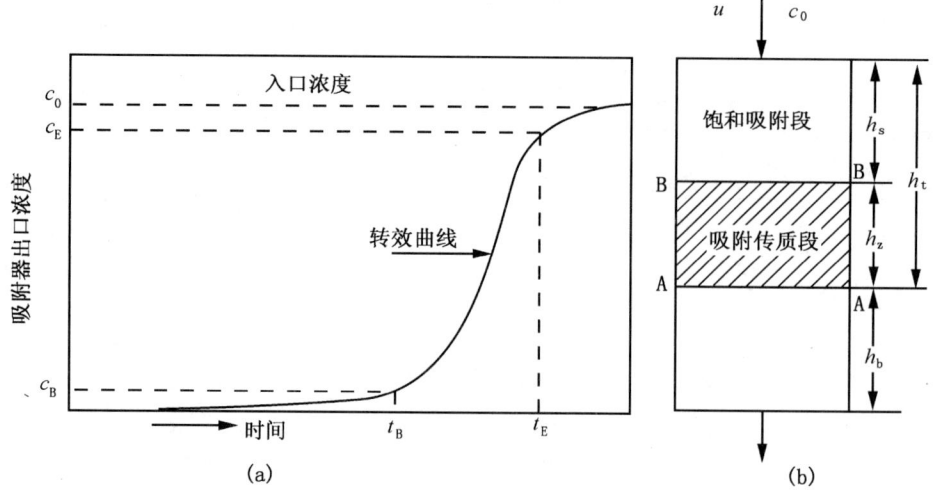

图 9-31 吸附阶段分子筛床层的变化情况

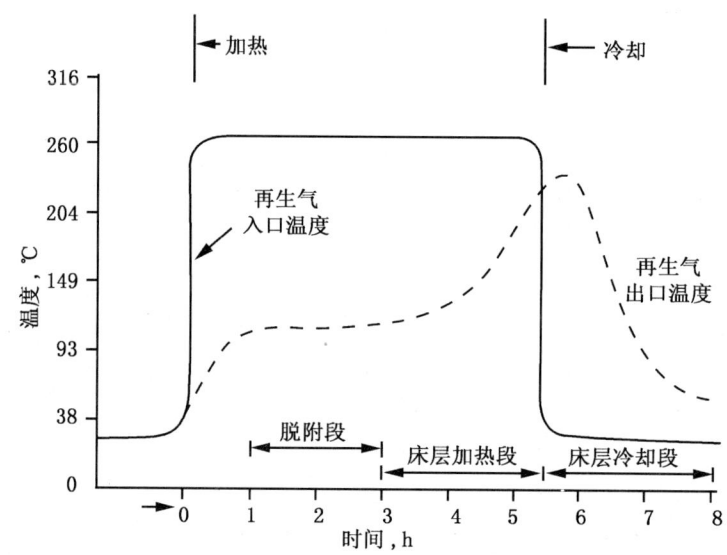

图 9-32 分子筛再生阶段床层温度变化情况示意图

吸附阶段与再生阶段的气流方向应相反。当吸附阶段气流自上而下通过吸附器时，则再生时气流方向一般是自下而上。这一方面可使下部床层获得最好的再生从而使之在吸附阶段更有利于达到脱水要求；另一方面也可赶出上部床层吸附的其他组分，使之不至经过整个床层。

当分子筛用于含硫天然气脱水时，再生气在水分冷凝后应循环与进料湿气混合进入吸附器。

2. 脱水工艺参数[21]

通常天然气经分子筛脱水后，干气水含量可达到 $1mL/m^3$，即 $0.748mg/m^3$，约相当于露点为 $-76℃$，必要时露点还可进一步降低。

脱水深度决定于再生后分子筛中的水含量。而再生后分子筛中的水含量则决定于再生温度和用于再生的气流的露点，图 9-33 显示了它们之间的关系。

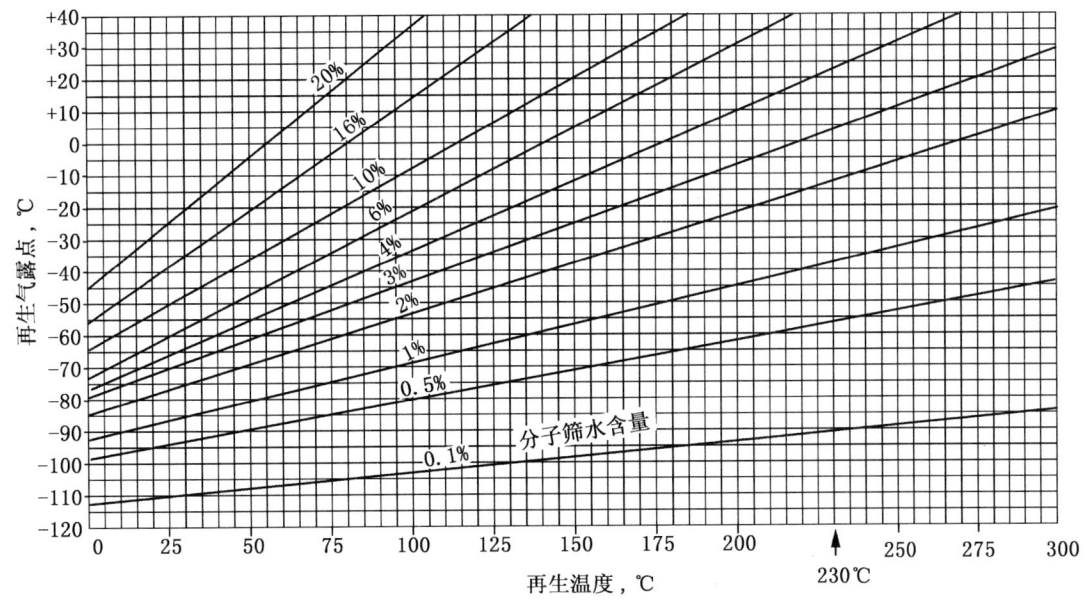

图 9-33 分子筛水含量与再生温度及再生气露点的关系
(引自本章参考文献 [5]，图 3-2-27)

从图 9-33 可见，用于再生的气流露点愈高，则为达到一定的再生要求所应使用的再生温度也愈高。

再生温度通常在 200~300℃ 间，较高的再生温度可升高分子筛的湿容量和降低干气的露点，但影响分子筛寿命。

吸附周期可人为安排，它决定了吸附器内的分子筛量，通常为 8~24 h。短吸附周期可降低投资、减少分子筛用量；但长吸附周期可减少切换次数、降低再生能耗和延长分子筛的寿命，在进料气含水量波动大时有利于保证干气露点。

三、分子筛脱水装置数据

1. 无硫气分子筛脱水装置数据

表 9-16 列出了国内 5 套分子筛脱水装置的数据，其中有 4 套是从国外引进的天然气凝液（NGL）回收装置内的脱水工序。

表 9-16 国内分子筛脱水装置

装　　置	大港油田膨胀制冷装置	大庆油田莎南深冷装置	中原油田第三处理装置	辽河油田 120×10^4 m^3/d 装置	辽河油田 200×10^4 m^3/d 装置
处理量，$10^4 m^3/d$	120	70	100	120	200
压力，MPa	1.52	4.2	4.4	3.5	1.9
温度，℃	20~30	38	27	35	15
进料含水量，mL/m^3	饱和	饱和	饱和	饱和	饱和
干气含水量，mL/m^3	1~3	≈1	≈1	≈1	≈1
分子筛型号	3A	4A	4A	4A	4A
尺寸	球 φ3~5	球 φ3~5	球 φ3~5	条	球 φ3~5

续表

装　置	大港油田膨胀制冷装置	大庆油田莎南深冷装置	中原油田第三处理装置	辽河油田 120×10⁴ m³/d 装置	辽河油田 200×10⁴ m³/d 装置
堆密度，kg/m³	745	660	660	710	640
湿容量，kg/100kg	8.4	7.88	7.79	8.22	
产地	中国大连	德国	德国	日本	美国
吸附器直径，m	2.6	1.6	1.7	1.9	2.59
床高，m	6.5	3.1	2.57	3.528	3.05
空塔流速①，m/s	0.189	0.1017	0.1115	0.1421	0.2408
吸附周期，h	24	8	8	8	8
再生气进口温度，℃		230	240	290	310
再生压力，MPa		1.95	1.23	0.72	—

① 工况条件下。

2. 含硫气分子筛脱水装置数据

表 9-17 给出了国外几套处理较高 H_2S 及 CO_2 含量的天然气分子筛法脱水装置的简要情况[22~24]。

表 9-17　含硫气分子筛脱水装置

国　别	美　国	加拿大	沙特阿拉伯
装置位置	Pine Creek	Brazion	
装置处理量，10⁴ m³/d	141.5	115	255~509
进料气 H_2S，%	25.65	13~20	5.73
CO_2，%	4.73	9~13	8.68
压力，MPa		7.6	2.7
分子筛	4A 抗酸	3A 抗酸	高硅
装量，kg	2270×3	5448×2	7500×3
湿容量，kg/100kg		12①	

① 初期大于 18。

四、压缩天然气（CNG）的脱水

为了降低汽车尾气排放所造成的污染，国内外许多有条件的城市均大力鼓励使用天然气代替汽油作为车用燃料。目前广泛使用的是压缩天然气（CNG），虽然吸附天然气（ANG）及液化天然气（LNG）具有低压等方面的优点，但它们均还有一些技术问题有待解决。

CNG 的压力通常达到 20~25MPa，因此需将管道中的天然气升至此压力。为防止天然气在高压、常温（尤其是寒冷条件）或节流后的低温工况下形成水合物而产生堵塞，故 CNG 装置需将天然气脱水。

CNG 装置的脱水采用分子筛法，其原理已在前面介绍；CNG 脱水的特点是处理量小，生产也常常是间歇性的。关于 CNG 的水露点指标，中国 SY/T 7546—1996《汽车用压缩天然气》中规定,在最高压力下较最低环境温度低5℃;美国的标准要求低5.6℃。

依脱水时压力的不同,CNG脱水工艺可分为低压脱水(压缩机前)、中压脱水(压缩机级间)和高压脱水(压缩机后)三种[25]。

1. 高压脱水[26]

高压脱水由于在压缩过程中已分离出大量水分,故其脱水负荷最低、相应地能耗也少,但设备的压力等级高需要更为注意安全问题。高压脱水最适于处理先前未曾脱水的"湿气",当处理水饱和的天然气时,在24MPa下的脱水负荷仅为0.4MPa下脱水负荷的1/25~1/28,相应地能耗仅为1/8,投资费用仅1/2。

中国石油西南油气田分公司天然气研究院开发的CNG高压脱水装置的工艺参数示于表9-18,脱水后的干气露点可达到-65~-76℃。处理9600 m³的高压脱水装置的电耗为3.52 kW·h/kg水,气耗为22.7m³/kg水。

表9-18 中国石油西南油气田分公司天然气研究院CNG高压脱水工艺参数

项 目	装置规模(最大) m³/h	每日运行时间 h	每台干燥器日处理量 m³/d	气体进装置条件				
				压力 MPa	温度 ℃	气 质		
						H₂S, mg/m³	H₂O, g/m³	其余
高压原料气	600	16	9600	25	40	<20	0.45	CH₄
低压再生气				0.5	20	<20	4.25	CH₄

2. 低压脱水

当进料气含水量较低(如已在净化厂脱水后进入长输管道的天然气)、CNG加气站所处地区环境温度较高时宜采用低压脱水。

低压脱水的压力等级低,故安全性好,此外不产生压缩机油污染分子筛的问题。

美国气体产品公司(PPC)生产的CNG加气站脱水装置已成系列。进料气压力在0.28~1.38MPa,温度21℃,分子筛再生温度204℃,再生气闭路循环、空冷、风机为密闭容积式,干气水露点为-51~-73℃,不同型号装置性能示于表9-19[2]。

表9-19 PPC公司的CNG加气站脱水装置性能

牌 号	T80	T150	T225	T500	T750
吸附器直径, m	0.219	0.273	0.324	0.406	0.508
分子筛装量, kg	19.1	34.0	58.1	92.1	144.2
处理量, m³/h	340	680~1000	850~1700	1360~2800	2200~4400
系统压降, kPa	52.4	87.6	49.6	86.9	114.5
吸附周期①, h	24	27	33	33	33
耗电量, kW·h/kg水	8.9	5.0	4.5	4.7	4.5
装置尺寸(长×宽×高), m	1.22×1.52×2.54	1.22×1.52×2.54	1.42×1.52×2.79	1.52×1.65×3.38	1.58×1.70×3.38
付运质量, t	0.862	0.907	1.089	1.588	1.928

①可根据进料气含水量调整,表列为进料气含水110mg/m³的数据。

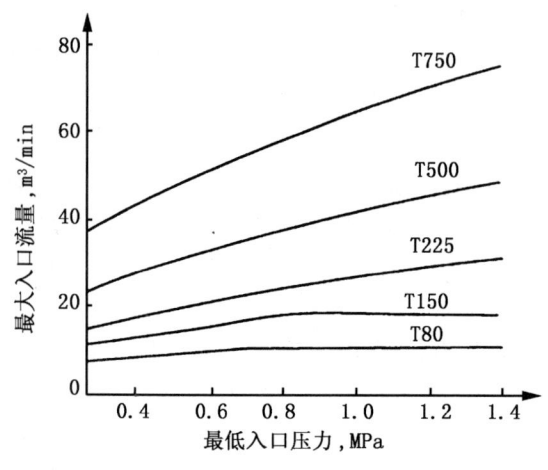

图9-34　PPC的CNG脱水装置选型图

装置的选型可按最大进料气量及最低进料压力选择,如图9-34所示。

我国西安等地已从国外引进多套CNG脱水装置,有些装置由于处理量较小,只用一台吸附器,吸附与再生间歇进行。

3. 中压脱水

中压脱水处于压缩机级间,故其操作较为复杂,它是高压脱水与低压脱水的一种折中,在相当寒冷的地区可考虑选用。由于脱水装置安排在三级与四级之间（或二级与三级之间）,设计与操作均需特别精心,稍有不慎易使压缩机发生故障。

五、其他固体吸附剂脱水工艺

较早用于天然气脱水的固体吸附剂有活性氧化铝和硅胶,目前它们在国外仍有一定的应用。它们所用的工艺流程与分子筛是相同的。

1. 活性氧化铝

活性氧化铝也是一种极性吸附剂,其物性参数可见表9-12。

由于活性氧化铝有较高的湿容量,故可用于含水量高的气流脱水;但由于它呈碱性,故不宜用于含硫天然气;此外,因其孔分布宽而对分子尺寸无选择性,故可吸附重烃且在再生时难于驱出。

通常,干气露点可达-60℃,近年来国外开发的高效氧化铝可使干气露点低至-100℃。

2. 硅胶

硅胶为含水的晶粒状无定形二氧化硅,其物性参数可见表9-12。

硅胶在高的相对湿度下有很高的平衡湿容量,如图9-26所示,即使50%的相对湿度也能达到30%左右,所以它常用于水含量高的气流。硅胶脱水后的天然气露点可达-60℃。

然而,硅胶与液态水接触易炸裂;此外,在吸附过程中放出的吸附热有时也导致硅胶粉碎;由于孔分布宽,其吸附能力也无分子的选择性。

第四节　其他脱水方法

除目前广泛用于气田的甘醇法及用于深度脱水的分子筛法外,将天然气压缩及降低天然气的温度也可降低其中的水含量;在20世纪上半叶国外不少井场使用氯化钙法脱水;第五章介绍的物理溶剂可实现同时脱硫脱水;90年代膜分离法脱水在国外已实现了商品化,国内也进行了现场试验。

一、压缩及冷却法

从图9-1可见,在一定的温度下随体系压力上升,天然气中以mg/m^3计的饱和水含量成比例下降;因此采用升高天然气压力的方法可能降低其中的水含量。但是,此种方法并不能满足工艺上的露点要求;必要时它可以作为TEG法或分子筛法的前奏,除去天然气中的大部分水分而减轻后续脱水装置的负荷。

图9-1还显示出,随温度下降,天然气中的饱和水含量下降。在井口压力甚高的情况

下可膨胀降温而降低天然气中的水含量；如气流中含有重烃也可冷凝下来，故此种低温分离法能够同时满足烃露点的要求。图 9-35 是其示意图。

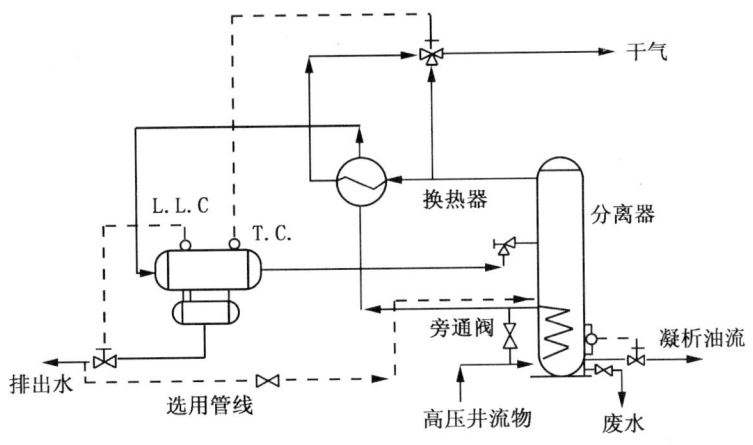

图 9-35 低温分离法脱水流程示意图

此法可达到的水露点略高于其降温所达到的最低温度。

事实上，国内外均有井场采用此种方法解决天然气脱水后以干气外输的问题。在天然气凝液回收装置中通常还采用水冷或空冷先行降温除去大部分水分然后再继以分子筛法脱水。

二、氯化钙法

氯化钙是最早使用的天然气脱水剂，如图 9-36 所示，氯化钙脱水实际上包含两段，即固体吸收段和液体吸收段，天然气先在液体吸收段以氯化钙水溶液经 3～5 层塔板脱水，此塔板设计成由气体夹带部分溶液进入上层塔板而不需要循环泵；然后再经过固体无水氯化钙段进一步脱水，固体吸收水后成为浓溶液而流入液体吸收段。装置运行初期，露点降可达到 40℃ 甚至更大，但随着固体氯化钙不断消耗，后期露点降仅有 17℃ 甚至更小。每千克氯化钙可脱除水 2.5kg。

此法的投资及操作费用均较低，但露点降不稳定、需要更换、腐蚀较严重且存在废液排放问题。

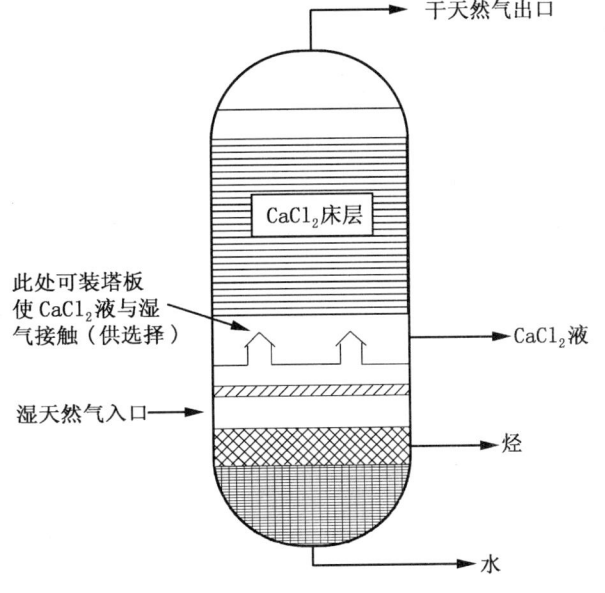

图 9-36 氯化钙脱水塔

三、物理溶剂吸收法

第五章介绍的用于脱硫脱碳的物理溶剂对水有很高的亲和力，例如水在多乙二醇二甲醚中的相对溶解度（以 CH_4 为 1）高达 11000，而 H_2S 及 CO_2 分别只有 134 及 15.2。所以只要控制溶剂中的水含量，它也可以同时脱水而满足通常的露点要求。

20 世纪 90 年代，法国石油研究院在传统的冷甲醇法基础上开发出两种 IFPEXOL 工艺，其第一种用于脱水及回收天然气凝液,第二种则用于脱硫脱碳。

四、膜分离法

第八章第五节已介绍了使用渗透性分离膜分离 CO_2 与 H_2S 的原理及工艺。事实上,水分较 H_2S 及 CO_2 有更好的渗透性能,例如对于醋酸纤维素膜,水分的渗透速率是 CH_4 的 100 倍,H_2S 的 10 倍、CO_2 的 17 倍。

美国空气及化学品公司已实现了膜分离脱水工艺的商品化,其名称为 PERMEA。

PERMEA 采用新型的 Prism 膜(非对称醋酸纤维素膜),膜分离器在 4~8MPa 的压力下运行,以进料量的 2%~5% 为反吹气,可脱除进料气中 95% 的水汽,从而使之达到管输规格要求。

如进料气的 H_2S 及 CO_2 含量已满足管输要求,则反吹气压缩后可与进料气混合进入膜分离器,而不产生天然气的损耗。提高反吹气的温度可升高脱水深度。

此法现已有几套工业装置运行,最大的装置处理能力为 $600 \times 10^4 \, m^3/d$。

国内大连化物所在长庆气田进行了膜法脱水的现场试验,采用聚砜—硅橡胶复合膜,中空纤维内径 $150\mu m$、外径 $450\mu m$、长 3m,6000 根组合形成膜分离单元,其主要试验结果示于表 9-20[27]。

表 9-20　长庆气田膜法脱水试验结果

气体	气量 m^3/h	压力 MPa	温度 ℃	组分,%						
				CH_4	C_2	C_3^+	N_2	CO_2	H_2S	H_2O
进料气	4726	4.80	10	91.46	0.70	1.00	0.11	6.65	384×10^{-4}	334×10^{-4}
出料气	4574	4.80	10	92.45	0.70	0.80	0.11	5.90	309×10^{-4}	88×10^{-4}
渗透气	152	0.15	7	61.67	0.75	7.00	0.06	29.32	2641×10^{-4}	2641×10^{-4}

试验期间出料气的露点在 -11~-19℃ 间,平均 -15℃,可满足输气要求。但值得注意的是试验期间的 CH_4 损失率为 1.4%、总烃损失率 2.4%。

参 考 文 献

1　周学厚等主编. 天然气工程手册(下). 北京:石油工业出版社,1984
2　王遇冬主编. 天然气处理与加工工艺. 北京:石油工业出版社,1999
3　徐文渊等主编. 天然气利用手册. 北京:中国石化出版社,2002
4　朱利凯主编. 天然气处理与加工. 北京:石油工业出版社,1997
5　苗承武等编. 油田油气集输设计技术手册(上册). 北京:石油工业出版社,1994
6　Engineering Data Book. VOL.Ⅱ. 11th Ed. Gas Processors Association (America),1998
7　宁英男等. 天然气含水量图数学模拟与程序. 石油与天然气化工,29(2),2000:72~77
8　诸林等. 天然气含水量的估算. 天然气工业,15(6),1995:57~61
9　王开岳. 甘醇脱水中的芳烃排放及控制措施. 油气田地面工程,16(5),1997:21~24
10　G. H. Palmer. Maloney Gas Dehydration. Hydrocarbon Proc.,56(4),1977:103~106
11　W. P. Manning et al. Guidelines for Glycol Dehydration Design(1,2). Hydrocarbon Proc.,72(1),1993:106~114;72(2),1993:87~92

12　J. A. Kean et al. How Packing Works in Dehydration. Hydrocarbon Proc., 70 (4), 1991: 47~52

13　李德树等. 引进撬装天然气脱水装置试运分析. 天然气工业, 19 (2), 1999: 108~112

14　文绍牧等. 天东 9 井引进天然气撬装脱水装置分析. 天然气工业, 20 (4), 2000: 91~94

15　J. Braro. Double the Capacity of a Glycol Contactor beyond that Available with Structure Packings. Proc. 48th Laurance – Reid Gas Cond. Cong, 1998: 140~145

16　R. S. Smith, Gas Dehydration Process Upgraded(Drizo), Hydrocarbon Proc., 69 (2), 1990: 75~77

17　尹荣辅. 引进撬装天然气净化装置的工艺技术特点及看法. 天然气工业, 12 (3), 1992: 72~77

18　S. Grosso, et al. Analytical Techniques can Pinpoint Glycol Problems(1, 2). Oil Gas J, 77 (39), 1979: 176~186; 77 (40), 1979: 86~94

19　A. H. Kemp. Glycol Dehydration of Natural Gas Containing H_2S and CO_2. Laurance Reid Gas Cond. Conf., G1~G10, 1976

20　刘定东. 长寿分厂天然气脱水装置气提废气排放方式的改造. 石油与天然气化工, 29 (4), 2000: 184~185

21　桑田. 天然气脱水使用国产分子筛的几点体会. 石油与天然气化工, 14 (4), 1985: 28~32

22　P. N. Kraychy et al. Molecular Sieves Dehydrate High – Acid Gas at Pine Creek. Oil Gas J., 64 (32), 1966: 66~68

23　J. P. McNichol. Dehydration of Sour Natural Gas Using an Alternate Adsorbent. Laurance Reid Gas Cond. Conf., 2002: 73~77

24　A. M. Aitani. Sour Natural Gas Drying. Hydrocarbon Processing, 72 (4), 1993: 67~73

25　王协琴. 车用压缩天然气脱水. 天然气工业, 19 (6), 1999: 75~78

26　黎德廷, 温冬云. CNG 加气站气体预处理技术及经济分析. 石油与天然气化工, 29 (3), 2000: 124~127

27　王兴龙等. 长庆气田天然气膜法脱水工艺技术探讨. 天然气工业, 18 (5), 1998: 77~79

第十章 硫磺回收工艺

胺法及砜胺法等脱硫溶液再生所析出的含 H_2S 酸气,大多进入克劳斯装置回收硫磺。在酸气 H_2S 浓度较低且潜硫量不大的情况下,也可采用直接转化法在液相中将 H_2S 氧化为元素硫。除此之外,还可利用其生产一些硫的化工产品;将 H_2S 转化为元素硫及氢气具有更高的技术经济价值,因此其研究开发颇为国内外所关注,但迄今尚未有工业应用的报道;也有人从酸气含有 H_2S 及 CO_2 二者的条件出发,考虑既生产硫磺、又生产 $CO+H_2$ 合成气等等。

迄今为止,酸气处理的主体工艺仍是以空气为氧源、将 H_2S 转化为硫磺的克劳斯工艺,酸气处理的主要产品是硫磺[1~3]。

第一节 硫磺的性质、质量指标及供需情况

一、硫磺的性质[4,5]

硫磺在常温下为黄色固体,结晶形硫磺系斜方晶硫,又称正交晶硫或 α 硫;升温至 95.6℃时则转变为单斜晶硫,又称 β 硫;二者均是 8 原子环,但排列形式和间距不同。无定形硫主要是弹性硫,它是液硫注入冷水中形成的。不溶硫指不溶于二硫化碳的硫磺,亦称聚合硫、白硫或 ω 硫,主要用作橡胶制品、特别是子午胎的硫化剂。

表 10-1 给出了硫的一般性质。

表 10-1 硫的一般性质①

密度,kg/L	斜方	2.066	折射率	n_D^{110}	(1.929)
	单斜	1.594	相变热,J/g	斜方→单斜	11.25
	无定形	1.922	熔融热,J/g	斜方	49.8
凝固点,℃	斜方	110.2(112.8)		单斜	38.5
	单斜	114.5(119.3)	汽化热,J/g	200℃	(308.6)
沸点,℃		444.6		300℃	(289.3)
临界温度,℃		1040		400℃	278.0(286.4)
临界压力,MPa		11.754		460℃	293.1(273.0)

① 括弧外为自然值,括弧内为理想值。

1. 不同硫分子的平衡

硫分子可由不同数量的硫原子组成,主要有 S_2、S_6 及 S_8,图 10-1 为不同温度下其平衡组成情况。大体说来,在克劳斯燃烧炉的高温条件下主要为 S_2,在催化段则生成 S_8 以及少量 S_6。

2. 液硫的性质

1) 液硫密度

不同温度下的液硫密度示于图 10-2。拟合的计算式为:

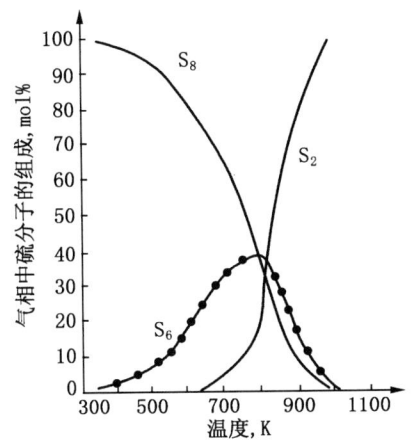

图 10-1 不同温度下 S_2、S_6 及 S_8 的平衡组成

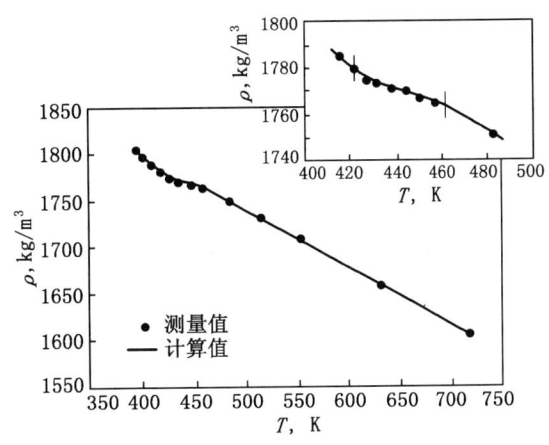

图 10-2 液硫密度
[引自 OGJ 1995，93（42）]

$$T<422K, \rho = 2137.7 - 0.8487T \tag{10-1}$$
$$422<T<462K, \rho = 21125 - 129.29T + 0.2885T^2 - 2.1506 \times 10^{-4} T^3 \tag{10-2}$$
$$T>462K, \rho = 2050.8 - 0.6204T \tag{10-3}$$

式中　ρ——密度，kg/m^3；

　　　T——温度，K。

2）液硫粘度

在液硫性质中特别值得注意的是其粘温图，如图 10-3 所示。液硫在温度 160℃ 左右时其分子急剧聚合形成 μ 硫而与 S_8 成平衡，相应地其粘度亦急剧升高，至 187℃ 达到最大值；此后随温度升高硫分子又迅速裂解而粘度迅速下降。因此，在硫蒸气的冷凝及液硫的输送等过程中应注意避开高粘度区域。

拟合的液硫粘度计算式为：

$$T<432.24K, \mu = 0.45271 - 2.0357 \times 10^{-3} T + 2.3208 \times 10^{-6} T^2 \tag{10-4}$$
$$432<T<461K, \mu = -4.5115 \times 10^{-3} T^3 + 6.0061 T^2 - 2660.9T + 392350 \tag{10-5}$$
$$T>461K, \mu = 108.03/[1 + e^{0.0816(T-476.08)}]^{0.512} + 0.9423 \tag{10-6}$$

式中　μ——粘度，$Pa \cdot s$；

　　　T——温度，K。

液硫中溶有 H_2S 对其粘度有一定影响，尤其在图 10-3 所示的高粘度区域随 H_2S 溶解量升高而粘度大幅度下降。

3）液硫比热容

液硫比热容示于图 10-4，可见在 158℃ 左右迅速出现一个异乎寻常的高值而后又迅速下降。

拟合的液硫比热容计算式为：

$$T<431.2K, C_p = 3.636 \times 10^7 e^{1.925(T-440.4)} + 2.564 \times 10^{-3} T \tag{10-7}$$
$$T>431.2K, C_p = 1.065 + 2.559/(T-428) - 0.3093/(T-428)^2 + 5.911 \times 10^{-9} (T-428)^3 \tag{10-8}$$

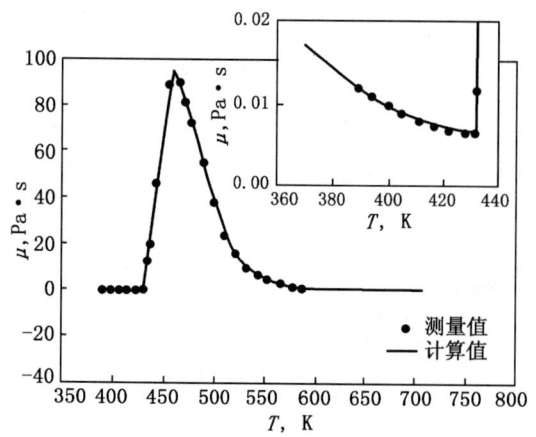

图 10-3 液硫粘度
[引自 OGJ 1995, 93（42）]

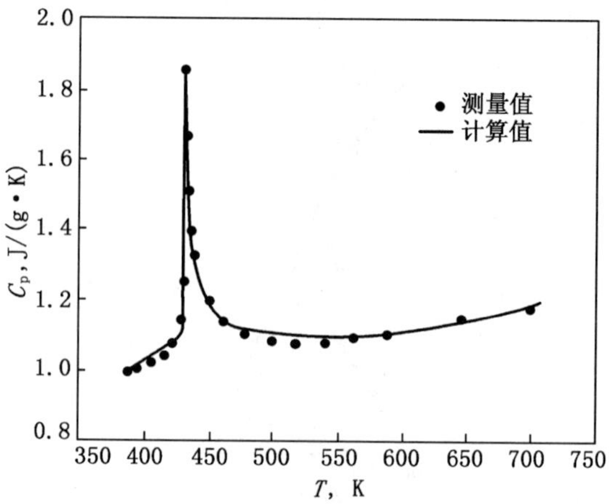

图 10-4 液硫比热容
[引自 OGJ 1995, 93（42）]

式中 C_p——比热容，J/（g·K）；

T——温度，K。

4）液硫表面张力

液硫表面张力示于图 10-5，所拟合的计算式为：

$$T < 432\text{K}, \quad \sigma = 0.1021 - 1.05 \times 10^{-4} T \tag{10-9}$$

$$T > 432\text{K}, \quad \sigma = 8.116 \times 10^{-2} - 5.66 \times 10^{-5} T \tag{10-10}$$

式中 σ——表面张力，N/m；

T——温度，K。

5）液硫蒸气压

液硫蒸气压示于图 10-6，拟合的计算式为

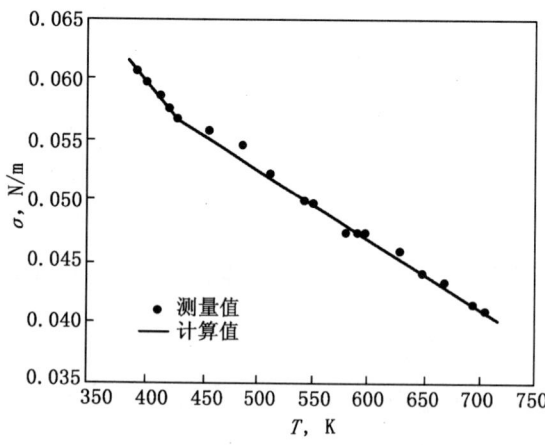

图 10-5 液硫表面张力
[引自 OGJ 1995, 93（42）]

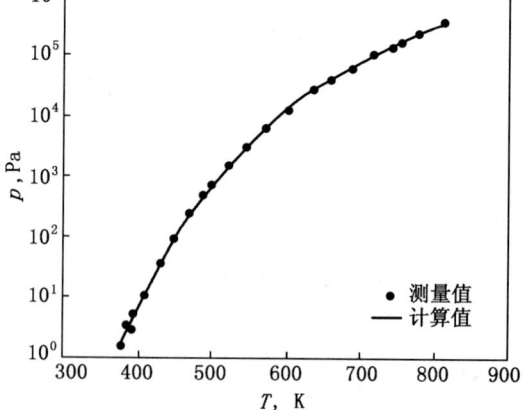

图 10-6 液硫蒸气压
[引自 OGJ 1995, 93（42）]

$$\ln p = 89.273 - 13463/T - 8.9643\ln T \tag{10-11}$$

式中 p——蒸气压，Pa；
T——温度，K。

6）液硫热导率

液硫热导率示于图 10-7，拟合的计算式为：

$$k = 0.4813 - 1.8648\times10^{-3}T + 2.4844\times10^{-6}T^2 \tag{10-12}$$

式中 k——热导率，W/(m·K)；
T——温度，K。

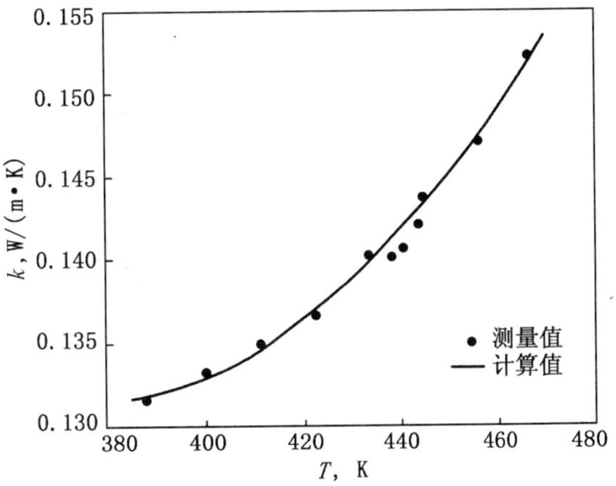

图 10-7 液硫热导率
[引自 OGJ 1995，93（42）]

二、硫磺的质量指标

我国工业硫磺国家标准中的质量指标示于表 10-2。

表 10-2 我国工业硫磺质量指标（GB 2449—1992）

项 目	优等品	一等品	合格品	项 目	优等品	一等品	合格品
硫（S），%（不小于）	99.90	99.50	99.00	砷（As），%（不大于）	0.0001	0.01	0.05
水分，%（不大于）	0.10	0.50	1.00	铁（Fe），%（不大于）	0.003	0.005	
灰分，%（不小于）	0.03	0.10	0.20	筛余物[①]，%			
酸度（以 H_2SO_4 计），%（不大于）	0.003	0.005	0.02	孔径 150μm	无	无	3.0
有机物，%（不大于）	0.03	0.30	0.80	孔径 75μm（不大于）	0.5	1.0	4.0

① 筛余物指标仅用于粉状硫磺。

表 10-2 中的优等品已可满足我国食品添加剂硫磺的国家标准（GB 3150—1999）：硫含量不小于 99.9%，灰分不大于 0.03%，酸度（以 H_2SO_4 计）不大于 0.003%，有机物不大于 0.03%，砷不大于 0.0001%，水分不大于 0.1%。

三、硫磺的用途及供需情况

1. 硫磺的用途

国外硫磺 75% 以上用于生产硫酸，以终端消费计的硫的消费结构示于表 10-3，可见此中用于生产磷肥的消费量占 49%。

表 10-3 硫的消费结构

肥料（过磷酸铵、磷铵等）	49%	石油（汽油、润滑油及其他产品）	2%
化学品（洗涤剂、制药、合成树脂等）	19%	铁、钢	2%
颜料（涂料、搪瓷品、印刷）	5%	人造丝及薄膜	3%
漂白（皮革加工、纺织品修整）	4%	杀虫剂、土壤硫	2%
造纸	4%	其他工业（爆炸品、合成橡胶等）	7%
二硫化碳	3%		

我国因硫磺产量不大，生产硫酸主要以硫铁矿为原料，但近年来进口硫磺大多用于制

酸，目前制酸所用硫磺已占总量的85%以上。

2. 硫磺的供需情况

目前世界硫磺总产量已超过4000×10^4 t/a，其中从天然气中的H_2S以克劳斯法回收的硫磺占1/3以上；如加上炼油厂克劳斯装置的硫磺，则占总产量的90%以上，详情示于表10-4。

表10-4 世界硫磺产量

年 度	1995	1996	1997	1998	1999	2000
总产量，10^4 t	3744.9	3821.4	3960.4	4073.2	4232.5	4455.8
回收硫量，10^4 t	3123.1	3304.4	3472.1	3723.7	—	—

我国硫磺产量一直不多，在总产量中从天然气中H_2S生产的硫磺约占1/4～1/6，由于近几年国际硫磺价格疲软，我国进口的硫磺相当多，详情可见表10-5。

表10-5 我国硫磺产量及进口量

年 度	1995	1996	1997	1998	1999	2000	2001
产量，10^4 t	31.0	23.93	23.02	22.79	27.3	29.0	～50
进口量，10^4 t	19.18	81.03	74.10	117.86	213.43	273.29	337.0

第二节 克劳斯反应及其热力学与动力学

一、克劳斯反应

19世纪开发的原型克劳斯工艺基于以空气中的O_2在催化剂的作用下直接氧化H_2S的反应：

$$H_2S + \frac{1}{2}O_2 = \frac{1}{n}S_n + H_2O + 205 \text{kJ/mol} \tag{10-13}$$

由于反应的强放热性，过程的空速很低。

此种直接氧化目前仍有应用，但无论是催化剂或工艺技术水平已不可同日而语了。

20世纪30年代，德国法本公司将原型克劳斯工艺改革为两段反应：热反应段及催化反应段。这一重大改进使之获得广泛应用，并在国外文献中被称为改良克劳斯工艺。

在热反应段即燃烧炉内有如下主反应：

$$H_2S + 1\frac{1}{2}O_2 = SO_2 + H_2O + 518.9 \text{kJ/mol} \tag{10-14}$$

$$H_2S + \frac{1}{2}SO_2 = \frac{3}{4}S_2 + H_2O - 4.75 \text{kJ/mol} \tag{10-15}$$

式（10-14）反应所放出的热量为式（10-13）反应的2.5倍，燃烧炉内的高温赖其维持。

催化反应段的主反应则是：

$$H_2S + \frac{1}{2}SO_2 = \frac{3}{2n}S_n + H_2O + 48.05 \text{kJ/mol} \tag{10-16}$$

可见式（10-16）反应所放出的热量不到式（10-14）反应的1/10，稍高于式（10-13）反应的1/4，因此催化反应段在绝热条件下也可在较高的空速条件下运行。

此处应当指出的是催化段生成硫（主要为S_8，也有S_6）的式（10-16）反应是放热反应，但热反应段生成S_2的式（10-15）反应却是微吸热反应。

事实上，在燃烧炉内除主反应外还有十分复杂的副反应，包括酸气中烃类的氧化反应、

H_2S 裂解反应以及有机硫（COS 及 CS_2）的生成反应等，此中：

烃类氧化反应如：

$$CH_4 + 1.5O_2 = CO + 2H_2O \qquad (10-17)$$

相应地有水煤气转化反应：

$$CO + H_2O = CO_2 + H_2 \qquad (10-18)$$

H_2S 裂解反应：

$$H_2S = H_2 + \frac{1}{2}S_2 \qquad (10-19)$$

有机硫生成反应相当复杂，文献中提出了多种 COS 及 CS_2 的生成反应，从热力学的角度看，下述两个反应是最有利的反应：

$$CH_4 + 4S_1 = CS_2 + 2H_2S \qquad (10-20)$$

$$CH_4 + SO_2 = COS + H_2O + H_2 \qquad (10-21)$$

但很难说式（10-20）及式（10-22）就是燃烧炉内生成 CS_2 及 COS 的主导反应。

如果酸气中含有 NH_3，则燃烧炉内还将有 NH_3 的氧化反应。

由于燃烧炉生成了有机硫，为了提高装置的转化率及硫收率，需在催化段使其水解转化为 H_2S：

$$COS + H_2O = H_2S + CO_2 \qquad (10-22)$$

$$CS_2 + 2H_2O = 2H_2S + CO_2 \qquad (10-23)$$

在硫蒸汽冷凝过程中还有不同硫分子的转换反应以及硫分子与溶解的 H_2S 在液硫中生成多硫化氢的反应。

$$3S_2 = S_6 \qquad (10-24)$$

$$4S_2 = S_8 \qquad (10-25)$$

$$H_2S + S_n = H_2S_{n+1} \qquad (10-26)$$

可见，克劳斯过程中的反应较胺法脱硫脱碳中的反应要复杂得多。

二、克劳斯燃烧炉内的反应平衡

图 10-8 为 H_2S 转化为硫的平衡示意图，图的右侧为高温反应区，平衡转化率随温度同步升高，但通常不超过 70%；左侧则随温度下降而平衡转化率上升，需有催化剂推动反应。

在燃烧炉内的高温（大于 927℃）工况下，许多反应，尤其是生成硫的反应实际上已处于平衡状态。处理克劳斯燃烧炉的平衡，早先采用平衡常数法；近期则从平衡条件下体系的自由能处于最低值的概念出发，采用更为通用及简明的最小自由能法。

1. 平衡常数法

各反应的平衡常数与温度的关系的通式可写成：

$$\ln K_p = A/T + B\ln T + CT + DT^2 + E \qquad (10-27)$$

式中 K_p——平衡常数，组分分压以 kPa 计；

T——温度，K；

A，B，C，D 及 E——常数。

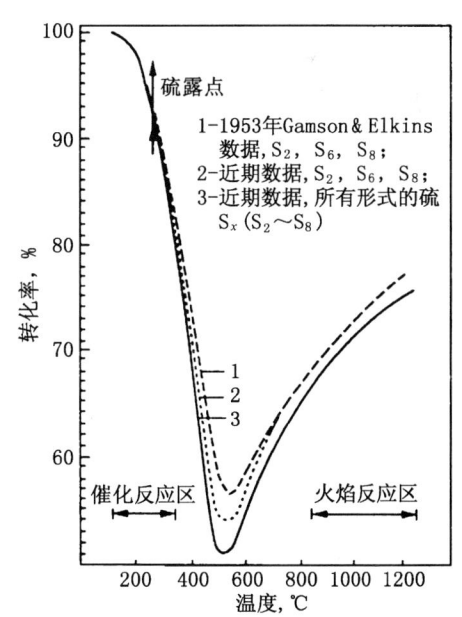

图 10-8 H_2S 转化为硫的平衡转化率
（引自本章参考文献[2]，图 5-4）

在燃烧炉及催化段温度区间的计算各个反应 K_p 的常数值示于表 10-6。

表 10-6 克劳斯过程中主要反应计算 K_p 的常数值

反应	温度，K	A	B	C×10³	D×10⁶	E
$H_2S + \frac{1}{2}SO_2 \rightleftharpoons \frac{3}{4}S_2 + H_2O$	>700	-4438	1.3260	-1.58	0.2611	-2.1235
	<700	-2518.3	1.3071	-1.58	0.2611	-3.2506
$H_2S + CO_2 \rightleftharpoons COS + H_2O$	>700	-4818.6	0.0319	-0.7166	-0.02416	2.8177
$COS + H_2S \rightleftharpoons CS_2 + H_2O$	>700	-3122	3.8559	-3.2763	0.51	-27.2885
$2H_2S + SO_2 \rightleftharpoons \frac{1}{2}S_6 + 2H_2O$	<700	12954	5.6699	-5.1394	0.8390	-50.3414
$2H_2S + SO_2 \rightleftharpoons \frac{3}{8}S_8 + 2H_2O$	<700	14596.4	5.9181	-5.1329	0.7829	-54.7637
$COS + H_2O \rightleftharpoons H_2S + CO_2$	<700	4077	-0.031	0.72	0.024	-1.5299
$CS_2 + 2H_2O \rightleftharpoons 2H_2S + CO_2$	<700	7258	-3.88	3.99	-0.48	24.67
$H_2 + CO_2 \rightleftharpoons CO + H_2O$	>700	-5030	0.1115	-1.4317	0.2441	5.1289

依据表 10-6 所提供的常数值可计算出各反应在燃烧炉温度范围内的平衡常数值，现示于表 10-7。

表 10-7 燃烧炉内主要反应的平衡常数值

反应＼项目 温度，℃	K_p①						
	1400	1300	1200	1100	1000	950	900
$H_2S + \frac{1}{2}SO_2 \rightleftharpoons \frac{3}{4}S_2 + H_2O$	23.42	19.62	16.06	12.77	9.80	8.440	7.176
$H_2S + CO_2 \rightleftharpoons COS + H_2O$	0.3841	0.3403	0.2941	0.2467	0.1994	0.1640	0.1440
$COS + H_2S \rightleftharpoons CS_2 + H_2O$	1.017×10⁻²	8.376×10⁻³	6.751×10⁻³	5.295×10⁻³	4.010×10⁻³	3.437×10⁻³	2.909×10⁻³
$H_2 + CO_2 \rightleftharpoons CO + H_2O$	3.449	3.016	2.587	2.151	1.730	1.527	1.331

① 组分分压以 kPa 计。

从表 10-7 可见，就热力学而言，高温对硫的生成及降低有机硫是有利的。

雷秉义采用平衡常数法，以一定酸气组成计算出的燃烧炉出口气组成示于表 10-8[6]。

表 10-8 平衡常数法计算的克劳斯燃烧炉出口气组成

组分，%	H_2S	CO_2	CH_4	H_2O	SO_2	COS	CS_2	S_2	H_2	CO	N_2
酸　气	81.229	10.462	2.709	5.60	—	—	—	—	—	—	—
燃烧炉出口气	4.583	3.689	0	24.44	2.383	0.189	2.3×10⁻⁶	9.628	0.972	0.405	53.707

事实上，在燃烧炉内 CS_2 及 COS 的浓度高于平衡计算值，而 H_2 及 CO 则偏低。

2. 最小自由能法[7,8]

依据热力学原理，体系达到平衡时其吉布斯自由能最低，朱利凯以此法计算出的燃烧炉出口气组成示于表 10-9。

表 10-9 最小自由能法计算的克劳斯燃烧炉出口气组成

组分,%	H_2S	CO_2	CH_4	H_2O	SO_2	COS	CS_2	S_2	H_2	CO	N_2
酸　　气	81.229	10.462	2.709	5.60	—	—	—	—	—	—	—
燃烧炉出口气	5.142	3.601	0	23.64	2.554	6.69×10^{-4}	2.89×10^{-6}	9.769	9.746	2.635	51.615

因表 10-8 与表 10-9 计算所用的酸气组成相同,可将二者进行比较如下:

(1) 由于存在 H_2S 裂解反应,故最小自由能法的实际用空气量低于平衡常数法,导致含硫组分的浓度前者高于后者,N_2 则前者低于后者;

(2) 最小自由能法所得组成中 H_2 及 CO 浓度大大高于平衡常数法,但实际上燃烧炉出口气中的 H_2 及 CO 浓度低于表 10-9 所示值;

(3) 最小自由能法的 H_2S 转化为 S_2 的转化率为 70.1%,与平衡常数法的 70.3% 颇为吻合;

(4) 二者计算的 CS_2 浓度相近,而 COS 则最小自由能法要低一些。

3. 燃烧炉平衡组成的动力学修正

如上所述,在燃烧炉内 COS、CS_2、H_2 及 CO 等组分并未达到平衡值,因此为使计算结果符合实际情况,需采用根据装置数据拟合的一些关联式对平衡组成进行动力学修正。

然而,关于 COS 及 CS_2 浓度的预测是相当困难的,后文将进一步讨论。

三、克劳斯工艺催化段的反应平衡

催化段内的反应较燃烧炉要简单得多,主要是生成硫磺的反应和有机硫水解的反应,这些反应的平衡常数示于表 10-10。

表 10-10 催化段主要反应的平衡常数

反应 \ 温度,℃	K_p①					
	400	350	300	250	200	150
$2H_2S+SO_2 \rightleftharpoons \frac{3}{8}S_8+2H_2O$	10.57	46.87	271.9	2237	2.928×10^4	7.218×10^5
$2H_2S+SO_2 \rightleftharpoons \frac{1}{2}S_6+2H_2O$	15.57	57.64	270.5	1727	1.658×10^4	2.085×10^5
$COS+H_2O \rightleftharpoons H_2S+CO_2$	124.0	194.6	332.6	634.3	1397	—
$CS_2+2H_2O \rightleftharpoons 2H_2S+CO_2$	3.130×10^5	1.141×10^6	2.731×10^6	1.098×10^7	5.892×10^7	—

①组分分压以 kPa 计。

从表 10-10 可见,就平衡而言,生成硫的反应平衡常数随温度的下降而急剧上升,所以应选用低温下有高活性的催化剂以提高转化率。至于有机硫的水解反应,虽然在低温下有高的平衡常数,但由于催化剂的动力学性能,反应不得不在稍高的温度下进行以提高其水解率。

据研究[9],COS 与 CS_2 的水解反应均为一级反应,不同催化剂上的活化能在 16.74~20.93kJ/mol 间,而指前因子差别颇大,表观上 CS_2 的水解速率约为 COS 水解速率的 1/2。

第三节 克劳斯工艺流程

克劳斯工艺是一类系列工艺，主要由于进料酸气 H_2S 浓度的不同而形成了几种工艺流程，如表 10-11 所示。图 10-9 则是几种工艺的原理流程图。

表 10-11 各种克劳斯工艺流程安排

酸气 H_2S 浓度，%	工艺流程安排	酸气 H_2S 浓度，%	工艺流程安排
50～100	直流法	10～15	预热酸气及空气的分流法
30～50	预热酸气及空气的直流法，或非常规分流法	5～10	掺入燃料气的分流法，或硫循环法
15～30	分流法	<5	直接氧化法

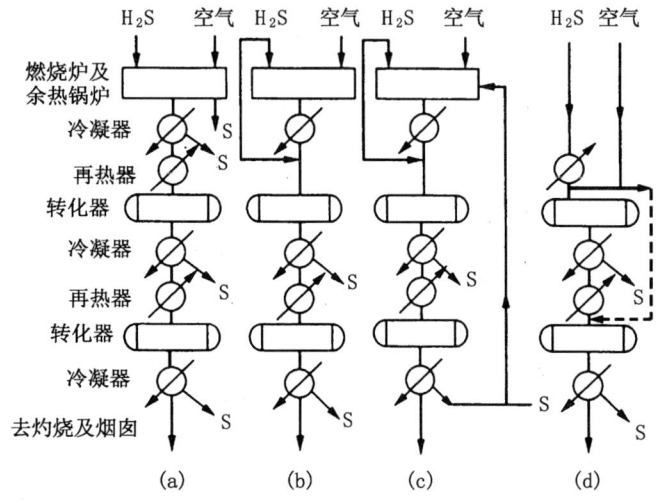

图 10-9 克劳斯法主要工艺原理流程图
(a) 直流法；(b) 分流法；(c) 硫循环法；(d) 直接氧化法

应当指出，表 10-11 所提供的工艺安排只是一种大体的划分，例如，当 H_2S 大于 5% 时，如采用过程气循环或等温反应器也可使用直接氧化法。

除上述传统的克劳斯工艺外，由于对克劳斯装置 SO_2 排放的环保要求日趋严格，形成了一些克劳斯装置与尾气处理联为一体的克劳斯组合工艺。还有与传统的克劳斯有显著不同的克劳斯变体工艺，如采用富氧空气的富氧克劳斯工艺等。这两类工艺将在第十二章介绍。

在克劳斯过程中由于需将过程气（指装置内除进料酸气及排放的尾气之外任一处的工艺气流）中的硫蒸气逐级冷凝回收以降低其硫露点，进入下一级催化转化器前又需将过程气升至合适温度，故存在过程气的再热问题。过程气的再热有多种办法，它们将影响整个工艺流程的安排，本章第六节将系统讨论过程气的再热方式。

不同的克劳斯工艺及不同的再热方式的组合形成了多种多样的工艺流程。

一、克劳斯直流工艺

直流法也称直通法、单流法或部分燃烧法，在通常情况下，当酸气 H_2S 浓度高于 50% 时可采用此种工艺。

直流法的主要特点是全部酸气与按需要配入的空气一起进入燃烧炉（也称反应炉）反应，再经过余热锅炉（也称废热锅炉）、两级或更多的催化转化反应器与相应的硫磺冷凝冷却器，经捕集硫磺后尾气或灼烧排空或进入尾气处理装置。图 10-10 为具两级催化转化的克劳斯直流工艺流程图。

采用直流工艺，燃烧炉内即有 60%～70% 的元素硫生成，这就大大减轻了催化段的转化负荷而有助于提高硫收率，因此直流工艺是首选工艺；其限制因素是酸气 H_2S 浓度不应低于50%（也有资料认为应高于55%），究其实质则是酸气与空气燃烧的反应热应足以维持炉膛温度不低于927℃，一般认为此温度是燃烧炉内火焰处于稳定状态而能够有效操作的下限。显然，如预热酸气及空气或使用富氧空气，H_2S浓度也可低于50%。

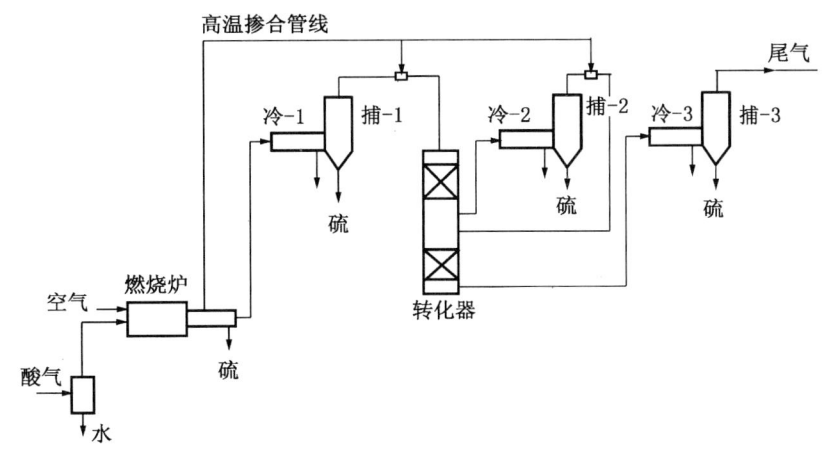

图10-10　具两段催化转化的克劳斯直流工艺流程图

图10-10所示流程设有两级催化转化，有些装置为获得更高的硫收率设置了三级甚至四级转化，但第三级及第四级催化转化段对硫收率的贡献则十分有限了。

克劳斯工艺之所以需要设置两级乃至更多的催化转化段，不像许多催化过程仅有一个反应器，是基于两个原因，一是出转化器的过程气温度需高于其硫露点温度，以防液硫凝结于催化剂上而使之失去活性；二是如表10-10所示，较低的反应温度将有较高的平衡转化率，通常在一级催化转化中为使有机硫有效水解需使用较高温度，二级及其以后的转化则逐级安排更低的温度以获得更高的转化率。

传统的克劳斯工艺催化转化反应器均采用绝热反应器，反应热由过程气带出。德国Linde公司等将管壳式反应器引入克劳斯工艺，简化了工艺流程，详情可见第十二章。

二、克劳斯分流工艺

当酸气H_2S浓度低于50%而又高于15%时可采用分流工艺，典型的分流工艺使酸气量的1/3与计量的空气进入燃烧炉将其中的H_2S转化为SO_2，此股气流经余热锅炉后与另外的2/3酸气混合进入催化转化段。因此，在此种工艺中硫磺是完全在催化段内生成的。图10-11为具两级催化转化的克劳斯分流工艺流程图。

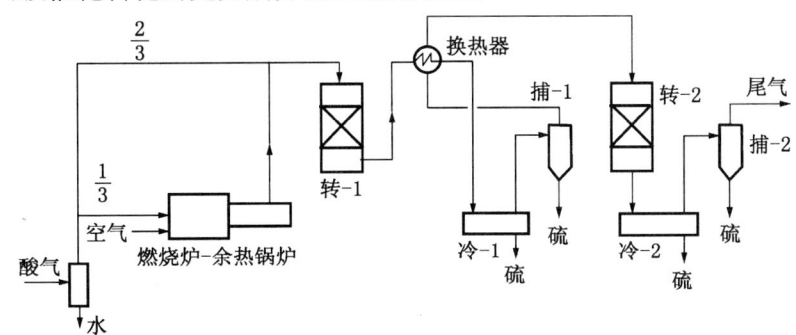

图10-11　克劳斯分流工艺流程图

采用分流工艺，当酸气 H_2S 浓度在 30%～50% 之间，如 H_2S 完全燃烧为 SO_2 则炉温过高、炉壁的耐火材料难以承受，此时可将进入燃烧炉的酸气量提高至 1/3 以上来控制炉温。此种情形可称为非常规分流工艺，此时在燃烧炉内有部分硫生成，从而可减轻催化段的转化负荷，但由于在余热锅炉后不经冷凝冷却即与余下的酸气一起进入转化段，过程气中的硫蒸汽也将影响转化效率。

图 10-12 给出了不同的酸气 H_2S 浓度下可安排的酸气入炉率（I），图 10-13 则是在不同酸气 H_2S 浓度及不同的酸气入炉率下燃烧炉内达到平衡时的硫形态（H_2S、SO_2 及 S_2，不计 COS 及 CS_2）的分布情况[10]。

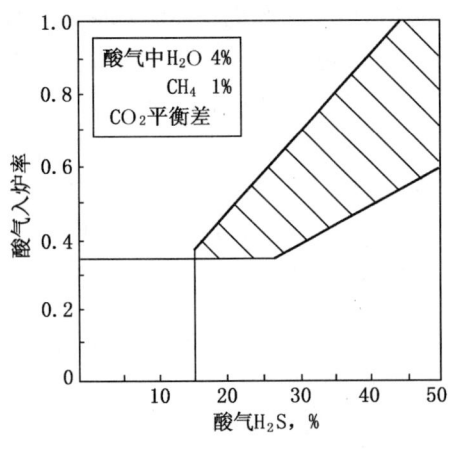

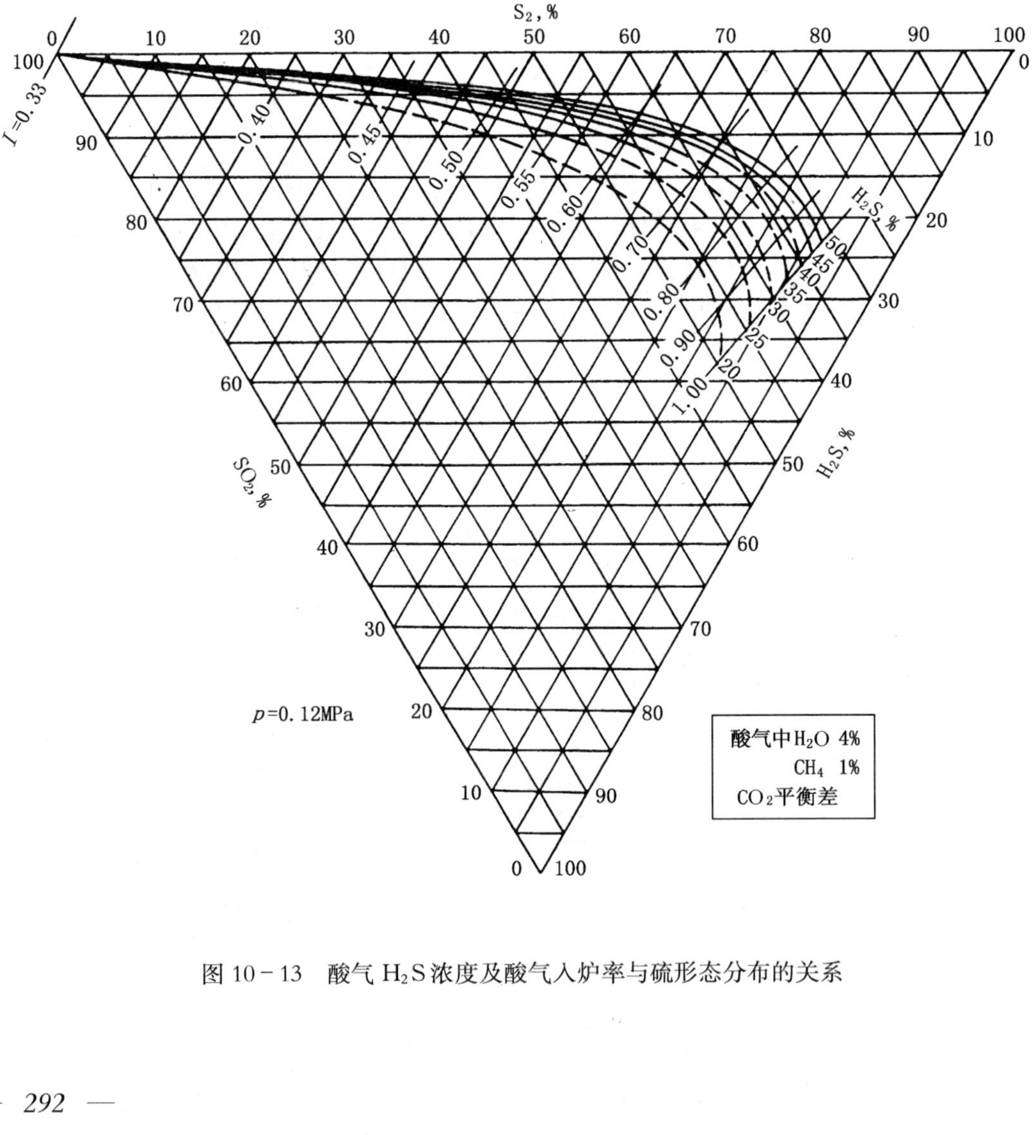

图 10-12　不同酸气 H_2S 浓度下可安排的酸气入炉率

图 10-13　酸气 H_2S 浓度及酸气入炉率与硫形态分布的关系

如图10-13所示，随酸气入炉率上升，炉内的元素硫生成率升高，H_2S浓度也随之上升。

应当指出，分流工艺中由于部分酸气不经燃烧炉即进入催化转化段，当酸气中含有重烃、尤其是芳烃时，它们可能在催化剂上裂解结碳，对催化剂的活性有重要的不良影响。

三、克劳斯直接氧化工艺

当酸气H_2S浓度低于5%时可采用直接氧化工艺，这实际是克劳斯原型工艺的新发展。按所用催化剂的催化反应方向不同，直接氧化工艺可分为两类。一类是将H_2S选择性催化氧化为元素硫，在工况条件下这实际是一个不可逆反应，此类工艺在处理克劳斯尾气领域获得了很好的应用，有关情况将分别在第十一章及第十二章介绍。另一类工艺则是将H_2S催化氧化为元素硫及SO_2，故在氧化段后继以常规克劳斯催化段，此类工艺的典型代表是美国UOP公司与Parsons公司开发的Selectox法[11~13]。

Selectox工艺有一次通过法及循环法。当酸气H_2S小于5%时可使用一次通过法，但当H_2S大于5%时，为控制反应温度使过程气出口温度不高于371℃需将过程气循环，图10-14为Selectox循环工艺流程示意图。

如图10-14所示，酸气预热后与空气一起进入装有Selectox催化剂的氧化段，此段硫收率约80%，然后进入克劳斯转化段，最后尾气使用Selectox催化剂催化灼烧后排放。

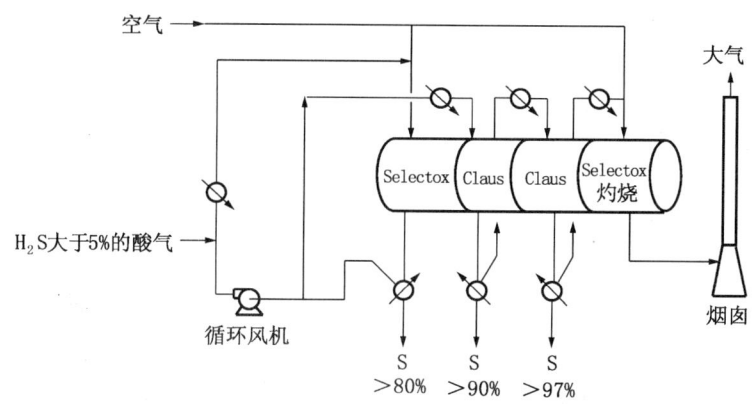

图10-14 Selectox循环工艺流程图

Selectox法所用催化剂为Selectox-32或Selectox-33，是在SiO_2-Al_2O_3载体上约含有7% V_2O_5及8% BiO_2，可将H_2S氧化为硫或SO_2，但不产生SO_3，也不氧化烃类、氢及氨等组分，具有良好的稳定性，但芳烃可在其上裂解结碳，故要求酸气中芳烃含量小于1000mL/m^3。

由于Selectox氧化反应段内同时存在H_2S直接氧化及H_2S与SO_2两种反应，故其转化率高于克劳斯平衡转化率，如图10-15所示。

图10-15所示的Selectox法的特性使之可在克劳斯尾气处理中用于加氢尾气中H_2S的

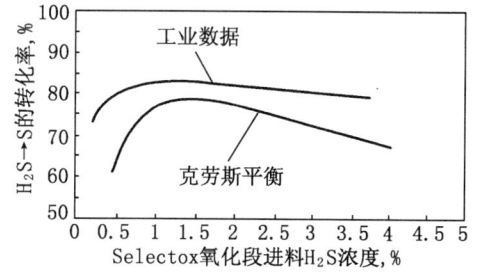

图10-15 Selectox氧化段的转化效率

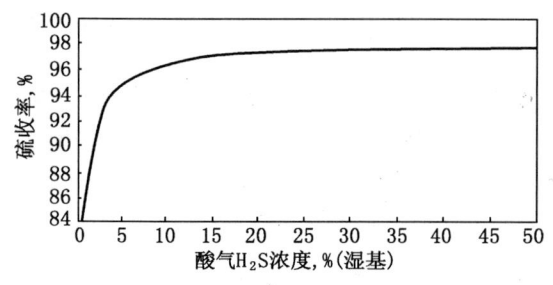

图 10-16 Selectox 工艺的预期硫收率

转化。

不同 H_2S 浓度下采用 Selectox 工艺的预期硫收率示于图 10-16。

首套 Selectox 循环工艺装置生产能力为 20t/d，直接氧化段催化剂为 Selectox-33；继以两级克劳斯转化，催化剂为 S-201；催化灼烧则使用 Selectox-33。该装置的进料酸气组成及重要工艺参数示于表 10-12。

表 10-12 首套 Selectox 装置数据

进料酸气组成,%							
H_2S	CO_2	CH_4	C_2H_6	COS	CH_3SH	H_2O	
12.88	78.69	0.36	0.02	0.01	0.03	8.0	

工艺参数								
混合气 H_2S %	氧化段进料温度 ℃	氧化段空速 h^{-1}	氧化段出口温度 ℃	一冷温度 ℃	克劳斯一级进口温度 ℃	二冷温度 ℃	克劳斯二级进口温度 ℃	三冷温度 ℃	催化灼烧温度 ℃
5	~204	800~1500	<371	176	>204	149	~204	<149	260

装置一级冷凝冷却器回收硫约 68%，二级冷凝冷却器回收硫 24%，三级冷凝冷却器回收硫 3%，合计硫收率 95%。

截至 2001 年，已建成及设计、签约的 Selectox 装置数达 21 套。

Selectox 工艺近来还与 Thiopaq 生化工艺结合以其将尾气 H_2S 降至 $10mL/m^3$ 以下（Thiopaq 工艺可见第八章第七节）。

20 世纪 90 年代以来，德国 Linde 公司将等温反应器用于克劳斯直接氧化工艺，形成 Clinsulf DO 工艺，等温反应器的应用使之对酸气 H_2S 浓度的变化有了很好的适应性，即使 H_2S 浓度高达 20% 也不需循环过程气。详情可见第十二章第三节。

四、克劳斯硫循环工艺

克劳斯硫循环工艺的特点是在酸气中 H_2S 浓度低、其燃烧不足以维持炉温时向炉膛内喷入部分产品液硫燃烧为 SO_2，以其所产生的热量协助维持炉温，这是早期曾采用过的一种工艺。由于目前有多种处理贫 H_2S 酸气的工艺手段，硫循环法已少应用。

第四节 燃烧反应段

燃烧反应段是克劳斯工艺装置的第一段，直流法在此段约有 60%~70% 的元素硫生成；常规分流法在此段将 H_2S 转化为 SO_2，酸气入炉率大于 1/3 的非常规分流法的转化情况则大体如图 10-13 所示。鉴于直流法燃烧炉内的反应十分复杂（详见第二节），本节将主要对此展开讨论。

一、燃烧炉及余热锅炉

克劳斯燃烧炉是内衬耐火材料的卧式筒状设备，应使酸气与空气在此中充分混合并有效反应。虽然克劳斯工艺已是一个相当成熟的工艺，但由于燃烧炉内反应的复杂性，迄今还在研究炉子的结构以及改进喷嘴。

据认为，可保持克劳斯燃烧火焰稳定的最低温度是 927℃，无论从热力学还是动力学的角度，较高的温度均有助于提高转化率。然而，当酸气组成一定及确定了合适的风气比（空气对酸气的体积比）后，炉膛的温度应是一个定值，并无多少调节的余地。

在燃烧炉内要使酸气与空气充分混合以维持稳定的火焰并且防 O_2 未反应而漏过，火嘴具有特别重要的作用，克劳斯装置内使用的火嘴有低压涡流火嘴、强制混合火嘴和预混合火嘴等几类，近期多使用预混合火嘴，图 10-17 为卧龙河引进的克劳斯装置燃烧炉预混合火嘴示意图。

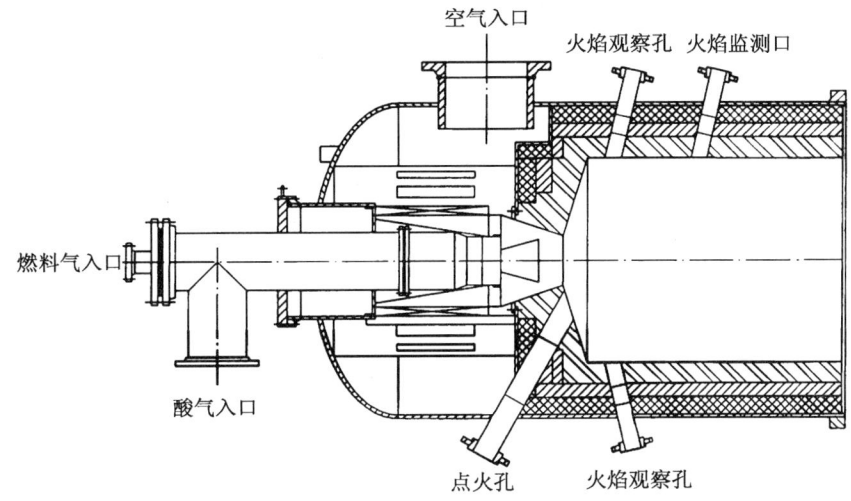

图 10-17　克劳斯燃烧炉预混合火嘴示意图

在燃烧室的后部应有花墙，它不仅具有稳定火焰的功能，减轻余热锅炉管板"冷"表面对高温反应的不利影响；而且有助于使过程气均匀进入余热锅炉，减轻对管板的热辐射；此外还可阻挡气流中的固体颗粒。图 10-18 所示为刚玉质圆形管砖干堆花墙，它优于方孔格状砖砌花墙。

余热锅炉通常采用烟管式，紧接在燃烧炉后面，回收的热量用以生产高压蒸汽。如装置的工艺安排是将进入一级转化的过程气采用高温气流掺和而再加热，余热锅炉宜选用双管程型，以便用第一管程出口气掺和。

余热锅炉的管头直接面对高温，又处于强腐蚀性的工况下，运行条件恶劣，因此应在入口处放置陶瓷套管，入口处管板应有耐火保护层，如图 10-19 所示。

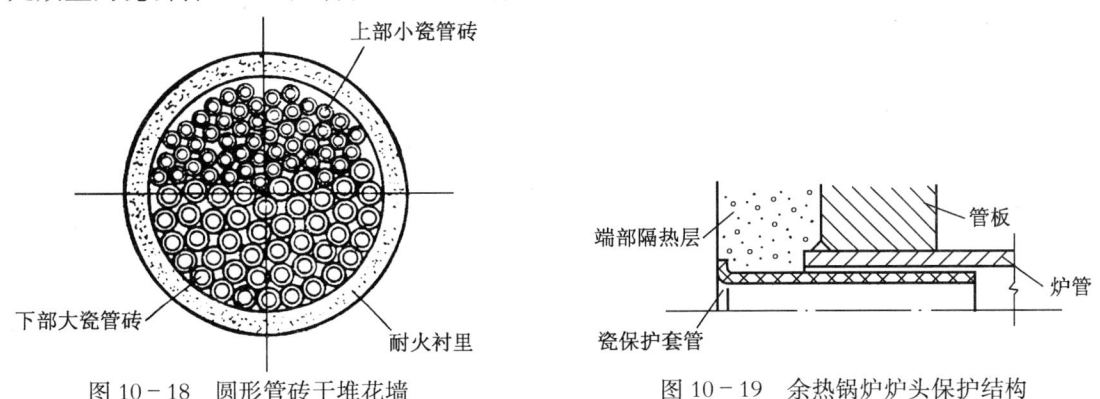

图 10-18　圆形管砖干堆花墙　　　　　图 10-19　余热锅炉炉头保护结构

我国引进的大型克劳斯装置在投产初期余热锅炉炉头曾发生罕见的"无粉尘重力沉积由熔融硫化铁粘结形成的均匀性堵塞"现象，十个月内发生三次，后出现大面积管头漏水被迫停车改造。通过对余热锅炉入口管板及管头温度场的模拟计算分析，减薄管板控制了管头温度，解决了上述故障[14,15]。

二、燃烧炉内的有机硫问题[16]

就热力学平衡而言，燃烧炉内的COS平衡浓度不过处于10^{-6}级水平，CS_2的浓度要高一些。但炉内的实际浓度常常远高于平衡值。国内净化厂曾有一套装置燃烧炉出口气中的CS_2浓度高达0.95%，相当于进料硫量的3.6%；国外也曾有装置在燃烧炉内有8%的进料硫转化为CS_2，4.5%转化为COS；我国一引进装置炉出口气CS_2浓度约为100mL/m³，不到进料硫的0.4%。图10-20给出了加拿大若干克劳斯装置实际的、以进料硫为基准的、燃烧炉内的COS及CS_2的生成率。从图10-20可见，装置间差别颇大，大体在0.4%~1.2%之间。

关于燃烧炉内有机硫的生成问题，虽然可以指出一些系统性的影响因素，但迄今所获得的认识还难以准确地预测其生成率。

（1）酸气中烃及CO_2含量的影响。有人研究了酸气中CO_2及丙烷浓度对有机硫生成率的影响，大体上丙烷增加1%，有机硫生成率上升0.8%~1.5%；CO_2上升10%，有机硫生成率增加1.0%~1.8%，且二者有协同作用，如图10-21所示。

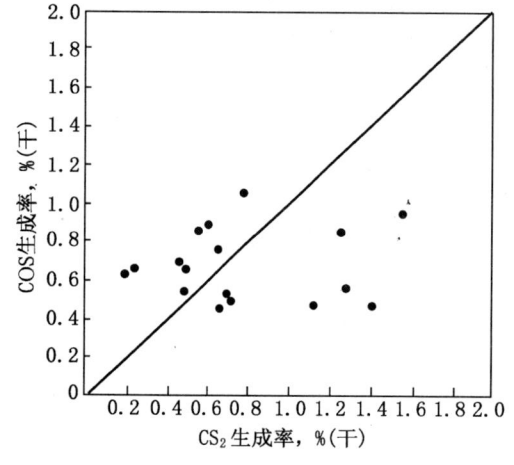
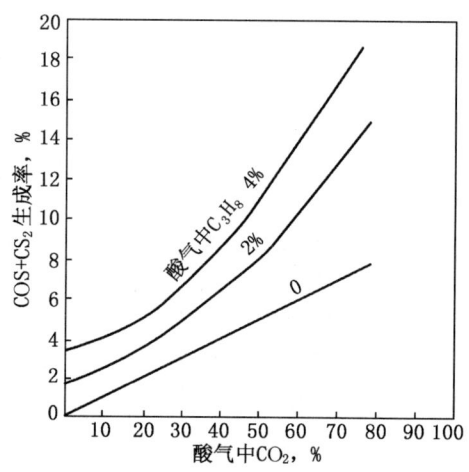

图10-20 一些克劳斯燃烧炉的有机硫生成率

图10-21 酸气中丙烷及CO_2与有机硫生成率的关系

可见，降低酸气中的烃含量以及CO_2浓度对降低有机硫生成率肯定是有益的。

（2）燃烧炉工况。在燃烧炉的高温工况下，克劳斯反应通常在1秒内即可完成，炉内转化率与停留时间的关系示于图10-22。

从高的有机硫生成率并非热力学因素而言，较高的温度有利于加快有机硫的转化，但燃烧炉的温度不是可人为调节的因素；就炉系还原性含水汽工况而言，适当延长过程气在炉内的停留时间应当是有益的。

值得注意的是，有人在燃烧炉内以有氧化铝涂层的堇青石（铝-锰硅酸盐）或高铝红柱石（高铝含量的硅酸铝）蜂窝砖砌成格式墙，显著提高了CS_2的转化率，如图10-23所示。

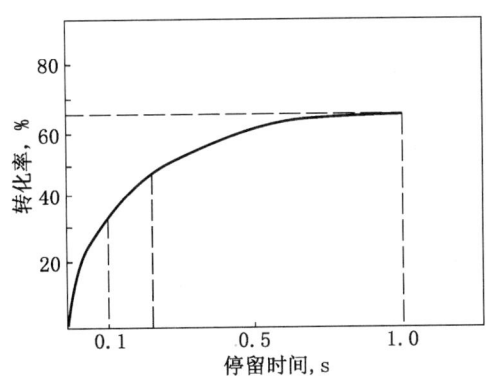

图 10-22 炉内转化率与停留时间的关系

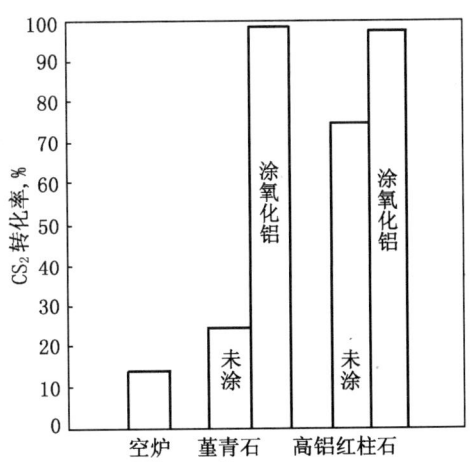

图 10-23 "蜂窝"砖可改善 CS_2 转化率

从这一试验结果以及不同装置燃烧炉的有机硫生成率差别颇大来看，炉壁材料对有机硫生成率可能有一定影响，但此点似乎尚无人作系统研究。

三、酸气中杂质的影响

对于克劳斯装置而言，酸气中的杂质有 CO_2、烃类、水汽以及氨等；这些杂质不仅影响工艺选型，而且影响装置尺寸、硫收率、能耗及尾气排放量，还可能有其他一些负面影响。

酸气中杂质的影响当然首先在燃烧炉中反映出来，同时它对后续的装置也有影响。

有人曾研究了烃、CO_2、水汽及氨对克劳斯装置的影响，其结果示于表 10-13[17]。

表 10-13 进料杂质对克劳斯装置的影响

杂 质		基准	烃	烃	CO_2	水	NH_3	NH_3 及水
酸气组成，%	H_2S	90.1	74.7	80.8	50.7	66.1	70.2	63.0
	CO_2	3.6	3.0	3.2	43.5	2.6	2.8	2.5
	CH_4	0.8	14.3	7.2	0.5	0.6	0.7	0.6
	C_2H_6	0.4	2.9	3.3	0.2	0.3	0.3	0.3
	NH_3	0	0	0	0	0	20.9	18.7
	H_2O	5.1	5.1	5.1	5.1	30.4	5.1	14.9
H_2S 量，mol/d		10478	10478	10478	10478	10478	10478	10478
酸气量，mol/d		11635	14028	12973	20686	15855	14923	16631
硫收率，%		95.4	92.5	93.4	93.0	94.0	93.7	93.2
尾气量，mol/d		32047	54835	45777	41110	36312	47523	49246
灼烧燃料气量，m³/d		12372	21169	17673	15871	14019	18347	19011

张良鹤也曾计算了酸气中 CH_4 含量变化的影响，如表 10-14 所示[18]。

从表 10-13 及表 10-14 可看到烃类、CO_2、水汽及氨等杂质对硫收率、能耗及过程气量等方面的不利影响。事实上，杂质的影响还不止于此，例如，如酸气中含有 0.5%～0.7% 以上的 C_5^+ 烃，将有过多的炭黑生成，烯烃及芳烃尤为严重；脱硫溶剂（如醇胺、环丁砜等）带入燃烧炉也会产生类似问题；超过2%～3%的NH_3带入燃烧炉，产生的NO将催化SO_2氧化为SO_3，使催化剂硫酸盐化而失去活性，未燃烧的NH_3也会生成盐沉积于催化剂上而影响其活性等。

表10-14 酸气中CH_4对硫收率及尾气组分的影响

酸气中CH_4，%		0	1.022	2.06①	3.164
装置硫收率，%		93.42	92.95	92.46	91.93
尾气组分 %	H_2S	1.30	1.31	1.33	1.35
	SO_2	0.59	0.63	0.67	0.71
	COS	0.026	0.027	0.027	0.028
	CS_2	0.00	0.031	0.062	0.094

① 酸气 H_2S 50.13%，CO_2 43.52%，H_2O 4.29%，CH_4浓度变化时其他组分也相应变化。

第五节 催化转化段

催化转化段有两个任务，一是催化H_2S与SO_2的反应，二是催化转化COS与CS_2，总目标是达到装置应有的硫收率。

一、转化反应器

由于在催化转化段反应放出的热量有限，因此克劳斯装置通常均使用绝热式反应器，过程气以300～1000 h^{-1}的空速由上而下通过1～1.5m的催化剂床层，反应热为过程气携出。

如前所述，由于转化有机硫及硫露点等问题，催化转化段需要两级或更多级数、反应温度逐级降低的转化器。大型装置各级可安排独立的转化器，中小型装置可将其组合在一个容器内而以隔板隔开。每级转化器后继以冷凝冷却器使过程气中的硫蒸汽冷凝而回收。

各级转化器入口过程气的温度通过再热手段控制和调节，本章第六节将系统讨论过程气的再热方式。每级转化器的入口温度需根据催化剂的性能以及预计的出口过程气温度与硫露点来确定。根据许多装置的实际经验，安全的硫露点裕量为8℃，即出转化器的过程气温度较其硫露点高8℃；在装置自控程度很高的情况下，也可将硫露点裕量定得小一些，即操作温度低一些，以利于提高转化率。

通常一级转化的入口温度安排在232～249℃，转化温升为44～100℃；二级转化入口温度为199～221℃，温升14～33℃；三级转化入口温度为188～210℃，温升3～8℃。

二、催化剂

早期采用的克劳斯催化剂是天然铝矾土，现在国内外均已淘汰。目前广为使用的是氧化铝基的合成催化剂，为了提高对有机硫的转化能力还开发了氧化钛基催化剂。一些直接氧化工艺则开发了适应其工艺要求的催化剂。针对克劳斯催化剂活性降低的主要原因是硫酸盐化，除致力于开发抗硫酸盐化的氧化铝基催化剂外，还研制了脱除过程气中的SO_3和O_2的保护性催化剂。有些催化剂除在常规克劳斯转化中具有良好的活性外，还可作为在低于硫露点下操作的低温克劳斯催化剂承受在非稳态工况下的操作条件变化。

对克劳斯催化剂的要求是：高的催化活性，高的抗失活及抗老化能力，高的机械强度及抗磨耗能力，对气流的阻力低以及合理的价格。

1. 影响催化剂失活的因素[19,20]

事实上，几乎所有新的克劳斯催化剂都具有催化 H_2S 与 SO_2 反应达到平衡的能力。

在克劳斯过程中导致催化剂活性降低的原因有硫酸盐化、热老化及水热老化、碳及氮化物的沉积，在常规克劳斯过程中温度如低于硫露点导致液硫在催化剂上凝结也会使其活性降低。

1）催化剂硫酸盐化

催化剂硫酸盐化是其活性下降的首要的乃至是主要的原因。

在 O_2 存在下，Al_2O_3 上化学吸附的 SO_2 可转化为 $Al_2(SO_4)_3$，如下式所示：

$$Al_2O_3 + 3SO_2 + 3/2O_2 = Al_2(SO_4)_3 \quad (10-28)$$

当过程气中含有 NH_3 氧化产生的 NO 时，上述反应将加速进行。

图 10-24 表明，随着过程气中含 O_2 量的上升，催化剂上的硫酸盐含量迅速增加，而其活性则迅速下降。

过程气中所含 H_2S 对硫酸盐有一定的还原能力，所以有些硫酸盐化的催化剂可在较高温度下以较高 H_2S 浓度的过程气予以还原可部分恢复活性。

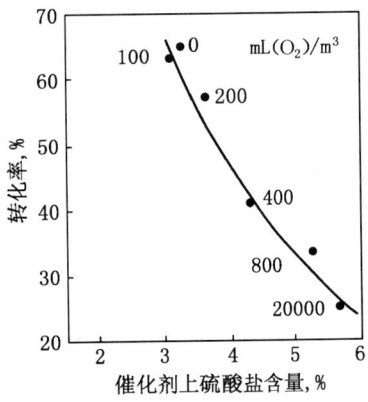

图 10-24　O_2 含量导致催化剂硫酸盐化而失去活性

2）热老化与水热老化

热老化是催化剂在运行过程中小孔不可逆地转化为大孔，因此表面积降低导致活性中心减少的过程。防止催化剂热老化的主要措施是防止催化剂过热。

水热老化是催化剂在高水汽分压下表面积因再水化而下降的过程，应注意选择抗水热老化的催化剂。

3）含碳及含氮物料的沉积

碳沉积有两种，一种是酸气中烃不完全燃烧产生的粉状炭，它对催化剂活性的影响并不显著；另一类是芳烃或其他高分子烃在催化剂上裂解所产生的胶状物，它严重影响催化剂的活性。因此，在分流法及直接氧化法中需注意此一问题。

过程气中如有 NH_3 它将生成盐堵塞催化剂的孔道而降低其活性。

4）液硫凝结

液硫在催化剂上凝结将堵塞催化剂孔道而降低其活性。在常规克劳斯工艺中只要保证过程气温度有一定的硫露点裕量即可避免此种情形发生。

表 10-15 给出了克劳斯催化剂处于不同阶段的典型分析结果。

表 10-15　不同阶段的克劳斯催化剂典型分析结果

催化剂	表面积 m^2/g	元素硫含量,%	化学吸附 SO_2 量 %	炭量,%
新	325～340	0	0	0
使用中期	200～250	0～4	2～4	0.1～0.5
废	100～125	0～25	5～7	1～3

2. 氧化铝催化剂

未加助剂的活性氧化铝催化剂仍然是工业上使用最广泛的克劳斯催化剂。一个优良的活性氧化铝催化剂应当具有高表面积、适当的孔分布和好的机械性能。

有适当孔分布的高表面积是催化克劳斯反应达到或接近平衡的基础。催化剂的孔分布应当是小孔（小于3nm）少，因为小孔内易产生硫的凝结；中孔（3~75nm）和大孔（大于75nm）多，中孔提供了大表面积和反应活性，大孔有助于反应物的进入，特别是产品硫和水汽的逸出。

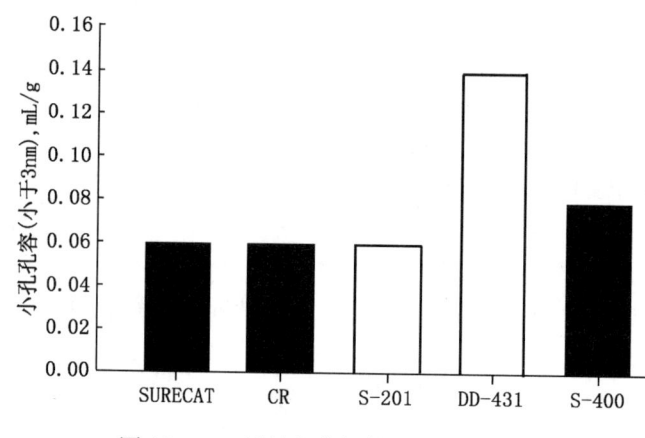

图10-25 活性氧化铝催化剂的小孔孔容

至于用于亚露点下反应的低温克劳斯催化剂则需要较多的小孔以容留液硫和增大表面积以提高反应能力（低温下反应速度较慢）。

国外几种活性氧化铝催化剂的小孔孔容和大孔孔容分别示于图10-25和图10-26。

催化剂良好的机械性质包括抗磨能力、高的压碎强度、球的均一性以及低的堆密度。

活性氧化铝催化剂改进的方向是适当增加大孔以减轻扩散阻力（如CR-3S）和抗水热老化的能力（如S-4000）。

大孔多可改善扩散条件但不能提供足够的表面积，小孔多表面积大但不利于反应物及产物的扩散，因此存在孔分布的优化问题[21]。

鉴于Al_2O_3催化剂表面物理结构对其催化机理的影响不显著，不久前Larry进行了通过孔分布的优化获得性能优化的催化剂的研究。

在此研究中提出了有效因子η的概念，η值系平均反应速率与催化剂表面反应速率之比值，它是ϕ值（反应速率/扩散速率）的函数。在其研究中以10nm区分大孔区及小孔区。

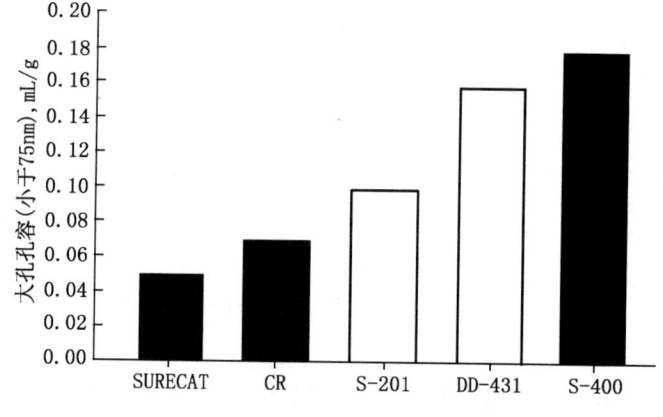

图10-26 活性氧化铝催化剂的大孔孔容

通过研究，他获得的优化催化剂的有关结果示于表10-16。

表10-16 Larry优化的催化剂

固体密度 g/cm³	颗粒密度 g/cm³	大孔孔容 cm³/g	小孔孔容① cm³/g	大孔平均孔径,nm	小孔平均孔径,nm	表面积 m²/g	ϕ	η	粒度 mm
3.15	1.10	0.300	0.379	3000	2.5	300	1.58	0.50	6

① 孔容以压汞仪测定，小于1.5nm的孔不在内，它们也无克劳斯活性。

通常活性氧化铝催化剂宜用于二级转化器和一级转化器的上段；它对 CS_2 的水解不是那么有效，也不太适于用在三级转化器。在正常情况下，性能优良的氧化铝催化剂可使用 5 年以上，甚至达到 10 年。

3. 加有助剂的氧化铝催化剂

可用于改进活性氧化铝性能的助剂有：碱土金属氧化物、氧化钛或氧化钠等。

碱土金属氧化物可改进催化剂的抗硫酸盐化能力，因为过程气中的痕量 O_2 可使之生成碱土金属的硫酸盐，而此物具有催化克劳斯反应和 COS 水解的能力；当然它转化有机硫的能力还是不及加有 TiO_2 助剂的氧化铝催化剂。

Na_2O 有助于强化氧化铝催化剂的碱性而增强其水解 CS_2 的能力，但它也加速催化剂的硫酸盐化和使催化剂易于烧结，通常含量在 0.1%~0.25% 之间。然而，加有 Na_2O 助剂的 SP-400 催化剂与标准的氧化铝催化剂 S-100 比较，抗结炭性能显著改善。

加有 TiO_2 的氧化铝催化剂的一个新用途是用于低温克劳斯段（如用于 Sulfreen），它可以将 TiO_2 的高活性和氧化铝的多小孔结合起来。

4. 氧化钛基催化剂

与氧化铝催化剂相比，氧化钛催化剂的首要优点是由于它呈锐钛矿形式而具有高的克劳斯活性、特别是水解有机硫的活性；其次是由于在工况条件下 TiO_2 上的表面硫酸盐是不稳定的，可为 H_2S 还原或水汽水解，所以可维持稳定的高活性，即使在较苛刻的氧化条件下；此外，TiO_2 基催化剂的水热熔结在运行的几个小时内即已基本定型，而 Al_2O_3 催化剂则要延续很长时间。

由于氧化钛催化剂价格高，所以通常它仅用于一级转化器温度较高的下段，使有机硫转化率达到 95% 以上；此外，它也可用作尾气中 H_2S 直接氧化的催化剂。国外的氧化钛基催化剂有 CRS-31 及 S-701 等牌号。

表 10-17 为 CRS-31 催化剂在德国 NEAG 的 120 t/d 克劳斯装置一级转化器的实际使用效果[22]。

表 10-17　TiO_2 基催化剂 CRS-31 的运行结果

催化剂使用时间，月	1	3	8	24	36
转化温度，℃	325	325	315	315	315
进料 COS,%（干）	0.38	0.37	0.5	0.4	0.4
CS_2,%（干）	0.10	0.12	0.55	0.42	0.9
COS/CS_2 转化率,%	97	97	95	94.8	95
H_2S/SO_2 转化率,%	68	67	71	75	75

近来还出现了一种认识，认为 TiO_2 基催化剂转化 CS_2 大大优于 Al_2O_3 基催化剂不仅在于促进 CS_2 的水解能力强（99% 对 95%），而且在于前者可大大加速 CS_2 与 SO_2 的反应（96.5% 对 30%）。

$$CS_2 + SO_2 \Longrightarrow \frac{3}{8}S_8 + CO_2 \tag{10-29}$$

5. 除氧型克劳斯催化剂[23]

在克劳斯催化剂系列中还有一类用以保护常规催化剂的除氧型克劳斯催化剂，它们通常放在前者的顶部。这类催化剂是在活性氧化铝上浸渍有铁盐或镍盐，它们优先与 O_2 反应且

可为 H_2S 还原。温度愈高则脱氧能力愈好，如在一级转化条件下可脱 99%，但在三级转化的温度下仅有 80%。此外，这类催化剂也具有转化克劳斯反应和有机硫水解反应的活性。

德国 Procatalyse 公司的 AM 型催化剂是典型的除氧型克劳斯催化剂。

在过程气含有 O_2 的情况下，常规克劳斯催化剂除氧主要催化 H_2S 的直接氧化反应导致产生大量的反应热；而据研究，除氧型催化剂的脱氧保护性能则基于以下反应：

$$MSO_4 + 2H_2S \Longrightarrow MS_2 + SO_2 + 2H_2O \tag{10-30}$$

$$MS_2 + SO_2 \Longrightarrow MSO_4 + SO_2 \tag{10-31}$$

6. 国内外的克劳斯催化剂

国内外克劳斯装置使用的催化剂均是从天然铝矾土开始的，由于其固有的一些缺点不能适应愈来愈严格的硫收率要求，所以自 20 世纪 60 年代以来合成催化剂就迅速取代了铝矾土。

国外不少催化剂制造商研制生产了许多牌号的、各有特点的克劳斯催化剂。中国石油西南油气田分公司天然气研究院和齐鲁石化公司研究院等也开发了一些克劳斯催化剂并投入生产应用。表 10-18 及表 10-19 提供了国内外一些品牌的克劳斯催化剂的有关情况。

表 10-18 国外一些克劳斯催化剂

生产者	牌号	形状	尺寸 mm	堆密度 kg/L	主要组分	助催化剂	比表面积 m^2/g	孔容 mL/g	压碎强度 N/粒	特点
Procatalyse	CR	球	4～6	0.67	Al_2O_3	—	260	—	120	高孔容
	CR-3S	球	—	0.68	Al_2O_3	—	—	—	—	大孔最佳化
	CRS-21	球	—	0.71	Al_2O_3	TiO_2	240	—	140	有机硫转化好
	CRS-31	柱状	φ4	0.95	TiO_2		120	—	90	高有机硫转化率 抗硫酸盐化
	S-100	球	5～7	0.72	Al_2O_3		325	0.5	290	高活性
	S-400	球	5～7	0.67	Al_2O_3		—	—	—	高活性、大孔多
	DD-431	球	5～7	0.67	Al_2O_3		—	—	—	大孔多、高表面积
La Roche	S-201	球	3～6	0.72	Al_2O_3		325			高孔容
	S-501	球	3～6	0.83	Al_2O_3	有	250			抗硫酸盐化
	S-701	三叶草条	—	—	TiO_2		250			高有机硫转化率
	S-731	柱状	—	0.95	TiO_2		—			高有机硫转化率 抗硫酸盐化
	S-2001	球	4～6	0.67	Al_2O_3		—			高孔容、低压降
Catalysts & Chemical	CSR-2	球	—	0.84	Al_2O_3		318	0.41	280	高活性、低压降
	CSR-3	球	—	0.87	Al_2O_3		64	0.26	70	高有机硫转化率
	CSR-7	球	—	0.80	Al_2O_3		280	0.32	250	抗硫酸盐化
Hüls	H9050	片	—	0.9	TiO_2		—			高有机硫转化率
Topsoe	CKA	片	—	0.6	Al_2O_3		—			高 COS 水解率
保护性除氧催化剂										
Procatalyse	AM	球	—	0.75	Al_2O_3	Fe	—	—	—	除氧，保护下层的催化剂不硫酸盐化
直接氧化催化剂										
UOP	Selectox32	柱状	—	—	$Bi-V/SiO_2-Al_2O_3$		—	—	—	H_2S 直接氧化，不产生 SO_3
	Selectox33	柱状	—	—	$Bi-V/SiO_2-Al_2O_3$		—	—	—	H_2S 直接氧化，不产生 SO_3
尾气灼烧催化剂										
Procatalyse	CT739	球	—	0.60	SiO_2	Fe	—	—	—	催化灼烧

表 10-19　国产克劳斯催化剂

研制者	牌号	形状	尺寸 mm	堆密度 kg/L	主要组分	助催化剂	比表面积 m²/g	孔容 mL/g	压强度 N/粒	特　点
四川天然气研究院	CT6-2	球	φ4～6	0.67	Al_2O_3	—	200	0.4	160	高活性
	CT6-2B	球	φ4～6	0.71	Al_2O_3	—	>300	0.3	>150	性能优于 CT6-2
	CT6-4	球	φ3～6	0.89	Al_2O_3	有	188	0.299	110	常温及低温克劳斯兼用
	CT6-4B	球	φ4～6	0.85	Al_2O_3	有	≤200	0.202	≤130	常温及低温克劳斯兼用
	CT6-7	球	φ3～6	0.65～0.75	Al_2O_3	有	200	≥0.30	>200	高有机硫水解率
山东齐鲁石化研究院	LS-300	球	φ4～6	0.65～0.72	Al_2O_3	—	>300	≥0.40	>150	高活性
	LS-821	球	φ4～6	0.72～0.75	Al_2O_3	TiO_2	>220		>130	有机硫水解率高
	LS-901	条形	φ4×10	0.95～1.05	TiO_2	有	>100	≥0.20	>80①	高活性、抗硫酸盐化
	LS-931	球	φ4～6	0.72～0.75	Al_2O_3	有	>230	0.43	>130	活性稳定、耐硫酸盐化
	LS-971	球	φ4～6	0.70～0.82	Al_2O_3	有	>260	0.40	>130	高活性、脱 O_2、耐硫酸盐化
江苏南京催化剂厂	NCT-10	球	φ3～5	0.67	Al_2O_3	—	260	—	>140	高活性
	NCT-11	球	φ3～5	0.71	Al_2O_3	—	240	—	>130	有机硫水解率高

① N/cm。

第六节　过程气再热方式

前面已提到，由于硫露点的限制与追求高的硫收率，克劳斯工艺不得不安排两级甚至更多级数的催化转化，相应地有多级冷凝冷却器而产生了过程气进入转化器前的再热问题。

过程气经冷凝冷却器后的温度在 130～160 ℃ 间，再热所达到的温度则取决于转化级数及催化剂的性能。通常一级转化由于需水解有机硫，温度较高；二级及其后则逐级下降。催化剂的活性愈好，则可安排愈低的温度（当然，还有硫露点的限制）。

过程气的再热有多种措施，如使用余热锅炉的高温过程气掺和，与高温过程气换热、采用酸气再热炉或燃料气再热炉等。

一、各种再热方式的特点

表 10-20 简要比较了几种再热方式的优缺点及适应性。

表 10-20　过程气再热方式的优缺点及适应性

再热方式	高温气流掺和		气—气换热	酸气燃烧		燃料气燃烧
	内掺和	外掺和		部分燃烧	完全燃烧①	
硫收率	受影响较大		无影响	有影响	无影响	影响小
投资费用	低		高	中　等		中　等
温度调节	灵活		不灵活	灵活		灵活
过程响应	快		慢	快		快
其　他	低负荷运行时硫收率降低更多；内掺和式检修困难		压降最大；换热表面可能污染，影响效率	完全燃烧时炉子体积小一些，但可能产生 SO_3 使催化剂硫酸盐化		操作费用较高；可能产生烟尘污染催化剂

① 在有 H_2S/SO_2 比例控制时。

关于表 10-20，需作以下的一些补充说明。

(1) 关于高温气流掺和，宜使用双管程余热锅炉的第一管程出口气，其温度为 650℃ 左右，掺和阀条件不苛刻，易于实现自动控制。虽然与使用燃烧炉出口气掺和相比，掺和量大一些，但可靠性高。此种措施因掺和气 H_2S 及 SO_2 浓度高且有较多硫蒸气，对转化有不利影响，仅可用于一级转化器前的再热。

(2) 气—气换热可使用过程气或其他热源，它不会影响催化剂的性能和硫收率，但难于调节温度、压降大、投资高，可用于二级或以后级转化的再热。

(3) 酸气再热炉应特别注意防止 O_2 穿透及生成 SO_3，因为 $30mL/m^3$ 的 O_2 就会使催化剂迅速硫酸盐化；通常炉出气体的 H_2S/SO_2 比值控制在 1/2 至 1/3 之间。

(4) 燃料气再热炉可能产生的问题是产生烟炱而沉积于催化剂上，应选择在亚化学当量下燃烧而不产生烟炱的在线燃烧器。

二、不同再热方式的克劳斯工艺流程

事实上，不同的再热方式在一套克劳斯装置内常常是组合使用的，像前面图 10-10 中所示两级再热均使用高温气流掺和现在已不再采用，而图 10-11 的一级再热使用高温掺和、二级则为换热的流程颇流行。

此外，图 10-27 为直流法、再热为内掺和—换热的流程；图 10-28 为直流法、三级再热均为酸气再热炉的流程；图 10-29 则是重庆天然气净化总厂引进分厂克劳斯装置示意流程，为直流法、两级燃料气再热。

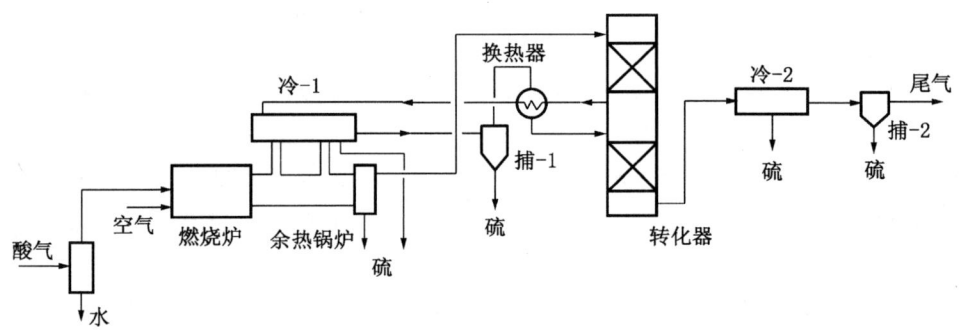

图 10-27 内掺和—换热式再热的直流两级催化转化克劳斯流程图

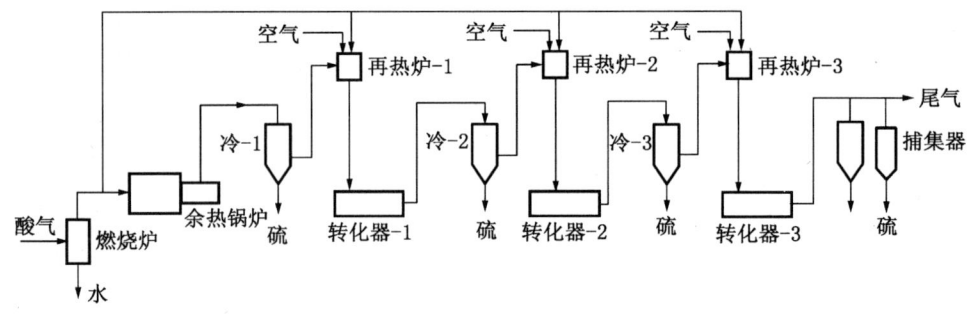

图 10-28 酸气再热炉式再热的直流三级催化转化克劳斯流程图

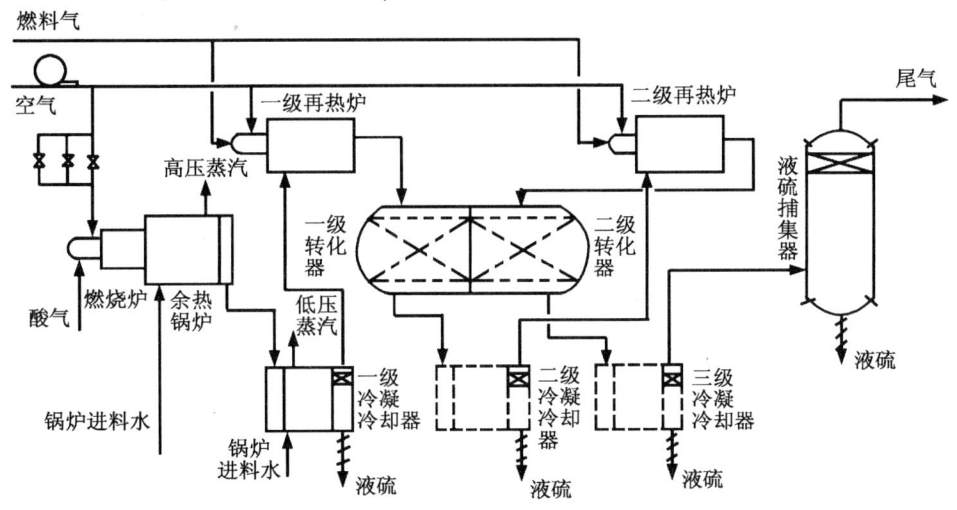

图 10-29 燃料气再热炉式再热的直流两级催化转化克劳斯流程图

第七节 硫的冷凝及处理

一、硫蒸气的冷凝

使过程气中的硫蒸汽凝结为液硫一般使用管壳式冷凝器,安装时通常使其有一点斜度以便于液硫流出。过程气冷却及硫蒸气冷凝所析出的热量则用以生产低压蒸汽或预热锅炉进料水。

在直流工艺中,大约有60%~70%的硫磺是在余热锅炉后的一级冷凝冷却器中冷凝为液硫的,其余则在后面的冷凝冷却器内回收。至于分流工艺或直接氧化工艺,液硫全部是在转化器后的冷凝冷却器内收集的。

应当注意的是,在冷凝冷却器内除发生硫蒸气转化为液硫的相变外,事实上还发生了不同硫分子间的转化,主要是 S_2 转化为 S_8 及 S_6。此外,如前面图10-3所示,液硫的粘度大约在160℃因硫分子的聚合而急剧上升,至187℃达到峰值,然后又迅速下降,因此,冷凝冷却器温度的安排应当避开这段液硫的高粘度区。

就气液平衡而言,较低的冷凝器温度可以使更多的硫蒸气冷凝。但应当注意的是,在气流冷却曲线与硫露点曲线相交处可能产生气体中硫蒸气的过饱和现象,此时将导致不在冷却管表面形成液硫膜,而在气流中冷凝形成微小的硫雾。在气流传热速度过高及过程气的温度梯度大时尤易生成硫雾;此外,催化剂粉末也会导致生成硫雾。微小硫雾不能为普通的捕集设备捕获。通常一级冷凝冷却器的温度安排高一些,此后逐级降低。未冷凝的硫蒸气约占总硫量的0.3%。与此同时,一般也在冷凝冷却器内安装金属丝网以分离硫雾;最后一级冷凝冷却器后还装有专门的捕集器,捕集器虽有多种型式,但现主要选用金属丝网型,在气速1.5~3 m/s下,捕集效率可达97%以上,尾气中硫含量约为 $0.56g/m^3$。如处理不好,硫雾沫所导致的硫损失可达1%甚至更高。

川中磨溪净化厂17.68 t/d硫磺回收装置的三组合冷凝冷却器曾发生管端与管板缝渗漏、大量硫磺凝积于出口管箱而装置被迫停产。经检查认为主要原因是应力拉裂腐蚀;新的三组合冷凝冷却器减薄了管板厚度并选用适宜材料，问题获得解决[24]。

二、液硫的处理

在冷凝冷却器内产生的液硫与过程气处于平衡状态，由于过程气中含有H_2S等组分，所以液硫中也含有H_2S等组分。通常液硫H_2S含量均大大超过许多国家规定的不高于10g/t的标准。液硫如不予处理，在其输送、储存及成型过程中H_2S就可能析出而产生污染甚至安全问题。

1. 液硫中的H_2S含量

因不同位置的过程气中H_2S的浓度不同，对应的液硫中的H_2S含量也有差别，表10-21给出了直流工艺各级冷凝冷却器所得液硫中的H_2S浓度。

表10-21 液硫中H_2S含量

冷凝冷却器	一级	二级	三级	四级	五级
液硫中H_2S含量，g/t	500～700	180～280	70～110	10～30	5～10

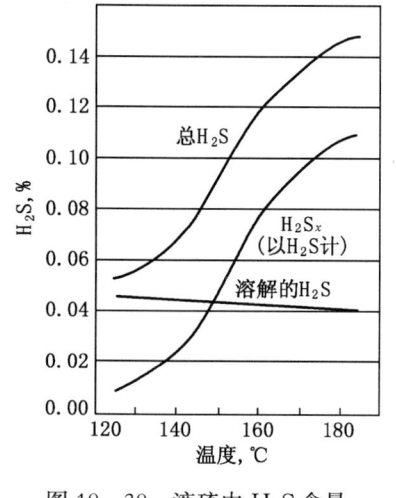

图10-30 液硫中H_2S含量与温度的关系

应当注意的是，在液硫中H_2S的形态包括溶解的H_2S以及与元素硫结合的H_2S_x，甚至在总量中H_2S_x占大部分；且随温度上升溶解的H_2S仅略下降而H_2S_x量却显著增加，如图10-30所示。

在通常的液硫槽温度（约150℃）下，可见一半左右为H_2S_x。

2. 液硫脱气

在液硫成型或输出前采取的脱除H_2S的措施，通常称为液硫脱气。液硫脱气的方法有循环喷洒法，新近还出现了以空气吹扫、实际上还产生H_2S直接氧化的D′GAASS法。

1) 液硫循环喷洒脱气

液硫循环喷洒脱气的工艺流程示于图10-31。

从图10-31可见，液硫通过搅动和喷洒而使其中的H_2S析出，然而液硫脱气的关键是使H_2S_x分解，传统的方法是以NH_3作为促使H_2S_x分解的催化剂，加氨量为100g/t硫[25]。卧龙河引进克劳斯装置不加氨时，液硫含H_2S 24～60g/t，每次脱气时间约为12h；加氨后可降至3.3～9.2g/t。

加氨虽然脱气效果好，但有时影响硫磺质量，有时产生固体沉淀甚至造成堵塞。后法国Elf公司改以液相Aquisulf代替氨作催化剂，该物可溶于液硫、不降解、不改变硫磺颜色，加入量10～25g/t硫，脱气时间也缩短至9h，脱气后液硫H_2S含量不大于10g/t[26]。

2) D′GAASS法[27]

新近已在一套160t/d克劳斯装置上应用的D′GAASS法是将液硫引入一个压力容器（415kPa）内以空气吹扫，在容器内件作用下可发生H_2S的直接氧化反应（对H_2S为一级），无需另加催化剂，出此容器的空气则送入克劳斯燃烧炉而不产生任何排放问题。此外，此中液硫内的聚合硫增多导致成型后的强度提高。

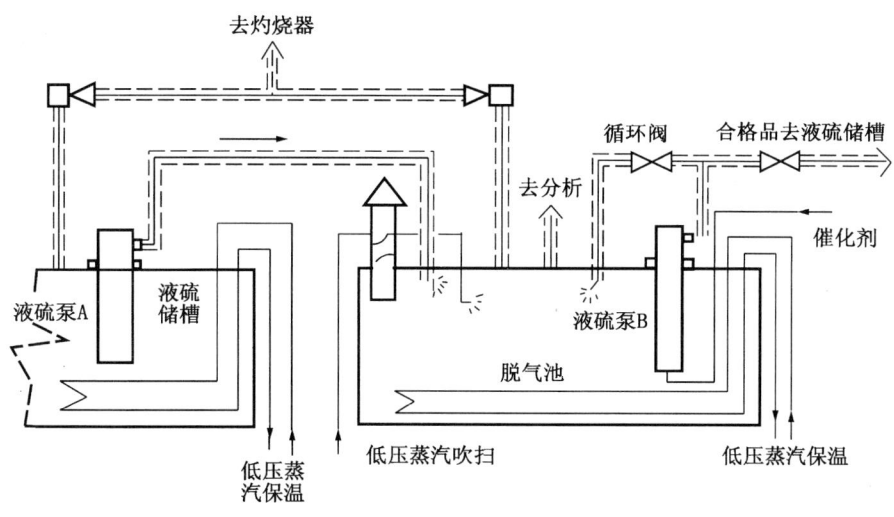

图 10-31 液硫循环喷洒脱气工艺流程

此法 H_2S 及 H_2S_x 的脱除率大于 90%，处理后液硫中 H_2S 含量不大于 10g/t。

3) 蒸汽汽提法

小型装置可使用冷凝冷却器所产生的低压蒸汽汽提液硫中的 H_2S，此法费用较低，但排放气需要处理。

第八节 硫 磺 成 型❶

硫磺成型是将克劳斯工艺生产的液硫制成市场所需要的、合乎安全及环保要求产品的过程，随着环保及安全要求日趋严格，成型工艺的重要性也在上升。

液硫冷却后成为固体，早期常在池内自然冷却然后机械破碎为块状硫；在破碎过程中有粉尘产生且劳动条件差，硫磺也易为杂质所污染。在产量很小时也曾采取在盒内冷却然后取出的办法。上述这些简易方法现已淘汰。

为了提高成型工艺的机械化程度，国外开发了带式结片工艺，国内也开发了转鼓结片工艺，产品呈大小不等的片状，虽然解决了劳动强度问题，但由于片状硫磺很脆，装运过程中产生大量硫磺粉尘，存在安全隐患及污染环境问题。

加拿大温哥华港务局在 30 年前装运散装硫磺时就曾发生过爆炸事故；这一事故也进一步促进了硫磺成型工艺的发展。

硫磺的脆性与其颗粒的尺寸有关，如图 10-32

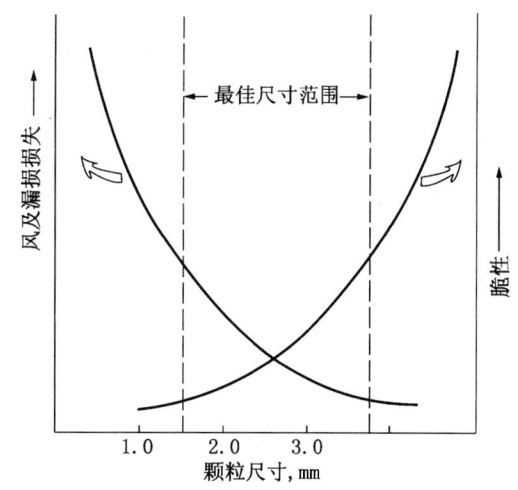

图 10-32 硫磺颗粒尺寸与脆性的关系

---

❶ 本节所参考的资料除章末所列文献外，还参考了四川石油设计院 2003 年 6 月的一份有关材料。

所示,随尺寸增大而脆性迅速上升[28]。

因此,当前硫磺成型的主流工艺是造粒工艺,所得产品颗粒规整、不易破碎产生粉尘问题。目前应用较多的是钢带造粒和滚筒造粒工艺,此外,空冷造粒及水冷造粒工艺也曾建有不少装置[29~32]。

一、转鼓结片工艺

四川石油设计院于 20 世纪 60 年代开发了转鼓结片工艺,在国内天然气净化厂及炼油厂的中小型硫磺回收装置中得到相当广泛的应用,图 10-33 是其示意图。

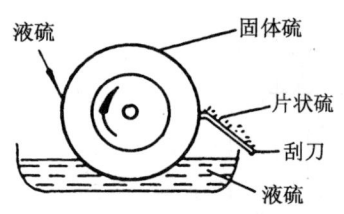

图 10-33 转鼓结片工艺示意图

如图 10-33 所示,液硫泵泵送的液硫经分布管较均匀地分布到旋转的转鼓上面,在转鼓内壁以水将其冷却至 65℃ 左右凝固以刮刀将其剥离,硫磺片厚约 4mm,装置的处理能力为 4 t/h。

二、带式结片工艺

带式结片工艺国外称为 Slating,此类工艺是在旋转的长带上铺撒一层液硫,带下以水间接冷却,至 65℃ 硫磺凝固,在其离开旋转带时以刮刀破碎之,图 10-34 是此类工艺的示意图。瑞典 Sandvik 公司的带式结片工艺使用不锈钢带,加拿大 Vennard & Ellithorpe 公司则使用橡胶带。

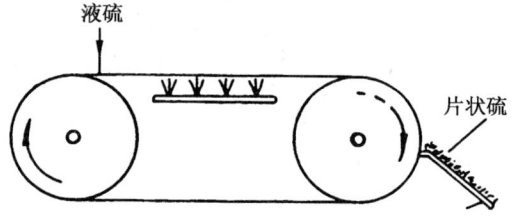

图 10-34 带式结片工艺示意图

我国卧龙河引进装置即采用 Sandvik 带式成型工艺,带宽 1.5m(有效冷却宽度 1.35m)、带长 70.5m(有效冷却长度 69m);通过调节结片机转速使产品硫磺厚度为 4mm,每片 20~30mm;单套生产能力为 20 t/h。

此类工艺对产量的适应性较大,在已建装置中至今仍是主要的成型工艺之一;但所得产品硫磺在输送及储存过程中产生硫磺粉尘多,难以满足严格的安全及环保要求。

三、水冷造粒工艺

液硫以特殊设计的喷嘴喷入水塔或滴入水槽,硫磺在水中固化,分离筛分后得粒状硫磺,图 10-35 是水冷造粒工艺示意图。

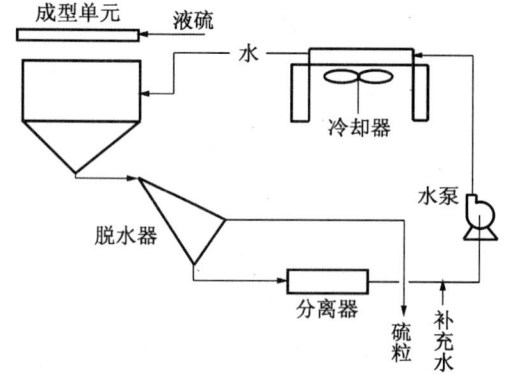

图 10-35 水冷造粒工艺示意图

水中加有表面活性剂(如溶于甲苯的硅油)可使粒状硫具疏水性并形成坚硬而光滑的表面。

国外有多种水冷造粒工艺,目前常用的是 Devco Wet 工艺,其造粒塔温度控制在 65 ℃,所用工艺水质量要求高,如 Cl^- 应低于 2.5g/t。产品粒度 1~6 mm(平均为 4mm),含水小于 2.0%,堆密度 1100 kg/m³,脆度约 3.0%,休止角小于 32°。

水冷造粒工艺生产能力大,最高可达 2000 t/d,且投资较低。主要问题是产品含水量高,达不到有关标准,如预干燥则投资和运行费用均将上升;此外,对工艺水的质量要求高,并存在腐蚀问题。此工艺宜在允许产品硫磺含水量较高的情况下选用。

四、空冷造粒工艺

液硫从文丘里型的喉管喷入造粒塔，分散的雾状液硫在晶种（微粒硫）上形成粒状硫，43～49℃的空气从塔底进入使液硫冷却，筛余的粉状硫返回液硫槽，图 10-36 是空冷造粒工艺示意图。

空冷造粒的典型工艺为波兰开发的 Polish Air Priller 法，取决于生产能力，造粒塔塔径在 3～24 m 间，塔高 30～90 m；产品粒度 1～6 mm，含水小于 0.5%，堆密度 1100 kg/m³，脆度小于 1.0%，休止角小于 25°。

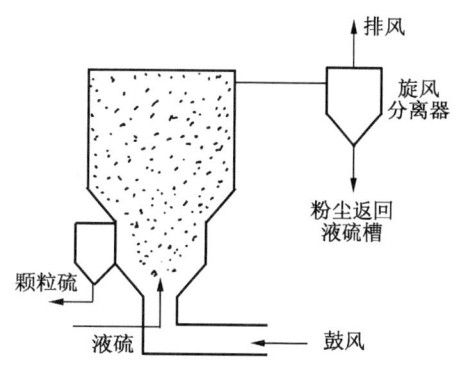

图 10-36 空冷造粒工艺示意图

空冷造粒工艺产品水含量符合要求但能耗较高。此类工艺在 20 世纪七八十年代建厂较多，90 年代以来未见新的应用报道。

五、钢带造粒工艺

Sandvik 公司在其带式成型工艺的基础上开发出 Sandvik Rotoform 工艺生产半球形硫磺产品，我国南京炼油厂、胜利炼油厂及安庆炼油厂等均引进有此类设备；国内南京三普（Sunup）公司也开发了类似的生产工艺。此类工艺的主要特点是液硫通过一个造粒机在钢带上形成一个个半球状颗粒冷却成型，由于冷却时液硫的收缩故在颗粒顶部常产生一些小洞。为使半球状硫磺易于剥离，钢带上敷有脱膜剂。图 10-37 是 Sandvik Rotoform 工艺示意图。

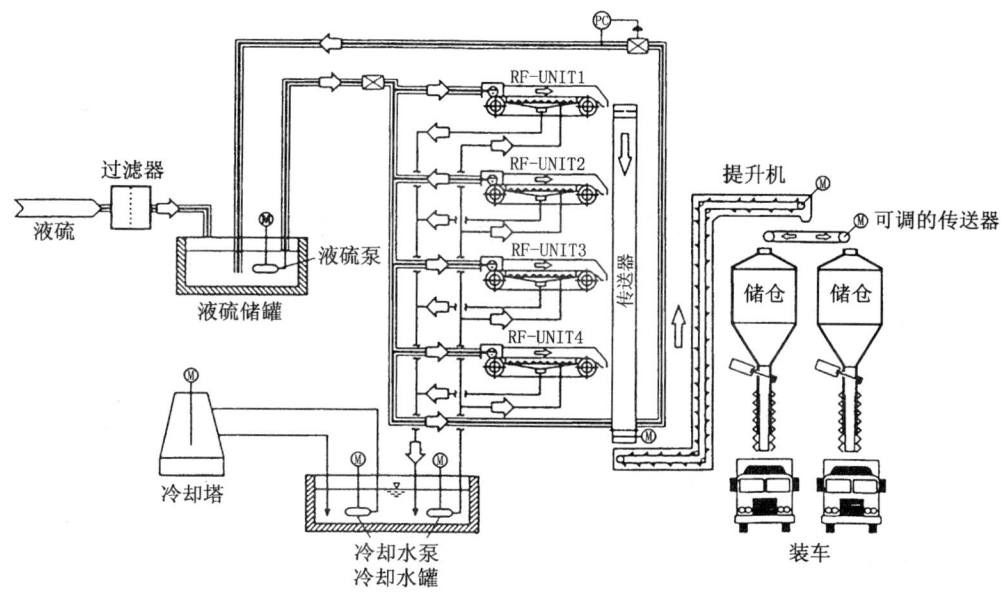

图 10-37 Sandvik Rotoform 工艺示意图

产品粒度 2～6mm，含水小于 0.5%，脆度小于 1.0%，堆密度宽松时为 1080 kg/m³，紧密时 1290 kg/m³，休止角小于 30°。

装置单机生产能力 6 t/h，在硫磺产量大时需多套联机运行，投资较高且占地较多。

此类工艺需严格控制运行条件（如硫磺温度、水温及脱膜剂的应用），如条件不当则硫磺轮廓将变平甚至成条状，产品不规整且易碎。此外，产品颗粒的球面与底面相交处的边缘也易折断而产生粉尘；半球形颗粒的流动性也不如球形颗粒。

六、滚筒造粒工艺

滚筒造粒工艺亦称回转造粒工艺或造粗粒工艺，其特点为喷入种粒（硫磺微粒）至造粒器内不断运动逐层粘上熔融的液硫并冷却凝固直至达到所要求的尺寸，图 10-38 是此类工艺的示意图。

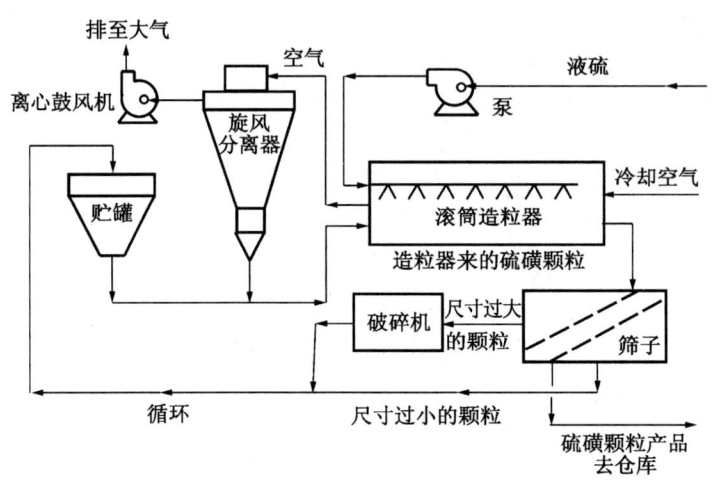

图 10-38 滚筒造粒工艺示意图

加拿大 Enersul 公司（原 Procor 公司）开发了 Enersul GX（原称 Procor GX）工艺，此外，还有 PEC Perlomatic 等工艺。

滚筒造粒工艺由于液硫在种粒上一层一层的涂抹与融合而消除了收缩的影响，从而可产出坚硬且无空洞及构造缺陷的硫磺产品。液硫的热量依靠喷入水滴的蒸发而除去，废气以空气吹出。此法对工艺水的质量要求高，如 Cl^- 应低于 2.5g/t。

滚筒造粒产品的堆密度较高，宽松时为 1220 kg/m³，紧密时 1320 kg/m³，直径 1～6mm，含水小于 0.5%，脆度小于 1.0%，休止角为 27°。

滚筒造粒工艺每列生产线的最高能力可达 1000 t/d，占地少，故适于产量大的情况采用。

七、各种硫磺成型工艺的应用情况及比较

表 10-22 给出了各类片状及粒状硫磺成型工艺的特点及国内应用的情况。表 10-23 则是依据 Sulphur 杂志 1997 年统计资料整理的各种硫磺成型工艺的实际应用情况，可见 Sandvik（Slater，Rotoform）、Procor 即 Enersul（Slater、Wet Prill 及 GX）、Polish Air Priller 和 Devco Wet Pellitizer 等几种工艺的应用较多。然而应当指出，其中的 Slater（带式结片）、Air Priller（空冷造粒）与 Wet Pellitizer（水冷造粒）多为 1990 年以前建成的装置，1990 年以后建设的装置多使用 Sandvik Rotoform 及 Enersul GX（即 Procor GX）等工艺。

表 10－22　各类硫磺成型工艺的比较

	工艺	转鼓结片	带式结片	水冷造粒	空冷造粒	带式造粒	滚筒造粒
产品性能	形状	片状	片状	粒状	粒状	半球形颗粒	球形颗粒
	尺寸，mm	20～30/4（厚）	20～30/4（厚）	1～6	1～6	2～6	2～6
	水含量，%	<0.5	<0.5	<2.0	<0.5	<0.5	<0.5
	堆密度，kg/m³	—	—	1100	1100	1080～1290	1220～1320
	脆度，%	很脆	很脆	3.0	<1.0	<1.0	<1.0
	休止角	—	—	32°	25°	30°	27°
单列产能，t/d		100	480	2000	4000	150	1000
主要缺点		产生粉尘	产生粉尘	产品含水	能耗较高	占地较大	
国内应用情况		天然气净化厂及炼油厂曾广泛应用	天然气净化厂及炼油厂应用	无	无	炼油厂应用	无

表 10－23　国外各种硫磺成型工艺应用情况

工艺		类别	装置数量	合计产能，t/d	占统计总能力比例 %	装置平均能力 t/(d·厂)
Sandvik	Slater	带式结片	33	20628	20.75 ⎫ 30.64	625
	Rotoform	带式造粒	28	9828	9.89 ⎭	351
Enersul (Procor)	Slater	带式结片	7	8380	8.43 ⎫	1197
	Wet Prill	水冷造粒	5	6000	6.04 ⎬ 24.78	1200
	GX	滚筒造粒	9	10250	10.31 ⎭	1139
Polish	Air Priller	空冷造粒	8	14950	15.04 ⎫	1869
	MGM Wet Granulator	水冷造粒	1	2000	2.01 ⎬ 19.06	2000
	Dry Drum	滚筒造粒	1	2000	2.01 ⎭	2000
Devco Wet Pellitizer		水冷造粒	7	13275	13.35	1896
Jacobs Sulpel		水冷造粒	8	1843	1.85	230
Petrobras	Slater	带式结片	5	315	0.32 ⎫	63
	Rotary	滚筒造粒	3	308	0.31 ⎬ 0.65	103
	Vessel Granulator		1	22	0.02 ⎭	22
Berndorf	Pastillator		2	317	0.32 ⎫ 0.85	158
	AccuDrop		2	525	0.53 ⎭	262
Outokumpu Priller			2	724	0.73	362
Latvian Process			2	3900	3.92	1950
其他①			13	6740	6.78	—

①Schofield‐Waterbuck Priller（1440 t/d），Lauer Herrara Priller（1200），Cambrian Capsul Priller（1000），Chemsource Priller（1000），Citis Granules（900），Amerada Hess Priller（400），PEC Perlomatic（360），Wet Priller（240）等。

第九节 装置硫收率的计算方法

为了评价克劳斯装置的运行性能，必需获得准确的转化率及硫收率数据。在克劳斯装置中，硫收率是指以酸气中 H_2S 的硫为基准，实际获得的硫磺所占的比例；转化率则指 H_2S 中的硫转化为元素硫的比例。转化率高于硫收率，其差值则是尾气或过程气中的硫蒸汽及未捕集下来的硫雾。

准确地计算装置硫收率可以依靠系统准确的计量数据和气流组成数据；但实际上要获得克劳斯装置的一套完整的气量数据是不太可能的，因为通常尾气并不计量，更不要说各段的过程气量了。

因此实际可行的办法是通过系统的元素平衡导出一组计算转化率及硫收率的公式。最简单的方法是利用氮平衡，虽然它简便易行，但它缺乏自我校核数据准确性的手段；通过完整的碳、氢、氧、氮及硫的平衡虽然复杂一些，但获得的转化率及硫收率数据却更加可靠，数据的可靠程度还可以量化。此外，在实验室评价催化剂的活性，还可采用基准转换法。

一、元素平衡法[33]

在克劳斯系统内的 C、H、O、N 及 S 的元素平衡中，作者引入了一个参数即体积增长率 K，是过程气或尾气与酸气量的比值，由于过程气量及尾气量均大于酸气量，故称为体积增长率。通过 C、H、O、N 及 S 的平衡可得到各自体积增长率以及转化率和硫收率的计算式如下：

$$K_C = \frac{[CO_2] + \sum n'[C_nH_m] + C_C}{[CO_2'] + [COS'] + [CS_2'] + [CO'] + \sum n[C_nH_m']} \quad (10-32)$$

$$K_H = \frac{2[H_2S] + 2[H_2O] + \sum m[C_nH_m] + 0.01r + C_H}{2[H_2S'] + 2[H_2O'] + 2[H_2'] + \sum m[C_nH_m']} \quad (10-33)$$

$$K_O = \frac{2[CO_2] + [H_2O] + 0.4180r + C_O}{2[CO_2'] + [H_2O'] + [COS'] + 2[SO_2'] + [CO']} \quad (10-34)$$

$$K_N = \frac{0.786r + C_N}{[N_2']} \quad (10-35)$$

$$K_S = \frac{[H_2S] - 0.700G}{[H_2S'] + [SO_2'] + [COS'] + 2[CS_2'] + \sum e[Se']} \quad (10-36)$$

$$X_C = 1 - \frac{K_m([H_2S'] + [SO_2'] + [COS'] + 2[CS_2'])}{[H_2S]} \quad (10-37)$$

$$X_R = 1 - \frac{K_m([H_2S'] + [SO_2'] + [COS'] + 2[CS_2'] + \sum e[Se'])}{[H_2S]} \quad (10-38)$$

式中 K——体积增长率；

$[H_2S]$，$[CO_2]$，$[C_nH_m]$，$[H_2O]$——酸气中相应组分的湿基浓度；

$[H_2S']$，$[SO_2']$，$[COS']$，$[CS_2']$，$[CO_2']$——尾气或过程气中相应组分的湿基浓度；

r——风气比；

G——硫磺产率，kg/m^3；

X_C——H_2S 转化为硫的转化率；

X_R——硫收率；

C_C，C_H，C_O，C_N——装置流程使用燃料气再热时以酸气为基准的校正系数。

下标 C，H，O，N，S 分别表示各元素，下标 m 表示平均值。

关于以上各式，还有以下说明：

(1) 计算式中各项组分浓度均为"湿基"，即包括水汽在内的浓度，但实际分析数据均为干基（详见第十四章），即不含水汽的浓度，因此需通过下式所得的转换系数 C_W 将"干基"数据转换为"湿基"数据。

$$C_W = 1 - \frac{〔H_2O〕 + 0.005 r_t + X_C 〔H_2S〕 + 2〔CH_4〕 + K_t 〔SO_2'〕}{K_t} \quad (10-39)$$

式中 r_t——理论风气比；

K_t——简化的理论体积增长率。

$$r_t = 4.785 \left[\frac{〔H_2S〕}{2} + \sum \left(n + \frac{m}{4} \right) 〔C_n H_m〕 \right] \quad (10-40)$$

$$K_t = \frac{1 + r_t - \frac{X_c}{2}〔H_2S〕 - \sum \left(1 - \frac{m}{4}\right)〔C_n H_m〕 + \frac{X_C - X_R}{e}}{1 + 〔SO_2'〕} \quad (10-41)$$

(2) 对于直流克劳斯装置，式（10-32）及式（10-33）式中分母中的〔$C_n H_m$〕项应为 0；对于分流装置，式（10-32）及式（10-33）式中的〔$C_n H_m$〕项应按实际的酸气入炉率计算。

(3) 当装置再热方式为间接再热、热气旁通及酸气再热炉时，式（10-32）、式（10-33）、式（10-34）及式（10-35）中的校正项 C_C、C_H、C_O 及 C_N 均可略去；当使用燃料气再热炉时，需将其引入的 C、H、O 及 N 量以酸气为基准予以校正。

(4) 空气中氧浓度以 20.9% 计，氮浓度以 78.6% 计，空气中的水汽以 0.5% 计，需要时可调整。

(5) 硫平衡涉及 G 值，由于液硫常间断排出，故不宜以式（10-36）计算体积增长率 K_s，但在求得平均的体积增长率后，可用式（10-36）的另一形式计算 G 值：

$$G = 1.429 \{〔H_2S〕 - K_m (〔H_2S'〕 + 〔SO_2'〕 + 〔COS'〕 + 2〔CS_2'〕 + \sum e 〔S_e'〕)\} \quad (10-42)$$

式中最末一项为尾气或过程气中的硫磺浓度，e 为每个硫分子中的硫原子数。

(6) 所得转化率及硫收率均为累计值，各段转化器的相应数值可用下式计算：

$$X = \frac{X_2 - X_1}{1 - X_1} \quad (10-43)$$

式中 X 值的下标 1 为前一工序，下标 2 为后一工序。

(7) 可通过不同途径所得的体积增长率的吻合程度，如其标准离差 S 和变异系数（CV）表征一套数据的质量。

$$S = \sqrt{\frac{1}{n-1} \sum_{i=1}^{n} (K_i - K_m)^2} \quad (10-44)$$

$$CV = S/K_m \quad (10-45)$$

式中 K_i——K_C，K_H，K_O 及 K_N；

n——所用 K 值数；

S——标准离差。

整个计算过程可用简化的框图表示（图 10-39）。

作者曾以此计算程序在 1989 年计算了两套直流法装置（卧龙河引进装置及川西北装置）和一套分流法装置（垫江装置）各段以及累计的转化率和硫收率，还有体积增长率 K 值的

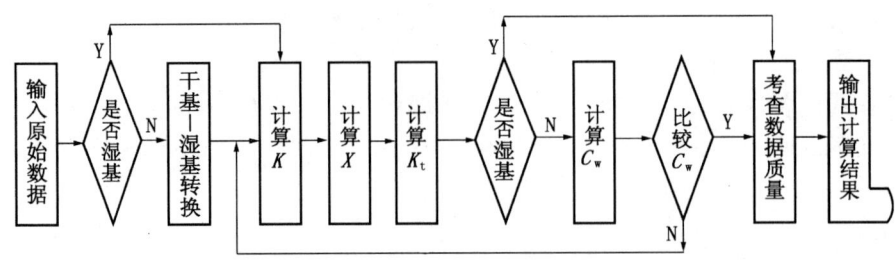

图 10-39 克劳斯装置硫收率计算框图

标准离差和变异系数，详见表 10-24 至表 10-29。

表 10-24 卧龙河引进克劳斯装置气体组成数据

组分，%	H_2S	CO_2	CH_4	H_2O	SO_2	N_2	S_6	S_8
酸 气	86.11	6.85	2.00	5.04	—	—	—	—
冷一出过程气	6.75	2.95	—	27.40	3.375	59.43	0.0001	0.000733
一转出过程气	3.394	2.97	—	30.98	1.70	59.77	0.44	0.747
尾 气	2.20	3.02	—	32.75	1.10	60.893	—	0.037

表 10-25 卧龙河装置硫收率计算结果

项 目	冷一出过程气	一转出过程气	尾 气
K_C	3.0000	2.9798	2.9305
K_H	2.8192	2.8008	2.7547
K_O	2.8207	2.8018	2.7560
K_N	2.9779	2.9609	2.9063
K_m	2.9045	2.8853	2.8369
X_C，%	65.84	82.93	89.13
X_R，%	63.67	54.07①	88.15
K_t	2.8758	2.8886	2.8387
X_1，%		50.03	
X_2，%		36.32	
G，kg/m³		1.085	
S_K	0.09799	0.09790	0.09466
CV_K，%	3.37	3.39	3.34

① 过程气含大量硫磺，故此值低。

表 10-26 川西北克劳斯装置气体组成数据

组分（干基），%	CH_4	H_2S	CO_2	SO_2	CO	COS	CS_2	H_2	N_2
酸 气	1.16	55.34	42.38	—	—	—	—	—	—
炉出过程气	—	6.16	24.64	2.50	0.56	0.1	0.95	1.81	64.05
一转出过程气	—	1.86	28.56	0.86	0.56	0	0.61	1.79	68.49
二转出过程气	—	0.89	28.00	0.32	0.54	0	0.53	1.72	71.78

表 10-27　川西北装置硫收率计算结果

项　目	炉出过程气	一转出过程气	二转出过程气
C_W	0.7731	0.7275	0.7190
K_C	2.0382	1.9123	1.9790
K_H	2.0955	2.0217	2.0217
K_O	2.1880	2.0233	2.0600
K_N	2.1713	2.1504	2.0763
K_m	2.1233	2.0269	2.0342
X_C,%	66.72	88.95	93.68
K_t	2.2464	2.1162	2.1122
X_1,%	66.80		
X_2,%	42.81		
G,kg/m³	0.7149		
S_K	0.0695	0.0973	0.0434
CV_K,%	3.27	4.80	2.13

表 10-28　垫江克劳斯装置气体组成数据

组分,%	H_2S	CO_2	CH_4	H_2O	SO_2	N_2	S_8
酸　气	21.03	73.19	2.00	—	—	—	—
一转入过程气	9.18	48.28	0.87	7.92	4.58	29.17	0
二转入过程气	2.37	49.95	0.90	15.32	1.19	30.18	0.09
冷二出过程气	0.84	50.35	0.91	17.00	0.42	30.44	0.04

表 10-29　垫江装置硫收率计算结果

项　目	二转入过程气	冷二出过程气
K_C	1.4787	1.4668
K_H	1.4963	1.4788
K_O	1.4784	1.4667
K_N	1.4764	1.4638
K_m	1.4825	1.4690
X_C,%	74.90	91.20
X_R,%	69.83	88.96
K_t	1.4705	1.4612
X_2,%	64.94	
G,kg/m³	0.2674	
S_K	0.00929	0.00666
CV_K,%	0.627	0.454

二、氮平衡法

该法为国内较常采用的一种方法，它通过氮元素的平衡获得酸气与过程气或尾气的比值，然后以酸气中的 H_2S 为基准扣去过程气或尾气中各种硫化物量求得转化率及硫收率。

此法实际是前述 C，H，O，N 及 S 元素平衡法的一种简化版。

三、基准转换法[34]

当需要测定克劳斯装置转化器的转化率以及在实验室评价催化剂的活性时，简单地以出入口的组分差值计算显然是不妥当的，因为转化反应导致了体积的变化；此外，组分析值通常为干基，又带来需要转换为湿基的问题。对此，徐德明巧妙地使用基准转换获得了简洁的计算方法。

该法提出了"干精气"的概念，干精气是指过程气中不考虑水及无机硫（H_2S 及 SO_2）的气体。当仅存在 H_2S 与 SO_2 的反应时，则视进出口的干精气量不变，如出现有机硫水解反应则需考虑其体积变化。鉴于实际的过程气及尾气分析结果均是"干基"，此法在实用中有其方便之处。

1) 转化器无机硫转化率

$$\eta_{n \cdot s} = 1 - \frac{B_n(1-A_n)}{A_n(1-B_n)} \tag{10-46}$$

式中 $\eta_{n \cdot s}$——H_2S 及 SO_2 的转化率，%；

A_n——进料 H_2S 及 SO_2 浓度，%；

B_n——出料 H_2S 及 SO_2 浓度，%。

2) 转化器有机硫转化率

由于有机硫水解导致干精气量变化，其结果使计算式反而简化了：

$$\eta_{ors} = 1 - \frac{B_{or}}{A_{or}} \tag{10-47}$$

式中 η_{ors}——有机硫转化率，%；

A_{or}——进料 COS 及 CS_2 浓度，%；

B_{or}——出料 COS 及 CS_2 浓度，%。

3) 转化器总硫转化率

$$\eta_v = \frac{\left(\dfrac{A_n + A_{or}}{1-A_n}\right) - \left(\dfrac{B_n + B_{or}}{1-B_n}\right)}{\left(\dfrac{A_n + A_{or}}{1-A_n}\right)} \tag{10-48}$$

式中 η_v 为总硫转化率，其余符号同上。

第十节 提高装置硫收率的措施

应当指出，克劳斯装置与脱硫装置及脱水装置在运行性质方面有所不同。后两类装置是要求达到一定净化指标，不存在峰值问题，故工艺条件可在相当宽的范围内变化。而克劳斯装置的转化率及硫收率则因装置的流程安排、催化剂的性能及工艺条件的变化而变化，在最佳安排及工艺条件下可获得最佳的硫收率。因此，对于克劳斯装置，正确合理的设计、性能优良的催化剂、精心安排风气比及其他工艺参数更具有特别重要的意义。

Paskall 曾以一种富 H_2S 酸气及一种贫 H_2S 酸气（如表 10-30 所示）为原料考查了克

劳斯工艺理想的（间接再热、四级转化、第二、三、四级转化器出口温度为其硫露点温度，五级冷凝温度均为127℃）转化率和回收率以及最佳的（除留有适量的硫露点裕量及一级冷凝温度较高外，其余均与理想条件相同）转化率和硫收率，现示于表10-31及表10-32。

表10-30 计算所用的酸气组成

组分,%	H_2S	CO_2	CH_4	C_2H_6	H_2O
富H_2S酸气	81.056	13.297	0.962	0.045	4.640
贫H_2S酸气	17.190	77.355	0.955	0.000	4.500

表10-31 克劳斯工艺理想的转化率与硫收率

工艺单元	富H_2S酸气 出口温度,℃	转化率,%	硫收率,%	贫H_2S酸气 出口温度,℃	转化率,%	硫收率,%
燃烧炉	—	66.60①	—	—	0.00	—
一级冷凝器	127	—	66.47	—	—	0.00
一级转化器	343（237）②	88.35	—	343（246）	81.29	—
二级冷凝器	127	—	88.22	127	—	80.85
二级转化器	212	98.07	—	200	97.70	—
三级冷凝器	127	—	97.93	127	—	97.31
三级转化器	166	99.40	—	153	99.31	—
四级冷凝器	127	—	99.22	127	—	98.91
四级转化器	143	99.67	—	134	99.62	—
五级冷凝器	127	—	99.50	127	—	99.21

① 假设值，所有转化率及硫收率均为累计值；
② 括弧内为硫露点，二、三、四级转化出口温度均达硫露点。

表10-32 克劳斯工艺最佳的转化率及硫收率

工艺单元	富H_2S酸气 温度,℃	转化率,%	硫收率	贫H_2S酸气 温度,℃	转化率,%	硫收率
燃烧炉	—	66.60①	—	—	0.00	—
一级冷凝器	232	—	66.44	—	—	0.00
一级转化器	343（259）②	87.14	—	343（246）	81.22	—
二级冷凝器	127	—	87.04	127	—	80.85
二级转化器	228（214）	97.68	—	208（201）	97.37	—
三级冷凝器	127	—	97.54	127	—	96.98
三级转化器	179（171）	99.16	—	163（155）	99.15	—
四级冷凝器	127	—	99.01	127	—	98.73
四级转化器	157（149）	99.54	—	144（136）	99.50	—
五级冷凝器	127	—	99.38	127	—	99.08

①假设值，所有转化率及硫收率均为累计值；
②括弧内为硫露点。

从表 10-31 及表 10-32 可见，对于两级催化转化而言，"理想"的转化率及硫收率可达到 97.31%～98.07%；"最佳"的转化率及硫收率也可达到 96.98%～97.68%。但通常设有两级催化转化的实际装置，其硫收率大约只有 95% 左右，如表 10-33 所示。

表 10-33　克劳斯装置的硫收率

酸气 H_2S 浓度,%	硫收率,%		
	两级转化	三级转化	四级转化
20	92.7	93.8	95.0
30	93.1	94.4	95.7
40	93.5	94.8	96.1
50	93.9	95.3	96.5
60	94.4	95.7	96.7
70	94.7	96.1	96.8
80	95.0	96.4	97.0
90	95.3	96.6	97.1

从表 10-33 可见，第三级催化转化对硫收率的贡献不过在 1.1%～1.4% 间，第四级转化则仅有 0.5%～1.3%。所以多数装置仅安排两级转化，尤其是后继以尾气处理的装置。

一、装置设计中需注意采取的措施

在克劳斯装置设计中需注意采取的措施简要概括如下：
(1) 如有可能，使用质量较好的酸气，包括低的烃含量及高的 H_2S 浓度等；
(2) 燃烧炉确保酸气与空气的良好混合与燃烧；
(3) 选用质量优良而价格适当的催化剂；
(4) 仔细评价各种再热方式的利弊而选择最适当的再热措施；
(5) 提供良好的硫雾分离与捕集；
(6) 为精确控制风气比提供可靠的仪器保障等。

二、装置运行中需注意的问题

1. 严格精确控制风气比

除去在燃烧炉中有少量副反应以及在一段转化器中有机硫水解对反应的配比有一定影响外，H_2S 与 SO_2 的反应是严格按量比 2:1 进行的。如果风气比不当，则对克劳斯装置的硫收率将有显著影响；若继以低温克劳斯尾气处理，则风气比不当对总硫收率的影响将是致命性的。对于还原吸收型的尾气处理装置，风气比不当虽然对总硫收率的影响不那么严重，但对其还原工序及选吸工艺将带来很多麻烦（详见第十一章）。图 10-40

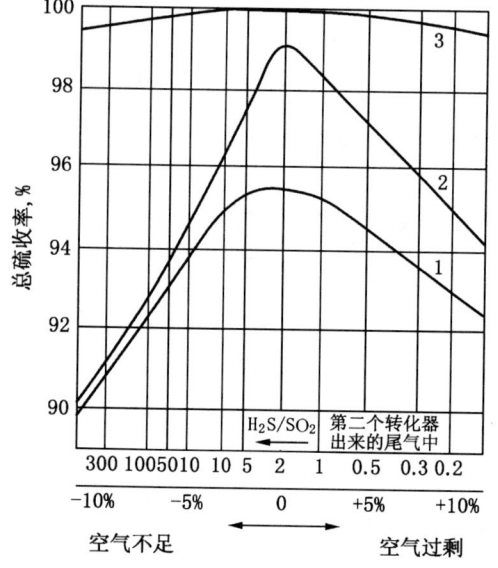

图 10-40　风气比对总硫收率及尾气 H_2S/SO_2 比的影响

1—两级催化转化克劳斯；2—两级转化克劳斯+低温克劳斯；
3—两级转化克劳斯+还原吸收法尾气处理

给出了风气比对两级催化转化的克劳斯装置、克劳斯+低温克劳斯装置和克劳斯+还原吸收法尾气处理装置的总硫收率和尾气 H_2S/SO_2 比值的影响[35]。

由于严格精确控制风气比非常重要,所以现代化的克劳斯装置、尤其是对尾气 SO_2 排放指标有严格要求的装置均安排有测定尾气 H_2S/SO_2 比值或 H_2S 浓度的昂贵的在线分析仪器以精细地反馈调节风气比。

2. 有效地控制和转化有机硫

第四节曾有一段专门讨论了燃烧炉内的有机硫问题,此处不再赘述,总的说来,酸气中较低的烃含量和 CO_2 浓度、较高的燃烧温度及适当的停留时间有助于降低其出口气中有机硫的浓度,关于炉壁材料的影响还不清楚但值得注意。

在燃烧炉内生成的有机硫应在一级转化器内予以转化,此点对继以低温克劳斯尾气处理需保证总硫收率达到或超过99%的装置更为重要。

对于氧化铝基催化剂而言,不同温度下有机硫的转化率大体如表10-34所示。

表10-34 不同温度下氧化铝基催化剂的有机硫转化率

温度,℃	<232	246	260	274	288	302	316	329
转化率,%	0	10	40	60	70	80	87	95

所以氧化铝基催化剂用于一段转化时的温度通常需在320℃左右。

在德国 NEAG 厂700t/d 克劳斯装置中使用 CRS-31 氧化钛基催化剂5年的有机硫转化率情况示于表10-35[36]。但在加拿大一套1150t/d 装置在一级转化器内装有部分 CRS-31 催化剂,效果似乎没有这么好,认为5年的 COS 平均转化率为90%、CS_2 为80%[37]。然而越来越多的新建装置均在一级转化器内装有一层 TiO_2 基催化剂,看来它转化有机硫的能力优于 Al_2O_3 基催化剂应当是肯定的。

在正常情况下,尾气中有机硫所导致的硫损失不应高于0.5%。

表10-35 CRS-31 催化剂转化有机硫的效果

催化剂使用期,a	0	1	2	5
温度,℃	275~315	286~312	290~320	280~300
CS_2 转化率,%	95	95	92~99	94.5
COS 转化率,%	99	99	98~99	98.5

3. 末级转化采用较低温度

从图10-8可见,末级转化的温度愈低,可获得的总硫转化率愈高,但它受制于催化剂的性能及硫露点。所以末级转化更需使用活性优越的催化剂。

末级冷凝冷却器使用较低的温度当然有助于硫收率更为逼近转化率;图10-41给出了硫蒸汽损失率与末级冷凝冷却器温度和酸气 H_2S 浓度的关系。

硫雾问题在末级冷凝器将导致硫收率的损失;而在前面的冷凝冷却器产生的硫雾则主要影响反应的平衡,但它所造成的转化率损失还可在后面的转化器内得到补偿。所以末级冷凝冷却器尤需防止产生微小硫雾。

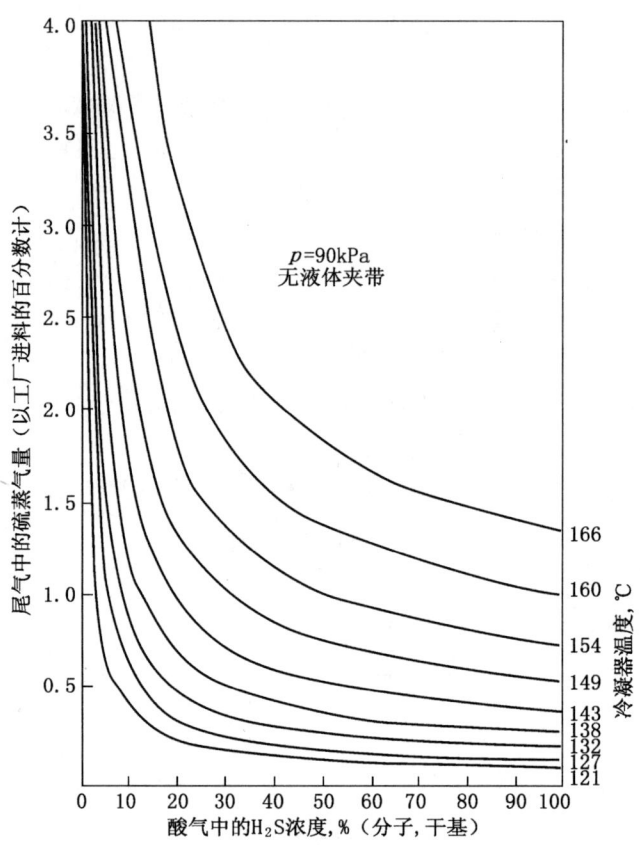

图 10-41 末级冷凝器的硫蒸汽损失率
(引自本章参考文献 [5])

第十一节 尾气灼烧

出克劳斯装置或尾气处理装置的尾气仍含有小量或微量的 H_2S 及其他形态的硫,必须将 H_2S 等转化为 SO_2 后才可以排放,尾气 SO_2 排放标准可见表 1-12。

尾气灼烧有热灼烧及催化灼烧两类,以热灼烧的应用较为普遍。

一、尾气热灼烧

尾气中除 H_2S 外,还有小量的 CO 及 H_2 等可燃组分,但为了维持热灼烧所需达到的温度 540～600℃,还需要注入一小股燃料气。为使灼烧后的尾气 H_2S 浓度不高于 $10mL/m^3$,尾气在灼烧炉内应当停留的时间与灼烧温度的关系示于图 10-42。

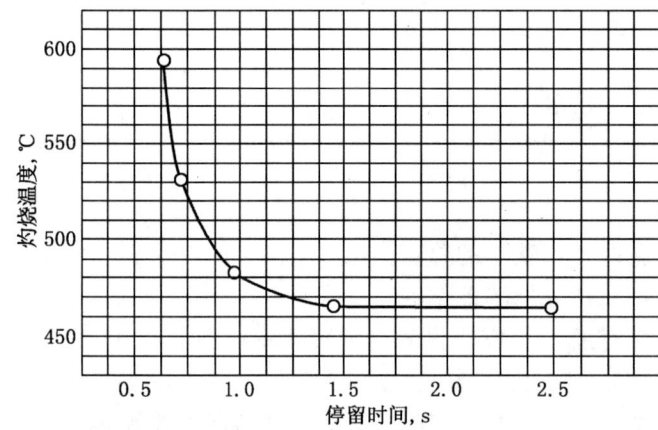

图 10-42 尾气灼烧时间与温度的关系
(引自 Engineering Data Book,图 22-12)

灼烧后尾气的热量应予回收,通常安排以过热蒸汽,也可作它用。

二、尾气催化灼烧

催化灼烧可在300~400℃的温度下进行,从而较热灼烧可降低燃料气用量。

催化灼烧所使用的催化剂为浸有金属氧化物的活性氧化铝;氧化硅基催化剂可使用更低的温度,200~350℃。

第十二节 克劳斯装置数据

一、国外克劳斯装置数据

国外一些天然气净化厂的克劳斯装置的设计或实际运行数据示于表10-36。

表10-36 国外克劳斯装置数据

装 置	酸气 H_2S,%	产能,t/d	工艺类别	催化级数	硫收率,%	建成年度
加拿大 Joffre	82	16.6	直流	两级	90.1	1972
加拿大 Rainbow	69	139	直流	两级	93.2	1968
加拿大 Brajeau	28	41.6	分流	两级	91.1	1970
加拿大 Quirk Creek	70	293	直流	三级	95.5	1971
加拿大 Baljac	65	1686	直流	三级	96.4	1961
加拿大 Kaybob	84	3520	直流	四级	97.0	1971
法国 Lacq	61	314	直流	两级	95.5	1984年数据
德国 BEB	40	700	预热式直流	三级[①]	98.0	1983年数据
德国 NEAG	58	310	直流	两级	96.0	1987年数据
德国 Grossenkneten	85	2000	直流	三级		1993年数据
美国 Chatom	85	100	直流	三级	96.0	1994年数据
美国 Como	57	47	直流	两级	96.0	1994年数据
美国 Thomasville	74	600	直流	三级	97.7	1994年数据
美国 Big Escambia Creek	35	440	分流	三级	96.0	1994年数据
美国 Hammattan	12.5	50	预热式分流	两级	94.1	1994年数据
美国 Teague	30	10	分流	三级	96.3	1994年数据
美国 Lake Charles	>90	34	直流	三级	97.8	1985年数据

① 一级转化器装有CRS-31催化剂。

二、国内克劳斯装置数据

国内天然气净化厂的一些克劳斯装置的设计或运行数据示于表10-37。

表 10-37　国内天然气净化厂克劳斯装置数据

装置	酸气 H_2S,%	产能, t/d	工艺类别	转化级数	硫收率,%	建成年度
重庆引进装置	78	230	直流	两级	95	1980
重庆垫江装置①	30	8～10	分流	两级	90	1986
川中引进装置	94	11.1	直流	三级	97	1991
川中国产装置	94	17.68	直流	两级	95	1994
川西北装置①	65	100	直流	两级	95	1982
重庆渠县装置①	30	12	分流	两级	<90	1989
重庆长寿装置	30	10	分流	两级	>93	1998

① 装置后已改造。

第十三节　处理酸气的其他途径

克劳斯工艺是处理胺法及砜胺法等所产生的含 H_2S 酸气的主体工艺，包括直流法、分流法及直接氧化法等，已在本章的前面各节作了系统介绍。

除克劳斯工艺外，还可通过另一些途径处理与利用含 H_2S 酸气。例如：可使用直接转化法将酸气中的 H_2S 在常温下于液相中氧化为元素硫；生产增值的有机或无机硫化工产品；在酸气 H_2S 浓度极低且潜硫量极少、灼烧后 SO_2 可满足当地环保要求的条件下也可灼烧排放；酸气中 CO_2 的利用也颇值得注意。至于将 H_2S 分解为元素硫和氢气虽是十分诱人的途径，目前尚只能在燃烧炉内使 H_2S 少量裂解而多产生一点氢气；至于使之完全转化为硫和氢气，国内外开展了几种途径的研究开发工作，但迄今尚未取得工业化的成果。

一、直接转化法处理酸气中的 H_2S

在酸气中的 H_2S 浓度相当低且潜硫量又不大的条件下，以直接转化法（即氧化还原法）处理也是一条适当的途径。

本书第七章已详细介绍了各类直接转化法，即以铁法及钒法为主的、以氧载体在常温下将 H_2S 在液相中氧化为元素硫的方法，原则上它们均可用于处理含 H_2S 酸气。事实上，有几种工艺已建有处理酸气的工业装置，如 Lo-Cat、Sulferox 及 Stretford 等方法，此中自动循环的 Lo-Cat 单塔流程特别适于处理酸气，前已介绍了四川蜀南气矿的 Lo-Cat Ⅱ 装置。

这些工艺的详情此处不再赘述，但应注意它们在处理酸气（而非天然气）时的一些特点。

(1) 由于含 H_2S 酸气在 H_2S 被脱除并氧化为元素硫后即可作为废气排放，因此它更适合于将溶液吸收 H_2S 及溶液再生集于一塔的安排，如 Lo-Cat 自动循环工艺。

此中，稳定维持溶液的性能，即保持溶液再生与其氧化 H_2S 的同步性是至关重要的。

(2) 用于直接转化 H_2S 的铁法或钒法溶液大多是 pH 值高于 7 的弱碱性溶液（以增强吸收 H_2S 的推动力），在用于处理酸气（通常 CO_2 浓度远高于 H_2S）的工况下，CO_2 的吸收是不可避免的，因此，保持 CO_2 的吸收与排出的平衡也成为维持溶液性能的关键问题之一。

(3) 使用直接转化法处理酸气时，由于 H_2S 脱除率通常可高达 99% 以上，因此不存在克劳斯工艺中的尾气处理问题。

但是，由于氧载体在将 H_2S 氧化为元素硫的同时也可能有微量或少量的硫氧酸盐（如 SO_3^{2-}、$S_2O_3^{2-}$、SO_4^{2-} 等）生成并在溶液内积累；此外溶液中的有机物也可能产生降解；所以，此类方法可能存在废液处理问题。

（4）直接转化法所得的硫泥或硫浆以熔硫釜处理后可得到纯度相当高的硫磺，呈棕黄色，然而，其质量还是不如亮黄色的克劳斯硫磺。此外，由于有溶剂降解问题，其化学品消耗费用也比较高。

二、利用酸气中的 H_2S 生产硫化工产品

酸气中的 H_2S 可用于生产各种硫化工产品，富 H_2S 酸气（H_2S 大于 80%～90%）则是优良原料。

1. 无机硫化工产品

国内以酸气 H_2S 为原料生产无机硫化工产品首先是在东溪净化装置生产焦亚硫酸钠；此后川西南矿区用以生产硫氢化钠、硫代硫酸钠、液体 SO_2 以及不溶硫等，酸气中的 CO_2 还用于生产碳酸锶，这些装置都取得了一定的经济效益。

目前，川中净化厂的高 H_2S 酸气（H_2S 大于 90%）有生产硫化锌的计划。

生产无机硫化工产品的方法请见有关专著，本书从略。

2. 有机硫化工产品

以酸气中的 H_2S 生产有机硫化工产品可能有更好的效益。

在附近对二硫化碳有稳定需求的条件下，天然气净化厂同时具有生产二硫化碳的两种原料——CH_4 和硫磺，而且有克劳斯装置可附带处理二硫化碳装置产生的含 H_2S 废气，因而有显著的优势。

法国 Lacq 气田 SNPA-DEA 装置的含 H_2S 酸气早就用于生产多种有机硫化工产品及液体 H_2S，如表 10-38 所示。

表 10-38 Lacq 天然气厂有机硫化工产品

名　　称	产量，t/a	用　　途	投产时间
甲硫醇	15000	合成蛋氨酸用的重要中间体	1958 年
蛋氨酸	4000	用作动物饲料添加剂	—
乙硫醇　商品名 Alerton 11	9000	气体增臭剂及合成农药的中间体	1972 年
长链脂肪硫醇	3000	用作聚合反应的链转移剂	1977 年
特十二硫醇 TDM	4000	用作聚合反应的链转移剂	1962 年
多硫化物 TPS 20 和 30	1500	石油添加剂	—
液体 H_2S	2000	作商品	20 世纪 50 年代末
二甲基硫化物　商品名 Alerton 55	3000	合成二甲亚砜和用作气体增臭剂	—
二甲基二硫化物	3000	作溶剂、抗焦剂及合成农药用	1965 年
二乙基硫化物	1000	作气体增臭剂及合成用的中间体	—
四氢噻吩　商品名 Alerton 88	1500	作城市煤气增臭剂	—
二甲亚砜 DMSO	3000	作抽取芳烃用溶剂	1963
巯基乙酸	3000	用于化妆品和药物工业	—
巯基乙酸异辛酯	2000	用作塑料稳定剂	—
Thiostone（多硫化物）	—	用作沥青添加剂供修路用，使路面耐磨	—
Sulkat（多硫化物）	3000	用作建筑、运输、航空工业高级密封剂	—

国内利用川中净化厂独特的高质量酸气（H_2S 含量约为 95%）优势，正在开发系列硫化工产品。2002 年 10 月底建成 3000 t/a 的巯基乙醇装置并投入生产；下步还将建设 1500 t/a 甲硫醇装置、1000 t/a 四氢噻吩装置以及 2000 t/a 硫化锌装置，从而成为我国的西部硫化工基地。

关于上述有机硫化工产品的生产方法请见有关专著，本书从略。

三、从 H_2S 制氢气与硫磺[38]

克劳斯工艺及直接转化法均只回收了 H_2S 中的"S"，其中的"H_2"则转化为 H_2O 而排放。如能从 H_2S 制得氢气和硫磺则使之全转化为有用产品，这对于需要氢气的工厂、例如炼油厂有特别重要的意义。为此，国内外开展了多种途径的由 H_2S 制氢气和硫磺的研究开发工作，有的还进行了工业规模的试验，但迄今由于技术及经济方面的原因尚未能工业化。

1. H_2S 制 H_2 和 S 的热力学

热力学分析表明，H_2S 分解为 H_2 和硫（S）的反应是一个自由能增加的反应，即使在高温下其平衡常数也是相当低的；就动力学而言，只有在高温下才能产生反应。表 10-39 给出了不同温度下的平衡常数值。

表 10-39 H_2S 裂解反应的平衡常数

温度，K	1000	1200	1400	1600	1800	2000
K	1.6×10^{-8}	3.2×10^{-7}	2.7×10^{-6}	1.3×10^{-5}	4.7×10^{-5}	1.3×10^{-4}

从表 10-39 可见，平衡常数是如此之低，采用常规途径很难取得令人满意的效果；必须别出蹊径，因此出现了微波裂解、双反应转换、瓷膜反应器等的研究开发工作；同时也研究了利用克劳斯炉的反应热裂解 H_2S 生成氢气的可能性，以下将简要介绍这些研究开发情况。

2. H_2S 微波裂解工艺[39,40]

俄罗斯库尔恰托夫原子能研究所及美国阿尔贡国家实验室均开展了使用微波裂解 H_2S 的研究开发工作。电微波发生器产生的微波可经波导管对称地进入反应区，微波释放所产生的"冷"的非平衡等离子体可使 H_2S 裂解。俄罗斯设想的概念流程示于图 10-43。

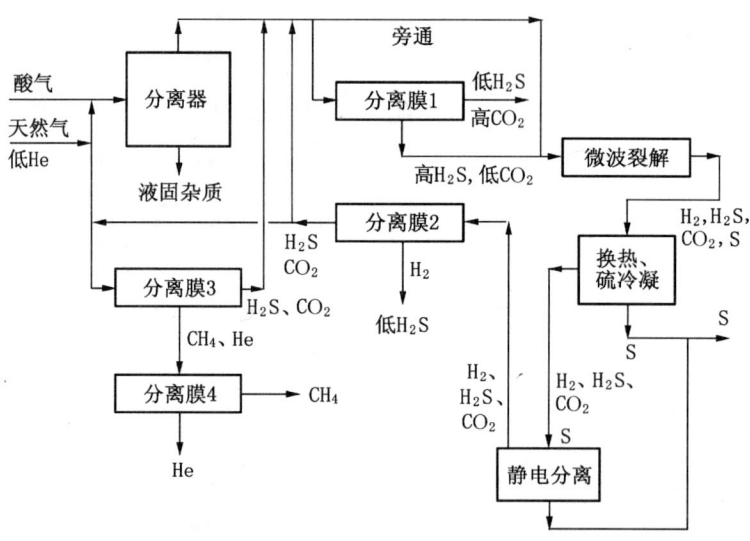

图 10-43 H_2S 微波裂解制 H_2 和硫概念流程

俄罗斯曾在奥伦堡天然气净化厂建设了功率为 1MW、酸气处理量为 1000 m³/h 的工业试验装置，H_2S 单程转化率为 65%～85%，能耗为每 gmol 转化的 H_2S 为 10kJ 左右，液硫冷凝后气流入膜反应器分离得到氢气及未反应的 H_2S。此外，俄方还在乌克兰一炼厂建设一套 35 kW 的 H_2S 微波裂解试验装置。美国试验装置的功率仅为 2 kW。1993 年俄美两方还曾决定合作推进这一工艺的工业化，但近期无进一步的消息。

我国西安石油学院采用微波法进行了实验室研究，但使用了 FeS 为催化剂。

3. H_2S 氧化制硫及电解制氢组合工艺[41,42]

此工艺的特点是以 Fe^{3+} 氧化 H_2S 得元素硫，而 Fe^{2+} 则依靠电解氧化为 Fe^{3+} 并同时产生氢气。可见此工艺的第一步与直接转化法的吸收步骤相同，而第二步溶液再生段则不同。此中所涉及的反应为：

吸收段：$\quad\quad 2Fe^{3+} + H_2S \rightleftharpoons 2Fe^{2+} + 2H^+ + S$ \hfill (10-49)

电解段：$\quad$ 阳极 $\quad 2Fe^{2+} \longrightarrow 2Fe^{3+} + 2e$ \hfill (10-50)

$\quad\quad\quad\quad$ 阴极 $\quad 2H^+ + 2e \longrightarrow H_2$ \hfill (10-51)

日本国家工业化学实验室与出光兴产公司合作建有 1t/d 的试验装置，使用 $FeCl_3$ 溶液，H_2S 吸收率 99%，电解电压 0.75～0.9V，制氢电耗为 2.0 kWh/m³ H_2，图 10-44 为其过程示意图。

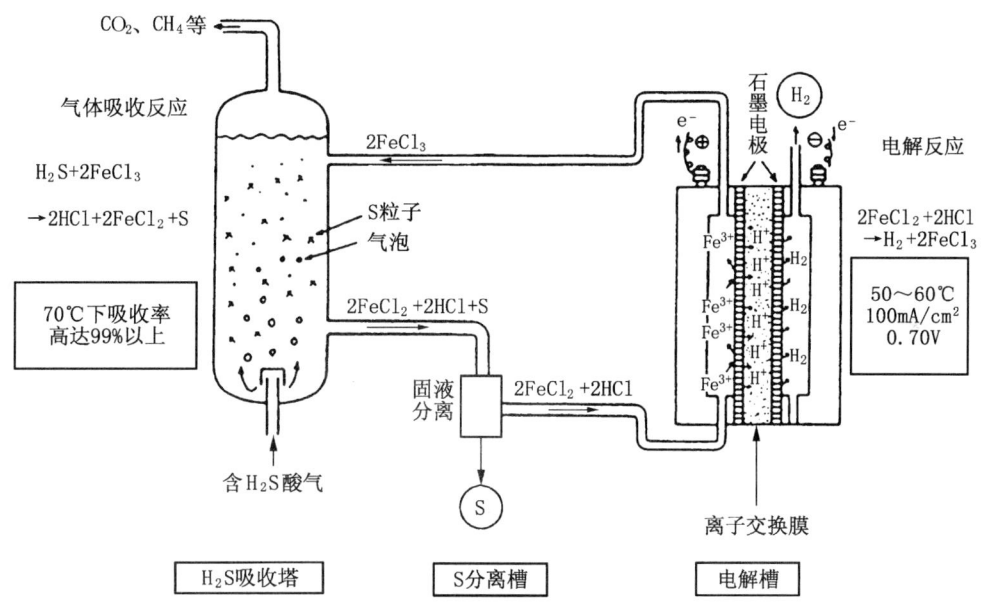

图 10-44 H_2S 氧化制硫及电解制氢组合示意图

石油大学赵永丰等进行类似工艺的研究，吸收段使用鼓泡塔，在 80℃下，对 H_2S 浓度为 2% 的气体，吸收率可达 99%，CO_2 对 H_2S 的吸收无影响，电解段采用新型的 SPE（Solide Profon Exchange）电极，制氢电耗 2.0 kWh/m³。

4. Hysulf 工艺

美国 Marathon 公司开发的 Hysulf 工艺第一步以叔丁基蒽醌为氧化剂（溶于有机溶剂如 N-甲基吡咯烷酮中）在 20～70℃下将 H_2S 氧化为元素硫，还原了的取代蒽醌则在催化剂存在及一定温度下再生并同时产生氢气；试验装置规模为 1kg/d。

5. 热裂解工艺

加拿大 Alberta 硫磺研究公司研究了利用克劳斯燃烧炉的高温条件使 H_2S 裂解的可能性，试验装置是在小型克劳斯炉内装有高铝瓷管反应器，管长 3 m，以纯 H_2S 为进料，停留时间 0.2s，当温度从 1030℃升至 1270℃时，转化率由 21%升至 35%[38]。

除上述一些研究开发工作外，在 H_2S 制氢气及硫磺这一领域还进行了许多探索，包括多相催化分解、均相催化分解，使用的能源还有放射线能、光能及太阳能等；为了推动反应，还采用瓷膜反应器在反应的同时分离出氢气以有利于反应进一步进行。

不久前还出现了一些新的设想，如考虑到酸气含有 H_2S 及 CO_2，可将其转化为硫磺及 $CO+H_2$ 合成气[43]，还有利用生化过程将其转化为硫磺及碳水化合物（类似植物光合作用，但吐出的不是氧而是硫）等。

无疑，以 H_2S 为原料取得氢气和硫磺是一个特别令人向往的方向，付出较低的能耗是其能够工业化的前提，此外还需考虑由于 CO_2 存在是否有可能发生水煤气转化反应而降低了氢气的收率；考虑到反应平衡问题，采用膜分离导出氢气既推动了反应又分离了产品，反应分离一体化应是发展方向。

参 考 文 献

1 周学厚等编．天然气工程手册（下）．北京：石油工业出版社，1984
2 朱利凯等编．天然气处理与加工．北京：石油工业出版社，1997
3 王遇冬等编．天然气处理与加工工艺．北京：石油工业出版社，1999
4 郝匀宏等．硫．化工百科全书（10）．北京：化学工业出版社，1996，719~737
5 X. S. Shuai et al. New Correlations Predict Physical Properties of Elemental Sulfur. Oil Gas J., 93 (42), 1995：50~55
6 雷秉义．直流法克劳斯过程最佳化计算的初步研究．天然气工业，10 (4)，1990：67~72
7 朱利凯．改良克劳斯法硫回收工艺问题讨论．天然气工业，12 (6)，1992：81~88
8 朱利凯．克劳斯法硫回收过程工艺参数简化计算．石油与天然气化工，26 (3)，1997：163~169
9 R. K. Kerr et al. Claus Process：Catalytic Kinetics (1). Modified Claus Reaction. Energy Proc. /Can., 69 (1), 1976：66~72；(2) COS and CS_2 Hydrolysis, 69 (2), 1976：38~44
10 王开岳，王红梅．试论 H_2S 浓度为 15%~50%的酸气制硫方法．天然气工业，10 (6)，1990：67~72
11 H. W. Gowdy, et al. UOP's Selectox Process Improvements in the Technolog, Proc. 48th Laurance Reid Gas Cond. Conf., 1994：265~284
12 G. B. Goar. First Recycle Selectox Unit Onstream. Oil Gas J., 80 (17), 1982：124~125
13 武显春等．H_2S 选择性催化氧化技术进展．天然气工业，13 (3)，1993：86~91
14 王开岳，尹荣辅．卧引硫磺回收装置废热锅炉腐蚀及堵塞问题迄今始末．石油与天然气化工，11 (2)，1982：11~17
15 肖凤杳．硫磺回收装置废热锅炉设计．石油与天然气化工，12 (3)，1983：20~26

16　王开岳. 克劳斯过程中的有机硫问题. 石油与天然气化工, 22 (4), 1993: 215~220

17　G. B. Goar, Impure Feeds Cause Claus Plant Problems. Hydrocarbon Proc., 53 (7), 1974: 129~132

18　张良鹤. 用计算机模拟硫回收装置. 天然气工业, 11 (1), 1991: 60~65

19　A Broad Selection. Sulphur, 1995 (1/2): 40~50

20　Choosing the Right Catalyst. Sulphur, 1995 (7/8): 38~39

21　R. Larraz. Claus Catalyst Pore Structure Optimization. Hydrocarbon Proc., 78 (7), 1999: 69~72

22　I. Nougayrede et al. Commercial Runs Show TiO_2 Claus Catalyst Retains Activity. Oil Gas J., 85 (32), 1987: 65~71

23　P. D. Clark et al. Understanding Claus Furnace Chemistry: Development of a "Modified" Claus for Low H_2S - Content Acid Gases. Proc. 48th Laurance - Reid Gas Cond. Conf., 1998: 241~246

24　尹荣辅等. 硫磺回收三组合冷凝冷却器前管板出现裂纹的原因分析及其看法. 石油与天然气化工, 24 (1), 1995: 57~59

25　J. Nougayrede. et al. Liquid Catalyst Efficiently Removes H_2S from Liquid Sulfur, Oil Gas J., 87 (29), 1989: 65~69

26　C. M. Schicho et al. System for Degassing Liquid Sulfur can Reduce Total H_2S to Acceptable Levels, Oil Gas J., 83 (49), 1985: 56~58

27　E. Nataso et al. Sulfur Degasification - The D'GAASS Process, 52th Laurance Reid Gas Cond. Conf., 1998: 65~75

28　F. B. Hyne. Sulphur Forming, Handling and Transport, Still not a Completely Routine Matter. Sulphur, 208, 1990: 35~47

29　J. Stevens. The World of Sulphur Forming. Sulphur, 252, 1997: 18~22

30　李正西. 近年国外硫磺成型工艺的现状, 石油与天然气化工, 25 (2), 1996: 75~77

31　S. Stefan. et al. Sulfur Solidification and Handling Systems. Hydrocarbon Eng., 15 (5), 2000: 108~111

32　F. Hugill et al. Pumping Molten Sulfur. Hydrocarbon Eng., 16 (9), 2001: 57~63

33　王开岳. 克劳斯反应的元素平衡. 天然气工业, 10 (1), 1990: 62~68

34　徐德明. 以基准转换法求克劳斯转化器的硫转化率. 天然气工业, 10 (5), 1990: 67~71

35　R. Kettner. New Claus Tail - Gas Process Proved in German Operation. Oil Gas J., 86 (2), 1988: 63~66

36　B. G. Goar. Large - Plant Sulfur Recovery Processes Stress Efficiency. Oil Gas J., 92 (21), 1994: 61~67

37　B. G. Goar. Claus Plant Capacity Boosted by Oxygen - Enrichment Process. Oil Gas J., 83 (39), 1985: 39~41

38　N. I. Dowling, et al. Kinetic Modelling of the Reaction between H and S and Opposing H_2S Decomposition at High Temperatures. IEC Res., 38 (4), 1999: 1369~1375

39　Gas Treatment Using Microwave Technology. Sulphur, 225, 1993: 49~51
40　张洵立等. 硫化氢分解制氢气和硫. 石油与天然气化工, 24 (4), 1995: 226~230
41　M. Susumu et al. Hydrogen Production from H_2S by the Fe-Cl Hybrid Processes. IEC Res., 30 (7), 1991: 1601~1608
42　俞英等. 硫化氢间接电解制取氢气和硫磺方法的研究. 石油与天然气化工, 27 (1), 1998: 35~38
43　G. P. Towler et al. Development of a Zero-Emissions Sulfur Recovery Process. IEC Res., 32 (11), 1993: 2812~2819

第十一章　尾气处理工艺

第一节　概　　述[1,2]

如第十章所述，带两级催化转化的克劳斯装置的硫收率通常在95%左右，相应地灼烧尾气中SO_2的浓度约为1.5%，这就成为污染大气的重要来源。

从20世纪60年代开始，发达国家逐步加强了克劳斯尾气SO_2排放的限制，总的趋势是愈来愈严格，装置规模愈大，要求达到的总硫收率也愈高，有些高达99.8%；目前国外以及我国关于克劳斯尾气SO_2的排放要求可见第一章的表1-11及表1-12。

然而，关于天然气净化厂的克劳斯装置及尾气处理装置，我国目前暂按国标GB 16297—1996控制尾气SO_2排放量而不控制排放SO_2的浓度。新的标准正在制定中，总的思路是根据国情，参考国外经验，按装置不同规模规定不同的总硫收率要求，相应也就规定了SO_2的排放浓度和排放量。

依靠克劳斯装置本身增加转化级数是难以、甚至是不可能达到所要求的总硫收率的，尾气处理工艺应运而生。

20世纪60年代末至70年代初，陆续有一批尾气处理工艺实现了工业化，除冷床吸附法（CBA）外，其他工艺都是"独立"于克劳斯装置之外的，它们的类别也是清晰的，可分以下三类[3]。

1. 低温克劳斯工艺

此类工艺借助低于硫露点下的克劳斯反应使包括克劳斯装置在内的总硫收率达到99%左右，尾气中的SO_2浓度约为$(1500\sim3000)\ mL/m^3$。如Sulfreen、IFP（后改称Clauspol 1500）等。

与克劳斯段形成组合工艺的CBA法，其末级也是低温克劳斯反应段（CBA法将在第十二章介绍）。

2. 还原—吸收工艺

此类工艺可达到的总硫收率（均指包括克劳斯装置在内，下同）超过99.5%、甚至可达到99.8%以上，从而可满足世界上最严格的尾气SO_2排放标准。此类工艺的特点是将克劳斯尾气中各种形态的硫转化为H_2S，然后从尾气中吸收除去H_2S。70年代初工业化的工艺有SCOT及Beavon（后发展成BSR系列工艺）等。

3. 氧化—吸收工艺

将尾气灼烧使各种形态的硫均转化为SO_2，然后再以溶液吸收除去尾气中的SO_2。原则上，用于处理烟道气SO_2的方法均可应用，70年代初有柠檬酸盐等工艺。但此类工艺在天然气净化厂中的应用较前两类少。

经过二三十年的发展，随着上述各类方法自身不断的发展与系列化，加上一些新思路、新工艺的出现，目前不仅"独立"的尾气处理工艺出现了异彩纷呈的局面，而且跟克劳斯交叉组合形成了不少克劳斯组合工艺（将于第十二章介绍）[4]。

表11-1列出了众多的尾气处理工艺以及克劳斯组合工艺中尾气处理工序中的主要工艺

步骤，其顺序以罗马字表示。

表 11-1 各种尾气处理方法及其工艺步骤

方 法	低温克劳斯反应	所有 S →H$_2$S	有机 S →H$_2$S	急冷除水	吸收 H$_2$S	H$_2$S 直接氧化	H$_2$S 直接转化	所有 S →SO$_2$	吸收 SO$_2$	总硫收率,%
Sulfreen	Ⅰ									99
Hydrosulfreen	Ⅲ		Ⅰ			Ⅱ				99.4~99.7
两段 Sulfreen	Ⅰ Ⅱ									99.5
Carbosulfreen	Ⅰ					Ⅱ				99.2~99.7
Oxysulfreen	Ⅳ		Ⅰ	Ⅱ		Ⅲ				99.4~99.7
Doxosulfreen	Ⅰ Ⅲ					Ⅱ				99.7~99.9
Clauspol 1500	Ⅰ									98.5~99.5
Clauspol 300	Ⅰ									99.5
Clauspol 150	Ⅲ							Ⅰ	Ⅱ	99.9
SCOT $\begin{pmatrix} LS-SCOT \\ Super-SCOT \end{pmatrix}$		Ⅰ		Ⅱ	Ⅲ					>99.8
BSR/MDEA		Ⅰ		Ⅱ	Ⅲ					>99.8
BSR/Wet Oxidation		Ⅰ		Ⅱ			Ⅲ			99.9
BSR/Selectox		Ⅰ		Ⅱ		Ⅲ				99.7
BSR/Hi-Activity		Ⅰ		Ⅱ		Ⅲ				99.8
MODOP		Ⅰ		Ⅱ		Ⅲ				99.7
Resulf		Ⅰ		Ⅱ	Ⅲ					>99.8
Sulfcycle		Ⅰ		Ⅱ	Ⅲ					>99.8
RAR		Ⅰ		Ⅱ	Ⅲ					>99.8
HCR		Ⅰ		Ⅱ	Ⅲ					99.7
LTGT		Ⅰ		Ⅱ	Ⅲ					>99.8
Cleanair			Ⅰ	Ⅱ			Ⅲ			>99.8
CBA①	Ⅰ									99
ULTRA①	Ⅳ	Ⅰ		Ⅱ				Ⅲ		>99.8
MCRC①	Ⅰ									99
Clinsulf SDP①	Ⅰ									99
ER Claus①	Ⅰ									98
PRO Claus①			Ⅰ②			Ⅱ				99
EURO Claus①			Ⅰ②			Ⅱ				99.5
ELSE		Ⅰ					Ⅱ③			99.8
AGE/Dual Solve		Ⅰ		Ⅱ	Ⅲ					99.8
Aquaclaus	Ⅲ							Ⅰ	Ⅱ	99.8
柠檬酸盐								Ⅰ	Ⅱ	>99.5
Wellmann-Lord								Ⅰ	Ⅱ	99.8
Westvaco								Ⅰ	Ⅱ	99.8
Trencor H$_2$S	Ⅰ			Ⅱ	Ⅲ					99.8
Trencor SO$_2$				Ⅱ				Ⅰ	Ⅲ	99.8
Clintox				Ⅱ				Ⅰ	Ⅲ	99.8
Cansolv				Ⅱ				Ⅰ	Ⅲ	99.8
Superclaus 99①						Ⅰ				99
Superclaus 99.5①			Ⅰ			Ⅱ				99.5
Cominco de SO$_x$				Ⅱ				Ⅰ	Ⅲ	99.8

① 克劳斯组合工艺；
② 在水解有机硫的同时将 SO$_2$ 还原为硫或 H$_2$S；
③ ZnO 固体吸收。

本章仅介绍"独立"的尾气处理工艺,仍按低温克劳斯类、还原类及氧化类分类;至于克劳斯组合工艺详见第十二章。

我国早已将"环境保护"作为一项国策。四川天然气研究院等单位从 20 世纪 70 年代初即开始了尾气处理工艺的研究,先后自主开发了低温液相催化克劳斯工艺和还原—吸收工艺并建设了工业装置。与此同时,净化厂还利用尾气 SO_2 生产焦亚硫酸钠,取得了效益。

20 世纪 90 年代以来,川渝气田从国外先后引进了几种克劳斯组合工艺装置,包括 MCRC、Clinsulf SDP 及 Superclaus,丰富了我国的尾气处理工艺。中国石油西南油气田分公司天然气研究院也研制了这些工艺所需要的催化剂。

应当指出,尾气处理装置对总硫收率的贡献率不过 4%～5%左右,而投资及运行费用相对于克劳斯装置却是一笔不小的投入。总的说来,对总硫收率要求愈高,投入也就愈大。本书第十三章将对尾气处理工艺的选择问题展开讨论。

第二节　低温克劳斯类工艺

低温克劳斯类工艺以在低于硫露点下进行克劳斯反应为主要特征(关于克劳斯反应见第十章);一类使用固体催化剂,反应生成的硫积存于催化剂上故需定期切换再生;另一类则使用液相催化体系,生成的液硫依靠重力得以分离。

由于此类工艺的化学基础是 H_2S 与 SO_2 按 2∶1 的化学计量关系反应,加上经过常规克劳斯时已有 95%左右的转化率,风气比如有不当将造成此段处理的尾气 H_2S/SO_2 比的严重偏离,如图 11-1 所示,这种偏离将使尾气处理段无法达到所要求的总硫收率。

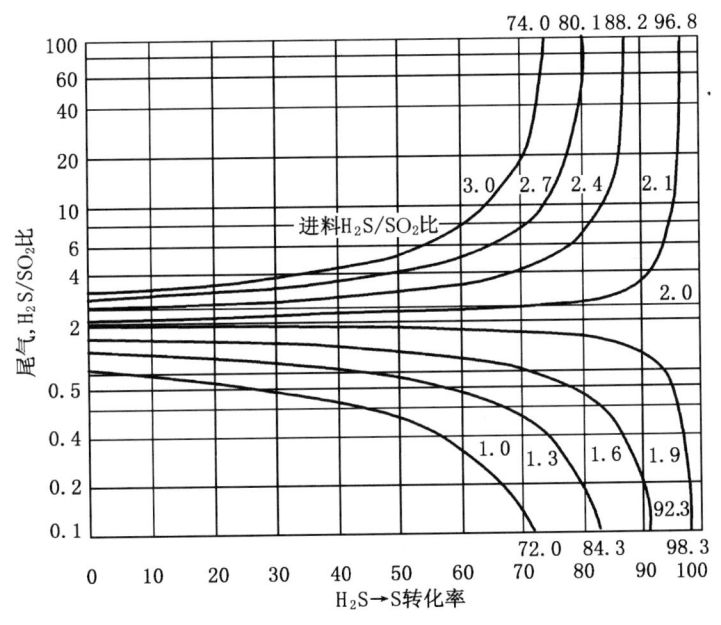

图 11-1　H_2S/SO_2 比对 H_2S 转化率的影响
(引自 Engineering Data Book,图 22-31)

因此,低温克劳斯工艺较克劳斯工艺更加要求严格而精细地控制风气比,而且这是此类尾气处理工艺能够发挥作用的前提，因此必须采用在线分析尾气 H_2S/SO_2 比例的仪器、快速有效地调节风气比。

还应指出，低温克劳斯工艺通常均不能使有机硫转化，因此，必须在克劳斯装置内控制其生成并使之在一级催化转化反应器内有效转化，否则低温克劳斯段也无法达到所要求的总硫收率。

一、Sulfreen 系列工艺[5,6]

德国 Lurgi 公司和法国 SNPA 合作开发、于 1970 年实现工业应用的 Sulfreen 法经 30 多年的不断开发现已形成一组系列工艺，如表 11-1 所示，包括 Sulfreen 基本工艺、Sulfreen 两段工艺、Hydrosulfreen、Carbosulfreen、Oxysulfreen 及 Doxosulfreen 等，它们分别能够达到的总硫收率情况示于图 11-2。

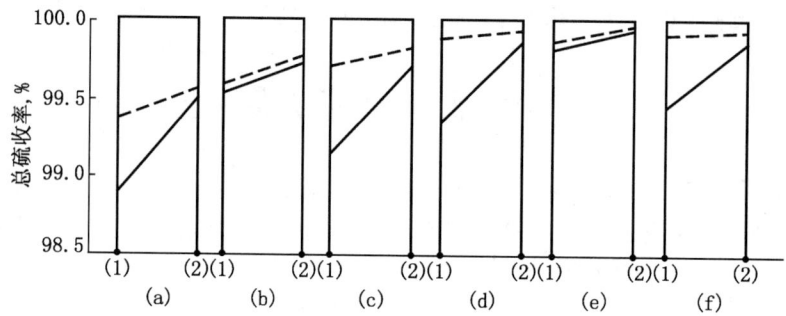

图 11-2　Sulfreen 系列工艺的总硫收率
⋯H_2S，SO_2 和 S；——H_2S，SO_2，COS，CS_2 和 S；
酸气 H_2S 浓度 (1) 50%；(2) 90%
(a) Sulfreen；(b) Hydro Sulfreen；(c) 两段 Sulfreen；(d) Carbosulfreen；
(e) Oxysulfreen；(f) Doxosulfreen

1. Sulfreen 基本工艺

Sulfreen 基本工艺使用在低温（118～135℃）下具有良好活性的催化剂催化克劳斯反应，生成的硫凝聚于催化剂中，尔后切换以惰性气在较高温度下使硫逸出而催化剂得以再生，因此，这是一种非稳态运行的工艺。作为一个连续运行的装置，它至少需要有两个反应器，一个用于反应，一个用于再生。

图 11-3 为用于法国 Lacq 净化厂的 Sulfreen 装置工艺流程，设有六个反应器，四个处于反应阶段，一个处于再生阶段，另一个处于冷却阶段，定期切换。

Sulfreen 法工业化初期使用的催化剂是改性活性炭，浸有硅

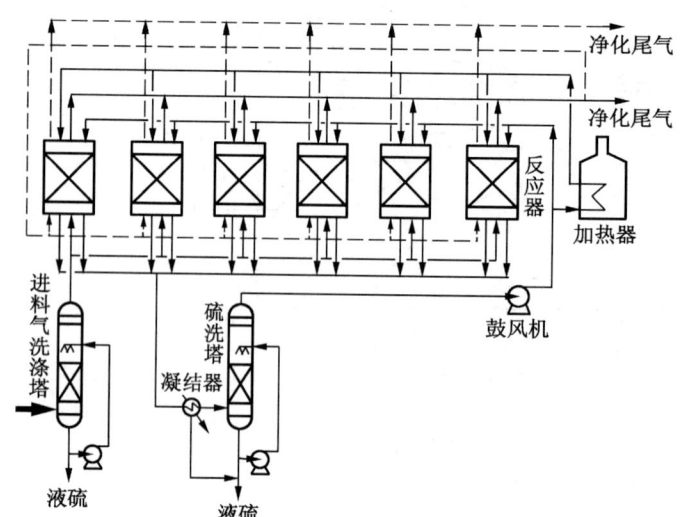

图 11-3　Sulfreen 基本工艺流程图

酸盐以抑制再生阶段硫与活性炭的反应，其活性良好。但再生需在500℃的高温下进行，不仅对系统的材质要求高，而且存在硫与炭的不可逆结合和CO_2与活性炭的反应。再生所用的气流为氮气，有一个独立的循环系统。

所以不久，Sulfreen法即改用氧化铝基催化剂，再生温度可降到360℃，而且可使用净化了的尾气作为再生气。

低温克劳斯催化剂与常温克劳斯催化剂相比，由于所处工况不同，其结构与性能上有些区别。较低的反应温度不仅要求催化剂有更好的活性，因而需要催化剂有更大的表面积以提供更多的活性中心。由于液硫凝结于催化剂中，需要有较多的微孔容留液硫以延长装置的切换时间。

在表10-18所示的克劳斯催化剂中，可用于低温的有CR、CRS-21及S-201等；中国石油西南油气田分公司天然气研究院研制的CT6-4催化剂（见表10-19）也是可用于Sulfreen法的催化剂[7]。

新近国外又研制出新型的以碳化硅（SiC）为载体的克劳斯催化剂；像NiS_2/SiC可用于低温克劳斯工艺，而且具有更高的活性及稳定性，在60℃、气流含20%水汽的条件下，H_2S与SO_2的转化率近100%。此外，Fe_2O_3/SiC可用于H_2S的直接氧化[8]。

2. Sulfreen两段工艺

Sulfreen两段工艺与基本工艺的差别是在反应器后将尾气冷却，再进入一个Sulfreen反应器，使之在更低的温度下反应，从而提高总硫收率。在COS及CS_2量较低的情况下，总硫收率可达99.5%。图11-4系Sulfreen两段工艺流程图。

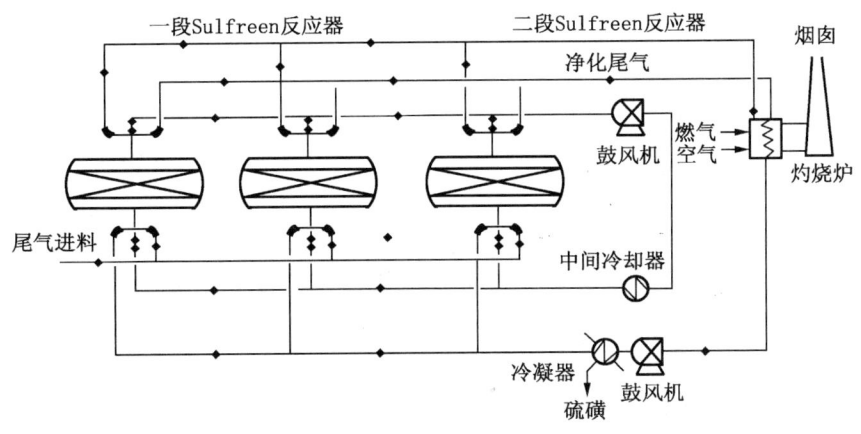

图11-4 Sulfreen两段工艺流程图

3. Hydrosulfreen工艺

Hydrosulfreen系"加氢"型的Sulfreen工艺，其流程示于图11-5。

如图11-5所示，克劳斯尾气升温至250℃，在催化剂上将COS及CS_2水解转化为H_2S且温度升至300℃左右，注入适量空气在TiO_2基催化剂上（如CRS-31）直接氧化H_2S为元素硫，未反应的H_2S与SO_2再在Sulfreen段上反应。前两个反应器（有机硫转化及H_2S直接氧化）可在一个反应器内连续进行。

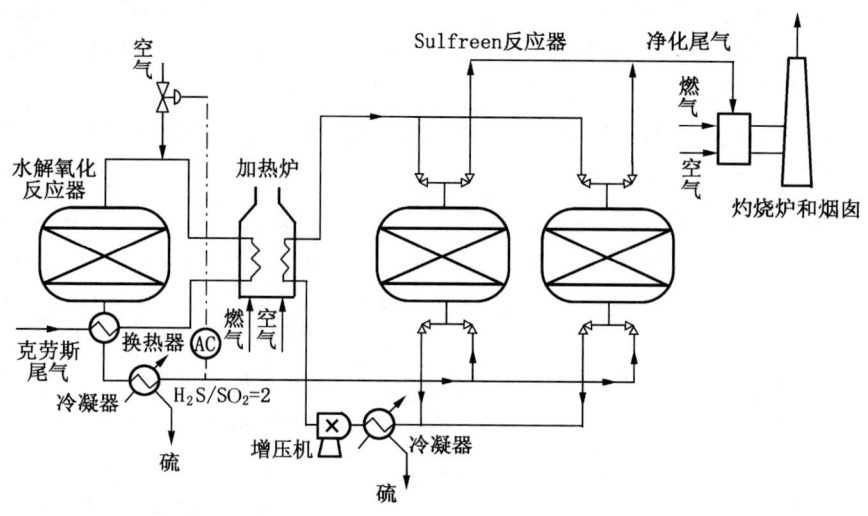

图 11-5 Hydrosulfreen 工艺流程图

由于有机硫转化了，尾气中 COS 及 CS_2 量低于 $50mL/m^3$，故 Hydrosulfreen 工艺的总硫收率可达 99.4%～99.7%。

4. Carbosulfreen 工艺

Carbosulfreen 系"活性炭"型的 Sulfreen 工艺，此工艺的第一段在富 H_2S 条件下进行低温克劳斯反应（相应地需调整克劳斯装置的风气比），第二段则以一种活性炭直接催化氧化 H_2S，图 11-6 为其流程。

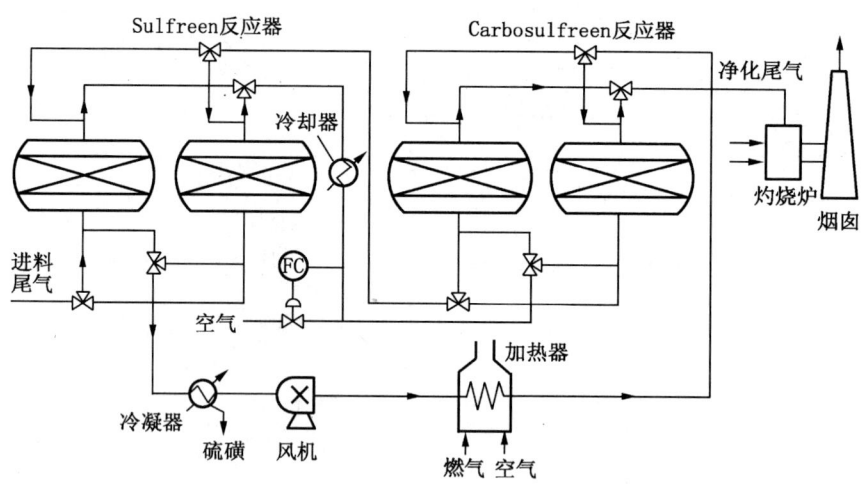

图 11-6 Carbosulfreen 工艺流程图

从图 11-6 所示流程可见在两段之间并无加热器，直接氧化段的进料温度应在 125～130℃。Carbosulfreen 工艺无有机硫转化段，因此总硫收率将受有机硫含量的影响，在 99.2%～99.7%之间。

5. Oxysulfreen 工艺

Oxysulfreen 是一种"氧化"型 Sulfreen 工艺，其流程示于图 11-7。

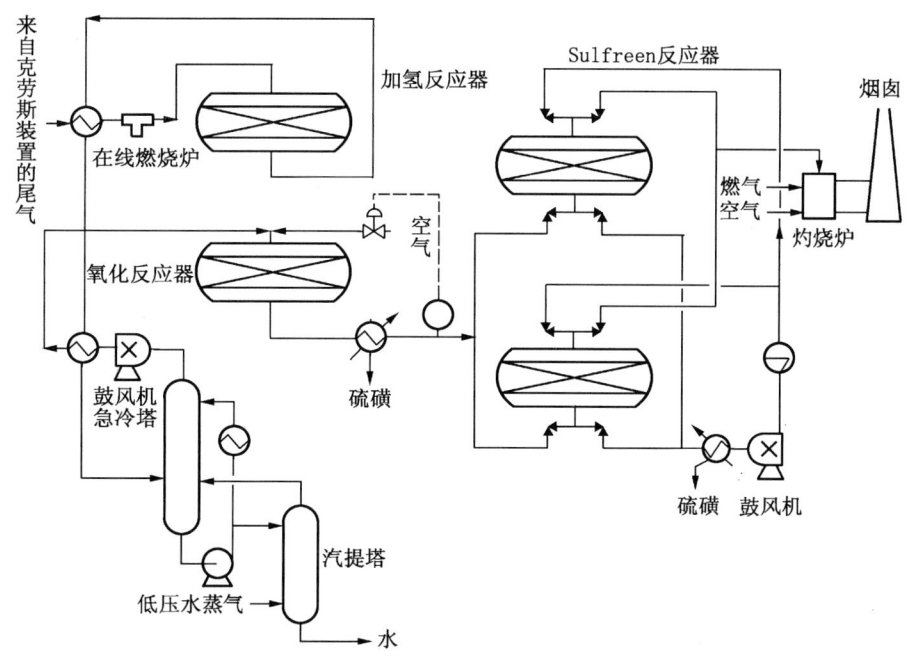

图 11-7 Oxysulfreen 工艺流程图

此工艺的开发早于 Hydrosulfreen 工艺，二者的反应步骤相同，均是有机硫转化——H_2S 直接氧化——低温克劳斯反应，但 Oxysulfreen 在有机硫转化后需急冷除水再加热进入 H_2S 直接氧化段。由此也可认为 Hydrosulfreen 是 Oxysulfreen 的换代工艺。

6. Doxosulfreen 工艺

Doxosulfreen 系"直接氧化"型 Sulfreen 工艺，它是 Carbosulfreen 的换代工艺，因此也是在低温克劳斯段反应（处于富 H_2S 条件下）后在 125℃ 进入直接氧化段。此时 H_2S 与 SO_2 的浓度分别为 $2500mL/m^3$ 及 $250mL/m^3$，使用过渡金属浸渍改性的氧化铝基催化剂，既发生 H_2S 的直接氧化，也产生低温克劳斯反应。其流程示于图 11-8，两段的再生共用一个回路。

不久前有报道说，新开发的铜基催化剂在 90~140℃ 下对 H_2S 氧化有良好的活性，所以在低温克劳斯段后尾气可冷却至 90℃ 进入直接氧化段。

据称，Doxosulfreen 工艺的总硫收率可达 99.7%~99.9%，这也应当是在克劳斯段内有效转化有机硫才能得到的结果。

二、液相催化低温克劳斯工艺

法国石油研究院开发的液相催化低温克劳斯工艺 IFP 法于 1971 年在日本根岸炼油厂工业化；IFP 工艺后改称 Clauspol 1500，在此基础上其后又开发出 Clauspol 300 及 Clauspol 150 工艺。

20 世纪 70 年代初，中国石油西南油气田分公司天然气研究院在实验室工作的基础上与四川石油设计院合作建设了液相催化低温克劳斯尾气处理工业装置。

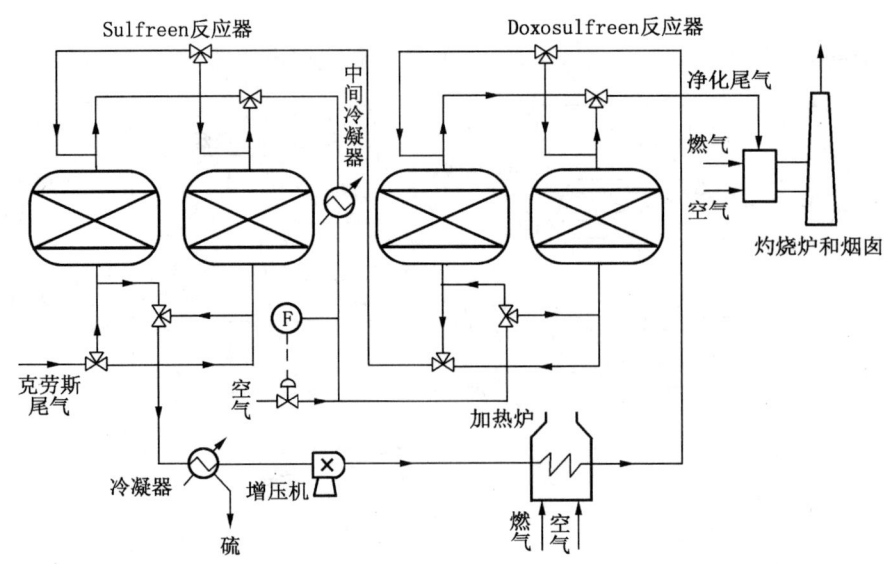

图 11-8 Doxosulfreen 工艺流程图

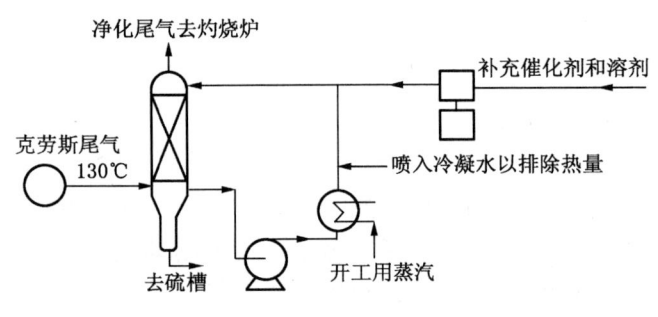

图 11-9 Clauspol 1500 工艺流程图

1. Clauspol 1500 工艺

使用一个由溶剂和催化剂组成的液相体系使尾气中的 H_2S 与 SO_2 发生反应，生成的液硫不溶于溶剂而分层并依靠重度的差别沉降分离，其工艺流程示于图 11-9。与 Sulfreen 法不同，Clauspol 1500 工艺是一种稳态工艺。

反应所用溶剂为聚乙二醇（PEG）400，催化剂则是有机羧酸的碱金属盐，例如水杨酸钾或水杨酸钠等，反应温度 120~122℃。

在此工艺的开发及运行过程中注意到以下一些问题。

（1）由于 H_2S 从气相进入液相是整个过程的控制步骤，故需有大的气液接触表面，而采用低压降的填料塔；

（2）考虑到 H_2S 的溶解速度较 SO_2 为慢，所以维持尾气 H_2S/SO_2 比在 2.1~2.3 之间；

（3）反应热可借向系统注入蒸汽凝结水而带出；

（4）由于硫磺多少溶解了一点溶剂及催化剂，所以纯度为 99.7%；

（5）在反应塔内溶液与液硫界面有时生成一层难以破坏的乳状物，后将其抽出送入循环溶液而得以解决；

（6）系统内可能有少量 Na_2SO_4 等盐类生成并沉积在填料上，必要时可在停车时以水洗去，催化剂亦需补充。

此法 H_2S 与 SO_2 的转化率可达 90%，据称有机硫亦有 40% 转化；因其尾气灼烧后 SO_2 浓度可达 $1500 mL/m^3$，Clauspol 1500 由此得名。

我国大连西太平洋石油化工公司建设有与 $10×10^4$ t/a 克劳斯装置配套的 Clauspol 1500

装置，据称其总硫收率因克劳斯段有机硫有效转化而可达 99.5%。

2. 我国开发的液相催化低温克劳斯工艺

我国开发的液相催化低温克劳斯工艺使用聚乙二醇 400 为溶剂，苯甲酸钠为催化剂，在川西南矿区净化一厂建设了工业装置，主要工艺参数示于表 11-2。

表 11-2 我国液相催化低温克劳斯装置工艺参数

尾气组成，%		主要工艺参数		消耗指标	
H_2S	1.02	处理量，m^3/h	4500	电，$kW·h/t$	360~400
SO_2	0.48	溶液循环量，m^3/h	70	蒸汽，t/t	4~6
CO_2	53.0	填料总高度（4 层），m	24	聚乙二醇，kg/t	2
H_2O	17.0	空塔气速，m/s	0.33	苯甲酸钠，kg/t	4.8
CH_4	0.7	转化率，%	80~90	氢氧化钠，kg/t	7.4
N_2	27.8	全塔压力降，kPa	1~2	蒸汽凝结水，t/t	0.3~0.4

该装置降低了尾气的 SO_2 排放量，后因气田产量下降而停运。

3. Clauspol 300 工艺

Clauspol 300 工艺可将尾气 SO_2 浓度降至 $300mL/m^3$，一方面在常规克劳斯段采用更有力的措施（使用 AM 及 CRS-31 催化剂）控制与转化有机硫，使 COS 转化率达到 98%~100%，CS_2 转化率达到 93%~96%；另一方面在低温克劳斯段采取措施降低尾气中的硫蒸汽含量。

在反应器内，尾气中的硫蒸汽含量与溶液中的液硫浓度有气液平衡关系，在 Clauspol 1500 的操作条件下，溶液中的液硫浓度约为 2%，

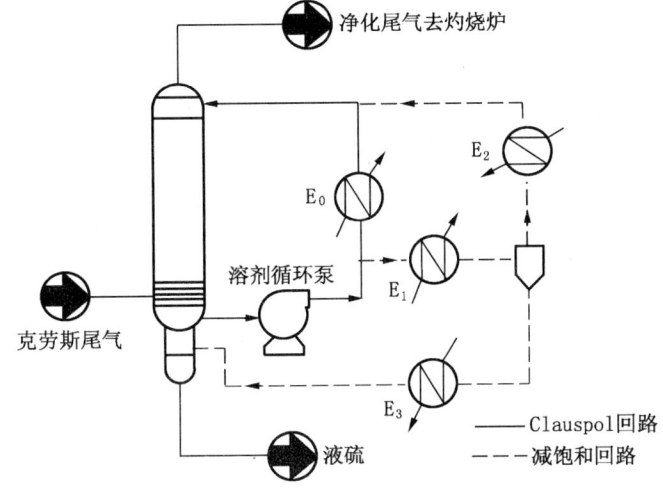

图 11-10 Clauspol 300 工艺流程图

相应的气相硫蒸气浓度为 $350mL/m^3$。如果将溶液中的液硫浓度降低，则尾气中的硫蒸气含量也相应降低。为此开发了专用的溶液"减饱和"回路，如图 11-10 所示。

如图 11-10 所示，引出部分溶液冷却至 50~70℃，使溶液中的液硫凝为固体析出，从而可使尾气中硫蒸气含量降至 $50mL/m^3$。

Clauspol 300 工艺的总硫收率可达 99.5%。

4. Clauspol 150 工艺

Clauspol 150 工艺最初称为 IFP-全型，此工艺是将尾气中各种形态的硫氧化为 SO_2（所以可将其归入"氧化"类尾气处理工艺）以氨水吸收 SO_2，再加热使亚硫酸铵分解，然后分解产物中的 SO_2 与计量的 H_2S（克劳斯装置进料酸气）进行低温克劳斯反应，NH_3 与水冷凝冷却后循环使用，其工艺流程示于图 11-11。

Clauspol 150 工艺的总硫收率可达 99.9%。

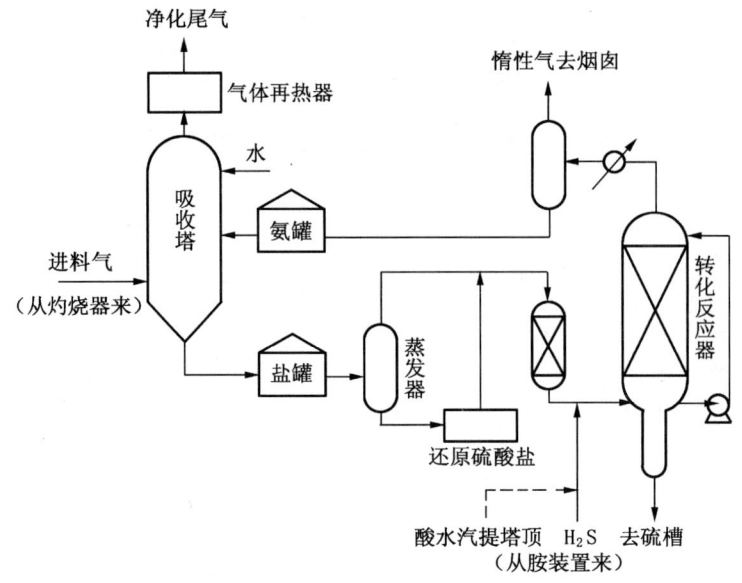

图 11-11 Clauspol 150 工艺流程图

第三节 还原类尾气处理工艺

凡是第一步将尾气中各种形态硫转化为 H_2S，然后再通过不同途径处理其中 H_2S 的尾气处理工艺，均在本节中介绍。

此类工艺中应用最广泛的当推还原—吸收法，加氢尾气经急冷除水后进入选择脱除 H_2S 工序，再生所得含 H_2S 酸气返回克劳斯装置。国外的典型代表为 SCOT 法，此外还有 BSR/MDEA、HCR、Resulf 及 Sulfcycle 等方法。国内中国石油西南油气田分公司天然气研究院也自主开发了此种工艺并据此建设了工业装置。

除此之外，加氢尾气中的 H_2S 也可用第七章所述的直接转化法（湿式氧化法、氧化还原法）将其脱除并转化为硫磺，如 BSR/Wet Oxidation；或用固体催化剂将 H_2S 直接氧化为元素硫，如 MODOP、BSR/Selectox 及 BSR/Hi-Activity Claus 等；还可以固体 ZnO 吸收，如 ELSE 法。

一、还原—吸收工艺

此类工艺的典型代表是荷兰 Shell 公司开发的 SCOT（Shell Claus Offgas Treatment）法，意为壳牌克劳斯尾气处理工艺。该工艺于 1973 年实现了工业化，目前是应用最多的尾气处理工艺之一[9]。

国内开发的还原—吸收法尾气处理工艺，以及国外其他几种还原—吸收法，原理与工艺步骤均是类似的。如表 11-1 所示，包括还原段（如尾气所含 H_2 不敷需要，则需供氢或以在线燃烧器发生还原气）、急冷段和选择脱硫段。图 11-12 为还原—吸收工艺流程图。

1. 还原段

此工序的任务是将尾气中各种形态的硫均转化为 H_2S；在此过程中，SO_2 与元素硫均是加氢反应，有机硫主要是水解反应。

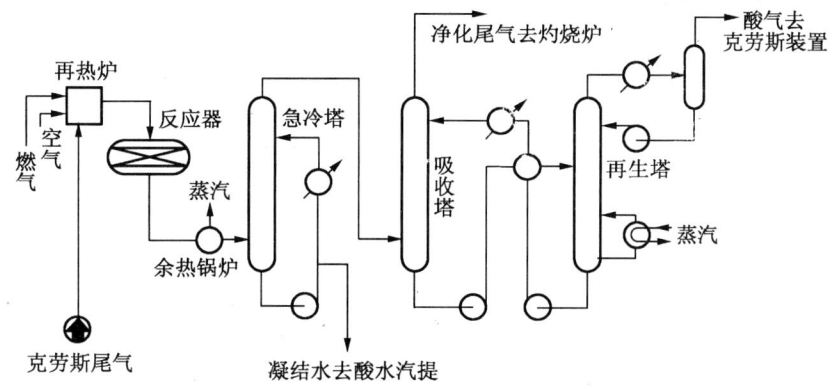

图 11-12　还原—吸收法尾气处理工艺流程图

$$SO_2 + 3H_2 = H_2S + 2H_2O \qquad (11-1)$$
$$S_8 + 8H_2 = 8H_2S \qquad (11-2)$$
$$COS + H_2O = H_2S + CO_2 \qquad (11-3)$$
$$CS_2 + 2H_2O = 2H_2S + CO_2 \qquad (11-4)$$

在 Co-Mo/Al_2O_3 或 Ni-Mo/Al_2O_3 催化剂上，当有过量氢存在下，SO_2 和元素硫可完全转化为 H_2S（SO_2 残余含量小于 $10mL/m^3$）；SO_2 加氢反应活化能约 83.7kJ/mol，反应对氢为一级，对 SO_2 为 0 级。在正常条件下，COS 浓度可达热力学平衡（约 $10mL/m^3$），CS_2 也可达到平衡（$1mL/m^3$）。

当存在 CO 时，还可能存在 CO 与 SO_2、S_8、H_2S 及 H_2O 的反应，总的说来，CO 的存在对各种形态的硫转化为 H_2S 是有利的，因为 CO 的水气转换反应可产生活性很高的氢气，在 CO_2 浓度较高时，有可能导致 COS 生成。

在还原—吸收法中，还原工序具有特别重要的意义，因为如果有机硫未完全转化将导致总硫收率不能满足要求；而 SO_2 如不能完全转化不仅影响总硫收率，而且将在后续的选择脱硫工序中与醇胺结合生成热稳定盐造成胺液活性损失并使急冷塔和选吸工序产生腐蚀问题。国内外有一些装置发生过此类事件。

前曾提及，克劳斯段运行的风气比不当，对于还原吸收法尾气处理装置会带来许多麻烦。当风气比偏高时，过程气 SO_2 浓度偏高导致还原段需氢量上升及温升增加，甚至导致 SO_2 "穿透"。

国外用于此段的催化剂有 Shell 534（C-534）、Shell 234（C-234）、C 29-2-03 及 TG-103 等，国内则有中国石油西南油气田分公司天然气研究院[10]开发的 CT6-5 及 CT6-5B 和齐鲁石化研究院开发的 LS-951 等。此外，国外还有专用于 COS 水解的催化剂，如 G41P。它们的简要情况可见表 11-3。

催化剂还原硫化后方有高的活性，但在此过程中毋需预硫化，在开工阶段使用酸气甚至尾气即足以使其获得良好的硫化。

表 11-3 国内外尾气还原催化剂

牌号	Shell 534 (C-534)	Shell 234 (C-234)	C29-2-03	TG103	CT6-5	CT6-5B	LS-951	G41P[①]
活性组分	Co, Mo	Co, Mo	Co, Mo	Co, Mo	Co, Mo	Co, Mo	Co, Mo	专利
载体	Al_2O_3	Al_2O_3	Al_2O_3	Al_2O_3	Al_2O_3	Al_2O_3	Al_2O_3	Al_2O_3
形状	球	球	球	球	球	球	三叶草	条
尺寸，mm	φ3~5			φ2~4	φ4~6	φ4~6	φ3×10~15	
堆密度，kg/L	0.77	0.50	0.59	0.76	0.996	0.82	0.60~0.70	0.60
比表面积，m^2/g	260			215	200	200	>220	
生产者	Criterion Catalyst		Sud Chemie	Procatalyse	天然气研究院		齐鲁石化研究院	Sud Chemie

① COS 水解催化剂。

鉴于以 Co-Mo/Al_2O_3 催化剂在 370℃ 转化各种形态的硫时，COS 的平衡浓度为 12.6mL/m^3；有人设想可继以水解催化剂（如表 11-3 中的 G41P）在 177℃ 下使之进一步水解，COS 浓度可降至 0.8mL/m^3[11]。

2. 急冷段

急冷段以循环水将经余热锅炉回收热量后的加氢尾气直接冷却降至常温，与此同时降低了其水含量，还可以除去催化剂粉末及痕量的 SO_2。由于气流中的 H_2S 及 CO_2 等酸性组分会溶解于水中，因此需加氨以调节其 pH 值。产生的凝结水送酸水汽提单元处理。

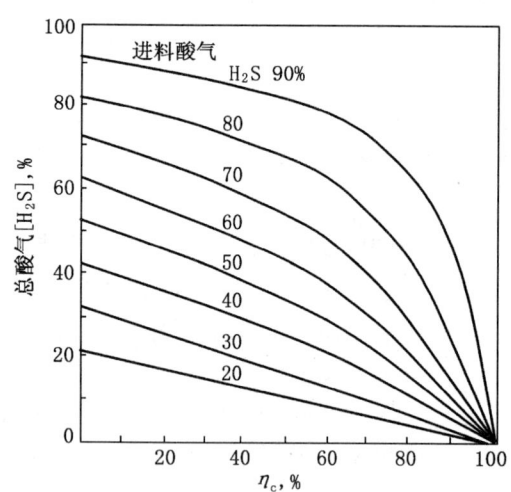

图 11-13 CO_2 共吸收率 η_c 及进料酸气 H_2S 浓度对总酸气 H_2S 浓度的影响

3. 选择脱硫段

选择脱硫段的任务是将冷却至常温的加氢尾气中的 H_2S 以胺液选择性吸收下来，胺液再生吐出的酸气返回克劳斯装置（详见第三章），正是由于有选吸工序，还原—吸收法处理尾气的目标才得以实现；如果胺液不具备选吸功能，即同时完全将 H_2S 和 CO_2 吸收下来，并返回克劳斯装置，这就会导致克劳斯装置总酸气 H_2S 浓度的不断下降而无法运行。如图 11-13 所示，当 CO_2 共吸收率 η_c 趋近 100% 时（即 CO_2 完全吸收），克劳斯装置总酸气 H_2S 浓度趋于 0。

在克劳斯段风气比偏低时，进入选吸工序的加氢尾气中的 H_2S 浓度上升，需增加胺液循环量，严重时可导致净化尾气 H_2S 浓度无法达标。

还原—吸收法在国内外工业化初期所使用的选吸溶剂均是二异丙醇胺（DIPA）。从 20 世纪 80 年代以来，由于甲基二乙醇胺（MDEA）显示出较 DIPA 更优良的选吸性能，国内外纷纷改用 MDEA 作为此段的选吸溶剂（详见第三章）。表 11-4 是国内一套还原吸收法尾气处理装置使用 MDEA 代替 DIPA 的结果。

表 11-4 选吸工序 MDEA 与 DIPA 性能比较

尾气量 3000m³/h，$H_2S \leqslant 1.5\%$，净化尾气 $H_2S < 300$mg/L

溶 液	溶液浓度，%	溶液循环量，m³/h	CO_2 共吸收率，%	蒸汽消耗，t/h
DIPA	20	15	20	1.46
MDEA	20	11	10	0.96

由于 H_2S 的吸收系气膜控制，故不同醇胺的 H_2S 吸收速率实际上是相同的。

4. 还原—吸收法工业装置数据

国内依靠自己开发的技术在川西北矿区净化厂和胜利炼油厂建设了与克劳斯装置配套的还原吸收法尾气处理装置。

与此同时，在卧龙河工程中也引进了与 230~260t/d 克劳斯装置配套的 SCOT 装置，投产期间曾逐段考核了各工序的性能，现将还原段及选吸段情况叙述如下。

1) 还原段

还原段使用 Shell 534 催化剂，床层温度为 325℃，反应器入口 SO_2 浓度为 0.38%~0.54%，出口浓度为 0.001%~0.0012%。

2) 选吸段

选吸段使用 20%DIPA 溶液，净化尾气 H_2S 含量可降至 100mL/m³ 以下。随溶液循环量降低和减少吸收塔板数，CO_2 共吸收率下降，例如，11 块塔板时为 29%，9 块塔板时为 25%，7 块塔板时则降至 23%。

5. 克劳斯装置总酸气浓度的计算[12]

选吸工序再生所得酸气（返回酸气）H_2S 浓度通常均显著低于克劳斯装置进料酸气 H_2S 浓度，入克劳斯装置的总酸气 H_2S 浓度的计算是一个较复杂的问题，图 11-14 是克劳斯—还原—吸收联合装置的框图。

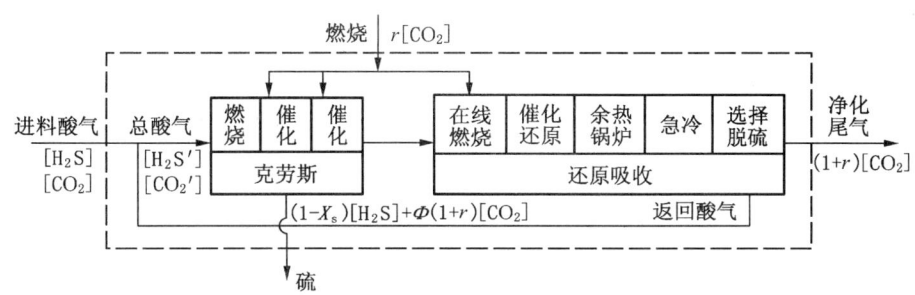

图 11-14 克劳斯—还原吸收联合装置

稳态条件下入克劳斯装置总酸气（进料酸气与返回酸气之和）H_2S 浓度计算式为：

$$[H_2S'] = \frac{(2-X_S)[H_2S]}{1+\left\{(1-X_S)[H_2S]+\frac{\eta_c}{1-\eta_c}(1+r)[CO_2]\right\}} \tag{11-5}$$

式中 X_S——克劳斯装置的硫收率；

η_c——选择脱硫工序的 CO_2 共吸收率；

r——系统内燃料产生的 CO_2 量与进料酸气 CO_2 量的比值。

二、SCOT 工艺的系列化及其新发展[9,13]

1. SCOT 工艺的系列化

SCOT 工艺在其发展中形成了三种工艺流程，选吸工序可使用三种溶液。

1) 三种工艺流程

SCOT 三种工艺流程为基本流程（如图 11-12 所示），合并再生流程（选吸富液与前端天然气脱硫富液一起进入再生系统）和串级流程（选吸富液加压送入前端天然气脱硫吸收塔中部继续脱硫）。当然，使用后两种工艺流程的前提是前端天然气脱硫与尾气处理选吸工序使用的是同一种溶液。

图 11-15 系 SCOT 合并再生工艺流程，图 11-16 系 SCOT 串级工艺流程。

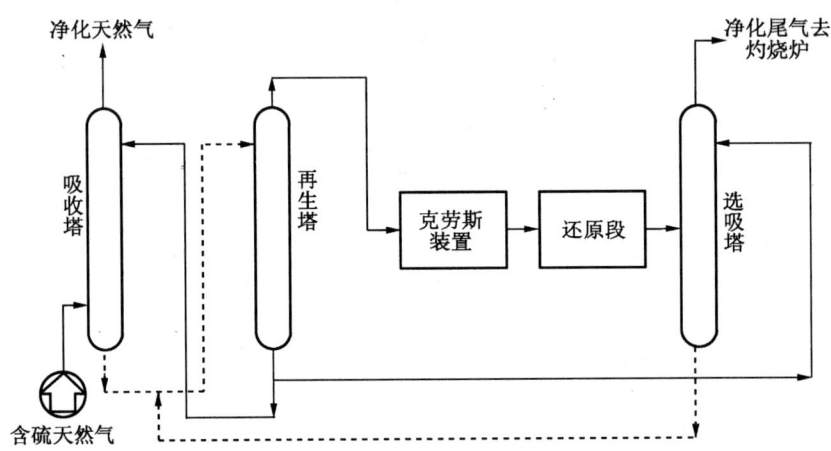

图 11-15 SCOT 合并再生工艺流程图

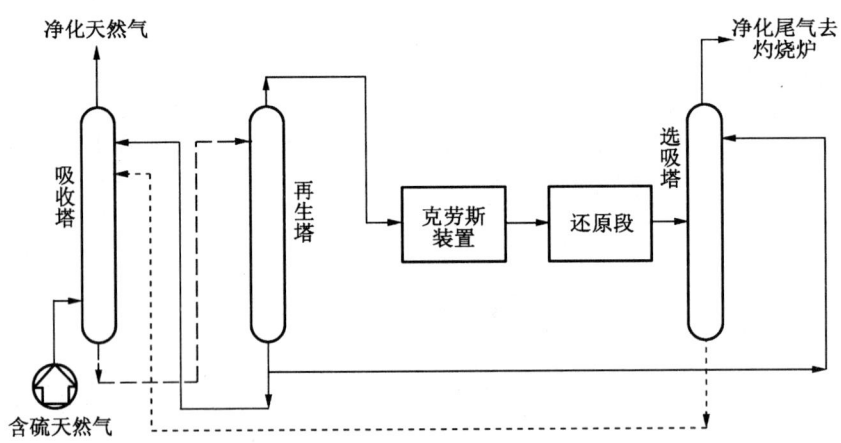

图 11-16 SCOT 串级工艺流程图

2）选吸溶液

可在 SCOT 选吸工序使用的溶液也有三种，即 DIPA、MDEA 与 Sulfinol - M（MDEA - 环丁砜，详见第六章）溶液。

三种溶液在选吸工况下的 CO_2 共吸收率（η_c）示于表 11 - 5。

表 11 - 5 的数据表明，MDEA 显著优于 DIPA，而 Sulfinol - M 则在二者之间，说明在 SCOT 工艺中的选吸工况下，环丁砜进入 MDEA 溶液对其选吸能力产生了不利影响。国内尹荣辅等的实验室研究工作也有同样的认识。

表 11 - 5　三种溶液 CO_2 共吸收率

溶　液	DIPA	MDEA	Sulfinol - M
η_c,%	20	10	15

2. LS - SCOT 工艺

LS - SCOT 意为"低硫"型 SCOT 工艺，其特点是在选吸溶液中加入了一种添加剂，使净化尾气 H_2S 含量从 SCOT 基本工艺的 $300mL/m^3$ 降至 $10mL/m^3$，总硫量不大于 $50mL/m^3$。与此同时，添加剂的加入不仅改善了贫液质量也有助于降低再生所需的汽耗。图 11 - 17 是有无添加剂时选吸溶液的汽耗情况。

不言而喻，由于溶液中加有添加剂，LS - SCOT 工艺仅适用于基本型流程，而不适于合并再生流程及串级流程。

3. Super - SCOT 工艺

Super - SCOT 意为超级 SCOT 工艺，其主要特点是将选吸溶液两段再生，再加上较低的贫液温

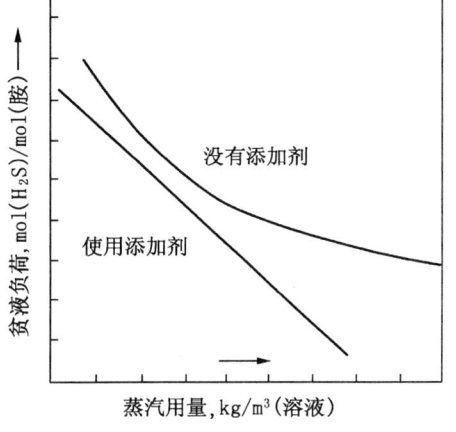

图 11 - 17　有无添加剂的选吸溶液汽耗

度，亦可使净化尾气 H_2S 含量降至 $10mL/m^3$，总硫含量不大于 $50mL/m^3$。再生的蒸汽消耗却下降 30%。

图 11 - 18 系 Super - SCOT 两段再生的示意图，此中的半贫液泵送选吸塔的中部，进一步再生所得超贫液则泵送塔顶保证净化度。这样，净化度改善了，汽耗也得以降低，但装置需增加一套半贫液冷却循环系统。

图 11 - 19 则显示出贫液温度降低幅度对 H_2S 净化度的影响程度。

4. SCOT 工艺的其他改进

1）低温加氢催化剂

原来 Shell 534 等还原段催化剂所需温度为 280～300℃，现开发了一种可在 200～220℃下加氢的低温催化剂。因此克劳斯尾气的加热可不用在线加热器而以 4.0MPa 的蒸汽使之升温，不仅降低了能耗，而且避免了可能发生的氧穿透及烟灰问题。

然而使用低温催化剂时，SO_2 虽可完全加氢，但 COS 的水解速率下降，CS_2 除水解外还有加氢生成 CH_3SH 的反应。因此低温催化剂仅适用于克劳斯段已将有机硫充分水解转化的工况。

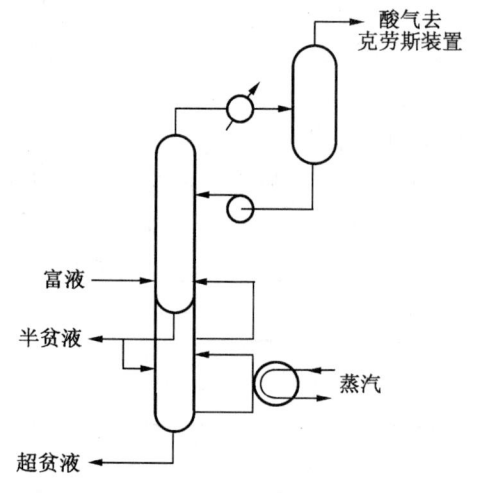

图 11-18 Super-SCOT 工艺两段再生示意图

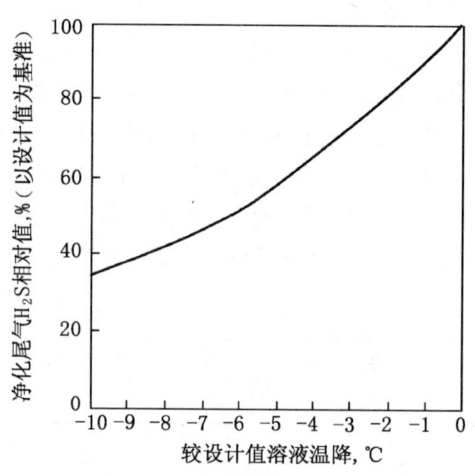

图 11-19 贫液温度降低幅度对 H_2S 净化度的影响程度

2) 板式塔改为填料塔

选吸工序传统上均使用板式塔,现改为填料塔后,急冷与选吸段的压降从 20kPa 降至 5kPa。加上其他措施,可取消循环风机,代之以急冷塔前安排一个低压蒸汽喷射器,而不需要转动设备。

3) 采用新型氢气在线分析仪

SCOT 工艺中需要监控的最重要的参数是进入加氢反应器的尾气中的 H_2 含量,过去使用色谱分析存在滞后问题,现在采用一种廉价的新型氢分析仪,为了安全可靠甚至使用了两台在线 H_2 分析仪。

4) 加氢反应器与克劳斯反应器组合

可将还原段加氢反应器与克劳斯段的转化器组合在一起,这样能够节约投资。

三、国外其他还原—吸收工艺

从表 11-1 可见,与 SCOT 法类似的还原—吸收法尾气处理工艺国外还有 BSR/MDEA, Resulf, Sulfcycle, HCR, RAR, LTGT 及 AGE/Dual-Solve 等,均大同小异。

1. BSR/MDEA 工艺

BSR/MDEA 系美国 Parsons 公司 BSR(Beavon Sulfur Removal)系列尾气处理工艺中的一种,有时也称为 BSR/Amine。此工艺的各个步骤与 SCOT 法相同,选吸使用 MDEA。

2. Resulf 工艺

Resulf 工艺以 MDEA 为选吸溶剂,净化尾气 H_2S 可达 $300mL/m^3$;当使用 MDEA 配方溶剂时,净化尾气 H_2S 可降至 $10mL/m^3$,称为 Resulf 10 工艺,它与 LS-SCOT 工艺相当。

3. Sulfcycle 工艺

Sulfcycle 工艺意为硫循环工艺,据称有几种变体,详情未见报道。

4. HCR 工艺

意大利 NIGI 公司开发的 HCR(High Claus Ratio)意为高克劳斯比例工艺,主要特点是使克劳斯段产生足够的氢气并在富 H_2S 条件下运行,从而不需从外部供氢。

5. RAR 工艺

KTI 公司开发的 RAR(Reduction, Absorption, Recycle)工艺的命名反映了主要工

序——还原，选吸和酸气返回克劳斯装置。

6. LTGT 工艺

德国 Lurgi 公司开发的 LTGT（Lurgi Tail Gas Treatment）工艺也是还原吸收法，使用 MDEA 作为选吸溶剂，由于使用结构填料及板式换热器等措施，投资可望降低。

7. AGE/Dual-Solve 工艺

AGE/Dual-Solve 工艺是将酸气提浓（Acid Gas Enrichment）与还原吸收尾气处理工艺组合成一体的工艺，它用于胺法装置再生所得酸气 H_2S 浓度较低需要提浓再进克劳斯装置的工况，选吸工序已吸收 H_2S 的半富液可作为酸气提浓的吸收液。

图 11-20 是此工艺的流程框图。

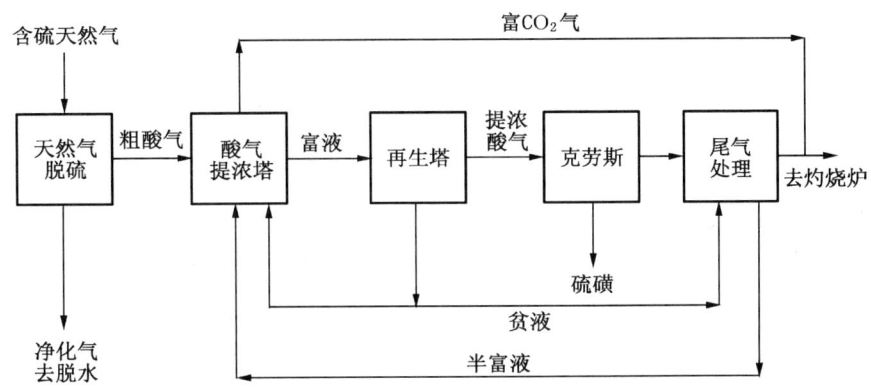

图 11-20 AGE/Duol-Solve 工艺流程框图

四、还原—直接转化工艺[14]

BSR/Wet Oxidation 工艺的主要特点是使用直接转化法（湿式氧化法）将加氢尾气中的 H_2S 转化为硫磺而回收，关于直接转化法详见本书第七章。

此种工艺于 20 世纪 70 年代工业化时，Parsons 公司将其命名 Beavon 法，加氢尾气中的 H_2S 以 Stretford 法（ADA-$NaVO_3$ 溶液）处理。

美国得克萨斯州以此法，采用 Lo-Cat（络合铁）处理加氢尾气，总硫收率超过 99.9%。

图 11-21 为使用 Stretford 法转化 H_2S 的 BSR/Wet Oxidation 工艺流程。

与之类似的还有美国 Pritchard 公司开发的 Cleanair 工艺，首先将 COS 及 CS_2 从 $12000mL/m^3$ 转化降至 $150mL/m^3$，然后急冷并同时除去 SO_2 及元素硫，最后以 Stretford 溶液脱除 H_2S 至小于 $250mL/m^3$。

美国 Trenthem 公司开发的 Trencor H_2S 工艺也是以 Stretford 法处理加氢尾气中的 H_2S。

需要指出的是此类工艺虽然总硫收率优于 SCOT 之类的还原—吸收工艺，但所得硫磺的质量要差一些，而且存在废液处理等问题，详见第七章。

五、还原—直接氧化工艺

从表 11-1 可见，在尾气加氢后使用直接氧化法将其中的 H_2S 催化氧化为硫磺的工艺有 BSR/Selectox，BSR/Hi-Activity 及 MODOP 等。

关于直接氧化法可见第十章。

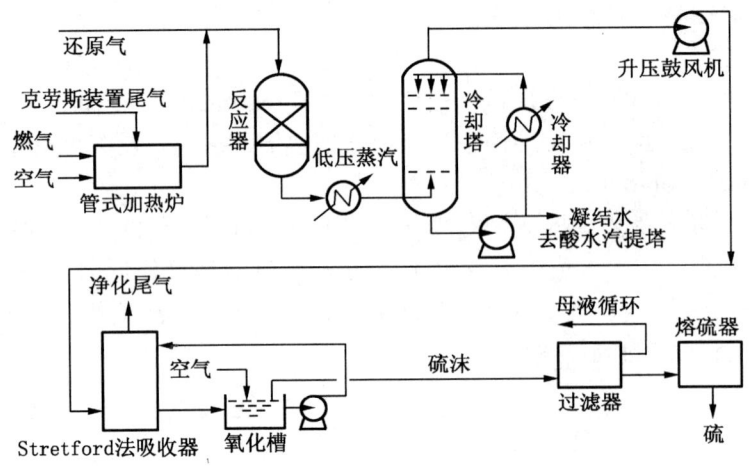

图 11-21　BSR/Stretford 工艺流程图

1. BSR/Selectox 工艺

BSR 系列中的 BSR/Selectox 工艺流程示于图 11-22，可见尾气加氢后经急冷除水再升至适当温度进入 Selectox 直接氧化反应器。关于 Selectox 法详见第十章。

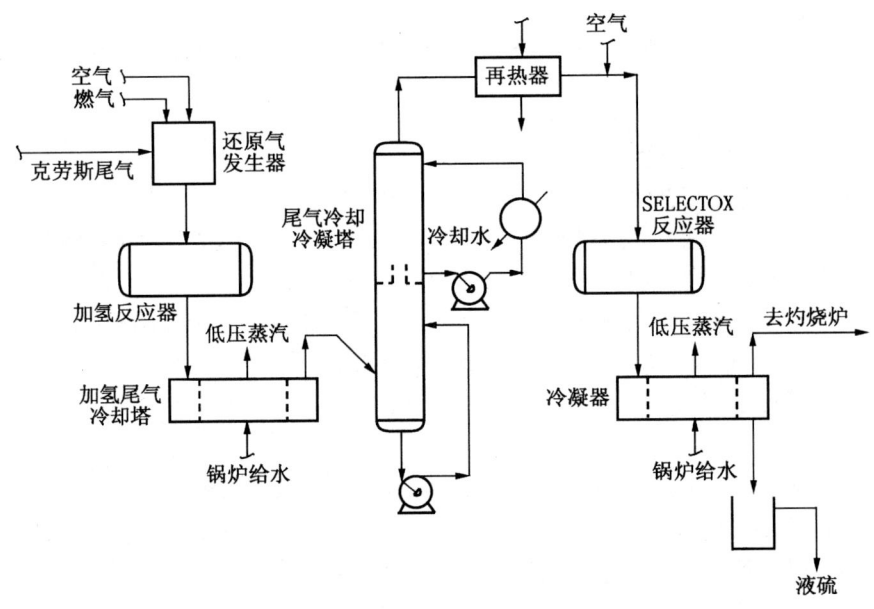

图 11-22　BSR/Selectox 工艺流程图

2. BSR/Hi-Activity 工艺

如图 11-23 所示，BSR/Hi-Activity 与 BSR/Selectox 工艺的主要区别是由于使用了一种高活性的对水汽不敏感的直接氧化催化剂，故省去了急冷除水和再热步骤，从而简化了流程，节省了投资和操作费用。

此工艺中所用的直接氧化催化剂是阿塞拜疆石油化学研究所开发的，有 KS-1 至 KS-5 共 5 个牌号。它们是铁基金属氧化物，无载体，可用氧将 85%～95% 的 H_2S 直接氧化为

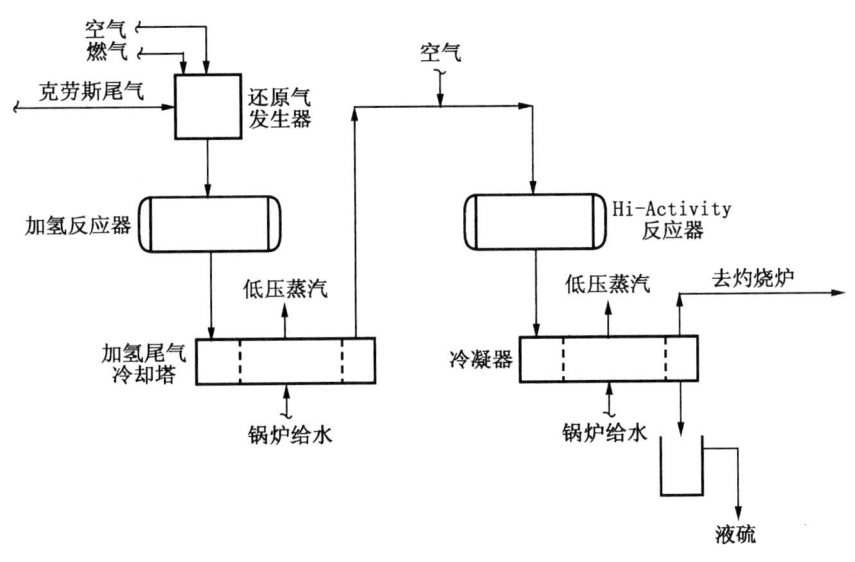

图 11-23 BSR/Hi-Activity 工艺流程图

硫,选择性为 93%~97%。

BSR/Hi-Activity 工艺的总硫收率可超过 99.9%。

3. MODOP 工艺[15]

Mobil 公司开发的 MODOP (Mobil Direct-Oxidation Process) 意为 Mobil 直接氧化工艺;其流程与 BSR/Selectox 相同,加氢尾气需急冷除水及再热后再进入直接氧化反应器。

直接氧化段使用的催化剂为 CRS-31,其选择性高,不产生 SO_3,仅有微量 SO_2 生成;但尾气中的水含量对转化率有显著影响,如图 11-24 所示;在水含量较低的情况下,温度对转化率的影响并不显著。

氧比 (O_2/H_2S 摩尔比) 对转化率的影响示于图 11-25,可见略高于化学计量比可获得最高的硫收率;在较高的温度下由于选择性下降使硫收率下降。

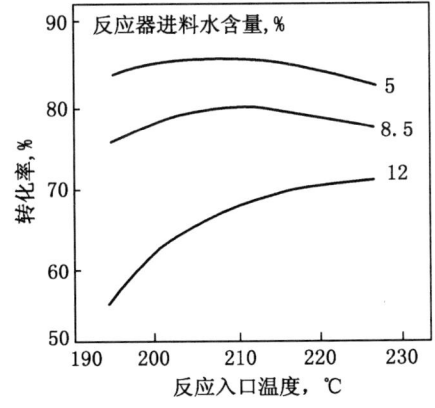

图 11-24 水含量及温度对转化率的影响

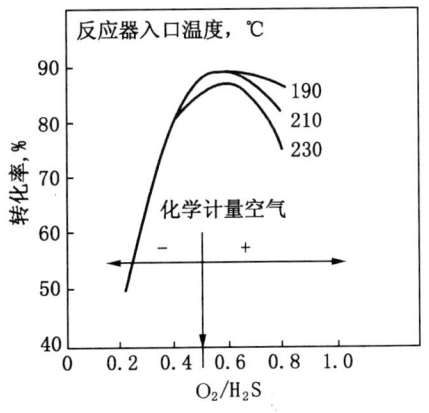

图 11-25 氧比对硫收率的影响

六、还原—固体吸收工艺

Amoco 公司开发的 ELSE（Extremely Low Sulfur Emission）工艺意为极低硫排放工艺，其主要特点是加氢尾气以固体 ZnO 脱除 H_2S，生成硫化锌的再生是在 620℃下以稀释的空气（为控制温升，O_2 浓度需控制）处理，排放气返回克劳斯装置，图 11-26 是其流程框图[16]。

以净化尾气 H_2S 浓度 $50mL/m^3$ 作为转效点的 ZnO 吸收容量示于表 11-6。

从表 11-6 可见，在所示的温度区间，ZnO 的吸收容量随温度升高而直线上升。

在循环 1000h 后，ZnO 的表面积从 $44\ m^2/g$ 降至 $5\ m^2/g$，但吸附容量仍可保持基本不变。

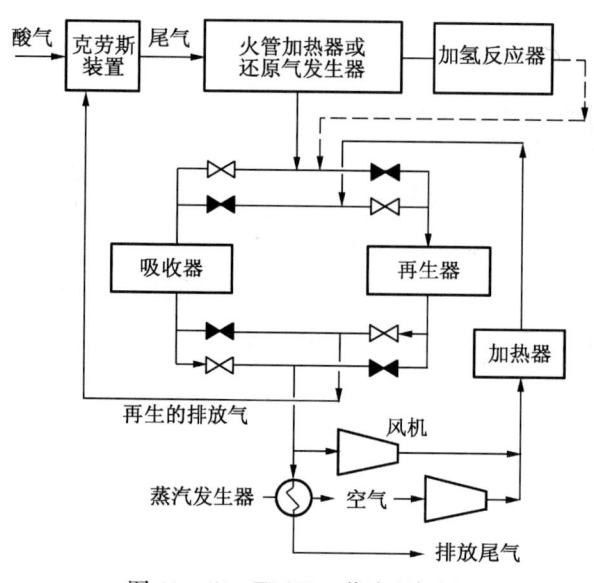

图 11-26 ELSE 工艺流程框图

表 11-6 ZnO 的 H_2S 吸收容量

温度，℃	329	371	413	538	621
吸收容量，kg/100kg	4	14	22	33	36
吸收容量，mol/mol	0.10	0.36	0.56	0.84	0.92

第四节 氧化类尾气处理工艺

氧化类尾气处理工艺的第一步是将尾气中各种形态的硫转化为 SO_2，然后通过不同途径处理 SO_2 的各种工艺。在克劳斯尾气处理领域内，此类工艺的应用较少。

我国 20 世纪 70 年代曾利用尾气灼烧产生的 SO_2 制焦亚硫酸钠，后改用酸气灼烧，详见第十章。

在本章第二节介绍的 Clauspol 150 也应属于氧化类工艺。

氧化类工艺吸收所得的 SO_2 或是与酸气 H_2S 进行低温克劳斯反应，或是返回克劳斯装置，也可用于生产液体 SO_2 产品或用于生产硫酸等等。

一、氧化—低温克劳斯工艺

1. Aquaclaus 工艺[17]

美国 Stauffer 化学公司开发的 Aquaclans 工艺意为在水相中进行克劳斯反应，可见反应在室温条件下进行，生成固体硫磺。在将尾气中各种形态的硫灼烧转化为 SO_2 后，以 Aquaclaus 缓冲溶液（含 10% 磷酸，2% Na_2CO_3，pH 3.5～4.5）吸收 SO_2，可将尾气中 SO_2 降至 $50mL/m^3$ 以下，此吸收液与 H_2S（酸气）反应生成硫浆而分离。其工艺流程示于图 11-27。

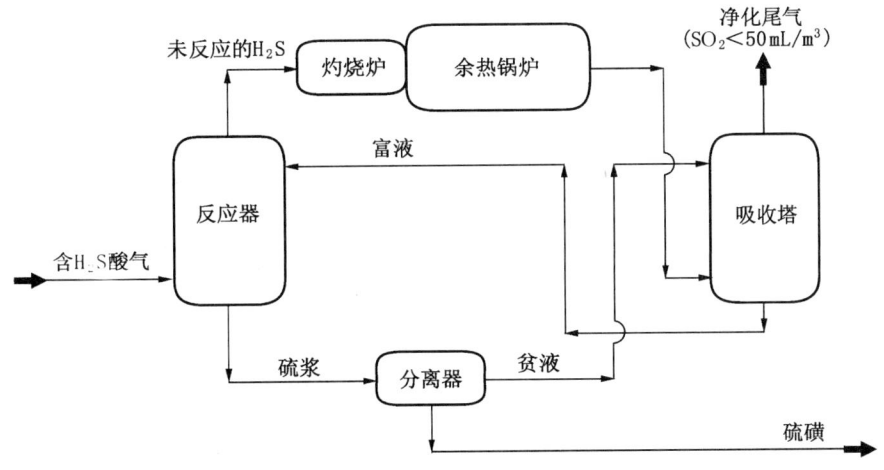

图 11-27 Aquaclaus 工艺流程图

进入 20 世纪 90 年代，Darwell Engineering 公司接手 Aquaclaus 工艺并加以改进，关键的改进在两个方面。一是改进了反应系统使之更为有效，二是改进了硫磺的分离从而避免了它在各处沉积而导致的堵塞。

Aquaclaus 虽开发用于克劳斯尾气的处理，但它也可用于处理胺法酸气或天然气，一套处理胺法酸气（H_2S 浓度 5%）的装置，硫产量 6t/d。一套处理天然气（$H_2S + CO_2$ 为 5.5%）的装置，硫产量 1.9t/d。

2. 柠檬酸盐法

这是美国矿务局开发用于处理冶金工业废气的一个传统方法，在移植到处理克劳斯尾气时由于无须除尘而使流程简化。此法以柠檬酸—柠檬酸盐缓冲溶液吸收 SO_2，尾气经净化后含 SO_2 100mL/m³ 左右。溶液 pH 值以 3.5～4.5 为宜，过高则副反应严重，过低则不利于吸收 SO_2，溶液负荷约 10～20g（硫）/L。富液在一反应器内与 H_2S（酸气）直接反应生成硫磺而得以再生，硫沫经分离、熔融后可得硫磺产品。

3. 其他氧化—低温克劳斯工艺

前面介绍的 Clauspol 150 也是此类工艺，不再赘述。

二、氧化-SO_2 返回克劳斯装置类

这类工艺在吸收 SO_2 后将其返回克劳斯装置燃烧炉入口，虽然简化了尾气处理装置，但克劳斯装置却需要随之调整，特别是要保持燃烧炉有足够高的温度。

1. Clintox 工艺[18]

德国 Linde 公司开发的 Clintox 工艺是以一种物理溶剂吸收经灼烧并急冷除水后的尾气中的 SO_2，据称净化尾气 SO_2 可降至 1mL/m³；然后溶剂再生，排出的气体中含 SO_2 约 80%，余为 CO_2 等，可返回克劳斯装置。总硫收率可达 99.9% 以上。

所用物理溶剂对 SO_2 有良好的吸收能力，且随 SO_2 的分压上升而增加，因此当尾气 SO_2 浓度升高时，循环量并不需要增加。

Clintox 工艺流程示于图 11-28。

Linde 公司认为，当 Clintox 与克劳斯工艺形成联合装置时，在克劳斯段可不需考虑有机硫的转化问题，尾气中的有机硫可灼烧成 SO_2 返回克劳斯段；因此克劳斯催化段可使用

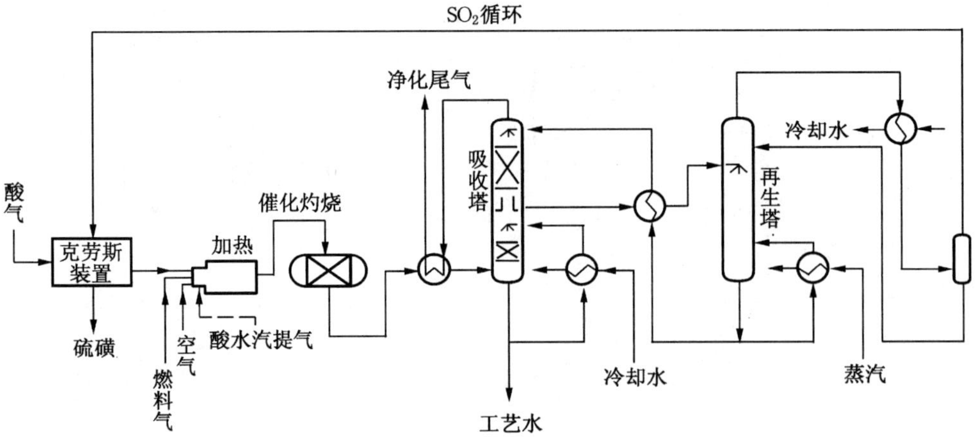

图 11-28　Clintox 工艺流程图

较低温度以利于平衡转化；甚至可仅使用一级转化，而不必设二级转化；由于不必严格控制尾气 H_2S/SO_2 的比例，风气比的调节也较宽松。

2. Cansolv 工艺

美国 BV 公司开发的 Cansolv 工艺在尾气灼烧时使所有形态的硫转化为 SO_2 后，以一种独特的双胺吸收剂优化平衡 SO_2 吸收与再生的性能，再生放出的 SO_2 返回克劳斯装置。

双胺中的强碱性能基团吸收强酸性组分（SO_3 等）而不能再生；弱碱性基团在适当 pH 值下吸收与再生 SO_2，其贫液 pH＝6，富液 pH＝4。

如尾气中 SO_3，HCl 等强酸性组分较多，则需用电渗析法从溶液中除去。

3. Elsorb 工艺

Elken 公司开发的 Elsorb 工艺是以磷酸钠缓冲溶液吸收灼烧尾气中的 SO_2，再生放出的 SO_2 返回克劳斯装置。

不久前 Elsorb 工艺已在挪威一炼厂工业化，排放尾气的 SO_2 含量小于 $200mL/m^3$。

4. Cominco de SO_x 工艺

Cominco 公司开发的脱除硫氧化物工艺 Cominco de SO_x 以氨液吸收 SO_2，再以硫酸处理并生成硫铵，SO_2 返回克劳斯装置。其 SO_2 脱除率可达 99％。

此工艺副产硫铵。

三、其他氧化类尾气处理工艺

原则上说，凡用于处理烟道气 SO_2 的工艺均可作为处理克劳斯尾气的氧化类工艺，此处仅简要介绍再生时得到 SO_2，既可生产液体 SO_2、也可返回克劳斯装置或生产硫酸的几种工艺。

1. Wellmann-Lord 工艺

美国 Wellmann 电站气体公司所开发的 Wellmann-Lord 工艺是一个传统方法，1971 年在日本用于处理克劳斯尾气。

此法以 Na_2SO_3（或 K_2SO_3）溶液作为尾气中 SO_2 的吸收剂，可将尾气 SO_2 含量降至小于 $200mL/m^3$。吸收了 SO_2 的 $NaHSO_3$ 溶液在蒸发结晶器中分解，放出 SO_2 与水汽，冷却后，SO_2 既可液化作为产品，或制硫酸或返回克劳斯装置。

Wellmann-Lord 工艺的关键是必须控制硫酸盐的生成，除控制灼烧时的氧比外，还可加入抗氧化剂以减少硫酸盐的生成。

2. Trencor SO_2 工艺

灼烧的尾气以一种有机溶剂选择吸收 SO_2，净化尾气 SO_2 含量不大于 $200mL/m^3$。富液于再生塔内析出 SO_2 而获再生，SO_2 可返回克劳斯装置，亦可用以生产硫酸。

3. Westvaco 工艺

美国 Westvaco 公司开发的同名工艺以流动床活性炭吸附灼烧尾气中的 SO_2，并在氧和水汽存在下催化氧化为硫酸。排出气 SO_2 含量不大于 $200mL/m^3$。

如果需要，可用 H_2S 将硫酸还原为元素硫。

参考文献

1 徐文渊，蒋长安主编．天然气利用手册．北京：中国石化出版社，2002
2 朱利凯主编．天然气处理与加工．北京：中国石油工业出版社，1997
3 王开岳．大气污染的控制——国外降低克劳斯尾气硫含量的一些方法．石油炼制，1976（3）：55～65
4 王开岳．交叉组合的硫回收及尾气处理新工艺．石油与天然气化工，1998，27（3）：170～175
5 Keeping Abreast of the Regulations. Sulphur, 1994, 231: 35～59
6 R. Lell et al. New Progress of Sulfreen Technologies. Sulphur, 1991, 213: 39～46
7 郑子文．CT6-4 低温克劳斯催化剂的工艺特征．石油与天然气化工，1986，15（1）：1～7
8 M. J. Ledoux, et al. Silicon Carbide Supports New Improvements in Sulphur Recorery. Sulphur, 2000, 269: 41～47
9 W. Groenendeal, et al. Recent Experience with the SCOT Process. Erdoöl und Kohle, 1975, 28 (3): 145～147
10 肖锦堂．CT6-5 还原吸收法处理硫磺回收尾气加氢催化剂．石油与天然气化工，1986，15（4）：1～12
11 J. A. Ray et al. New Catalyst Permits Cut in COS Tail Gas Emissions. Oil Gas J, 1986, 84 (28): 54～57
12 王开岳．克劳斯-斯科特组合系统总酸气组成计算与讨论．天然气工业，1985，5（1）：79～83
13 Lagas. Recent Developments to the SCOT Process. Sulphur, 1993, 227: 39～44
14 B. G. Goar, Cost. Air Regulations Affects Process Choice—Claus Tail-Gas Cleanup. Oil Gas J., 1975, 73 (33): 109～112
15 R. Kettner et al. New Claus Tail-Gas Process Proved in German Operation. Oil Gas J, 1988, 86 (2): 63～66
16 Use ELSE for Tail Gas Cleanup. Hydrocarbon Proc, 1986, 65 (5): 37～39
17 Q. L. Darnell et al. An Overview of the Modified Aquaclaus H_2S and SO_2 Removal Technology. Proc. 72nd GPA Annu. Conv, 1993: 200～204
18 M. Heisel et al. Clintox-Ein Leistungsfahiges Verfahren zur Restentschwefelung von Claus-Abgasen. Chem. Ing. Tech, 1987, 59 (11): 888～889

第十二章 克劳斯延伸工艺

第一节 概 述[1,2]

在常规克劳斯工艺的基础上，为了进一步提高装置的硫收率或装置产能或扩展应用范围，开发了多种克劳斯延伸工艺，包括克劳斯组合工艺及克劳斯变体工艺。

本书中克劳斯组合工艺是指将常规克劳斯与尾气处理组合成一体、总硫收率达到99%或更高的工艺。

由于"独立"的尾气处理装置对回收硫的贡献率不过4%～5%，从经济上的角度而言，它是产出远远不抵投入的装置，这是人类为维护自身生存环境而要求企业付出的代价。因此千方百计降低这方面的投入成为追求的目标，将常规克劳斯与尾气处理合为一体可降低投资和操作费用，克劳斯组合工艺应运而生。

最早出现的克劳斯组合工艺是CBA法，其后MCRC法问世，这两种工艺均是在低于常规克劳斯的反应温度下（低于硫露点）延续克劳斯反应以使总硫收率达到99%或更高一些。由于吸附在催化剂中的液硫需定期赶出以使催化剂得以再生，固定床反应器需切换操作，因此它们均是非稳态运行的工艺。此工艺中精确维持过程气中H_2S/SO_2比例在2∶1是它们达到99%总硫收率的关键。

其后，荷兰Comprimo公司另辟蹊径，使克劳斯工序在富H_2S条件下（即H_2S/SO_2大于2）运行，然后继以一个H_2S选择氧化为硫的工序，形成Superclaus 99工艺，总硫收率99%。如在选择氧化段前插入一个有机硫水解段，则总硫收率可达99.5%，是Superclaus 99.5工艺。EURO Claus也是Superclaus的升级工艺，它是在选择性氧化段前插入一个加氢段，不仅使有机硫水解，而且使过程气中的SO_2还原为硫及H_2S，总硫收率可达99.5%以上。与CBA及MCRC工艺不同，Superclaus及EURO Claus均是稳态运行的工艺。

本书中的克劳斯变体工艺是指与常规克劳斯工艺（主要特征是以空气作为H_2S的氧化剂，催化转化段使用固定床绝热反应器等）有重要差别的克劳斯工艺。

使用富氧空气代替空气的工艺称为富氧克劳斯工艺，国外已实现工业化的有COPE、SURE等工艺，还开发了利用变压吸附生产富氧空气与之组合的PS Claus工艺。富氧克劳斯工艺可提高装置的处理能力，扩展直流工艺对酸气H_2S浓度的适应范围。

德国Linde公司将管壳式等温反应器用于克劳斯催化转化，形成了Clinsulf系列工艺；此中Clinsulf SDP是将常温克劳斯与低温克劳斯合为一体的工艺，也可视为一种克劳斯组合工艺；Clinsulf DO则是用于处理贫H_2S酸气的直接氧化工艺。

本章介绍的各种工艺所涉及的反应原理均已在第十章及第十一章内叙述了，此处不再赘述。

第二节 克劳斯组合工艺

本节主要介绍CBA、MCRC及Superclaus工艺，对由CBA延伸形成的ULTRA，以及

EURO Claus 及 ER Claus 等工艺也作简要介绍。

一、CBA 工艺[3]

Amoco 公司开发的 CBA（Cold Bed Adsorption）工艺是第一种获得工业应用的克劳斯组合工艺，其意为冷床吸附，即在较常规克劳斯转化器温度为"冷"的温度下反应生成硫并吸附在催化剂上，然后切换至较高的温度下运行并使硫脱附逸出，催化剂获得再生。它与 Sulfreen 工艺的差别是，Sulfreen 与克劳斯是两个独立的装置，Sulfreen 反应器中催化剂的再生有一个循环气系统；而 CBA 则是与克劳斯融为一体，冷床催化剂再生也使用热的过程气。

CBA 工艺于 1976 年在加拿大实现工业化。虽然在此之前的中间试验采用了三反应器流程，但目前应用较广的却是四反应器流程；然而，考虑到三反应器可以降低投资，现在的设计又转向三反应器流程，但构型则与最初的中试构型不同。无论是四反应器还是三反应器，工艺构型方面又有不同安排，不同构型的 CBA 工艺可获得的总硫收率示于图 12-1。

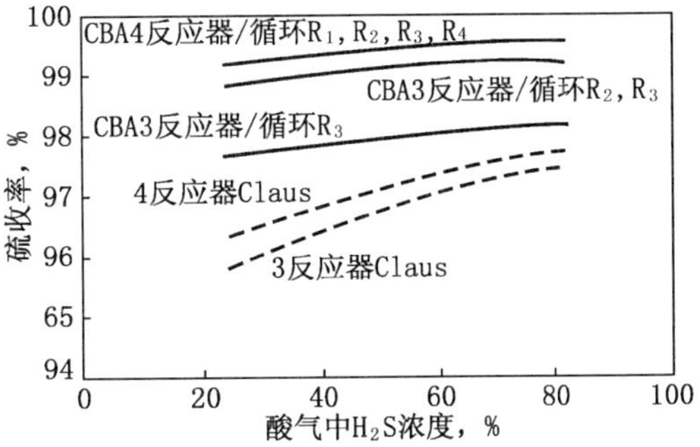

CBA 法可进一步延伸成为 ULTRA（Ultra Low Temperature Reaction Adsorption），意为超低温反应吸附工艺。

图 12-1 不同构型的 CBA 工艺可得的总硫收率

1. CBA 四反应器工艺

CBA 四反应器流程有几种工艺构型，这是由四个反应器所处位置的变化而形成的。如将两个反应器固定作为常温克劳斯一级及二级反应器（R_1、R_2），另外两个反应器（R_3、R_4）分别处于低温反应吸附与再生工况并轮流切换；也可将 R_1 作为常温一级克劳斯转化器并使催化剂再生，其余的 R_2、R_3 及 R_4 均作为 CBA 反应器，并定期切换。

1）CBA 四反应器——R_3、R_4 循环工艺

加拿大 East Crossfield 800 t/d、两级催化转化克劳斯装置改造成为首套 CBA 装置即采用此种流程；这也最适合用于改造已建的克劳斯装置，其流程示于图 12-2。

如图 12-2 所示，从一级转化器 R_1 出来的过程气进入需再生的 R_3 或 R_4 反应器作其中的催化剂的再生气，经冷凝液硫后入二级转化器 R_2 进行常规克劳斯反应，冷凝液硫后再进入 R_4 或 R_3 反应器"冷"床反应和吸附。

CBA "冷床"段使用的催化剂是常规氧化铝，在中试阶段甚至使用过铝矾土进行试验。切换周期为 18h，反应吸附在 120~127℃ 下进行 18h，370℃ 下再生 12~14h，冷却 4~6h。

反应器处于再生及冷却阶段时其出口的过程气温度的变化情况示于图 12-3。

首套 CBA 装置的硫收率从改造前的 96% 升至改造后的 99% 以上。需要指出的是，由于装置需切换操作的非稳态运行特点，故在切换后的一个短时间内硫收率达不到 99%。

2）CBA 四反应器——R_1，R_2，R_3，R_4 循环工艺

CBA 四反应器——R_1，R_2，R_3，R_4 循环流程中，R_1 处于一级克劳斯转化的位置，同时对催化剂进行再生和冷却；其余的三个反应器均作为"冷"床反应器，每级之后均有冷凝器，但气流再热器仅需一台。一旦 R_1 反应器内催化剂的再生及冷却完成，它就切换成为最

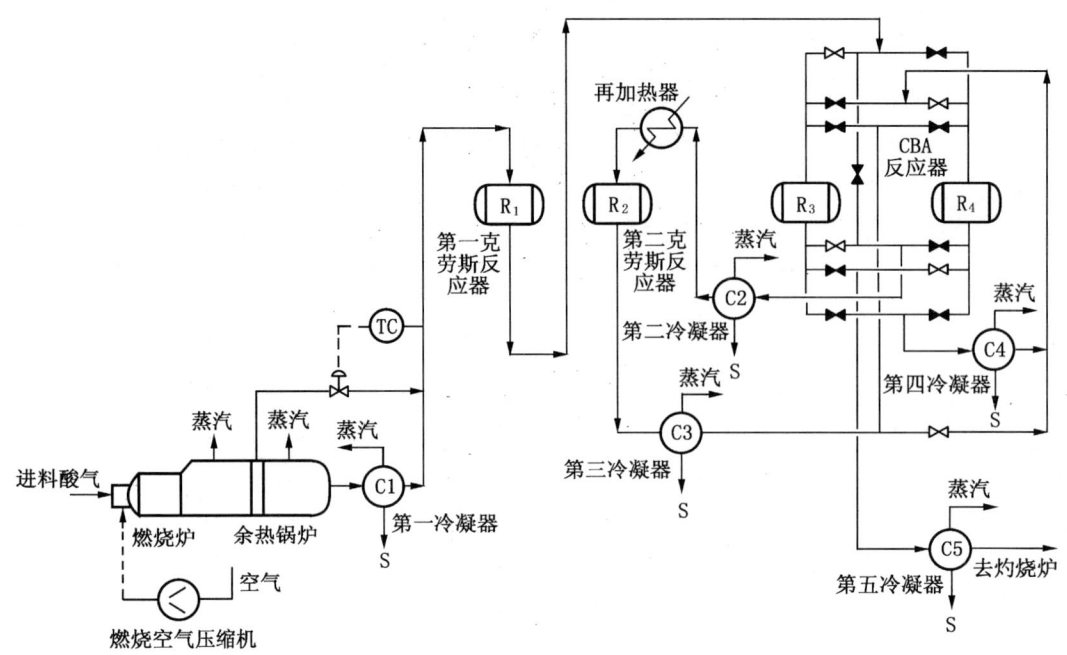

图 12-2 CBA 四反应器——R_3，R_4 循环工艺流程图

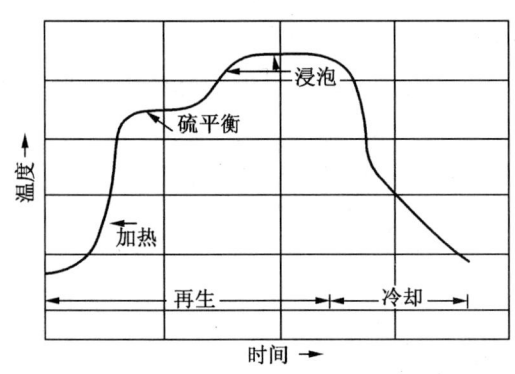

图 12-3 再生及冷却阶段反应器出口
过程气温度随时间变化的示意图

后一级的"冷"床反应器，如此循环。图 12-4 是此种构型工艺流程示意图。

由于有三个反应器在"冷"态下运行，所以在 CBA 的各种构型中以此种构型的总硫收率最高，但设计中需注意平衡各级的硫生成速率与再生及冷却间的关系。

2. CBA 三反应器工艺

CBA 三反应器亦有两种构型，一种是 R_2 及 R_3 两个反应器循环，另一种则仅有一个反应器 R_3 自身切换循环。

1) CBA 三反应器——R_2，R_3 循环工艺

CBA 三反应器——R_2，R_3 循环工艺流程示于图 12-5。

从图 12-5 可见，R_1 作为一级克劳斯转化器，其出口的热过程气（335~350℃）进入再生阶段的 CBA 反应器 R_2 或 R_3，冷凝液硫后在 120~127℃下进入另一个 CBA 反应器 R_3 或 R_2。

此工艺构型已用于阿联酋的两套 1000 t/d 硫回收装置。

2) CBA 三反应器——R_3 循环工艺

此种 CBA 构型示于图 12-6，前两个反应器 R_1 及 R_2 作为常规克劳斯的一级及二级转化器，第三个反应器 R_3 则自身进行反应吸附和再生冷却的循环。R_3 处于反应吸附阶段时，则送入 R_2 出口并经冷凝液硫后的过程气；R_3 处于再生阶段时，则其入口气与 R_1 出口的热

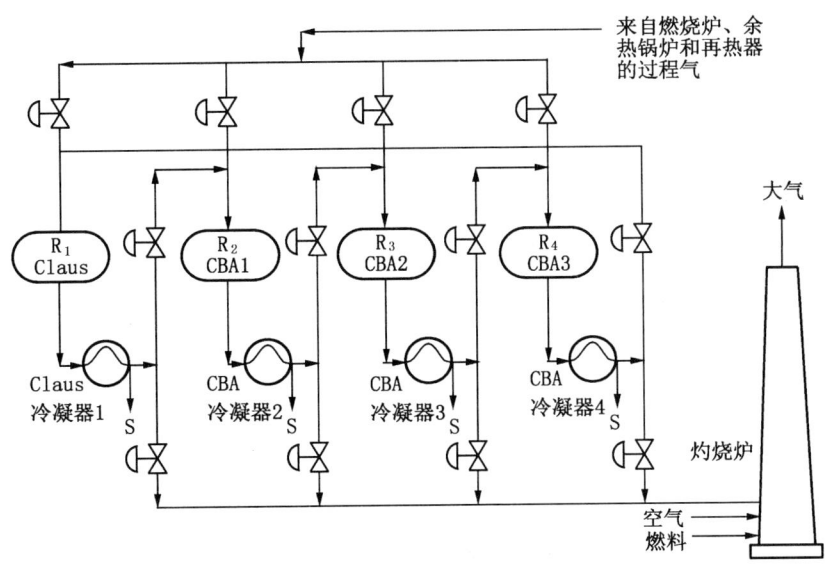

图 12-4　CBA 四反应器——R_1，R_2，R_3，R_4 循环工艺流程图

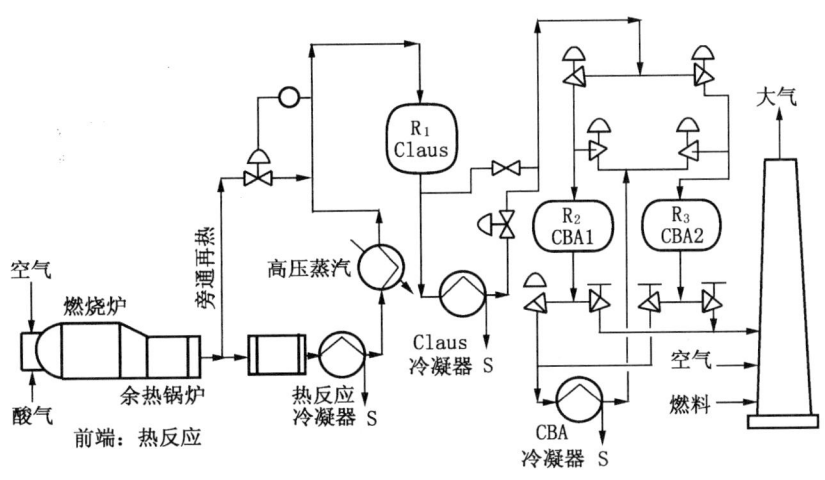

图 12-5　CBA 三反应器——R_2，R_3 循环工艺流程图

过程气换热升温。

此种构型虽然使装置简化，但其硫收率变化的幅度相当大，低限仅稍优于两级转化的克劳斯装置。

3. ULTRA 工艺[4]

ULTRA 工艺是 CBA 法的延伸，克劳斯尾气加氢并急冷后，分出 1/3 进入氧化反应器将其中的 H_2S 氧化为 SO_2，它与另外 2/3 气体中的 H_2S 一起在 CBA 反应器内反应生成硫磺并吸附在催化剂上。ULTRA 工艺内介于常规克劳斯与 CBA 工序间的加氢、急冷及氧化工序的流程示于图 12-7。

加氢反应器进料温度为 316~343℃，所用催化剂可使 SO_2 降至 $10mL/m^3$，COS 降至

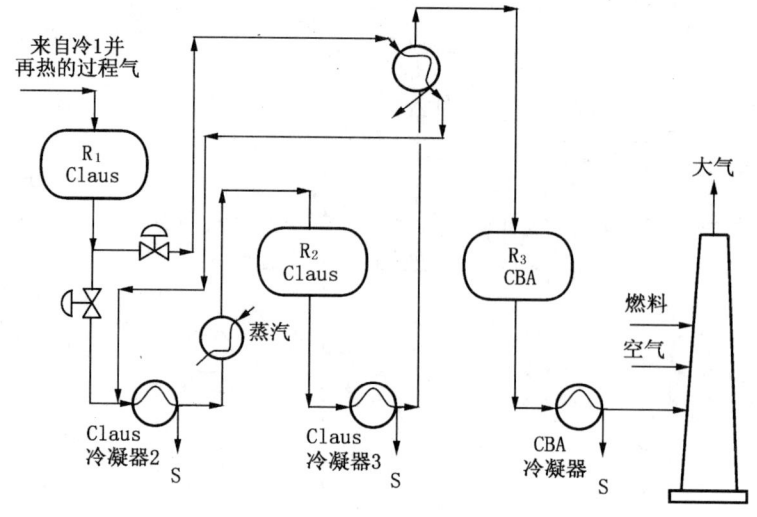

图 12-6 CBA 三反应器-R_3 循环工艺流程图

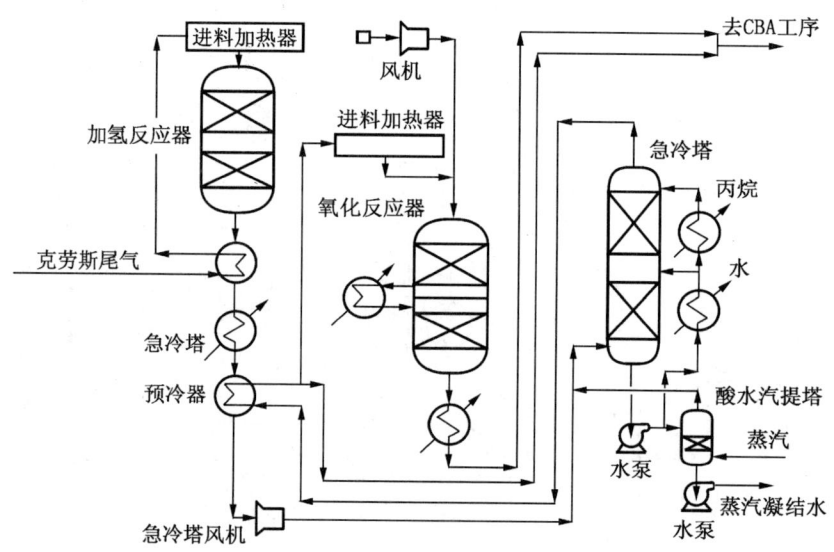

图 12-7 ULTRA 工艺加氢、急冷及氧化工序流程图

$5mL/m^3$，CS_2 降至 $1mL/m^3$。急冷塔顶温度控制在 $11\sim16℃$，以使气流中的水含量降至 1.5% 以下；因为水含量对工艺的总硫收率有显著影响，如表 12-1 所示。

表 12-1 ULTRA 过程气中水含量对总硫收率的影响

项目 过程气	总硫收率,%		
水含量,%	0	5	24
过程气 $H_2S/SO_2=2.0$	99.96	99.82	99.57
过程气 $H_2S/SO_2=2.1$	99.80	99.67	99.42

过程气水含量主要影响其氧化段。H_2S 氧化为 SO_2 在 316～343℃下进行，为防止强烈放热导致氧化催化剂失活，设有段间冷却器。

此工艺未见有工业应用的报道，看来是由于工序多而且控制要求较为苛刻。

二、MCRC 工艺

加拿大 Mineral & Chemical Resource Co 开发的 MCRC 工艺于 1981 年实现了工业应用。关于 MCRC 的命名，另有一种说法是来自"最大克劳斯硫收率概念"（Maximum Claus Recovery Concept）。这也是一种将常温克劳斯段与低温克劳斯段组合为一体的工艺。MCRC 工艺也有三反应器及四反应器两种，前者的总硫收率为 98.5%～99.2%，后者总硫收率可达 99.3%～99.4%。

我国川西北净化厂引进了三反应器 MCRC 装置，根据协议四川石油设计院关昌伦等又以此技术改造了川西北的另一套常规克劳斯装置，取得了成功[5]。

1. MCRC 三反应器工艺

MCRC 三反应器工艺流程示于图 12-8。此中反应器 R_1 固定作为一级反应器；其余两

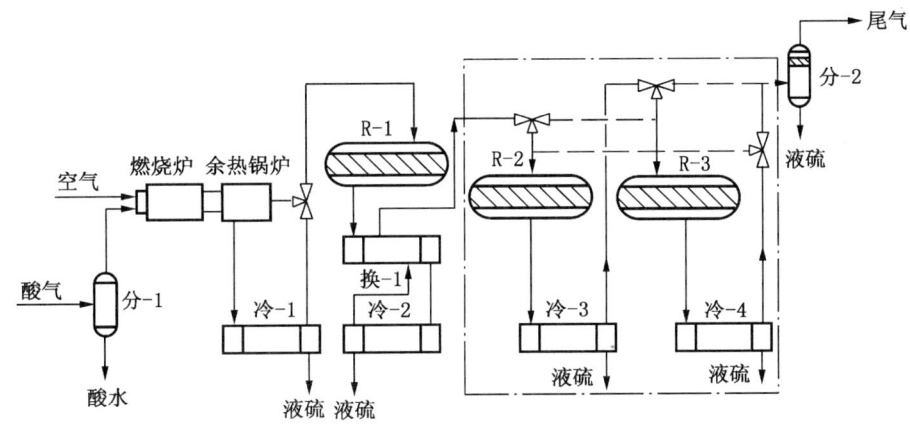

图 12-8 MCRC 三级反应器工艺流程图

个反应器 R_2 及 R_3 则一个处于再生阶段并同时进行常温克劳斯反应，另一个作为低温克劳斯反应段，R_2 与 R_3 定期切换。需要指出的是 R_2 与 R_3 之间在冷凝分离液硫后过程气不需再热，再生气则是 R_1 出口经冷凝分离液硫并再热了的过程气。

需要指出的是在反应器切换期间，总硫收率发生波动而无法达到 99%，约半小时可恢复正常，如图 12-9 所示。

我国川西北净化厂引进的和国内改造成的 MCRC 三级反应器装置的实际运行结果示于表 12-2。

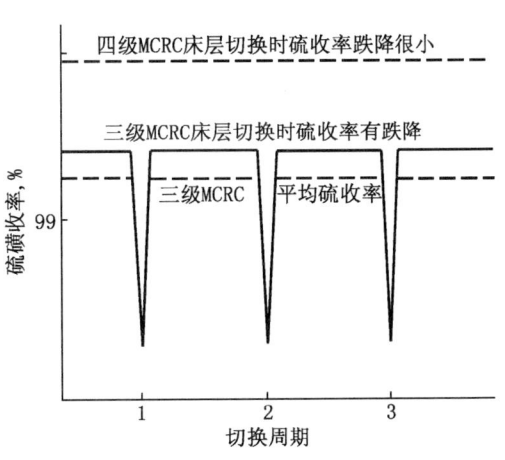

图 12-9 反应器切换对总硫收率的影响

表 12-2 川西北 MCRC 装置运行结果

装置规模，t/d	设计总转化率，%	考核总转化率，%	硫收率，%
46.05①	99.22	99.17	—
52	99.18（99.06～99.25）	—	99.03（98.92～99.14）

① 引进装置。

MCRC 工艺低温段选用的催化剂为 S-201，中国石油西南油气田分公司天然气研究院研制的 CT6-4 催化剂也可使用。这些催化剂的情况可见表 10-19 及表 10-20。

2. MCRC 四反应器工艺

MCRC 四反应器与三反应器工艺的主要区别是有两个反应器进行低温克劳斯反应。反应器 R_1 始终处于常温一级转化的位置；R_2 如处于再生及常温二级转化的位置，则 R_3 与 R_4 分别为两个低温克劳斯反应器，R_3 出来的过程气经冷凝分离液硫后再入 R_4 继续反应。待 R_2 再生结束并冷却后，再切换到最后一级的位置。图 12-10 为 MCRC 四反应器工艺流程图；图 12-11 则是 R_2、R_3、R_4 三个反应器的循环时间图。

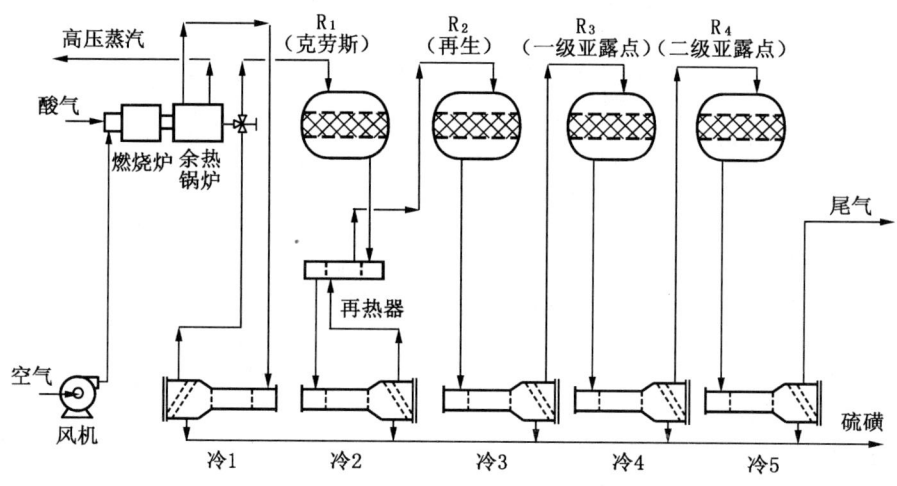

图 12-10　MCRC 四反应器工艺流程图

加拿大 Pine River 天然气净化厂两套 1067t/d 装置采用了 MCRC 四反应器工艺，表 12-3 是其运行数据[6]。

表 12-3　一套 MCRC 四反应器装置运行数据

工艺参数	酸气组成，%				酸气量 $10^4 \text{ m}^3/\text{d}$	转化率 %	硫收率 %
	H_2S	CO_2	CH_4	COS			
设计值	55.22	44.38	0.29	0.11	74.65	99.52	99.36
运行值	50.08	49.28	0.51	0.04	61.41	99.2～99.67	99.0～99.48

从前面的图 12-9 可见，MCRC 四反应器工艺由于有两级低温克劳斯转化，切换期间硫收率的波动也显著改善。

三、Superclaus 工艺[7~9]

荷兰 Comprimo 公司开发的 Superclaus 意为超级克劳斯工艺，于 1988 年工业化，包括两种构型，Superclaus 99 及 Superclaus 99.5，不言而喻，前者的总硫收率为 99%左右，后者的总硫收率则可达到 99.5%。表 12-4 为两种 Superclaus 工艺与典型的两级催化转化克劳斯工艺的对比。

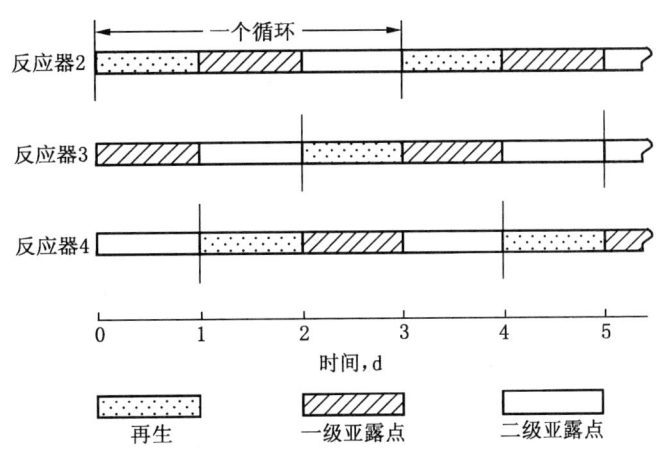

图 12-11 MCRC R_2、R_3 及 R_4 循环时间图

表 12-4 Superclaus 与典型克劳斯工艺的对比

工 艺	至主燃烧炉的氧量,%	两段转化或加氢段后,%			选择氧化段硫收率,%	硫蒸汽损失,%	总硫收率%
		转化率	H_2S	SO_2			
克劳斯	100	96.7	2.2	1.1	—	0.2	96.5
Superclaus 99	96.5	95.7	4.0	0.3	3.6	0.2	99.1
Superclaus 99.5	100	96.7	3.3	0	2.9	0.2	99.4

Superclaus 工艺的流程简洁，又是稳态反应过程，所以在其工业化后发展很快，成为颇受欢迎的一种可达到 99%或更高的总硫收率的工艺。

1. Superclaus 99 工艺

Superclaus 99 工艺亦可简称为 Superclaus 工艺，其主要特点是前面的两级或三级反应器为常规克劳斯反应器但在富 H_2S 条件下（即 H_2S/SO_2 大于 2）运行，以保证进入选择性氧化反应器的过程气 H_2S/SO_2 比大于 10，配入适当高于化学当量的空气使 H_2S 在催化剂上选择性氧化为元素硫。其工艺流程示于图 12-12。

1）克劳斯段富 H_2S 操作的影响

常规克劳斯段在富 H_2S 条件下运行虽然对其硫收率有一些不利影响（约 1%~2%），但它可在后续的选择氧化段得到相当程度的弥补。图 12-13 给出了二级克劳斯反应器出口气 H_2S/SO_2 比例与总硫收率的关系。

从图 12-13 可见，在 H_2S/SO_2 比值较低时，由于选择氧化段仅催化 H_2S 转化，而对 SO_2 无能为力，故总硫收率低；较高的 H_2S/SO_2 比却可得到高的总硫收率。但过高的 H_2S/SO_2 比必然使二段出口的 H_2S 浓度升高，而选择氧化段进料 H_2S 浓度高将使催化剂床层产生大的温升，这是需要加以控制的，所以通常控制二段出口过程气 H_2S/SO_2 比在 10 左右，H_2S 浓度低于 1.5%。

2）选择氧化段

Superclaus 工艺的关键步骤是选择氧化段，所使用的选择性氧化催化剂只将 H_2S 氧化

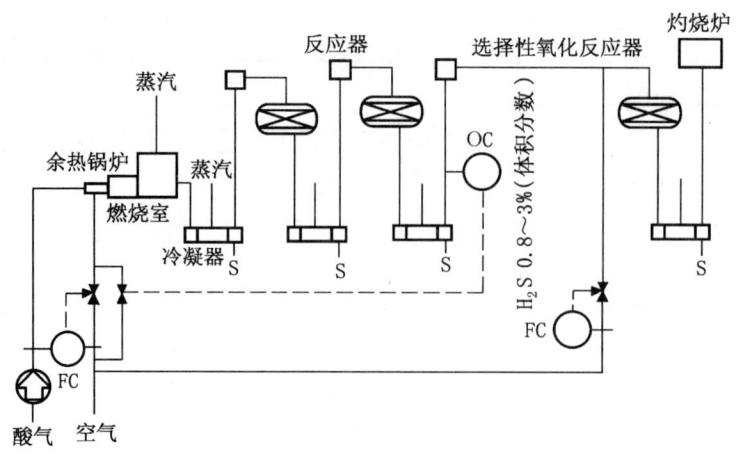

图 12-12 Superclaus 99 工艺流程图

为元素硫，即使氧过剩也不产生 SO_2 与 SO_3；此外，它不催化 H_2S 与 SO_2 的反应，所以它不像低温克劳斯反应那样受平衡限制，其转化率可达 85%～95%，此外也不催化 CO 或 H_2 的氧化反应；而且过程气中的水汽实际上不影响反应而不需除去，这就简化了工艺流程而节约了投资和运行费用。图 12-14 为克劳斯不同硫收率及选择氧化段不同转化率下的总硫收率。

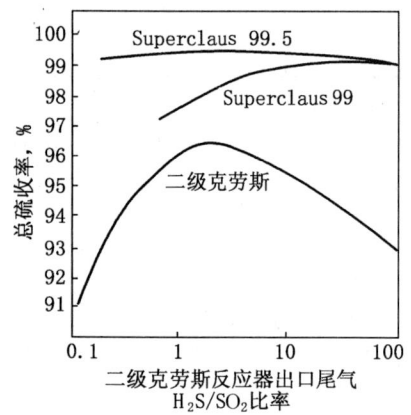

图 12-13 二级出口 H_2S/SO_2 比对 Superclaus 总硫收率的影响

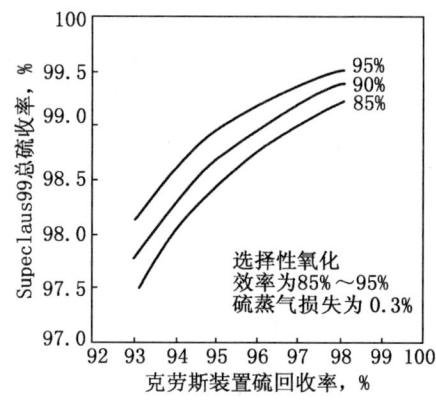

图 12-14 Superclaus99 工艺的总硫收率

由于 H_2S 直接氧化为元素硫是一个强放热反应（详见第十章），1% H_2S 转化为硫的反应热导致的温升约 60℃，因此进入选择氧化反应器的过程气 H_2S 浓度必须予以控制，以防超温而使催化剂失活，通常绝不允许 H_2S 浓度超过 3% 而应低于 1.5%。所以前面的常规克劳斯段应选用性能优良的催化剂。

Superclaus 第一代催化剂是以 α-Al_2O_3 为载体的 Fe-Cr 基催化剂。第二代催化剂则是以 SiO_2 及 α-Al_2O_3 为载体，并且不用 Cr，其活性更高，进料温度为 200℃（较第一代催化剂降低 50℃）；转化率上升 10%，即总硫收率可提高 0.5%～0.7%。所以第二代催化剂较第一代催化剂不仅能耗降低，也可允许稍高的进料 H_2S 浓度，又避免了重金属 Cr 带来的问题。据了解，新近开发的第三代催化剂仍以 $SiO_2-\alpha Al_2O_3$ 为载体，以 Fe 及 Zn 等作为活性组分。

牌号为 D-1624E1.8mm 的 Superclaus 催化剂是第二代催化剂，其有关情况示于表 12-5。

表 12-5　D-1624E1.8mm Superclaus 催化剂

Fe含量,%	P含量,%	直径,mm	长,mm	表面积,m²/g	总孔容,mL/g	压汞法孔容,mL/g	压碎强度,N/粒
4.2	0.23	1.8	5~6	88	0.75	0.69	110

两代催化剂的性能对比示于图 12-15。

中国石油西南油气田分公司天然气研究院研制的 CT6-6 催化剂也是用于选择氧化段的催化剂[10]。

新近国外研制出新型的以碳化硅（SiC）为载体的克劳斯催化剂，Fe_2O_3/SiC 可作为 H_2S 直接氧化的催化剂，在 240℃ 下，H_2S 转化率达 100%，生成硫的选择性为 90%~95%，O_2/H_2S 比对选择性的影响也不显著[11]。

2. Superclaus 99.5 工艺

在 Superclaus 99 工艺中，进入选择氧化段的过程气中所含的 SO_2、COS 及 CS_2 不能获得转化，所以总硫收率在 99% 左右。为此开发了

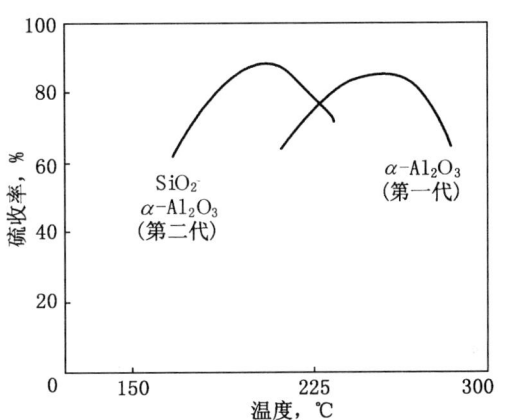

图 12-15　两代 Superclaus 催化剂的性能

Superclaus 99.5 工艺，在选择氧化段前插入了一个加氢段，使过程气中的 SO_2、COS 及 CS_2 先行转化为 H_2S 或元素硫，从而使总硫收率升至 99.5%。图 12-16 是 Superclaus 99.5 工艺流程图。

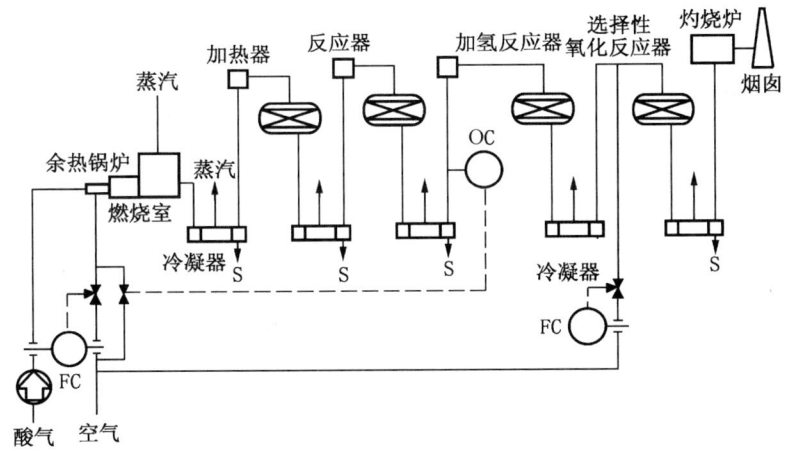

图 12-16　Superclaus99.5 工艺流程图

关于加氢转化的有关情况，可参见本书第十一章第三节。

由于有加氢段，所以过程气 H_2S/SO_2 比例对总硫收率的影响如图 12-13 所示也就很小

了。所以，Superclaus 99.5 工艺的克劳斯段应在 H_2S/SO_2 比为 2 的条件下运行以提高其硫收率，这是与 Superclaus 99 不同而需要强调指出的。

3. Superclaus 装置数据

目前采用 Superclaus 工艺回收硫磺的工业装置 1998 年统计已超过 70 套，大多为 Superclaus 99 工艺；国内重庆天然气净化总厂渠县分厂引进的 Superclaus 99 装置也于 2002 年 10 月投产。这些装置中既有"直流"型的，也有因酸气 H_2S 浓度较低而采用"分流"型的。表 12-6 列出了一些 Superclaus 装置的运行数据；看来，"直流"型装置一般克劳斯段安排两级催化转化，而"分流"型装置克劳斯段则安排了三级催化转化。

表 12-6 Superclaus 装置数据

国别 装置	我国 渠县	荷兰 Nerefco	日本 Wakayama	德国 Winter Shall	加拿大 Lone Pine	芬兰 Neste OY	加拿大 Burnt Timber	美国 Dagger Draw
装置产能，t/d	31.5	45	30	7	150	120×3	224	14
酸气 H_2S 浓度，%	45～55	90.4	93.4	71.9	65	83.4	61.6	40
烃含量，%	0.6	1	2.0	0.5	0.5	0.3	0.4	0.1
常规克劳斯催化段	三级	两级	两级	两级	两级	两级	两级	三级
克劳斯段硫收率，%	～95	97.1	96.7	97.0	96.5～97.0	—	—	—
总硫收率	99.2	98.9～99.1	99.0	98.6～98.7	98.3～98.5	99	>98.5	98.0

表 12-7 是我国渠县 Superclaus 装置考核期间的运行数据；该装置为"分流"型，克劳斯段安排了三级转化，第一级使用了 CRS-31 催化剂，再热使用在线燃料气再热炉。

表 12-7 渠县 Superclaus 装置运行数据

位置	温度 ℃								
	火焰	余热锅炉出口	一反出口	一冷	二反出口	二冷	三反出口	直接氧化段出口	直接氧化段冷凝器
实际	1060	165	319	163	217	158	183	236	123
计算	1062	169	320	172	220	162	187	245	126

过程气组分浓度[①]，%（湿基）					
组分	一反入口	一反出口	二反出口	三反出口	直接氧化段出口
H_2S	4.6 (5.26)	1.3 (1.67)	0.37～0.50 (0.62)	0.30～0.50 (0.50)	0.00～0.01 (0.01)
SO_2	1.3 (3.12)	0.15～0.37 (0.59)	0.03～0.10 (0.07)	0.01～0.02 (0.02)	0.02～0.03 (0.07)
COS	0.11 (0.67)	0.01 (0.013)	—	—	—
CS_2	0.19 (0.42)	0.01 (0.004)	—	—	—

① 括弧外为实际值，括弧内为模拟计算值。

根据表 12-7 所示数据，可得如下的认识：

(1) 依实测值计算的总硫收率超过 99.2%，依模拟计算值则为 99.35%。

(2) 燃烧炉的实际运行情况（系按第十章所述的非常规分流法运行）优于模拟计算值，H_2S 及 SO_2 总量为 5.9% 对 8.38%，COS 及 CS_2 总量为 0.30% 对 1.09%。

(3) 渠县 Superclaus 装置的总硫收率显著优于表 12-6 所示的其他 Superclaus 装置的总

硫收率。这一方面可能是因为吸取了其他装置的经验，设计更为优化、精细；另一方面这毕竟是装置刚投入运行的情况，还需要进一步观察其长期的运行性能。

四、其他克劳斯组合工艺[12,13]

1. ER Claus 工艺

Parsons 公司开发的 ER（Enhanced Recovery）Claus 意为提高收率的克劳斯工艺，据称它使用常规的克劳斯三级转化及通用的克劳斯催化剂，其关键是引入了"管理克劳斯反应的先进技术"，可能是二级及三级在非稳态条件下分别以"热态"及"冷态"运行，应类似于 CBA 法，但称它不存在切换问题，详情未透露。此法已在美国的一套工业装置运行，硫收率98%。

2. EURO Claus 及 PRO Claus 工艺

EURO Claus 及 PRO（Parsons Redox）Claus 两种工艺均与 Superclaus 99.5 工艺类似，在选择氧化段前安排了加氢还原工序，将 SO_2 以及 COS、CS_2 转化为硫及 H_2S，从而使总硫收率可达到 99.5%。

除上述各种工艺外，Clinsulf SDP 也是一种克劳斯组合工艺，鉴于其主要特点是使用了管壳式等温反应器，将在下一节克劳斯变体工艺内介绍。

第三节 克劳斯变体工艺

本节介绍的克劳斯变体工艺包括以富氧空气为 H_2S 氧化剂的富氧克劳斯工艺及以等温反应器为特色的 Clinsulf 工艺。

一、富氧克劳斯工艺

传统的克劳斯装置均以不计费用的空气作为 H_2S 氧化为硫的氧化剂，但它带入了大量惰性的 N_2 稀释了过程气，降低了装置的效率。采用富氧空气作为克劳斯过程的氧化剂可以提高装置的效率、扩大装置的处理能力以及延伸直流工艺对酸气 H_2S 浓度的适应范围，从20世纪80年代以来其开发与应用颇受重视[14]。

国外现已工业化的富氧克劳斯工艺有 Goar, Arrington & Associates Inc 及 Air Products & Chemicals Ins. 合作开发的 COPE（Claus Oxygen-based Process Expansion）意为富氧克劳斯扩能工艺；Parsons Comp 与 BOC 合作开发的 SURE（Sulphur Recovery）工艺；Oxyclaus 工艺；使用变压吸附取得富氧空气的 PS Claus 工艺；为了解决高炉温问题，还开发了 NoTICE（No Tie in Claus Expansion）意为无约束的克劳斯扩能工艺。

1. 富氧克劳斯工艺的一些计算结果[15]

使用富氧空气代替空气，燃烧炉温度将随富氧程度而上升，如图 12-17 所示。

随着炉温上升，H_2S 裂解等反应将显著增加，导致氧的用量减少而显著低于化学计量系数，图 12-18 给出了不同的酸气 H_2S 浓度下氧气利用系数与富氧程度的关系。

从图 12-17 及图 12-18 可见，在较低的富氧程度下其对炉温和氧气利用系数的影响较为显著。随着富氧程度的上升，H_2S 转化为硫的转化率也有所上升，如图 12-19 所示。

事实上，由于炉壁材料耐温程度的限制，在富氧程度及酸气 H_2S 浓度均高的条件下，可能需要循环一级冷凝冷却器出口过程气以控制炉温，图 12-20 所示的阴影区即分别为控制炉温不超过 1755K 或 1555K 需要将过程气循环的区域。不同条件下所需要的循环比示于图 12-21。

不论过程气是否循环，进入一级转化器的过程气量总是随富氧程度升高而下降，在低富氧区尤为显著，如图 12-22 所示。

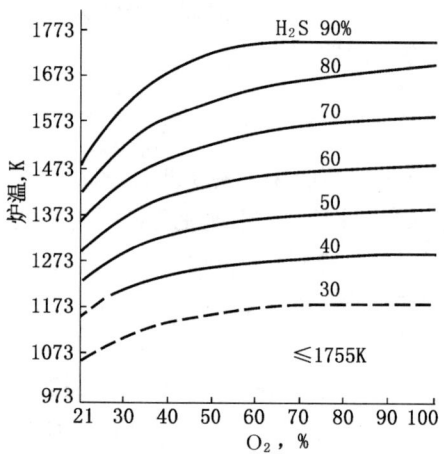

图 12-17 不同酸气 H_2S 浓度及富氧程度下的炉温

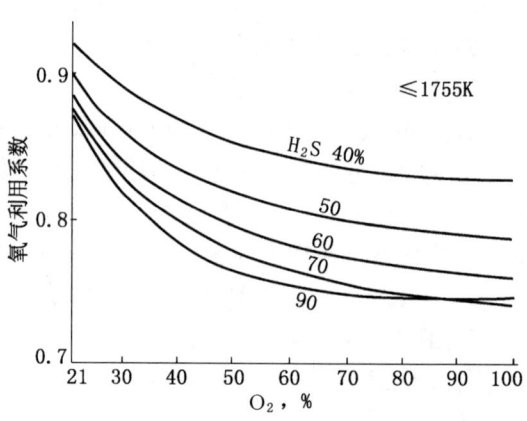

图 12-18 不同酸气 H_2S 浓度及富氧程度下的氧气利用系数

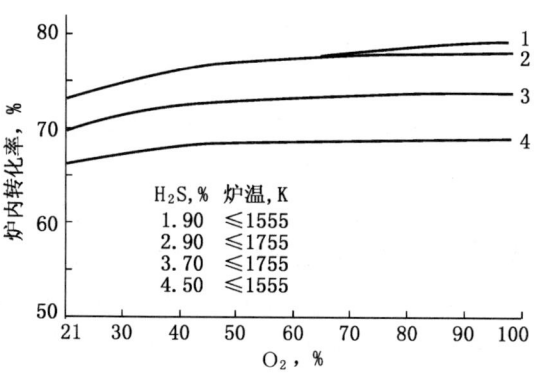

图 12-19 富氧程度对转化率的影响

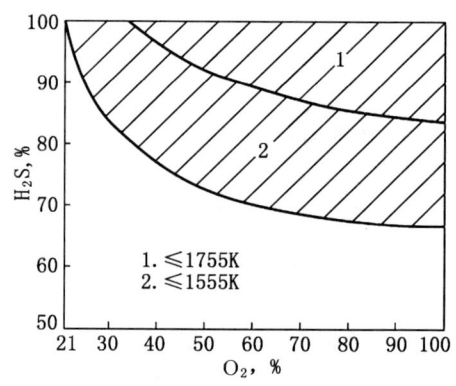

图 12-20 富氧克劳斯工艺的循环区

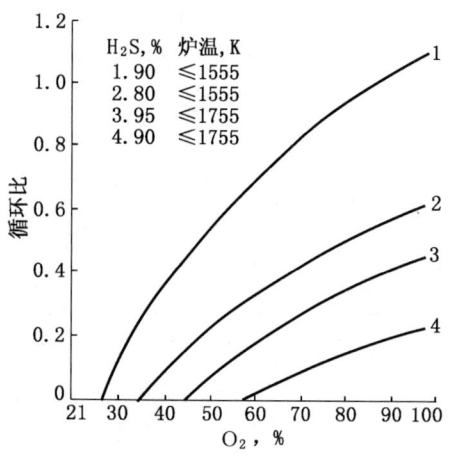

图 12-21 不同条件下所需的循环比

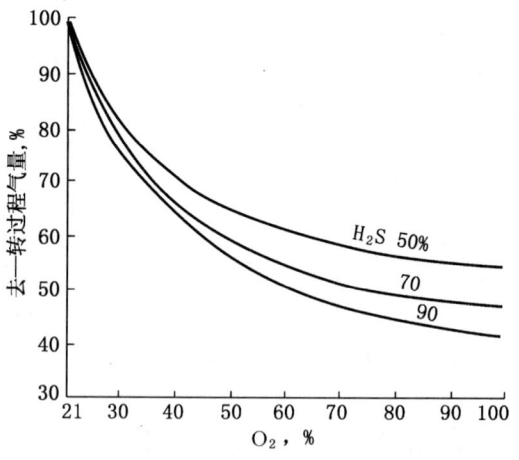

图 12-22 转化段过程气量与富氧程度的关系

当然，解决炉温过高问题，除过程气循环外，也可采用其他措施，如使用双燃烧炉（每级均配有余热锅炉），NoTICE 工艺则以纯氧在液硫中浸没燃烧生成 SO_2 送入燃烧炉使之降温。

由于使用富氧空气升高了炉温，使直流克劳斯工艺可接受的进料酸气 H_2S 浓度的下限相应下移，如图 12-23 所示。

此外，因燃烧炉内 H_2S 裂解等反应增加，在富氧条件下炉内产生的还原气 H_2 及 CO 量也有所增加，这对于尾气处理中具有加氢还原段的

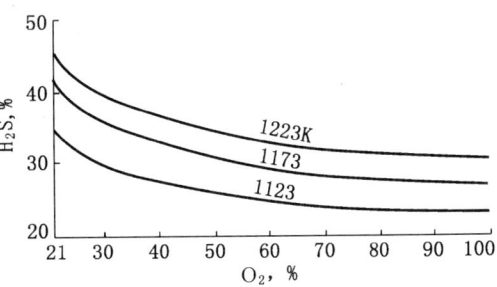

图 12-23 富氧条件下直流工艺的 H_2S 浓度下限

工艺是有益的。图 12-24 及图 12-25 分别为在不同富氧程度下过程气中 H_2/SO_2 比和 $(H_2+CO)/SO_2$ 比。

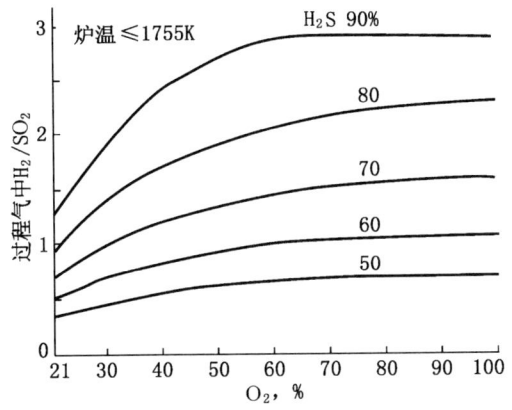

图 12-24 不同富氧条件下过程气中的 H_2/SO_2 比

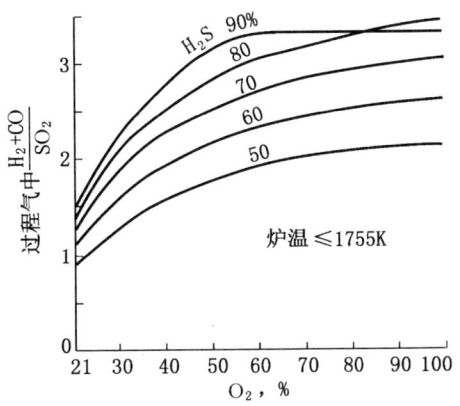

图 12-25 不同富氧条件下过程气中的 $(H_2+CO)/SO_2$ 比

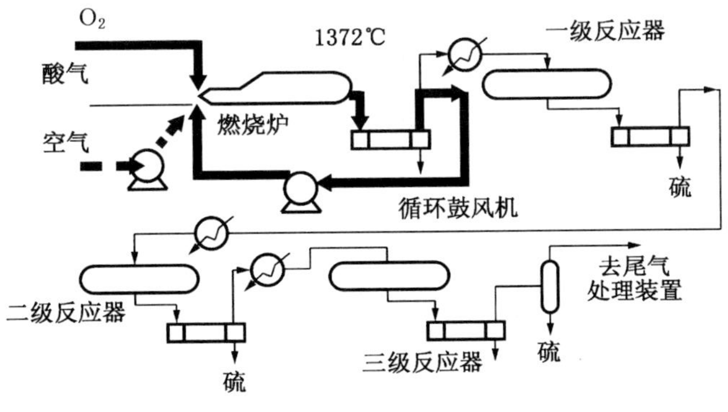

2. 富氧克劳斯装置

富氧克劳斯装置，尤其是低富氧程度的装置，在其工艺流程中除供风的控制系统需要改造外，其余与常规克劳斯装置并无区别，图 12-26 是其流程图。

美国 Champlin 炼厂两套克劳斯装置及 Charles 炼厂装置以 COPE 改造后的运行对比数据示于表 12-8。

从表 12-8 可见，Champlin 装置用风的氧浓度升至 27%～29%，硫磺产能增加 21%～23%。Charles

图 12-26 富氧克劳斯工艺流程图

装置氧浓度升至 54%，产能增加近一倍。

表 12-8　COPE 装置运行数据[16,17]

装置 参数＼工艺	Champlin A		Champlin B		Charles		
	克劳斯	COPE	克劳斯	COPE	克劳斯	COPE (1)	COPE (2)
酸气量，m^3/h	2151	2643	2391	2966	—	—	—
H_2S 浓度，%	68	73	68	73	89	89	89
酸水汽提气，m^3/h	891	877	736	736	—	—	—
氧气流量，t/d	0	16.2	0	15.9	—	—	—
氧浓度，%	20.3	28.8	20.3	27.2	21	54	65
燃烧炉温度，℃	1243	1399	1149	1324	1301	1379	1410
硫磺产量，t/d	67.1	82.3	72.6	87.9	108	196	199

此外，由于装置处理酸水汽提气，故混合进料中 NH_3 浓度达 6.3%～8.7%；采用富氧工艺后炉温升高，NH_3 也更为彻底地分解为 N_2、H_2 及 H_2O，出炉过程气 NH_3 含量小于 $20mL/m^3$。

由于较低的富氧程度可在较少的投入下收到较多的效益，因此目前的富氧克劳斯装置大多在较低的富氧程度下运行。

3. 双燃烧炉富氧克劳斯工艺

如前所述，采用双燃烧炉也可以解决富氧克劳斯炉温过高的问题，甚至可使用纯氧，其流程示于图 12-27。

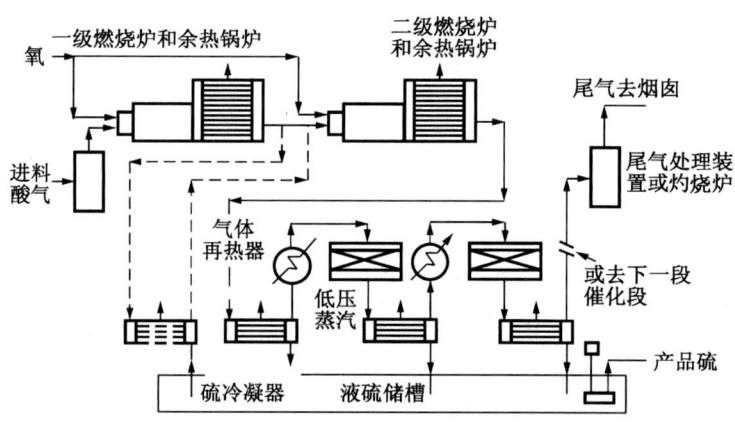

图 12-27　双燃烧炉富氧克劳斯工艺流程图

如图 12-27 所示，过程所需要的富氧空气按适当的比例分别供两个燃烧炉，每个燃烧炉后均衔接以余热锅炉，从而控制了炉温。

日本 Koa 炼厂克劳斯装置能力需从 60t/d 扩至 90t/d，曾考虑过几种方案，但因投资及场地限制等因素，最终采用 SURE 双燃烧炉工艺进行了装置改造，实现了扩能目标，而且后续的 SCOT 尾气处理装置也不需改造。

设计耐火砖的最高温度1760℃，过程气安排为1650℃，改造后实际不超过1350℃。

由于过程气量减少，系统压降下降，在各段催化剂床层的停留时间相应增加而可以保证各段的转化效率。

作为双燃烧炉工艺的一种变体，还开发了一种侧燃烧炉工艺，即将一部分酸气以富氧空气甚至纯氧在侧燃烧炉内将H_2S转化为SO_2，此股气流冷却后部分循环以控制侧燃烧炉的温度，其余的冷却气与酸气一道进入主燃烧炉以氧燃烧并调节计量比例，此种流程示于图12-28。

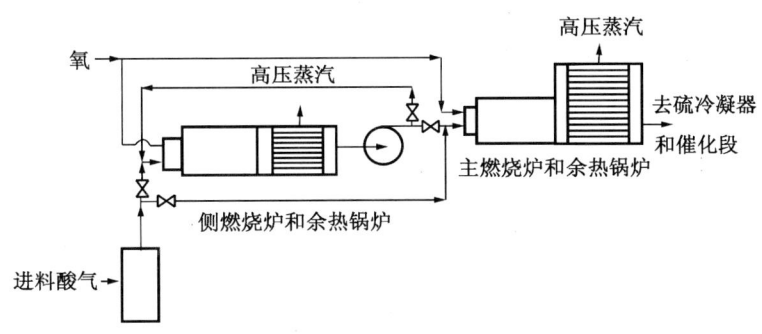

图12-28 带侧燃烧炉的富氧克劳斯工艺流程图

4. PS Claus 工艺

Parsons公司以变压吸附（Pressure Swing Adsorption）制得富氧空气用于克劳斯装置形成PS Claus工艺，以常规两级催化转化克劳斯装置的投资及电费为100计，PS Claus的相对投资示于表12-9。

表12-9 PS Claus工艺的相对投资和电费

装　置	相　对　投　资		电费相对值
	常规克劳斯	PS Claus	
两级转化	100	70	1.5
三级转化	115	80	1.5
两级转化+尾气处理	200	150	1.3

可见，以变压吸附取得富氧空气，克劳斯装置的投资费用下降，但操作费用增加。

5. NoTICE 工艺[18]

液硫以氧浸没燃烧制SO_2的技术原来在美国Calabrian公司化工厂生产含硫化学品。Brown & Root Braun公司将此技术引入COPE工艺，以所生产的SO_2送入主燃烧炉从而可控制炉温，其SO_2生产的工艺流程示于图10-29。

如图12-29所示，氧气与液硫反应生成SO_2，放出的热量使大量液硫蒸发而与SO_2一道离开反应器，经冷凝器及分离器使之分离，考虑到液硫粘度的特点（详见第十章），温度控制在427℃左右，SO_2进一步冷却至132℃去燃烧炉。

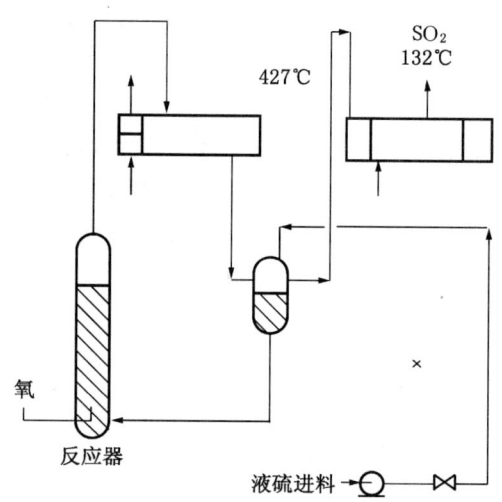

图 12-29 NOTICE 工艺中 SO_2 生产工序流程图

二、Clinsulf 工艺[19,20]

德国 Linde 公司开发的 Clinsulf 工艺以采用管壳式催化转化反应器为其特征，它包括 Clinsulf-SDP 及 Clinsulf-DO 两种模式，前者是将常温克劳斯与低温克劳斯组合的工艺，后者则是直接氧化工艺。

德国 BASF 公司开发的 Catasulf 工艺也使用等温反应器。

1. Clinsulf SDP 工艺

1) Clinsulf SDP 工艺流程

Clinsulf SDP（Sub Dew Point）意为其系列中的亚露点工艺，图 12-30 是其工艺流程图。

关于 Clinsulf 的工艺流程，有以下几点值得注意。

（1）装置中有两个反应器，一个处于"热"

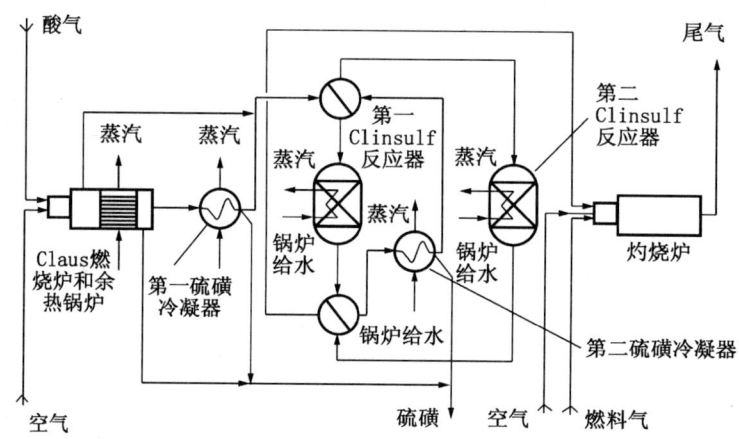

图 12-30 Clinsulf SDP 工艺流程图

态进行常温克劳斯反应并使催化剂上吸附的硫逸出，另一个处于"冷"态进行低温克劳斯反应，两个反应器定期切换。

（2）每个反应器内实际上有两个反应段，上段为绝热反应段，下段为等温反应段。绝热反应段有助于在较高的温度下使有机硫转化并可得到较高的反应速率，等温反应段则可保证较高的转化率。

（3）系统仅使用两个再热炉和一个冷凝冷却器，流程简化，设备大大减少；再热燃料气用量也减少。

（4）如图 12-31 所示的 Clinsulf 等温反应器结构较常用的绝热反应器复杂得多，价格昂贵，但由于流程简化，设备大大减少，故据称投资费用大体上相当于有三级转化的克劳斯装置。

（5）反应器切换达到操作条件稳定所需时间约为 20min，如同 CBA 及 MCRC 等工艺，在此段切换期间总硫收率无法保证达到99%。

(6) 对通过管壳式反应器的循环水的质量要求很高；且因产生高压蒸汽对相应设备的安全性要求也更高，此高压蒸汽冷凝后循环，能量无法利用。

2) Clinsulf SDP 装置数据

Clinsulf SDP 现有两套工业装置，1995年在瑞典 Nynas 炼厂实现了工业化，处理酸气及酸水汽提气，装置产能16 t/d，进料 H_2S 浓度75.8%，硫收率大于99.1%，平均99.4%。

装置内各段转化率情况示于表12-10。

我国重庆天然气净化总厂垫江分厂也引进建设了一套 Clinsulf SDP 装置，其反应器是在我国大连制造的，于2002年11月投产。装置产能为16 t/d，设计进料酸气 H_2S 浓度30%～45%，设计硫收率99.2%。反应器上部装入 ESM7001 氧化钛基催化剂，下部为 UOP 2001 氧化铝基催化剂。两个反应器每3h切换一次。表12-11是其考核期间运行数据。

依据检测数据计算，37组数据的平均值大于99.2%。这一结果当然是令人满意的，但也还有待观察其长期运行的性能。

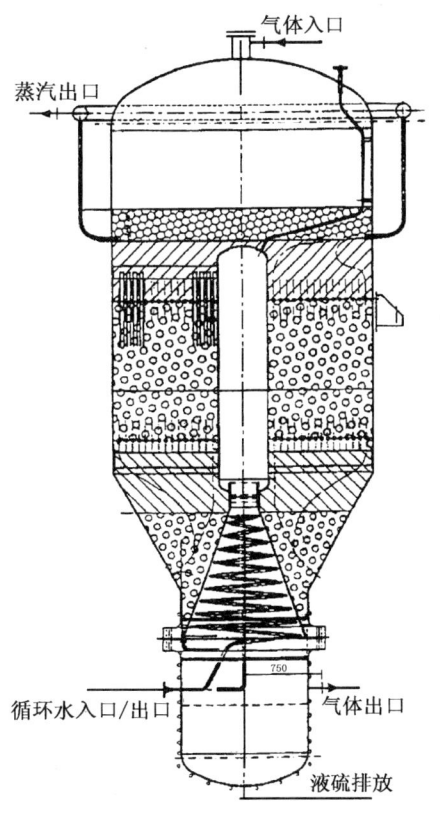

图 12-31 Clinsulf 反应器

表 12-10 Clinsulf SDP 装置各段转化率

位　　置	燃烧炉	第一反应器绝热段	第一反应器等温段	第二反应器绝热段	第二反应器等温段
段内转化率,%	60.0	75.0	50.0	60.0	75.0
累计转化率,%	60.0	90.0	95.0	98.0	99.5
剩余的 H_2S 及 SO_2,%	40.0	10.0	5.0	2.0	0.5

表 12-11 垫江 Clinsulf SDP 装置运行数据

组分（干基）	H_2S %	CO_2 %	烃 %	SO_2 %	COS %	CS_2 %	硫雾 g/m³
酸气	40.09 (38.35～42.54)	59.07 (56.79～60.80)	0.84 (0.63～1.70)	—	—	—	—
尾气	0.030 (0①～0.59)	37.55 (31.78～40.53)	—	0.52 (0①～0.58)	0①	0.0001② (0～0.004)	0.71 (0.41～1.30)

① "0" 为未检出；
② 检测19次，仅有一次检出为0.004%。

2. Clinsulf DO 工艺

Clinsulf DO (Direct Oxidation) 意为此系列中的直接氧化工艺，其流程示于图12-32。

如同 Clinsulf SDP 的反应器,上部催化剂床层为绝热段使床温迅速上升加快反应,下部则是等温段可借有效冷却控制温度略高于硫露点,使之有更高的转化率。由于不存在反应器的切换运行问题,流程也更为简单,催化剂使用氧化钛基催化剂。

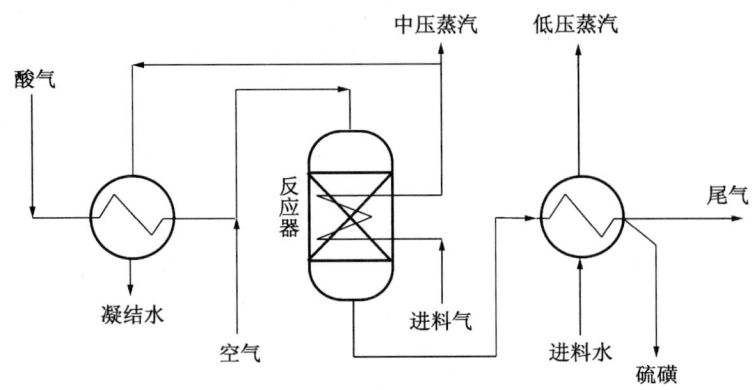

图 12-32　Clinsulf DO 工艺流程图

当进料酸气 H_2S 浓度大于 10% 时,应将冷凝冷却器出口的过程气循环以控制反应器温度。

由于随反应温度上升,H_2S 直接氧化的选择性下降,所以催化剂应有高的活性并控制温度高于硫露点。反应过程中生成的 SO_2 也可与 H_2S 反应得到硫磺。

1992 年 Clinsulf DO 工艺在奥地利工业化,用于处理 H_2S 1%～3% 的厌氧生化气体,此后又建设了三套装置,包括我国淮南的一套装置,它们的简要情况示于表 12-12。

表 12-12　Clinsulf DO 装置

国　别 装　置	奥地利 Pemhofen	韩国 Naju 城	德国 Berrenrath	中国 淮南
产　能,t/d	3.0	8.3	0.1	11
进料 H_2S,%	1～3	5～18	0.5～10	1.5～3
硫收率,%	92	95	95	90
投产年度	1992	1993	1996	2001

3. Clinsulf SSP 工艺

Clinsulf SSP(Sub Solid Point)意为此系列中的亚凝固点工艺。Linde 公司设想可使等温段在低于硫磺凝固点的条件下运行,温度的降低可获得更高的硫收率,预计可达 99.8%。由于采用管壳式反应器,固体硫磺也可熔化并汽化而使催化剂得以再生。

4. Catasulf 工艺[21]

BASF 开发的 Catasulf 工艺类似于 Clinsulf DO 工艺,第一段使用等温反应器直接氧化贫酸气中的 H_2S,未反应的 H_2S 及 SO_2 则在第二段绝热反应器内继续反应,其流程示于图 12-33。

据称 Catasulf 工艺第一段转化率即达 94%,第二段可达到 97.5%。1990 年报道已用于一套 48t/d 的工业装置。

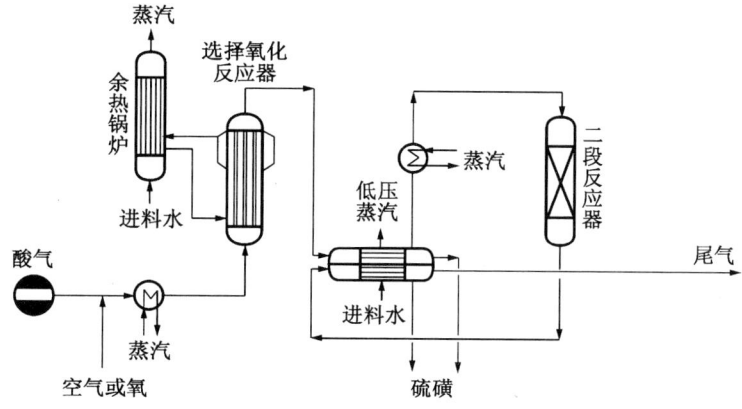

图 12-33 Catasulf 工艺流程图

参 考 文 献

1 王开岳. 大气污染的控制—国外降低克劳斯尾气硫含量的一些方法. 石油炼制, 1976 (3): 55~65

2 王开岳. 交叉组合的硫回收及尾气处理新工艺. 石油与天然气化工, 27 (3), 1998: 170~175

3 D. K. Steres et al. Enhanced Process Configurations for the CBA Process. Sulphur, 225, 1993: 37~48

4 M. H. Lee et al. ULTRA Tail Gas Cleanup Process. Chem. Eng. Prog., 1984 (5): 33~38

5 关昌伦. MCRC 硫磺回收工艺初探. 天然气工业, 11 (4), 1991: 86~92

6 R. E. Heigold et al. Pine River Uses Four-Converter MCRC Subdewpoint Process for Sulfur Recovery. Oil Gas J., 81 (37): 1983: 156~160

7 J. A. Lagas et al. Claus Process Gets Extra Boost. Hydrocarbon Proc., 77 (4), 1989: 40~42

8 E. Nasato et al. New Catalyst Improves Sulfur Recovery at Canadian Plant. Oil Gas J. 92 (9), 1994: 45~48

9 B. G. Goar et al. Superclaus: Performance World-wide. Sulphur, 220, 1992: 44~47

10 郑子文. 高效率硫磺回收技术的发展趋势. 石油与天然气化工, 25 (1), 1996: 17~23

11 M. L. Ledoux et al. Silicon Carbide Supports New Improvements in Sulphur Recovery. Sulphur, 269, 2000: 41~47

12 Keeping Abreast of the Regulations. Sulphur, 231, 1994: 35~59

13 L. Connock. Emerging Sulphur Recovery Technologies. Sulphur, 273, 2001: 46~55.

14 B. Gene Goar et al. Claus Plant Capacity Boosted by Oxygen-Enrichment Process. Oil Gas J., 83 (39), 1985: 39~41

15 王开岳, 金汀. 富氧克劳斯工艺模型计算结果及其应用. 天然气工业, 13 (2), 1993: 82~87

16 L. Connock. Oxygen Technology in Claus Plants. Sulphur, 235, 1994: 75~80

17 F. J. Rice et al. Revamp Increases Sulfur – Recovery Capacity at Corpus Christi's Champlin Refining Co. . Oil Gas J. , 86 (3), 1988: 39~43
18 R. L. Schendel. SO_2 – Generation Process can Double Refinery Claus Unit Capacity. Oil Gas J. , 91 (35), 1993: 63~66
19 Clinsulf Expands its Scope, Sulphur. (1/2), 1995: 52~56
20 F. Kunkel et al. Clinsulf SDP Makes its Debut. Sulphur, 1996 (3/4): 45~51
21 BASF. Catasulf Process. Hydrocarbon Proc. , 69 (4), 1990: 74

第十三章 天然气净化工艺的选择

对于天然气中含硫含碳（CO_2）的气田，其开发安排必然同时要考虑天然气的净化方案，首先是选择脱硫脱碳工艺，其次是脱水工艺；大多数情况下还要考虑硫磺回收与尾气处理工艺的选择问题。

需要指出的是，在天然气净化工艺的选择中，脱硫脱碳工艺的选择是"龙头"。一方面，各个气田的天然气组成千差万别（第一章表 1-6 及表 1-7 所提供的天然气组成数据可见一斑）；另一方面，如第二章至第八章所介绍的，脱硫脱碳的工艺方法也十分繁多。因此，为特定的天然气气质及工况选择一个技术经济性能优越的脱硫脱碳工艺有时并不是一个轻松的任务。

相对于脱硫脱碳工艺而言，天然气脱水工艺的选择以及酸气处理方案的确定（涉及硫磺回收及尾气处理工艺的选择）则要简单一些。

本章根据国内外几十年来积累的经验，并结合各类工艺的发展动向，就天然气净化工艺，包括脱硫脱碳、脱水、硫磺回收及尾气处理工艺的选择原则提出一些建议。

第一节 各种脱硫脱碳工艺的特点及适应性

各类脱硫脱碳工艺的特性

按照脱硫脱碳工艺的过程本质可将其分为化学反应类、物理分离类、化学物理类及生化类四大类，详见表 13-1；此中，化学类及物理类又可分为若干小类；将化学反应与物理分离二者结合的工艺主要是化学物理溶剂法。表中列出了它们的工作原理、工艺特点及适应性。

如果将表 13-1 与第一章的表 1-16 以及表 1-13 与表 1-14 对照分析，可以得出以下的一些认识。

（1）各种胺法是天然气脱硫脱碳最主要的方法，常规胺法用于同时脱除 H_2S 和 CO_2 的工况，选择性胺法则用于在 H_2S 与 CO_2 同时存在时选择性脱除 H_2S 的工况。20 世纪 90 年代兴起的各种配方胺液则使其应用领域进一步精细化。

（2）以砜胺法为代表的化学物理溶剂法也有较广泛的应用，特别适合于脱除 H_2S 和 CO_2 同时需脱除有机硫的工况。

（3）热钾碱法虽也有广泛的应用，但主要用于合成气脱碳，在天然气净化中的应用有限。

（4）直接转化法（亦称氧化还原法、湿式氧化法）具有将脱硫与硫回收联为一体的优点，但其溶液的硫容量低，故适宜用于天然气中 H_2S 含量不高且潜硫量也不大的工况；值得指出的是它还适于处理不宜以克劳斯工艺回收硫磺的贫 H_2S 酸气。

（5）非再生性的固体、液体或浆液除硫剂仅能用于天然气中潜硫量很少的工况，且存在废料处理问题。

表 13-1 各类天然气脱硫脱碳工艺的特点

类别		脱硫脱碳物料	工艺名称	工作原理	主要特点	适应性
化学类	胺法	各种醇胺溶液	MEA 法, DEA 法, DIPA 法, MDEA 法, DGA 法, SNPA-DEA, Flexsorb SE 等	胺液具碱性,可在常温下与 H_2S 及 CO_2 反应,然后升温降压再生,放出所吸收的酸气,溶液循环使用	净化度高,既可完全脱除 H_2S 和 CO_2,也可选择脱除 H_2S,烃吸收少,脱有机硫效率不高,工业经验十分丰富	对不同天然气组成有广泛的适应性
	热钾碱法	加有活化剂的 K_2CO_3 溶液	Benfield 法, Catacarb, G-V, Flexsorb HP, 南化双活化剂法等	以热钾碱液在较高的温度下吸收酸气,然后降压再生放出酸气,碱液循环使用	在较高温度下吸收酸气,净化度不如胺法,能耗较胺法低	宜用于合成气脱除 CO_2
	直接转化法	含有氧载体的溶液	Stretford, Lo-Cat, PDS, SulFerox, Sulfint, 栲胶, FD 等	以中性或微碱性溶液吸收 H_2S,其中的氧载体可将其转化为元素硫,以空气再生溶液后循环使用	H_2S 净化度高,将脱硫和硫回收联为一体,一般不脱除 CO_2,溶液循环量大,再生能耗低,有废液处理问题	适于低 H_2S 含量的天然气脱硫,也可用于处理贫 H_2S 酸气
	非再生性方法	可与 H_2S 发生反应的固体或液体物料	海绵铁, CT8-4B, 氧化铁浆液, Chemsweet, SulfaTreat, Sulfa-Scrub 等	使用氧化铁、锌盐、三嗪等液体、固体或浆液与 H_2S 反应而将其脱除,反应产物废弃	脱除 H_2S 但不脱 CO_2,投资费用低,有废料处理问题	适于天然气潜硫量很低的工况
物理类	物理溶剂法	H_2S 及 CO_2 等有高溶解度而烃溶解度低的有机溶剂	Selexol, Flour Solvent, Rectisol, IFPexol, Purisol, Morphysorb 等	利用 H_2S 及 CO_2 在溶剂中的高溶解度和烃的低溶解度而脱除酸气,通过降压闪蒸等措施析出酸气而再生,溶液循环使用	达到 H_2S 高净化度较困难,溶液负荷与酸气分压成正比,能耗低,有烃损失问题,溶剂较贵	适于天然气中酸气分压高且重烃含量低的工况
	分子筛法	13X、5A 等类分子筛	—	利用分子筛吸附 H_2S 及有机硫,然后升温使之解吸,分子筛床层切换使用	有很高的净化度,对有机硫特别是硫醇的脱除能力好,可同时脱水,再生气硫含量不均匀较难处理	适于已脱除 H_2S 的天然气进一步脱除硫醇
	膜分离法	具有可将 H_2S 及 CO_2 与 CH_4 等烃分离的薄膜	Prism, Gasep, Delsep, Separex 等	利用酸气和烃类渗透通过薄膜性能的差异而脱除酸气,特别是 CO_2	难于达到高的净化程度,流程十分简单,能耗低但有烃损失问题	适于高酸气浓度的天然气处理,可作为第一步脱硫脱碳措施
	低温分离法	—	Ryan/Holmes	通过天然气的低温分馏而除去 CO_2 及 H_2S 等,C_4^+ 添加剂用于防止固体 CO_2 生成并解决 C_2-CO_2 共沸问题	能耗高,但可将 NGL 回收和酸气分离融为一体,出多种产品	系为 CO_2 驱油后的伴生气处理而开发的工艺
化学物理类	化学物理溶剂法	醇胺与物理溶剂组合的溶液	Sulfinol-D, Sulfinol-M, Amisol 等	在较高酸气分压下,溶液除化学性吸收酸气外,还有较高的酸气溶解度,降压升温使酸气解析,溶液循环使用	净化度高,具有高的脱有机硫效率,在高 H_2S 分压下能耗显著低于胺法,酸气烃含量高于胺法,溶液价格较贵	适于天然气中有机硫需要脱除的工况,高酸气分压更有利,但重烃含量高时不宜用
生化类	生化法	含有可促进溶液脱硫或溶液再生的细菌的溶液	Bio-SR, Shell-Paquas 等	溶液吸收 H_2S 后,其中的细菌或将 H_2S 转化为元素硫或促进溶液的再生,(以空气再生之),溶液循环使用	与直接转化法相比没有有机物的化学降解问题,不脱除 CO_2,需供营养料给细菌	尚待进一步发展,适于低 H_2S 含量的天然气脱硫

(6) 物理溶剂法适于脱除大量酸气的工况，其能耗低，并可同时脱除有机硫以及选择脱除 H_2S 并可同时脱水；但欲保证高的 H_2S 净化度则需采取特别的溶液再生措施，此外存在烃的溶解损失问题。

(7) 膜分离法亦适于脱除大量酸气、特别是脱除 CO_2 的工况，能耗很低；但处理 H_2S 无法达到通常的管输质量要求，还存在烃的损失问题；将膜法与胺法组合是一种好的安排。

(8) 分子筛法适合用于达到严格的有机硫（特别是硫醇）含量标准并可同时脱水，宜在胺法脱除 H_2S 及 CO_2 后安排分子筛脱硫醇；其再生气的处理是工艺的难点。

(9) Ryan/Holmes 低温分馏工艺是专为 CO_2 驱油后的伴生气的处理而开发的，可得到 NGL、干气和酸气几种产品。

(10) 生化法尚在发展中，目前在天然气净化领域尚少应用。

鉴于在天然气脱硫脱碳领域内胺法和砜胺法处于极为重要的主导地位，表 13-2 进一步提供了各种胺法和砜胺法的主要工艺特点。

表 13-2 各种胺法及砜胺法的工艺特点

工艺	MEA	DEA	DIPA	MDEA⑧	DGA	砜胺Ⅱ型 (Sulfinol-D)	砜胺Ⅲ型 (Sulfinol-M)
溶液浓度，%	10~20	20~40	20~40	20~50	50~65	DIPA 30~50 水 15~20 余为环丁砜	MDEA 40~50 水 15~20 余为环丁砜
溶液酸气负荷①，m^3/m^3	6~28	22~75	18~61	—②	16~52	30~98	—②
完全脱除 H_2S 及 CO_2	√	√			√	√	
选择脱除 H_2S			√⑥	√			√
脱除 CO_2	√	√		√⑦		√	
脱除有机硫						√	√
能耗	高	较高	较低	低	高	较低	低
醇胺变质③	严重	较严重	较轻	轻	较严重	较轻	轻
溶液复活④	需要	不能	可以	不需要	需要	可以	不需要
腐蚀	严重	较严重	较轻	轻	较严重	较轻	轻
烃溶解度	低	低	低	低	较低	较高⑤	较高⑤

① 酸气负荷与溶液浓度、酸气分压及工艺条件有关；
② 选择脱除 H_2S 工艺应当以 H_2S 负荷评价，其 H_2S 负荷高于常规胺法；
③ 指因天然气中的 CO_2、COS 及 CS_2 所导致的醇胺变质情况；
④ MEA 溶液复活仅能回收热稳定盐中的 MEA，DIPA 及 DGA 变质物可复原为母体物质；
⑤ 因环丁砜是抽提芳烃的优良溶剂，如天然气中含有芳烃则尤为严重；
⑥ DIPA 在常压及低压下有一定的选择脱除 H_2S 能力；
⑦ 活化 MDEA 法用于脱除 CO_2；
⑧ MDEA 可与其他醇胺组成混合胺法用于同时脱硫脱碳。

关于表 13-2，尚需进一步作如下说明。

(1) 当用于同时脱除 H_2S 与 CO_2 时，可使用酸气负荷，而用于选择脱除 H_2S 时则应使用 H_2S 负荷；选择性胺法的 H_2S 负荷高于常规胺法；比较不同装置采用不同工艺的技术水平，应采用酸气或 H_2S 负荷的平衡程度（详见第四章第五节）。

(2) 就用于天然气净化、保证 H_2S 的净化度而言，表中的 7 种工艺通常都不存在什么困难；但对于处理低压天然气的工况，采用 MEA 法、DGA 法及 DEA 法更有助于保证 H_2S 的净化度。

(3) MEA 较易为 COS、CS_2 以及 CO_2 所降解，且降解物无法复原为 MEA，MEA 溶液的复活仅能回收热稳定盐中的 MEA 及除去降解物等杂质；由于腐蚀较严重，通常 MEA 法的溶液浓度和酸气负荷均较低；在 7 种工艺中，MEA 法的能耗是最高的。

(4) DEA 法在醇胺降解、溶液腐蚀及能耗方面均优于 MEA 法；使用较高浓度并用于高酸气分压工况的 SNPA-DEA 法有较高的酸气负荷及较低的能耗。

(5) DIPA 溶液在常压下有良好的选择脱除 H_2S 的能力，但在压力下则不显著；其能耗及腐蚀情况均优于 MEA 及 DEA 法；此外，DIPA 的降解物可加碱复原为 DIPA 回收。

(6) MDEA 是优良的选择脱除 H_2S 溶剂，其能耗、腐蚀及降解情况在几种醇胺中是最好的；MDEA 法的拓展使其应用范围可覆盖整个天然气净化领域：除选择脱 H_2S 外，活化 MDEA 法可用于脱除 CO_2，MDEA 混合胺法可用于同时脱硫脱碳，MDEA-环丁砜溶液（砜胺Ⅲ型）则用于选择脱除 H_2S 和有机硫。市场上并出现了多种 MDEA 配方溶剂。

(7) DGA 法使用浓溶液而有较低的凝固点，故可用于严寒地带；又因其在较高的贫液温度下可获得良好的净化度，故贫液冷却可采用空冷而适于沙漠缺水地区使用。

(8) 含有环丁砜的砜胺溶液具有良好的脱除有机硫（尤其是硫醇）能力，在高的 H_2S 分压下有高的 H_2S 负荷和低的能耗；但其烃溶解度高，尤其是芳烃。

(9) 胺法和砜胺法的工艺流程除常规流程外，还可根据具体工况作一些变体安排，如贫液分流、贫液与半贫液分流、富液内冷等，以取得更好的技术经济效果。

(10) 各种胺法和砜胺法所用的工艺流程和设备基本上是相同的，故在进料天然气组成变化或其他原因需要更换另一种溶液时，装置通常并不需要改动或仅作少量改动即可实施。

(11) 在装置处理量大、天然气中 H_2S 与 CO_2 浓度高等条件下，还可以考虑不同胺法的组合乃至胺法与其他方法的组合方案。

第二节 天然气脱硫脱碳工艺的选择

一、选择脱硫脱碳工艺所需资料

在为一个计划考虑天然气脱硫脱碳工艺时，首先应当掌握或要求提供以下资料：
(1) 天然气 H_2S 及 CO_2 含量；
(2) 天然气中有机硫含量，在含量高时应有硫醇、COS、CS_2 及硫醚等的含量数据；
(3) 天然气的烃组成；
(4) 天然气处理量；
(5) 进料天然气的压力与温度；
(6) 产品天然气的质量要求（H_2S、CO_2、总硫、硫醇硫、水露点及烃露点等）；
(7) 产品天然气的下游安排，经输气管线送往用户还是进入 NGL 回收装置等。

依据上述资料大体上已可以考虑天然气脱硫脱碳工艺的选择了。当然，就设计一个天然气净化厂而言，上述材料是远远不够的；即使从工艺的角度而言，如果可能建设硫磺回收装置的话，则应当有总硫收率要求或允许的尾气 SO_2 排放标准。

二、影响脱硫脱碳工艺选择的因素

在选择天然气脱硫脱碳工艺时需要考虑的因素，或者说决定各种工艺取舍的因素如下：
(1) 首要因素是能否满足工艺要求，就天然气净化厂而言，酸气脱除的类型可分为同时脱除 H_2S 与 CO_2、选择性脱除 H_2S、脱除 CO_2，此外还有原料气有机硫含量能否满足质量

要求是否需要脱除的问题等;

(2) 脱硫脱碳装置如需下游装置配套(如胺法再生产生的酸气需有处理装置)时则应综合考虑,本章第三节将讨论硫磺回收与尾气处理工艺的选择问题;

(3) 工艺可能产生的废气、废液或废料及其处理问题;

(4) 工艺的复杂程度,可靠性及工业经验;

(5) 估计的投资费用;

(6) 估计的能耗及物料消耗费用;

(7) 装置建设者的自身经验,这也是涉及工艺取舍的一个因素。

三、国外脱硫脱碳工艺选择方法简介

以下将介绍国外选择天然气脱硫脱碳工艺形成的一些方法和经验,包括区分不同工艺的应用区间、不同工艺的排序或量化比较,以及不同工艺的组合等。

1. 图示不同工艺的应用区间

美国 Fluor 公司的 Tennyson 等人在 20 世纪 70 年代中期曾依不同的气体净化要求(同时脱除 H_2S 与 CO_2、选择脱除 H_2S、只脱 H_2S 以及只脱 CO_2 四种情形),以进料气中的 H_2S 及或 CO_2 分压为纵坐标、净化气中的 H_2S 及(或)CO_2 分压为横坐标,大体界定了各种脱硫脱碳工艺适于使用的范围,现示于图 13-1 至图 13-4[1]。

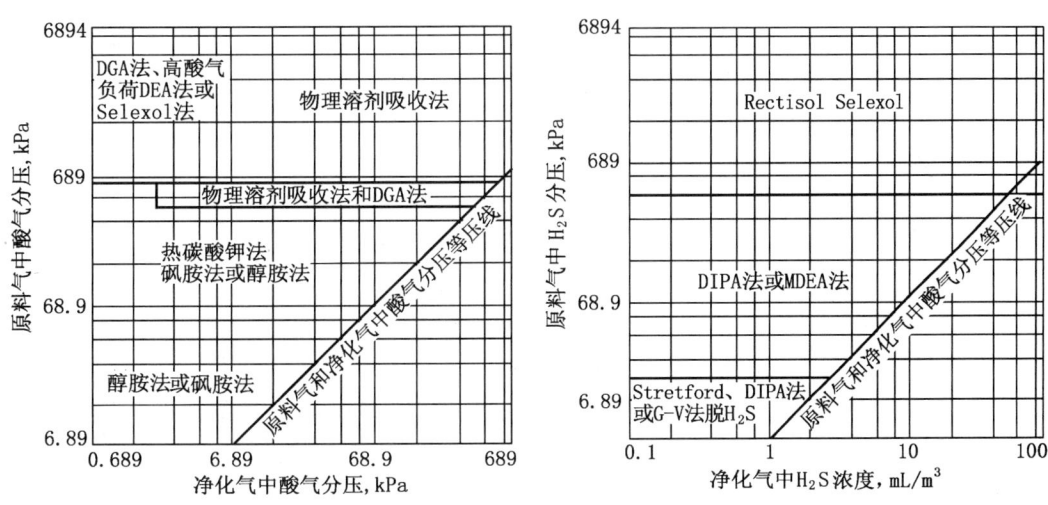

图 13-1 同时脱除 H_2S 与 CO_2 时工艺的应用范围　　图 13-2 选择脱除 H_2S 时工艺的应用范围

当然,近 30 年过去了,情况发生了很多变化,但它提供了一条初步筛选大类工艺的方法,仍然是有参考价值的。

2. 工艺排序法[2]

Anderson 等采用排序法比较了不同溶剂的工艺性能,曾就一种工况比较了 5 种溶剂:溶剂 A 及溶剂 B 均为 MDEA 基配方溶剂(估计分别为 Ucarsol HS 及 Gas/Spec SS 溶剂),溶剂 C 为位阻胺(估计是 Flexsorb SE),溶剂 D 及 E 分别为选择性的化学物理溶剂和非选择性的化学物理溶剂(估计分别为 Sulfinol-M 及 Sulfinol-D);就投资费用、溶剂首次装量费用、4 年操作费用(能耗及溶剂补充)、专利费、运行经验、性能及适应性 6 项分别排序,根据总得分而得总排序,其结果示于表 13-3。

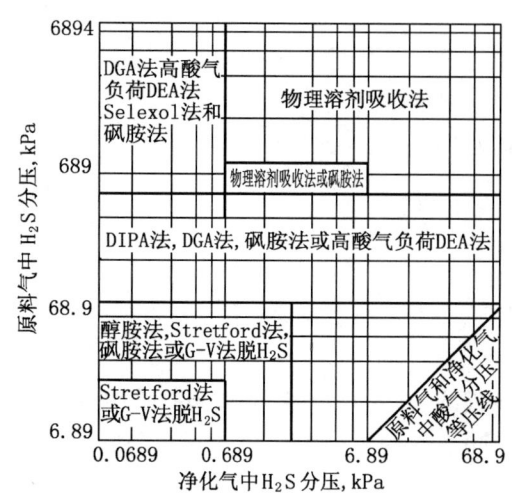
图 13-3 只脱除 H_2S 时工艺的应用范围

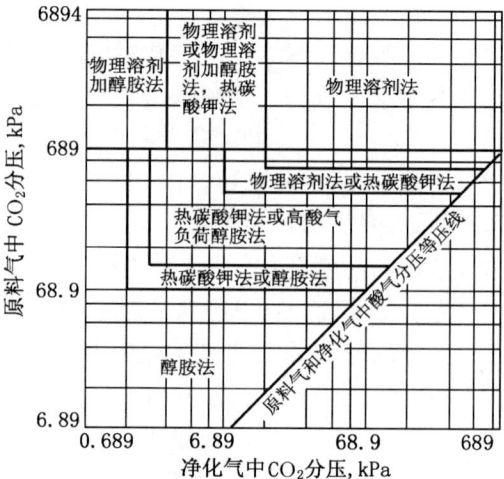
图 13-4 只脱除 CO_2 时工艺的应用范围

表 13-3 工艺排序法实例

溶 剂	A	B	C	D	E
相对投资费用	100	101.5	93.4	113	135.5
投资费用排序	2	2	1	3	4
溶剂首次装量费用	100	100	345	129.3	186.7
溶剂装量排序	1	1	4	2	3
相对四年操作费用①	100	100.3	123.5	93.5	130.2
操作费用排序	2	2	2②	1	3
专利使用费排序	1	1	1	2	2
运行经验排序	1	3	3	2	2
性能及适应性排序	1	1	1	2	3
排序累计	8	10	13	12	17
总排序	1	2	3	3	4

① 仅考虑能耗及溶剂补充费用；
② 原文如此，根据相对操作费用似应排为"3"。

关于表 13-3，原文未给出原料天然气的有关信息，但看来 CO_2 是不必完全脱除的，据此可进一步作如下分析：

（1）既然选择性脱除 H_2S，当然不必使用溶剂 E（Sulfinol-D）；

（2）溶剂 C（Flexsorb SE）虽然设备投资费用低，但溶剂价昂，故总投资及总操作费用均较高，且运行经验也较少；

（3）溶剂 A 及 B 两者投资及操作费用相同，仅因前者（Ucarsol HS）操作经验更为丰富而居首位，溶剂 B（Gas/Spec SS）则屈居第二；

（4）将溶剂 D（Sulfinol-M）的总排序列为第三而与溶剂 C 并列欠妥，其投资虽稍高，但 4 年的操作费用则显著低于 A 及 B，如计 8 年则效益更为显著，故总排序不应列在第三位；

（5）实际上究竟使用何种工艺为好，有可能是表 13-3 中未列出的项目决定的；例如，若有脱有机硫的要求，则应使用溶剂 D，若处理的天然气富含重烃，则宜用溶剂 A 或 B。

3. 不同工艺量化比较法[3]

美国 Parsons 公司的 Gupta 等人针对炼厂气的净化工艺选择问题将各工艺的特性划分为 6 项，即投资费用（20）、操作费用（30）、工艺可靠性（15）、工业经验（15）、工艺复杂程度（10）和酸气质量（10）六项，括弧内的数值为该项特性的加权因子，加权因子总值为

100；然后每一特性又分为10级。每一特性的级别值乘以加权因子则为每项特性得分，累计的总得分则是该工艺性能的量化结果，得分高者为优。表13-4是此方法的示例。

表13-4 不同工艺量化比较示例

工艺特性	加权因子①	A方案 级别②	A方案 得分③	B方案 级别	B方案 得分
投资费用	20	8	160	9	180
操作费用	30	9	270	8	240
工艺可靠性	15	8	120	8	120
工业经验	15	9	135	7	105
工艺复杂性	10	9	90	9	90
酸气质量	10	9	90	7	70
总得分	—		865		805

① 加权因子合计为100；
② 级别共分为10级，10级为最优；
③ 得分是加权因子与级别之乘积。

从表13-4可见，方案A虽然投资费用高于方案B，但由于操作费用较低、工业经验更为丰富且酸气质量较优，故其总得分显著高于B方案。

事实上，在给出不同工艺特性的加权因子和每种工艺的特性级别中包含了方案评价人员的经验积累。

4. 不同工艺的组合

在多数情况下，天然气的脱硫脱碳仅采用一种工艺即可达到工艺要求。然而，也可能遇到这样的情况，仅采用一种工艺无法满足各项净化指标，或者仅用一种工艺时技术经济指标不甚合理，此时就需要考虑不同工艺的组合问题。以下是一些例子。

（1）在产品气硫醇含量指标十分严格，即使用砜胺法也无法达标的情况下，不得不继以分子筛法脱除硫醇；

（2）在原料天然气H_2S与CO_2含量均比较高且需同时脱除的情况下，可以考虑采用选择性胺法与常规胺（或混合胺）法串联的方案；第一步以选择性胺法处理原料天然气以获得富H_2S酸气送克劳斯装置，第二步则继以常规胺法或混合胺法处理使H_2S与CO_2的指标达到质量要求，再生所得的CO_2气可设法利用或排放；

（3）在原料天然气CO_2浓度甚高的情况下，可使用膜分离法与胺法串联的方案；第一步采用膜分离除去大部分CO_2，第二步以胺法处理达到所要求的净化指标；

（4）一种名为HiPure的工艺即是组合工艺，先以Benfield法脱除大量CO_2、继以DEA法脱除残余的酸气。

四、天然气脱硫脱碳工艺的选择原则

根据国内外天然气净化工艺几十年来应用和发展所取得的经验，可以提出关于选择脱硫脱碳工艺的若干原则如下。

1. 通常情况

通常情况下规模比较大的装置应首先考虑应用胺法的可能性：

（1）在原料气碳硫比较高（CO_2/H_2S大于6），为获得适于克劳斯装置加工的酸气而需要选择脱除H_2S时，以及其他可以选择脱除H_2S的工况，应采用MDEA选吸工艺；

（2）在脱除H_2S的同时亦需脱除相当量CO_2时，可采用MDEA与其他醇胺（如DEA）

组合的混合胺法；

（3）天然气压力较低，净化气 H_2S 指标要求严格且需同时脱除 CO_2 时，可采用 MEA 法、DEA 法或混合胺法；

（4）在高寒或沙漠缺水地区，可以选用 DGA 法。

2. 原料天然气需脱除有机硫时通常应采用砜胺法

（1）原料气含有一定量有机硫需要脱除、且 CO_2 亦需与 H_2S 同时脱除的工况，应选用砜胺Ⅱ型工艺；

（2）需要从原料气中选择性脱除 H_2S 和有机硫、可以适当保留 CO_2 的工况，应选用砜胺Ⅲ型工艺；

（3）H_2S 分压比较高的天然气以砜胺法处理时，其能耗显著低于胺法；

（4）当砜胺法仍无法达到所要求的净化气有机硫含量指标时，可继以分子筛法脱硫。

3. 原料气 H_2S 含量低的情况

在原料气 H_2S 含量低、潜硫量不大、碳硫比高且不需脱除 CO_2 时可考虑如下工艺：

（1）潜硫量在 $0.5\sim5t/d$ 间，可考虑选用直接转化法，如络合铁法、$ADA-NaVO_3$ 法或 PDS 法等；

（2）潜硫量小于 $0.1t/d$（最多不超过 $0.5t/d$）时可选用非再生类方法，如固体氧化铁、氧化铁浆液等。

4. 高压、高酸气浓度的天然气

高压、高酸气浓度的天然气可能需要在胺法或砜胺法之外选用其他工艺或者采用组合工艺：

（1）主要脱除大量 CO_2 的工况，可考虑选用膜分离法，物理溶剂法或活化 MDEA 法；

（2）需要同时大量脱除 H_2S 和 CO_2 的工况，可分两步处理，第一步以选择性胺法获富 H_2S 酸气供克劳斯装置，第二步以混合胺法或常规胺法处理达净化指标；

（3）对于大量 CO_2 需脱除的同时亦有少量 H_2S 需予脱除的工况，可先以膜分离法处理继以胺法满足净化要求。

以上这些乃是指导天然气脱硫脱碳工艺选择的一般原则，在实践中应当根据每个工况的具体条件进行分析，在初步筛选出几种适于采用的工艺后，再采用量化法或排序法进一步对比，以选出技术经济性能最优的可靠方案。

第三节 硫磺回收与尾气处理工艺的选择

当天然气脱硫选用胺法或砜胺法等工艺时，所产生的含 H_2S 酸气需安排后续装置处理，通常大多采用克劳斯工艺生产硫磺；在酸气 H_2S 浓度很低时，也可以直接转化法处理。

在环保要求日趋严格的情况下，常规克劳斯工艺本身的硫收率已常常不能满足尾气 SO_2 排放指标的要求，而需要考虑尾气处理问题。

本节将从环保对总硫收率的要求出发，结合不同工艺的总硫收率和特点，提出选择硫磺回收和尾气处理工艺的建议。

一、不同产能下的总硫收率要求

第一章表 1-12 已列出了我国 GB 16297—1996 关于硫生产装置尾气 SO_2 排放的要求。鉴于天然气净化厂是暂按 SO_2 排放量控制，现将表 1-12 数据转换为不同地区中不同产能及不同烟囱高度时的应达总硫收率示于表 13-5。

表13-5 根据我国硫生产装置 SO_2 排放标准（GB 16297—1996）中排放量的应达总硫收率

烟囱高度，m		15	20	30	40	50	60	70	80	90	100
一类地区	允许 SO_2 排放量 kg/h	1.6	2.6	8.8	15	23	33	47	63	82	100
	装置产能 t/d	10		99.8	99.7	98.9	98.2	97.2	96.0	94.4	92.4	90.2	88.0
		20	99.9	99.8	99.5	99.1	98.6	98.0	97.2	96.2	95.1	94.0
		50	>99.9	>99.9	99.8	99.6	99.5	99.2	98.9	98.5	98.0	97.6
		100	>99.9	>99.9	99.9	99.8	99.7	99.6	99.4	99.2	99.0	98.8
		200	>99.9	>99.9	>99.9	>99.9	99.9	99.8	99.7	99.6	99.5	99.4
		400	>99.9	>99.9	>99.9	>99.9	>99.9	>99.9	99.9	99.8	99.8	99.7
二类地区	允许 SO_2 排放量[①] kg/h	3.0 (2.6)	5.1 (4.3)	17 (15)	30 (25)	45 (39)	64 (55)	91 (77)	120 (110)	160 (130)	200 (170)
	装置产能 t/d	10	99.6 (99.7)	99.4 (99.5)	98.0 (98.2)	96.4 (97.0)	94.6 (95.3)	92.3 (93.4)	89.1 (90.8)	85.6 (86.8)	80.8 (84.4)	76.0 (80.0)
		20	99.8 (99.8)	99.7 (99.7)	99.0 (99.1)	98.2 (98.5)	97.3 (97.7)	96.2 (96.7)	94.5 (95.4)	92.8 (93.4)	90.4 (92.2)	88.0 (90.0)
		50	>99.9 (>99.9)	99.9 (99.9)	99.6 (99.6)	99.3 (99.4)	98.8 (99.1)	98.5 (98.7)	97.8 (98.2)	97.1 (97.4)	96.2 (96.9)	95.2 (96.0)
		100	>99.9 (>99.9)	>99.9 (>99.9)	99.8 (99.8)	99.6 (99.7)	99.3 (99.5)	99.2 (99.4)	98.8 (99.1)	98.6 (98.7)	98.1 (98.4)	97.6 (98.0)
		200	>99.9 (>99.9)	>99.9 (>99.9)	99.9 (99.9)	99.8 (99.9)	99.7 (99.8)	99.6 (99.7)	99.5 (99.5)	99.3 (99.3)	99.0 (99.2)	98.8 (99.0)
		400	>99.9 (>99.9)	>99.9 (>99.9)	>99.9 (>99.9)	>99.9 (>99.9)	99.9 (99.9)	99.8 (99.8)	99.7 (99.8)	99.6 (99.7)	99.5 (99.6)	99.4 (99.5)
三类地区	允许 SO_2 排放量 kg/h	4.1 (3.5)	7.7 (6.6)	26 (22)	45 (38)	69 (58)	98 (83)	140 (120)	190 (160)	240 (200)	310 (270)
	装置产能 t/d	10	99.5 (99.6)	99.1 (99.2)	96.9 (97.4)	94.6 (95.4)	91.7 (93.0)	88.2 (90.0)	83.2 (85.6)	77.2 (80.8)	71.2 (76.0)	62.8 (67.6)
		20	99.8 (99.8)	99.5 (99.6)	98.4 (98.7)	97.3 (97.7)	95.9 (96.5)	94.1 (95.0)	91.6 (92.8)	88.6 (90.4)	85.6 (88.0)	81.4 (83.8)
		50	99.9 (>99.9)	99.8 (99.8)	99.4 (99.5)	98.9 (99.1)	98.3 (98.6)	97.6 (98.0)	96.6 (97.3)	95.4 (96.2)	94.2 (95.2)	92.6 (93.5)
		100	>99.9 (>99.9)	99.9 (99.9)	99.7 (99.7)	99.5 (99.5)	99.2 (99.3)	98.8 (99.0)	98.3 (98.6)	97.7 (98.1)	97.1 (97.6)	96.3 (96.8)
		200	>99.9 (>99.9)	99.9 (99.9)	99.8 (99.9)	99.7 (99.8)	99.6 (99.7)	99.4 (99.5)	99.2 (99.3)	98.9 (99.0)	98.6 (98.8)	98.1 (98.4)
		400	>99.9 (>99.9)	99.9 (99.9)	99.9 (>99.9)	99.9 (99.9)	99.8 (99.9)	99.7 (99.8)	99.6 (99.6)	99.4 (99.5)	99.3 (99.4)	99.1 (99.2)

① 括弧内为对新建装置的要求。

需要指出的是，与克劳斯（乃至尾气处理）装置配套建设的尾气排放烟囱将会有适当的高度，既不可能为小装置建很高的烟囱，更不可能为大装置建很低的烟囱。

从表13-5的数据可见，当尾气排放烟囱高度为80m时，新建于二类地区的硫磺回收装置，产能50t/d的总硫收率应大于97.4%，产能100t/d应大于98.7%，200t/d及400t/d则应分别大于99.3%及99.7%；如建于三类地区，50t/d及100t/d应达到96.2%及98.1%以上，200t/d及400t/d则需达到99.0%及99.5%以上。如烟囱高度升至100m，则对总硫收率的要求均分别有所下降，新建400t/d装置需达到大于99.2%。

二、各种克劳斯及尾气处理工艺的硫收率

第十章表10-32已给出了克劳斯工艺在不同的酸气H_2S浓度和使用不同的催化转化级数时通常可获得的硫收率；第十一章表11-1则给出了各种尾气处理工艺和克劳斯组合工艺达到的总硫收率值。

表13-6是以硫收率计，划分了为达到一定的总硫收率而可选用的工艺。

表13-6 各种工艺可达到的总硫收率

总硫收率[①], %	工艺
<95	两级催化转化克劳斯
95～97	三级或四级催化转化克劳斯
97～98.5	ER Claus，CBA（三反应器，R3循环）
98.5～99.2	Sulfreen，Clauspol 1500，MCRC（三反应器），Clinsulf SDP，Superclaus 99，PRO Claus，CBA（三反应器，R2、R3循环），CBA（四反应器，R3、R4循环）
99.2～99.7	MCRC（四反应器），CBA（四反应器，R1、R2、R3、R4循环），Superclaus 99.5，Hydrosulfreen，两段Sulfreen，Carbosulfreen，Oxysulfreen，Clauspol 300，MODOP，HCR，BSR/Selectox，EURO Claus
≥99.8	SCOT（Super-SCOT、LS-SCOT），BSR/MDEA，BSR/Wet Oxidation，Doxosulfreen，Resulf，BSR/Hi-Actirity，ULTRA，Sulfcycle，RAR，Clauspol 150，LTGT，AGE/Dual Solve，ELSE，Wellmann-Lord，Aquaclaus

① 对于"独立"的尾气处理工艺，总硫收率包括克劳斯在内。

应当指出，表13-6中所列出的工艺既有"独立"的尾气处理工艺，也有将克劳斯与尾气处理组合为一体的工艺（本书称为克劳斯组合工艺），如CBA、MCRC、Superclaus及Clinsulf SDP等。对于"独立"的尾气处理工艺，可达到的总硫收率则包括了克劳斯装置的硫收率在内。

在表13-6所示的各种工艺中，国内天然气净化厂于20世纪70年代开发建设了液相催化法尾气处理装置（与Clauspol 1500类似），80年代初开发建设了还原吸收尾气处理装置（与SCOT类似）；80年代初引进了SCOT装置，90年代建有MCRC（三反应器）装置，进入新世纪又建有Superclaus 99及Clinsulf SDP装置；在尾气处理领域已积累了不少经验。

三、尾气处理工艺特点及相对投资

1. 尾气处理工艺特点

表13-7列出了总硫收率可达到99%左右的几种工艺的特点，包括克劳斯组合工艺的尾气处理工序和"独立"的尾气处理工艺。

表 13-7 总硫收率可达 99%左右的几种工艺的特点

工艺名称	尾气处理段的反应	尾气处理段运行特点	克劳斯段的特点	主要操作问题
克劳斯组合工艺				
Superclaus 99	H_2S 直接氧化,不可逆	连续、稳态	富 H_2S 条件下运行	克劳斯段硫收率略低一些
MCRC	低温克劳斯反应,平衡	需切换、非稳态	控制 $H_2S/SO_2=2/1$	反应器切换期间硫收率受影响
CBA	低温克劳斯反应,平衡	需切换、非稳态	控制 $H_2S/SO_2=2/1$	反应器切换期间硫收率受影响
Clinsulf SDP	低温克劳斯反应,平衡	需切换、非稳态	控制 $H_2S/SO_2=2/1$	反应器切换期间硫收率受影响
"独立"的尾气处理工艺				
Sulfreen	低温克劳斯反应,平衡	需切换、非稳态	控制 $H_2S/SO_2=2/1$	反应器切换期间硫收率受影响
Clauspol 1500	液相低温克劳斯反应,平衡	连续、稳态	控制 $H_2S/SO_2=2/1$	有溶剂与液硫产生的乳液层问题

从表 13-7 可见,在所示的 6 种工艺中,只有 Superclaus 99 及 Clauspol 1500 是连续运行的稳态工艺;其余 4 种均因反应生成的液硫积存于催化剂上需定期切换再生而成为非稳态工艺,切换期间的总硫收率也偏低。

Superclaus 99 为实现尾气处理段的 H_2S 直接氧化,克劳斯段需在富 H_2S 条件下运行而硫收率受到一定影响;此外由于 H_2S 直接氧化放出的热量大,进尾气处理段的 H_2S 浓度需严格控制。

Clauspol 1500 是在液相中进行克劳斯反应,液硫靠重度差而与溶剂分离,但界面上存在乳状硫问题,此外液硫中溶有溶剂对其质量也有一些影响。

在对尾气深度处理而总硫收率可达 99.8% 以上的工艺中,均需经历几个工艺步骤,目前以还原(将各种形态的硫还原为 H_2S)—吸收(选择性吸收 H_2S 返回克劳斯装置)类工艺的应用居多。

2. 尾气处理装置相对投资

前面曾经提及,就硫磺的收率而言,尾气处理段的贡献不过 4%~5% 而已;而与克劳斯装置相比,其投资将显著超过上述比例;随着对总硫收率的要求上升,投资费用更加迅速上升。表 13-8 给出了以相应的两级催化转化克劳斯装置的投资费用为 100 计的各种尾气处理工艺以及克劳斯组合工艺的相对投资指数;表 13-8 中同时列出了它们的总硫收率以资对照。

表 13-8 尾气处理工艺的相对投资

"独立"的尾气处理工艺				
工 艺	Sulfreen	Clauspol 1500	SCOT	BSR/Wet Oxidation
总硫收率,%	98.5~99	~99	>99.8	>99.8
相对投资①	40	20~25	100	100

克劳斯组合工艺					
工 艺	Superclaus		MCRC		CBA	Clinsulf SDP
	99	99.5	三段	四段		
总硫收率,%	~99	~99.5	98.5~99.2	99.3~99.4	98.5~99	~99
相对投资①	105	120	110	125	110	110

①以相应的两段催化转化克劳斯装置的投资为 100 计。

从表 13-8 可见，克劳斯组合工艺在节约投资方面有显著优势，相应地对克劳斯段及尾气处理段运行的可靠性也提出了更高的要求。此中，Superclaus 工艺由于稳态连续运行不需切换，更显著节约了投资。

如果总硫收率要求达到 99.8% 以上，尾气处理装置的投资费用与克劳斯装置的投资费用大体相当。

四、硫磺回收及尾气处理工艺的选择原则

根据国内外克劳斯及尾气处理工艺的发展情况与积累的经验，可以提出选择硫磺回收及尾气处理工艺的若干原则如下。

1. 根据酸气 H_2S 浓度选择适当的硫磺回收工艺

(1) 酸气 H_2S 不小于 50% 时应使用直流克劳斯工艺；

(2) 酸气 H_2S 浓度在 15%～30% 间应使用分流克劳斯工艺（1/3 酸气入燃烧炉）；

(3) 酸气 H_2S 浓度在 30%～50% 间可使用非常规分流克劳斯工艺（酸气入燃烧炉量大于 1/3）；

(4) 酸气 H_2S 小于 5% 时可采用直接氧化法（如 Selectox、Clinsulf DO），在潜硫量不大时亦可采用直接转化法处理酸气；

(5) 当有廉价氧气可用时，应考虑使用富氧克劳斯工艺的可能性，此时直流及分流法处理的酸气 H_2S 浓度均可向下延伸。

2. 根据总硫收率要求选择工艺

克劳斯工艺回收硫磺，应依我国硫生产装置 SO_2 排放标准（GB 16297—1996）中 SO_2 排放量的要求［可利用以其为基准制得的总硫收率要求表（13-5）］确定是否需要尾气处理及其类别，所选工艺应能长期、稳定达到所要求的硫收率并留有余地。

(1) 当要求总硫收率不高于 95% 时（装置能力较小，如小于 30～50 t/d），可选用两级或三级催化转化的克劳斯工艺，不必安排尾气处理；

(2) 要求总硫收率达到 98%～99.2% 时，常规克劳斯工艺已无法达到要求，可使用克劳斯组合工艺或以较简单的尾气处理工艺与之衔接；

(3) 要求总硫收率不小于 99.8% 时，必须使用深度处理的尾气处理工艺；

(4) 要求总硫收率在 95%～98% 间宜选用克劳斯组合工艺；

(5) 要求总硫收率在 99.2%～99.7% 间需要采用较复杂的尾气处理工序。

3. 总硫收率在 98%～99.2% 的工艺选择

Superclaus 99、MCRC、Clinsulf SDP 及 CBA 等几种克劳斯组合工艺以及 Sulfreen、Clauspol 1500 等"独立"的尾气处理工艺均可达到总硫收率 98%～99.2% 的要求，且均有成熟的工业经验。

"独立"的尾气处理装置将需要较高的投资。

几种克劳斯组合工艺中，MCRC、Clinsulf SDP 及 CBA 均存在切换操作，属于非稳态运行，在切换过程中存在总硫收率低于预期值的阶段；然而，Superclaus 99 则是稳态运行，不存在上述问题。再者，由于它们的工艺特点，Superclaus 99 的投资费用也略低于其他几种工艺。事实上，Superclaus 99 在国外也是发展最快，应用最多的克劳斯组合工艺（参见表 1-18）。

根据上述情况，在要求总硫收率达到 98%～99.2% 时，所示工艺均可使用，但 Superclaus 99 可列为首选工艺。

4. 总硫收率不小于99.8%的工艺选择

在总硫收率要求达到或超过99.8%时,此时装置规模相当大(例如,大于300t/d),必须使用独立的深度处理尾气的工艺。首先应选择国内外均有成熟经验且应用较多的还原吸收工艺(如SCOT、BSR/MDEA等);当选吸工序所用溶液与前端天然气脱硫所用溶液相同时,可考虑采用串级流程(详见第十一章第三节)以节约投资与能耗。

此外,加氢尾气中的H_2S采用选吸之外的其他方法(如直接氧化或直接转化)处理,如BSR/Hi-Activity、BSR/Wet Oxidation等也是成功的。

5. 总硫收率在99.2%~99.7%间的工艺选择

总硫收率在99.2%~99.7%间的工艺选择较为复杂一些。

一般而言,CBA、MCRC及Clauspol 1500等工艺均难以稳定达到99.2%以上的总硫收率。表12-6的数据表明,Superclaus 99装置的总硫收率大多也不高于99.2%。

我国渠县Superclaus 99装置及垫江Clinsulf SDP装置的考核数据表明,它们的总硫收率均达到99.2%以上,两套装置的设计总硫收率也均为99.2%,但其长期运行性能则尚待观察。

使总硫收率超过99.2%的关键是有效解决有机硫(COS及CS_2)问题。为此,不少工艺增设了加氢水解段,如Superclaus 99.5、Hydrosulfreen及EURO Claus等,将有机硫转化为H_2S,从而使总硫达到99.5%或更高。当然,如在克劳斯段能够可靠地有效控制与转化有机硫,也可省去加氢水解段。

Clauspol 300则另辟蹊径,除在克劳斯段加强有机硫的控制和水解外,使用减饱和回路以降低尾气中的硫磺蒸汽含量,使总硫收率达到99.5%左右。

为了稳妥可靠,当要求总硫收率达到99.5%左右时,宜优先考虑Superclaus 99.5工艺。应当指出的是,由于流程中安排了加氢水解工序,故克劳斯段不必像Superclaus 99工艺那样在富H_2S条件下运行,而是控制过程气$H_2S:SO_2=2:1$以减轻选择性氧化段的负荷。此外,Clauspol 300及Hydrosulfreen等也是可以考虑的工艺。

6. 总硫收率95%~98%间的工艺选择

当要求总硫收率达到95%~98%间时,尤其是小于97%,一般来说采用增加克劳斯催化转化级数的办法是可以满足要求的。

然而,采用如Superclaus 99或其他克劳斯组合工艺较之三级或四级催化转化的克劳斯装置并不增加多少投资,而对保证总硫收率却更为有利,不妨采用之。

第四节 天然气脱水工艺的选择

天然气脱水工艺的选择首先取决于脱水要求达到的目标,当然也要考虑装置规模等各种因素。就大多数天然气净化厂而言,主要是使出厂产品气达到商品气或管输质量标准;至于井场脱水,一种是无硫气脱水后进入输气管线,另一种则是含硫气脱水后送净化厂集中处理;上述这些工况所要求的脱水深度都不高。如果天然气(包括油田伴生气及凝析气)需去回收天然气凝液(NGL),或生产液化天然气(LNG),由于涉及低温工程,脱水的目的是防止低温部位生成水合物而导致堵塞,通常需深度脱水,具体而言取决于整个过程中的最低温度。此外,作为城市清洁车用燃料的压缩天然气(CNG),其压力可达到20MPa,为防止在生产过程或使用过程中出现水合物堵塞问题,也需要深度脱水。

工业上通常使用的天然气脱水工艺有甘醇法（主要是三甘醇法）、固体吸附剂法（主要是分子筛法）以及压缩冷却法和氯化钙法，膜分离法则是尚在发展中的工艺。

与天然气脱硫脱碳以及硫磺回收和尾气处理工艺的选择相比，天然气脱水工艺的选择则要简单一些，以下是一些原则。

（1）在天然气净化厂，脱硫脱碳装置出来的湿净化气脱水通常应选用三甘醇（TEG）法；二甘醇（DEG）法也可选用，但脱水效率较差且费用较高。

当天然气重烃含量较多，尤其是含有芳烃时，需解决 TEG 溶解的芳烃及重烃问题，以减轻再生气的污染和化害为利。

（2）井场天然气脱水工艺的选择则要斟酌。

无硫及低硫天然气的脱水可选择 TEG 法。但井场高硫天然气的脱水则需依据实际条件而定。当有可供利用的无硫或低硫气作为气提气时可选用 TEG 法，将携出 H_2S 及 CO_2 的气提气压缩并与进料湿气混合去脱水塔。若无此条件，则宜采用分子筛法，虽然投资及操作费用较高，但更为稳妥。

应当指出，无论是无硫气还是含硫气，在井场利用井口压能膨胀降温以降低天然气中的水含量均是应予考虑的途径，但需注意防止水合物的堵塞；此法还可同时解决烃露点问题。

偏远地区亦可采用简易的氯化钙法。

（3）用于回收 NGL 的天然气脱水，应根据 NGL 回收深度即所达到的低温程度选择脱水方法。当回收乙烷或丙丁烷时，需使用分子筛法脱水；为了减轻分子筛单元的脱水负荷，对于低压原料气，也可与 NGL 回收工艺相结合，采取升压及冷却等措施先行除去天然气中的大部分水。如目的在于回收凝析油，则采用压缩及冷却等方法降低天然气中的水含量也可满足工艺要求。

（4）天然气用于制 LNG 或 CNG 时均应采用分子筛法脱水。

参 考 文 献

1 R. N. Tennyson et al. Guidelines can Help Choose Proper Process for Gas – Treating Plants. Oil Gas J., 75 (2), 1977: 78~86

2 M. D. Anderson et al. Flexible Selective Solvent Design. Proc. 71st GPA Annu. Conv., 1992: 292~309

3 S. R. Gupta et al. Process Screening and Selection for Refinery Acid Gas Removal Processing. Energy Prog., 6 (4), 1986: 239~247

第十四章 天然气净化过程中的分析项目和测试方法

第一节 概 述

天然气净化（脱硫脱碳、脱水、硫磺回收及尾气处理）有多种多样的工艺，相应的也需要众多的气、液、固相组分分析方法与之配合以指导生产。

鉴于我国天然气净化厂内脱硫脱碳的主导工艺为胺法及砜胺法，脱水为三甘醇法，硫磺回收为克劳斯工艺，尾气处理为低温克劳斯及还原吸收工艺。所以本章介绍的也是与这些工艺配套的分析方法；事实上当脱硫脱碳及脱水使用其他工艺时，所涉及的气相组分分析也是相同的。

几类工艺日常控制分析项目及可选用的分析方法示于表 14-1。

表 14-1 天然气净化控制分析项目及方法

天然气脱硫脱碳[①]											
原料气[②]			净化气（闪蒸气）			酸 气			溶 液		
H_2S[②]	CO_2	总有机硫	H_2S	CO_2	总硫	H_2S	CO_2	烃	组成	H_2S	CO_2	$S_2O_3^{2-}$
碘量法 色谱法	色谱法	氧化微库仑法 氢解速率计法	碘量法 亚甲蓝法 钼蓝法 醋酸铅法 紫外法	色谱法	氧化微库仑法 氢氧化钡法 氢解速率计法	碘量法	色谱法	吸收法	化学法 色谱法	碘量法 色谱法 紫外法	氢氧化钡法 色谱法	碘量法

天然气脱水			
进料气	产品气	溶 液	
水含量	水含量	水含量	组成
露点法 电解法 称量法 卡尔费休法	露点法 电解法 称量法 卡尔费休法	卡尔费休法 色谱法	色谱法

克劳斯及低温克劳斯												
酸 气			过程气及尾气									
H_2S	CO_2	烃	H_2S	SO_2	COS	CS_2	H_2	CO	O_2	CO_2	N_2	S	H_2O
碘量法 色谱法	色谱法 差减法	化学吸收法	色谱法 H_2S 和 SO_2 可用化学吸收法									称量法	称量法

① 尾气处理采用还原吸收法时，选吸工序亦可采用所列项目和方法；
② 当原料气中 H_2S 含量较低时，亦可使用分析净化气中 H_2S 的方法。

应当指出，表 14-1 所列分析项目仅是日常生产控制项目。当需要时，可能还要进行一些其他项目的分析，例如天然气的组分及硫醇硫含量，净化气携带的胺及环丁砜含量，脱硫溶液中的变质产物含量,溶液中的铁含量,三甘醇中的杂质及液硫中的H_2S含量等等。此外,作为产品,硫磺也需作质量分析。

以下所介绍的各项分析方法大部分是我国几十年来天然气净化分析测试领域的经验总结,有的是等效或非等效采用了国际标准(ISO)或美国材料协会标准(ASTM),其中大部分方法已形成了我国的国家标准或行业标准。但就总体而言,我国目前天然气净化过程中的自动化和在线分析水平同国外发达国家相比还存在一定差距,随着我国天然气净化分析自动化水平的提高,一些先进的仪器分析方法和在线分析方法也在国内获得应用,本章也将作简要介绍。

第二节 天然气脱硫脱碳过程中的分析方法

一、天然气中 H_2S 含量的测定——碘量法[1]

碘量法是经典的化学分析方法,测定结果准确可靠,测量范围宽,不需要贵重的仪器。不足之处是对于低含量的 H_2S 取样时间较长,另外由于手工操作,不利于分析数据的数据化采集与传输。详见 GB/T 11060.1—1998。

1. 适用范围

此法适用于天然气净化厂多种气体 H_2S 含量的测定,包括原料气、净化气、酸气和闪蒸气。测定范围为 0~100%。

2. 方法提要

用过量的乙酸锌溶液吸收气样中的 H_2S,生成硫化锌沉淀。当天然气中 H_2S 大于 0.5% 时,以定量管取样;H_2S 小于 0.5% 时,则需连续吸收并计量。加入过量的碘溶液以氧化生成硫化锌,剩余的碘以淀粉为指示剂,用硫代硫酸钠标准溶液滴定由蓝色变无色,同时做空白试验。根据硫代硫酸钠标准溶液的耗量计算气体中 H_2S 的含量。

3. 天然气中 H_2S 含量的计算

质量分数 w (g/m^3),按式(14-1)计算:

$$w = \frac{17.04 \times c \times (V_1 - V_2)}{V_n} \times 10^3 \tag{14-1}$$

体积分数 φ (%) 按式(14-2)计算:

$$\varphi = \frac{11.88 \times c \times (V_1 - V_2)}{V_n} \times 100 \tag{14-2}$$

式中 V_1——空白滴定时,硫代硫酸钠标准溶液耗量,mL;

V_2——样品滴定时,硫代硫酸钠标准溶液耗量,mL;

c——硫代硫酸钠标准溶液浓度,mol/L;

V_n——气样体积(101.3 kPa,20℃),mL;

17.04——H_2S 相对分子质量的 $\frac{1}{2}$,以 g/mol 计;

11.88——在 20℃ 和 101.3 kPa 下 H_2S 摩尔体积的 $\frac{1}{2}$,以 L/mol 计。

4. 分析注意事项

(1) 使用湿式气体流量计取样时,应考虑水蒸气分压的影响。

(2) H_2S 吸收器应有良好的吸收效率。

(3) 样品量应保证乙酸锌吸收液中 H_2S 的绝对含量不少于 0.7mg。

(4) 取样口应选择在管线的气体流动部位,取样连接管线应尽可能短,管线的材质应对 H_2S 惰性,如聚乙烯、聚四氟乙烯、玻璃和铝。取样前应用待分析气体充分置换取样管线内的气体。取样过程中取样管线内不应有凝液出现,若有液沫夹带,应设置捕雾管除去液沫。

(5) H_2S 含量低于 5% 的气体,H_2S 的取样吸收应在取样现场完成。

(6) 滴定所用的硫代硫酸钠标准溶液易受空气和微生物的作用而分解,日光会促进其分解,因此硫代硫酸钠应按要求进行配制和标定,储存在棕色试剂瓶中,并定期(一般 15 天)标定。

二、净化气中 H_2S 含量的测定——亚甲蓝法[2]

亚甲蓝法是一种经典的分光光度方法。详见 GB/T 11060.2—1998。

1. 适用范围

此法适用于气体中微量 H_2S 的测定,净化气及 H_2S 含量很低的其他气体中的 H_2S 均可用该法测定。测定范围为 $0\sim25$ mg/m³。

2. 方法摘要

用乙酸锌溶液吸收气样中的 H_2S,生成硫化锌;气速 $0.5\sim1.0$ L/min,取样量根据气样 H_2S 量确定。在酸性介质中和三价铁离子存在下,硫化锌同 N,N-二甲基对苯二胺反应,生成亚甲蓝。用分光光度计在 670nm 处测量溶液的吸光度。用标准曲线法定量。

用硫化锌悬浊液或硫化钠溶液制备标准曲线。配制含 H_2S $20\sim30$ mg/L 的溶液(甲液),用碘量法标定溶液中 H_2S 含量,然后取适量甲液用醋酸锌溶液精确稀释成含 H_2S $3\sim4$ mg/L 的溶液(乙液)。

用吸量管吸取一系列不同量的乙液于比色管中,在恒温(20℃恒温水浴或 0℃冰水浴)和三氯化铁存在下,与 N,N-二甲基对苯二胺溶液反应生成亚甲蓝,恒温后,在分光光度计上于波长 670nm 处以试剂溶液为参比测定吸光度。然后在直角坐标纸上,以 H_2S 的绝对量(μg)为横坐标,对应的吸光度值为纵坐标,绘制标准曲线。

3. 气样中 H_2S 含量的计算

按测定的吸光度值,从标准曲线上查得吸收液中 H_2S 含量,按式(14-3)计算样品中 H_2S 含量,以质量分数 w(mg/m³)表示:

$$w = \frac{m}{V_n} \tag{14-3}$$

式中 m——吸收液中 H_2S 含量,μg;

V_n——气样体积(101.3 kPa,20℃),L。

4. 分析注意事项

(1) 绘制标准曲线时,应特别注意硫化锌悬浊液或硫化钠溶液的不稳定性,配好的标准溶液应立即进行标定并绘制标准曲线。

(2) 绘得的标准曲线在 H_2S 量高于 25 μg 的部分曲线缓慢向下弯曲,低于 25 μg 的部分是一条过原点的直线。样品分析时,应调整取样量使样品的吸光度落在线形范围之内。

(3) 显色温度对亚甲蓝的生成有明显的影响,对同一样品而言,亚甲蓝的吸光度随着温度的升高而减小。因此,显色必须在 20℃恒温水浴中或 0℃的冰水浴中进行。样品分析时的显色温度应与制作标准曲线时的显色温度一致。

(4) H_2S 的吸收应在取样现场完成。吸收过程中应避免阳光直射。取样口的选择、取样管线以及取样注意事项与碘量法相同。

(5) 标准曲线必须定期标定，标定的周期取决于分光光度计的性能和试验条件的稳定程度，通常每3个月标定一次。

三、净化气中 H_2S 含量的在线分析——醋酸铅反应速率法[3,4]

醋酸铅反应速率法是一种采用专用仪器检测 H_2S 的方法，主要用于在线检测输气管道天然气中 H_2S 的含量。此方法已被美国列为标准试验方法（ASTM）。我国也建立了两项国家标准，详见 GB/T 18605.1—2002 及 GB/T 18605.2—2002。

1. 适用范围

此法适于净化气 H_2S 含量的在线分析。根据所使用的仪器不同，醋酸铅反应速率法分为双光路检测法和单光路检测法。双光路检测法测量范围为 $0.1\sim23$ mg/m³，通过稀释可扩大 H_2S 的测量范围。单光路检测法的测定范围为 $1\sim990$ mg/m³，高于此范围的气体可稀释后测定。

2. 方法摘要

当恒定流量的气体样品经润湿后从浸有醋酸铅的纸带上流过时，H_2S 与醋酸铅反应生成硫化铅，纸带上出现棕色色斑。反应速率和由此产生的颜色变化速率与样品中 H_2S 浓度成正比。由仪器的光电系统检测色斑的强度。通过比较已知浓度 H_2S 标准样和未知样在仪器上的读数确定样品的 H_2S 含量。该法根据所使用仪器的结构不同可分为双光路检测法和单光路检测法，后者是国产仪器。双光路和单光路的主要区别是检测光源的设计不同。

3. 仪器和设备

双光路检测法使用的仪器由体积计量装置、样品泵、带传感器的比色速率计、记录仪（或微处理机、数字显示器、打印机）等四部分组成，仪器的示意图见图 14-1。图中的 LNG 瓶是给出的液化天然气的分析示例。

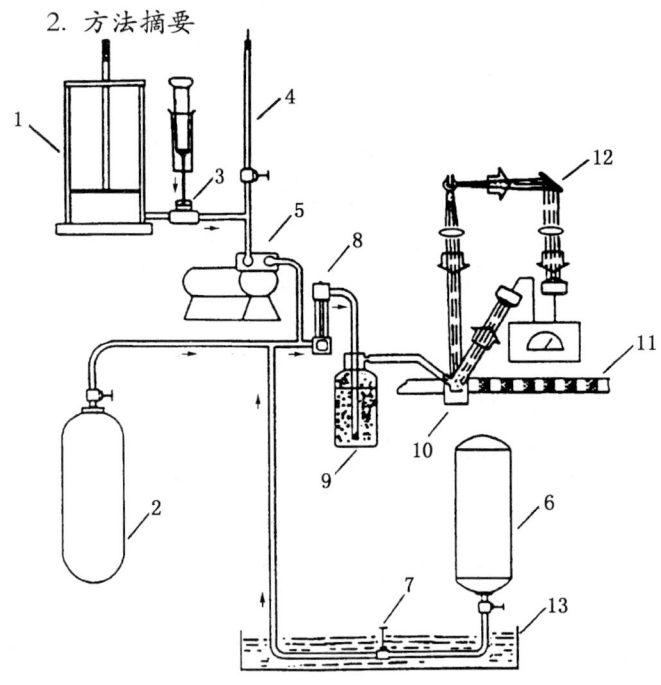

图 14-1 双光路醋酸铅反应速率法 H_2S 分析仪流程示意图
1—配气筒；2—气体样品瓶；3—气体进样口；4—载气或混合气入口；
5—泵；6—液化天然气（LNG）瓶；7—汽化阀；8—流速控制装置；
9—润湿器；10—样品室；11—响应带；
12—反应速率数据显示器；13—热水浴

单光路检测法使用的 H_2S 分析仪由气路系统、走纸系统、光电检测系统和数据处理系统等几部分组成。仪器的示意图见图 14-2。

4. 气样中 H_2S 含量的计算

采用双光路仪器时，样品气中 H_2S 含量按式 14-4 计算。

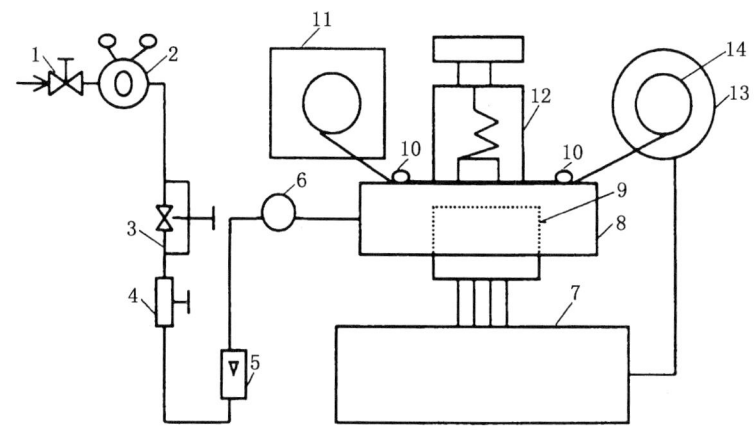

图 14-2 单光路醋酸铅反应速率法 H_2S 分析仪流程示意图

1—标准气或样品气入口开关阀；2—减压阀；3—稳压阀；4—稳流阀；
5—转子流速计；6—润湿器；7—数字处理系统；8—反应室；
9—光电系统；10—导纸轮；11—密封盒；12—压纸器；
13—纸带；14—卷纸马达

$$\varphi_x = \frac{(A-B)}{(C-B)} \times \varphi_0 \qquad (14-4)$$

式中 φ_x——样品气中 H_2S 的体积分数，mL/m^3；

φ_0——标准样中 H_2S 的体积分数，mL/m^3；

A——在环境温度和压力下测定样品气的读数；

B——测定空白样的读数；

C——在环境温度和压力下测定标准样的读数。

在线分析时，仪器用标准样校准，从仪器上直接读取待测样品的 H_2S 含量。

采用单光路仪器时，样品气中 H_2S 含量在仪器上直接读得。

5. 分析注意事项

（1）为减少分析误差，标准气的 H_2S 浓度应与待测样品的 H_2S 浓度尽量接近。所用的标准气应是有证标准气，必须保证标准气在有效期内使用。

（2）流速对检测结果有显著影响，在进行样品分析时，要求气体流速保持稳定，被测气体的流速与标定仪器时的标准气的流速应保持一致，流速变化不应大于 1%。如果测定样品时的气体流速和其他常数每次都相同，则不必每次测定仪器的校正系数。

（3）测定不同浓度的 H_2S 样品前，应用不含 H_2S 的氮气或甲烷对仪器进行吹扫，以消除样品相互间的影响。

四、净化气中 H_2S 含量的在线分析——紫外（UV）光度法[5,6]

1. 适用范围

此法适用于净化气或工厂燃料气中 H_2S 含量的在线分析，测定范围为 $0\sim100mg/m^3$（φ）或 $0\sim300mg/m^3$（φ）。

2. 方法摘要

紫外（UV）光度法是继醋酸铅纸带法之后开发出来的另一种 H_2S 在线分析方法，以紫外（UV）光度技术对低浓度 H_2S 进行精确测量。经特殊设计的采样系统可以氨将样品中的

H_2S 完全转化成硫化铵。而后用光度计测量硫化铵的浓度，再推算出 H_2S 的浓度。这种间接测量方法精确，并且消除了气流中存在的不饱和烃和芳香烃对测量结果可能造成的干扰。

此外，还有在线分析仪以色谱柱分出 H_2S、COS 及甲硫醇测定其紫外吸收率而输出其浓度数据。

3. 仪器技术指标

美国 AMETEK 公司生产的 4660 型低浓度 H_2S 分析仪的技术指标如下：

测量范围：$0\sim100mL/m^3$ 和 $0\sim300mL/m^3$；

精度：量程的 ±3%；

灵敏度：小于量程的 ±1%；

响应时间：90% 小于 60s。

五、净化气中 H_2S 含量的测定——钼蓝法[7]

1. 适用范围

钼蓝法适用于净化气等低 H_2S 含量的控制分析，测定范围为 $0\sim25mg/m^3$。

2. 方法摘要

用钼酸铵溶液吸收气体中的 H_2S 生成钼蓝，气速 $200\sim300$ ml/min，取样量根据样品 H_2S 量确定，测定该蓝色溶液的吸光度，计算气体中 H_2S 的含量。详见 SY/T 6537—2002。

绘制标准曲线的方法与亚甲蓝法类似，加入钼酸铵显色液放置 20 min，使用 20 mm 比色皿，以试剂为参比，在波长 600 nm 处测定吸光度。

3. 气样中 H_2S 含量的计算

气样中 H_2S 含量的计算与亚甲蓝法相同。

4. 分析注意事项

（1）配好的硫化钠标准溶液应立即进行标定并绘制标准曲线。溶液的有效期不超过 2h。标准曲线在使用中每三个月作一次重复标定。

（2）H_2S 的吸收应在取样现场完成。取样口的选择、取样管线以及取样注意事项与碘量法相同。

（3）钼酸铵显色液应在取样前将钼酸铵溶液和混合酸溶液（硫酸和冰乙酸的混合液）按 3＋2 混合，并用 50mL 吸量管准确吸取。

六、天然气中总硫含量的测定——氧化微库仑法[8,9]

1. 适用范围

此法适用于天然气中总硫含量的测定。原料气、净化气、酸气和闪蒸气中的总硫均可用该法测定，测定范围为 $1\sim1000$ mg/m^3。高于此范围的气体，可稀释后测定。

2. 方法摘要

待测样品在一定流速的载气携带下，进入转化炉与氧气混合燃烧，各种含硫组分燃烧生成 SO_2，随即进入滴定池，与电解液中的 I_3^- 反应。I_3^- 浓度的减少由电解碘化钾得到补充。根据法拉第定律，由电解过程所消耗的电量，可求得硫含量。详见 GB/T 11061—1997。

3. 仪器设备

总硫分析仪由转化炉、滴定池、微库仑计、流量控制系统等部分组成。仪器装配图如图 14-3 所示。

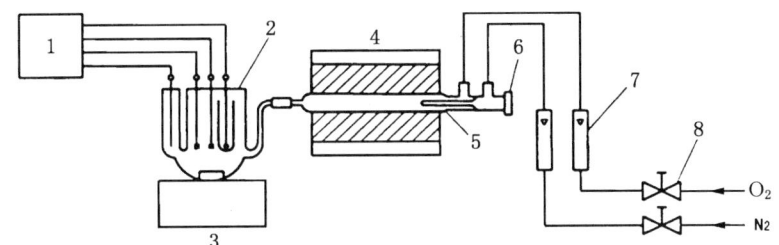

图14-3 总硫分析仪示意图
1—微库仑计；2—滴定池；3—电磁搅拌器；4—转化炉；
5—石英转化管；6—进样口；7—流速计；8—针型阀

4．样品分析

1）配置标准样

气体标准样用安瓿球称取适量的正丙硫醇或甲硫醚，将其置于干燥的配气瓶中，用真空泵将配气瓶抽至3kPa以下，用力摇动气瓶使安瓿球破裂，用氮气将气瓶冲至40kPa左右，计算气体标准样中的硫含量。

液体标准样用二甲基二硫化物或噻吩配制，用微量注射器取适量的二甲基二硫化物或噻吩于25mL容量瓶中用无水乙醇稀释至刻度，摇匀。计算液体标准样中的硫含量。

2）测定硫的转化率

（1）将转化炉燃烧区的温度控制在900℃±20℃，出口区控制在800℃±20℃。

（2）试验前向滴定池内加入新鲜电解液。

（3）调节氮气和氧气流速分别为160mL/min和40mL/min。

（4）用标准样测定硫转化率。气体标准样的进样量一般为0.25～5mL，进样速度控制在每毫升样品在5～7s内进完。液体标准样的进样量一般2～3μL，进样速度控制在每微升样品在5～7s内进完。由式14-5计算硫的转化率（F）。

$$F = \frac{W_0}{S_0 \times V_1} \times 100 \tag{14-5}$$

式中 F——硫的转化率，%；
W_0——测定时仪器读数，ng；
S_0——标准样中硫的含量，mg/m³（气）或mg/L（液）；
V_1——进样体积，mL（气）或μL（液）。

3）样品分析

分析气样时，进样量和进样速度应与气体标准样分析相同。气样中总硫含量w（mg/m³）按式（14-6）计算：

$$w = \frac{W}{V_n \times F} \times 100 \tag{14-6}$$

式中 W——仪器测定值，ng；
V_n——气样体积（101.3 kPa，20℃），mL；
F——硫的转化率，%。

5．分析注意事项

（1）此法当天然气中的卤素为硫含量的10倍及以上，氮含量大于1.0%，重金属离子大于 500mg/L 时，对分析有干扰。

（2）取样的样品瓶应进行处理，即使用洗液浸泡半小时以上，再用蒸馏水冲洗干净并烘干，充入浓度 40mg/m³ 的硫化物气样，放置 5 天以上进行老化处理，然后用空气或氮气反复抽洗，直至仪器检测不出硫的含量为止。样品瓶如果不按上述程序处理，则对测定有影响，尤其是在微量分析时影响更大。

（3）对总硫高于 1000mg/m³ 的样品采用 50 mL 或 100 mL 的注射器稀释。稀释前需要将注射器进行老化处理，通常是在注射器内充入高于目标稀释样品浓度的含硫气体，放置 30 min 左右后，排出含硫气体，然后使用空气或氮气将注射器抽洗干净。

（4）从样品瓶中取气体样品时，首先剧烈摇动气瓶 20～25min 使样品混合均匀，取样时应让气瓶的压力将注射器的芯子推到所需刻度。测定液体标准样时，应采用差减法计算进样体积。

（5）所用氮气和氧气的纯度应在 99.9% 以上，不应含有 H_2S。

（6）分析原料气中的总有机硫应使用适当的 H_2S 过滤器，在样品进炉前将 H_2S 除去。

七、气体中总硫含量的测定——氢解—速率计比色法

1. 适用范围

此法适用于天然气中总硫的测定。原料气、净化气、酸气和闪蒸气中的总硫均可用该法测定，测定范围为 0.001～20mg/m³（φ），并且可通过稀释将测定范围扩展到较高浓度。该法既可用于实验室分析，也可用于在线分析。

2. 方法摘要

试样以恒定的速率进入氢解仪内的氢气流中，在 1000℃ 或更高的温度下试样在氢气中热解，硫化合物转化为 H_2S 同试样中的 H_2S 一起随气流进入醋酸铅比色速率计，氢解产物所含 H_2S 与试样中的总硫成正比。此法的 H_2S 测定原理与醋酸铅反应速率法相同，只是仪器增加了热解炉。

3. 仪器和设备

样品中硫化合物在氢气中热解的流程示于图 14-4，醋酸铅速率计可见图 14-1。

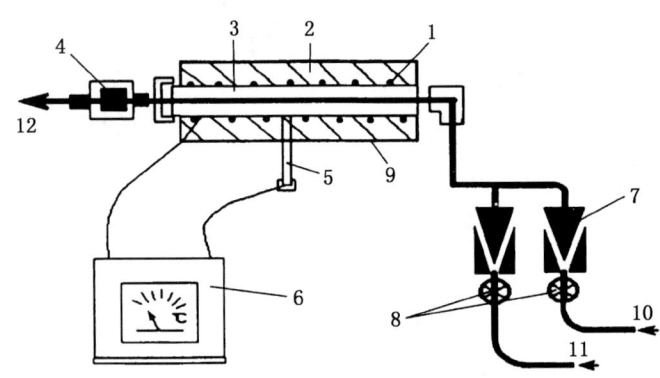

图 14-4 氢解流程图

1—加热器；2—绝缘体；3—易装卸的陶瓷或石英反应管；4—过滤器；
5—热电偶；6—温控器；7—转子流速计；8—阀；9—热解炉；
10—试样；11—氢气；12—气样去 H_2S 速率计

4. 样品分析

（1）炉温恒定至 1000℃ ± 15℃（若有噻吩存在，温度设为 1300℃）。

（2）设定氢气流速为 200 mL/min。试样的流速必须为氢气流速的三分之一或更少。

（3）氢解反应后的气样进入 H_2S 比色速率计测定 H_2S，测定方法与双光路醋酸铅速率计法测定 H_2S 相同。

5. 样品中硫含量的计算

未知试样中含硫化合物的体积分数（φ_x）计算见式（14-4）。

6. 分析注意事项

(1) 为减少分析误差,标准样中硫化合物的浓度应与待测样品中硫化合物的浓度尽量接近。应经常用标准样校正分析仪的量程,以补偿温度和大气压变化引起的波动,当试样浓度不超过标准样浓度的25%时,每天应重复进行两次完整的校准过程。

(2) 流速对检测结果有显著影响,样品气的流速与标定仪器时标准气的流速应保持一致。

(3) 分析天然气中的总有机硫应使用适当的 H_2S 过滤器,在样品进炉前将 H_2S 除去。

八、原料气和酸气中 H_2S 和 CO_2 含量的测定——气相色谱法[10]

1. 适用范围

此法适用于原料气和酸气中 H_2S 和 CO_2 含量的测定,也可用于闪蒸气和净化气中 CO_2 含量的测定,测定范围为 0.1%~100% (φ)。

2. 方法提要

让定量的样品气和等量的标准气在相同色谱操作条件下通过同一色谱柱,使 CO_2 和 H_2S 等组分得到分离,用热导检测器检测并记录色谱图。比较样品气和标准气相应色谱峰的峰值(峰高或峰面积),计算样品气中 CO_2 和 H_2S 的含量。详见 SY/T 6537—2002。

3. 分析结果计算

试样中待测组分的含量 φ_i(%)按式(14-7)计算:

$$\varphi_i = \varphi_s \frac{A_i}{A_s} \tag{14-7}$$

式中 φ_s——标准气中组分 i 的浓度,%;

A_i——样品气中组分 i 的色谱峰值,峰高,mm,或峰面积,mm^2;

A_s——标准气中组分 i 的色谱峰值,峰高,mm,或峰面积,mm^2。

4. 分析注意事项

(1) 当待测样品的组成变化不大时,采用标准样外标法定量。当待测组分浓度变化比较大时,可使用标准曲线法定量。根据待测组分含量变化范围,使用标准样绘制标准曲线。该曲线应定期用标样核查。

(2) 根据待测样品中的组分浓度,选择不同的进样量。

九、酸气中 H_2S、CO_2 及烃和永久性气体总含量的测定[11]

1. 适用范围

此法适用于酸气中 H_2S、CO_2 及烃和永久性气体总含量的测定,测定范围为 0~100% (φ)。

2. 方法提要

用氢氧化钾溶液吸收干酸气样品中的 H_2S 和 CO_2,计量残余气体的总体积,即为烃和永久性气体的总含量;用乙酸锌溶液吸收干酸气样品中的 H_2S,按以前已介绍的碘量法测定并计算酸气中的 H_2S 含量;CO_2 含量按差减计算得到。详见 SY/T 6537—2002。

3. 分析注意事项

(1) 每次分析所收集烃类和永久性气体的总量不应少于 5mL。

(2) 应保证 H_2S 和 CO_2 能被完全吸收。

(3) 测定酸气中 H_2S 含量时,应保证气样中的 H_2S 完全吸收。

十、脱硫溶液中 H_2S 含量的测定——化学法[12,13]

1. 适用范围

此法适用于胺法或砜胺法脱硫溶液中 H_2S 含量的测定。测定范围 $0.02 \sim 50 g/L$。

2. 方法提要

用硫酸溶液（1+17）酸化脱硫溶液样品，用氮气（纯度99.9%）气提，使样品中的 H_2S 全部解吸，再用乙酸锌溶液吸收解吸气中的 H_2S，以碘量法测定。详见 SY/T 6537—2002。

3. 分析结果的计算

脱硫溶液中的 H_2S 含量 w（g/L）按式（14-8）计算：

$$w = \frac{(V_0 - V_1) \times c \times 17.04}{V} \quad (14-8)$$

式中 V_0—— 空白滴定时硫代硫酸钠标准溶液耗量，mL；

V_1—— 样品滴定时硫代硫酸钠标准溶液耗量，mL；

c—— 硫代硫酸钠标准溶液的浓度，mol/L；

V——取样体积，mL；

17.04——H_2S 相对分子质量的 $\frac{1}{2}$，以 g/mol 计。

4. 分析注意事项

（1）若确知样品中不含硫代硫酸盐、硫醇和不饱和烃等还原性物质，可直接取样用碘量法测定。

（2）应合理安装取样口，富液取样理应选择在吸收塔底富液管线上，但为了便于取样，富液取样口的位置可选在闪蒸器后换热器前的富液管线上，贫液取样口应安装在贫液冷却器的出口管线上。取样支管的头部应伸入主管道直径的三分之一处。

（3）解析用酸量应控制在将样品液酸化至pH值为 $2 \sim 3$，如果酸量不够，会使 H_2S 解吸不完全，如果酸量过多会使硫代硫酸盐分解，从而影响分析结果。

（4）应根据样品中 H_2S 的浓度选择进样量，并用带有100mm注射针头的注射器经进样头缓缓注入到解吸酸中。

十一、脱硫溶液中 CO_2 含量的测定——化学法[14]

1. 适用范围

此法适用于胺法或砜胺法脱硫溶液中 CO_2 含量的测定。测定范围 $0.05 \sim 50 \ g/L$。

2. 方法提要

用硫酸溶液（1+17）酸化脱硫溶液样品，用氮气（纯度99.9%）气提，使样品中的 H_2S 和 CO_2 全部解吸。用酸性硫酸铜溶液（20g/L）吸收其中的 H_2S，用准确、过量的氢氧化钡溶液（4g/L）吸收 CO_2，生成碳酸钡沉淀，吸收器应保证 CO_2 完全吸收，以酚酞作指示剂用邻苯二甲酸氢钾标准溶液（0.05 mol/L）滴定剩余的氢氧化钡。根据邻苯二甲酸氢钾溶液的耗量计算样品中 CO_2 的含量。详见 SY/T 6537—2002。

3. 分析结果的计算

样品中 CO_2 的含量 w（g/L）按式（14-9）计算：

$$w = \frac{(V_0 - V_1) \times c \times 22.00}{V} \quad (14-9)$$

式中　V_0——空白滴定时邻苯二甲酸氢钾标准溶液耗量，mL；
　　　V_1——样品滴定时邻苯二甲酸氢钾标准溶液耗量，mL；
　　　c——邻苯二甲酸氢钾标准溶液的浓度，mol/L；
　　　V——样品用量，mL；
　　　22.00——CO_2 相对分子质量的 $\frac{1}{2}$，以 g/mol 计。

4. 分析注意事项

（1）影响此法准确度和精密度的主要因素是外来 CO_2 的干扰，因此在溶液储备、吸收和滴定操作过程中均应隔绝空气。应使用脱 CO_2 的蒸馏水。配好氢氧化钡吸收液后，防止空气中 CO_2 的进入。

（2）氢氧化钡吸收液中，需加入适量的氯化钡和正丁醇，否则 CO_2 吸收不完全。

（3）氮气纯度不低于 99.9%，不含 CO_2。

（4）滴定应在连续通氮气的条件下进行，滴定过程中，通气速度应小于每分钟 30 个气泡。应防止滴定液接触吸收器壁上的沉淀物。

（5）试样用量应根据样品中 CO_2 的浓度而定。

十二、脱硫溶液中 H_2S 和 CO_2 含量的测定——气相色谱法

1. 适用范围

此法适用于胺液及砜胺液中 H_2S 和 CO_2 的分析。最低检测浓度为 0.01g/L。

2. 方法提要

将一定体积的样品注入到装有硫酸溶液的解析器中，样品经酸化、气提使样品中的 H_2S 和 CO_2 迅速解吸，并随载气进入色谱仪进行分离，用热导检测器检测，同时进行标准样分析，用外标法计算组分的含量。

3. 循环式解析器

循环式解析器是仪器的关键部分，是中国石油西南油气田分公司天然气研究院罗鉴生研制。

解析器由加热块、进样器、解析管、气液分离器、储液罐等部分组成，见图 14-5。解析器内的 15% 硫酸溶液，在液位差和载气带动下形成自动循环，酸化了的样品随载气进入气液分离器，气相经干燥管进色谱仪，液相滴入储液罐循环使用。可连续进样分析，在解析效果变差时更换新解析酸。

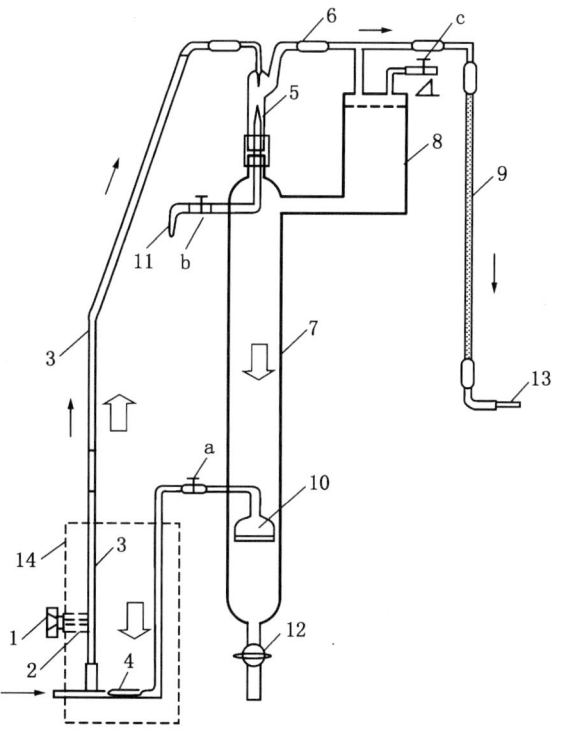

图 14-5　循环式解析器示意图

・1—进样器；2—硅橡胶垫；3—解吸管；4—节流毛细管；
5—气液分离器；6—破沫管；7—储液罐；8—液面稳定罐；
9—干燥管；10—玻砂板（2号）过滤器；11—排液口；
12—旋阀；13—连接管；14—加热块

4. 分析注意事项

（1）解析温度应控制在 40～45℃，温

度低解吸不完全，温度高易使水分蒸发。

（2）标准样应密闭保存，防止空气中的 CO_2 和 H_2S 的进入。

十三、贫液 H_2S 和 CO_2 含量的在线分析

贫液 H_2S 和 CO_2 含量的在线分析对优化工艺操作和提高经济效益具有重要的意义。由于影响分析的因素众多，虽然研究开发和样机试用从 20 世纪 80 年代就已开始，但至今这类仪器还没有实现商品化。下面介绍两种在线分析仪器。

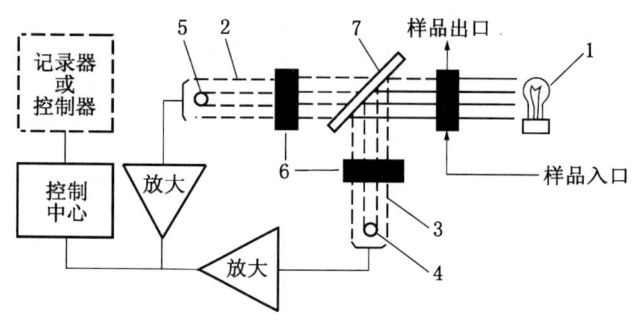

图 14－6 紫外分光光度仪工作原理示意图
1—光源；2—参比通道；3—测量通道；4—光电管（测量）；
5—光电管（参比）；6—滤光片

1. 贫液 H_2S 含量在线分析仪

美国杜邦公司研制的贫液 H_2S 含量在线分析系统，是根据胺－H_2S 键形成的紫外（UV）吸收发色团为基础而设计的。检测装置是分光光度仪，检测波长为 265nm。紫外分光光度仪的工作原理见图 14－6。

为了保证仪器的准确度和精密度，在仪器的设计中采取了以下措施：

（1）补偿贫液中因添加剂、降解和腐蚀产物使样品本底产生的偏差，采用真空蒸馏法气提出样品中的所含有的全部 H_2S，以保证无 H_2S 的"零位"标准。

（2）为补偿胺－H_2S 键的紫外吸收对温度的敏感性，设置了精密的温度补偿线路。

（3）为消除微小的固体颗粒对测定的影响，采用了自洁过滤系统。

（4）因流经样品池的样品流量较小（50 mL/min），为了使样品滞后现象减到最小，采用了高流量（15～20 L/min）的旁路设计。

2. 贫液 H_2S 和 CO_2 含量在线分析仪

贫液 H_2S 和 CO_2 含量在线分析仪（Amko－Eppendorf CS－200）是美国 Amoco 公司开发的专利技术。分析仪的工作原理是通过酸化胺溶液，使溶液中含有的 H_2S 和 CO_2 解吸，并驱赶到两个检测器中分别检测 H_2S 和 CO_2。H_2S 用紫外检测器（波长 206 nm），CO_2 用红外检测器（波数 2340 cm^{-1}）。图 14－7 展示了分析仪的内部结构。

从图 14－7 可见，胺液经过滤、计量后注入到一股流动的水流内，带入分析仪的气提柱中。硫酸由空气泵压入气提柱与溶液混合反应，释放出 H_2S 和 CO_2。一股氮气通过气提柱，使液体混合并气提 H_2S 和 CO_2。释放的气体被干燥后，进入紫外检测器测定 H_2S，然后再进入红外检测器测定 CO_2。

仪器的校准使用已知 H_2S 及 CO_2 浓度的标准样。

十四、脱硫溶液中硫代硫酸根含量的测定[15]

1. 适用范围

此法适用于胺液或砜胺液中硫代硫酸根含量的测定。测定范围为 0.2～10 g/L。

2. 方法提要

在中性条件下用硫酸镍（10g/L）同样品反应，沉淀、过滤除去样品中的 H_2S。用准确、过量的碘溶液氧化样品中的硫代硫酸根，用硫代硫酸钠标准溶液滴定剩余的碘。根据硫代硫酸钠溶液的耗量计算样品中硫代硫酸根的含量。详见 SY/T 6537—2002。

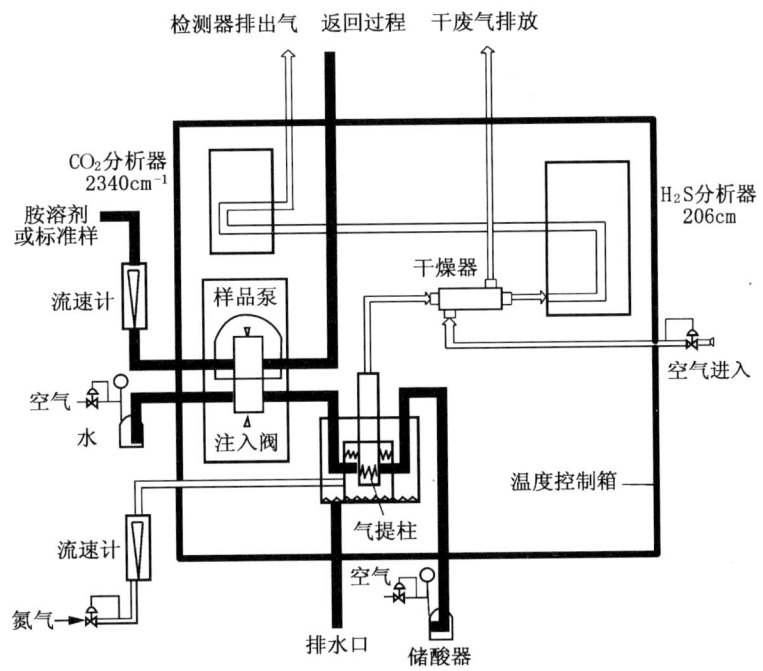

图 14-7 贫液 H_2S 和 CO_2 含量在线分析仪结构示意图

3. 分析结果的计算

分析结果的计算与溶液中 H_2S 含量计算类似,需用硫代硫酸根的相对分子质量。

4. 分析注意事项

(1) 应使用贫液测定硫代硫酸根,每次分析用试样中 H_2S 的含量不应超过 10mg。

(2) 为防止 H_2S 被氧化,取好的样品应隔绝空气保存。

(3) 试样用量根据样品中硫代硫酸根的浓度而定,对于深色样品,为减轻判断滴定终点的困难,可适当减少样品用量。

十五、脱硫溶液组成分析——化学法[16]

1. 适用范围

此法适用于胺液或砜胺液组成的分析。

2. 方法提要

用盐酸标准溶液滴定,以测定溶液中的胺含量。砜胺液样品中加入甲苯,进行共沸蒸馏,水同甲苯形成共沸物,于较低温度下馏出,收集并测量馏出水的体积,扣去水中胺含量计算溶液中的水含量。环丁砜的含量按差减法计算。详见 SY/T 6537—2002。

3. 分析结果的计算

(1) 样品中醇胺含量 w_1(%)按式 (14-10) 计算:

$$w_1 = \frac{V \times c \times M_a \times 0.1}{m_1} \tag{14-10}$$

式中 V——样品滴定时盐酸标准溶液的耗量,mL;

c——盐酸标准溶液的浓度,mol/L;

m_1——样品用量,g;

M_a——醇胺的相对分子质量，以 g/mol 计，其数值，MEA 为 61.08，DIPA 为 133.2，MDEA 为 119.2。

(2) 蒸出水层中醇胺的含量 w_1 亦按式（14-10）计算。其中蒸出水的质量（m_3）用蒸出水的体积，毫升值代替。

(3) 样品中水含量 w_2（%）按式（14-11）计算：

$$w_2 = \frac{m_3(100-w_1')}{m_2} \qquad (14-11)$$

式中　m_3——蒸出水的质量（以体积值代替），g；

　　　w_1——蒸出水层中醇胺的含量，%；

　　　m_2——样品用量，g。

(4) 样品中环丁砜含量 w_3（%）按式（14-12）计算：

$$w_3 = 100 - (w_1 + w_2) \qquad (14-12)$$

4. 分析注意事项

(1) 应使用贫液测定组成，当样品中含有机械杂质和烃类时，应通过静置或离心分离取中层溶液作组成测定。

(2) 按式（14-12）计算所得的环丁砜含量，包括了溶液中的部分变质产物和无机盐，如果已测得此类成分的含量，应从环丁砜含量 w_3 中扣除。

十六、脱硫和脱水溶液的组成分析——气相色谱法[17~20]

1. 适用范围

此法适用于胺液、砜胺液和用于脱水的三甘醇溶液的组成分析。

2. 方法提要

经气化后的样品通过色谱柱使各组分得到分离，用热导检测器检测并记录色谱响应，用校正面积归一化法计算各组分的含量。详见 SY/T 6537—2002。

3. 分析步骤

(1) 定性分析：采用纯物质追加法定性。

(2) 定量分析：采用校正面积归一法定量。

用称量法配制混合组分标准样，在规定的色谱条件下进样分析，测定组分 i 相对于主成分（醇胺或甘醇）的质量校正因子 f_i，校正因子 f_i 按式（14-13）计算：

$$f_i = \frac{m_i \cdot A_s}{A_i \cdot m_s} \qquad (14-13)$$

式中　A_s——醇胺（或甘醇）的峰面积，mm²；

　　　m_s——醇胺（或甘醇）的质量，g；

　　　A_i——组分 i 的峰面积，mm²；

　　　m_i——组分 i 的质量，g。

按测定校正因子时使用的操作条件和进样量，测定待测试样。样品中各组分的质量分数 w_i（%）按式（14-14）计算：

$$w_i = \frac{f_i \cdot A_i}{\Sigma f_i \cdot A_i} \qquad (14-14)$$

式中　f_i——组分 i 的校正因子；

　　　A_i——组分 i 的峰面积，mm²。

4. 分析注意事项

（1）分离用的色谱柱必须使样品中的所有组分得到良好的分离并有响应，否则不能采用归一法。

（2）所分析的样品都是高沸点强极性有机化合物的水溶液，在分离柱上都有较强的吸附性，造成峰形拖尾，测定水的相对质量校正因子时不能获得稳定数值，从而影响方法的准确度。要改善这种状况，应对所用的固定相 GDX 进行预处理。

（3）为防止 H_2S 腐蚀热导池，测定组成的样品应为贫液，H_2S 含量应低于 1g/L。

（4）当样品中含有液态烃和固态物质时，应通过静置或离心分离，取中层溶液分析。

第三节 硫磺回收及尾气处理过程中的分析方法

硫磺回收及尾气处理过程中各种气流的组分分析数据是计算转化率和硫收率的主要参数。酸气中的组分分析方法已在上节介绍。本节主要介绍过程气和尾气中相关组分的实验室分析方法，对在线分析仪器也作简要介绍。

一、H_2S 和 SO_2 含量的测定——化学法[21]

1. 适用范围

此法适用于硫磺回收及尾气处理过程气中 H_2S 和 SO_2 含量的测定。测定范围：0.05%～20%（φ）。

2. 方法提要

用过氧化氢溶液（1+9）吸收气体中的 SO_2 生成硫酸，用硫酸银溶液（5g/L）吸收气体中的 H_2S 生成硫化银沉淀和硫酸。以甲基红—亚甲基蓝混合指示液，用氢氧化钠标准溶液分别滴定生成的硫酸，计算气样中的 SO_2 和 H_2S 的含量。详见 SY/T 6537—2002。

3. 分析结果的计算

H_2S 和 SO_2 的浓度（%，干基）按式（14-15）计算：

$$\varphi = \frac{(V_1 - V_0)c}{V_n} \times V_m \times 100 \qquad (14-15)$$

式中 V_1—— 样品滴定时氢氧化钠标准溶液耗量，mL；

V_0—— 空白滴定时氢氧化钠标准溶液耗量，mL；

c—— 氢氧化钠标准溶液的浓度，mol/L；

V_n—— 气样体积（干基 101.3 kPa，20℃），mL；

V_m—— 20℃和 101.3 kPa 大气压下，H_2S 或 SO_2 的摩尔体积的 $\frac{1}{2}$，以 L/mol 计，其数值 H_2S 为 11.88，SO_2 为 11.75。

4. 分析注意事项

（1）取样口的位置选择不当和取样探头的设计安装不符合要求均会影响分析结果。

（2）经干燥管取样时，样品已经去除了水蒸气和硫雾，取样体积为干基体积。取好的样品需在半小时内完成分析，否则分析结果偏低。

（3）根据样品中组分浓度的高低确定取样量的多少。

（4）吸收过程中，应至少通过十倍于稀释瓶容积的气量。

（5）用于滴定的氢氧化钠标准溶液应予保护以防空气中 CO_2 的干扰。

(6) 从理论上讲，SO_2 吸收液对 H_2S 将有一定吸收，但由于 SO_2 吸收液呈酸性，H_2S 的溶解速度又较 SO_2 慢，在较高的气体流速（500 ml/min）条件下，H_2S 的分析误差可降低到 3% 以下，满足工业分析要求。

二、硫磺回收过程气组分分析——气相色谱法[22]

1. 适用范围

此法适用于硫磺回收及尾气处理过程气组成分析。可分析的组分及相应的浓度范围见表 14-2。

表 14-2　硫磺回收及尾气处理过程气的组分及浓度范围

组　　分	H_2S	SO_2	COS	CS_2	CO_2	H_2	CO	O_2	N_2
浓度范围 (φ),%	0.05~8	0.05~5	0.01~1	0.05~1	0.1~28	0.1~8	0.1~1.5	0.1~8	50~90

2. 方法提要

让样品气和标准气在相同的操作条件下通过同一色谱柱，使各组分得到分离，用热导检测器检测并记录色谱图，通过比较样品气和标准气色谱峰的峰值（峰高或峰面积），计算样品气中各组分的含量。由于过程气组分很多，通常需要使用如表 14-3 所示的 4 根色谱柱予以分离。详见 SY/T 6537—2002。

表 14-3　色谱柱

色谱柱编号	分离组分	填　充　物	载　气
1	CH_4，C_2H_4，C_2H_6，COS，CO_2，H_2S，SO_2	高分子多孔微球，如 Porapak 或 GDX	H_2
2	CS_2		H_2
3	O_2 + Ar，N_2，CO	分子筛	H_2
4	H_2	分子筛	N_2

3. 分析步骤

(1) 定性分析：分别进样品气和标准气，根据保留值定性。

(2) 定量分析：分别进样品气和标准气，采用外标法定量。试样中待测组分 i 的体积分数（%）按式（14-16）计算。图 14-8 是过程气色谱图。

$$\varphi_i = \varphi_s \frac{A_i}{A_s} \qquad (14-16)$$

式中　φ_s——标准气中组分 i 的体积分数，%；

A_i——样品气中组分 i 的色谱峰值，mm 或 mm^2；

A_s——标准气中组分 i 的色谱峰值，mm 或 mm^2。

4. 分析注意事项

(1) 所用的标准气均应为国家二级标准气，其组分浓度与待测样品的组分浓度之差不应大于该样品中组分浓度值的 ±50%。浓度越高，

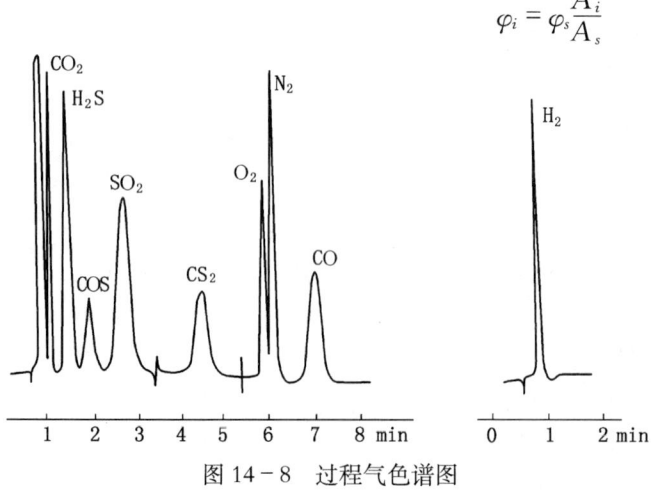

图 14-8　过程气色谱图

相差应越小。

（2）取样口、取样探头及取样分析注意事项与化学法相同。

三、尾气中硫雾含量的测定[23]

1. 方法提要

让样品气在高于水露点的温度下通过硫雾过滤器，根据通气体积和过滤得到的硫磺的质量计算气体中硫雾的含量。本法测定值不包括硫蒸汽。详见 SY/T 6537—2002。

2. 测定结果的计算

气体中硫雾的干基质量分数 w_m（g/m³）按式（14-17）计算。

$$w_m = \frac{m - m_0}{V_n} \times 10^3 \tag{14-17}$$

式中　m_0——取样前探头和过滤器的质量，g；

　　　m——取样后探头和过滤器的质量，g；

　　　V_n——气样体积（101.3 kPa，20℃），L。

3. 分析注意事项

（1）取样口：取样口的位置应选择在主管道气体流动较快，且无液硫夹带的部位。

（2）取样量：硫雾的分析应采用较大的样品量，当预计的硫雾含量在 2 g/m³ 以下时，取样量应在 200~300L，2 g/m³ 以上时，取样量应在 50~100 L。

（3）取样过程中，一定要保证样品气在高于水露点的温度下取样。

（4）为了防止湿式气体流量计的腐蚀，流量计可用煤油代替水作液封。

四、尾气中水含量的测定[24]

1. 方法提要

让除去硫雾后的样品气通过装有固体氯化钙的水吸收管，根据通气体积和水吸收管质量的增加量，计算样品气中的水含量。详见 SY/T 6537—2002。

2. 测定结果的计算

尾气中水含量的质量分数 w（g/m³）按式（14-18）计算：

$$w = \frac{m - m_0}{V_n + \frac{m - m_0}{18} \times 23.76} \times 10^3 \tag{14-18}$$

体积分数 φ（％）按式（14-19）计算：

$$\varphi = \frac{\frac{m - m_0}{18} \times 23.76}{V_n + \frac{m - m_0}{18} \times 23.76} \times 100 \tag{14-19}$$

式中　m_0——取样前水吸收管的质量，g；

　　　m——取样后水吸收管的质量，g；

　　　V_n——气样体积（101.3 kPa，20℃），L；

　　　23.76——20℃和 101.3 kPa 条件下，水蒸气的摩尔体积，L/mol。

3. 分析注意事项

（1）尾气中的硫雾对分析有影响。在取样时必须先除去硫雾。

（2）为了防止湿式气体流量计的腐蚀，流量计可用煤油代替水作液封。

五、硫磺回收过程气的在线分析方法

在克劳斯工艺中，通常需将 H_2S 和 SO_2 的比例控制在 2∶1（有些工艺如 Superclaus 则

另有要求),从而达到装置操作的最佳化。最初比例控制是通过酸气中 H_2S 分析和酸气流量的测量反馈控制空气量,由于受测量、计算、控制仪表精度等的限制并存在滞后,致使比例控制并不理想。随后发展起来的 H_2S/SO_2 尾气分析仪和 H_2S/SO_2 比例分析仪可直接安装在工艺管线上,分析仪的性能更加完善,附加的微处理技术和计算功能进一步增加了分析仪的效率和可靠性,从而提高了控制精度和硫收率。我国重庆天然气净化总厂和川西北净化厂都引进了这种分析仪及控制技术。

1. 880-NSL 型 H_2S/SO_2 尾气分析仪

美国 AMETEK 公司生产的 880-NSL 型 H_2S/SO_2 尾气分析仪是一种小型、坚固、类似于变送器的光学分析仪器。可直接安装在过程气管道上连续分析过程气中的 H_2S 和 SO_2。该仪器的优点是无采样管线,方便管道安装,响应时间快,光度仪光源寿命长,具有仪器通风和热水回洗功能和基于微处理技术的控制系统及自动诊断功能,通过调制解调器可进行远程联机。其主要技术指标示于表 14-4。

表 14-4　880-NSL 型尾气分析仪主要指标

检测范围,%		精度①	灵敏度①	线性度①	重复性①	响应时间 s
H_2S	SO_2					
0~1.0	0~0.5	1%	±0.5%	0.6%	±1%	<10 (90%)
0~2.0	0~1.0					

① 以全量程计。

2. 900 型空气需要量分析仪 (ADA)

加拿大西方研究公司的 900 型空气需要量分析仪可进行精确的尾气分析,用于克劳斯过程中酸气与空气比例的反馈控制。该仪器利用板内微处理器,将一个单检测气室,双光束测量和双紫外光源辐射的探测方法集成在一起,能够提供多达 4 路模拟输出用于连续反馈控制,还提供 MODBUS 协议的串行通讯。

900 型空气需要量分析仪是一种紫外光学分析仪器,分析仪的工作原理见图 14-9。光源射出的紫外光经样品池、滤光器射到光电检测器上,检测器产生的信号经前置放大器放大后,与另一路来的第二个电信号比较(滤光器转动,光线轮流通过三个滤光器),并进行各级放大,然后通过控制系统反馈控制样品池及检测器电源操作。仪器有 H_2S、SO_2 和参比三个测量通道,通过测量 H_2S 与 SO_2 的比值最后输出空气需量信号以控制进炉空气量。使用 ADA 的克劳斯闭环控制示意图见图 14-10。其主要技术指标示于表 14-5。

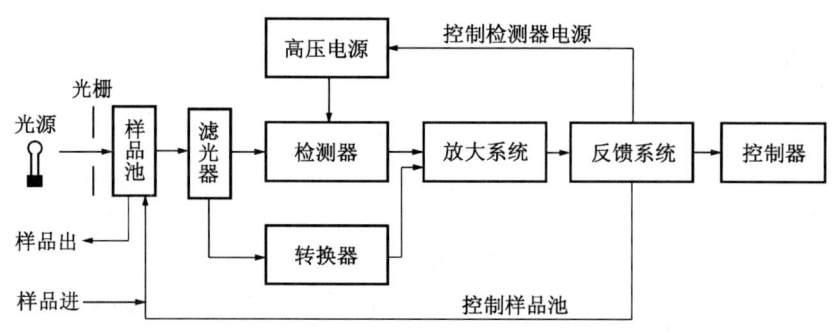

图 14-9　ADA 分析仪工作原理示意图

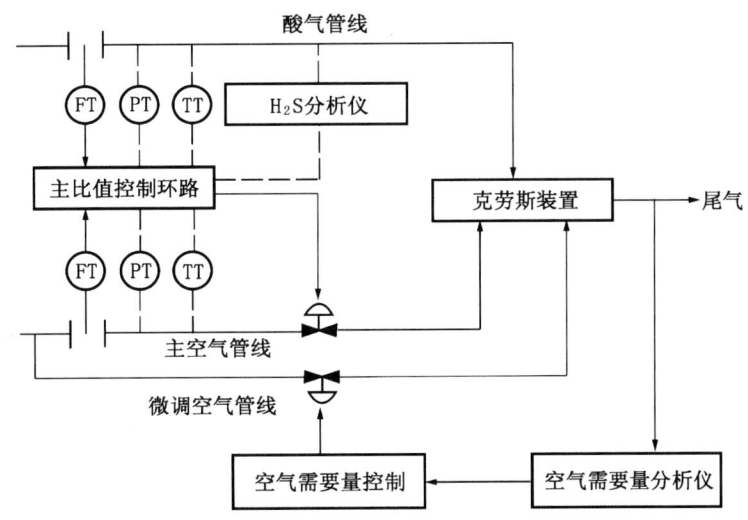

图 14-10 使用 ADA 的克劳斯闭环控制系统示意图

表 14-5 900 型空气需要量分析仪主要指标

检测范围，%					精度[①]	灵敏度[①]	重复性[①]	线性度[①]	响应时间 s
H_2S	SO_2	COS	CS_2	S_v					
0~0.5 0~10	0~0.25 0~10	0~0.5 0~10	0~0.5 0~10	0~50mL/m³ 0~500mL/m³	1%	±2%	0.5%	1%	<30（90%）

① 以全量程计。

六、硫磺分析

硫磺是天然气净化厂的产品之一，硫磺的质量应符合 GB 2449—1992 "工业硫磺及其试验方法" 中所规定的要求，包括硫含量、水分、灰分、酸度、有机物、砷和铁，详见表 10-2。

液硫中常含有一些 H_2S 及 H_2S_x，其含量既可采取气提法测定，也可以采用傅立叶变换红外光谱法直接分析。

1. 液硫中 H_2S 含量分析[25]

1）总 H_2S 含量分析——气提法

预热至 145 ℃ 的氮气（99.99%）以 40~50 mL/min 的流速气提液硫样品（恒温 145℃），气提气收集到 5L 容积的样品袋中，用醋酸铅检测管法或 GC（FPD）法分析气提气中的 H_2S。用醋酸铅检测管法分析时，可从检测管上直接读取气提气中的 H_2S 浓度；用 GC（FPD）法分析时，用 H_2S 标准气制作工作曲线，以工作曲线法定量。亦可用化学吸收法测定气提气中的 H_2S 含量，由气提气的 H_2S 浓度和气提气的总体积以及样品用量计算液硫中 H_2S 含量。液硫温度、氮气流速、气提时间及搅拌程度等对分析结果均有显著影响。气提需在连续搅拌的条件下进行，时间不得少于 2.5 h。

2）H_2S 和 H_2S_x 含量的分析——傅立叶变换红外光谱法

加拿大阿尔伯达硫磺研究所利用傅立叶变换红外光谱仪和特制的样品池可一次完成液硫中 H_2S 和 H_2S_x 含量的分析。样品池池体材料为铝，窗口材料用 KCl。当红外光源通过样品池中恒温（135℃）的液硫时，分别在2571 cm^{-1}和2479 cm^{-1}产生特征红外吸收，测量吸光度，由工作曲线查得H_2S和H_2S_x的量。该分析方法简单、快速、但需要昂贵的仪器。方法的分析范围为10～1300mg/L。

液硫温度对H_2S和H_2S_x的溶解度有显著影响，温度升高H_2S含量下降，而H_2S_x的含量则上升。温度对液硫的粘度也有影响，粘度不同会改变H_2S和H_2S_x的摩尔吸光度。因此，测定过程中应严格地选择和控制温度，推荐的适宜温度为135℃±1℃。

2. 硫磺质量分析（详见GB 2449—1992）[26]

1）硫含量

采用扣除杂质（水分、灰分、酸度、有机物、砷和铁）含量总和的方法以计算硫含量。

2）水分的测定

将试样在80℃±2℃烘箱中干燥，其失去的质量即为水分。此值与试样质量之比值即为水分含量w_2。

3）灰分的测定

在空气中缓慢燃烧试样，然后在温度800～850℃的高温电炉中灼烧、冷却、称量。此值与试样质量之比并予校正水含量即为灰分含量w_3。

4）酸度的测定

（1）方法摘要：

用水—异丙醇混合液萃取硫磺中的酸性物质，以酚酞为指示剂，用氢氧化钠标准溶液滴定萃取液，同时做空白试验。

（2）分析结果计算：

酸度（以H_2SO_4计）以质量百分数表示，按式（14-20）计算：

$$w_4 = \frac{(V-V_0) \cdot c \times 0.049}{m_0} \cdot A \times 100 \qquad (14-20)$$

式中　m_0——试样质量，g；

c——氢氧化钠标准溶液的浓度，mol/L；

V——测定时消耗氢氧化钠标准溶液的体积，mL；

V_0——空白试验时消耗氢氧化钠标准溶液的体积，mL；

0.049——与1.00 mL氢氧化钠标准溶液[c（NaOH）= 1.000 mol/L]相当的H_2SO_4质量，g；

A——水分校正值，以（100/100-w_2）计算（w_2为水的质量百分数）。

5）有机物含量的测定

（1）方法摘要：

试样在氧气流中燃烧，生成的SO_2及SO_3在铬酸和硫酸溶液中氧化并被吸收；有机物燃烧生成CO_2，用氢氧化钡溶液吸收后，以酚酞作指示剂用标准盐酸溶液滴定吸收液至终点。然后加入过量的标准盐酸溶液，以甲基红—次甲基蓝作指示剂，用标准氢氧化钠溶液进行反滴定。根据标准溶液的消耗量计算试样中的有机物含量。

（2）样品分析：

在与样品分析相同的条件下进行空白试验，空白试验所消耗的标准盐酸的体积为V_0。$V_0 = V_1 - V_2$，式中V_1为准确加入的盐酸标准溶液体积数，mL；V_2为反滴定所用的氢氧化钠标准溶液的体积数，mL。

测定样品时所消耗的标准盐酸溶液的体积用 V 表示。$V = V_3 - V_4 - V_0$，式中 V_3 为滴定样品时准确加入的到标准溶液的体积数，mL；V_4 为样品反滴定所用的氢氧化钠标准溶液的体积数，mL；V_0 为空白试验时消耗的 HCl 标准溶液的体积，mL。

(3) 分析结果的计算：

有机物含量（w_5）以质量分数表示，按式（14-21）计算：

$$w_5 = \frac{0.0003 \times V}{m_0} \cdot A \times 1.25 \times 100 \quad (14-21)$$

式中　m_0——试样质量，g；

0.0003——与 1ml HCl 标准溶相当的碳的质量，g；

V——测定样品时消耗的 HCl 标准溶液的体积，mL；

1.25——由碳换算成有机物的系数；

A——水分校正值，以（$100/100 - w_2$）计算（w_2 为水的质量百分数）。

(4) 分析注意事项：

氢氧化钡法测定 CO_2 虽然是传统的化学方法，但由于受空气中 CO_2 的干扰，试验的准确度和重复性常常不好。要提高试验的准确度和重复性，必须防止二氧化碳的干扰。详见 SY 7506—1996。

6) 砷含量的测定

GB 2449—1992 提供了两种砷含量测定方法，一种是二乙基二硫代氨基甲酸（DDTC）银光度法，另一种是古蔡法。两种方法试液制备的方法相同，都是将砷还原成砷化氢。但砷化氢的测定方法不同，前者用二乙基二硫代氨基甲酸银吡啶溶液吸收；后者用溴化汞试剂吸收，生成色斑。在生产实践中一般都采用二乙基二硫代氨基甲酸银光度法。

(1) 方法摘要：

试样溶解于四氯化碳中，先后用溴和硝酸氧化，并加热除去亚硝酸盐。取一定体积的上述溶液加入到定砷仪中，在硫酸介质中用金属锌将砷还原成砷化氢，用二乙基二硫代氨基甲酸银的吡啶溶液吸收砷化氢，生成紫红色溶液，在 540 nm 处测定吸光度。反应式如下：

$$AsH_3 + 6Ag(DDTC) = 6Ag + 3H(DDTC) + As(DDTC)_3$$

在测定样品的同时做空白试验。用三氧化二砷配制砷标准溶液，制作工作曲线。

(2) 分析结果的计算：

根据测得的样品溶液的吸光度，从工作曲线上查出相应的砷质量（μg），砷含量（w_6）以质量百分数表示，按式（14-22）计算：

$$w_6 = \frac{m \times 10^{-6}}{m} \cdot K \cdot A \times 100 \quad (14-22)$$

式中　m_0——称取的试样质量，g；

m——从工作曲线上查得的砷质量，μg；

K——稀释倍数；

A——水分校正值，以（$100/100 - w_2$）计算（w_2 为水的质量分数）。

(3) 分析注意事项：

每换一批金属锌或新配一次二乙基二硫代氨基甲酸银的吡啶溶液，必须做一次工作曲线。

7) 铁含量的测定

(1) 方法摘要：

试样燃烧后，其残渣溶解于硫酸中，用氯化羟胺还原溶液中的铁，在 pH 值为 2～9 的条件下，二价铁离子与 1,10-菲罗啉生成橙色络合物，在 510 nm 处以蒸馏水为参比测定其吸光度，同时做空白。测定铁标准溶液的吸光度，绘制工作曲线。

（2）分析结果的计算：

从样品试液的吸光度减去空白试液的吸光度，根据所得吸光度的差值，从工作曲线上查出相应的铁质量。铁含量（w_7）以质量分数表示，按式（14-23）计算：

$$w_7 = \frac{m \times 10^{-6}}{m_0} \cdot K \cdot A \times 100 \qquad (14-23)$$

式中 m_0——称取的试样质量，g；

m——从工作曲线上查得的铁质量，μg；

K——稀释倍数；

B——水分校正值，以（100/100-w_2）计算（w_2 为水的质量分数）。

（3）分析注意事项：

酸度对二价铁离子与 1,10-菲罗啉生成橙色络合物的反应有显著影响，试验过程中，应严格控制反应溶液的酸度，并使样品分析时的酸度与制作工作曲线时的酸度一致。

因为试剂空白的颜色较深，制作工作曲线时，系以蒸馏水为参比测定吸光度，所以在样品测定的同时，需做空白试验，并以蒸馏水为参比分别测定空白和样品溶液的吸光度。

第四节　天然气脱水过程中的分析方法

天然气中的水含量/水露点的分析方法很多，从计量学原理看，为数众多的测定方法归纳起来可分为绝对方法和相对方法两类；从测量方式看，主要分为化学分析方法和仪器分析方法，仪器分析方法又可分为在线分析和非在线分析。

在绝对方法中，天然气的水量有"绝对含水气量"和"露点温度"两种表示方法[27]。绝对含水量指单位体积的气体中含有的水气量，通常用水分测定仪测定，电解法、称量法、卡尔费休法都属于这类方法。天然气的水露点温度，是指一定压力下天然气中的水分冷凝析出第一滴水的温度，通常用露点仪测定。露点仪在样品压力下测量露点。水分测定仪通常需将样品气的压力降至大气压后测定。

在相对方法中，主要分为气相色谱法和湿度计法两类。湿度计法包括电容法、电压法、电导法和光学法。天然气中水含量的主要测定方法可见表 14-6。

表 14-6　天然气中水含量的主要测定方法

天然气中水含量测定方法	测定水含量的绝对方法	（1）称量法（ISO/DIS 11541）	
		（2）卡尔费休法（GB/T18619.1—2002, ISO 10101）	
		（3）电解法（SY/T 7507—1997）	
		（4）红外法	
	测定水露点的绝对方法	冷却镜面法（GB/T 17283—1998, ISO 6327）	
	测定水含量的相对方法	（1）色谱法	
		（2）湿度计法	（1）电容法
			（2）电压法
			（3）电导法
			（4）光学法

一、天然气水露点的测定——冷却镜面湿度计法[28]

1. 适用范围

此法适用于产品气水露点测定,测定范围取决于仪器所用制冷剂的制冷温度。如果样品中所含气体的凝析温度在水露点附近或高于水露点,则干扰水露点测定。

2. 方法提要

用冷却镜面湿度计测定天然气的水含量,是使样品气流经一金属镜面(镜面温度可以人为降低并能准确测量),当镜面温度降低至凝析物产生及温度升高而凝析物消失,此时温度为该压力下的气体水露点。由水露点可计算气体中的水含量。在样品气的压力与通过湿度计的压力一致时,测得的露点所对应的饱和水蒸气压值即为样品气的水汽分压。详情可见 GB/T 17283—1998。

3. 仪器

此法所用的露点仪可以按不同的方式设计,美国 EG&G Chandler 公司的 13-200 型露点仪基本结构示于图 14-11。

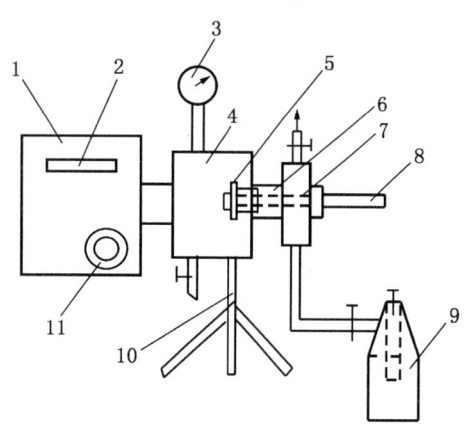

图 14-11　13-200 型露点仪的结构示意图
1—数字显示器;2—温度显示屏;3—压力表;
4—样品池;5—镜面;6—导冷杆;7—致冷室;
8—温度计探头;9—液氮瓶;10—三脚支架;
11—观察孔

(1) 冷却镜面的特性:冷却镜面应适于肉眼观察或光电系统观察。

(2) 控制镜面温度的方法:可选用溶剂蒸发法、制冷法(用乙烯的氧化物或丙酮等)、绝热膨胀制冷法(用钢瓶 CO_2、压缩空气、压缩氮气等)、制冷剂间接制冷法(用液氮作制冷剂)和热电(珀尔帖)效应制冷法。

(3) 测定镜面温度和检测凝析物的方法可用人工方法也可用自动方法。

(4) 因在高压下测定,测定室必须有相应的机械强度和密封性。

4. 水露点计算

降温获得的结露温度和升温获得消露温度二者的平均值即为天然气在该压力下的水露点。

5. 分析注意事项

(1) 此法的主要干扰物质有三类。一是固体杂质和油污;二是可能凝析的其他物质,如较重烃类;三是当测试样品中含有甲醇时,此法测得的是甲醇和水混合物的露点。

(2) 取样管线尽可能短,使产生的压降可以忽略。除镜面外,仪器的其余部分和管线的温度应高于气体水露点,否则将发生冷壁效应,水蒸气将在最冷点凝析,改变了气体中水分的含量。

(3) 测定时镜面应尽可能缓慢地冷却(降温速度不超过 1℃/min),过快会导致在还没有观察到初露时就已经超过了实际的凝析温度,从而产生误差。如果样品的水露点很低,在进行准确测量之前,应先进行一次快速测定,以便测得大致的凝析温度,这是一种很好的实用技巧。使用自动仪器测量时,结露和消露两者的温差不大于 2℃;而用手动仪器测量时,两者之间的温差不应大于 4℃。

(4) 使用自动测定仪时,水露点测量的准确度一般为 ±1℃。使用手动装置时,测量的准确度则取决于烃的含量,在多数情况下,可以获得±2℃的准确度。

二、天然气中水含量的测定——电解法[29]

1. 适用范围

此法适用于测定天然气中水含量小于 4000mL/m³ 的天然气。若天然气中无凝液存在且总硫含量小于 500 mg/m³,对测定无影响。电解法可作为常规测定方法应用于运转较平稳的装置。

2. 方法提要

样品气以一定的速度通过电解池,其中的水分被电解池内的五氧化二磷膜层吸收,生成亚磷酸后被电解为氢气和氧气排出,而五氧化二磷得以再生。电解电流的大小正比于样品气中的水含量。详情可见 SY/T 7507—1997。

3. 仪器

满足下列要求的任何电解法测定仪均可使用,常用的国产 USI－1A 型微量水分测定仪的基本结构示于图 14－12,其技术指标如下:

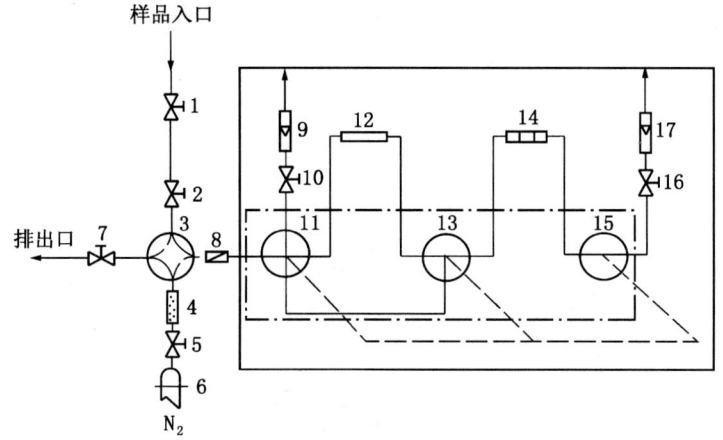

图 14－12 USI－1A 型微量水分测定仪的基本结构示意图
1,2,7—针形阀;3—四通阀;4,12—干燥器(干燥器 4 内装有 40~60 目
5A 分子筛);5—减压阀;6—氮气钢瓶;8—金属过滤器;9—旁通流速计;
10—旁通阀;11,13,15—控制器;14—电解池;16—测定流量阀;
17—测定流速计

(1)仪器量程为 0~1000mL/m³。

(2)测量精度优于满量程的±5%。

(3)电解池吸收率大于 98%。

(4)时间常数:仪器指示值达到样品气水含量变化的 63%时,上升和下降所需的时间不大于 5min。

(5)工作条件:气样压力应小于 0.1MPa。

4. 测定注意事项

(1)仪器的操作压力为 101.325kPa,若测定更高压力下的样品,需要将压力调节到仪器入口所要求的压力。

(2)由于仪器本底的存在,此法不能测定水分含量低于 5mL/m³ 的样品。

(3) 保持电解池干燥，防止污染。电解池需要定期（一般 3~6 个月）清洗，必要时需重涂敷五氧化二磷膜层。

三、天然气中水分测定——吸收称量法[30]

1. 适用范围

此法测定范围常压状态下为 0.1~10 g/m³，检测下限为 10mg/m³。载压状态下为 0.02~0.5g/m³，检测下限为 10mg/m³。

2. 方法摘要

一定体积的气体，通过五氧化二磷（P_2O_5）吸收管，气体中的水分被五氧化二磷吸收生成磷酸，吸收管增加的质量即为气样中水分的质量，由吸收管增量和取样体积计算待测气体中的水含量。测定误差为 5%。详见 ISO 11541—1997。

3. 分析结果计算

标准状态下气体中的水含量 w_c 按式（14-24）计算。

$$w_c = \frac{m_2 - m_1}{V_n} \tag{14-24}$$

式中　m_1——取样前吸收管的质量，g；

　　　m_2——取样后吸收管的质量，g；

　　　V_n——气体取样体积（101.3 kPa，20℃），m³。

4. 分析注意事项

(1) 天然气中如果含有乙醇、硫醇、乙二醇可能会影响测定结果，因为这些物质会与五氧化二磷反应或者为其吸附。

(2) 此法特别适合于天然气的现场检测，最高取样压力由装置所能承受的最大压力决定，可达到 5MPa。

(3) 应特别注意避免水分在管内冷凝。

(4) 应在吸收管前将粉尘等固体杂质过滤下来。

四、天然气中水分测定——卡尔费休库仑法[31]

1. 适用范围

此法适用于天然气和其他不与卡尔费休试剂起反应的气体中水含量的测定，测定范围为 5mg/m³ 至 5000 g/m³。

2. 方法摘要

一定体积的气体通过一个装有已预先滴定过的无水阳极溶液的滴定池，气体中的水分被阳极溶液吸收。滴定被溶解的水所需的碘通过电解溶液中的碘化物而产生，消耗的电量与产生的碘的质量成正比，因此也与被测水分的质量成正比。详见 GB/T 18619.1—2002。

3. 试剂与仪器

(1) 库仑滴定专用试剂：

阳极溶液（卡尔费休试剂）典型组成的质量分数为：34% 三氯甲烷，3% 四氯化碳，22% 甲醇，其余为 SO_2 吡啶溶液。

(2) 卡尔费休（库仑法）水分测定仪：见图 14-13。

4. 分析结果的计算

在标准参比条件下，气体中水的质量浓度 w_{H_2O}（mg/m³）由式（14-25）计算：

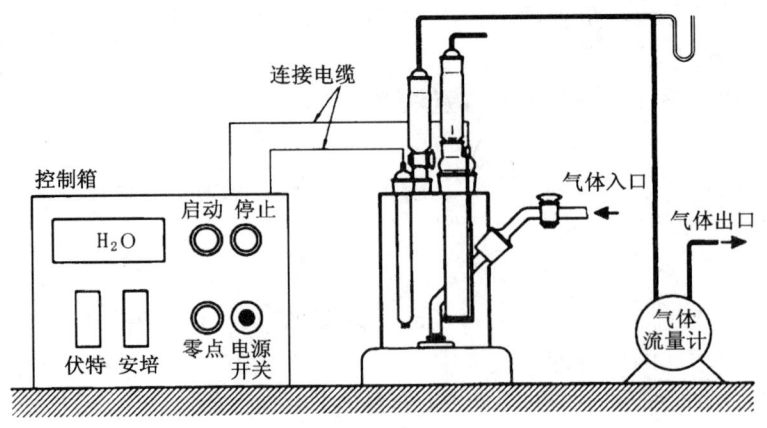

图 14-13 卡尔费休（库仑法）水分测定仪

$$w_{H_2O} = \frac{(m_1 - m_0)(273.15 + t) \times 101.325}{V(p - p_w) \times 293.15} \quad (14-25)$$

式中 m_1——样品测定所得水的质量，mg；

m_0——空白测定所得水的质量，mg；

t——湿式气体流量计所记录的气体温度，℃；

V——通过滴定池的气体体积，m³；

p——湿式气体流量计所记录的气体绝对压力，kPa；

p_w——在温度 t 下水的蒸汽压，kPa。

5. 注意事项

（1）气体中可与卡尔费休试剂起反应的组分，如：H_2S，硫醇和某些碱性含氮物质都干扰测定。H_2S 和硫醇的浓度低于水含量的 20% 时，引起的干扰可用公式修正，超出 20% 时，不能采用该方法测定。

（2）操作过程中应保持零点漂移稳定，并能自动校正。

（3）测定时通气的最佳流量取决于滴定池的几何结构，可采用在不同的流量下通入相同体积的气样，选择所有的水分被吸收并且获得相同结果的条件。

五、天然气中水含量的在线测定方法

天然气水含量/水露点的在线分析，目前在我国天然气行业中已经采用，国外有多种类型的仪器可供选择[32]。

水含量/水露点的在线分析方法，如表 14-7 所示，根据其测定原理可分为阻抗法、电容法、电导法、电解法、光学法、压电法和红外法等。按取样方式不同可分线内（in-line）和线外（on-line）两种方式。线内方式是传感器直接安装在天然气管道上或设备内部，连续采样测定。线外方式是用管线将样品从主管道引出进入仪器测定。仪器通常既可输出水含量数据，也可输出水露点数据。

1. 方法提要

1）陶瓷阻抗法

此类仪器是通过因气体中水含量不同引起陶瓷阻抗的变化测量水露点或水含量。陶瓷阻抗传感器反应速度快，可用 PC 机控制，内置旁路系统和预处理系统，可在大气压力下和管线压力下测定。陶瓷阻抗法露点仪的主要参考技术指标为：测量范围：-20～60℃，准确度：±2%，响应速度：达90%响应时间小于1min。

表14-7 在线测定天然气中水蒸气含量的方法

类 型	测定范围	操作条件		方式	响应时间	准确度
		压力，MPa	温度，℃			
阻抗式	$0.5\mu L/m^3$～$2362mL/m^3$（-80℃～+20℃）	入口压力30	-20～+60	线内	小于1min	±2%
电容式	$20\mu L/m^3$～$2000mL/m^3$	常压～30	低于70	线内	数秒至数分	±(2～3)℃
电导式		0.05～20	-10～40	线内	5min左右	
压电式	1～$100000mL/m^3$	0.2	低于60	线外	数分钟	±5%
光学式	0～$10000mL/m^3$	10	-5～50	线内或线外	很短	小于满刻度的±1%
红外式		10	0～200	线外	数秒至数分	

2）电容法

传感元件为贴有一层金箔的纯铝片，后者经硫酸处理而形成一个多孔的氧化铝层，从而构成电容器的两个电极。当气流中的水蒸气被氧化铝层吸附时，电容就发生相应的变化。根据电容的改变量度水分。

3）电导法

当一种不饱和的盐溶液与含水蒸气的气体接触时，盐溶液将吸收气体中的水蒸气，直到两者的水蒸气分压相平衡。当盐溶液吸收了水蒸气后其电导也发生相应的变化。根据电导的改变量度水分。

4）压电法（晶体震荡法）

传感元件为石英制作的压电晶体，将两侧装有电极且涂敷了吸湿性物质的压电晶体片安装在共振器上，当共振器以特定的频率振动时，电极振动的频率与电极的厚度、晶体的类型、电极质量等因素有关。当电极吸收了气流中的水蒸气后，振动频率就发生相应的变化。通过测量交替暴露于干、湿气体中石英压电晶体的频率变化在线测量水分。由于石英晶体的化学性质稳定，机械性能以及频率变化线性好，并在结构上采用对水单一的选择性吸附膜，故抗干扰能力较强。应用比较广泛，但价格昂贵。这种仪器的主要技术指标如下：

测量范围：低量程0～$5mL/m^3$；高量程0～10%；

准确度：±$1mL/m^3$或±5%；±$2mL/m^3$或±10%；

响应速度：对水分增加，在几秒内做出反应；从$1000mL/m^3$突然下降至$10mL/m^3$时，1min内达到变化的90%。

5）光学法

传感元件为FABRY-PEROT光学共振器。当光学共振器吸收水汽后，其反射光谱也会发生相应的变化。吸收水分愈多则反射光的波长愈长，故测量反射光谱的变化即能测定气体中的水汽含量。

6）红外法

水汽能在特定的波长上吸收红外线，其吸光率与水分的浓度有关，因而测定样品的吸光率就可测定水汽含量。红外法是绝对测量方法。

2. 选择在线仪器时的注意事项

选择在线分析仪除需考虑其测定范围、准确度、重复性、响应性及长期运行的稳定性外，还需注意仪器对天然气中的液、固杂质及工况与环境变化的敏感程度。

3. 使用在线仪器时注意事项

（1）取样时探头应插入主管道中，插入深度应为管道直径的 1/3~2/3，以防管道壁上可能存在的任何液体进入探头。

（2）采用线外方式测定时，为防止水汽冷凝，取样管线应尽可能短，必要时管线应保温。

（3）应采取特殊措施（如设置分离器、过滤器等）以防止固体颗粒和液滴进入样品。

（4）传感器的使用压力应尽可能恒定，在高湿度环境下取样，应注意保护传感器头。

（5）分离器、过滤器、加热设施和运动部件应适时进行检查和维护，必要时予以更换。修复或更换部件的仪器校准后才能使用。

六、三甘醇溶剂中水含量的测定

三甘醇溶剂中水含量的测定，可采用本章第一节所叙述的"脱硫和脱水溶液的组成分析——气相色谱法"。也可采用本节所叙述的卡尔费休法，因为是液体样品，可用专用注射器定量进样，此处不再赘述。

参 考 文 献

1. 天然气中 H_2S 含量的测定——碘量法 GB/T11060.1—1998
2. 天然气中 H_2S 含量测定——亚甲蓝法 GB/T 11060.2—1998
3. 醋酸铅反应速率双光路检测法 GB/T 18605.1—2002
4. 醋酸铅反应速率单光路检测法 GB/T 18605.2—2002
5. R. S. Saltzman. A Monitoring System For Low Level of Hydrogen Sulfide In Alkanolamine Streams. Anal. Chem Acta., 190, 1986: 227~233
6. F. D. Skinner et al. Analyzer for H_2S、CO_2 Promises Savings for Amine Operations. Oil Gas J., 94 (11), 1996: 76~79
7. H_2S 含量的控制分析方法——钼蓝法 SY/T 6537—2002
8. 天然气中总硫的测定——氧化微库仑法 GB/T 11601—1997
9. 天然气：总硫的测定——氧化微库仑法 ASTM D 3246—81
10. 气体净化工艺过程中 H_2S 和 CO_2 含量的测定（气相色谱法） SY/T 6537—2002
11. 气体净化装置酸气中 H_2S、CO_2 及烃和永久性气体总含量的测定 SY/T 6537—2002
12. 脱硫溶液中 H_2S 含量的测定 SY/T 6537—2002
13. 脱硫溶液中 H_2S 含量的简易测定方法 SY/T 6537—2002 附录 A
14. 脱硫溶液中 CO_2 含量的测定 SY/T 6537—2002
15. 脱硫溶液中硫代硫酸根含量的测定 SY/T 6537—2002
16. 脱硫溶液组成分析（化学法） SY/T 6537—2002
17. 脱硫和脱水溶液组成分析（气相色谱法） SY/T 6537—2002
18. 周志岐. 气相色谱法分析 MDEA-环丁砜-水脱硫溶液的组成. 石油与天然气化工，20 (2), 1991: 1~6

19 赵明旭．甲基二乙醇胺及其水溶液的色谱分析．石油与天然气化工，13（2），1984：38～44

20 周志岐．醇胺脱硫溶液中水的相对重量校正因子的研究．石油与天然气化工，16（2），1987：18～23

21 硫磺回收过程气中 H_2S 和 SO_2 的测定 SY/T 6537—2002

22 硫磺回收过程气组成分析（气相色谱法） SY/T 6537—2002

23 硫磺回收尾气中硫雾含量的测定 SY/T 6537—2002

24 硫磺回收尾气中水含量的测定 SY/T 6537—2002

25 罗勤，迟永杰．应用FTIR分析硫磺中残留硫化氢及多硫化氢．石油与天然气化工，25（4），1996：214～215

26 工业硫磺及其试验方法 GB 2449—1992

27 天然气—水含量和水露点的关联关系 ISO 18453—DIS

28 天然气水露点的测定—冷却镜面湿度计法 GB/T 17283—1998

29 天然气中水含量的测定—电解法 SY 7507—1997

30 天然气—高压下水含量的测定 ISO 11541—1997

31 天然气中水含量的测定——卡尔费休—库仑法 GB/T 18619—2002

32 陈赓良．测定天然气水蒸气含量/水露点的方法与仪器．石油仪器，14（4），2000：43～46

附 录

一、天然气净化领域常用英文缩写词

ADA	(1) anthraquinone di-sulfonic acid sodium salt	蒽醌二磺酸钠
	(2) air demand analyzer	空气需求量分析仪
BHEEU	bis-(hydroxyethyl)-ethyleneurea	二甘醇脲
BHEI	bis-(hydroxyethyl)-imidaxolinone	二(羟乙基)咪唑啉酮
BHEP	bis-(hydroxyethyl)-piperazine	二(羟乙基)哌嗪
BSR	Beavon sulfur removal	比文除硫(工艺)
BTEX	benzene-toluene-ethyl benzene-xylene	苯、甲苯、乙苯、二甲苯
CBA	cold bed adsorption	冷床吸附(工艺)
CNG	compressed natural gas	压缩天然气
COPE	Claus oxygen-based process expansion	富氧克劳斯扩能(工艺)
DEA	diethanolamine	二乙醇胺
DEG	diethylene glycol	二甘醇
DEU	dihydroxyethyl urea	二乙醇脲
DGA	diglycolamine	二甘醇胺
DIPA	diisopropanolamine	二异丙醇胺
DIPAM	diisopropylamine	二异丙基胺
DITA	diethylamine	二乙基胺
DMAE	dimethyl ethanolamine	二甲基乙醇胺
DMEA	dimethyl ethylamine	二甲基乙胺
DMP	dimethyl piperazine	二甲基哌嗪
DO	direct oxidation	直接氧化(工艺)
EDTA	ethylenediamine tetraacetic acid	乙二胺四乙酸
EG	ethylene glycol	乙二醇
ELSE	Extra Low Sulfur Emission	极低硫排放(工艺)
EO	ethylene oxide	环氧乙烷
HCR	high Claus ratio	高克劳斯比例(工艺)
HEDP	hydroxyethylidene diphosphonic acid	羟基乙叉二膦酸
HEEA	hydroxyethyl ethylendediamine	羟乙基乙二胺

HEID	hydroxyethyl imidazolinone	羟乙基咪唑啉酮
HEOD	hydroxyethyl oxazolidone	羟乙基噁唑烷酮
HEP	N-hydroxyethyl piperazine	羟乙基哌嗪
HMP	N-hydroxymethyl piperazine	羟甲基哌嗪
HPMO	hydroxypropyl methyl oxazolidone	羟丙基甲基噁唑烷酮
HSAS	heat stable amine salt	胺的热稳定盐
HSS	heat stable salt	热稳定盐
IFP	Institute France Petroleum	法国石油研究院
LNG	liquified natural gas	液化天然气
LPG	liquified petroleum gas	液化石油气
LTGT	Lurgi tail gas treatment	鲁奇尾气处理（工艺）
MAE	methyl ethanolamine	甲基一乙醇胺
MCRC	① Mineral & Chemical Resource Co.	加拿大矿物及化学资源公司
	② maximum Claus recovery concept	最大克劳斯收率概念
MDEA	methyldiethanolamine	甲基二乙醇胺
MEA	monoethanolamine	一乙醇胺
MM	methyl morpholine	甲基吗啉
MODOP	Mobil directed-oxidation process	莫比尔直接氧化工艺
NAM	N-acetamido morpholine	N-乙酰吗啉
NFM	N-formyl morpholine	N-甲酰吗啉
NGL	natural gas liquids	天然气凝液
NMP	N-methyl pyrolidone	N-甲基吡咯烷酮
NTA	nitrilotriacetic acid	氨三乙酸
OD	oxazolidone-2	噁唑烷酮-2
RAR	reduction-absorption-recycle	还原吸收循环（工艺）
SAL	salicylic acid	水杨酸
SCOT	Shell Claus off-gas treatment	壳牌克劳斯尾气处理（工艺）
SDP	sub dew point	亚露点（工艺）
SHA	steric hindered amine	位阻胺
SNPA	Scoiete Nationale Petrole Aquitaine	（法国）阿基坦国家石油公司
SURE	sulfur recovery	（富氧）硫回收（工艺）
TBEE	tertiarybutylaminoethoxyethanol	叔丁基乙氧基乙醇胺
TBGA	tertiarybutyl bis-(glycolamine)	叔丁基二甘醇胺

TBP	tri-n-butyl phosphate	磷酸三正丁酯
TEA	triethanolamine	三乙醇胺
TEG	triethylene glycol	三甘醇
TEHEED	tetrahydroxyethyl ethylenediamine	四羟乙基乙二胺
THEED	trihydroxyethyl ethylenediamine	三羟乙基乙二胺
TMA	trimethylamine	三甲胺
TREG	tetraethylene glycol	四甘醇
UCSRP	University of California Sulfur Recovery Process	加州大学硫磺回收工艺
ULTRA	ultra low temperature reaction adsorption	超低温反应吸附（工艺）
WHB	waste heat boiler	余热锅炉

二、国外天然气净化工艺名称

Adip	早期系以 DIPA 溶液作脱硫溶剂，后包括 MDEA 溶液
AGE/Dual Solve	系将脱硫装置的酸气 H_2S 提浓与还原吸收法尾气处理组合成一体的工艺
Alkazid DIK	以二甲基甘氨酸盐溶液作为脱硫溶剂的工艺，现已不多用
αMDEA	活化 MDEA 法，一种加有活化剂的低能耗的脱除 CO_2 工艺
Amine-Guard	胺保护剂，改善 MEA 等溶液的腐蚀性能而可提高溶液酸气负荷运行，Ⅰ、Ⅱ及Ⅲ型用于脱碳，ST 型可用于脱硫
Amisol	使用醇胺—甲醇作为脱硫脱碳溶剂的一种工艺
Aquaclaus	一种尾气处理工艺，尾气灼烧后吸收 SO_2，再与 H_2S 在水相中进行克劳斯反应
Aquisulf	一种使用催化剂促进液硫脱气（使 H_2S 逸出）的方法
Benfield	一种以 DEA 作活化剂的热碳酸钾法，主要用于合成气脱碳
Bio-SR	一种生化脱硫工艺，以酸性硫酸铁溶液脱除 H_2S、以氧化铁硫杆菌促进 Fe^{2+} 的再生
BSR/Hi-Activity	为 Beavon 尾气处理工艺（BSR）系列中的一种，加氢尾气中的 H_2S 直接氧化为元素硫
BSR/MDEA	BSR 系列工艺之一，加氢尾气中的 H_2S 以 MDEA 溶液选吸返回克劳斯装置
BSR/Selectox	BSR 系列工艺之一，加氢尾气急冷除水后，以 Selectox 催化剂将 H_2S 氧化为硫
BSR/Wet Oxidation	BSR 系列工艺之一，加氢尾气中的 H_2S 以湿式氧化法转化为硫
Cansolv	一种尾气处理工艺，尾气灼烧后以一种双胺吸收剂吸收 SO_2 并返回克劳斯装置
Carbosulfreen	"活性炭"型的 Sulfreen 工艺，第一段在富 H_2S 条件下进行低温克劳斯反应，第二段以活性炭催化氧化 H_2S

Cataban	一种脱除 H_2S 的 EDTA 络合铁法
Catacarb	一种以硼酸盐为活化剂的热碳酸钾法,主要用于合成气脱碳
CBA	冷床吸附法,一种将常温与低温克劳斯段组合的尾气处理工艺
Chemsweet	使用锌盐浆液脱除 H_2S 的一种非再生性工艺
Claus	通常指将酸气中 H_2S 经热反应段及催化反应段转化为硫磺的工艺
Clauspol 1500	一种在液相中进行低温克劳斯反应的尾气处理工艺
Clauspol 300	Clauspol 1500 工艺的改进型,特点是降低了尾气中硫蒸汽含量
Clauspol 150	尾气灼烧,其中的 SO_2 配入计量 H_2S 进行液相低温克劳斯反应
Cleanair	使尾气中的有机硫水解、急冷并除去 SO_2 和元素硫,最后以 Stretford 溶液脱除 H_2S
Clinsulf OD	Clinsulf 工艺系列中的直接氧化法,以空气将酸气中的 H_2S 在管壳型反应器内氧化为硫
Clinsulf SDP	Clinsulf 工艺系列中的亚露点法,使用管壳式反应器将常温及低温克劳斯反应组合为一体
Clintox	一种尾气处理工艺,灼烧尾气中的 SO_2 以物理溶剂吸收返回克劳斯装置
Cominco de SO_x	一种氧化类尾气处理工艺,以氨液吸收 SO_2,再以硫酸处理生成硫铵放出 SO_2
COPE	一种富氧克劳斯工艺,采用富氧空气代替空气,可提高装置的生产能力
CrystaSulf	使用非水溶剂脱除 H_2S 并将其转化为硫的一种工艺,可用 SO_2 再生溶液
Delsep	一种膜分离脱除酸气的工艺,使用螺旋卷型单元
D'GAASS	一种液硫脱气工艺,使液硫在压力下以空气吹扫,H_2S 可氧化为硫
Dichlor	一种非再生型的二氧化氯基液体除硫剂
Doxosulfreen	"直接氧化"型的 Sulfreen 工艺,尾气在富 H_2S 条件下先进行低温克劳斯反应,然后入直接氧化段进行 H_2S 直接氧化和克劳斯反应
Drizo	在三甘醇脱水中使用共沸蒸馏法提高贫三甘醇浓度的一种工艺
EFCO	一种分子筛脱硫工艺,再生气中的 H_2S 以溶剂吸收而后闪蒸排出
ELSE	一种尾气处理工艺,以 ZnO 脱除加氢尾气中的 H_2S,ZnS 620℃下以稀释的空气处理,排放气入克劳斯装置
Elsorb	一种氧化类尾气处理工艺,以磷酸钠溶液作 SO_2 吸收剂
EN sulf	在 Clinsulf 工艺基础上对设备材质等有所改进的工艺
ER Claus	一种提高了收率的克劳斯工艺,其二级及三级转化器可能在非稳态条件下运行
Estasolvan	以磷酸三正丁酯作为脱硫脱碳物理溶剂的一种工艺

EURO Claus	克劳斯尾气经加氢还原及 H_2S 直接氧化工序，与 Superclaus 99.5 工艺类似，在克劳斯反应器内装有一层加氢催化剂
Flexsorb HP	位阻胺工艺系列中的脱碳工艺，以位阻胺为热碳酸钾溶液的活化剂
Flexsovb PS	位阻胺工艺系列中的同时脱硫脱碳工艺
Flexsorb SE	位阻胺工艺系列中的选择性脱除 H_2S 工艺
Flexsorb SE⁺	位阻胺工艺系列中的改进型选吸工艺
Flexsorb 混合 SE	加有物理溶剂的位阻胺工艺，用于选择脱除 H_2S 及有机硫
Fluor Econamine	以 DGA 溶液为脱硫脱碳溶剂的工艺
Fluor Solvent	以碳酸丙烯酯作为物理溶剂脱除 CO_2 的工艺
Gasep	一种使用非对称膜脱除 CO_2 的工艺
Gas/Spec	Dow 化学公司开发的系列专用气体净化溶剂，有多个牌号
Gas Treat 102 及 114	非再生性的胺基液体除硫剂
Girbotol	早期对 MEA 法、DEA 法及 TEA 法的一种称谓
Haines	一种分子筛脱硫工艺，分子筛所吸附的 H_2S 以 SO_2 与之反应转化为硫
HCR	高克劳斯比例法，克劳斯段在富 H_2S 条件下运行而毋须外供氢气的一种还原吸收类尾气处理工艺
Hiperion	以萘醌及双萘醌磺酸盐溶液脱除 H_2S 并将其转化为硫的工艺，系 Takahax 的改进型
HiPure	一种将 Benfield 法与 DEA 法组合的气体净化工艺
Hybrisol	以甲醇及醇胺组合的工艺，将脱硫脱碳与脱水及 NGL 回收组合为一体
Hydrosulfreen	"加氢"型的 Sulfreen 工艺，尾气加氢后使 H_2S 直接氧化，未反应的 H_2S 及 SO_2 再进行低温克劳斯反应
Hysulf	一种将 H_2S 分解为氢气和硫磺的工艺，以取代蒽醌将 H_2S 氧化为硫，然后使之催化再生并产生氢气
IFP 原型	即 Clauspol 1500 的最初名称
IFP 全型	即 Clauspol 150 的最初名称
IFPexol	以甲醇为物理溶剂，IFPEX－2 用于脱除酸气，IFPEX－1 用于脱水及回收 NGL
Inhibit 101	一种非再生性的硫化铵基的液体除硫剂
Iron Sponge	海绵铁法，由氧化铁、碱及木屑组成固体脱硫剂
Konox	一种以高铁酸盐（Fe^{6+}）溶液脱除 H_2S 的工艺

Lo‒Cat	一种以络合铁溶液脱除 H_2S 的工艺,双塔流程适于处理天然气,单塔流程适于处理酸气及克劳斯尾气
LS‒SCOT	"低硫"型 SCOT 工艺,选吸溶液含有添加剂,尾气 H_2S 可降至 $10mL/m^3$
LTGT	Lurgi 尾气处理工艺,属还原—吸收类
Magnatreat M401	一种非再生性的三嗪基液体除硫剂
Malaprop	以 DGA 溶液脱除液体丙烷中 COS 的一种工艺
MCRC	将常温克劳斯与低温克劳斯段组合的一种工艺
MODOP	Mobil 直接氧化工艺,用于尾气处理,加氢尾气中的 H_2S 催化直接氧化为硫
Morphysorb	以 N‒甲酰吗啉和 N‒乙酰吗啉为物理溶剂脱除酸气的一种工艺
NoTice	无约束的克劳斯扩能工艺,在富氧克劳斯工艺中以纯氧在液硫中浸没燃烧产生 SO_2 送入燃烧炉以控制炉温
Optisol	以叔胺、物理溶剂及水组成脱硫溶液的一种化学物理溶剂法
Oxyclaus	一种富氧克劳斯工艺
Oxysulfreen	"氧化"型的 Sulfreen 工艺,将尾气中有机硫水解后,急冷再进入 H_2S 直接氧化段
Prism	以聚砜制作的中空纤维膜分离单元分离 CO_2 等酸气的工艺
PRO Claus	Parsons 氧化还原克劳斯工艺,在克劳斯段后将尾气中有机硫水解,然后直接氧化 H_2S 为硫
PS Claus	以变压吸附从空气中取得富氧空气的富氧克劳斯工艺
Purisol	以 N‒甲基吡咯烷酮为物理溶剂的脱除酸气的工艺
RAR	还原‒吸收‒循环工艺是类似于 SCOT 法的一种尾气处理工艺
R‒BTEX	三甘醇脱水中以冷凝冷却法回收排放气中芳烃的一种工艺
Rectisol	以甲醇为溶剂,在低温下脱除酸气的一种物理溶剂法
Resulf	类似于 SCOT 的一种尾气处理工艺
Resulf 10	可将尾气 H_2S 降至 $10mL/m^3$ 的一种还原吸收类尾气处理工艺
RET	一种使用 EDTA 络合铁溶液脱除 H_2S 的工艺
Rotoform	一种以液硫生产半圆型颗粒状硫磺的成型工艺
Ryan/Holmes	用于处理 CO_2 驱油伴生气的一种低温分离法
Scavinox	一种非再生性的甲醛‒甲醇基的液体除硫剂

名称	说明
SCOT	Shell 克劳斯尾气处理工艺，一种应用最广的还原吸收类尾气处理工艺
Selectox	一种用于处理贫 H_2S 酸气的工艺，将 H_2S 直接氧化为硫
Selefining	以叔胺、物理溶剂和水组成脱硫溶剂的一种化学物理溶剂法
Selexol	以多乙二醇二甲醚为物理溶剂的脱除酸气的工艺
Separex	以非对称的醋酸纤维素螺旋卷膜单元脱除 CO_2 等酸气的工艺
Sepasolv MPE	以多乙二醇甲基异丙基醚为物理溶剂的脱除酸气的工艺
Shell – Paques/Thiopaq	以弱碱性溶液吸收 H_2S 并以硫杆菌将其转化为硫的一种生化脱硫工艺
Slurrisweet	使用氧化铁浆液脱除 H_2S 的一种非再生性工艺
SNPA – DEA	一种用于高酸气分压而能耗较低的 DEA 法
Stretford	以 $ADA-NaVO_3$ 溶液脱除 H_2S 并将其转化为硫的工艺
Sulfa – Check 2420	一种非再生性的亚硝酸盐基的液体除硫剂
Sulfa – Guard	一种非再生性的三嗪基液体除硫剂
Sulfa – Scrub	一种非再生性的三嗪基液体除硫剂
SulfaTreat	一种非再生性的氧化铁基固体除硫剂
Sulfcycle	类似于 SCOT 法的一种还原吸收类尾气处理工艺
SulFerox	一种采用较高浓度的络合铁溶液脱除 H_2S 并将其转化为硫的工艺
Sulfinol – D	以 DIPA-环丁砜-水溶液脱硫脱碳的一种化学物理溶剂法，有良好的脱有机硫能力，原称 Sulfinol
Sulfinol – M	以 MDEA-环丁砜-水溶液选择脱除 H_2S 和有机硫的一种工艺，曾称为 New Sulfinol
Sulfint	一种以络合铁溶液脱除 H_2S 并将其转化为硫的工艺
Sulfolin	以有机氮化物-$NaVO_3$ 溶液脱除 H_2S 并将其转化为硫的一种工艺
Sulfreen	一种低温克劳斯尾气处理工艺，后开发出多种变体
Sulften	在还原吸收类尾气处理的选吸工序以 MDEA 配方溶液处理，尾气 H_2S 可降至 $10mL/m^3$
SulfuRid	一种非再生性的胺基液体除硫剂
Superclaus 99	一种克劳斯组合工艺，克劳斯段在富 H_2S 条件下运行，然后在直接氧化段将 H_2S 转化为硫
Superclaus 99.5	克劳斯段在 $H_2S：SO_2=2：1$ 下运行，将尾气中有机硫及 SO_2 加氢，然后在直接氧化段将 H_2S 转化为硫
Super – SCOT	"超级" SCOT 工艺，其选吸溶液两段再生并较低的贫液温度，使尾气 H_2S 达 $10mL/m^3$
SURE	一种富氧克劳斯工艺
Surflo 2314	一种非再生性的、二氧化氯基液体除硫剂
Takahax	以萘醌磺酸盐溶液脱除 H_2S 并将其转化为硫的一种工艺
Trencor H_2S	类似 SCOT 的一种还原吸收类尾气处理工艺

Trencor SO_2	一种氧化吸收类尾气处理工艺
Tretolite	一种非再生性的胺基液体除硫剂
UCARSEP	采用电渗析法除去胺液中热稳定盐的一种工艺，可在线使用
Ucarsol	美国联合碳化物公司开发的系列脱硫脱碳溶剂，有多个牌号
UCSRP	加州大学硫磺回收工艺，在液相有机溶剂中进行克劳斯反应，总硫收率可达 99.9%
ULTRA	超低温反应吸附工艺，系 CBA 工艺的延伸
Unisulf	以芳族磺酸盐与钒盐组成的溶液脱除 H_2S 并将其转化为硫的一种工艺
Wellmann-Lord	一种氧化类尾气处理工艺，以 Na_2SO_3 溶液吸收灼烧尾气中的 SO_2，再分解放出 SO_2
Westvaco	以流动床活性炭吸附灼烧尾气中 SO_2 的一种氧化类工艺，SO_2 催化氧化制硫酸